高等农业院校教材

动物寄生虫病学

（第三版）

杨光友　主　编

动物医学专业用

四川科学技术出版社

图书在版编目(CIP)数据

动物寄生虫病学/杨光友主编. －成都:四川科学技术出版社,2009.1(2021.1 重印)

ISBN 978－7－5364－5611－2

Ⅰ.动… Ⅱ.杨… Ⅲ.动物疾病:寄生虫病
Ⅳ.S855.9

中国版本图书馆 CIP 数据核字(2004)第 099587 号

高等农业院校教材

动物寄生虫病学(第三版)

主　　编　杨光友

出 品 人　程佳月
责任编辑　张　蓉
封面设计　韩建勇
版面设计　康永光
责任校对　戴　林
责任出版　欧晓春
出版发行　四川科学技术出版社
　　　　　成都市槐树街 2 号　邮政编码 610031
　　　　　官方微博:http://e.weibo.com/sckjcbs
　　　　　官方微信公众号:sckjcbs
　　　　　传真:028－87734039
成品尺寸　185mm×260mm
　　　　　印张 21　字数 510 千　插页 3
印　　刷　成都市新都华兴印务有限公司
版　　次　2009 年 1 月成都第三版
印　　次　2021 年 1 月成都第八次印刷
定　　价　68.00 元
ISBN 978－7－5364－5611－2

内 容 简 介

本书包括总论、动物蠕虫病学、兽医节肢动物学、动物原虫病学及各种家养动物的主要寄生虫与寄生虫病简表共五章。第一章总论主要介绍寄生虫与宿主、寄生虫分类与命名、寄生虫病流行病学、寄生虫病免疫学、寄生虫病诊断与防制措施；第二、三、四章分别介绍动物的各类寄生虫病的病原形态、生活史、流行病学、致病作用与临床症状病理变化、诊断与防治措施；第五章则以简表形式列出了各种家畜、家禽及宠物的主要寄生虫与寄生虫病。

本书是为高等农业院校动物医学专业本科学生编写的一本教材，同时可供兽医寄生虫病学的科研人员和临床兽医工作者参考。

《动物寄生虫病学》编委会

主　编　杨光友(四川农业大学)

副主编　朱兴全(华南农业大学)

张同富(四川农业大学)

林矫矫(中国农业科学院上海家畜寄生虫病防治研究所)

编　者　(以姓氏笔画排列)

王开功　(贵州大学动物科学学院)

刘学英　(山西农业大学)

朱兴全　(华南农业大学)

朱建国　(上海交通大学农业与生物学院)

张同富　(四川农业大学)

李树荣　(云南农业大学)

李宏梅　(山东农业大学)

杜爱芳　(浙江大学动物科学学院)

杨光友　(四川农业大学)

杨晓野　(内蒙古农业大学)

杨莲茹　(内蒙古农业大学)

林矫矫　(中国农业科学院上海家畜寄生虫病防治研究所)

陶建平　(扬州大学畜牧兽医学院)

廖党金　(四川畜牧科学院)

审定者

赖从龙　(四川农业大学)

沙国润　(四川农业大学)

张同富　(四川农业大学)

刘石泉　(江西农业大学)

朱兴全　(华南农业大学)

李明伟　(湛江海洋大学)

杨光友　(四川农业大学)

前　言

动物寄生虫病学是动物医学专业的必修课和主干课程之一。近年来动物养殖业发展迅速，饲养动物的种类、品种及饲养方式发生了很大的变化，危害动物的寄生虫病种类及流行特征亦随之发生了一定的变化。同时，人们日益关注人兽共患寄生虫病对人类健康与安全构成的严重威胁。保护野生动物、保护自然环境就是保护人类自己，这已成为人们的一种共识。随着高等教育教学改革的不断深化与发展，为适应培养复合型人才为目标的人才培养模式的要求，专业课程的设置和教学内容的调整与改革也势在必行。有鉴于此，我们针对现代动物养殖业的发展现状、趋势和教学改革的需要，编写了《动物寄生虫病学》一书，本书系统而简明地介绍了动物寄生虫学的基本知识，并以动物寄生虫病的类群为单元，重点讲述危害各类动物的主要寄生虫病及人兽共患寄生虫病。书中所涉及的寄生虫的宿主动物以家畜、家禽和宠物为主，同时辐射野生经济动物。在编写过程中，我们力求做到内容的科学性、先进性与实用性的统一，使教材的知识体系和深度更加符合动物医学专业本科学生的需要。在第三版中，对一些章节的内容作了补充与修订。但由于作者知识水平有限，书中可能还存在缺点与不足，恳请读者不吝批评指正。

在本书的出版过程中，得到四川农业大学教务处、动物医学院及四川科学技术出版社的大力支持。此外，博士生曾智勇、硕士生徐玉辉、房春林、古小彬、郝桂英、吴开波、刘德昊、黄道超、杨彩明、贾小勇和张晓谦等同学也参与了本书的编校工作，在此一并致谢！

编　者

目　　录

第一章 总 论

动物寄生虫病学(Animal parasitic disease)是研究寄生于动物的各种寄生虫及其所引起的疾病的一门学科。本学科的内容包括两个方面:其一是研究寄生于动物体内、外的各种寄生虫的形态、分类、生物学和生态学等病原学问题;其二是研究寄生虫感染动物后所引起的疾病的流行病学、临床症状、发病机理、免疫学、诊断和防治技术等问题。因此,动物寄生虫病学是以多学科为基础的一门综合性学科,在学习本课程之前应具备生物学、解剖学、生态学、流行病学、免疫学、病理学、临床诊断学及药理学等方面的知识。

动物寄生虫病学是预防兽医学的重要组成部分,是动物医学专业学生必修的主干课程之一,本学科的基本任务及通过本课程的学习应达到的要求是:

一、正确认识寄生虫病的危害

动物寄生虫除直接引起动物发病与死亡外,寄生虫的寄生还引起动物生长发育受阻,生产性能降低,饲料报酬下降从而造成巨大的经济损失。如球虫病可使2月龄内的雏鸡和3月龄内的幼兔大批发病与死亡,全球养禽业因为球虫病造成的损失高达数十亿美元,目前本病已被美国农业部列为对禽类危害最为严重的五大疾病之一;Bommser Stewart 估计,1994 年美国因猪蛔虫感染导致养猪业损失 1.743 亿美元,其中大部分(93.8%)是感染蛔虫所引起的日增重和饲料报酬下降的结果;国内外研究资料表明,在集约化猪场由猪疥螨病所造成的经济损失可达其产值的10%,Davies(1995)综述报导在美国每年因疥螨病对养猪生产造成的损失就高达2.3亿美元;熊猫西氏蛔虫病是严重危害野生大熊猫的主要疾病,被列为大熊猫趋于濒危的原因之一。

同时,随着养殖业的集约化、规模化生产,动物的品种、饲料及饲养方式发生了很大的变化,一些过去不为人们所重视的寄生虫(如猪等孢球虫等)有逐渐上升的趋势,日益成为危害动物的主要寄生虫。

二、保护动物不受寄生虫病的侵害

在掌握动物寄生虫病学的基础理论、诊疗技术的基础上采取综合防制措施,保护动物不受或少受寄生虫的侵袭与危害,将寄生虫造成的经济损失降低到最低程度,以保障养殖业的顺利发展。同时,开展珍稀野生动物的救护工作,为保护生物多样性做出贡献。

三、与卫生部门密切配合共同搞好人兽共患寄生虫病的防治

寄生虫除危害养殖业外,还对公共卫生、人民健康与社会安全构成严重威胁。据资料统计,我国的人兽共患寄生虫病有日本血吸虫病、猪囊虫病、棘球蚴病、旋毛虫病及弓形体病等91 种。日本血吸虫在我国长江流域以南的十二省区流行,严重影响人民的健康及社会经济的发展。因此,掌握人兽共患寄生虫病的流行规律、诊断技术及防治措施,阻断寄生虫病的流行

环节,为人类健康提供安全保障,也是本学科的一项重要而艰巨的任务。

第一节　寄生虫与宿主

一、寄生现象

自然界的生物不但种类繁多,而且彼此之间的关系也十分复杂,其中有的两种生物长期地或暂时地生活在一起,这种关系被称为共生(symbiosis)。在共生关系中,根据两种生物之间利害关系的不同,又可以分为以下三种类型:

1. **共栖**(commensalism)　指两种生物在一起生活时,一方受益,另一方既不受益,也不受害。如鲫鱼用其背鳍特化而成的吸盘吸着在大型鱼类的体表而被带至各处,使鲫鱼易于找到食物,而大型鱼类本身既不得利,也不受害。

2. **互利共生**(mutualism)　指两种生物在一起生活时,双方都受益。例如寄居在反刍动物瘤胃中的纤毛虫,不但能帮助消化植物纤维,而且当其随同食物一道沿消化道移动时,又被消化利用而成为反刍动物蛋白质的重要来源之一。反刍动物受益的同时也为纤毛虫提供了居所、食物和庇护。因此,两者互相受益。

3. **寄生**(parasitism)　指两种生物生活在一起时,一方受益,另一方受害。受益的一方称为寄生物(parasite);受害的一方称为宿主(host)。在这种寄生关系中,宿主为寄生物提供营养物质、居住场所和保护,而寄生物则给宿主带来不同程度的损害,甚至导致宿主死亡。

寄生物包括寄生植物和寄生动物,寄生动物也就是我们通常所说的寄生虫(parasite)。

二、寄生虫与宿主的类型

(一)寄生虫与宿主的定义

一个较小的动物暂时地或永久地生活在另一个较大动物的体内或体表,前者从后者获得营养,并给后者带来不同程度的损害,甚至死亡。前者称为寄生虫,后者称为宿主。

寄生虫的寄生生活方式,仅仅是自然界中两种生物之间所存在的各种复杂关系中的一种形式。从进化的观点来看,一般认为寄生虫是由自立生活的种类在特定的历史条件下演化而来的,由开始时的偶然寄生虫、兼性寄生虫,最终演化为永久性寄生虫、专性寄生虫。

(二)寄生虫的类型

1. **专性寄生虫**(stenoxenous parasite)　只寄生于一种特定宿主的寄生虫,称为该种宿主的专性寄生虫,其宿主称为该种寄生虫的专性宿主。如马尖尾线虫(*Oxyuris equi*)只寄生于马属动物,马尖尾线虫即为马属动物的专性寄生虫,而马属动物则为马尖尾线虫的专性宿主。这种情况表明专性寄生虫同其宿主之间都具有严格的特异性。

2. **多宿主寄生虫**(polyxenous parasite)　能寄生于许多种宿主的寄生虫。如日本分体吸虫(*Schistosome japonicum*)能寄生于人和牛、猪、犬、羊、猫等40多种哺乳动物。

3. **固需寄生虫**(obligatory parasite)　指必须过寄生生活的寄生虫。如吸虫、绦虫和大多数寄生性线虫。

4. **兼性寄生虫**（facultative parasite） 指既可以过寄生生活，又可以过自由生活的寄生虫。如有些伤口蝇蛆（绿蝇、丽蝇、金蝇等的幼虫）可以生活在动物尸体上过腐生生活，也可以寄生于活体动物的伤口中。

5. **暂时性寄生虫**（temporary parasite） 只在宿主体表作短暂寄生的寄生虫。如蚊子、臭虫等等，它们只在吸血时侵袭宿主，吸完血后即离去。

6. **定期性寄生虫** 又称周期性寄生虫，指一生中只在一定的发育阶段寄生于宿主的寄生虫。如牛皮蝇、羊狂蝇等，它们的幼虫（即蝇蛆）寄生于宿主体内，而成虫则过自由生活。

7. **永久性寄生虫**（permanent parasite） 指终生不离开宿主的寄生虫。如旋毛虫（*Trichinella spiralis*），它们总是随着一个宿主的肌肉直接经口转入另一个宿主体内，从无间隔。

8. **内寄生虫**（endoparasite） 指寄生于宿主内部组织器官中的寄生虫。如蛔虫等。

9. **外寄生虫**（ectoparasite） 指寄生于宿主体表的寄生虫。如虱、硬蜱、蚊、臭虫、疥螨、痒螨等。

10. **机会致病寄生虫**（opportunistic parasite） 指在免疫功能正常的宿主体内呈隐性感染状态，而当宿主免疫功能低下时，才大量繁殖，引起发病的寄生虫。如卡氏肺孢子虫（*Pneumocystis carinii*）等。

11. **假寄生虫** 某些本来是过自立生活的动物，偶尔主动侵入或被动地随食物带入宿主体内，这种动物就称为假寄生虫。如粉螨科的某些螨类，正常情况下生活在谷物、糖、乳制品中，有时误入人的肠、泌尿道和呼吸道，引起相应部位发生炎症。也有些假寄生虫对宿主不引起危害，但可被误诊为寄生虫。

12. **迷路寄生虫** 指寄生于正常宿主的非正常寄生部位的寄生虫。

13. **超寄生虫** 寄生于寄生虫的寄生虫。如寄生于蚊子幼虫的罗索线虫（*Romanomermis*）。

（三）宿主的类型

1. **终末宿主**（final host） 寄生虫的成虫或有性繁殖阶段所寄生的宿主。

2. **中间宿主**（intermediate host） 寄生虫的幼虫或无性繁殖阶段所寄生的宿主。具有两个中间宿主时，便依其发育阶段的先后分别称为第一、第二中间宿主。第二中间宿主又称为补充宿主。

3. **保虫宿主**（reservoir host） 在多宿主寄生虫的宿主中，防治上处于次要地位的宿主称为保虫宿主。如日本分体吸虫可寄生于人、耕牛及其他多种动物，从防治人体日本分体吸虫病的角度讲，耕牛及其他动物宿主都是保虫宿主；而从防治耕牛日本分体吸虫病的角度讲，则其他动物宿主为其保虫宿主。因此，保虫宿主只是一种相对概念，常不反映寄生虫与宿主关系的实质。

4. **贮藏宿主**（paratenic host） 寄生虫的感染性幼虫在侵入一个非适宜宿主体内后，不进行发育，也不繁殖，或仅稍有发育，但仍保持对正常宿主的感染能力，这种非适宜宿主就称为贮藏宿主。贮藏宿主并非寄生虫发育过程中所必需的宿主，仅起贮藏、累积作用。如寄生于鸟禽类的比翼线虫（*Syngamus*），当其虫卵在自然界发育为感染性虫卵或幼虫后，既可直接感染鸟禽类；也可以被蚯蚓、某些昆虫或软体动物吞食而暂时贮存在这些动物体内，以后随同蚯蚓、昆虫或软体动物被啄食而感染鸟禽类，这些动物就是比翼线虫的贮藏宿主。贮藏宿主也称为传递宿主。

5. 通过宿主 有的寄生虫的幼虫可以侵入一个非适宜宿主体内，经过一个时期的发育后终因环境不适而死亡，该非专性宿主就称为通过宿主。如鸟类毛毕属（*Trichobilharzia*）血吸虫的尾蚴侵入人的皮肤，引起人的尾蚴性皮炎；羊仰口线虫（*Bunostomum trigoncephalum*）的感染性幼虫侵入人的皮肤而引起皮肤爬行疹；人为这些寄生虫的通过宿主。

6. 带虫者 指体内有寄生虫寄生，但没有临床症状的宿主。

7. 媒介（vector） 指在脊椎动物宿主之间传播寄生虫病的低等动物，通常指的是传播血液原虫的吸血节肢动物。如硬蜱是传播梨形虫的媒介，蚊子是传播疟原虫的媒介。

三、寄生虫的生活史及对寄生生活的适应

（一）寄生虫的生活史

寄生虫的生活史又称发育史或生活环，是指寄生虫完成一代的生长、发育和繁殖的全部过程。

寄生虫的种类繁多，生活史也极其复杂，依据是否需要中间宿主，可大致分为以下两种类型：

1. 直接发育 指寄生虫在发育过程中不需要中间宿主参加的生活史类型。具有这种生活史的寄生虫，其虫卵或幼虫在外界发育到感染期后即直接感染宿主。如猪蛔虫（*Ascaris suum*），成虫寄生于猪的小肠，产出单细胞期虫卵随宿主粪便排至外界，在适宜的外界条件下发育为含有第二期幼虫的感染性虫卵，被猪吞食后即引起感染。

2. 间接发育 指寄生虫在发育过程中需要中间宿主参加的生活史类型。具有这种生活史的寄生虫，其幼虫必须在中间宿主体内发育到感染期后才能感染终末宿主。如长刺后圆线虫（*Metastrongylus elongatus*），成虫寄生于猪的支气管、细支气管，产出的含第一期幼虫的虫卵随猪的粪便排至外界，被蚯蚓吞食后，在蚯蚓体内发育为第三期感染性幼虫，猪吞食了这种带有感染性幼虫的蚯蚓而遭受感染。

在流行病学上，将具有直接型发育史的寄生虫称为土源性寄生虫，因宿主的感染来源于土壤、水和食物；而将具有间接型发育史的寄生虫称为生物源性寄生虫，因其感染来源于中间宿主。

（二）寄生虫对寄生生活的适应

寄生虫为了适应寄生生活，遵循“用进废退”的进化规律，在长期进化过程中，寄生虫在形态结构上和生理上发生了一系列的变化，使其能适应明显不同于祖先自立生活的生活环境。这些适应性变化主要表现在以下方面：

1. 体形上的改变 由于寄生空间的局限性，使寄生虫在体形上可能发生一些适应性变化，这在虫体较小的原虫表现不明显，而寄生蠕虫和节肢动物则可能出现。如日本分体吸虫生活在血管中，虫体呈细长的线状，而不同于多数吸虫的背腹扁平的叶片状；跳蚤在毛隙间活动，故虫体侧扁，并具有特别发达而适于跳跃的腿；肠道寄生虫的身体多呈长形，以减少阻力。

2. 附着器官的发展 寄生虫为了能保留在宿主体内或体表，逐渐产生和发展了一些特殊的附着器官。如吸虫和绦虫的吸盘、小钩、小棘；线虫的唇、齿板、口囊；棘头虫具倒钩的吻突；

吸血虱有健壮的爪，能牢固地握住宿主的毛发。

3. **运动器官的丧失** 由于生活环境的安定和营养物质的易于获得，寄生虫不需要经过跋涉来逃避敌害和获取食物，这就导致了运动器官的退化消失。这种变化普遍存在于内寄生虫，如吸虫仅在毛蚴和尾蚴阶段为了寻找宿主而具有运动器官，其余各发育阶段都没有运动器官；圆叶目绦虫和线虫各发育阶段都没有运动器官。永久性外寄生虫也有许多运动器官退化的实例，如属于双翅目昆虫的羊虱蝇（*Melophagus ovinus*）便失去了双翅而加强了足和爪，使其更加适应于在动物体表的寄生生活。

4. **消化器官的退化、消失** 内寄生虫生活在营养丰富而易于吸收的环境中，多数可以通过渗透作用来吸取营养物质，不再需要复杂的消化器官，这就导致了消化器官的退化，甚至消失。如吸虫仅具有简单的消化器官；绦虫和棘头虫没有消化器官，全靠体表直接从肠道中吸收营养。

5. **生殖器官的高度发达，繁殖能力大大加强** 大多数寄生虫由于建立寄生生活十分困难，阻碍重重，因此在其后代中只有极少数才有可能最终发育为成虫。这样，经过长期的适应和自然选择，就使这些寄生虫具有发达的生殖器官和巨大的繁殖能力。

大多数复殖吸虫为雌雄同体，生殖器官高度发达，占据了身体的大部分，因而成虫具有巨大的繁殖能力，同时它们的幼虫在软体动物中间宿主体内还要进行无性繁殖，即 1 个毛蚴侵入螺蛳后就会发育繁殖形成许许多多的尾蚴。据报导，一个曼氏分体吸虫的毛蚴可以在扁卷螺体内经无性繁殖形成 10 万到 25 万个具有感染性的尾蚴。复殖吸虫的发育史都是由终末宿主体内的有性繁殖和中间宿主体内的无性繁殖交替进行的，一个成虫经有性繁殖产出许许多多的虫卵，每个虫卵孵出的毛蚴又侵入螺蛳经无性繁殖形成无数的尾蚴，从而大大增强了繁殖能力。寄生虫这种需要有性生殖和无性生殖交替进行才能完成生活史的现象称为世代交替。

绦虫不但雌雄同体，而且每一个节片都具有 1 套或 2 套独立的雌、雄性生殖器官，繁殖能力极强。例如，据观察 1 条寄生于绵羊的扩展莫尼茨绦虫（*Moniezia expansa*），可排出 4000 个孕卵节片，每个孕卵节片平均含 1 ~ 2 万个六钩蚴，排出的六钩蚴共计达 4000 万 ~ 8000 万个；寄生于人小肠中的 1 条肥胖带吻绦虫（*Taeniarhynchus saginatus*），一年可排出 2500 个孕卵节片，每个孕卵节片含六钩蚴 8 万个，这样每年排出的六钩蚴总数就达 2 亿个。有的带科绦虫的幼虫，在中间宿主体内还要进行无性繁殖，如 1 个多头蚴含有许多头节，而 1 个细粒棘球蚴所含的头节有时可多达无法计数，这就更加增强了繁殖能力。

线虫和棘头虫是雌雄异体的，一般产卵量都非常大。如猪蛔虫，每天可产卵 20 万个；马副蛔虫可产卵 17 万个，每年约产卵 6×10^7 个；捻转血矛线虫（*Haemonchus contortus*）每天可产卵 5000 ~ 6000 个。有人曾在 1 条蛭形巨吻棘头虫（*Macracanthorhynchus hirudinaceus*）雌虫体内，检查到 1 千万个含棘头蚴的虫卵，这还仅仅是在某一时间所进行的抽查，不能判断其全部产卵能力。

有些原虫在生活史中也具有世代交替，使 1 个虫体经繁殖后能形成大量的后代；如柔嫩艾美耳球虫（*Eimeria tenella*）的 1 个孢子化卵囊被鸡吞食后，先以裂殖生殖方式，在 4 ~ 5d 内形成大约 180 万个裂殖子，这些裂殖子再经配子生殖形成卵囊排出体外，在外界经孢子生殖而形成含 8 个子孢子的孢子化卵囊。

四、寄生虫与宿主的相互关系

寄生虫与宿主的关系,包括寄生虫对宿主的损害和宿主对寄生虫的影响两个方面。

(一)寄生虫对宿主的危害作用

寄生虫在侵入、移行和定居的整个过程中,都以各种方式危害宿主,这种危害作用是多方面的,也是极其复杂的,归纳起来主要有以下几个方面:

1. 夺取宿主的营养 营养关系是寄生虫与宿主关系中最本质的关系。寄生虫在侵入宿主后,无论是幼虫期,还是成虫期,都从宿主取得营养,供其生长、发育和繁殖。寄生虫从宿主获得营养的方式随种类不同而异,有以下几种:

(1)直接摄取宿主肠道中的营养物质 如绦虫缺乏消化系统,成虫寄生在宿主肠道内,浸没在宿主半消化的食物中,通过皮层直接吸收各种营养物质,如氨基酸、糖类、脂肪酸、甘油、维生素、核苷、嘌呤和嘧啶等。有的寄生虫,如蛔虫等则直接以宿主肠腔内的半消化食物为食。

(2)吸取宿主的血液 如钩虫、捻转血矛线虫、蜱、蚊等都是直接吸取宿主的血液为食的。一条犬钩虫所吸食的血液,连同从虫口溢出的血液加在一起,24h 可达 0.36ml,最多可达 0.7ml。

(3)消化、吞食宿主的组织细胞 如绵羊夏伯特线虫将宿主的大肠黏膜纳入口囊并吞食宿主的组织;寄生于马盲肠、结肠内的普通圆线虫除吸血外,也吞食肠黏膜组织碎片;鸮形科吸虫将宿主肠绒毛紧握在附着器间,使绒毛充血,继之血管破裂,它们先把血液吸食,然后分泌消化酶将绒毛溶解,再将其作为食物吸入体内。

由于寄生虫生长迅速,繁殖力极强,这就必然消耗较多的营养物质,当虫体的数量较多时,就会导致宿主的营养不良、贫血、消瘦、生长迟缓与发育受阻。

2. 机械性损伤

(1)损伤宿主的组织器官 有些寄生虫的幼虫在钻入宿主时,引起侵入处的皮肤、黏膜的损伤,如钩虫幼虫侵入宿主皮肤引起的皮炎,蛔虫幼虫侵入肠壁时引起的黏膜损伤与出血。

许多寄生虫在宿主体内移行时,造成组织器官的损伤。如蛔虫引起的蛔虫性肺炎,肝片形吸虫童虫引起的肝脏出血和虫道,多头绦虫的六钩蚴损伤脑组织而引起的脑炎。

寄生虫成虫损伤寄生部位的组织器官。成虫的口囊、吸盘、吻突等固着器官,体表的棘、刺等都能引起这种损害。如钩虫引起的小肠黏膜糜烂出血,蛭形巨吻棘头虫引起肠壁溃疡、穿孔,螨在皮肤内穿凿隧道等。

一些细胞内寄生的原虫造成细胞的破坏。如双芽巴贝斯虫(*Babesia bigemina*)破坏宿主的红血球,引起贫血、黄疸和血红素尿;球虫造成肠道、胆管等处上皮细胞的大量破坏。

(2)堵塞宿主的腔道 有些寄生虫,特别是个体大的种类,在数量多或扭结成团时,常可造成宿主腔道器官的阻塞,如蛔虫引起的肠堵塞、胆管堵塞;肺线虫引起的支气管、气管堵塞。

(3)压迫组织器官 一些寄生虫在宿主体内不断增大,对周围组织器官产生压迫作用,使之萎缩、变性、坏死,从而引起相应的功能障碍。如多头蚴压迫脑组织,引起脑组织的贫血、萎缩,导致宿主出现各种神经症状。细粒棘球蚴压迫宿主的肝脏、肺脏,引起肝、肺的机能障碍。

3. 毒素作用 寄生虫生活期间排出的代谢产物、排泄物和分泌物,虫体、虫卵死亡崩解时的产物,都对宿主产生毒害作用,引起局部或全身反应。

(1)直接的毒害作用 如钩虫分泌的抗凝血物质,使其吸着部位的肠黏膜长期出血,从而增加了宿主的贫血程度；一些经皮肤或黏膜侵入宿主的寄生虫能分泌蛋白水解酶、透明质酸酶而造成宿主组织的损伤；有些硬蜱的涎液内含有的毒素能作用于运动肌和感觉神经，干扰神经肌肉传递而引起上行性肌肉麻痹，导致宿主发生瘫痪，称为"蜱瘫痪"。

(2)引起变态反应 寄生虫的各种分泌物、排泄物和更新脱落的表膜等常常作为一种抗原物质，诱发宿主产生各种类型的变态反应，从而给宿主带来严重危害。如细粒棘球蚴的囊壁一旦破裂，囊液可引起宿主发生全身性的速发型（Ⅰ型）变态反应，导致过敏性休克，甚至死亡；梨形虫和锥虫产生的抗原引起细胞毒素型（Ⅱ型）变态反应，造成宿主的红血球溶解，是引起宿主贫血的原因之一；血吸虫成虫产生的抗原在宿主体内引起免疫复合物型（Ⅲ型）变态反应，导致肾小球基底膜损伤；沉积在宿主肝、肠组织中的血吸虫虫卵发育成熟后，卵内毛蚴分泌的可溶性虫卵抗原经卵壳上的微孔渗出到组织中，引起迟发型（Ⅳ型）变态反应，导致肉芽肿的形成，以后发生机化，从而引起一系列的严重病状。

由于寄生虫的机械性刺激和毒素作用，使寄生部位出现细胞浸润、细胞增生、结缔组织增生和形成包囊等组织细胞反应，导致实质细胞的变性、坏死和结缔组织化等，进而引起宿主组织器官的功能障碍。

4. 引入其他病原体 在外界环境中发育的幼虫，侵入宿主体内时，可把各种病原微生物带入宿主体内；由肠道钻入组织器官中的幼虫可将肠道微生物引入组织器官中。寄生虫造成的组织器官损伤，为其他病原体的侵入创造了条件。寄生虫的寄生降低了宿主的抵抗力，从而也为其他疾病的发生和发展创造了条件。

特别重要的是有些寄生虫本身作为固定传播者，将一些微生物和寄生虫引入宿主，导致传染病和寄生虫病的发生。如某些蚤传播鼠疫杆菌、硬蜱传播梨形虫、蚊传播疟原虫和丝虫等。

（二）宿主对寄生虫的影响

寄生虫以前述的种种方式危害宿主，给宿主带来不同程度的损害。而宿主则以天然免疫和获得性免疫来抵制寄生虫的危害，这种抵抗作用表现为：抑制虫体的生长或降低其繁殖力或缩短其寄生期限，甚至杀灭寄生虫；或阻止虫体对组织的附着，使之排出体外；或者能沉淀与中和寄生虫的产物。

总之，寄生虫在侵入宿主以后，以各种方式危害宿主；而宿主则主要通过免疫反应等防御功能来对抗寄生虫的损害，力图阻止虫体的侵入，抑制、排除、甚至消灭侵入的虫体；同时，寄生虫也以免疫逃避的方式来消除宿主免疫反应的作用。这种相互斗争、相互适应的结果，则同寄生虫的毒力、数量和宿主的营养健康状况、年龄、性别、种类、生理状态等密切相关。如果宿主体质好、抵抗力强，而侵入的寄生虫数量不多，就会在宿主—寄生虫关系中出现一种平衡状态，这时宿主体内保持着一定数量的寄生虫，但却不呈现可以用实验或临床方法测知的临床症状，这种状态称为"带虫状态"，这种宿主就叫带虫者。相反，宿主就会出现明显的病理反应和临床症状，这就引起寄生虫病的发生，严重时则导致宿主的死亡。

第二节 寄生虫的分类与命名

一、寄生虫的分类

（一）动物的分类系统

动物的分类系统是以动物的形态、解剖特征作为主要标准，结合生态学、免疫学、遗传学以及个体发生与种族发生等特点，将动物由低级到高级分为若干类，以反映各类群之间的亲密关系和演化过程。现行的动物分类系统有 7 个等级，即界（Kingdom）、门（Phylum）、纲（Class）、目（Order）、科（Family）、属（Genus）、种（Species）。当这 7 个基本等级不够用时，则可在 7 个等级间加入一些中间等级，这些中间等级的构成是在原等级名称之前加词头总（超，Super -）或亚（Sub -），再分别置于原等级名称的前和后。这样，原来的 7 个等级即成为：界、亚界（Subkingdom）、门、亚门（Subphylum）、总（超）纲（Superclass）、纲、亚纲（Subclass）、总目（Superorder）、目、亚目（Suborder）、总科（Superfamily）、科、亚科（Subfamily）、属、亚属（Subgenus）、种及亚种（Subspecies）。

按照惯例，亚科、科和总科等名称都有标准的字尾，科是 - idae，总科是 - oidea，亚科是 - inae，将这些字尾加在模式属的学名字干之后即构成了相应的科名、总科名和亚科名。如圆线虫属 *Strongylus*、圆线虫亚科 Stronglinae、圆线虫科 Strongylidae、圆线虫总科 Strongyloidea。

（二）动物寄生虫的分类

按照动物分类系统，寄生于动物的寄生虫分隶于动物界的下列 10 个门中。

1. 扁形动物门 Platyhelminthes
    吸虫纲 Trematoda
    绦虫纲 Cestoda
2. 线形动物门 Nemathelminthes
    尾感器纲 Secernentea
    无尾感器纲 Adenophorea
3. 棘头虫动物门 Acanthocephala
    始新棘头虫纲 Eoacanthocephala
    古棘头虫纲 Palaeacanthocephala
    原棘头虫纲 Archiacanthocephala
    多棘头虫纲 Polyacanthocephala
4. 节肢动物门 Arthropoda
    蛛形纲 Arachnida
    昆虫纲 Insecta
    甲壳纲 Crustacea
    五口虫纲 Pentastomida
5. 肉足鞭毛门 Sarcomastigophora

6. 复顶门 Apicomplexa
7. 微孢子虫门 Microspora
8. 囊孢子虫门 Ascetospora
9. 黏孢子虫门 Myxospora
10. 纤毛虫门 Ciliophora

前 3 个门，即扁形动物门、线形动物门和棘头虫动物门的寄生虫通常称为蠕虫，后 6 个门通常称为原虫。除上述 10 个门外，环节动物门（Annelida）的某些蛭（蚂蟥）偶尔可寄生于人和动物的体表、鼻腔等处吸血，蚯蚓则是某些寄生虫的中间宿主。

二、寄生虫的命名规则

人们为了认识和区别各种动物和植物，就必须给它们各自订立一个专门的名称。为了有利于对动植物的利用和各国之间的文化交流，对各种动植物的名称，国际上便规定了一个统一的命名法，使每一种动物或植物都有一个举世公认的名称，这个命名法就叫双名制命名法。用双名制命名法给一种动物或一种植物所规定的名称就叫该种动物或植物的科学名，即学名。

双名制命名法规定每一种动物（或植物）的学名由两个拉丁文或拉丁化的文字组成，第一个字为属名，第二个字为种名。属名为名词，第一个字母应大写；种名为形容词或名词，第一个字母不大写，种名为定语。正规引用一个学名时，还应将命名者的全姓或缩写和定名年份附在后面，并在两者间置一逗号。定名年份指在正式出版物上发表的时间。如：*Fasciola hepatica* Linnaeus，1758，中译名为肝片形吸虫，*Fasciola* 为属名，*hepatica* 为种名，Linnaeus 为定名人，1758 为定名时间。

同一虫种可能同时被几个学者加以描述，并命以不同的名称。这时，只有最早发表的那个名称是有效的，其余的都是同义名（Synonym，简写为 Syn.）。

在写亚种名时，则须在种名之后加上亚种名，即三名法。如：*Dicrocoelium lanceaatum platynosomum*Tang，Tang et al.，1980；中译名为：矛形双腔吸虫扁体亚种。

一个亚属的名称当与一个属名和一个种名一起使用时，被放在该两个名称之间的括号内，它不算为种的双名中或亚种的三名中的一个字。如：*Ostertagia*（*Ostertagia*）*trifurcata* Ranson，1907；中译名为：三叉奥斯特线虫。

在种名不能确定时，可在属名之后附以“sp.”表示。如 *Ostertagia* sp.，即表示奥斯特属的某一种。

如同时混有几个未确定种时，则在属名之后附以“spp.”表示。如 Ostertagia spp.。

当一个种名在文章中连续出现时，第一个种名必须全写，以后的种名中的属名则可缩写；这时，其第一个字母大写，加缩写符号表示。如：*Fasciola hepatica* Linnaeus，1758；缩写后为 F. hepatica Linnaeus，1758。但如果在两个同物种的学名中间有其他学名出现时，则写第二个种名时，不能缩写。

在建立一个新属时，新属的属名不能与任何一个已用过的属名（包括动、植物）重复，在订一个新种的种名时，则可与其他属的种名重复。

一个物种的学名随着分类位置的变化属名可改变，但种名不能变。如：*Distoma sinense* Cobbold，1875 为中华双口吸虫，其后 Looss 认为属名 *Distoma*（双口）不妥当，设立一新属，即

Clonorchis Looss,1907(枝睾属),而将该种改为:*Clonorchis sinensis*,这时全名就成为:*Clonorchis sinensis*(*Cobbold*,1875)Looss,1907;即中华枝睾吸虫 (Syn. *Distoma sinense* Cobbold,1875)。但一般书籍中,通常可以只写原始定名人的姓,即带括号的姓氏:*Clonorchis sinensis*(Cobbold,1875)。

第三节 寄生虫病的流行病学

动物寄生虫病的流行病学是研究某种寄生虫病在动物群体中的发生、传播、流行及转归等客观规律的科学。不同的寄生虫病有不同的流行特点,只有对某种寄生虫病的流行病学有了全面而充分的了解,才能制订出科学的防治措施,从而达到控制和消除这种寄生虫的目的。

一、寄生虫病流行的基本环节

一种寄生虫病的流行必须具备传染源、传播途径和易感动物三个基本条件,即三个基本环节。只有当这三个环节在某一地区同时存在并相互联系时,相应的寄生虫病才可能发生流行。

(一)传染源

动物寄生虫病的传染源是指体内外有寄生虫寄生的宿主,包括患病动物、病人和带虫者。这些传染源体内的寄生虫以其生活史的某一发育阶段直接或间接地进入另一宿主体内继续发育,从而引起其他宿主的感染。如旋毛虫的包囊幼虫随同寄生的宿主肌肉组织被另一宿主吞食而直接引起另一宿主的感染;许多蠕虫产出的虫卵或幼虫需在自然界或中间宿主体内发育至感染期后才侵入其他宿主;住白虫则是以配子体阶段被传播者吸食,并在传播者体内发育为子孢子后再被接种给其他宿主。

由于带虫者没有临床可见的症状,常被忽略而视为健康动物,但它们经常不断地向周围环境散播病原,因而是寄生虫病的重要传染源。

(二)传播途径

指寄生虫从传染源排出,借助某些传播因素,侵入另一宿主的全过程。

1. 病原从传染源排出 寄生虫的种类和寄生部位不同,从传染源排出时所处的发育阶段和排出途径也不相同。多数蠕虫以虫卵或幼虫期随宿主的粪便、尿液、痰液排出;一些丝虫的微丝蚴进入血液中,随中间宿主吸血昆虫的吸血而移出;寄生于宿主皮下结缔组织的种类,如麦地那龙线虫、鸟蛇线虫,在宿主伤口侵入水中时,幼虫即进入水中;旋毛虫在宿主肌肉中形成的包囊幼虫被新的宿主吞食后幼虫才开始进入其体内。寄生于消化道的原虫常以卵囊或包囊阶段随宿主粪便排出。一些血液原虫,如梨形虫、住白虫、疟原虫等则是在血细胞内形成配子体,随传播者吸血昆虫的吸血而离开宿主。寄生于宿主生殖道的原虫,如马媾疫锥虫、胎儿三毛滴虫则是在病畜同健康家畜交配时,虫体直接侵入健康家畜。

2. 传播途径 由传染源排出的虫卵、幼虫、卵囊等,必须通过适当的方式进行传播,才能到达新的宿主体上。而且,许多寄生虫在传播过程中,还必须在外界或中间宿主与传播者体内发育,甚至繁殖后才能达到感染期而对新宿主具有感染能力。动物寄生虫病常见的传播途径有以下几种。

(1)经土、饲料、饲草和水传播 这主要是直接发育的寄生虫的传播途径。寄生虫的虫卵、幼虫、卵囊等,随宿主粪、尿等排至外界,在适宜的条件下发育至感染期,污染土、饲料、饲草、水,再传播至新的宿主。如:猪蛔虫产出单细胞期虫卵随宿主粪便排出,在外界发育成含有第二期幼虫的感染性虫卵,污染土、食物和水,当猪吃食、饮水或拱土时食入这种虫卵,即引起感染;捻转血矛线虫产出桑葚期虫卵随宿主粪便排出,在外界发育为第三期感染性幼虫,幼虫爬到牧草上或被冲入水中,当羊吃草或饮水时即引起羊的感染;结肠小袋虫及贾第虫的包囊、球虫的感染性卵囊也是通过这种途径而传播到新的宿主。

(2)经中间宿主传播 这主要是间接发育的寄生虫的传播途径。由终末宿主体内排出的虫卵或幼虫,首先进入中间宿主体内发育繁殖后达到感染阶段,终末宿主因吞食这种含有感染性幼虫的中间宿主而受到感染。如:华枝睾吸虫的虫卵被第一中间宿主赤豆螺等淡水螺吞食后,在其体内发育繁殖最后形成尾蚴,尾蚴进入水中并侵入第二中间宿主鱼、虾体内发育为囊蚴,犬、猫和人等终末宿主因吞食含有囊蚴的鱼、虾而引起感染;牛、羊因吞食含有似囊尾蚴的中间宿主(地螨)而感染莫尼茨绦虫;猪因吞食含有第三期感染性幼虫的中间宿主(蚯蚓)而感染后圆线虫;鸭因吞食含有棘头囊的中间宿主(湖沼钩虾)而感染大多形棘头虫。

有些间接发育的寄生虫,它们的传播途径则包括上述两方面。如:肝片形吸虫、布氏姜片吸虫的虫卵随终末宿主粪便排至外界,经发育后在水中孵出毛蚴,毛蚴钻入中间宿主淡水螺体内发育繁殖后形成尾蚴,尾蚴从螺体逸出附着在水草上或在水面形成囊蚴,终末宿主因食水草或饮水吞食囊蚴而受到感染;日本分体吸虫含毛蚴的虫卵随终末宿主粪便排至外界,毛蚴孵出后钻入中间宿主(钉螺)体内,经发育繁殖后形成尾蚴,尾蚴离开钉螺进入水中,终末宿主因接触含尾蚴的疫水而经皮肤感染,或因饮用疫水而经口感染。

(3)经媒介传播 这是多种原虫和少数线虫的传播途径。如硬蜱传播梨形虫、蠓传播卡氏住白虫、虻传播伊氏锥虫、蚊传播疟原虫和丝状线虫等。经媒介节肢动物传播的寄生虫病的分布和流行季节具有同媒介节肢动物的地区分布和出现季节相一致的特点。在传播过程中,寄生虫在媒介节肢动物体内的发育情况也各有不同。如:虻是伊氏锥虫的机械性传播者,虫体在其体内既不发育,也不繁殖;蚊是丝状线虫的中间宿主,微丝蚴在其体内发育为感染性的第三期幼虫;硬蜱、蠓、蚊则分别是梨形虫、卡氏住白虫和疟原虫的终末宿主,寄生虫在这些媒介节肢动物体内,不仅要进行不同阶段的发育,而且还要进行有性繁殖。媒介节肢动物在作为中间宿主或终末宿主时,寄生虫必须在其体内完成固有的发育繁殖阶段后,才能将感染阶段的寄生虫传播给新的宿主。

(4)经褥草、挽具、鞍具、笼舍、饲养用具等传播 这是一些外寄生虫,如虱、疥螨、痒螨等的传播途径之一。

(5)经动物直接传播 有些寄生虫可通过动物之间的直接接触而传播。如:疥螨、痒螨、虱等外寄生虫在健康动物同传染源接触时,经皮肤传播;一些生殖道原虫,如马媾疫锥虫、胎儿三毛滴虫则是在交配时经生殖道黏膜而传播;少数蠕虫和原虫,如:日本分体吸虫、弓形虫等可经胎盘直接由母体传播给胎儿。

(6)经自身传播 比较少见,指寄生虫产出的虫卵、幼虫无需到外界,即可使原宿主本身遭受感染。如:微小膜壳绦虫(*Hymenolepis nana*)的虫卵可在宿主(鼠、人)的肠内孵出六钩蚴,六钩蚴钻入肠绒毛经似囊尾蚴发育为成虫,并具有反复自身感染的能力;人体的有钩绦虫患者，在发生恶心呕吐时，可将孕节从患者小肠逆行至胃内，在胃液作用下逸出的六钩蚴导致患者发生猪囊尾蚴病；隐孢子虫在宿主体内形成的薄壁型卵囊可导致宿主本身的重复感染。

3. **感染途径** 指寄生虫侵入宿主的门户或方式。寄生虫离开传染源，经适当的传播途径到达动物体后，还必须经一定的感染途径才能侵入新的宿主建立寄生生活，引起寄生虫病的发生和流行。动物寄生虫的感染途径随寄生虫的种类不同而异，主要有以下几种：

（1）经口感染 寄生虫的感染性虫卵、幼虫、卵囊、包囊或含有感染性幼虫的中间宿主被终末宿主吞食而经口进入宿主体内，这是蠕虫侵入宿主的主要途径。有些原虫，如球虫、贾第虫、结肠小袋虫等的卵囊或包囊也是经口而感染宿主的。

（2）经皮肤感染 有两种情况：一是主动钻入宿主皮肤，有的寄生虫的感染性幼虫在接触到宿主皮肤时，能主动钻入皮肤而引起宿主的感染，这是少数蠕虫和昆虫的感染途径。如：日本分体吸虫、仰口线虫、有齿冠尾线虫、皮蝇蛆等。二是借助于吸血节肢动物（媒介）的叮咬，如丝状线虫借蚊的叮咬而侵入新的宿主。

（3）经接触感染 指寄生虫在传染源同健康动物接触时侵入健康动物。有两种情况：一是经皮肤接触，外寄生虫多采用这种方式，如螨、虱等。这些外寄生虫还可通过褥草、挽具、鞍具等感染其他动物；人的体虱常通过衣服、床上用品等传播，这些都可划入接触感染的范围。二是经黏膜接触，常见的为交配感染，即一些生殖道原虫，如马媾疫锥虫、胎儿三毛滴虫是在动物交配时，经生殖道黏膜传给健康动物。

（4）经胎盘感染 某些原虫或蠕虫的幼虫随怀孕动物的血液通过胎盘进入胎儿体内，引起胎儿的感染，如日本分体吸虫、牛弓首蛔虫、弓形虫等。

（5）经呼吸道感染 如贝氏隐孢子虫、卡氏肺孢子虫等。

（6）自身感染 如猪肉带绦虫等。

各种寄生虫都是循着一定的途径侵入宿主体内的，多数只能通过一种途径侵入宿主；有的则有两种感染途径，如仰口线虫、有齿冠尾线虫既可经口感染，也可经皮肤感染；还有的具有三种感染途径，如日本分体吸虫可以经口感染、经皮肤感染和经胎盘感染。

（三）易感动物

指对某种寄生虫缺乏免疫力或免疫力低下而处于易感状态的动物。通常每一种动物只对一定种类的寄生虫有易感性，而这种易感性又受到宿主本身诸多因素的影响。宿主对寄生虫感染产生的免疫反应是最重要的影响因素，动物寄生虫的免疫多属带虫免疫，未经感染的动物因缺乏特异性免疫而成为易感动物；因感染寄生虫而产生了免疫力的动物，当寄生虫从动物体内清除时，这种免疫力也会逐渐消失，使动物重新处于易感状态。年龄也是影响动物对寄生虫易感性的重要因素，一般而言，宿主的易感性随着年龄的增长而降低，越是幼龄的动物，越易感染，且发病较重，而成年动物常常成为带虫者。动物的营养状态也与易感性密切相关，一般来说，当营养贫乏，特别某些基本物质缺少时，宿主对寄生虫的抵抗力即全面减退。动物的品种、性别也是影响易感性的重要因素，尤其是因品种的不同，常表现出明显的差异。对于多宿主寄生虫来说，不同种类的宿主对同一种寄生虫的易感性常常表现出明显的差异，例如华枝睾吸虫在豚鼠体内的获虫率为49.8%、家兔为35.9%、大鼠为28.8%、仓鼠为21.3%、犬为16.8%、小鼠为1.7%。

二、影响寄生虫病流行的因素

一种寄生虫病的发生与流行，除了必须具备三个基本环节之外，还受许多因素的影响，这些因素可概括为两方面。

（一）外界环境

寄生虫的外界环境是双重的。当它们寄生在宿主体内时，宿主为其直接的外界环境；而在其自主生活阶段，广大的自然界便成为它们的直接外界环境；同时自然环境条件还通过宿主对寄生虫产生间接影响。

1. 宿主 宿主种类、品种、年龄、营养状况和免疫状态等都直接影响到寄生虫的侵入、生长、发育、繁殖和存活，进而影响寄生虫病的流行。

2. 外界环境条件

（1）生物因素 有些寄生虫在其发育过程中需要中间宿主或节肢动物媒介的存在，这些动物的存在与否、数量多少及活动情况都对这些寄生虫病能否流行及流行情况起着决定性的作用。如日本分体吸虫的中间宿主（钉螺）只分布于我国的南方，因此我国北方地区没有日本分体吸虫病的流行。保虫宿主对寄生虫病的流行也是不可忽视的因素，如牛、羊和多种野生反刍兽有共同的寄生虫，彼此能互相感染，因此，一个地区的野生反刍兽的区系必然影响到牛、羊寄生虫病的流行。一些专性寄生虫的存在必然同相应的专性宿主的存在相关联。

植被也同样影响寄生虫病的流行。如蜱的分布常和植被的状况密切相关，硬蜱多散布于潮湿的森林地带，血蜱多分布在平原山麓草原，革蜱常分布在半沙漠地带；蜱的分布不同又造成了梨形虫病在流行地区上的差异。植被形成的阴湿小生态环境，有利于寄生虫虫卵、幼虫的生存和发育，如钩虫幼虫在日光直射的土壤中，寿命平均为5d，在淡阴影下为6周，在深阴影下为8周。肝片形吸虫、布氏姜片吸虫、前后盘吸虫等吸虫需要水生植物作为感染宿主的媒介物，它们的囊蚴是在水草上形成的。一些线虫的感染性幼虫常爬到牧草的茎上，而有利于侵入宿主。

（2）地理气候条件 纬度、海拔、河流、湖泊、沼泽、土壤等地理环境和气温、湿度、雨量、光照等气候条件，都对寄生虫病的发生与流行产生重要影响。

地理气候条件的不同必将影响到植被和动物区系的不同，动物区系的不同就意味着宿主、中间宿主和媒介的不同，前述这些因素都影响着寄生虫病的流行。同时，纬度、海拔等地理条件还对温度、湿度、光照等气候因素产生重要影响，进而影响寄生虫病的分布与流行。

一般动物寄生虫的虫卵、幼虫、卵囊从宿主体内排出后，往往需要在外界环境中生长发育一段时间，有些寄生虫还需要中间宿主和媒介的参与。在这段时间内，寄生虫和作为中间宿主及媒介的变温动物的生长、发育、繁殖和存活都依赖于外界环境中的某些必不可少的条件。因此，外界环境的各种气候因素都直接影响到环境中的虫体数量，进而影响寄生虫病的流行。这些影响因素主要有以下几方面：

①温度：是最重要的影响因素。寄生虫的虫卵、幼虫、卵囊和作为中间宿主及媒介的变温动物的生长、发育和繁殖都需要一定的温度，在低温和过高的温度下都会停止发育，甚至死亡。如猪蛔虫卵，在28～30℃时，只需10d左右即可发育形成第一期幼虫，高过40℃或低于－2℃时，虫卵停止发育；45～50℃时，虫卵在30s内死亡；55℃时，15s死亡。羊仰口线虫在15℃以

下或35℃以上均不能发育；第一期幼虫在0℃时存活8d，10℃时存活20d，30℃时存活9d，45℃时存活40min；水中的第三期幼虫在0℃时存活40d，10～15℃存活100d。胎生网尾线虫的幼虫在低于10℃或高于30℃时均不能发育到感染期。鸡球虫的卵囊在55℃或冰冻时很快死亡。温度也影响幼虫在中间宿主体内的发育，如莫尼茨绦虫六钩蚴在中间宿主地螨体内发育为感染性似囊尾蚴所需的时间，主要取决于外界的温度，在16℃时需107～206d；26℃时为51～52d；27～35℃（平均30℃）时需26～30d。温度也影响幼虫的孵出，如肝片形吸虫的毛蚴在4～5℃时停止从卵内孵出，12～30℃时都能孵出；尾蚴在9℃时不能从中间宿主椎实螺体内逸出，27～29℃时大量逸出，33℃时又停止逸出。

②湿度：也是最重要的影响因素之一。寄生虫的虫卵、幼虫、卵囊以及螺类中间宿主等的生长发育一般要求高湿度，干燥对它们极其不利，容易造成死亡。如猪蛔虫卵在潮湿的土里，在5～20℃时能存活两年，而放在玻片上已形成胚胎的卵14d内死亡，未发育的卵则在11d内死亡；牛弓首蛔虫卵在干燥的环境里，经48～72h死亡，感染期虫卵需80%的相对湿度才能够生存；捻转血矛线虫在25℃条件下，相对湿度为90%、85%、80%和75%时，羊粪中的虫卵能发育到感染性幼虫的比率分别为71.1%、8.1%、3.9%和0%。莫尼茨绦虫卵在水中和潮湿的小室内放置10～15d，死亡30%～40%；干燥6h，死亡30%～50%，干燥18h死亡99.4%；有齿冠尾线虫的虫卵和幼虫在21℃下干燥56h，全部死亡；柔嫩艾美耳球虫的卵囊在相对湿度为21%～30%时，18～40℃下经1～5d死亡。

③光照：光照对寄生虫虫卵、幼虫的存活和幼虫的活动有着重要的影响。阴湿的环境有利于它们的生存和发育，阳光的直接照射极易造成它们的死亡。同时光照常同干燥、高温相联系而共同作用。如肝片形吸虫的含毛蚴的虫卵，在黑暗条件下不孵出毛蚴，将其移入有光线的环境中，很快孵出毛蚴；置于空气中的囊蚴，在阳光直射下经2～3h即失去感染能力。一些线虫的感染性幼虫具有对弱光的趋向性和对强烈日光的避光性，在淡弱光线和适当的湿度条件下，大量地爬上草叶而有利于被草食宿主吞食；而在强光及草叶上水分过多或干燥时，它们则潜藏于土壤中。黑暗能抑制日本血吸虫毛蚴的孵化；全黑暗时尾蚴不能从钉螺逸出，随光照度的增加，尾蚴逸出数也增多。土壤表面的牛弓首蛔虫卵，在阳光的直接照射下，经4h全部死亡。猪蛔虫卵在干燥而有强烈太阳光照射下只能存活1～2h，浸在水中的卵在同样的太阳照射下经4～6h死亡。

④雨量：雨量不仅影响空气和土壤表层的湿度，同时也对寄生虫病的流行产生影响。如在多雨季节或年份，由于虫卵易被冲入水中，同时雨水多，螺蛳容易繁殖，囊蚴散布广，因而牛、羊肝片形吸虫病最为流行；而干旱季节或年份，由于椎实螺减少，牛、羊肝片形吸虫的感染率也随之下降。大雨往往会将爬在牧草上和地表的感染性幼虫冲走，所以在大雨期间宿主被土源性线虫感染的量就会下降。洪水可引起日本血吸虫的广泛流行。

⑤土壤：土壤的理化特性也影响寄生虫在外界环境中的生长、发育与存活。一般疏松的砂质土壤比致密不易透水的黏土、有腐殖质的浅表层土壤比深层土壤更适宜于寄生虫的生活。如猪蛔虫卵在疏松湿润的耕地或园土中一般可以生存2～3年之久，而在热带沙土表层3cm范围内，在夏季阳光直射下，一至数日内便死亡。把含钩虫卵的粪便埋入结构疏松的土壤中90cm，以后它们的幼虫还可以移行到土表；而在黏土中，其移行深度不超过15cm；因此沙土种植区常是人体钩虫病严重感染的地区，而黏土地带就没有钩虫病蔓延。一些中间宿主，如地

螨、蛴螬、蚯蚓等喜居于有腐殖质的疏松土壤中，在这些地方活动的终末宿主就易于感染相应的寄生虫。

（二）社会因素

社会制度、经济状况、生活方式、卫生条件、风俗习惯、肉品检验制度的实施情况、动物饲养管理条件、动物的保健与调运等社会因素都对寄生虫病的流行产生影响，与自然条件相比，社会因素的影响往往更为重要。如放牧的猪容易因掘食蛴螬和蚯蚓而感染棘头虫和肺线虫；生饲水生饲料的猪容易感染姜片吸虫；在水边放牧的牛、羊容易感染肝片吸虫；人随地大便，容易造成猪、牛囊尾蚴病的流行。流行地区人畜的迁入与增长、生活条件和生产方式的落后、排灌系统的修建及水网化而又缺乏有效的血防措施等，都增加粪便污染有螺水体的机会和易感宿主接触疫水的机会，从而加重日本血吸虫病的流行；反之，流行区人畜的减少、下水道的修建及水源的管道化、农业生产的机械化、防治工作的开展等社会因素均可使血吸虫病的流行减轻。配种制度不健全容易造成马媾疫和牛毛滴虫病的流行。厩舍的拥挤、阴暗、潮湿易引起螨病的流行。

三、寄生虫病的流行特点

（一）地方性

某种疾病在某一地区经常发生，无需自外地输入，这种情况称为地方性。寄生虫病的流行常有明显的地方性，这是由于各地的宿主、中间宿主、媒介和气候条件的不同而造成的。

地球上不同地区的地理气候条件不同，造成了植被类型和动物区系的不同，动物区系的不同就意味着寄生虫的终末宿主、中间宿主和媒介的分布不同，这些动物的不同使得相应的寄生虫病具有地方性流行的特点。一些专性寄生虫必须依赖于相应的专性宿主的存在，如象的专性寄生虫就只流行于有象的地区；马蛲虫病只流行于有马属动物的地区。发育中需要有中间宿主的寄生虫只能流行于中间宿主存在的地区，如日本血吸虫病只流行于我国南方，就是因为中间宿主钉螺只分布于我国南方。需要媒介传播的寄生虫，只流行于媒介分布的地区，如寄生于牛、羊、马等多种哺乳动物的刚果锥虫（*Trypanosoma congolense*）和布氏锥虫（*T. brucei*）都分布于非洲的热带地区，这与它们的媒介舌蝇的分布相一致。一些直接发育的寄生虫，由于受温度、湿度等的影响，也具有地方性流行的特点，如猪冠尾线虫病在我国长江以南极为普遍，但在自然情况下不存在于北方，就是由于猪冠尾线虫在外界的发育需要较高的温度和湿度，北方地区一般缺乏这些条件。某些社会因素也是造成一些寄生虫病呈地方性流行的原因，如我国云南有的少数民族有吃生猪肉的习惯，因而成为人体旋毛虫病的高发区；有吃生的或半生的鱼肉习惯的地区，容易发生华枝睾吸虫病的流行；我国西北牧区，牧民养犬防狼、养犬看家，而犬与牛、羊常年在一起，这就造成了牛、羊和人的包虫病的严重流行。

寄生虫的地理分布也并非一成不变的，动物的迁移、人类的旅游和迁移、家畜及野生动物的运输等都可以把一些寄生虫带往新的地区。

（二）季节性

寄生虫病的流行往往具有明显的季节性或季节性差异。由于温度、湿度、雨量、光照等气候条件和作为中间宿主及媒介的变温动物的种群数量、出没等都是随着季节的更迭而发生变化，因此造成了许多寄生虫病的流行具有季节性的特点。如球虫的卵囊，必须在外界适宜的温度、湿度的条件下才能发育为感染性卵囊而对宿主具有感染能力，因此通常多在温暖季节流行。牛、羊莫尼茨绦虫病的流行同中间宿主地螨的出现时间一致，我国福建 2 ~ 3 月份开始感染，4 ~ 5 月份达高峰，8 月后直到次年 1 ~ 2 月份渐终止。鸡卡氏住白虫病的流行则与传播者库蠓的出现一致，我国广州地区多流行于 4 ~ 10 月份，严重发病为 4 ~ 6 月份。动物的螨、虱等体表寄生虫的流行则与动物体表的条件变化密切相关，秋冬季节，动物被毛增长，绒毛增多增厚，体表湿度增加，日光照射不足，因此动物的螨病、虱病主要流行于秋冬季节。

（三）散发性

动物寄生虫病大多呈散发性流行，而且常呈慢性经过，病程长。大多不像传染病那样发病猛烈，短时间内引起大群发病，传播地区广，并引起急性病程等。

（四）自然疫源性

有些寄生虫既可以寄生于家养动物，又可寄生于野生脊椎动物，在未开发的原始森林或荒漠地区，这些寄生虫就在野生动物之间循环，家畜只要进入这种地区就可受到感染，这种地区常称为原发性自然疫源地。如果这些野生动物宿主分布在家畜活动区，其体内的寄生虫除在野生动物之间传播外，还可在家养动物与野生动物之间互相传播，这种地区称为次发性疫源地。这类寄生虫病的流行就带有明显的自然疫源性。例如多房棘球绦虫，通常保持在野生动物狐狸（终末宿主）和鼠类（中间宿主）之间循环感染，但也可导致犬和牦牛、绵羊的感染，犬为终末宿主，牦牛、绵羊为中间宿主。

第四节 寄生虫的免疫学

免疫是机体识别和清除非自身的物质，从而保持机体内外环境平衡的生理学反应。寄生虫对机体来讲是一种异物，进入动物机体后，必然会引起机体对寄生虫的识别和清除。动物对寄生虫的免疫是指动物机体对侵入的寄生虫所表现出的一种识别、清除和试图保持机体免受寄生虫侵害的生理学反应。

动物机体对寄生虫的免疫机制要比对微生物的免疫机制复杂得多。这一方面是由于寄生虫是真核生物，且大部分为多细胞生物，其适应生存环境的能力比微生物强，在进化过程中与动物机体建立了共生关系，从某种意义上讲是获得了制服宿主的能力，具有更强的生存能力。另一方面，绝大多数的寄生虫生活史复杂，组织结构多样，从幼虫到成虫需经过几个发育阶段，更换多个宿主，且许多还为雌雄异体。即使是在动物体内也有不同的发育阶段，处在不同的发育阶段的虫体抗原有所不同，有的还会将自身抗原隐蔽或使自身抗原不断变异，以逃避宿主的免疫监视等。这一切使得动物机体免疫系统识别和清除寄生虫变得十分复杂和困难。

一、寄生虫抗原

（一）寄生虫抗原种类

寄生虫抗原十分复杂，这不仅仅是由于大多数寄生虫是多细胞生物，结构复杂，而且即使是单细胞的原虫，其抗原也因其存在不同的发育阶段而变化多端。

寄生虫抗原分类,按虫体结构可分为体抗原、表膜抗原、卵抗原和排泄分泌抗原等等;按发育阶段分类可分为不同期的抗原;按化学成分分类可分为蛋白、多糖、糖蛋白、糖脂抗原等;按功能分类可分为功能性抗原(保护性抗原)、非功能性抗原(诊断抗原)、致病原等等。上述抗原中,虫体表面抗原和排泄分泌抗原因与宿主直接接触产生致敏作用,诱发宿主免疫应答产生,表现为保护性免疫力,亦可引起免疫病理改变,又可作为免疫诊断的检测对象。这类抗原在寄生虫感染免疫中备受重视。

1. 根据抗原的功能分类

根据寄生虫抗原在抗感染方面的功能,可将其分为两大类:

(1)功能性抗原　能刺激机体产生保护性免疫反应的抗原,称为功能性抗原(functional antigen)或保护性抗原(protective antigen)。

寄生虫的功能抗原只有在寄生过程的某一阶段才会出现。如鸡球虫的功能抗原产生于发育的第二代裂殖生殖阶段;猪蛔虫的功能抗原产生于第二期幼虫向第三期幼虫蜕化的时期;在已经发现的疟原虫的100多种抗原物质中只有少数具有保护性作用。寄生虫的功能抗原大多是虫体的代谢产物。利用这些功能性抗原制成疫苗免疫动物,可使动物得到保护。

(2)非功能性抗原　不能刺激机体产生保护性免疫反应的抗原称为非功能性抗原(non - functional antigen)或非保护性抗原(non - protective antigen)。一些非功能性抗原产生的抗体在寄生虫的检测和诊断中具有重要价值。

2. 根据抗原的来源分类

(1)排泄/分泌抗原　排泄(excretion)/分泌(secretion)抗原(ES抗原)又称可溶性外抗原(soluble exoantigen),是指活的寄生虫或寄生虫培养细胞内释放的抗原。这类抗原是寄生虫的生理活性产物,大多数为酶,常有生物学特征。一般认为,排泄/分泌抗原的免疫原性最强,由它刺激机体产生的相应抗体有很高的特异性。如犬的巴贝斯虫苗和牛巴贝斯虫苗都是从虫体的培养上清液中分离的抗原制备而成。

(2)体抗原或结构抗原　体抗原(domain antigen)或结构抗原(structural antigen)是指由寄生虫虫体结构成分组成的抗原,又称为内抗原(endoantigen)。这类抗原虽也能刺激机体产生抗体,但特异性不高,常被不同种或不同属的寄生虫所共有。

(二)寄生虫抗原的特殊性

寄生虫抗原,既具有抗原的一般性质,也有其特殊性。

1. 寄生虫抗原免疫应答较弱　寄生虫抗原能刺激机体产生免疫应答,产生免疫球蛋白(如IgG、IgM、IgA等),但与细菌、病毒抗原相比其保护性免疫应答要弱得多。

2. 抗原具有复杂性与多源性　大多数寄生虫为多细胞生物,并具有复杂的生活史。因此,寄生虫的抗原也比较复杂。其来源可以是体抗原或排泄/分泌抗原,其化学成分可以是蛋白质或多肽、糖蛋白、糖脂或多糖等。不同来源和成分的抗原诱导宿主产生免疫应答的机制和效果亦不相同。

3. 抗原具有属、种、株、期的特异性　寄生虫的生活史中不同发育阶段既具有共同抗原,又具有各个发育阶段的特异性抗原。共同抗原还可见于不同科、属、种或株的寄生虫之间。特异性抗原在寄生虫病的诊断、疫苗研制方面具有重要意义。

由于共同抗原的存在,寄生虫间的抗原交叉性就比较普遍,主要表现为由某种寄生虫抗原诱导产生的抗体,能与另一种寄生虫抗原相作用。从理论上讲,真核生物较原核生物的结构成分复杂,使前者的交叉抗原较后者更为普遍。这种交叉抗原的存在,在寄生虫免疫保护性应用研究中有着重要的意义,但在寄生虫的血清学诊断中,却给判断试验结果带来困难。

二、寄生虫的免疫类型

和免疫的基本范畴一样,抗寄生虫免疫包括特异性免疫(specific immunity)和非特异性免疫(non－specific immunity)。特异性免疫又称获得性免疫(acquried immunity),是宿主的免疫系统对寄生虫特异性抗原的识别,是免疫活性细胞与寄生虫抗原相互作用的全过程,其结果导致宿主产生体液免疫、细胞免疫以及记忆反应。非特异性免疫又称天然免疫(innate immunity),宿主对寄生虫的非特异性免疫是在进化过程中形成的,具有遗传和种的特征。

宿主对寄生虫的免疫常常是特异性免疫在非特异性免疫的协同下起作用。由于寄生虫的生活史比较复杂,在宿主体内常常要经过不同的发育阶段,大多数寄生虫所引起的免疫反应是复合性的,即细胞免疫和体液免疫共同发挥作用,只是有的以细胞免疫为主,有的以体液免疫为主。

(一)非特异性免疫

有些种类的动物对某些种类的寄生虫表现出先天的不易感性。如人疟疾的四种病原体,其中间日疟原虫有时可感染黑猩猩,恶性疟原虫可以在吼猴体内生存并繁殖一定时间,且这些宿主均属灵长类。如果将这些疟原虫输入啮齿类动物体内,则虫体迅速毁灭,但输入人体,则可能在数小时内使人遭受感染。又如牛带绦虫的成虫只感染人,幼虫只感染牛,其他动物则都对之有天然的抵抗力;除人以外,其他动物均不感染人蛲虫;除马、驴、骡和斑马以外,其他动物均不感染马圆线虫。这种不易感性是靠一些抵抗手段来实现的,而这些手段的产生并不依赖于与任何寄生虫的接触,而是一种先天就有的、主要是由遗传决定的非特异性的免疫能力,因动物的种和品种的差别而大有悬殊,在动物抗寄生虫感染中发挥重要作用。

宿主对寄生虫感染的天然免疫是复杂的,是由多因子交互作用构成的一种免疫网络。动物对寄生虫的天然免疫机能主要表现在以下几个方面:

1. 皮肤、黏膜和胎盘的天然屏障作用 动物皮肤表面的角质层是防止某些寄生虫侵入的天然屏障。许多寄生虫可以通过皮肤上的伤口感染,但不能通过健康皮肤。胃是某些寄生虫进入消化道时的一个关口,这主要是由于一些虫体或其发育的某一阶段不能耐受胃酸,而如果它们混在未被彻底消化的食物进入小肠,就可能造成感染。

2. 补体系统的作用 补体系统由 20 多种血清蛋白组成。作为动物体内抵御病原体感染的第一防线,补体参与宿主非特异性免疫防御机制,并协同效应细胞起作用,是一个重要的非特异性的天然免疫系统,在动物体内对防御病原体感染起重要作用。寄生虫可以直接激活补体系统而发挥对虫体的杀伤作用,也可以通过细胞上的补体受体而发挥细胞介导的细胞毒作用,或者抗原抗体复合物激活补体所致的杀虫作用。

3. 吞噬细胞的吞噬作用 另一个重要的天然免疫机制是某些细胞的吞噬作用。吞噬细胞有中性粒细胞、单核吞噬细胞、嗜酸性粒细胞和自然杀伤(NK)细胞等,单核吞噬细胞遍布于全身的血液循环里,其固定在组织中构成网状内皮系统的细胞,称巨噬细胞(Mφ)。大量研究证明,一氧化氮(NO)作为活化巨噬细胞的一种细胞毒效应分子,在抑制和杀伤细胞外生长和寄生于细胞内的寄生虫的抗感染免疫中均起重要作用。如曼氏血吸虫和利什曼原虫、疟原虫、锥虫、刚地弓形虫和溶组织内阿米巴。γ-干扰素(IFN-γ)可与白细胞介素-2(IL-2)、肿瘤坏死因子(TNF-α、TNF-β)、脂多糖(LPS)协同诱导巨噬细胞产生大量的一氧化氮。一氧化氮通过作用于宿主细胞的线粒体呼吸酶、DNA合成酶及顺乌头酸酶,抑制酶的活性,从而阻断靶细胞的能量合成及DNA复制,引起宿主细胞的死亡,从而参与寄生虫引起的宿主的病理反应。

(二)特异性免疫

宿主感染寄生虫后所表现的特异性免疫有下列几种类型:

1. **消除性免疫**(sterilizing immunity) 消除性免疫是指动物感染某种寄生虫并获得对该寄生虫的免疫力以后,临床症状消失,虫体完全被清除,同时并对寄生虫再感染具有长期的特异性抵抗力。如大鼠感染路氏锥虫(*Trypanosoma lewisi*)后,只出现短时间的虫血症,接着虫体完全被消灭,出现持久的特异性免疫。然而,寄生虫免疫中这种完全消除病原体式的免疫比较少见,大多数则为对虫体的不完全消除或称为不完全免疫。

2. **带虫免疫**(premunition) 带虫免疫,也叫非消除性免疫(non-sterilizing immunity)寄生虫感染常常引起宿主对重复感染产生一定的免疫力,此时宿主体内的寄生虫并未完全被清除,而是维持在低水平。宿主体内没有虫体,也就没有了免疫。如用药物清除宿主体内残留的虫体,免疫力随即消失。例如,患双芽巴贝斯虫的牛痊愈以后,通常仍有少量红细胞内含有虫体,此时对重复感染具有一定的免疫力,如虫体全被清除,免疫力亦随之消失。

3. **缺乏有效的获得性免疫** 少数寄生虫虫种感染宿主后,宿主缺乏有效的获得性免疫,如人体感染杜氏利什曼原虫等时,虫体在巨噬细胞内繁殖和传播,很少出现自愈,只有用药物治愈后,获得性免疫才明显出现。

三、寄生虫的免疫逃避

寄生虫能在具有特异性免疫力的宿主体内生存,甚至可以繁殖,不为宿主所消灭,这种现象称为免疫逃避(immune evasion)。寄生虫免疫逃避机制有下列方式:

(一)抗原变异、隐蔽和脱落

1. **抗原变异** 寄生于动物的一些寄生虫表面抗原经常发生变异,使得已经存在的抗体无法对其识别。寄生虫的不同发育阶段,一般都具有其特异抗原;即使在同一发育阶段,有些虫种抗原亦可产生变化。如寄生于动物的某些原虫如布氏锥虫(*Trypanosoma brucei*)和伊氏锥虫(*T. evansi*)的糖蛋白膜抗原(表面抗原)经常发生变异,不断形成新的变异体(variant),总是与宿主特异抗体合成形成时间差,使宿主的免疫应答跟不上这种改变而避开宿主的免疫作用,不受已经存在的抗体的作用,能在宿主体内长时间地存活下去。

一般认为寄生虫的表面抗原变异是它对抗宿主免疫反应的一种能力。是逃避免疫的重要技巧,是寄生虫长期生存中所形成的一种自我保护能力。具体机制是编码虫体表面抗原的基因发生了改变,原先表达蛋白质的基因不表达了,而虫体内的另一个基因却活化了,表达了另一种蛋白质,虫体的表面抗原也就变了。改变了的抗原与原先的抗原免疫原性不同,而宿主对寄生虫进入后产生的免疫反应只能杀伤包被原先抗原的虫体,对抗原变异后的虫体无杀伤能力,这样寄生虫便逃避了宿主的免疫作用而能继续生长繁殖。

2. 分子模拟与伪装或隐蔽 有些寄生虫体表能表达与宿主组织抗原相似的成分，称为分子模拟(molecular mimicry)。有些寄生虫能将宿主的抗原分子镶嵌在虫体体表，或用宿主抗原包被，称为抗原伪装(antigen disguise)。此时的寄生虫抗原已不能被当作异物识别，宿主也就不能针对它产生相应的抗体。

曼氏血吸虫能将宿主的红细胞抗原和组织相容性抗原吸附到自己的表面膜上以隐蔽虫体抗原。囊尾蚴也以同样方式吸附组织相容性抗原，从而使自己的抗原隐蔽起来。这种由于寄生虫的一种抗原与其宿主的一种抗原相类似，使宿主不能辨识出该寄生虫抗原为异物，因而不能针对它产生相应的抗体现象，有的研究者称其为“抗原隐蔽”。

3. 表膜脱落与更新 蠕虫虫体表膜不断脱落与更新，与表膜结合的抗体随之脱落。

(二)释放可溶性抗原

在锥虫病、犬恶丝虫病及血吸虫病患者血清中有寄生虫的可溶性抗原存在，这类抗原能阻断由特异性抗体介导的作用于虫体的免疫效应，或者与抗体形成免疫复合物，从而抑制免疫反应。新近研究发现，牛皮蝇释放的皮蝇素也具有抵抗宿主抗体作用的功能。

(三)解剖位置的隔离

许多消化道寄生虫的侵入门户和寄居部位实际上避开了宿主的最有力的防御体系，如它们不接触血清，消化道中也没有补体存在。有一些寄生虫生活在宿主细胞内，躲开了抗体的细胞外效应作用。

1. 组织内寄生 寄生虫在宿主组织内寄生时可被囊膜所包绕，这是寄生虫对宿主免疫反应的一种有效屏障。如旋毛虫幼虫、猪囊尾蚴、牛囊尾蚴、棘球蚴和细颈囊尾蚴等，其外部都有宿主源性囊膜包围，这样可抵抗宿主免疫攻击。

2. 肠(腔)内寄生 寄生于胃肠道或生殖道的寄生虫常受到局部分泌物中抗体的作用，而血循环中的抗体却较少发挥作用，如球虫可以逃避循环抗体的攻击。肠内寄生虫能防止大部分免疫反应的攻击。

3. 细胞内寄生 正常情况下，免疫球蛋白定位在细胞外，这样抗体介导的免疫不能作用到细胞内的寄生虫，这使寄生在细胞内的寄生虫受到一定程度的保护。有些原虫(如弓形虫、泰勒虫、利什曼原虫、巴贝斯虫等)寄生在宿主的免疫细胞和红细胞中，宿主的细胞膜就成为虫体免受免疫效应分子攻击的天然屏障。

某些寄生虫通过侵入免疫系统本身的细胞，如巨噬细胞和淋巴细胞内等来逃避免疫应答。如泰勒虫，它们侵入淋巴母细胞并使其转变为不断分裂的细胞系，每个子细胞都接受一些分裂的虫体。

(四)抑制宿主的免疫应答

许多寄生虫在感染哺乳动物期间或感染后一段时间内对宿主有免疫抑制作用，宿主免疫抑制后不但能使寄生虫在宿主体内长期存活，成为带虫者，同时还能造成对其他疾病的易感。例如鼠感染疟原虫后，会增加鼠体内锥虫的毒性。寄生虫的多重感染不仅可增加它们对宿主的免疫抑制作用，而且互相增加宿主的敏感性。这种免疫抑制作用是通过抑制宿主的体液免疫、细胞免疫和释放免疫抑制因子来实现的。寄生虫抗原有些可直接诱导宿主的免疫抑制。表现为：

1. **特异性B细胞克隆的耗竭** 一些寄生虫感染往往诱发宿主产生高Ig血症，提示多克隆B细胞激活，大量抗体产生，但却无明显的保护作用。至感染晚期，虽有抗原刺激，B细胞亦不能分泌抗体，说明多克隆B细胞的激活导致了能与抗原反应的特异性B细胞的耗竭，抑制宿主的免疫应答，甚至出现继发性免疫缺陷。

2. **抑制性T细胞(Ts)的激活** Ts激活可抑制免疫活性细胞的分化和增殖，动物实验证实，感染利什曼原虫、锥虫和血吸虫小鼠有特异性Ts的激活，产生免疫抑制。

3. **虫源性淋巴细胞素毒性因子** 有些寄生虫的分泌排泄物中某种成分具有直接的淋巴细胞毒性作用，或可抑制淋巴细胞激活，如感染旋毛虫幼虫小鼠血清、肝片吸虫的排泄分泌物(ES)均可使淋巴细胞凝集被杀伤。

4. **封闭抗体的产生** 有些寄生虫抗原诱导的抗体可结合在虫体表面，不仅对宿主不产生保护作用，反而阻断保护性抗体与之结合，这类抗体称为封闭抗体，已证实在曼氏血吸虫、丝虫和旋毛虫感染宿主中存在封闭抗体，这也用于解释曼氏血吸虫感染流行区人群，尤其是低龄儿童虽有高滴度抗体水平，但对再感染却无保护能力。

四、寄生虫感染的变态反应

变态反应(allergy)是免疫系统对再次进入的抗原作出的因过于强烈或不适当而导致组织器官损伤的一类反应。除了伴有炎症反应和组织损伤外，其他与机体发挥正常保护功能的免疫反应并无实质性区别。宿主感染寄生虫以后所产生的免疫反应，一方面可以表现为对再感染的抵抗力，另一方面也可发生对宿主有害的变态反应。与微生物感染相比，变态反应似乎在寄生虫感染时更为普遍，这是机体和寄生虫共同作用的结果，必须运用辩证法思想正确认识变态反应在机体抗寄生虫感染中的作用。

通常把变态反应分为四型，其中属于速发型的有三型：即Ⅰ型(过敏反应型)、Ⅱ型(细胞毒型)和Ⅲ型(免疫复合物型)均系由抗体导致的；Ⅳ型属迟发型，为细胞参与的迟发型超敏反应。在寄生虫感染中，有的寄生虫病可同时存在多型变态反应。如曼氏血吸虫病同时有过敏反应型、免疫复合物型及T细胞型变态反应。

(一)Ⅰ型变态反应(过敏反应型)

Ⅰ型变态反应主要见于蠕虫感染。蠕虫的变应原刺激机体产生反应素(主要是IgE，还有IgG)。IgE结合于肥大细胞和嗜碱性粒细胞表面，当相同的变应原再次进入机体，与附着在细胞表面的IgE结合时，导致细胞出现脱颗粒现象，从颗粒中释放出组织胺、5-羟色胺、缓慢反应物质(SRS-A)以及激肽等介质。这些介质具有使平滑肌收缩，提高血管通透性、扩张血管以及增加腺体分泌的作用，从而使机体迅速出现局部或全身的过敏反应症状。在释放这些介质的同时，还释放嗜酸性粒细胞趋化因子(ECIA)，动员并吸引嗜酸性粒细胞聚集，后者含有组织胺酶、芳基硫酸酯酶(arylsulfatase)等物质，可以灭活过敏反应所产生的介质，控制或停止变态反应的发展。

动物受到寄生虫感染后，当再次受到同种寄生虫感染时，有时出现原有寄生虫和新感染寄生虫被全部清除，这种现象称为自愈现象。这种自愈现象不仅发生在同种寄生虫，有时也会导致不同种寄生虫的自愈。目前认为，自愈现象的机制是一种过敏反应。自愈现象在寄生蠕虫的免疫上是一种特有的形式，在寄生虫流行病学上是一个重要的因素。

1928 年由斯托尔(N. Stoll)发现的“自愈”现象的实质，系一种速发型的、抗体导致的过敏症或局部超敏感性反应。斯托尔当时观察到，当感染捻转血矛线虫的羔羊在牧场上出现虫卵高峰之后突然下降，虫体几乎全部被排除体外。研究证明，发生自愈反应的绵羊皱胃有水肿和肥大细胞聚集的现象，随后肥大细胞失去颗粒，同时组织胺的水平增高，胃壁细胞遭受破坏，生化功能受到干扰，导致皱胃中的 pH 值增高，形成对寄生虫不适的环境，使捻转血矛线虫及寄生于同一部位的其他线虫一并被排出。在这些寄生虫感染中所出现的嗜酸性白细胞增多现象也证明了自愈属于超敏感性。绵羊和兔的毛圆线虫病、鸡的蛔虫病和牛的胎生网尾线虫病等都有自愈反应现象。

患旋毛虫病时出现的发热、皮疹、水肿、血中嗜酸性粒细胞增多以及 IgE 滴度的增高，蛔虫幼虫通过肺部时出现的支气管哮喘和肺部嗜酸性粒细胞浸润，血吸虫再感染时局部出现荨麻疹、皮下水肿、嗜酸性粒细胞增多一类的病理变化和症状都属于 I 型变态反应。棘球蚴病时，若包囊破裂，大量囊液进入腹腔，则可引起过敏性休克。

节肢动物中的牛皮蝇幼虫也能引起这种反应。牛皮蝇幼虫在牛组织中移行时，如果幼虫破裂，其体液与致敏牛体液接触时，可能引起严重反应，甚至导致宿主死亡。马、牛遭蝇、蠓等叮咬可以引起变态反应性皮炎，症状为强烈瘙痒和荨麻疹。螨的刺激也引起同样的反应。

通过对 I 型过敏反应机制的研究发现，IL-4(白细胞介素 4)可刺激 B 细胞成熟和增殖，诱导高水平 IgE 产生，在调节抗寄生虫免疫反应中发挥重要作用。IL-4 诱导 IgE、IgG 的免疫应答，而 IL-5(白细胞介素 5)则是促进嗜酸性粒细胞(EOS)对虫体的杀伤作用。

(二)Ⅱ型变态反应(细胞毒型)

Ⅱ型变态反应是抗体与附在宿主细胞膜上的抗原结合，如有补体参与作用，即引起细胞溶解。锥虫和巴贝斯虫的贫血属于细胞毒性变态反应，抗原物质与红细胞表面结合，使宿主自身的红细胞被当作异物而被溶解，造成严重的贫血。杜氏利什曼原虫的抗原吸附于红细胞膜上，血中的相应抗体(IgG 或 IgM)与这种抗原结合，然后补体与抗体结合，诱发补体各成分的连锁反应，最终引起红细胞的溶解，临床上出现贫血。

(三)Ⅲ型变态反应(免疫复合物型)

Ⅲ型变态反应是抗原与抗体在血内结合，形成抗原抗体复合物。这种复合物沉积于血管壁并激活补体，产生白细胞趋化因子，引起中性粒细胞在局部积聚，释放蛋白溶解酶，损伤血管壁及邻近组织，引起血管炎。犬恶丝虫病、疟疾和血吸虫病出现的肾病等属于免疫复合物型变态反应。

(四)细胞介导的Ⅳ型变态反应(迟发型)

Ⅳ型变态反应是 T 细胞介导的细胞免疫反应。经寄生虫抗原致敏的 T 细胞，当再次接触抗原时，出现分化、繁殖并释放细胞因子，在局部组织内形成以单核细胞浸润为主，聚集在小血管内和小血管周围的炎症反应。出现这种现象的机制，有可能是致敏的淋巴细胞的表面上带有抗体样受体，当这些细胞与抗原接触时，即以某种未知的方式影响其他的淋巴细胞，使之移动到抗原出现部位。血吸虫病是由血吸虫卵在组织中沉积引起的，以虫卵肉芽肿为病变特征的免疫性疾病。研究表明，宿主抗血吸虫感染的获得性免疫应答，主要通过诱导 T 淋巴细胞和单核巨噬细胞释放具有多种生物学活性的细胞因子来发挥免疫调节作用。

五、寄生虫免疫的应用

(一)寄生虫免疫学诊断方法

寄生虫免疫学诊断方法就是通过检测动物感染寄生虫后所出现的相应抗体或抗原而作出诊断的方法。目前,我国已在一些重要寄生虫病(如棘球蚴病、弓形体病、日本血吸虫病、肝片吸虫病、旋毛虫病、肺吸虫病和锥虫病等)方面建立了多种免疫学诊断方法并得到推广应用。如皮内变态反应(ID)、琼脂扩散试验(AGF)、间接血试验(IHA)、间接荧光抗体试验(IFAT)、酶联免疫吸附试验(ELISA)、斑点－酶联免疫吸附试验(Dot－ELISA)、单克隆抗体酶联免疫吸附试验及胶体金技术等,这些方法具有简便、快速、敏感、特异等优点,但有时也可能出现假阳性或假阴性。

随着寄生虫免疫学的发展,不断寻找特异性强、敏感性高、制备简易的寄生虫抗原并结合各种先进的免疫学诊断技术,以增加寄生虫病诊断与检测的特异性、敏感性和简便性,这将是今后寄生虫免疫学诊断应用的发展方向。

(二)抗寄生虫疫苗

寄生虫免疫预防是寄生虫病防治的重要技术措施之一。疫苗在寄生虫病方面的应用比在细菌和病毒病方面要少得多,但也有一些成功的例子。目前国内外已研究出一些寄生虫疫苗,主要有以下几种类型:

1. 寄生虫虫体疫苗

(1)虫体抗原苗　是用虫体提取物作为抗原并加入佐剂制成的疫苗。如旋毛虫成虫可溶性抗原和弗氏佐剂制备而成的疫苗,猪囊虫全虫匀浆灭活苗等。

(2)活虫苗

①强毒苗:控制感染的寄生虫数量,使宿主感染一定数量的寄生虫,达到既能预防再感染,又不至于引起宿主发病,即使宿主处于带虫免疫状态。

如目前市场上销售的鸡球虫苗(Coccivac 和 Immucox)。Coccivac 是由美国生产的,由除早熟艾美耳球虫以外的 8 种鸡艾美耳球虫卵囊混合而成。Immucox 系由加拿大生产,含有柔嫩、毒害、巨型和堆型 4 种鸡艾美耳球虫的毒力株卵囊。

②弱毒苗:采用生物的弱毒选育或物理、化学方法使寄生虫致病力减弱,但仍具有免疫活性的活虫苗。

如鸡球虫弱毒苗,已在生产上应用。在捻转血矛线虫、毛圆线虫和网尾线虫等方面,也有一些有效疫苗,其研制方法一般是用 X 射线照射处理第三期幼虫,使它们失去发育为成虫的能力(致弱),然后通过口服,激发宿主的免疫功能。在绦虫方面,也有用 X 射线处理头节,制成口服疫苗,产生一定保护力的例子。在血吸虫方面,也有通过照射等方法处理童虫制成疫苗获得了较好的免疫保护效果的报道。

中国农业科学院兰州兽医研究所研制成功的环形泰勒虫裂殖体胶冻细胞苗接种 20d 后即可产生免疫力,免疫持续期达 13 个月之久,在宁夏、内蒙古、新疆、山东、山西、河南、河北、陕西、甘肃等地区推广应用,证明其有效保护率达 99.8%。

(3)异种虫体苗　是利用寄生虫的交叉免疫原理而制备的疫苗。如泰氏锥虫制备的虫体苗接种动物后可使动物产生抗伊氏锥虫的能力;旋毛虫抗原接种小鼠后能诱导抗日本血吸虫感染的免疫效应。

2. **分泌与代谢抗原苗** 一些寄生虫的分泌或代谢产物具有很强的免疫原性。因此可从发病动物体内直接提取抗原或从寄生虫人工培养液中提取有效抗原作为制苗的成分。如牛的巴贝斯虫苗和犬的巴贝斯虫苗已分别在澳大利亚和欧洲广泛应用。

3. **组织细胞苗** 利用细胞工程技术对寄生虫具有免疫原性的某些细胞进行培养建立细胞系,将培养的细胞灭活后制苗。在我国已研究成功的有:猪囊尾蚴细胞灭活油乳剂苗,免疫猪的保护率可达99%以上。

4. **化学合成苗** 通过化学反应合成一些有免疫保护作用的小分子抗原来制苗,这类抗原目前主要采用全自动化学合成仪进行合成。有合成肽苗和合成多糖苗,如疟原虫合成肽苗。

5. **抗独特型抗体疫苗** 抗原刺激机体产生第一抗体(Ab_1),在第一抗体免疫球蛋白的高变区存在有一组特殊表位,称为独特型(id)。它可刺激机体产生第二抗体(Ab_2)称为抗独特型抗体。用抗独特型抗体(Ab_2)代替抗原而制备的疫苗称为抗独特型抗体疫苗。如弓形虫、日本血吸虫的抗独特型抗体疫苗。

6. **基因工程苗** 基因工程苗或重组抗原苗是利用基因重组技术在表达载体内合成大量的蛋白质(重组抗原),再经过对重组蛋白质的处理而制备成的疫苗。如血吸虫重组基因工程苗(重组GST谷胱甘肽-S-转移酶),保护效果在50%以上;国内研制出的猪囊虫病基因工程苗,完全保护率达55.5%。

1994年,澳大利亚使用了世界上第一种可预防体外寄生虫的基因工程疫苗,用来预防牛的微小牛蜱病。这种疫苗不仅在牛的蜱病控制上有明显效果,同时也为抗体外寄生虫病疫苗的研究积累了经验。目前,南美洲和世界上其他国家也有相同和相似的疫苗出现。用疫苗预防体外寄生虫,避免了使用杀虫剂和杀螨剂等化学药品所带来的药物残留、药物副作用和耐药性虫株增多等问题。其发展虽然还处于初期阶段,但却为寄生虫的研究和控制开辟了新途径。

7. **核酸疫苗** 核酸疫苗也叫DNA疫苗,是将一段编码蛋白质的基因克隆到真核表达载体中,直接注入动物体内表达目的蛋白质,从而致敏机体免疫系统。核酸疫苗的免疫机制被认为是同时激活细胞免疫和体液免疫,极大地发挥了机体免疫功能。与一些基因工程疫苗相比,核酸疫苗已显示出免疫时间长,免疫应答完全,制作简单等优点,被称为第三代疫苗。近年来,寄生虫核酸疫苗研究范围已涉及吸虫、绦虫、线虫及原虫的多个虫种,寄生虫核酸疫苗的问世将在寄生虫免疫防制中发挥巨大的作用。

第五节 寄生虫病的诊断和防治措施

一、动物寄生虫病的诊断

动物寄生虫病的诊断不仅是治疗病畜的依据,而且也是掌握当地各种寄生虫病流行情况以及进行药物驱虫试验时所必需的手段。本节将分为生前诊断和死后诊断两部分作简要介绍,具体操作技术则在《动物寄生虫病学实验教程》中详述。

(一)生前诊断

对可疑病畜、病禽的诊断,应根据流行病学资料的分析和临床症状的检查作出初步判断,最后依据病原学检查发现寄生虫的虫卵、卵囊、包囊、幼虫、虫体及其片断等方能确诊。在查找病原有困难时,尚可采用动物接种、诊断性驱虫及X光检查等方法进行诊断。免疫学诊断法和分子生物学检查技术在寄生虫病诊断方面的应用发展很快,但目前仍只作为辅助诊断方法和进行流行病学调查。

1. **流行病学的调查分析** 每种寄生虫病在动物群体中的流行,必须具备流行的三个环节和有利于流行的外界环境因素及社会因素。因此,在诊断寄生虫病时,首先应详细调查了解这些相关的资料,再加以综合分析,从流行病学角度得出所发生的可能寄生虫病,为进一步诊断指明方向,有利于采取更为准确的诊断方法。

2. **临床症状的观察** 有的寄生虫病具有典型的临床症状。如双芽巴贝斯虫病引起患牛高热、贫血、黄疸和血红素尿;疥螨病引起患畜发生剧痒、消瘦,患部皮肤脱毛、结痂;患脑多头蚴病的牛、羊出现转圈运动等神经症状;患比翼线虫病的鸡出现伸颈、张口呼吸、左右摇甩头等症状。对于这些有特征性症状的寄生虫病,在流行地区通过对患畜的临床检查,可以作出初步诊断。

多数寄生虫病只引起患畜、患禽出现贫血、消瘦、下痢、水肿、幼畜生长发育受阻等共同的症状,而没有特异性症状。对这类寄生虫病,虽然根据症状不能作出诊断,但可根据症状确定大概范围,为下一步采用其他诊断方法提供依据。

寄生虫病的临床诊断方法与其他疾病的诊断方法相同,但应注意检查整个群体的症状表现,而且在检查中要特别注意家畜的营养状况、可视黏膜的色泽、粪便情况、下垂部有无水肿、皮肤病变及一些特殊症状等。

3. **病原学诊断** 由于多数寄生虫病都无特异的示病症状,流行病学的调查也只能提供发生某种寄生虫病的可能性。因此,采用各种实验室方法,查明动物体内外有无寄生虫的存在,是诊断寄生虫病的主要手段,也是确诊的依据,它是在流行病学调查和临床检查的基础上进行的。根据寄生虫种类的不同,可分别选用以下方法:

(1)粪便检查法 这种方法是通过检查动物粪便中有无蠕虫的虫卵、幼虫、虫体、节片,原虫的卵囊、滋养体、包囊等,从而达到诊断的目的。这是诊断寄生虫病常用的病原学检测方法。可用来检测寄生于消化道、肝、胰、肺、气管、支气管和肠系膜静脉中的寄生虫,还可用于诊断禽类寄生于输卵管和泌尿系统的寄生虫。检查时,粪便要新鲜,特别是检查原虫滋养体时一定要新鲜粪样;同时要注意防止粪样之间的相互污染。

①蠕虫虫卵检查法:

直接涂片法:用于一些产卵量大或虫体寄生数目较多的蠕虫虫卵检查。本法操作简单、快速,但由于检出率低,故在动物寄生虫的诊断上用得不多。

集卵法:这是一种利用比重大小而使虫卵浓集以提高检出率的方法,也是虫卵检查法中常用的方法。基本方法有:a. 漂浮法:适用于检查比重较小的线虫卵、绦虫卵,常用的为直接过滤漂浮法和试管漂浮法;b. 沉淀法:适用于检查比重较大的吸虫卵和棘头虫卵;c. 锦纶筛兜淘洗法:适用于宽度大于60μm的虫卵检查;此外在漂浮法与沉淀法这两种基本方法的基础上,又形成了离心沉淀法、离心漂浮法及沉淀-漂浮法。

虫卵计数法:用来推测寄生虫的感染程度和考核药物的驱虫效果。具体方法有斯氏虫卵计数法、麦氏虫卵计数法和牛、羊片形吸虫虫卵计数法等。

②蠕虫幼虫检查法:主要用于牛、羊肺线虫病的诊断。

贝尔曼法:亦称漏斗幼虫分离法。可用于牛、羊肺线虫病的生前诊断,还可用于分离病畜组织器官中的幼虫,分离饲料、土壤中污染的幼虫。

法依德法:即平皿法,只用于绵羊、山羊肺线虫病的生前诊断。

③毛蚴孵化法:用来诊断血吸虫病,包括三角烧瓶孵化法和塑料瓶玻璃顶管孵化法。

④幼虫培养法:用来区分圆形亚目线虫虫卵的种类。

⑤蠕虫虫体检查法:用于动物绦虫病的生前诊断,结合寄生虫学剖检法还可用来判断药物的治疗效果。

⑥原虫检查法:在诊断畜禽球虫病时通常采用饱和盐水漂浮法检查粪便中的卵囊,也可用直接涂片法,如需计数时则用麦氏计数法。在检查粪便中的贾第虫、小袋纤毛虫滋养体时,可用新鲜粪便加生理盐水做成抹片,观察有无活动虫体。在检查粪便中的隐孢子虫卵囊时,可用饱和蔗糖溶液漂浮法收集粪便中的卵囊,涂片后立即用油镜镜检;或涂片晾干后用金胺一酚染色法、改良抗酸染色法、金胺一酚染色－改良抗酸染法染色后镜检。

(2)血液检查　用于血液原虫病和丝虫病的诊断。

①鲜血压滴标本检查:用来检查活动的虫体,适宜于检查血液中的微丝蚴和伊氏锥虫。

②涂片染色标本检查:

薄血膜涂片检查:染色用姬氏染色法或瑞氏染色法。适用于各种血液原虫的检查,如伊氏锥虫、梨形虫、住白虫、疟原虫等。

厚血膜涂片检查:用于血液中的微丝蚴和伊氏锥虫密度较低时的检查。如检查血液中的微丝蚴先用明矾苏木素染色,再用1%伊红染液复染,也可用姬氏染色法进行染色;检查血液中的伊氏锥虫,则用姬氏染色法或瑞氏染色法进行染色。

③虫体浓集检查法:当血液中的虫体很少时,可先进行集虫,再行制片检查。适用于检查血液中的微丝蚴、伊氏锥虫和梨形虫。

(3)排泄、分泌物及组织液的检查

①尿液检查:用于检查猪尿液中的有齿冠尾线虫卵、犬尿液中的肾膨结线虫卵。

②阴道分泌物及包皮冲洗液的检查:用于检查牛的胎儿三毛滴虫。

③痰液检查:用于检查犬、猫痰液中的肺吸虫卵。

④腹水检查:用于检查病畜腹水中的弓形虫滋养体。

(4)其他器官组织的检查

①皮肤及皮下检查:

皮屑检查:用于螨病的诊断。刮取患部边缘处的皮屑,用显微镜检查;对大型螨虫,如痒螨可用肉眼直接检查;皮屑内螨虫少时,则可采用浓集法。

皮肤及皮下结节的检查:可用来诊断鸭的鸟蛇线虫病、牛皮蝇蛆病等。

皮肤表面、被毛及羽毛的检查:用来诊断蜱、虱、蚤、虱蝇、皮刺螨、恙螨等体外寄生虫。

②淋巴结穿刺物的检查:用于泰勒虫病的诊断。

③肛门周围刮下物的检查:用于马尖尾线虫病的诊断。

4. **动物接种** 用于伊氏锥虫病和弓形虫病的诊断。将病料接种给实验动物，在被接种动物体内查到虫体，即可确诊。

5. **诊断性驱虫** 对怀疑患某种寄生虫病的病畜、病禽，或在怀疑患某种寄生虫病的大群动物中选择少数患病动物，用特效药物进行驱虫，根据服药后的治疗效果或检查服药后排出的粪便中有无虫体，从而达到诊断的目的。

6. **X 光检查** 可用于棘球蚴病、脑多头蚴病及肺吸虫病的诊断。

7. **免疫学诊断法** 免疫学诊断的各种方法，如皮内变态反应（ID）、琼脂扩散试验（AGF）、补体结合试验（CFT）、间接荧光抗体试验（IFAT）、酶联免疫吸附试验（ELISA）、斑点酶联免疫吸附试验（Dot－ELISA）和胶体金技术等都已在寄生虫病诊断中广泛应用。

8. **分子生物学技术** 随着分子生物技术的迅速发展，聚合酶链式反应（PCR）和 DNA 探针技术等已应用于多种寄生虫病的诊断。

（二）死后诊断

对患病动物的尸体或在大群患病动物中选择个别病例进行寄生虫学剖检，可以发现所有组织器官中的全部寄生虫和病理变化，测出感染强度和鉴别感染的寄生虫种类。寄生虫学剖检法在寄生虫病的诊断方法中，是一种最可靠的方法；既能定性，即能准确地测知感染的寄生虫种类；又能定量，即能了解每种寄生虫的感染强度。这种方法除用于诊断外，还用于流行病学的调查，也是评价药物驱虫效果的重要方法之一。根据不同目的，可分为以下三种方法：

1. **寄生虫学完全剖检法** 解剖检查被检动物的所有组织器官，收集体内外寄生的全部寄生虫，然后进行分类计数。

2. **个别器官的寄生虫学剖检法** 本法用来检查个别器官感染寄生虫的程度。检查时仅对某一器官进行检查，收集其全部虫体，然后进行鉴定和计数，而对其他器官则不检查。

3. **个别虫种的采集法** 仅对动物脏器或组织中的某种寄生虫进行收集检查，而对其他种类的寄生虫则不予检查。

二、动物寄生虫病的防治

动物寄生虫的种类繁多，每种寄生虫又各有其本身的特点，同时寄生虫病的传播和流行又同自然环境条件和社会因素有着密切的关系，这就大大增加了防治工作的难度和复杂性。因此，对动物寄生虫病的防治，必须贯彻"预防为主"的方针，采取综合防治措施，通过长期不懈的努力，才能控制和消除动物寄生虫病，达到保障养殖业发展和保护人民身体健康的目的。

（一）防治原则

各种寄生虫病都各有其流行特点，其防治措施也不尽相同，但它们的流行都必须具备传染源、易感动物和适宜的传播途径三个环节。因此，切断寄生虫病流行的三个环节便是防治各种寄生虫病的基本原则。

1. **控制传染源** 控制传染源是防止寄生虫病流行的重要环节。在疫区，对患病动物进行及时治疗，同时对动物群体进行定期的预防性驱虫，以驱杀动物体内外的寄生虫。在非疫区，应尽量不从疫区输入动物，如必须引进时，则应采取严格的隔离检疫、治疗等措施，以免引入传染源。此外，对保虫宿主也要采取有效的防制措施。

2. 切断传播途径 针对寄生虫传播的全过程，采取相应的措施，以杀灭外界环境中的寄生虫、阻断寄生虫的发育、减少感染阶段的寄生虫接触和感染宿主的机会。主要措施包括：粪便的无害化处理；注意饲料、饮水、厩舍和环境卫生；讲究饲养方式；把好屠宰关；加强检疫；对需要中间宿主和传播者的寄生虫，还应尽可能地控制、消除中间宿主和传播者。

3. 保护易感动物 目的在于增强动物的抵抗能力，减少寄生虫的危害。主要措施是保证动物的全价饲养，使动物获得足够的各种营养物质。对于一些已有疫苗可供使用的寄生虫病，则可行人工接种疫苗，以提高动物的特异性免疫力。

（二）防治措施

对不同种类的寄生虫、不同种的动物，其防治措施的侧重点亦有所不同，但总的说来包括下面一些方面：

1. 动物的驱虫 动物的驱虫就是用药物杀灭动物体内和体表的寄生虫。由于寄生虫局限于宿主体内或体表的这个阶段是它们生活史中较易突破的环节，而当它们散布在自然界的阶段，虽然缺乏庇护，但由于虫体小、散布广，往往难于扑灭。因此，驱虫是一项极其重要的防制措施，在生产上也是易于实施的一项措施。动物的驱虫具有双重意义，其一是杀灭或驱除动物体内外的寄生虫后，使宿主得到康复；其二是随着寄生虫的杀灭，减少了宿主动物向自然界散布病原体的机会，从而起到了预防其他家畜感染的作用。驱虫按照目的和对象的不同，可分为以下二种：

（1）治疗性驱虫 是针对病畜采取的紧急措施，可以在一年中的任何时候进行，主要目的是用抗寄生虫药物治愈病畜。

（2）预防性驱虫 这是针对有寄生虫寄生的动物群体所进行的一种定期性的驱虫措施，不论其发病与否，主要目的是防止寄生虫病的暴发。

①定期预防性驱虫：根据寄生虫在当地的流行规律，在每年的一定时间进行一次至多次驱虫。

对于大多数蠕虫，通常采用一年二次以上的预防性驱虫。一次在秋末冬初进行，这是最重要的一次预防性驱虫，既可保护动物的安全越冬，又能减少翌年牧场的污染；另一次是在冬末春初时进行。有时尚可采取每季度驱虫一次。对于有些蠕虫，最好能采用“成熟前驱虫”，即趁一种蠕虫在宿主体内尚未发育成熟的时候，用药驱除之。这样，可以把寄生虫消灭在成熟之前，从而防止宿主排出病原污染环境，并能阻断病程的发展，有利于保持动物的健康。具体驱虫时间应根据寄生虫的生活史和流行病学特点以及药物的性能等因素来确定。例如，绵羊的莫尼茨绦虫，其似囊尾蚴随地螨被摄入羊小肠，经 30 天发育成熟并排出孕节，成虫寿命一般仅 3 个月，因此，第二年春季的羔羊和成年羊一般都是无虫的，如果当地绵羊最早在 6 月上旬感染这种绦虫，就可以在 6 月下旬和 7 月上旬连续驱虫两次，使绵羊感染的大部分绦虫死于幼龄阶段。再如，为了预防牛、羊的细粒棘球蚴病，对犬采取每月或每 6 周一次的驱虫，也是趁细粒棘球绦虫在犬小肠内发育成熟（最早需 45d）前将其驱除，犬就不可能排出孕节或虫卵污染草场，牛、羊也就不会因吞食虫卵而患细粒棘球蚴病。

为了预防某些原虫病，也可以根据药物的持效时间，进行定期的给药预防。例如为了预防牛的双芽巴贝斯虫病，在流行地区的流行季节，可用贝尼尔每隔 15d 给牛群注射一次或用咪唑苯脲每隔 60d 给牛群注射一次。

②长期给药预防:在雏鸡和幼兔的饲料或饮水中,加入抗球虫药,让其长期服用,可防止球虫病的发生,也是目前预防鸡、兔球虫病的重要措施。为了预防鸡的住白虫病,可在流行季节,将复方泰灭净、乙胺嘧啶、磺胺喹噁啉等药物加入饲料中,让鸡服用。为了预防羊的胃肠道线虫病,可在感染季节将某些药物混于精料或食盐内让羊自行舔服。随着药物剂型研究的进展,一些缓释制剂和控释制剂的应用能有效地预防牛、羊等动物的寄生虫病;例如:据报道,用阿维菌素控制释放长效丸,在感染季节给羊投服后,药丸能连续释放药物达3个月以上,从而有效地防止胃肠道线虫和螨虫的感染,如结合一年二次的定期预防性驱虫,就能起到预防寄生虫病和净化牧场的双重作用。

(3)驱虫时的注意事项:

①正确选择驱虫药物:正确选择驱虫药物是保证驱虫效果的重要前提。所选药物应高效、安全、价廉和使用方便。如一次驱除多种寄生虫时,应选择广谱驱虫药或选择几种有效药物联合使用。如进行成熟前驱虫时,则应选择对幼虫有效的药物。为了保证畜产品的质量和保护生态环境,还应考虑所选药物应无残留、无三致(致畸、致癌、致突变)及无公害。为了防止产生抗药性虫株,应尽量选择使用不易产生抗药性的药物。

②用药量要准确:驱虫时用药量一定要准确。用量不足,达不到驱虫效果,而且容易诱发抗药性的产生;超量用药则会引起宿主中毒。为了保证用药量的准确,对驱虫动物的体重应尽量用实际称重法,无条件时应采用体尺测量估重法进行计算,尽量少用目测估重法。如通过混饲或饮水大群给药时,药物应按规定比例加入饲料或饮水中,特别应注意充分混匀。

③保证驱虫的安全:大群驱虫前,应先挑选少数动物进行驱虫试验,确定安全、有效后再全面铺开;尤其对未曾使用过的药物更应先做试验。驱虫时和驱虫后应注意观察动物的反应,发现中毒要及时抢救。实施驱虫时,要根据药物的安全性,对体弱、有病、怀孕的动物缓驱、分次用药驱或免驱。为了保证畜产品的质量,应注意药物的禁忌、休药期等。在驱虫时,还应注意工作人员的安全,例如在使用有机磷类药物杀灭动物的外寄生虫时,要防止工作人员吸入和皮肤接触到药物。

④防止病原的散布:驱虫后,动物会随粪便排出大量的虫体、幼虫和虫卵,如不妥善处理,将会造成环境的污染。因此,驱虫时应将动物集中在指定的地点进行,并搜集服药后3~5d内排出的粪便和虫体,进行生物热处理以杀死病原,避免病原的散布。

⑤驱虫效果的检查:驱虫后,除观察动物的精神、营养、粪便等方面的改善情况外,可以在给药后一个月左右抽查一定数量的动物,根据其体内虫体或虫卵的减少情况,对驱虫效果作出全面评价,总结经验,找出问题,以供今后驱虫参考。

2. 加强粪便管理 许多寄生虫的虫卵、幼虫、孕节、卵囊、包囊等都随宿主粪便排至外界,再发育到感染期而感染其他动物。因此,加强粪便管理,防止人畜粪便随处散播,收集人畜粪便经无害化处理杀死其中的病原体后再作肥料等,是防制寄生虫病的重要措施之一。

由于寄生虫的虫卵、卵囊等的抵抗力较强,一般消毒剂对它们无效,但对热敏感,在50~60℃下就能将其杀死。因此对粪便进行无害化处理最为简单易行的方法就是将粪便收集起来,制作堆肥,在微生物的作用下,发酵产生的生物热高达70℃,不仅能杀死粪中的病原体,而且粪便腐熟后提高了肥效,有利于种植业的发展。除制作堆肥外,也可修建贮粪池,使粪便经密封贮存后再用作肥料,或修建沼气池,粪便经沼气发酵后,杀死和沉淀其中的虫卵与幼虫。

3. **杀灭中间宿主和传播者** 许多寄生虫必须在中间宿主体内发育到感染阶段，才对动物具有感染能力，有些寄生虫必须通过传播者的传播才能引起动物的感染，因此，杀灭无脊椎动物中间宿主和传播者就成为防制这些寄生虫病的措施之一。但是，这些无脊椎动物的种类多、数量大、分布广，要消灭和控制它们存在着很大的难度，因此，只能根据其种类的不同而采用改变孳生环境，或用物理、化学及生物学的方法来加以杀灭。同时，应注意保护生态环境和维护生物的多样性。

（1）改变孳生环境 如为了消灭淡水螺蛳，可结合农田基本建设和草场改良，开辟排水沟，排干低洼积水等措施。为了消灭蜱、蚊、蝇、蠓、蚋等传播者，可清除粪便、污水、铲除杂草及砍去灌木丛等。

（2）物理方法 如为了消灭钉螺，采用土埋、火烧。为了消灭厩舍内的蜱，采用开水浸烫、填塞缝隙等。

（3）化学方法 如用血防－67、硫酸铜溶液等灭螺药物消灭淡水螺；用硫酸铜溶液消灭猪舍周围、运动场内的蚯蚓；用有机磷类、菊酯类杀虫药消灭厩舍周围的蚊、蝇、蠓等传播者。使用化学药物容易造成环境污染，应在严格控制下施行。

（4）生物方法 如喂鸭、养鱼可消灭淡水螺蛳，蚊的孳生地放入罗索线虫可消灭蚊的幼虫。

4. **注意饲养卫生** 目的在于减少动物接触病原的机会。

（1）注意饲料、饲草和饮水卫生 许多寄生虫的感染阶段和带有感染性幼虫的中间宿主都是随同饲料、饲草和饮水侵入动物的。因此，注意饲料、饲草和饮水卫生，防止被寄生虫污染，在预防寄生虫病的流行方面具有重要意义。应防止粪便污染饲料、饮水，饲料中不要混入中间宿主。不用生的或半生的鱼、虾、蟹、蛙、昆虫喂饲动物，废弃的动物内脏、组织应煮熟后喂给犬、猫，喂猪的潲水也应煮沸。对于一些人兽共患寄生虫病，人要注意饮食卫生，不吃生的或夹生的猪肉、牛肉。避免动物饮用浅而小的死水塘水，水源附近不要堆放粪便、垃圾，最好用自来水、井水、泉水或流动的河水作为动物的饮用水。

（2）搞好厩舍及环境卫生 应每日清除厩舍内和运动场上的粪便。注意厩舍的通风、光照，保持清洁、干燥；舍内饲养的动物密度要合理，防止拥挤；清除运动场、厩舍周围的杂草、乱石等。这样就可以减少家畜接触病原体的机会，同时也造成不利于寄生虫生存发育的条件。

5. **建立健全兽医卫生检验制度** 一些寄生虫是通过患病动物的组织器官传播的，如猪囊虫、牛囊虫、棘球蚴、多头蚴、旋毛虫、肉孢子虫、弓形虫等等，同时屠宰场的污物中含有大量的虫卵、虫体、卵囊等。因此，屠宰场废弃的脏器、组织，排出的污物等都是污染的重要因素。故应建立健全肉品检验制度，做到逢宰必检，检出的有虫肉尸应按规定处理；对废弃的脏器、动物尸体要妥善处理，不得随意抛弃；对屠宰场排出的污水也应进行处理，不得随意排放。特别是绦虫幼虫或含有绦虫幼虫的脏器不能生喂犬、猫等肉食动物。

6. **科学养畜**

（1）安全放牧 在感染季节不到低洼潮湿地带或水边放牧，可以避免牛、羊感染吸虫；地螨出现季节，不在早晨和傍晚放牧，可避免牛、羊感染莫尼茨绦虫。牧区为了避免牛、羊感染寄生虫最好进行轮牧，即根据寄生虫的生物学特性，有计划地把牧场划分为区和小区，使动物按计划轮流放牧，以避免动物的感染，同时还能净化牧场。

(2)分群饲养 一般成年动物对寄生虫感染的抵抗力较强,发病较轻或不发病,但却成为幼龄动物的感染源。而幼龄动物的抵抗力弱,感染后常发病严重。因此应将幼龄动物和成年动物分群饲养,以预防幼龄动物的感染。对从外地输入的动物,应隔离饲养一段时间,确证无虫或经治愈后才能合群,以免引入病原体。

(3)改变饲养方式 如取缔连茅圈、改猪的放养为圈养可预防猪囊虫病的发生;改生饲为熟饲可预防猪姜片吸虫病。家畜在改放牧为舍饲后,可大大减少生物源性寄生虫的感染;家禽笼养也能使许多寄生虫的感染率大大降低。

7. **增强动物的抵抗力** 动物的日粮不仅应有合理的总量,而且还应具有全价的营养成分,尤其不得缺乏维生素和矿物质。对放牧的家畜,应调整牧场的载畜量,改良草原,栽种优质牧草。总之,应使动物获得足够的全价营养,以增强动物的体质,提高其对寄生虫感染的抵抗力,防止寄生虫病的发生。近年,国外已培育成功具有抗蜱性能的短角牛与赫里福特牛的杂交牛,这说明通过育种技术培育抗虫品种的动物,也是防制寄生虫病的有效措施。

8. **免疫接种** 用寄生虫疫苗对动物进行接种,可使之产生特异性抵抗力,以防止寄生虫的感染。目前在寄生虫疫苗的研制方面已做了大量的工作,一些可用于家畜、家禽的寄生虫疫苗已研制成功,如鸡球虫强毒苗与弱毒苗,牛巴贝斯虫 ES 抗原苗,犬巴贝斯虫 ES 抗原苗,牛巴贝斯虫基因工程苗,牛环形泰勒虫裂殖体胶冻细胞苗,胎生网尾线虫弱毒苗,丝状网尾线虫弱毒苗,绵羊带绦虫基因工程苗,棘球蚴基因工程苗,猪囊虫细胞苗、油佐剂苗与基因工程苗、微小牛蜱基因工程苗等。还有一些寄生虫的疫苗已处于实验研究阶段。

9. **生物防治** 动物寄生虫的生物防治就是采用寄生虫的某些自然天敌来控制寄生虫的种群数量,使之处于无害水平。家畜寄生虫的自然天敌已描述过几百种,主要有细菌、真菌、超寄生虫及某些无脊椎动物。研究得比较多的是捕食线虫性真菌,这些真菌是线虫的天敌,广泛分布于自然界中,在有线虫幼虫存在时,幼虫可诱导真菌产生"捕食器官",如黏性网、黏性结、黏性分支、收缩或非收缩环,捕捉线虫幼虫作为营养物,从而使环境中的感染性幼虫的密度大为降低,进而减少对动物的感染,达到控制放牧家畜线虫病的目的。用来防治动物寄生线虫的真菌主要有两种,即寡孢节丛孢菌(*Athrobotrys oligospora*)和 *Duddingtonia flagrans*。后一种更具有优越性,它能产生大量厚垣孢子,通过动物消化道后在粪便中有效地捕食自由生活阶段的幼虫。苏云金杆菌(*Bacillus thuringiensis*)是一种用来防治昆虫的细菌,它可释放一种晶体蛋白肠毒素致死靶昆虫,是昆虫害虫生物控制中应用最广、效果最好的一个种类,一些发达国家用它来杀灭某些种类的蚊虫幼虫。该菌还可用于控制河盲症(病原为卷曲蟠尾丝虫 *Onchocerca volvulus*)的传播者——蚋(*Simulium damnosum*)。

总之,对动物寄生虫病的防制,必须针对每一种寄生虫的发育史和流行病学中的各个关键性环节,采取综合措施才能奏效。对于一些涉及面广的重要寄生虫病,如日本血吸虫病、棘球蚴病等,还必须有各级行政组织的参与,建立专门的防治机构,制定防治方案和相应的法令,由各级行政组织依法实施,并加强管理、监督和宣传教育,才能收到切实的效果。

第二章 动物蠕虫病学

第一节 概 论

一、蠕虫的形态特征与类群

（一）形态特征

蠕虫（helminth 或 vermes）为多细胞的三胚层动物，身体呈叶片状、带状或线状，两侧对称，缺真正的肢体，无体腔或具假体腔。寄生性蠕虫多寄生于宿主的内部组织器官内，故又有“脏虫”之称；也有的寄生于宿主的体表，如寄生于鱼体表的单殖吸虫；也有的蠕虫过自由生活，如涡虫及一些线虫。

动物蠕虫病学（Animal helminthology）是研究寄生于家养动物，主要是家畜、家禽的蠕虫及其所引起的疾病的科学。

（二）蠕虫的主要类群

寄生于动物的蠕虫种类多，分布广，依据动物学分类系统，它们分别隶属于下列三个门。

1. **扁形动物门**（Platyhelminthes） 虫体多呈叶状或带状，两侧对称。缺体腔，消化道退化或缺乏，排泄系统具有细胞。大多数种类为雌雄同体，营自由生活或寄生生活。

（1）吸虫纲（Trematoda） 虫体不分节，多呈叶状，消化系统简单。大多数为雌雄同体，生活史简单或复杂，营寄生生活。

（2）绦虫纲（Cestoda） 虫体分节，多呈带状，无消化系统。雌雄同体，生活史复杂，营寄生生活。

2. **线形动物门**（Nemathelminthes） 虫体圆柱形，线状，左右对称，不分节。具假体腔、有消化系统。雌雄异体，生活史简单或复杂，营自由生活或寄生生活。

3. **棘头虫动物门**（Acanthocephala） 虫体圆筒形，两侧对称，不分节。具吻突，上有数列小棘。具假体腔，无消化系统。雌雄异体，生活史复杂，营寄生生活。

二、动物蠕虫病的特征

（一）流行具有地区性和季节性

由于蠕虫的虫卵、幼虫离开宿主后，在外界环境中的生长、发育、存活和传播都要求一定的外界条件，如温度、湿度、雨水、光照和中间宿主等。而这些条件都是随地区和季节的不同而变化的，这就导致了蠕虫病的流行具有地区性和季节性的特点。一般生物源性蠕虫病所表现出的地区性更为显著，因为这类寄生性蠕虫的分布，除受外界自然因素的影响外，还受到中间宿主分布的制约；而土源性蠕虫病则分布比较广泛，流行也更为普遍。

线虫病可出现春季发病高潮。春季高潮是指牛、羊的许多种线虫，主要是胃肠道线虫（特别是毛圆科的种类），冬末春初时感染强度和感染率都特别高，并引起牛、羊的大批死亡，这一现象在牧区表现得特别明显，其产生的原因有二：一是毛圆科一些线虫的第三期幼虫能够耐受异常寒冷的气候而不失去感染能力，冬末春初牛、羊由舍饲转为放牧时，因食入草原上积存的大批越冬感染性幼虫而导致严重感染，引起春季高潮的发生；二是夏、秋季节水草丰盛，牛、羊膘肥体壮，免疫机能强盛，感染的幼虫便大量潜藏在真胃黏膜中，呈休眠状态，当冬末春初时，随着牛、羊体况的下降，其免疫能力已不足以抑制潜藏的幼虫的发育，这些休眠越冬的受阻型幼虫便乘机大量发育为成虫，导致春季高潮的发生。

（二）发病缓慢，病程长

蠕虫侵入宿主后，一般不会发生数量的增加，即宿主感染一个感染性虫卵或幼虫后，在其体内最多只能发育成一个成虫，而且在其体内发育的时间也较长，宿主往往要反复不断的感染，随着感染虫数的增加和虫体的逐渐发育长大，才会慢慢出现临床症状，因此蠕虫病一般发病缓慢，多呈慢性经过，当感染虫数不多或宿主体质强壮时，往往不显症状而成为带虫者。

（三）感染率高，发病率低

家畜、家禽，特别是放牧的畜、禽往往都感染有蠕虫，只是感染的虫数和种类不同而已。但多数畜、禽由于感染的虫数不多或由于抵抗力较强，都为不显症状的带虫者，只有少数感染严重者发病。

（四）常常混合感染，症状无特异性

感染有蠕虫的家畜、家禽，体内常常有数种不同的蠕虫同时寄生，所表现的症状也往往是多种蠕虫共同作用的结果。而且，一般说来病畜多出现贫血、消瘦、拉稀、水肿和幼畜生长发育受阻等一般症状，而无特异性症状出现。

（五）主要危害幼畜与幼禽

由于动物对蠕虫的抵抗力随年龄的增长而加强，因此一般幼龄动物对蠕虫更易感染，而且感染后发病也较重；成年动物常常感染轻微而成为带虫者或仅出现轻微症状。如猪蛔虫主要危害6月龄以内的猪，成年猪常为带虫者；莫尼茨绦虫主要危害羔羊和犊牛，成年牛、羊一般无症状。

由于蠕虫种类繁多，分布广泛，家畜、家禽感染普遍，尽管多数不出现明显的症状，但阻碍畜禽的生长发育、降低饲料利用率、造成人力浪费等，从而造成巨大的经济损失。有的蠕虫病，也能对畜禽造成严重危害，甚至造成大批死亡，如牛羊肝片形吸虫病、小鸡比翼线虫病等。一些蠕虫病还是重要的人畜共患寄生虫病，严重危害人的健康，如日本分体吸虫病、华枝睾吸虫病、猪囊虫病、棘球蚴病和旋毛虫病等。此外，蠕虫病也是动物园观赏动物和自然界野生动物常见而重要的寄生虫病之一，如大熊猫、小熊猫、犬科与猫科等肉食动物的蛔虫病、反刍动物的肝片形吸虫病和胃肠道线虫病等等，常给各种野生动物带来很大危害。因此，对动物蠕虫病的研究和防治，在保障养殖业的发展、保护人体健康、维护动物的多样性和发展旅游业等诸多方面都有重要意义。

对蠕虫病的诊断，目前仍以查获病原（虫卵、幼虫、成虫）为主，特别是粪便检查和死后剖检最为重要。免疫学及分子生物学诊断技术正在迅速发展和完善中，目前主要用作辅助诊断工具和流行病学调查。

第二节 动物吸虫病

吸虫是指扁形动物门、吸虫纲的寄生虫。寄生于家畜、家禽的吸虫均为吸虫纲、复殖目、前口亚目的种类。本章所述及的形态构造、生活史均仅限于此类吸虫。

一、吸虫的形态、发育与分类

(一)吸虫的形态构造

1. 外部形态(图 2-2-1、图 2-2-2、图 2-2-3) 虫体多呈背腹扁平的叶片状、卵形、舌形;有的呈圆锥形、圆柱形、豆形、肾形等;也有少数种类呈线状,如分体科(Schistosomatidae)吸虫。有的种类明显地分成前体和后体两部,如鸮形科(Strigeidae)吸虫;有一些吸虫的体前端有头领,头领上有头棘,如棘口科(Echinostomatidae)吸虫。还有一些吸虫具腹袋,如腹袋科(Gastrothylacidae)吸虫。

寄生于畜、禽的各种吸虫,大小差异颇大。小型的吸虫,如凹形隐叶吸虫(*Cryptocotyle concavum*)长度仅 0.27 ~0.49mm;大型的吸虫,如布氏姜片吸虫(*Fasciolopsis buski*),长度可达 20 ~75mm。虫体一般呈淡红色、棕色、白色等。

体表光滑或具棘、刺、鳞片等构造。体表一般还具有 2 个肌肉质的杯状吸盘,一个位于前端,围绕口孔,称为口吸盘(oral sucker);另一个位于虫体腹面,称为腹吸盘(acetabulum 或 ventral sucker)。有的种类腹吸盘位于体末端,称为后吸盘(posterior sucker),如同盘科(Paramphistomatidae)吸虫。有的种类除口、腹吸盘之外,尚有围绕生殖孔的生殖吸盘(genital sucker),如殖盘属(*Cotylophoron*)吸虫;有的具有其他附属吸盘。有的种类只有口吸盘,而无腹吸盘,如背孔科(Notocotylidae)吸虫;有的吸虫甚至口、腹吸盘均缺乏,如环肠科(Cyclocoelidae)吸虫。吸盘为吸虫的固着器官。体表尚有生殖孔、排泄孔和劳氏管开口。生殖孔的位置因种类不同而差异颇大,一般位于口、腹吸盘之间的腹面;有的位于腹吸盘之后,如短咽科(Brachylaemidae)吸虫;有的位于虫体前端,如前殖科(Prosthogonimidae)吸虫;还有一些吸虫的生殖孔位于虫体后端,如鸮形科吸虫。

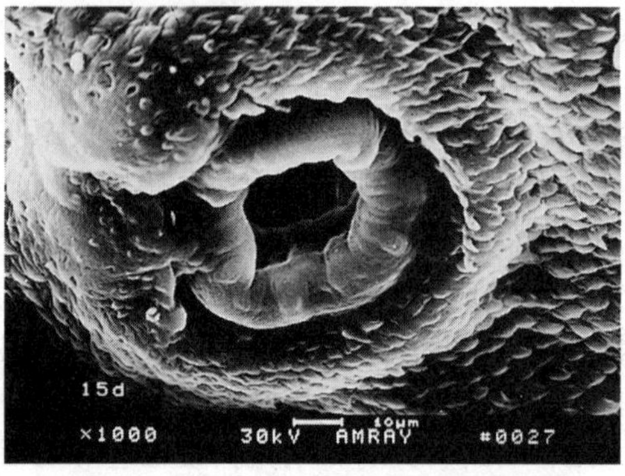

图 2-2-1 台湾次睾吸虫的口吸盘
(杨光友 1999)

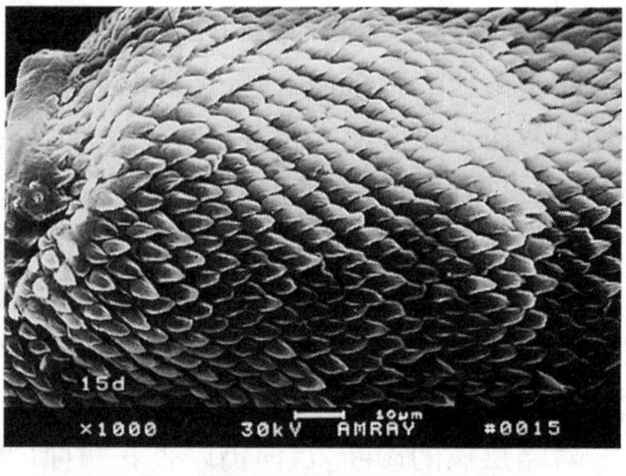

图 2-2-2 台湾次睾吸虫体表的鱼鳞状体棘
(杨光友 1999)

2. **体壁和实质**　吸虫的体壁由皮层和肌肉层组成，又称皮肌囊。皮层(tegument)由外向内包括三层：外质膜(external plasma membrance)、基质(matrix)和基质膜(basal plasma membrance)。外质膜的外面被有颗粒层外衣，又称糖萼(glycocalyx)，成分为酸性黏多糖或糖蛋白，具有抗宿主消化酶及保护虫体的作用。基质内含有线粒体、分泌小体和感觉器。分泌小体的崩解产物可能提供或部分提供酸性粘多糖，可形成新的外质膜，以修复被宿主抗体损伤的部分。感觉器为一种小囊，其纤毛伸出体表，另一端与神经末梢连接；因此，皮层亦有感觉功能。皮层中还有体棘，体棘由结晶蛋白组成，位于基质膜之上。基质膜之下为胶原纤维组成的基层(basement layer)，肌肉可附着其上。基层下为肌肉层，由外环肌和内纵肌组成，肌细胞无横纹，内有胞核、内质网、线粒体与糖原等，为虫体伸缩活动的组织。肌肉层之下为皮层细胞，皮层细胞很大，有许多胞质通道与基质相通；细胞内有胞核、内质网、核糖体、吞噬体、线粒体、高尔基复合体和分泌小体。总之，皮层为具有代谢活力的合胞体，虫种不同及发育阶段不同其构造也不尽相同，但它都具有保护虫体、吸收营养和感觉的功能。

吸虫无体腔，皮肌囊内充满网状组织，即实质(parenchyma)。实质细胞大，有胞核、线粒体及少量内质网，胞质中富含葡萄糖，但仅含少量油滴。实质细胞与皮层细胞紧密连接，可转送物质到虫体全身。

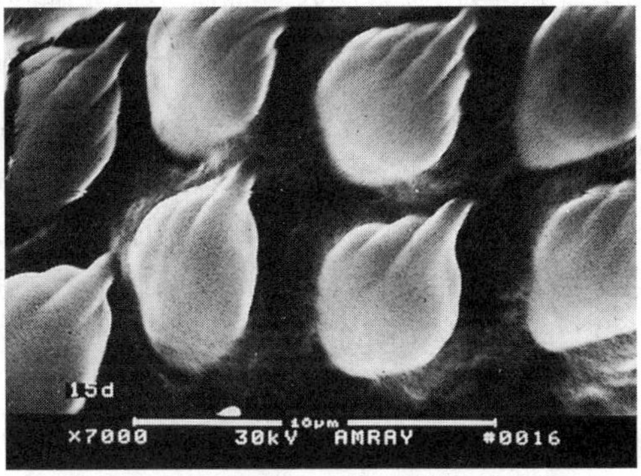

图 2-2-3　台湾次睾吸虫的分齿状体棘
(杨光友　1999)

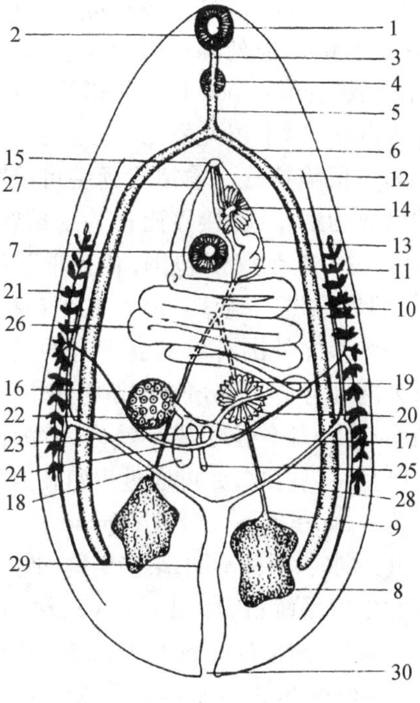

图 2-2-4 复殖吸虫成虫的形态(仿陈心陶)

1. 口　2. 口吸盘　3. 前咽　4. 咽　5. 食道　6. 盲肠　7. 腹吸盘　8. 睾丸　9. 输出管　10. 输精管　11. 贮精囊　12. 雄茎　13. 雄茎囊　14. 前列腺　15. 生殖孔　16. 卵巢　17. 输卵管　18. 受精囊　19. 梅氏腺　20. 卵模　21. 卵黄腺　22. 卵黄管　23. 卵黄囊　24. 卵黄总管　25. 劳氏管　26. 子宫　27. 子宫颈　28. 排泄管　29. 排泄囊　30. 排泄孔

3. **内部器官系统**(图 2-2-4)　吸虫有消化、排泄、神经和生殖系统，有的种类还有淋巴系统。生殖系统特别发达。各器官系统均包埋在实质中。

(1)消化系统　吸虫有简单的消化系统，由口、前咽(prepharynx)、咽(pharynx)、食道(esophagus)和肠管(gut)组成。口位于虫体前端或亚前端,由口吸盘围绕。前咽为口与咽之间的细管,有或无,有时则长短不一,一般较短。咽为肌肉质,呈圆形或椭圆形,有的无咽,如短咽科吸虫。食道后即分叉成肠管,分叉处称为肠叉(intestinal bifurcation),通常具有2根肠管,向后伸至不同水平处,以盲端结束,故又称盲肠(cecum)。有的盲肠简单,或直或弯曲;有的盲肠还形成侧支,如片形属(*Fasciola*)吸虫;有的后端联合成环状,如环肠科吸虫;有的先为两根,然后再合并为一根,最后以盲端结束,如分体科吸虫。除少数种类外,多数均无肛门,食物残渣经口吐出。

(2)生殖系统(图2-2-5) 除少数种类(如分体科吸虫)为雌雄异体外,其余皆为雌雄同体,即同一虫体内具雌、雄性生殖系统各一套。

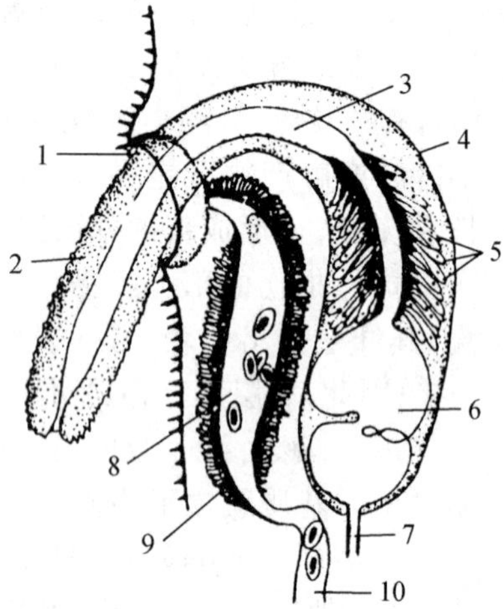

图2-2-5 复殖吸虫雄性生殖器官的末端构造(采自孔繁瑶)

1.生殖腔 2.雄茎 3.射精管 4.雄茎囊 5.前列腺 6.贮精囊 7.输精管 8.子宫颈 9.子宫颈腺 10.子宫

①雄性生殖系统:由睾丸(testis)、输出管(vas efferens)、输精管(vas deferens)、贮精囊(seminal vesicle)、射精管(ejaculatory duct)、雄茎(阴茎,cirrus)、前列腺(prostatic gland)、雄茎囊(阴茎囊,cirrus pouch)、雄孔等构成。睾丸通常为两个,每个睾丸发出一条输出管,再汇合成为一根输精管。输精管远端可以膨大及弯曲而成为贮精囊,接着延伸为射精管。射精管的基端为前列腺所包围,称为前列腺部;射精管的远端进入雄茎。通常在贮精囊、前列腺部和雄茎之外围有雄茎囊。有的吸虫贮精囊分为两部分:一部分位于雄茎囊外,称为外贮精囊;另一部分位于雄茎囊内,称为内贮精囊。雄茎可以内收,亦可通过生殖孔向外伸出。雄茎囊末端即为雄性生殖孔。有的种类仅有1个睾丸,如单睾球孔吸虫(*Sphaeridiotrema monorchis*);有的则有数个,甚至数十个睾丸,如分体科吸虫。同时,虫种不同,某些结构,如前列腺、雄茎囊、雄茎等也可能缺失。

②雌性生殖系统:由卵巢(ovary)、输卵管(oviduct)、受精囊(seminal receptacle)、劳氏管(Laurer's canal)、卵模(ootype)、梅氏腺(Mehlis's gland)、卵黄腺(vitellaria)、卵黄管(vitelline duct)、卵黄囊(vitelline reservior)、卵黄总管(common vitelline duct)、子宫(uterus)和雌孔组成。卵巢一个,由卵巢发出输卵管,伸向卵模,其间先后与受精囊、卵黄总管相接。卵模系形成虫卵的处所,周围有单细胞腺体——梅氏腺围绕,卵模后接子宫。子宫为一条弯曲的管子,长短不一,子宫的最后部分多变为肌肉质的子宫末段(metraterm)或称阴道,子宫末端即为雌孔。受精囊位于卵巢附近,通常呈圆形或椭圆形,是贮藏精子的器官,有的种类没有受精囊。劳氏管为一细小的管道,通常较短,也有的较长,其近端接输卵管或受精囊,远端开口于虫体背面。卵黄腺一般多位于虫体两侧,由许多单个的卵黄滤泡组成。卵黄腺经卵黄小管、上下纵管、左右卵黄管、卵黄囊、卵黄总管,最后通入输卵管或卵模。

③生殖腔和生殖孔:通常雄性生殖孔与雌性生殖孔分别向共有的生殖腔(或称生殖窦,genital atrium)开口,再由生殖腔以生殖孔(genital pore)向外开口。有的种类无生殖腔,雌、雄

生殖孔分别单独向外开口。

(3)排泄系统(图2-2-6、图2-2-7)　为原肾型排泄系统,由焰细胞(flame cell)、毛细管、前后集合管、排泄总管、排泄囊和排泄孔等部分组成。焰细胞位于实质中,布满虫体各部分,为凹形细胞,凹入处有一撮纤毛,焰细胞有细胞核、线粒体、内质网等,细胞的外缘向周围实质伸出许多星芒状的胞突。纤毛颤动时似火焰跳动,排泄液因此得以进入胞腔,经毛细管到前后集合管,再到排泄总管和排泄囊,最后由末端的排泄孔排出体外。排泄囊依吸虫种类的不同而可呈圆形、管状、"Y"字形或"V"字形等。排泄孔成虫只有1个,位于体末端;而毛蚴、胞蚴和雷蚴具备2个排泄孔;尾蚴发育到形成尾部后,排泄孔即合二为一。吸虫经排泄系统将含有氨、尿素、尿酸等的废物排出体外。

焰细胞的数目及位置在吸虫的分类上极为重要,通常以焰细胞公式(flame cell pattern)来表示,例如:双腔吸虫的焰细胞公式为2[(2+2+2)+(2+2+2)],这个公式表示该吸虫的焰细胞总数为24个,其中前头的2表示虫体的两侧,前后两个(2+2+2)分别表示虫体前部和后部的焰细胞。该公式的含义是:该种吸虫每侧各有12个焰细胞,每侧又分前后两组,每组各6个焰细胞;每组又分为3个小组,每小组有焰细胞2个。

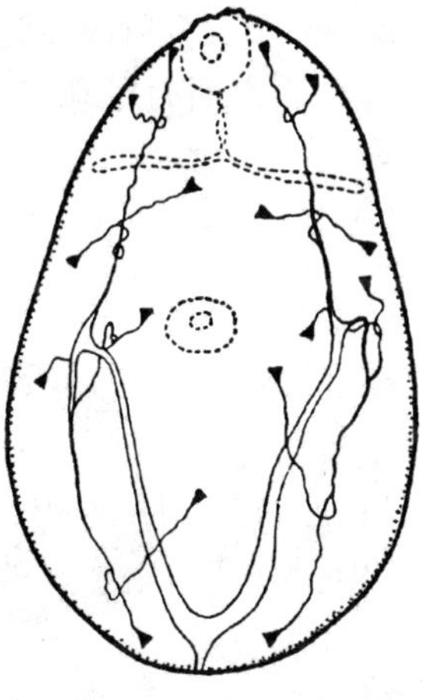

图2-2-6　复殖吸虫的排泄系统
(采自孔繁瑶)

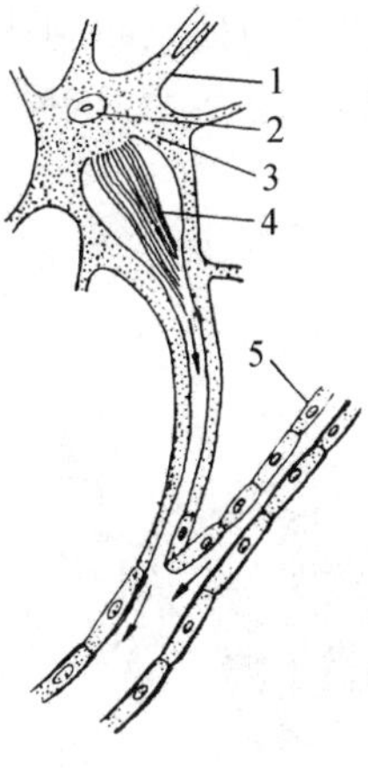

图2-2-7　复殖吸虫焰细胞的详细构造
(仿Augustine)
1.胞突　2.胞核　3.胞质　4.纤毛　5.毛细管

4.神经系统(图2-2-8)　为梯型神经系统。在咽的两侧各有一个神经节,彼此有横索相连,相当于神经中枢。两个神经节向前向后各发出3对神经干,分布在虫体的背、腹和两侧,即背干、腹干和侧干各1对。向后的神经干在不同水平上有几条横索相连。由神经干发出的神经末梢分布到口吸盘、腹吸盘、咽、生殖系统及体壁外层感觉器。但吸虫没有感觉器官,仅在皮层中有许多感觉器;某些吸虫的毛蚴和尾蚴常具眼点;这些构造具有感觉器官的功能。

5.淋巴系统　对盘类、单盘类和环肠类吸虫有独立的淋巴系统,位于虫体两侧,由2~4对纵管及其附属构造组成,纵管有分支同口、腹吸盘淋巴窦相接。淋巴系统可能具有输送营养和排泄的功能。

(二)吸虫的发育

复殖吸虫的生活史比较复杂,具有有性世代和无性世代的交替及宿主的转换。在发育过程中,除终末宿主外,还需要一个或二个中间宿主,有的甚至需要三个中间宿主;有的还需要水生植物等传播媒介的参与。

1. **宿主** 复殖吸虫的终末宿主为各类脊椎动物,包括鱼类、两栖类、爬行类、鸟类、哺乳动物及人。需要一个中间宿主时,中间宿主为软体动物,通常为腹足类的螺蛳,主要是淡水螺和陆地螺;需要二个中间宿主时,第一中间宿主为螺蛳,第二中间宿主依虫种不同可为鱼、蛙、昆虫、甲壳动物和螺蛳。在终末宿主体内进行有性繁殖,在软体动物体内进行无性繁殖,在第二中间宿主体内不进行繁殖。

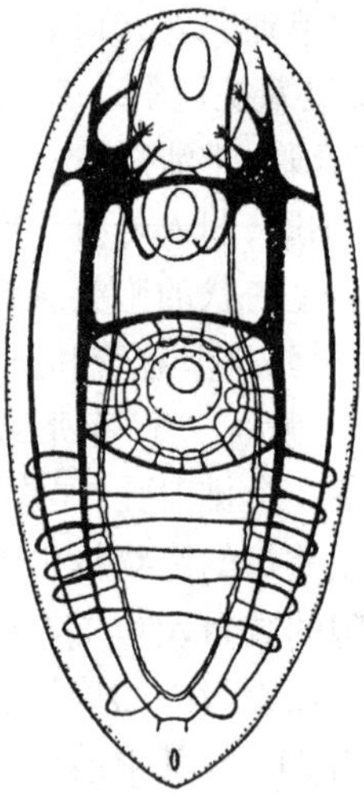

图2-2-8 复殖吸虫的神经系统
(采自孔繁瑶)

2. **生活史**(图2-2-9) 复殖吸虫的生活史虽较复杂,但基本类型包括虫卵、毛蚴、胞蚴、雷蚴、尾蚴、囊蚴和成虫七个发育阶段。胞蚴和雷蚴是进行无性繁殖(多胚生殖)的阶段,成虫是进行有性繁殖的阶段,感染期为尾蚴或囊蚴,大多为囊蚴。

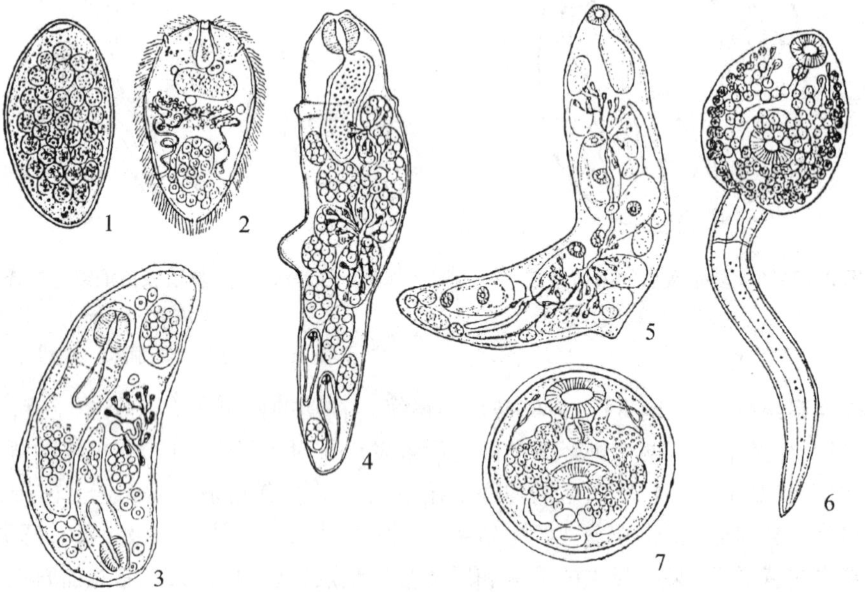

图2-2-9 复殖吸虫生活史(采自陈心陶)
1.虫卵 2.毛蚴 3.胞蚴 4.母雷蚴 5.子雷蚴 6.尾蚴 7.囊蚴

(1)虫卵(egg) 一般呈卵圆形或椭圆形,为灰白色、黄色或棕色等,多具卵盖,有的无卵盖(如分体科、嗜眼科 Philophthalmidae 吸虫),有的一端或两端具卵丝(如背孔科吸虫)。虫卵产出时的发育情况常见有以下三种:

①卵内含有一个未分裂的受精卵和许多卵黄细胞,也有的已分裂为多细胞期:如片形科、同盘科吸虫的卵。这类虫卵要在适宜的外界条件下发育形成毛蚴后才能孵化。

②卵内含有一个毛蚴:如分体科、双腔科、后睾科、前殖科吸虫。这类虫卵在进入水中或被中间宿主软体动物吞食后,即很快孵出毛蚴,不需在外界发育。

③卵内含有一个毛蚴,毛蚴体内已含有一个发育完好的雷蚴:如环肠科、嗜眼科吸虫。这类虫卵进入水中很快孵出毛蚴,毛蚴附着到软体动物体表后,体内的雷蚴立即通过毛蚴顶端所穿钻的孔道而进入螺体发育,毛蚴本身不钻入软体动物。也有的毛蚴在雌虫子宫内即能孵出,如嗜眼科吸虫。

(2)毛蚴(miracidium)　呈三角形或梨形,前部较宽,后端狭小,前端中央具有一个圆锥形的顶突,顶突之后体表被有纤毛。体内具有顶腺(1 个)、钻刺腺(通常为 1 对)、脑块(1 个)、胚细胞、胚团、多数种类具眼点(通常为 1 对);排泄系统为 1 对,每侧具有 1 个或者 2 个焰细胞和 1 根盘曲的小管,2 个排泄孔分别位于体后部两侧。

有些吸虫,毛蚴在水中从卵内孵出,毛蚴不食,在水中由纤毛颤动而活泼游泳,遇到适宜的中间宿主螺蛳时,即由螺的柔软组织钻入,脱去纤毛,移行到螺的淋巴系统或其他器官发育为胞蚴;如在水中 1 ~2d 天内遇不到适宜的螺类即死亡。有些吸虫,毛蚴不在外界孵出,而是含毛蚴的虫卵被螺类吞食后,毛蚴才从卵内孵出,再由螺的消化道移行到肝脏等处发育为胞蚴。

(3)胞蚴　(sporocyst)呈包囊状,两端圆。体内含有胚细胞、胚团和焰细胞,发育成熟的胞蚴体内含有雷蚴。也有的吸虫胞蚴呈分支状,如短咽科吸虫。胞蚴多寄生于螺的肝脏,通过体表摄取营养,并进行无性繁殖,体内的胚细胞逐渐增大分裂形成胚团,再发育为雷蚴,一个胞蚴能发育形成多个雷蚴。有些吸虫具 2 代胞蚴,分别称为母胞蚴(mother sporocyst)和子胞蚴(daughter sporocyst),它们的形态同胞蚴,只是成熟母胞蚴体内含子胞蚴,成熟子胞蚴体内含尾蚴。

(4)雷蚴(redia)　又称裂蚴(图 2 -2 -10、图 2 -2 -11)。呈包囊状,体内有一个大的肌质咽,咽后接一条袋状的盲肠。有些吸虫的雷蚴在接近前端处有一产孔,体后部有 1 ~2 对足突。体内含有胚细胞、胚团和排泄器官。有些吸虫仅有 1 代雷蚴,雷蚴成熟后体内含有尾蚴。有些吸虫则有母雷蚴和子雷蚴两期,成熟母雷蚴体内含子雷蚴,而成熟的子雷蚴体内则含有尾蚴。雷蚴也行无性繁殖,体内的胚细胞分裂发育为多个尾蚴。有 2 代雷蚴时,则由母雷蚴形成多个子雷蚴,再由子雷蚴形成更多的尾蚴。尾蚴从雷蚴的产孔排出,无产孔的种类则由母体破裂而出,离开雷蚴的尾蚴在螺体内停留一定时间待发育成熟后逸出螺体,进入外界。雷蚴的体表呈绒毛样构造,雷蚴的营养物质来自体壁的吸收和经口摄取。

(5)尾蚴(cercaria)　可由子胞蚴、雷蚴或子雷蚴产生。尾蚴由体部和尾部组成,能在水中活泼运动。

①体部:呈圆形或梨形,具有成虫构造的雏形。体表常有小棘,有吸盘 1 ~2 个;具有由口、咽、食道和肠管(通常为 2 根)组成的消化系统和由焰细胞、收集管、排泄囊组成的排泄系统;还有神经原、原始的生殖器官和分泌腺,分泌腺包括穿刺腺、成囊腺和黏液腺。有的尾蚴具有眼点,一般为 2 个;有的尾蚴还有头冠、头棘等构造。

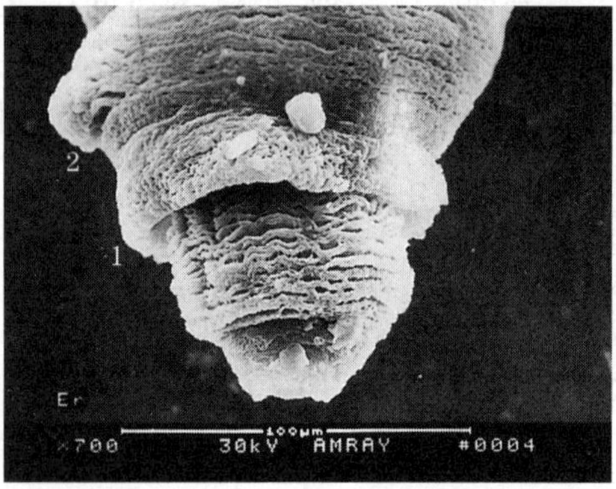

图 2-2-10 肝片吸虫雷蚴的围领和产孔

（杨光友 2000）

1. 围领 2. 产孔

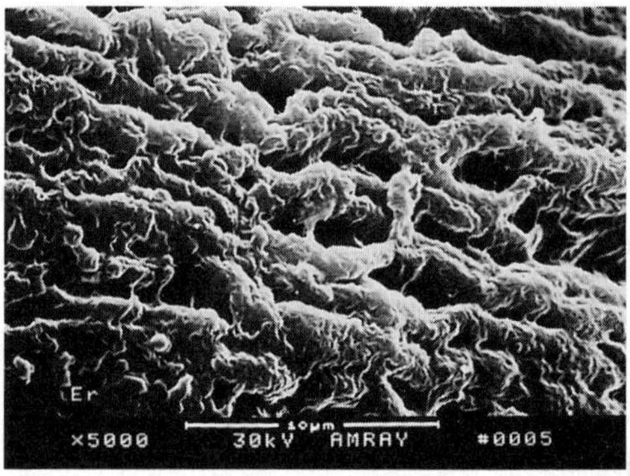

图 2-2-11 肝片吸虫雷蚴体表的绒毛样构造

（杨光友 2000）

②尾部：为尾蚴的运动器官。尾部的形态随虫种不同而有较大的差异，可分为单尾、分叉尾、短尾及无尾类型等。

尾蚴由螺体逸出后，有的可主动侵入或被动进入第二中间宿主形成囊蚴，前者如后睾科吸虫，后者如双腔属吸虫；有的则附着在水中的水草、石块等附着物上或在水面上形成囊蚴，如片形科吸虫；有的尾蚴仍留在原螺蛳体内形成囊蚴，如环肠科吸虫；也有的尾蚴直接侵入终末宿主发育为成虫，无囊蚴阶段，如分体科吸虫。

（6）囊蚴（metacercaria） 为大多数复殖吸虫的感染阶段，系由尾蚴脱掉尾部，并形成包囊后发育而成。体呈圆形或卵圆形，外面为囊壁，囊壁内为幼虫，称为后尾蚴。幼虫的构造与尾蚴的体部相似，体表常有小棘，有口、腹吸盘，体内有消化系统和排泄系统，生殖系统的发育程度随虫种的不同而有差异，有的为简单的生殖原基细胞，有的则具有完整的雌、雄性器官。囊壁耐干燥，抗机械性磨损和破坏，并能抵抗第二中间宿主的免疫反应，故囊蚴具有很强的抵抗力。也有的后尾蚴不形成包囊，保持游离和活跃状态，如双穴科和短咽亚科的一些吸虫。

囊蚴随水草等附着物或第二中间宿主进入终末宿主的消化道，囊壁被消化液溶解，幼虫逸出后循一定的路线移行至固有的寄居部位，逐渐发育为成虫。从脱囊后开始直至发育为成虫之前的虫体，通常称为童虫。

（7）成虫（adult） 为寄生于终末宿主体内，并行有性生殖的阶段。多数复殖吸虫的成虫由囊蚴发育而成，少数由尾蚴发育而成。

复殖吸虫生活史的所有阶段基因是相同的，但在不同阶段其基因的表达是不同的，例如负责雷蚴发育的基因在胞蚴发育阶段是被抑制的，反之亦然，其激活与抑制机制至今尚未阐明。

综上所述，复殖吸虫的发育是复杂的。成虫寄生于终末宿主体内，经有性繁殖产出大量虫卵，随粪便排至外界；未发育的虫卵尚需在外界发育形成毛蚴。在水中孵出的毛蚴钻入螺蛳体内，或含毛蚴的卵被螺蛳吞食后孵出毛蚴。在螺蛳体内，毛蚴发育为胞蚴，胞蚴经无性繁殖形成多个雷蚴，雷蚴再经无性繁殖最后形成大量的尾蚴，尾蚴发育成熟后离开螺蛳，附着在水草等物体上或侵入第二中间宿主体内形成囊蚴，终末宿主吞食囊蚴后，囊蚴在其体内发育为成虫。有的吸虫缺囊蚴阶段，由尾蚴侵入终末宿主体内发育为成虫。

复殖吸虫种类繁多,种类不同其发育阶段变化也颇大,有的缺胞蚴或雷蚴;有的却有2代胞蚴或者2代雷蚴;有的缺囊蚴,而由尾蚴侵入终末宿主。

(三)吸虫的分类

吸虫指扁形动物门(Platyhelminthes)、吸虫纲(Trematoda)的动物,全营寄生生活。传统上吸虫纲一般分为三个目:

1. **单殖目(Monogenea)**　虫体后端有一个大而强有力的后吸器,直接发育,没有无性繁殖阶段,幼虫不发生变态,多为体表寄生虫。主要寄生于鱼类,少数种类寄生于甲壳纲、头足纲、两栖纲和爬行纲动物。

2. **盾腹目(Aspidogastrea)**　虫体腹面有一强有力的、分格状的固着器,即盾盘。直接发育或间接发育。直接发育时,宿主为软体动物;间接发育时,软体动物为中间宿主,鱼类、龟鳖类为终末宿主。不进行无性繁殖,只有一个幼虫期,一般为内寄生虫。

3. **复殖目(Digenea)**　通常具有口、腹吸盘,生活史复杂,具几个幼虫阶段和宿主的更换,需要1~2个甚至3个中间宿主,并在中间宿主体内进行无性繁殖。成虫主要寄生于各类脊椎动物的内部器官。该目下分两个亚目:

(1)腹口亚目(Gasterostomata)　口位于虫体腹面,肠呈囊袋状,主要为鱼类寄生虫。

(2)前口亚目(Prostomata)　体前端有口吸盘,口位于口吸盘中,寄生于各类脊椎动物。寄生于家畜、家禽和人的吸虫均隶属于此亚目。

现将本教材所涉及的科列于下面:

①片形科(Fasciolidae):虫体大型,扁平,皮棘有或无,口、腹吸盘甚为接近。有咽,食道短,肠支简单或具树枝状侧枝。睾丸前后排列,常呈分支状,亦有不分支者,具雄茎及雄茎囊。生殖腔在腹吸盘前。卵巢分支或不分支,受精囊退化或缺乏,具劳氏管,子宫位于睾丸之前。卵黄腺极度发达,分布于体两侧及后端。排泄囊管状。虫卵大型。寄生于哺乳类胆管或肠腔。

②双腔科(Dicrocoeliidae):虫体中、小型,扁平叶片状,皮棘有或无。口吸盘亚顶位,腹吸盘位于体中横线附近或前1/3处的中央。有咽和食道,肠支简单,通常不抵达体末端。睾丸圆形或椭圆形,并列、斜列或前后排列于腹吸盘后方。阴茎囊位于腹吸盘前方,生殖孔位于口、腹吸盘之间,肠分叉处后方或前方的腹面。卵巢圆形,位于睾丸后方的中央或近中央,有受精囊和劳氏管。卵黄腺常在两肠管中部外侧。子宫很发达,由许多上、下行的子宫圈组成,几乎充满生殖腺后的大部分空隙,内含大量小型、深褐色虫卵。排泄囊呈"Y"字形。成虫寄生于脊椎动物的胆管、胆囊、肠或胰管。

③前殖科(Prosthogonimidae):虫体小型,前端稍尖,后端钝圆,具皮棘,腹吸盘位于虫体前半部。有咽和食道,肠支简单,不伸达后端。睾丸对称,在腹吸盘之后,阴茎囊长。雌、雄生殖孔紧靠或明显分开,位于口吸盘附近。卵巢位于腹吸盘和睾丸之间。具受精囊和劳氏管。卵黄腺呈葡萄状分布在虫体两侧。子宫盘卷在体后部,虫卵小而数量多。排泄囊呈"Y"字形。寄生于鸟类,罕见于哺乳类。

④并殖科(Paragonimidae):虫体中型,椭圆形或长椭圆形,肥厚,具体棘,口吸盘位于前端腹面,腹吸盘在体中附近。咽发达,肠支弯曲伸达体后端。睾丸分支,相对或斜列,位于体后半部。无阴茎囊,生殖孔在腹吸盘后方。卵巢分叶,位于睾丸之前,与子宫相对。有受精囊和劳氏管。卵黄腺分布广泛,包括由口吸盘附近起至体末端的背面、腹面及侧面的绝大部分区域。

子宫盘曲于睾丸之前，卵巢的对面。排泄囊较长，管状，向前伸达腹吸盘水平处，或达肠分叉后。成虫寄生于哺乳动物和人的肺。

⑤后睾科（Opisthorchiidae）：虫体中、小型，口、腹吸盘发育较弱，相距较近。具有咽和食道，肠支简单，达到或不达到体后端。睾丸略斜列或纵列，偶有并列者，靠近或不靠近体后端，缺阴茎囊，生殖孔恰好在腹吸盘之前。卵巢通常在睾丸之前，有或无受精囊和劳氏管。卵黄腺通常分布于后体两侧，但可扩展到前体，偶尔全部位于前体。子宫盘曲于卵巢和生殖孔之间，但可以扩展进入卵巢和睾丸之间或生殖孔和肠叉之间。卵小，量多，内含毛蚴。排泄囊呈"Y"字形。成虫寄生于脊椎动物的肝胆管、胆囊，偶见于消化道。

⑥棘口科（Echinostomatidae）：虫体中、小型，长叶片形。体前端具头冠（头领），上有1～2列头棘。体表具棘或鳞片。口吸盘较小；腹吸盘发达，位于虫体前部或中部的腹面。具咽和食道，肠支伸达体后端。睾丸完整或分叶，前后排列，有时斜列，位于虫体中部或稍后。阴茎囊斜置于肠分叉和腹吸盘之间，生殖孔在腹吸盘之前。卵巢在睾丸之前，无受精囊，有劳氏管。卵黄腺分布于体两侧，通常在后体，有时扩延进入前体。子宫盘曲于卵巢或前睾丸与生殖孔之间。卵大，含未分裂的卵细胞，偶尔含毛蚴。排泄囊呈"Y"字形。寄生于爬行类、鸟类和哺乳类，少见于鱼类，主要寄生于肠道。

⑦前后盘科（Paramphistomatidae）：虫体肥厚，呈圆锥形、梨形或圆柱形。活虫体呈白色、浅红色或棕褐色。表皮无棘，有的具乳突状的小突起，有的具腹袋。口吸盘位于体前端或亚前端，有的在其后两侧具有口支囊；腹吸盘位于体末端或亚末端腹面，称为后吸盘。缺咽，有食道，有的具肌质食道球；肠支简单，伸达后吸盘前缘或稍后。睾丸2个或1个，位于体中部或后部，前后排列、背腹排列、斜列或并列；无阴茎囊；生殖孔位于腹面，接近体前端或开口通入腹袋，有的种类生殖孔具生殖吸盘或生殖盂。卵巢通常位于睾丸后面，无受精囊，劳氏管开口于虫体背面。卵黄腺分布于体两侧，子宫弯曲上升或呈"S"状弯曲上升。排泄囊呈长袋状或圆囊状，与劳氏管平行或交叉，开口于虫体背面。淋巴系统发达。寄生于脊椎动物。

⑧背孔科（Notocotylidae）：虫体呈长形或卵圆形，具有薄的有时向腹面卷折的侧缘，腹面有或无纵列的腹腺或纵脊。口吸盘较小，无腹吸盘。缺咽，食道短；肠管简单，延伸至睾丸的中部或后面。睾丸对称排列，靠近体后端，盲肠后部的外侧。有或无外贮精囊，阴茎囊发达，生殖孔位于肠叉直后或肠叉后面不远处。卵巢居中，位于睾丸之间或睾丸前、后。无受精囊，有劳氏管。卵黄腺分布于肠管外侧与睾丸的前面、侧面或背面。子宫在肠管之间形成横环。虫卵两端各具一细长的卵丝。寄生于鸟类和哺乳类的肠道。

⑨环肠科（Cyclocoelidae）：虫体大、中型，扁平无棘，通常无口、腹吸盘。口端位或亚端位，咽发达；食道短，少有长者；盲肠简单或具盲突，后端联合。睾丸多斜列于虫体后部两肠管之间，阴茎囊小，生殖孔位于虫体亚前端的中央。卵巢位于睾丸之前或后，或两睾丸之间；有或无受精囊，无劳氏管。卵黄腺分布于肠管外侧或环绕肠管，后端联合或不联合。子宫发达，横行回旋弯曲，充满盲肠之间，可以扩展到肠支之外。虫卵含毛蚴。排泄系统网状，排泄孔位于体亚末端背面，寄生于鸟类的体腔、气囊、鼻腔或气管。

⑩嗜眼科（Philophthalmidae）：虫体中等大，长形、纺缍形或梨形，有或无体棘，体前端有或无领状增厚，上面有或无棘冠。口吸盘亚顶位；腹吸盘发达，位于体前半部或中1/3部。咽大，食道短，肠支伸达体后端。睾丸前后排列、斜列或左右不对称并列于体后端；有或无外贮精囊，

阴茎囊长或短,生殖孔位于肠叉处或接近肠叉。卵巢在睾丸之前的体中央,具劳氏管。卵黄腺分布于睾丸之前的虫体两侧,形成对称的"U"或"V"字形。子宫圈盘曲在睾丸与腹吸盘之间的两肠管内侧。虫卵无盖,内含具眼点的毛蚴。寄生于鸟类的结膜囊、眼窝、鼻腔、泄殖腔、法氏囊,有时见于肠道。

⑪分体科(Schistosomatidae):亦称裂体科,雌雄异体,有时雌雄同体。口吸盘发育程度不一,偶尔缺乏;有或无腹吸盘,如有则位于肠叉之后和生殖孔之前。无咽,食道通常短,盲肠在肠叉之后不同距离处重新联合成单管。雄虫具抱雌沟,抱雌沟长短不一。睾丸4个或更多,或由许多滤泡组成,位于盲肠联合处之前或之后;有或无阴茎囊。雌虫较雄虫纤细,通常较雄虫长。卵巢长形,有时呈螺旋状扭曲,位于肠支联合之前。通常有受精囊,劳氏管有或无。卵黄腺从卵巢之后分布至体末端。子宫弯曲于卵巢之前的两肠支之间。卵无盖,具端刺或侧刺,内含毛蚴。寄生于鸟类和哺乳类的血管。

二、片形科吸虫病

(一)片形吸虫病

片形吸虫病(俗称肝蛭病)是由片形科、片形属(*Fasciola*)的肝片形吸虫和大片形吸虫寄生于牛、羊、骆驼等反刍动物的肝脏胆管中而引起的一种蠕虫病。本病呈世界性分布,除牛、羊、骆驼等反刍动物外,猪、马属动物、家兔及野兔、松鼠、海狸、水獭、小熊猫等一些野生动物偶可感染,人也有被感染的报道。该病常呈地方性流行,能引起急性或慢性肝炎和胆管炎,并伴发全身性中毒现象和营养障碍,危害相当严重,特别对幼畜和绵羊,可以引起大批死亡;在慢性病例中,使牛、羊消瘦,发育障碍,生产力下降,病肝成为废弃物,给畜牧业生产带来巨大经济损失。

1. **病原形态**(图2-2-12)　我国牛羊片形吸虫病的病原为肝片形吸虫(*F. hepatica*)和大片形吸虫(*F. gigantica*)两种。前者普遍分布于我国各地,后者在华南、华中和西南地区较常见。

(1)肝片形吸虫　虫体呈背腹扁平的叶片状,大小为20~30mm×5~13mm,鲜活虫体呈棕红色,固定保存的虫体变为灰白色。表皮覆有细棘。虫体前部宽于后部,前端呈圆锥状突出,称为头锥。头锥的基部扩展为肩,向后逐渐缩小。口吸盘端位,底部为口孔。口孔经咽通向食道和肠管。肠管分为两支终于盲端,每个肠支又分出无数分支。腹吸盘位于虫体腹面,肩的水平线下。

两个睾丸呈树枝状分支,前后排列于虫体的中后部。每个睾丸发出一条输出管,汇总于输精管而进入雄茎囊,其内有贮精囊、前列腺和雄茎。卵模梅氏腺位于睾丸前的体中央。生殖孔开口于腹吸盘之前。

卵巢一个,呈鹿角状分支,位于睾丸的右上方。子宫位于卵模与腹吸盘之间,孕卵子宫呈褐色菊花状。卵黄腺甚发达,满布于虫体的两侧和睾丸之后;左右两侧的卵黄管汇合为卵黄总管,横于虫体的前1/3与中1/3的交界处,在其中央形成卵黄囊,再与卵模相通。

虫卵呈长卵圆形,淡黄褐色,卵壳较薄而透明,一端有盖,卵内充满卵黄细胞和一个胚细胞,虫卵大小为100~158μm×70~90μm。

(2)大片形吸虫:虫体呈竹叶状,大小为37~76mm×5~10mm,其内部构造和肝片形吸虫相似。虫卵呈长卵圆形,深黄色,大小为155~190μm×70~90μm。

大片形吸虫与肝片形吸虫的区别在于：前者虫体较窄长，长与宽之比约为5∶1；肩部不明显，两侧缘近于平行；腹吸盘较口吸盘约大1.5倍；肠管内侧枝数目很多，并有明显的小枝；生殖器官的位置较前，因而睾丸以后的部分延伸较长。

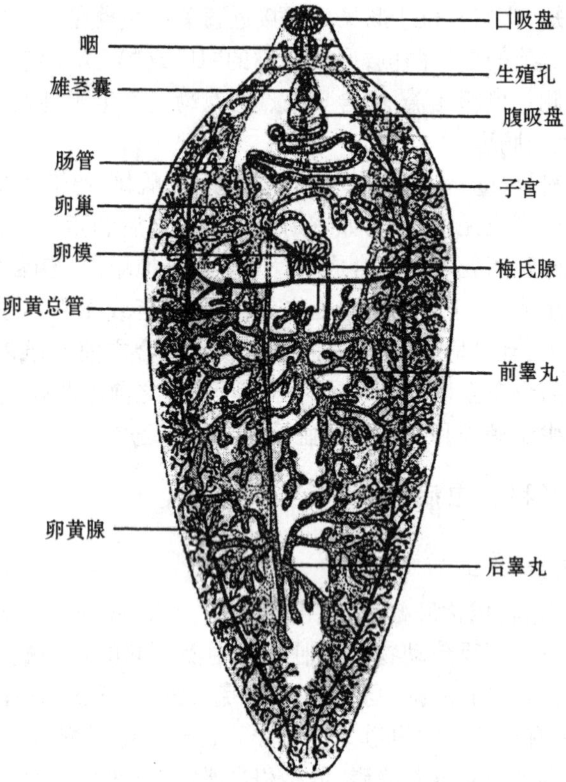

图2-2-12　肝片吸虫的形态构造

2. 生活史（图2-2-13、图2-2-14）　肝片形吸虫的生活史包括虫卵、毛蚴、胞蚴、母雷蚴、子雷蚴、尾蚴、囊蚴、童虫及成虫等阶段，发育过程需要一个中间宿主参与，其中间宿主为椎实螺科（Lymnaeidae）的淡水螺。在我国已证实的有：小土蜗（*Galba pervia*）、截口土蜗（*G. truncatula*）、椭圆萝卜螺（*Radix swinhoei*）、耳萝卜螺（*R. auricularia*）折叠萝卜螺（*R. plicatula*）和青海萝卜螺（*R. cucunorica*）等。

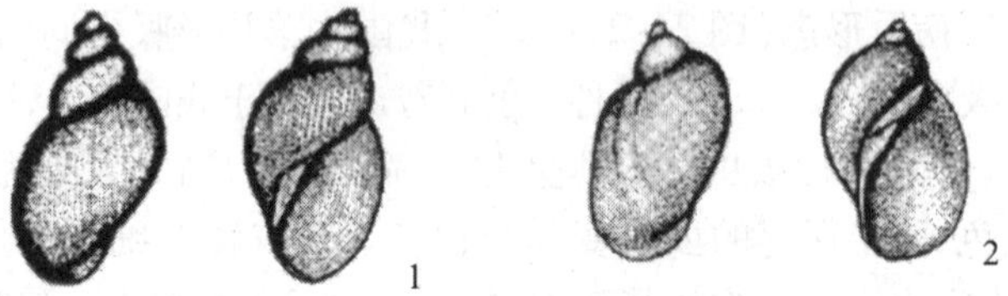

图2-2-13　片形吸虫的中间宿主
1. 小土蜗　2. 椭圆萝卜螺

成虫在终末宿主的肝胆管内产出的虫卵随胆汁进入肠道内，再和粪便一起排出体外。在适宜的温度（15～30℃）和有充足的氧、水分的情况下，经过10～25d毛蚴发育成熟，当pH值为5.0～7.7时，并有光线刺激的作用下，毛蚴迅速从卵内孵出。

（1）毛蚴　呈梨形或三角形，前端较宽，后端稍窄，有1对眼点，体表被纤毛，大小为190μm×26μm。毛蚴体内的前部有呈袋状的顶腺，其两侧各有一个穿刺腺。体两侧各有一个焰细胞。后半部有许多胚球和胚细胞。毛蚴在水中自由游动寻找中间宿主，在水中一般只能生存1～2昼夜，不超过3昼夜。在黑暗处毛蚴不能孵出，但可以存活一个相当长的时期（达8个月）。毛蚴从螺的肉足、触角、头端以及外套膜等处钻进螺体。进入螺蛳肝脏3h后变为囊状的胞蚴。

（2）胞蚴　囊状，体长0.7～4.8mm，体内具有胚细胞，经15～30d形成雷蚴。雷蚴突破胞蚴的被膜从其体内钻出，并留在螺体内，一个胞蚴可以形成5～15个雷蚴。

(3)雷蚴　长囊状,长为1~2mm,具有口、咽和盲肠,在咽的附近有产孔,咽的后方水平处有肌肉质的围领(图2-2-10),在体后2/3处有肉足(或称足突)1对突出于两侧。雷蚴有两代,由母雷蚴产生子雷蚴,再由子雷蚴产生尾蚴。温度在30℃以下时,从毛蚴侵入螺体至尾蚴逸出需时30d。

(4)尾蚴　侵入螺体内的一个毛蚴,经无性繁殖,最后可产生上百个甚至数百个尾蚴,发育成熟的尾蚴自雷蚴的产孔逸出。尾蚴似蝌蚪形,灰白色,由体部和尾部组成。体部大小为0.28~0.3mm×0.23mm,尾长0.45~0.6mm,体部呈圆形或椭圆形,具有2个吸盘、咽和食道,食道后接两条肠管。尾蚴在温度9℃以上时才从螺体逸出,27~29℃时大量逸出,33℃时则又停止逸出。

(5)囊蚴　尾蚴游动于水中,经3~5min便脱掉尾部,以其成囊腺细胞的分泌物将体部覆盖,并黏附于水生植物或水中任何物体上,甚至可浮游于水中而形成囊蚴。囊蚴呈隆起的圆盘状,直径达0.28mm,囊内的幼虫具有明显的口吸盘和腹吸盘、分支的肠管和排泄囊;新鲜的囊蚴呈白色,以后变为灰褐色;其囊壁由3层组成,外层厚而坚实,中层为胶质透明并有弹性,内层为黑色纤维质。囊蚴形成后需7h左右才具有感染力。

囊蚴对外界各种因素抵抗力很强,在气温26℃时保存于水中,经3个月仍能感染动物,4℃时囊蚴保存半年仍具有感染性,但高温38℃干燥3h即遭破坏。动物在潮湿的牧地、水边放牧或舍饲时,因采食附着有囊蚴的青草、干草,或因饮入含有囊蚴的饮水,都可以引起片形吸虫的感染。

牛、羊等动物因食入含囊蚴的饲草和饮水而受到感染。囊蚴在动物的十二指肠内脱囊而出,逸出的幼虫可经三种途径进入定居部位(肝胆管)。一部分幼虫穿过肠壁,进入腹腔,穿过肝包膜进入肝脏,经移行到达肝胆管内并发育为成虫;另一部分幼虫穿入肠黏膜,进入肠系膜静脉,经门静脉随血流而到达肝脏,并穿过血管壁进入肝实质移行,经6周后,进入肝胆管内;此外,幼虫还可经总胆管而进入肝脏胆管。

进入动物体内的幼虫需要经10~12周左右才能发育为成虫。在实验动物(家兔)体内,肝片形吸虫经过2个月达到性成熟期。寄生在绵羊及牛肝脏内的成虫可生存3~5年,在绵羊的寄生期最长纪录达11年,但大多数虫体经过9~12个月后离开肝脏,随粪排出(图2-2-14)。

大片形吸虫的生活史大体上与肝片形吸虫相同。当温度为29~25℃时,由毛蚴发育到尾蚴阶段需要41~60d。在宿主体内发育比肝片形吸虫需时更长。

3. 流行病学

(1)分布　片形吸虫病起源于欧洲,以后随着牲畜的流动几乎传遍全球,是我国分布最广泛、对草食动物危害最严重的寄生虫病之一。无论农区、牧区、半农半牧区,放牧或舍饲的草食动物均可感染与发病。

(2)终末宿主　终宿主范围广泛,除绵羊、山羊、黄牛、水牛、牦牛、马、骆驼、家兔、猪、犬外,大象、河马、猴、麝、长颈鹿与梅花鹿等鹿科野生动物亦可感染与发病。其中牛、羊的感染最为多见,人偶有感染。

(3)传染源　患病动物和带虫者不断地向外界排出大量虫卵,污染环境,成为本病的传染源。绵羊是片形吸虫最重要的终末宿主,也是主要的传染源,每只羊每天能排出50~300万虫

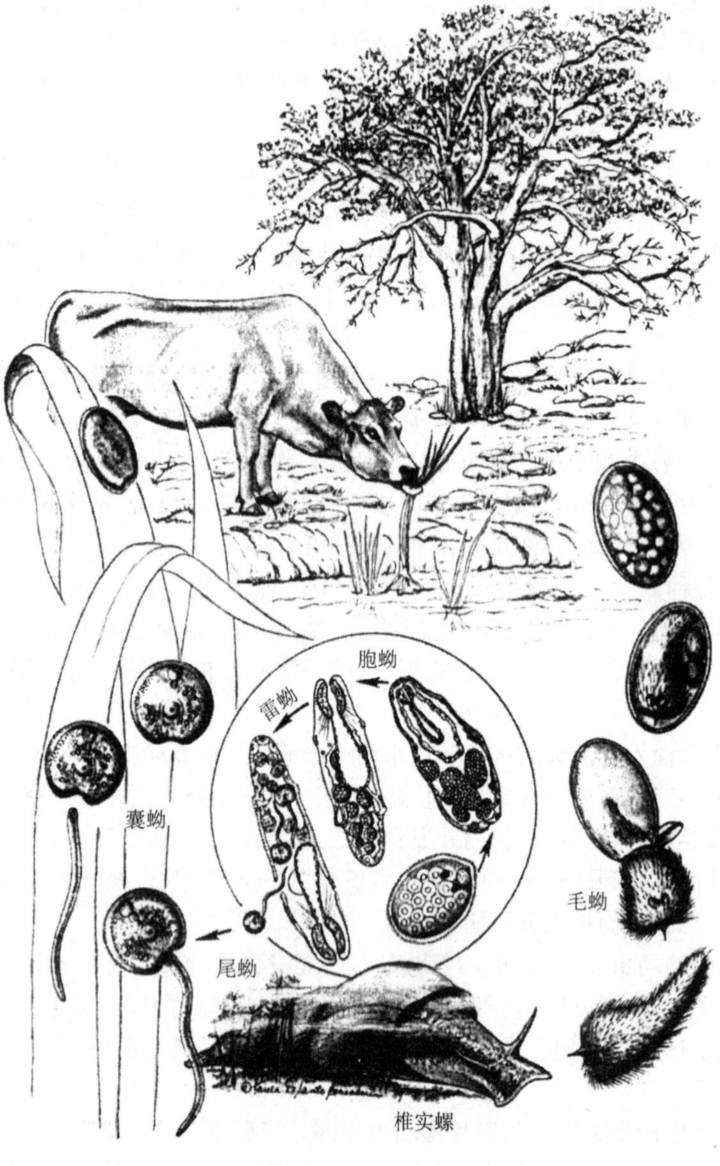

图 2-2-14 肝片吸虫的生活史(仿 Bowman,1999)

卵。牛排的虫卵较少,而且牛在感染后 24 周会将体内成虫排出,造成粪中 2~4 个月无虫卵。实验证明,每一个毛蚴进入螺体以后,可以发育为 100~500 个甚至上千个尾蚴。因此,在畜群中即使有少数片形吸虫病的患畜,也具有严重的危害性。

片形吸虫卵在潮湿无光照的粪堆中可存活 8 个月以上。虫卵对低温的抵抗力较强,在冰箱(2~4℃)中放置水里 17 个月仍有 60% 以上的孵化率。但对干燥敏感,在干燥的粪便内胚胎发育停止。虫卵发育最适宜的温度为不低于 12~13℃,不高于 30~32℃,并需要有一定的湿度。

含毛蚴的虫卵在 pH 值 5.0~7.7(以 6.5 为适宜)及有阳光的条件下,毛蚴才能由虫卵内孵出。毛蚴在13～14℃的池塘水内最多能活35h,在13～14℃自来水内经25h死亡,在0.3～0.6cm深的浅水层内并在阳光直射下,经2～3h死亡。

(4)感染途径　牛、羊等动物因食入含囊蚴的饲草和饮水而经口感染。囊蚴具有极强的抵抗力。在-4℃或-6℃低温下,长时间不会死亡;在22～31℃的水中放置80d仍具有感染力;在潮湿的饲草和水内,能生存3～5个月以上;在干燥的叶面上也可存活10d;青贮饲料中的囊蚴经54～60d后才丧失感染力。

(5)中间宿主　椎实螺种类多,分布广,常群栖于池塘、溪流岸边、低洼牧地、沼泽地带和水稻田等,在春末、夏季和秋季气候温暖,雨量充沛时大量繁殖。在降雨量高于往年同期水平时繁殖最旺盛,极有利于本病的流行。

(6)流行季节　本病呈地方性流行,多发生在低洼和沼泽地带的放牧畜群内。夏、秋季多发,特别是暴雨之后,由于新鲜水刺激作用,能诱导尾蚴大量逸出,并随着雨后涨水广泛地在草叶上形成囊蚴。在南方本病没有明显的季节性,常年均能感染,但以春、夏两季最为严重。

在多雨的年份,往往没有水洼和沼泽地区的家畜也可大批被感染,特别是长时期把家畜留在潮湿的同一地段放牧时,出现片形吸虫的高度感染。

4.临床症状、致病作用与病理变化　片形吸虫病临床症状的表现取决于虫体寄生的数量、毒素作用的强弱以及动物机体的状况。一般来说,牛体寄生有250条成虫、羊体内有50条成虫时,就会表现出明显的临床症状,但幼畜即使轻度感染,也可能表现出症状。家畜中以绵羊对片形吸虫最敏感,山羊、牛和骆驼次之,对幼畜的危害特别严重,可以引起大批死亡。

根据病期的长短,片形吸虫病可分为急性和慢性两种类型。

(1)羊　急性型主要发生于夏末和秋季,多发生于绵羊,是由于短时间内随草吃进大量囊蚴(2000个以上)所致。童虫在体内移行时,造成“虫道”,引起移行路线上各组织器官的严重损伤和出血,尤其肝脏受损严重,引起急性肝炎。患羊食欲大减或废绝,精神沉郁,可视黏膜苍白,红细胞数和血红蛋白显著降低,体温升高,偶尔有腹泻,通常在出现症状后3～5d内死亡。

慢性型多发于冬、春季,在吞食200～500个囊蚴后4～5个月时发病,即成虫引起的症状。片形吸虫以宿主的血液、胆汁和细胞为食,每条成虫可使宿主每天失血0.5ml,其毒素具有溶血作用。毒素侵害血管时,使管壁通透性增高,易于渗出,从而发生稀血症和水肿。因此患羊表现渐进性消瘦,贫血,食欲不振,被毛粗乱,眼睑、颌下水肿,有时也发生胸、腹下水肿。叩诊肝脏的浊音界扩大。后期,可能卧地不起,终因恶病质而死亡。

(2)牛　牛的临床症状多取慢性经过。犊牛的症状较明显,而成年牛的症状一般不明显。除了上述羊的症状以外,往往表现为顽固性前胃弛缓与腹泻,周期性瘤胃臌胀。严重感染者亦可引起死亡。

片形吸虫病的急性病理变化包括肠壁和肝组织的严重损伤、出血、出现肝肿大。其他器官也因幼虫移行出现浆膜和组织损伤、出血,“虫道”内有童虫。黏膜苍白,血液稀薄,血中嗜酸性细胞大增。

慢性感染,由于虫体的机械性刺激和代谢物的毒素作用,引起慢性胆管炎、慢性肝炎和贫血现象。早期肝脏肿大,以后逐渐萎缩硬化,胆管如绳索一样增粗,常凸出于肝脏表面,胆管壁发炎、粗糙,常在粗大变硬的胆管内发现有磷酸(钙、镁)盐等的沉积。

5.诊断　片形吸虫病的诊断要根据临床症状、流行病学资料、粪便检查及死后剖检等进行综合判定。粪便检查多采用反复水洗沉淀法(或称循序沉淀法)和尼龙筛兜集卵法来检查虫卵,片形吸虫的虫卵较大,易于识别。急性病例,可在腹腔和肝实质等处发现童虫;慢性病例可在胆管内检获多量成虫。此外,免疫诊断法,如酶联免疫吸附试验(ELISA)、间接血凝试验(IHA)、胶体金技术等近年来均有使用,不仅能诊断急性、慢性片形吸虫病,而且还能诊断轻微感染的患畜,可用于成群家畜片形吸虫病的普查。也可用血清酶含量检测法作为诊断该病的一个指标。在急性病例时,由于童虫损伤肝实质细胞,使谷氨酸脱氢酶(GDH)升高;慢性病例时,成虫损伤胆管上皮细胞,使γ-谷氨酰转肽酶(γ-GT)升高,持续时间可长达9个月之久。

6. 治疗 驱除片形吸虫的药物很多,早期药物如六氯乙烷、四氯化碳、六氯对二甲苯等因其毒性极大或安全范围小或用量大、使用不方便等缺点,已被淘汰。目前可选的药物如下:

(1)氯氰碘柳胺钠(Closantel Sodium,富基华、三特) 对成虫和6~12周龄的童虫都有效,羊按每千克体重10mg、牛按每千克体重5mg一次皮下注射或经口投药。药物残留期28d。本品有广谱驱虫作用。

(2)三氯苯唑(Trichobendazole Fasinex,肝蛭净) 为一种新的苯唑咪药,对片形吸虫成虫和童虫有高效驱杀作用。牛用10%混悬液或含900mg的丸剂,按每千克体重6~12mg,经口投药。患畜治疗后14d肉才能食用,乳10d后才能食用。

(3)硝碘酚腈(Nitroxynil) 对成虫有很强(99%以上)的驱杀作用,对4~8周龄童虫按每千克体重20mg给药,驱虫率可达73%~95%。常用混悬液或丸剂,按30mg/kg剂量经口投药,也可按每千克体重10mg皮下注射。本药在畜体(肉、乳)内残留时间较长,投药一个月后肉、乳才能食用。

(4)碘醚柳胺(Rafoxanide,Ranide,重碘柳胺) 对成虫和6~12周龄的童虫有效,故适用于晚秋和冬季治疗。牛、羊剂量为每千克体重7~12mg,一次经口投药,注射剂量为每千克体重3mg。

(5)丙硫咪唑(Albendazole,Zetal,抗蠕敏) 为广谱驱虫药,驱除片形吸虫成虫有良效,对胃肠道线虫、肺线虫和绦虫的驱除也有良效。绵羊剂量按每千克体重7.5mg,经口投药。牛按每千克体重10~15mg,经口投药。因该药有一定的致畸作用,对怀孕的母畜慎用。

(6)硫双二氯酚(Bithilnolum,Bitin 别丁) 对片形吸虫成虫和多种绦虫都有驱除作用。本药有较强的下泻作用,故体质衰弱和原有腹泻的患畜禁用,绵羊剂量按每千克体重80~100mg,牛按每千克体重40~60mg,经口投药。

(7)溴酚磷(Bromphenophos,蛭得净) 牛按每千克体重12mg、羊按每千克体重16mg一次口服,对成虫和童虫均有良好的驱杀效果,因此,可用于治疗急性病例。

(8)硝氯酚(Niclofolan,Bayer 9015) 驱除片形吸虫成虫有高效。绵羊剂量按每千克体重4~5mg,牛按每千克体重3~4mg,经口投药。

(9)五氯柳胺(Oxyclozanide,Zanide) 对成虫有高效驱除作用,而且在畜体(肉、乳)内残留时间较短,故适用于乳牛、羊。绵羊剂量按每千克体重15mg,治疗急性感染可增至每千克体重45mg,牛按10mg/kg,经口投药。

(10)双酰胺氧醚(Diamphenethide,Coriban,双乙酰胺苯氧醚) 对1~6周龄童虫有高效驱除作用,对6~12周龄的童虫也有效。随着虫龄的增长,药效降低,故适于治疗急性肝片形吸虫病。绵羊剂量按每千克体重100mg,牛为每千克体重80~120mg,经口投药或拌料服用。

7. 预防 应根据该病的流行病学特点、片形吸虫的生活史以及与外界环境的关系,制订出适合于本地区的行之有效的综合性预防措施。

(1)预防性驱虫　驱虫的时间和次数可根据流行区的具体情况而定。针对急性病例，可在夏、秋季选用肝蛭净等对童虫效果好的药物。针对慢性病例，北方全年可进行两次驱虫，第一次在冬末初春，由舍饲转为放牧之前进行，第二次在秋末冬初，由放牧转为舍饲之前进行。南方终年放牧，每年可进行3次驱虫。

(2)杀灭中间宿主——椎实螺　为了防止家畜遭受片形吸虫的侵袭，必须杀灭牧场区域内的中间宿主——椎实螺，下列几种方法可以结合应用。

① 改变椎实螺滋生环境：可以结合农田水利建设，改造沼泽地变为干燥地，使螺无法生存。

② 化学灭螺：可以用硫酸铜处理湿度不太大的沼泽，在用1∶5000的溶液大量灌溉（每立方米至少用5L）的条件下，有效果。露天积水池及泥沼内用新鲜石灰灭螺也很有效，螺在pH10或更高时发生死亡，每公顷(15亩)用1000～1500kg的石灰，保持水的pH值一昼夜内不低于10；或用2.5mg/L的血防67喷洒，即可完全杀灭螺蛳。

③ 利用天敌灭螺：大量养殖鸭等水禽，消灭螺类。

(3)保护易感动物——防止囊蚴的感染

① 选择放牧地：为了防止家畜的感染，必须把家畜放牧于无椎实螺的干燥地方，感染季节不宜在沼泽地、低洼的牧地和水边放牧，如果发现牧场上有螺时，应禁止放牧家畜。

② 轮牧：在牧区有条件的地方，实行有计划地轮牧，可将牧地划分为4块，每月一块（从3～11月），这样间隔3个月能轮牧一次（从片形吸虫卵发育到囊蚴一般需55～75d），就可以大大降低牛、羊感染的机会。

③ 饮水卫生：禁止家畜在有螺的泥沼、水池、水洼及停滞不流的小溪内饮水。设立卫生饮水处——最好是井水，或质量好的流水，或周围干燥的深水池；饮水处还应设立栏杆，以免家畜粪便造成污染。

④ 饲草卫生：囊蚴时常附着于植物根部附近，因此，收割沼泽地区的牧草时应较一般地区留茬高一些；有嫌疑的草收获后应仔细晒干，贮藏6个月以后再使用。

（二）布氏姜片吸虫病

布氏姜片吸虫病是由布氏姜片吸虫（*Fasciolopsis buski*）寄生于猪和人的小肠内所引起的一种吸虫病。病猪表现消瘦、贫血、腹泻和发育迟滞，严重时可致死亡。是影响幼猪生长发育和儿童健康的一种重要人兽共患寄生虫病。布氏姜片吸虫隶属于片形科姜片属。

1. 病原形态（图2－2－15）　新鲜虫体呈肉红色，固定后变为灰白色。虫体宽大肥厚，腹面扁平，形似姜片。体长20～75mm，宽8～20mm。体表有小棘。口吸盘小，位于体前端；腹吸盘大而呈漏斗状，靠近口吸盘。咽小，食道短；两条肠管形成4～6个波浪状弯曲，伸达体后端。睾丸2个，呈珊瑚状分支，前后排列在虫体后部。生殖孔位于腹吸盘前。卵巢1个，呈佛手状分支，位于睾丸前方偏右侧。无受精囊，具劳氏管。子宫盘曲于卵巢与腹吸盘之间。卵黄腺颗粒状，分布在虫体两侧。虫卵较大，淡黄色，卵圆形或椭圆形，卵壳薄，具有一个不明显的卵盖，大小为130～140μm×80～85μm，卵内含1个胚细胞和数十个卵黄细胞。

2. 生活史（图2－2－16）　布氏姜片吸虫的发育需要一个中间宿主，并以水生植物作为传播媒介，也能通过水传播。终末宿主是猪和人。中间宿主为扁卷螺科（Planorbidae）的一些淡水螺蛳，俗称扁卷螺，在我国发现的数种扁卷螺中，以尖口圆扁螺（*Hippeutis cantori*）和半球多脉扁螺（*Polypylis hemisphaerula*）分布较广，感染率也较高。

图 2-2-15 布氏姜片吸虫（采自陈心陶）

布氏姜片吸虫的发育经过虫卵、毛蚴、胞蚴、母雷蚴、子雷蚴、尾蚴、囊蚴和成虫阶段。成虫寄生于终末宿主的小肠前段，主要是十二指肠，产出的虫卵随宿主粪便排至外界，落入水中，在 26～30℃的适宜温度下，经 2～4 周的发育，孵出毛蚴。毛蚴在水中游泳，遇到适宜的扁卷螺即侵入其体内，发育为胞蚴，再经母雷蚴和子雷蚴阶段，最后形成许多尾蚴。尾蚴发育成熟后离开螺体，进入水中，附着到水生植物，如水浮莲、水葫芦、浮萍、蕹菜、菱角、茭白、荸荠等的茎叶上或其他物体上形成囊蚴，也可在水的表面形成囊蚴。猪在吃食水生植物或饮水时吞食囊蚴后，囊蚴在十二指肠发育为成虫。从毛蚴侵入螺体内至形成尾蚴，平均需时 50d；囊蚴进入猪体发育至成虫，一般需要 100d；虫体在猪体内的寿命为 12～13 个月。人因生食菱角、荸荠、茭白等水生食物而受到感染。

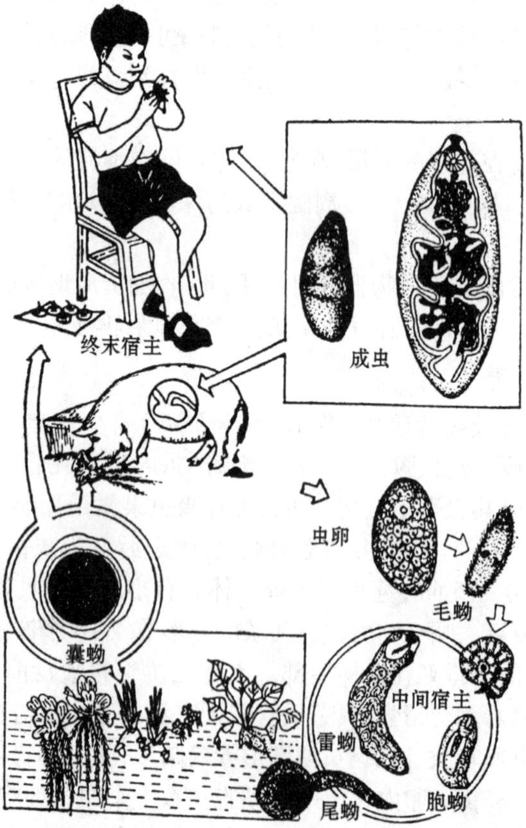

图 2-2-16 布氏姜片吸虫生活史

3. 流行病学　布氏姜片吸虫病主要流行于亚洲的温带和亚热带地区，在我国主要分布在长江以南的各省市。

本病的流行必须具备的条件是：传染源病猪、病人和带虫者的存在；虫卵具有入水的机会，水体中有扁卷螺和当作猪饲料及人食物的水生植物；猪生饲水生饲料和直接饮用疫水，人生食水生食物。

在我国南方，人畜粪便是主要肥料，常直接施用于田间，有的猪场甚至直接开沟将猪粪引入养殖水生饲料的水池作肥料，加之雨水的冲刷，人们在田边、塘边、井边洗刷粪桶、马桶等都造成虫卵入水，进而在水中发育后孵出毛蚴。南方水田、水塘、湖沼、沟渠密布，气候温和，土壤肥沃，水草茂盛，造成扁卷螺大量孳生，特别是种植水生植物的水田、池塘等常有大量的扁卷螺。因此，孵出的毛蚴即侵入螺体，经发育繁殖形成大量尾蚴，尾蚴离开螺体又很快附着在水生植物上或直接在水面形成囊蚴。农村以养猪为主，有的种植水浮莲、蕹菜等水生饲料或打捞浮萍、水葫芦等野生水生植物作为猪的青饲料，而且在喂猪时，常常既不洗净又未煮熟，即直接喂猪；或猪只放牧于野外时自行采食水生植物；有的农户直接从房舍周围的池塘、水田、水沟取水喂猪；这就造成了猪食入活的囊蚴而受到感染。人，特别是儿童则因生食菱角、荸荠、茭白等或咬剥其皮而受到感染。由于这些循环链锁的形成，就造成了本病在我国南方的流行。近年来，由于农村都市化、饲料生产的商品化和饲养管理方法的改善，许多地区猪的感染率已明显下降。

5～10 月份，即水生青饲料利用期间，是本病的感染流行季节，6～9 月为感染高峰期。一般秋季发病较多，也有延至冬季者。本病主要危害幼猪，以 5～8 月龄的猪感染率最高，以后随年龄的增长而下降。

4. 致病作用　虫体以强大的吸盘附着在小肠黏膜上，损伤肠黏膜，引起黏膜发炎、出血与糜烂，甚至引起肠破裂或肠套叠而致宿主死亡。虫体体型大，特别是虫数多时，吸取宿主大量营养物质，使患猪生长发育受阻、贫血、消瘦和营养不良。虫体代谢产物和分泌物被吸收后，可引起过敏反应，如嗜酸性白细胞增多和中性白细胞减少，动物抵抗力下降，易继发其他疾病而死亡。

5. 症状　寄生数量不多时，患猪症状不明显，但生长发育受阻。大量虫体寄生时，病猪消瘦、腹痛、腹泻、粪便稀薄，混有黏液。后期极度消瘦、贫血、水肿，尤以眼睑和腹部明显，精神委顿，最后虚脱死亡。

6. 诊断　生前除观察临床症状和分析流行病学资料外，确诊应进行粪便检查，用循序沉淀法或直接涂片检查虫卵。死后则根据剖检时在小肠中发现大量虫体而确诊。

7. 治疗

(1) 吡喹酮(Praziquantel)　按每千克体重 30～50mg，混入精料中饲喂。

(2) 硫双二氯酚(Bithilnolum)　按每千克体重 60～100mg，混入少量精料中喂给。

(3) 敌百虫(Metrifonate)　按每千克体重 100mg(大猪每头不超过 8g)混入少量精料中饲喂，隔日一次，两次为一疗程。

(4) 硝硫氰酯(Nitroscanate)　按每千克体重 15～20mg，拌料喂服。

8. 预防

(1) 驱虫　及时治疗病猪、病人。流行地区每年春秋两季对猪进行定期的预防性驱虫，秋季尤为重要,因秋季是猪感染囊蚴后发育为成虫的时期。

(2)加强粪便管理 人、猪粪便应经堆积发酵杀死虫卵后再作肥料。养猪场可修建贮粪池,加盖密封,猪粪经发酵腐熟杀死虫卵后供作肥料。养殖水生饲料的池塘,可改用牛羊粪作肥料。贮粪、掏粪工具和病人马桶等勿在池塘中洗刷。

(3)杀灭扁卷螺 对养殖水生饲料的水塘可用10~50万分之一浓度的硫酸铜、0.1%生石灰、0.01%茶籽饼等药物灭螺。大力提倡养鸭、养鱼,既发展了养殖业,又可灭螺。扁卷螺不耐干燥,故可干燥灭螺,如有计划将池水放干作暂时性干涸,或每年秋冬季节,挖塘泥晒干积肥,同时除去池塘周围的杂草,可减少螺的孳生。

(4)防止猪吃到活的囊蚴 水生青饲料可用开水浸烫灭囊或经青贮灭囊后再喂猪,必要时改生饲为熟饲。猪不要敞放,以杜绝猪捞食水生植物。不用有螺水源的水喂猪。

(5)隔离 对外地购回的猪应隔离检疫,证明无虫或治愈后再合群饲养,以免引入病原。

人的预防关键在于勿吃入活的囊蚴,生吃的菱角、荸荠、茭白等水生食物要洗干净,用沸水浸烫,或用刀具削皮后再吃,儿童尤须注意。

三、前后盘类吸虫病

前后盘吸虫(又称为同盘吸虫)是一大类吸虫,已知的种类有200多种,普遍寄生于反刍动物、马属动物、蛙类和部分鱼类,其中寄生于牛、羊的就达80余种。其分类意见不统一,有的作为一个亚目或总科,下分若干科;有的作为一个科,下分若干亚科。我国已发现的种类达80余种,分隶于7亚科、21属。家畜中牛、羊感染普遍,主要寄生于瘤胃,也有的种类可寄生于网胃、盲肠、胆管、胆囊;除牛、羊外,也有少数虫种寄生于猪、马、人的大肠和犬的肠道。这类吸虫也是一些野生动物,如鹿等反刍兽、大象、蛙类等体内常见的吸虫。

牛、羊前后盘吸虫病是由前后盘亚科(Paramphistominae)、腹袋亚科(Gastrothylacinae)和腹盘亚科(Gastrodiscinae)的吸虫主要寄生于牛、羊的瘤胃内所引起的一种吸虫病,我国各地牛、羊感染普遍,常常是数种同时寄生。一般成虫的危害不甚严重,但大量童虫在移行过程中寄生于真胃、小肠、胆管和胆囊等处时,可引起患畜顽固性下痢,甚至死亡。

1. **病原形态**(图2-2-17) 本类吸虫种类繁多,大小与颜色因种类不同而异。有的长数毫米,如短肠锡叶吸虫(*Ceylonocotyle brevicaeca*)长2.5~2.9mm;有的长20mm以上,如长菲策吸虫(*Fischoederius elongatus*)长14~24mm。虫体呈深红色、淡黄色或白色。它们的主要特征是:虫体多肉,缺体棘,呈圆筒形、圆锥形或颗粒状,个别呈扁平状,有的具腹袋。口吸盘位于体前端,有的具口支囊;腹吸盘位于体后端或后端腹面,称为后吸盘,显著大于口吸盘。无咽,有食道,有的具食道球;两肠支短直,或长而弯曲,伸达后吸盘前缘或两侧。睾丸2个或1个,位于虫体中部或后部,有2个睾丸时它们可前后排列、前后斜列、背腹排列或左右并列;无阴茎囊;生殖孔位于肠分叉后方或前缘,有的具生殖吸盘或生殖盂。卵巢通常位于睾丸后面;无受精囊,有劳氏管,卵黄腺分布于虫体两侧,子宫上升。虫卵较大,具卵盖,排出时尚未发育。

2. **生活史** 前后盘类吸虫的发育需要一个中间宿主。中间宿主主要是椎实螺科和扁卷螺科的淡水螺。发育包括虫卵、毛蚴、胞蚴、雷蚴(或母雷蚴、子雷蚴)、尾蚴、囊蚴和成虫阶段。成虫产出虫卵随终末宿主粪便排出,进入水中,在适宜的温度下经一定时间发育为毛蚴。毛蚴孵出后在水中游泳,并侵入中间宿主体内发育繁殖,经胞蚴、雷蚴阶段,最后形成尾蚴;有的虫种尚有1代或更多代的子雷蚴,由子雷蚴产生尾蚴。尾蚴离开雷蚴或子雷蚴后仍留在螺类的肝脏继续发育成熟。成熟尾蚴离开螺体,游于水中,附着到水草上形成囊蚴。牛、羊等终末宿主吞食了水草上的囊蚴后,后尾蚴在肠道中逸出,即为童虫,童虫在小肠、胆管、胆囊和真胃内移行数十天,最后到达瘤胃中发育为成虫。寄生于蛙类的重盘亚科种类,则不形成囊蚴,蛙类直接吞食游动的成熟尾蚴而获得感染。

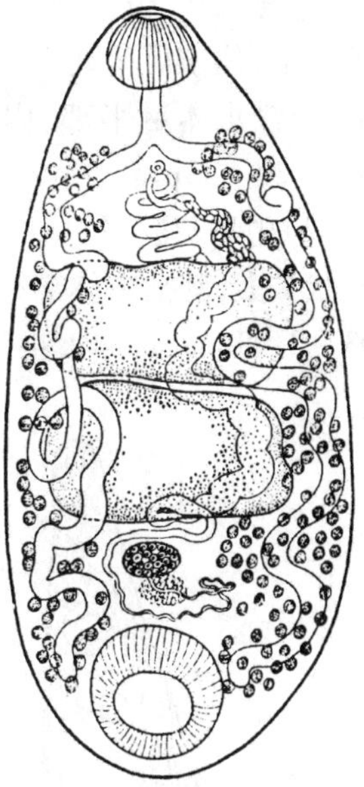

图2-2-17　鹿同盘吸虫

3. 致病作用和症状　前后盘类吸虫是牛、羊瘤胃中很常见的吸虫,有时可见成千上万个不同种类的虫体成片地吸着在牛的瘤胃壁上。一般危害轻微,严重感染时可影响胃的功能,病畜表现食欲减退,常有腹泻,颌下和胸垂部水肿,可视黏膜苍白。

主要致病阶段系童虫在小肠、真胃、胆管和胆囊等处移行时,引起出血性胃肠炎,或致黏膜坏死和纤维素性炎。病畜表现为顽固性下痢,粪便呈粥样或水样,常有腥臭味,有时粪中混有血液;食欲减退,精神委顿、消瘦、颌下水肿,最后病畜极度瘦弱,卧地不起,终因衰竭而死亡。

4. 诊断　生前可采用沉淀法或尼龙筛兜集卵法从粪便中查获虫卵,并结合临床症状进行确诊。粪检时,应注意与肝片形吸虫卵相区别。两者的大小、形状和构造都极为相似,但前后盘吸虫卵呈灰白色,卵黄细胞不充满;而肝片形吸虫卵呈黄色,卵内充满卵黄细胞。

死后剖检在小肠等处检获大量童虫或瘤胃中检获大量成虫而确诊。

5. 治疗

(1)氯氰碘柳胺钠(Closantel,三特)　牛按每千克体重5mg,羊按每千克体重10mg,皮下注射。

(2)硫双二氯酚(Bithilnolum)　牛按每千克体重40~60mg,羊按每千克体重80~100mg,口服。

(3)氯硝柳胺(Niclosamide)　绵羊按每千克体重75~80mg,口服。

6. 预防　可参照肝片形吸虫病。

四、双腔科吸虫病

(一)双腔吸虫病

双腔吸虫病是由双腔吸虫寄生于牛、羊等动物的肝脏胆管和胆囊内所引起的一种吸虫病。双腔吸虫指双腔科、双腔属(*Dicrocoelium*)的吸虫,除主要寄生于牛、羊外,还可寄生于马、驴、骆驼、猪、犬、兔及多种野生动物,有的种类还偶尔感染人。在我国最常见的种类是矛形双腔吸虫(*D. lanceatum*)和中华双腔吸虫(*D. chinensis*)。

1. 病原形态

(1)矛形双腔吸虫(图2-2-18)　虫体窄长呈矛形,棕红色,大小为6.67~8.34mm×1.61~2.14mm。口吸盘位于亚前端,后接咽、食道和肠管,两肠支伸至体后1/4~2/7处。腹吸盘大于口吸盘,约位于体前1/5处。两个睾丸圆形或边缘具缺刻,前后排列或斜列于腹吸盘后方；阴茎囊长形，位于腹吸盘前方或后端与腹吸盘稍重叠；生殖孔位于肠分叉处或略前方。卵巢近圆形，位于后睾丸之后；受精囊居卵巢后方，有劳氏管；卵黄腺分布于虫体中部两侧；子宫弯曲，充满虫体后半部，内含大量虫卵。虫卵呈不正的卵圆形，褐色，具卵盖，大小为 34 ~ 44μm × 29 ~ 33μm，内含毛蚴。

（2）中华双腔吸虫（图 2－2－19） 与矛形双腔吸虫相似，但虫体较宽扁，体前 1/3 处两侧呈肩状扩大，其前方体部呈头锥状，睾丸左右并列于腹吸盘后。虫体大小为 3.54 ~ 8.96mm × 2.03 ~ 3.09mm，虫卵大小为 45 ~ 51μm × 30 ~ 33μm。

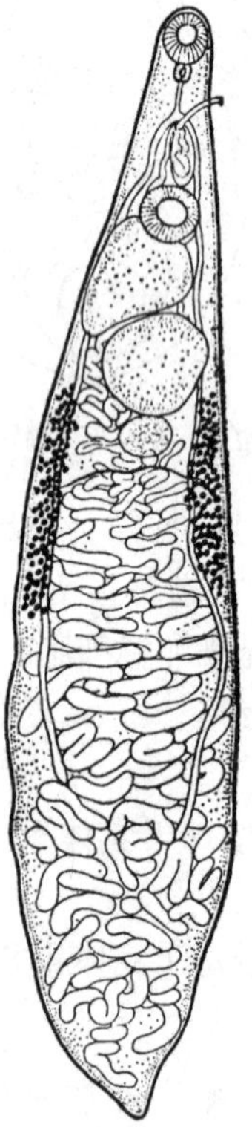

图 2－2－18 矛形双腔吸虫（仿唐仲璋、唐崇惕）

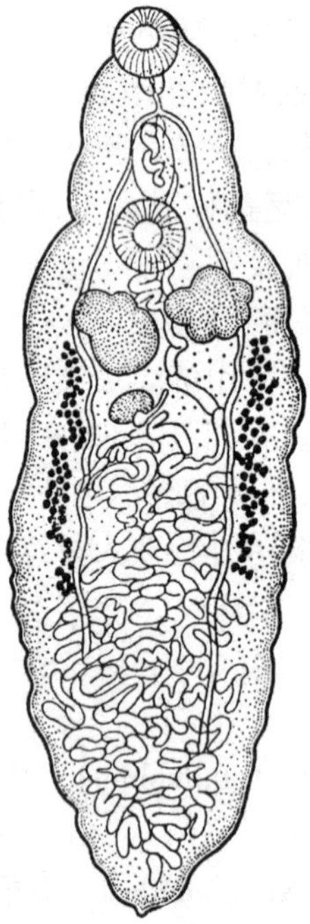

图 2－2－19 中华双腔吸虫（仿唐仲璋、唐崇惕）

2. 生活史 两种双腔吸虫的发育都需要两个中间宿主，第一中间宿主为陆地螺（蜗牛），第二中间宿主为蚂蚁。我国已发现的矛形双腔吸虫的第一中间宿主有同型阔纹蜗牛（*Bradybaena similaris*）、弧形小丽螺（*Ganesella arcasiana*）、条华蜗牛（*Cathaica fasciola*）和光滑琥珀蜗牛（*Succinea snigha*）；第二中间宿主的种类有 *Formica lugubris* 和 *F. rufa* 等。中华双腔吸虫的第一中间宿主有同型阔纹蜗牛、条华蜗牛和枝小丽螺（*Ganesella virgo*）；第二中间宿主蚂蚁有 *Formica truncicola*、*F. gagates* 和 *Camponotus compressus* 等。

两种双腔吸虫的发育都经过虫卵、毛蚴、母胞蚴、子胞蚴、尾蚴、囊蚴和成虫各期。成虫在终末宿主肝脏胆管、胆囊内产出虫卵，卵随胆汁进入肠腔，再随粪便排至外界。这种虫卵已含成熟毛蚴，在外界不发育，也不孵出，被第一中间宿主蜗牛吞食后，在其肠腔中孵出毛蚴，毛蚴钻过蜗牛肠壁进入内部组织器官相继发育为母胞蚴、子胞蚴和尾蚴。在蜗牛体内的发育期为82～150d。尾蚴成熟后从子胞蚴的产孔排出而进入蜗牛体中，移行至螺的呼吸腔，在那里，每数十个至数百个尾蚴集中在一起形成尾蚴群囊，外被黏性物质成为黏球。黏球经蜗牛的呼吸孔排出，粘在植物或其他物体上，这种尾蚴黏球形似露水珠，透明灰白色。当含尾蚴的黏球被第二中间宿主蚂蚁吞食后，尾蚴脱去尾部，并钻过胃壁到达蚂蚁腹部血腔中形成囊蚴，终末宿主牛、羊等吃草时吞食了含成熟囊蚴的蚂蚁后，囊蚴在肠内脱囊，童虫由十二指肠经总胆管到达肝脏胆管内寄生，经72～85d发育为成虫，成虫在终末宿主体内可存活6年以上。

3. 流行病学　本病呈世界性分布。在我国主要分布于东北、华北、西北和西南诸省、区，尤其以西北各省、区和内蒙古较为严重，牛、羊感染可高达70%～80%，有的地方牛、羊感染强度也很高，1只患羊感染的虫数常以千、万计，多时可装满500ml的容器。

双腔吸虫的宿主动物极其广泛，除牛、羊、骆驼、马、驴、猪、犬、兔等各种家畜外，鹿、林麝、猩猩、熊等多种野生动物均可感染，现已记录的哺乳动物宿主已达70余种。动物的感染率和感染强度随年龄的增长而逐渐增加。感染季节取决于各地的气候条件，我国温暖潮湿的南方地区，蜗牛和蚂蚁可常年活动，因此，动物几乎全年都可感染；而在寒冷干燥的北方地区，中间宿主要冬眠，动物的感染就明显具有春、秋两季特点，但动物发病多在冬、春季节。

虫卵对外界环境条件的抵抗力较强，在土壤和粪便中可存活数月，仍具感染性。对低温的抵抗力更强，虫卵和在第一、第二中间宿主体内的各期幼虫均可越冬，且不丧失感染性。如矛形双腔吸虫卵能忍受50℃的温度一昼夜，在18～20℃时，干燥一周仍能存活，也能忍受－50℃的低温。

4. 致病作用和症状　双腔吸虫寄生于牛、羊等动物的肝脏胆管中，由于虫体的机械刺激和毒素作用，引起胆管发炎和上皮细胞增生，胆管周围组织纤维化。严重感染的患畜可见黏膜黄染、逐渐消瘦、颌下和胸下水肿、腹泻，甚至死亡。

5. 诊断　生前可采用沉淀法检查患畜粪便，查获虫卵即可确诊；死亡动物经剖检在肝脏、胆管、胆囊中检获大量虫体而确诊。

6. 治疗

（1）吡喹酮（Praziquantel）　绵羊按每千克体重50～70mg，口服；油剂腹腔注射时，剂量绵羊按每千克体重50mg体重，牛按每千克体重35～45mg进行治疗。

（2）丙硫咪唑（Albendazole）　绵羊按每千克体重30～40mg，牛按每千克体重10～15mg，配成5%混悬液，经口灌服。

（3）六氯对二甲苯（Hexachloroparaxylene）　牛、羊均按每千克体重200～300mg，口服，连用两次，驱虫率可达100%。

7. 预防

（1）定期驱虫　对同一牧地的所有家畜，每年的秋后和冬季进行定期驱虫，以防止虫卵污染草场，并逐步达到净化草场的目的。

（2）灭螺、灭蚁　因地制宜，结合改良牧地，开荒种草，除去灌木丛或烧荒等措施杀灭中间宿主。牧场可养鸡灭螺，人工捕捉蜗牛。流行严重的牧场，可用氯化钾灭螺，每平方米用20～25克。

（3）合理放牧　感染季节，应选择开阔干燥的牧地放牧，尽量避免在中间宿主多的潮湿低注牧地上放牧。

（二）阔盘吸虫病

阔盘吸虫病又称胰吸虫病，是由双腔科、阔盘属（*Eurytrema*）的吸虫寄生于牛、羊等反刍动物的胰脏胰管内所引起的一种吸虫病。阔盘吸虫除主要寄生于牛、羊外，还可寄生于骆驼、鹿、麂、野兔、猕猴等哺乳动物，有的种类也可感染人。我国发现的阔盘吸虫已有六种，其中以胰阔盘吸虫（*E. pancreaticum*）、腔阔盘吸虫（*E. coelomaticum*）和枝睾阔盘吸虫（*E. cladorchis*）三种分布最广泛。

1. **病原形态**（图 2－2－20、图 2－2－21、图 2－2－22） 阔盘吸虫呈宽扁的卵圆形至纺锤形，棕红色，口、腹吸盘相距稍远。咽不大，食道短，两肠支不达体后端。睾丸对称地排列在腹吸盘或其后缘的两侧；阴茎囊圆筒状，位于腹吸盘前方。生殖孔位于肠叉的后方或前方。卵巢位于睾丸的后方，偏于一侧；有受精囊和劳氏管；卵黄腺分布于虫体中部或稍后方的两侧；子宫圈大部分分布在睾丸之后的两肠之间，部分位于睾丸之前的腹吸盘一侧。排泄囊呈“T”状。卵小，椭圆形，深褐色，具卵盖，内含毛蚴。

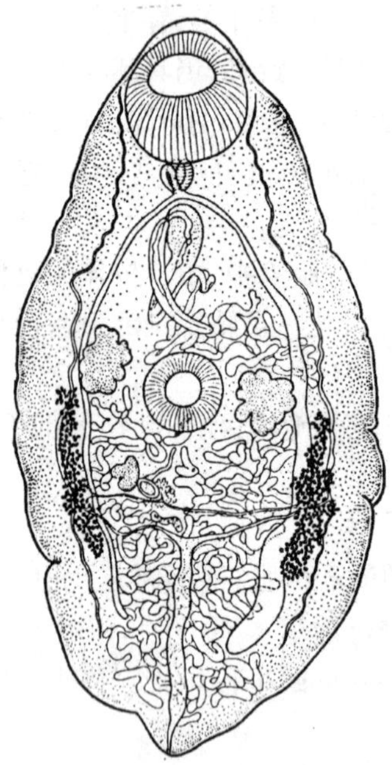

图 2－2－20 胰阔盘吸虫（仿唐仲璋、唐崇惕）

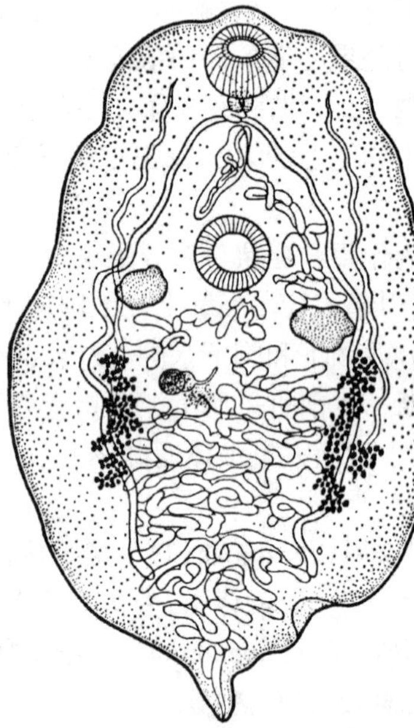

图 2－2－21 腔阔盘吸虫（仿唐仲璋、唐崇惕）

胰阔盘吸虫虫体大小为 6.46～14.5mm×3.81～6.07mm，虫卵大小为 41～52μm×30～34μm；腔阔盘吸虫大小为 4.78～8.05mm×2.73～4.76mm，虫卵为 34～47μm×26～34μm；枝睾阔盘吸虫大小为 4.49～10.64mm×2.17～3.08mm，虫卵为 45～52μm×30～34μm。三个虫种的主要鉴别特征见表 2－1：

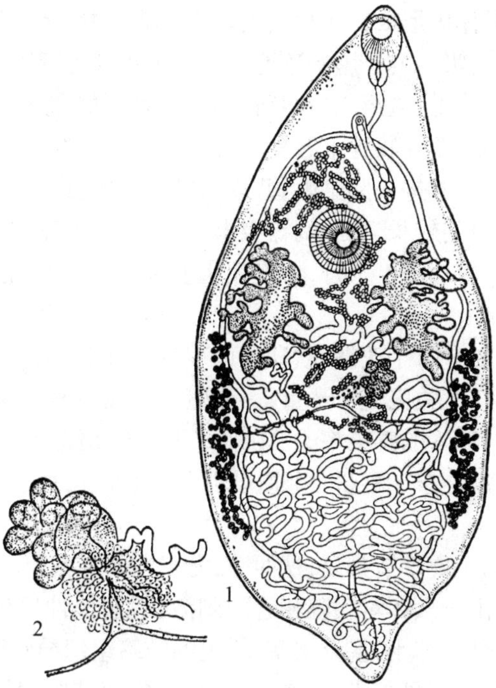

图 2-2-22　枝睾阔盘吸虫(仿唐崇惕等)
1. 成虫　2. 雌性生殖系统的近端部

表 2-1　三种阔盘吸虫的形态比较

项　目	胰阔盘吸虫	腔阔盘吸虫	枝睾阔盘吸虫
口、腹吸盘比例	1∶0.82	1∶1	1∶1.26
腹吸盘位置	虫体腹面中央	体前 1/3 ~ 2/5 处	体前 1/3 处
睾丸大小	小于腹吸盘	小于腹吸盘	大于腹吸盘
睾丸间距离	大于腹吸盘横径	大于腹吸盘横径	小于腹吸盘横径
睾丸形态	圆形或浅分叶	圆形或具缺刻	具 7 ~ 10 个分支

2. **生活史**　阔盘吸虫的发育需要两个中间宿主。第一中间宿主为陆生螺,第二中间宿主为草螽或针蟀。三种阔盘吸虫的第一中间宿主为同型阔纹蜗牛(*Bradybaena similaris*)和中华蜗牛(*Cathaica ravida sieboldtiana*),胰阔盘吸虫尚有弧形小丽螺(*Ganesella arcasiana*)和枝小丽螺(*G. virgo*)。胰阔盘吸虫的第二中间宿主为红脊草螽(*Conocephalus maculates*)和中华草螽(*C. chinensis*),腔阔盘吸虫的第二中间宿主为红脊草螽,枝睾阔盘吸虫的第二中间宿主为针蟀(*Nemobius caiboe*)。

阔盘吸虫的生活史包括卵、毛蚴、母胞蚴、子胞蚴、尾蚴、囊蚴和成虫阶段。成虫寄生在终末宿主胰管内,产出含毛蚴的虫卵,随胰液进入肠腔,再随粪便排至外界。虫卵被第一中间宿主蜗牛吞食，毛蚴在蜗牛肠管中孵化，钻过肠壁在围肠结缔组织中发育成母胞蚴，再进一步发育为子胞蚴，最后在子胞蚴体内形成许多短尾型尾蚴。含尾蚴的子胞蚴逐渐移行到蜗牛的气室，并经气孔排出，枝睾阔盘吸虫的子胞蚴还能钻过蜗牛头部外套膜边缘组织而至外界。含尾蚴的子胞蚴离开螺体，附在草上，被第二中间宿主吞食后，尾蚴脱去尾球钻过草螽或针蟀的胃壁进入血腔中形成囊蚴。牛、羊在牧地上吞食了含有成熟囊蚴的草螽或针蟀后，后尾蚴在终末宿主十二指肠附近脱囊而出，并进入胰脏胰管，逐渐发育为成虫。

阔盘吸虫的整个发育时间较长，如胰阔盘吸虫，从含毛蚴虫卵被蜗牛吞食至成熟子胞蚴排出，需5~6个月；在草螽体内约需1个月，在终末宿主体内发育为成虫约需3个月，因此，整个发育过程共需9~10个月。

3. 流行病学 本病主要分布于亚洲、欧洲及南美洲。在我国，牛、羊胰阔盘吸虫病呈全国性分布，但以东北、内蒙等广大牧区流行严重，一般感染率在50%~80%左右。腔阔盘吸虫病流行于南方各省，福建农村耕牛的感染率为32%~69.9%，福建郊区乳牛的感染率达66.7%~70.9%。枝睾阔盘吸虫病分布于贵州、福建、江西、四川等省，福建流行地区的耕牛感染率达82%~100%。

牛、羊感染阔盘吸虫的主要季节是夏、秋两季，尤以秋季为甚。

4. 致病作用和症状 由于虫体对胰脏胰管的刺激，引起慢性增生性炎症和黏膜上皮的渐进性坏死，导致管壁增厚、管腔缩小，甚至闭塞，增生的结缔组织导致胰腺组织的破坏。大量感染时，所有胰管因充满虫体而明显扩张，压迫周围组织，致使胰腺萎缩。由于胰腺组织的破坏和胰管的闭塞，导致胰液的分泌和排出受阻，引起消化不良。胰岛的萎缩，使胰岛素的分泌减少，导致宿主糖代谢发生紊乱。

轻度感染时，患畜症状不明显。严重感染时，病畜表现消瘦、营养不良，毛干易脱落，贫血，颌下、胸前水肿，腹泻、粪中常含黏液，最后陷于恶病质而死亡。在流行严重的地区，本病常在寒冬饲料不足时，导致牛、羊大批死亡。

5. 病理变化 胰脏表面凹凸不平，色泽不均，整个胰脏由粉红色变为灰白色。胰管增粗，使原来不太明显的胰管呈树枝状而明显易见。管壁增厚，黏膜不平，有大量弥散性小结节和出血点。管内可见大量虫体，并常有灰绿色不太坚硬的结晶物，内含大量虫卵。组织学检查，可见黏膜上皮被破坏，呈现渐进性坏死病变。胰腺小叶结构紊乱，胰岛细胞呈萎缩状态。

6. 诊断 生前诊断用沉淀法检查虫卵，死后剖检在胰脏胰管中检获大量虫体，并结合症状进行确诊。

7. 治疗

(1)吡喹酮(Praziquantel) 口服剂量：绵羊为每千克体重90mg，山羊为每千克体重100mg；油剂腹腔注射剂量：绵羊为每千克体重30~50mg，山羊为每千克体重50mg，牛为每千克体重35~45mg；可用液体石蜡或植物油按1∶5配制。

(2)六氯对二甲苯(Hexachloroparaxylene) 绵羊和山羊按每千克体重300~400mg，牛按每千克体重300mg，口服，隔天一次，3次为一疗程。

8. 预防

(1)治疗病畜 疫区每年3~4月份对畜群进行了普遍粪检，检出阳性的家畜逐头治疗，以减少虫卵对草场的污染。

(2)杀灭第一中间宿主蜗牛　第二中间宿主草螽分布普遍，难于消灭。而蜗牛在草原上往往分布较为局限，可在每年5～6月份刚复苏从土内钻出而尚未开始繁殖时采用人工捕捉，集中火烧或砸碎深埋。乳牛场放养鸡、鸭等，也可消灭牛舍附近、运动场上的蜗牛。

(3)划区放牧　每年7～10月份是草螽体内囊蚴成熟时期，这时应将牛、羊放牧于没有蜗牛的安全地区。因无蜗牛，故该地区的草螽体内也就没有囊蚴，牛、羊也就不会受到感染。

(4)培育无阔盘吸虫的健康畜群　幼畜从断奶放牧开始，移到绝对安全区放牧管理，使其从小就杜绝感染，并逐年扩大健康畜群，最终达到完全净化的目的。

五、分体科吸虫病

(一)日本血吸虫病

日本血吸虫病(又称日本分体吸虫病)是由分体科、分体属(*Schistosoma*)的日本分体吸虫(*S. japonicum*，亦称日本血吸虫)寄生于人和动物的肝门静脉和肠系膜静脉内引起的一种疾病。该病是一种危害严重的人兽共患寄生虫病，曾在我国南方12个省(市、自治区)427个县(市、区)流行，危害着疫区人民的身体健康，阻碍着畜牧业、农业和农村经济的发展，被称为"瘟神"。

血吸虫侵入宿主，在宿主体内移行和定居的过程称为血吸虫感染，由血吸虫感染引起的疾病为血吸虫病(schistosomiasis)。

1. 病原形态

(1)成虫(图2-2-23、2-2-24)　雌雄异体，通常以雌雄合抱的状态存在。虫体圆柱状，体表具细皮棘。口、腹吸盘位于虫体前端；腹吸盘较口吸盘大。消化系统有口、食道和肠管。口在口吸盘内，下接食道，没有咽，食道被食道腺围绕。食道在腹吸盘前分成两支肠管向后延伸至虫体后端1/3处汇合成一单管，伸达体后端成为盲管。

雄虫较粗短，长12～20mm，宽0.5～0.55mm，乳白色。口、腹吸盘均较发达。自腹吸盘后，体两侧向腹面卷折，形成抱雌沟(gynecophoral canal)。睾丸有6～8个(平均7个)，椭圆形，成单行排列，每个睾丸有一输出管，汇合于睾丸腹侧的输精管，通入贮精囊；生殖孔开口于腹吸盘后；无阴茎，生殖系统末端是一个能向生殖孔伸出的乳头状交接器。

雌虫较雄虫细长，前细后粗，呈黑褐色，长为20～25mm，宽为0.1～0.3mm。口、腹吸盘均较雄虫小。肠管内含有虫体消化红细胞后残留的黑褐色或棕褐色的色素。生殖系统由卵巢、卵黄腺、卵模、梅氏腺及子宫等构成。卵巢呈长椭圆形，位于虫体中部偏后方两侧肠管之间，自卵巢后部发出的输卵管与来自虫体后半部的卵黄腺发出的卵黄管在卵巢前面合并，形成卵模。卵模周围为梅氏腺。卵模前为管状的子宫，其中含卵50～300个不等。雌性生殖孔开口于腹吸盘后方。无劳氏管。卵黄腺分布在卵巢之后，虫体的后半部，呈较规则的分支状。

(2)虫卵(图2-2-23)　椭圆形、淡黄色，大小为70～100μm×50～65μm。卵壳较薄，无卵盖。侧方有一小逗点状或小钩状的棘突。成熟卵内有构造清晰、纤毛颤动的毛蚴。在毛蚴与卵壳的间隙中常见有大小不等、圆形或长圆形的油滴状毛蚴腺体分泌物。

2. 生活史(图2-2-25、图2-2-26)　终末宿主为人及几十种陆生哺乳动物，已报道的有7个目28个属40种，包括牛、羊、猪、犬、啮齿类、猕猴等。中间宿主为湖北钉螺(*Oncomelania hupensis* Gredler，1881)。成虫寄生于人和多种哺乳动物的肝门静脉和肠系膜静脉内，一般

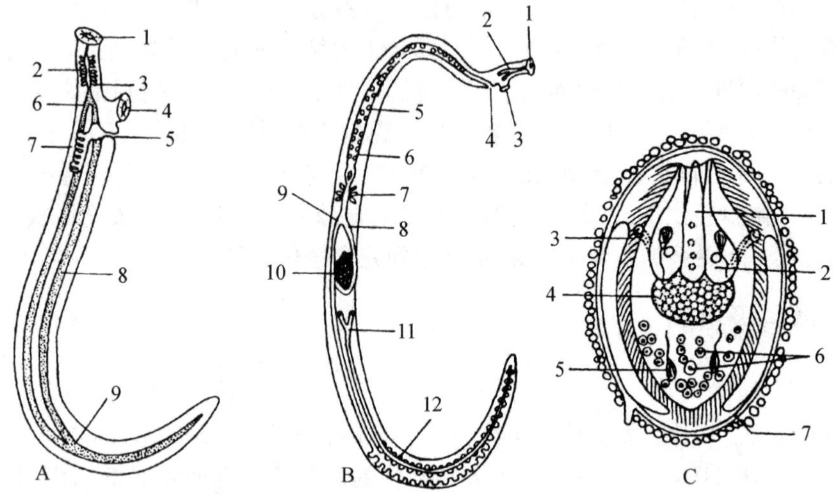

图 2-2-23 日本分体吸虫(采自孔繁瑶)

A. 雄虫:1. 口吸盘 2. 食道 3. 腺群 4. 腹吸盘 5. 生殖孔 6. 肠管 7. 睾丸 8. 肠管 9. 合一的肠管

B. 雌虫:1. 口吸盘 2. 肠管 3. 腹吸盘 4. 生殖孔 5~6. 虫卵与子宫 7. 梅氏腺 8. 输卵管 9. 卵黄管 10. 卵巢 11. 肠管合并处 12. 卵黄腺

C. 虫卵:1. 头腺 2. 穿刺腺 3. 神经突 4. 神经原 5. 焰细胞 6. 胚细胞 7. 卵壳

雌雄合抱。血吸虫的生活史分成虫、虫卵、毛蚴、母胞蚴、子胞蚴、尾蚴、童虫七个阶段。成虫在人体内的寿命为3~4年,但少数可活到20~30年或更长。

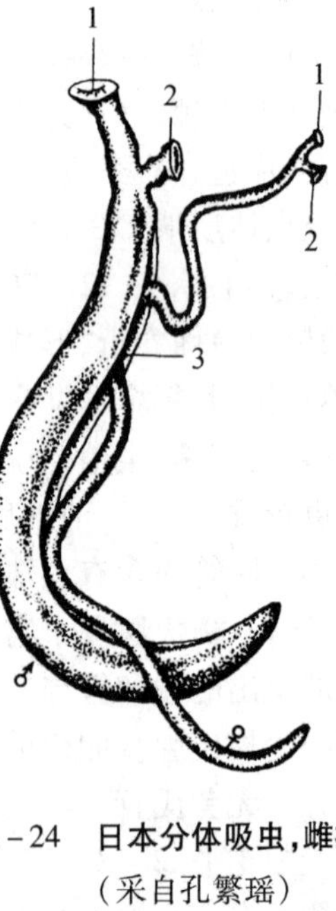

图 2-2-24 日本分体吸虫,雌雄合抱

(采自孔繁瑶)

1. 口吸盘 2. 腹吸盘 3. 抱雌沟

雌虫在寄生的血管内产卵。感染初期多数虫卵随血流到达肝脏,部分逆血流沉积在肠壁。约经10d,虫卵在肝脏或肠壁内逐渐发育成熟,成为含毛蚴的成熟虫卵。卵内毛蚴分泌溶细胞物质,透过卵壳进入肠组织,引起炎症反应,使肠黏膜组织发炎和坏死,加之肠壁肌肉的收缩作用,使结节及坏死组织向肠腔破溃,虫卵即进入肠腔,随宿主粪便排出体外。虫卵在有水的环境和适宜的条件下孵出毛蚴。毛蚴在水中遇到中间宿主钉螺,通过头腺分泌物的溶解组织作用,借助纤毛的摆动和体形的伸缩,经螺体的触角、头、足、外套膜、外套腔等软组织侵入螺体,3~15min完成钻入过程,脱去纤毛板和表皮层。毛蚴侵入螺体后先发育成母胞蚴,其生殖胚团形成许多子胞蚴,子胞蚴从母胞蚴体中破裂而出。子胞蚴体内胚团陆续发育,可长时间持续形成尾蚴。尾蚴成熟后,穿破子胞蚴的体壁,利用头器附近的逸出腺,溶解螺体组织,自钉螺体中逸出。一条毛蚴在钉螺体内经无性繁殖后,可产生数万条尾蚴。毛蚴在钉螺体内发育成尾蚴所需时间与温度密切相关,在25~30℃时需2~3个月尾蚴发育成熟。尾蚴自螺体逸出进入水中,人和动物接触到含有尾蚴的水而感染血吸虫。感染途径主要是经皮肤感染，也有吞食含尾蚴的草和水经口感染。尾蚴侵入皮肤后即变为童虫。童虫在皮下组织中停留 5 ~ 6h，即进入小血管和淋巴管，随着血流经右心、肺动脉到达肺部的毛细血管（在侵入的第二 d）。然后经肺静脉入左心至主动脉，随大循环经肠系膜动脉、肠系膜毛细血管丛而进入门静脉分支中寄生（约在侵入后第 8 ~ 9d）。也有报道童虫到达肺部后，可穿过肺泡壁毛细血管而到达胸腔，再经纵隔的结缔组织穿过横膈直接从表面侵入肝脏并到达门静脉。童虫在终宿主体内发育为成虫并开始产卵所需时间因宿主种类不同而有差异，一般乳牛为 36 ~ 38d，黄牛为 39 ~ 42d，水牛为 46 ~ 50d。

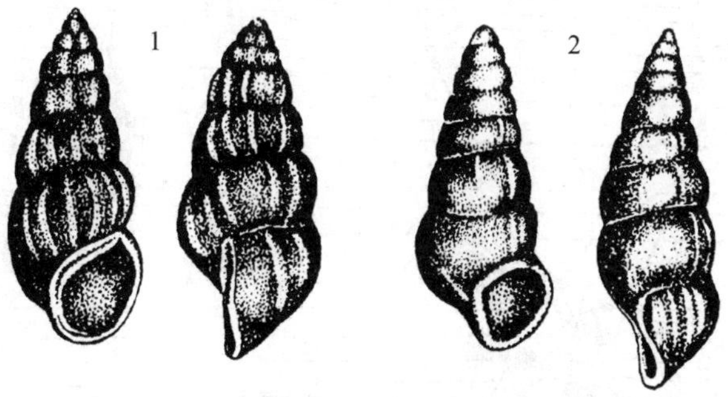

图 2 - 2 - 25 日本分体吸虫的中间宿主

1. 有肋钉螺 2. 光壳钉螺

3. 流行病学

（1）分布 日本血吸虫分布于中国、日本、菲律宾、印度尼西亚等东南亚国家。我国血吸虫病曾在长江流域及长江以南的上海、江苏、浙江、安徽、江西、福建、湖南、湖北、广东、广西、四川及云南 12 个省、市、自治区的 427 个县（市、区）流行。台湾省的日本血吸虫属动物株，不感染人。

根据地理环境、钉螺孳生地以及流行病学特点，我国血吸虫病流行区可分为三种类型：

① 山丘型或称丘陵沟渠型：主要分布于福建、广东、广西、云南、四川。山丘或丘陵区的水系起源于山谷，汇成沟渠，钉螺沿水系分布，山丘或丘陵区的血吸虫病流行区常常以山谷为界，自成为孤立的条状分布。

② 水网型：主要分布于上海、江苏和浙江，在长江下游和钱塘江之间的平原地区，水道纵横，钉螺沿水系分布，血吸虫病呈片状分布。

③ 湖沼型：主要分布于长江中、下游的湖南、湖北、江西、安徽及江苏，如洞庭湖和鄱阳湖湖区。钉螺分布在这些湖区的洲滩、湖沼以及湖内的灌溉水系等处，人、畜因生产活动或放牧接触疫水而感染。

（2）终末宿主 日本血吸虫病为人畜共患病，在我国除人以外，已报道自然感染日本血吸虫的家畜或家养动物有黄牛、水牛、马、驴、猪、山羊、绵羊、犬、猫和兔等，野生动物有灰麝鼩、刺猬、臭鼩鼱、黑线姬鼠、赤腹松鼠、黑腹绒鼠、豪猪、棕色田鼠、小家鼠、社鼠、黄胸鼠、针毛鼠、罗赛鼠、大足鼠、褐家鼠、黑家鼠、华南兔、豹猫、金钱豹、蟹蠓、狗獾、黄鼬、貉、小灵猫、赤狐、獐、小鹿、野猪、猕猴，共计 7 个目 28 个属 40 种。实验感染和现场观察表明各种动物对日本血吸虫的适应性或易感程度不同，小白鼠、家兔、犬、黄牛、绵羊、山羊、猕猴等均为日本血吸虫适宜宿主。水牛、猪、大白鼠等易感性较差，东方田鼠感染日本血吸虫后大部分虫体在 2 周内死亡，虫

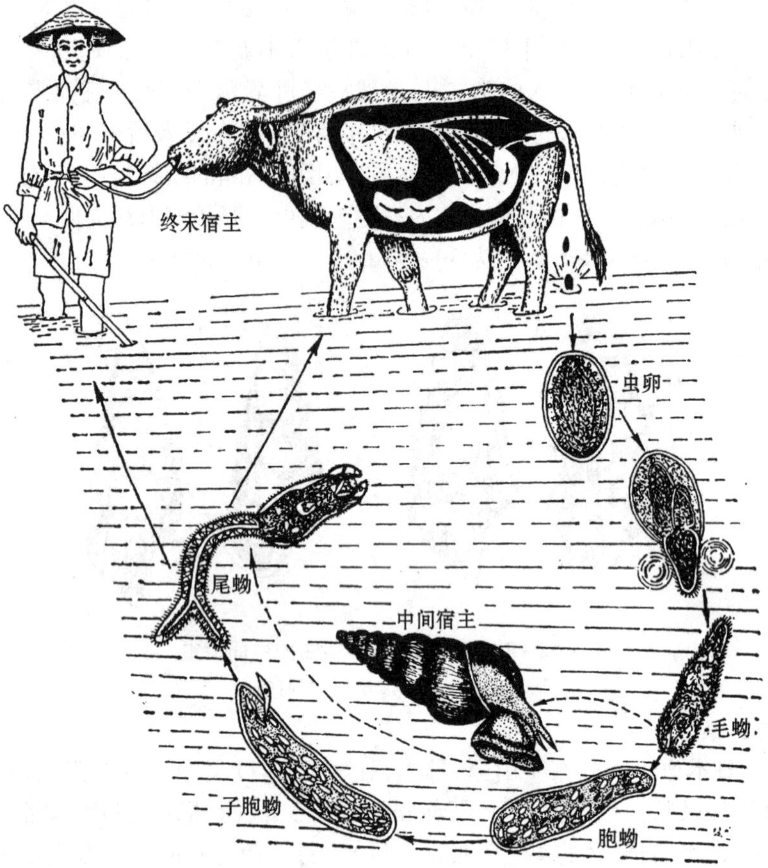

图 2-2-26 日本分体吸虫生活史

体在宿主体内发育不成熟。

(3)传染源与感染途径 患病动物和保虫宿主是本病的主要传染源。日本血吸虫保虫宿主种类多、数量大,是造成我国血吸虫病难以控制的重要原因之一。在动物中以牛的感染率较高。牛饲养周期长,活动范围广,粪便量大、成堆,不像羊粪、鼠粪成颗粒状易于干燥,在适宜的温度和湿度条件下,牛粪内的虫卵数月后仍可孵出毛蚴,在一些地区牛是我国血吸虫病最重要的传染源。此外,一些地区野生动物中的鼠类,不少为血吸虫病的适宜宿主,且繁殖迅速,分布广泛,在流行病学中也具有重要意义。许绶泰(1959)根据自然疫源地学说认为我国血吸虫病原发性疫源地系由野生动物血吸虫病形成,而次发性疫源地系由家畜,主要是耕牛血吸虫病构成,后者与人血吸虫病有着远比原发性疫源地更为密切的关系。

含有血吸虫虫卵的粪便污染水源,钉螺的存在,以及人畜在生产、生活活动过程中接触含有尾蚴的疫水,是血吸虫病传播的三个重要环节。粪便污染水与当地的农业生产方式、居民生活习惯及家畜的饲养管理密切相关,如用带有活虫卵的粪便施肥,人、畜随地大便、家畜野外放牧畜粪污染湖滩或河沟等等。钉螺血吸虫感染率高低与粪便污染水源轻重有密切关系。人由于从事种田、捕鱼等生产劳动或游泳、洗衣服等接触有尾蚴的疫水而感染。家畜由于农田耕作接触疫水,或吞食含尾蚴的水、草而感染,还可经胎盘由母体感染胎儿。

(4)中间宿主　日本血吸虫的中间宿主为湖北钉螺,分布于中国各地的钉螺在形态、大小、生理、地理分布、遗传学、生物化学等方面存在一些差异,有关属以下分类仍存在争议。钉螺由壳和软体两部分组成,钉螺外壳呈圆锥形,褐色或淡黄色,有6~8个螺旋,呈右旋。表面有直纹的称为肋壳钉螺,大小为10mm×4mm左右,分布在湖沼型及水网型疫区。壳面光滑者称为光壳钉螺,大小为6mm×3mm左右,分布在山丘型疫区。

钉螺是两栖性淡水螺类,在自然界生存的基本条件是适宜的温度、水、土壤和植被环境。在1月份平均气温低于0℃,年平均气温低于14℃的地方没有钉螺分布。夏天阳光暴晒钉螺很快死亡。雨量对钉螺分布的影响十分明显,有螺区年平均降雨量通常大于800mm,年平均相对湿度大于75%。钉螺生活的每一阶段都与水关系密切,但长期水淹条件对钉螺的生存繁殖不利,湖沼地区一年中水淹8个月以上的地区钉螺难以存活。钉螺以土壤为栖息和活动场所,有钉螺孳生的土壤一般水分充足,有机质丰富,植被生长良好。植被是钉螺孳生不可缺少的条件,植被可为钉螺遮挡烈日和寒风,还直接或间接地为钉螺提供食物。

钉螺产卵受气候影响,产卵气温以12~25℃为宜,5℃以下、35℃以上不产卵。钉螺产卵期广东主要在1~5月,东洞庭湖以2~4月最多,3月是高峰期,而北亚热带在4~6月份。1只雌螺一年产卵数一般几十枚至100多枚。钉螺卵的孵化与温度密切相关,随温度升高可相应的缩短孵化时间。野外幼螺出现时间集中在春末夏初。地处南亚热带地区的幼螺2~3月份就出现,生长也较快,只需2个月就可发育成熟;处于北亚热带地区的幼螺4~6月份出现,一般需3~5个月才可以发育成熟。当年孵出的幼螺当年成熟,并可交配产卵。钉螺的寿命一般不超过两年,但有的钉螺生存时间达3~5年。

钉螺可通过各种主动(爬行)或被动(附着在水草、芦苇、船只和漂浮在水面上的其他物体上)的方式扩散,使原有孳生范围扩大或形成新的孳生地。

(5)感染季节与动物发病特点　血吸虫尾蚴逸出的适宜温度为20~25℃,尾蚴逸出需要有水的环境。在云南、广西、广东等一些冬季气温较高的地区,一年四季都会有尾蚴逸出,人、畜均可感染。而在冬季较冷的疫区,血吸虫病感染有季节性,春末夏初和秋季是血吸虫病感染高峰期。

血吸虫病的流行还有以下特点:由于钉螺的活动范围及扩散能力有其局限性,血吸虫病分布具有地区性,病人、病畜的分布与当地的水系及钉螺分布一致。人、动物、钉螺三者的感染具有相关性。在流行区往往是人和动物同时感染,动物感染率高的地方,往往人血吸虫病也严重。人畜活动频繁地区,钉螺感染率也高,钉螺感染最重的地方,人畜感染也严重。

牛血吸虫病感染率及感染强度与牛的品种、年龄等有关。黄牛的感染率一般高于水牛,感染后出现的症状亦较水牛重。一般1~3岁水牛的血吸虫病感染率较成年牛高。对人工或自然感染血吸虫的水牛、犬、猪进行观察,虽有自愈现象出现,但时间往往在一年以上或更长时间,故决不能因此放松对上述动物血吸虫病的防治,特别是水牛,接触水的时间长,感染率和感染强度都不低,不能忽视其在血吸虫病流行病学上的作用。

4. 致病作用与临床症状　血吸虫侵入宿主并在其体内移行、发育过程中会引起一些病理变化,如尾蚴性皮炎反应、弥漫性出血性肺炎等,这种变化有人认为是尾蚴/童虫的机械作用所致,也有人认为是毒素作用所致。但血吸虫病的主要病变是由虫卵引起的,受损最严重的是肝和肠。血吸虫成虫寄生于宿主的肠系膜静脉,产出的虫卵随血流进入并沉积于宿主的肝脏和肠壁等组织，刚产出的未成熟虫卵引起局部结缔组织轻度增生。未成熟虫卵在组织内约经10d才发育成熟，一条日本血吸虫成熟雌虫每天可产1000～3500枚卵。成熟虫卵周围出现细胞浸润，以嗜酸性粒细胞为主，还有淋巴细胞、巨噬细胞、中性粒细胞及浆细胞，逐渐生成虫卵肉芽肿（虫卵结节）。一个虫卵结节中有虫卵一个至数十个不等。在成熟虫卵卵壳表面常见放射性嗜酸性物质，用免疫荧光抗体技术已证明系抗原抗体复合物，称为Hoeplli现象。虫卵肉芽肿反应，一方面有助于破坏和消除虫卵，另一方面也损害了宿主正常组织，导致宿主肝硬化与肠壁纤维化，消化吸收机能下降等一系列病害。与人血吸虫病相比，血吸虫病牛、病羊腹水少，肝、脾肿大不显著。

动物感染血吸虫病后出现症状的强弱与动物的种类、年龄、营养状况和免疫力有关。奶牛、黄牛较水牛症状明显，小牛较大牛症状明显。犊牛大量感染时，往往出现急性感染症状，体温可达40～41℃，表现精神不佳，食欲不振，腹泻下痢，牛只严重消瘦，黏膜苍白，粪便夹带血液、黏液，严重贫血，最后衰竭死亡。感染较轻者症状不明显，食欲及精神尚好，但都表现消瘦，时有拉稀，使役能力大大降低，母牛往往有不妊娠或流产现象，奶牛产奶量下降。羊感染后出现的症状较犊牛轻，但比猪重一些。马、驴一般不表现出明显症状。

5. 诊断 根据动物的临床表现和流行病学资料可做出初步诊断，但确诊要靠病原学检查或血清学试验。

（1）病原学诊断 指对被检动物的粪便或组织进行血吸虫虫卵或毛蚴检查，以及动物剖杀后的虫体及虫卵检查等。可应用的技术方法有动物直肠黏膜检查、粪便虫卵检查、粪便毛蚴孵化检查和解剖诊断。由于血吸虫产下的虫卵大约有2/3沉淀在肝、肠等组织，只有1/3随粪便排出，直接进行粪便虫卵检查或毛蚴孵化检查检出率都不够高，现在最常用的是粪便毛蚴孵化法，即先把待检粪样经铜筛粗滤除去部分杂质后，放入260目尼龙绢中，经水反复淘洗，收集粪便虫卵，放入三角烧瓶或球形长颈烧瓶进行毛蚴孵化、观察。根据毛蚴具有向清性、向上性、向光性和穿透性（能自由伸缩，通过脱脂棉纤维）的生物学特征，为了更方便、清晰地观察毛蚴，又对粪便毛蚴孵化方法进一步进行了改进、发展，建立了粪便棉析毛蚴孵化法和粪便塑料杯顶管毛蚴孵化法。为提高粪便检查的检出率，通常采用一粪三检或三粪三检。病原学诊断法的不足是花费时间长，对感染强度低的动物检出率不够高。

（2）血清学诊断 指对被检动物体内的血吸虫特异抗体、循环抗原或免疫复合物进行检查。已建立的检测动物血吸虫特异抗体的方法有环卵沉淀试验、间接血凝试验、胶乳凝集试验、酶联免疫吸附试验、斑点酶联免疫吸附试验、三联（血吸虫、肝片吸虫和锥虫）酶联免疫吸附试验等。检测血吸虫血清循环抗原或免疫复合物的有单克隆抗体斑点酶联免疫吸附试验。这些方法已被应用于动物血吸虫病的诊断、监测工作，相对病原诊断法，血清学诊断方法提高了检测的敏感性，节省了检测时间和费用，但有些方法的特异性、重复性不够理想。为提高血清学诊断法的敏感性、特异性、稳定性，寄生虫学者不断地对诊断方法进行了改进，如应用纯化的虫体/虫卵抗原或具有诊断价值的单一分子量虫体抗原（如日本血吸虫31/32kD抗原）、基因重组抗原（如r－Sj23、r－Sj31/32等）替代粗抗原，把具有诊断价值的单克隆抗体应用于血吸虫病诊断，以提高诊断方法的重复性、稳定性。

6. 治疗 应用于动物日本血吸虫病治疗的药物有：

吡喹酮（Praziquantel） 一种广谱的抗寄生虫药。黄牛每千克体重30mg，体重以300kg为限；水牛每千克体重25mg，体重以400kg为限；山羊每千克体重20mg；猪每千克体重60mg。均一次口服。

早期应用的药物还有敌百虫、六氯对二甲苯、酒石酸锑钾、锑-273、硝硫氰胺、硝硫氰醚等。这些药物先后在家畜血防中发挥了重要作用，但由于毒性或副反应大、缺少药物来源等原因，目前都基本上不应用。应用吡喹酮治疗家畜血吸虫病具有疗效高、疗程短、副反应低等优点，是目前治疗血吸虫病的首选药物。

7. 防治　要根据不同地区血吸虫病的流行规律和特点，因地制宜地采取有效的综合防治措施。

（1）查治病人、病畜，控制传染源　对病人、病畜及时地进行药物治疗，驱除体内虫体，减少粪便虫卵对环境的污染，是阻断血吸虫病的有效途径之一。最常用的治疗药物为吡喹酮。家畜是我国血吸虫病最重要的传染源，要争取做到人、畜同步查、治。

（2）消灭中间宿主钉螺　消灭钉螺是控制血吸虫病的重要环节。常用的灭螺药物有五氯酚钠、烟酰苯胺、氯硝柳胺等。茶籽饼、苦楝子等也有灭螺作用。由于灭螺药物对水生生物有一定毒性，危害生态环境，一般药物灭螺只在重流行区的易感地带实施。在其他地区，可根据钉螺的生物学特性，如怕干、怕久淹等，结合农业生产、农业产业结构调整等实施水田改旱田、水旱轮作、有螺低洼地区挖塘养鱼、硬化沟渠、蓄水养殖等改造钉螺孳生环境，消灭钉螺。易感地带养鸭、鹅也可用于灭螺实践。

（3）加强水、粪管理　挖水井或安装自来水，避免人、畜接触或饮用含血吸虫尾蚴的水源。加强放牧管理，减少粪便污染水源。加强粪便管理，收集野粪堆积发酵，或修建蓄粪池、沼气池，对粪便进行处理，杀灭粪便虫卵。在50kg粪尿中加入15%氨水0.5～1kg，或石灰150g，或尿素150g，或过磷酸钙1.5kg，可在1～2d内杀灭粪便中的虫卵。

（4）安全放牧　在血吸虫病感染季节，禁止动物到有螺草洲、草坡放牧，实施圈养或舍饲。对放牧家畜进行普查，患病家畜需在驱虫后半个月方可允许放牧。

（5）以机耕代畜耕　在钉螺面积大、密度高、血吸虫病流行严重的地区提倡机耕代替畜耕，以减少人、畜接触疫水和病原扩散。

（6）加强宣传教育　加强宣传教育，增强防治血吸虫病的意识，提高农民、渔民的血防常识和自我保护意识，自觉地采纳有益于健康的行为和生活、生产方式，避免感染和扩散病原。

（二）东毕吸虫病

东毕吸虫病是由分体科、东毕属（*Orientobilharzia*）吸虫寄生于动物的肝门静脉和肠系膜静脉内引起的疾病，是一种危害严重的家畜寄生虫病。1998年洪涝灾害曾造成我国东北地区牛、羊严重流行东毕吸虫病，导致大量家畜死亡。

1. 病原形态（图2-2-27）　有学者认为我国有4种东毕属吸虫：土耳其斯坦东毕吸虫（*O. turkestanicum*）、土耳其斯坦东毕吸虫结节变种（*O. turkestanicum* var. *tuberculata*）、程氏东毕吸虫（*O. cheni*）和彭氏东毕吸虫（*O. bomfordi*）。但也有学者提出异议，认为土耳其斯坦东毕吸虫结节变种是土耳其斯坦东毕吸虫的同种异名。程氏东毕吸虫也不是一个独立种，属土耳其斯坦东毕吸虫。其中以土耳其斯坦东毕吸虫分布最广。

土耳其斯坦东毕吸虫为雌雄异体，虫体呈线型，体表光滑无结节，口、腹吸盘相距较近，无咽，食道管状，在腹吸盘前方分为两条肠管，在体后部再合并成单管。

雄虫大小为 3.977 ~ 5.585mm × 0.234 ~ 0.468mm，腹面有抱雌沟。睾丸数目 68 ~ 80 个，圆形或椭圆形，位于腹吸盘后下方，呈不规则的双行排列。生殖孔位于腹吸盘后。

雌虫较雄虫纤细，大小 3.650 ~ 4.368mm × 0.032 ~ 0.0467mm。卵巢呈螺旋状扭曲，位于两肠管合并处的前方，卵黄腺排列在肠单干两侧。子宫短，在卵巢前方，子宫内通常只有一个虫卵。

虫卵长椭圆形，大小为 72 ~ 160μm × 45 ~ 60μm。卵的一端具附属物，钝圆，另一端具刺。

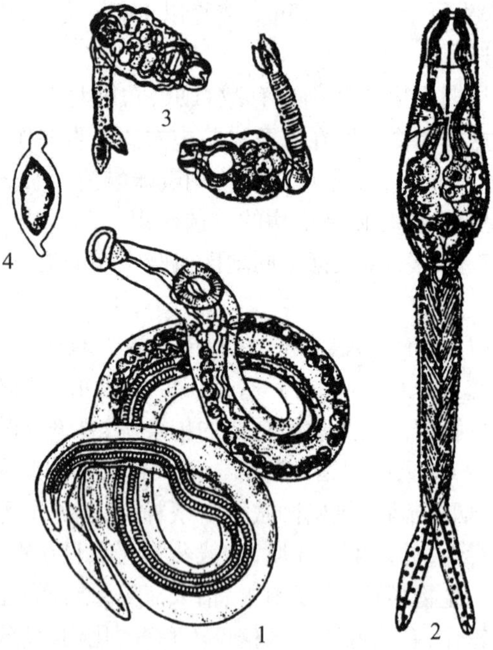

图 2-2-27　**土耳其斯坦东毕吸虫**（仿唐仲璋）
1. 成虫　2. 尾蚴
3. 尾蚴漂浮水面形态　4. 虫卵

2. 生活史　成虫寄生于终末宿主的门静脉或肠系膜静脉内，雌、雄虫一般呈合抱状态。雌虫在此产卵，虫卵随血流流至并沉积在肝脏或肠黏膜，成熟虫卵内的毛蚴分泌溶组织性物质透过卵壳，引起血管壁及肠黏膜组织发炎、坏死，含有虫卵的组织脱落进入肠腔，随粪便排出体外。虫卵在外界适宜的条件下孵出毛蚴。毛蚴在水中遇到中间宿主——椎实螺，即钻入螺体内经母胞蚴和子胞蚴发育为尾蚴。尾蚴自螺体逸出，在水中游动或浮于水面，接触到牛、羊等终末宿主时，即以其口、腹吸盘吸附着宿主，穿刺腺分泌溶蛋白酶溶解宿主皮肤组织，脱去尾部，钻入表皮后发育为童虫。童虫进入真皮层的淋巴管、微血管至静脉系统，随血流经心、肺进入体循环，最后到达肠系膜静脉及门静脉内。毛蚴侵入螺体发育至尾蚴约需 1 个月，从尾蚴侵入牛、羊发育至成虫成熟产卵需 1.5 ~ 2 个月（图 2-2-28）。

3. 流行病学

（1）分布　东毕吸虫病在我国分布广泛，在黑龙江、吉林、辽宁、北京、内蒙古、山西、陕西、甘肃、宁夏、青海、新疆、四川、云南、广西、广东、贵州、湖北、湖南、江西、福建、上海、江苏、河北等省、市、自治区均有报道，有些地区流行相当严重。

（2）终末宿主　宿主动物有绵羊、山羊、黄牛、水牛、马、驴、骡、骆驼、马鹿、猫、兔及小白鼠等，主要危害牛和羊。

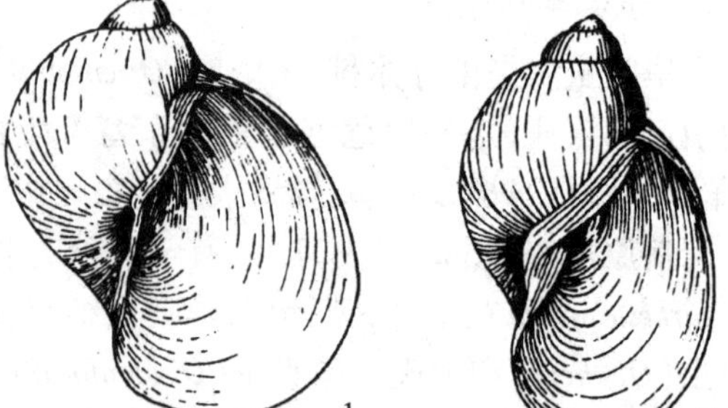

图 2-2-28　**土耳其斯坦东毕吸虫的中间宿主**
（仿唐仲璋）
1. 耳萝卜螺　2. 卵萝卜螺

（3）中间宿主　中间宿主为椎实螺类，已报道的有耳萝卜螺（*Radix auricu-*

laria)、卵萝卜螺(*R. ovata*)、狭萝卜螺(*R. lagotis*)、长萝卜螺(*R. pereger*)、梯旋萝卜螺(*R. latispira*)、克氏萝卜螺(*R. clessini*)、和小土蜗(*Galba pervia*)等。它们栖息在水田、池塘、水流缓慢及杂草丛生的河滩、小溪、草塘等处。

(4)感染途径与感染季节　牛、羊等动物在有水、有椎实螺地区放牧,耕牛在水田中耕地时,尾蚴侵入皮肤或动物吃带有尾蚴的草或饮含有尾蚴的水都会引起感染。东毕吸虫的感染有一定的季节性,多在5~10月份,北方为6~9月份。

成年牛、羊的感染率往往比幼龄动物高,黄牛和羊的感染率均比水牛高。

4. 临床症状　东毕吸虫病对家畜的危害多数为慢性过程。患畜一般表现为消瘦、腹泻、发育不良、绒毛量少、质差。严重者贫血、黄疸、颌下和腹下部水肿,体瘦毛焦,母畜不孕或流产,如饲养管理不善,会造成家畜死亡。感染大量尾蚴时,会引起急性发作,体温达40℃以上,食欲减退,精神沉郁,呼吸促迫,腹泻,直至死亡。

东毕吸虫尾蚴钻入人体皮肤后可引起皮炎,称尾蚴性皮炎(Cercaril dermatitis)或称稻田皮炎。皮肤感觉刺痒,出现点状红斑与丘疹。有些患者可出现荨麻疹和水泡。皮肤反应一般在3~4d达高峰,一周后逐渐消退。

5. 病理变化　童虫和成虫在宿主体内移行会使所经过的器官出现轻微的机械损伤,产生局部细胞浸润和点状出血,引起炎症反应。

虫卵沉积于宿主的肝脏和肠壁组织,引起虫卵周围细胞浸润、结缔组织增生、虫卵肉芽肿。感染初期肝脏呈现肿大,后期萎缩、硬化。肠壁增厚,黏膜出现细胞浸润、坏死。

6. 诊断　主要采用粪便孵化法观察毛蚴或粪便检查虫卵。由于东毕吸虫排卵数少,粪检时需采集较多的粪便,应用尼龙绢集卵法或沉淀法集卵。同时结合当地的流行病学资料及病畜的临床症状综合判断。必要时剖检动物,检查病畜肠系膜静脉内有无虫体寄生。

7. 治疗　治疗日本血吸虫病的药物均可试用。目前常用的是口服吡喹酮(Praziquantel),牛的治疗剂量为每千克体重35mg,羊为每千克体重25mg。

8. 防治　根据东毕吸虫病的流行病学特点,因地制宜地采取综合防治措施:

(1)控制传染源　及时治疗病畜,控制传染源。

(2)消灭中间宿主椎实螺　结合农牧业生产,改变螺的孳生环境。采用五氯酚钠、氯硝柳胺等进行药物灭螺。

(3)加强畜粪管理　将粪便堆积发酵或建沼气池,杀灭虫卵,减少虫卵对环境的污染。

(4)加强宣传教育和饲养管理　严禁家畜在易感季节到易感地区放牧;严禁家畜接触和饮用"疫水"。

(三)毛毕吸虫病

毛毕吸虫属分体科、毛毕属(*Trichobilharzia*)。寄生于家鸭、野鸭和其他鸟类的肝门静脉和肠系膜静脉内。分布于我国的黑龙江、吉林、江苏、四川、江西、福建、广东、辽宁、上海等省市。在我国家鸭体内发现的毛毕吸虫主要是包氏毛毕吸虫(*T. paoi*)。

1. 病原形态(图2-2-29)　包氏毛毕吸虫雄虫大小为5.35~7.31 mm×0.076~0.095mm,虫体细长,有口、腹吸盘。抱雌沟短而简单,其前缘与腹吸盘间的距离约等于口、腹吸盘之间的距离。沟的边缘有许多小刺。睾丸球形,70~90个,成单行纵列,始于抱雌沟后方,延至体后端。雌虫大小为3.38~4.89 mm×0.076~0.114mm,比雄虫纤细。卵巢位于腹吸盘后不远处，狭长，呈3～4个螺旋状扭曲。子宫很短，内只含一个虫卵。卵黄腺呈颗粒状，布满虫体，从受精囊后面延至虫体后端。

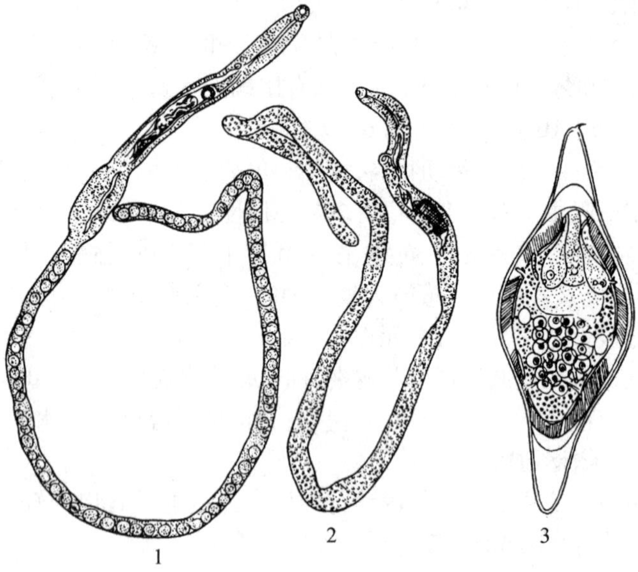

图2-2-29 包氏毛毕吸虫（仿唐仲璋、唐崇惕）

1. 雄虫 2. 雌虫 3. 虫卵

卵呈纺锤形，中央膨大两端较尖，大小23.6～31.6μm×68～11.2μm，卵的一端有一个小而弯曲的钩。

2. **生活史** 包氏毛毕吸虫的中间宿主为折叠萝卜螺、斯氏萝卜螺和小土蜗。病鸭排出的粪便污染水源，虫卵在水中孵出毛蚴，毛蚴遇到中间宿主椎实螺即钻入螺体内经母胞蚴、子胞蚴发育为尾蚴，成熟的尾蚴逸出螺体，遇到鸭子或其他水禽时，经皮肤侵入宿主，随血流经肺到达门静脉和肠系膜静脉内发育为成虫。毛蚴钻入螺体至尾蚴逸出需2～4周，从尾蚴侵入鸭体至发育为成虫需3周左右。

3. **临床症状** 成虫在鸭门静脉和肠系膜静脉内寄生并产卵，虫卵沉积在肠壁的微血管内，形成肠壁虫卵小结节，引起肠黏膜发炎，影响肠的吸收功能，病鸭消瘦，发育受阻。

人体感染毛毕吸虫后可发生尾蚴性皮炎，10～20min内患部皮肤出现刺痛，30min后出现丘疹，初次感染丘疹仅针头大，重复感染3～4次后丘疹达1mm。

4. **诊断** 粪便检查虫卵或动物剖解检查虫体。

5. **预防** 病禽粪便堆积发酵进行无害化处理后再作肥料使用。结合农业生产使用化肥（氨水、氯化铵、硫酸铵）、化药（氯硝柳胺等）、石灰、草木灰等灭螺。

六、后睾科吸虫病

（一）华枝睾吸虫病

华枝睾吸虫病是由后睾科、枝睾属的华枝睾吸虫（*Clonorchis sinensis*）寄生于人、犬、猫、猪及虎、狐、水獭、海豹等野生动物的肝脏胆管和胆囊内所引起的一种吸虫病，是一种重要的人兽共患吸虫病。医学上也称为肝吸虫病，在我国的流行也极为广泛。

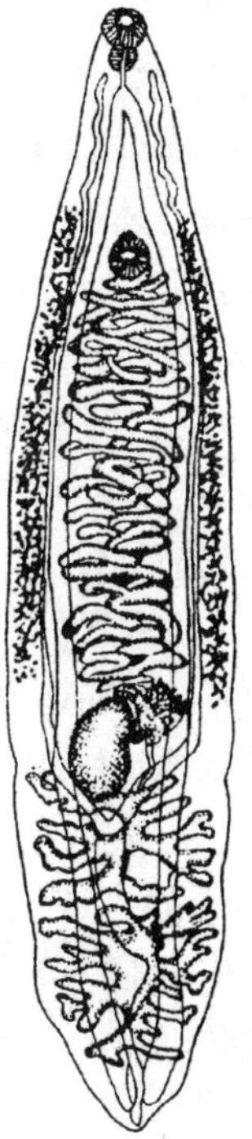

图 2-2-30　华枝睾吸虫
（仿斯克里亚宾和舒尔茨）

1. 病原形态（图 2-2-30）　虫体狭长，背腹扁平，前端稍尖窄，后端较钝圆，体表无棘，大小为 10～25mm×3～5mm。口吸盘位于体前端，略大于腹吸盘；腹吸盘位于体前 1/5 处。咽球形，食道短，两肠支伸至体后端。两个大而呈树枝状的睾丸前后排列于虫体后 1/3 部。无阴茎囊、阴茎。略呈波浪状弯曲的管状贮精囊后接射精管，再向生殖腔开口。生殖孔位于腹吸盘前缘处。卵巢分叶，位于前睾丸之前。受精囊发达，椭圆形，位于睾丸与卵巢之间。劳氏管细长，位于受精囊旁边。卵黄腺由细小的颗粒组成，分布于腹吸盘水平至卵巢后缘水平的体两侧。子宫盘绕于卵巢之前，直至腹吸盘水平。排泄囊呈“S”状，弯曲于体后部，向前伸达受精囊处。虫卵小，黄褐色，大小为 27～35μm×12～20μm，形似电灯泡；前端较窄，具卵盖，卵盖周围的卵壳增厚形成肩峰；后端钝圆，有一逗点状小突起。卵内含一成熟毛蚴。

2. 生活史　华枝睾吸虫的发育需要两个中间宿主。终末宿主是人和犬、猫、猪、虎、狐狸、水獭、貂等多种哺乳动物。第一中间宿主为淡水螺，国内已报告了 3 科 6 属 9 种，其中以纹沼螺（*Parafossarulus striatulus*）、赤豆螺（*Bithynia fuchsianus*）、长角涵螺（*Alocinma longicornis*）和方格短沟蜷（*Semisulcospira canellata*）4 种最为重要。第二中间宿主为多种淡水鱼类和淡水虾，国内已证实的淡水鱼宿主有 12 科 39 属 68 种，以鲤科鱼类为主。此外，国内尚发现 4 种淡水虾为其第二中间宿主。

华枝睾吸虫的发育过程包括虫卵、毛蚴、胞蚴、雷蚴、尾蚴、囊蚴和成虫阶段。成虫在终末宿主（人和哺乳动物）的肝脏胆管、胆囊内寄生产卵，含毛蚴的虫卵随胆汁入肠腔，再随粪便排至外界，进入水中，被第一中间宿主淡水螺吞食，在螺的消化道中孵出毛蚴。毛蚴穿过螺的肠壁，侵入淋巴系统，先后发育为胞蚴、雷蚴和尾蚴。尾蚴在尚未成熟时即由雷蚴产出，在螺的肝淋巴隙继续发育至成熟。成熟尾蚴离开螺体，进入水中游泳，如遇到第二中间宿主，即钻入其体内形成囊蚴。大部分囊蚴寄生在鱼的肌肉和皮下组织，较少在鳞片、鳍和鳃上。水中的尾蚴，如在 24～48h 内未遇上适宜宿主，即会死亡。尾蚴侵入鱼体约经 23d 形成成熟囊蚴。当终末宿主吞食含有活囊蚴的鱼、虾后，后尾蚴在十二指肠脱囊而出，循总胆管抵达肝脏胆管，逐渐发育为成虫。在严重感染时，少数虫体也可寄生于胆囊、总胆管、胰腺管和十二指肠内。国外学者实验证实，童虫还可通过血管或穿过肠壁经腹腔到达肝脏，再入肝胆管内发育为成虫。潜隐期犬、猫为20~30d,小鼠平均为21d,大鼠为25d,豚鼠为20d,人约1个月。在适宜条件下,完成全部生活史约需3个月。成虫的寿命,在猫为12年3个月以上,犬体内为3年6个月以上,在人体内为20年以上。

3. 流行病学 本病主要流行于东亚诸国,如日本、朝鲜、越南、老挝和中国等。国内分布极广,除青海、西藏和宁夏外,其余28个省、市、区均有报道。本病在我国流行的因素有:

(1)宿主动物种类多 华枝睾吸虫除主要寄生于人、犬、猫、猪外,多种野生哺乳动物,如狐、獾、貂、鼬、水獭、豹猫、小灵猫、鼠类、虎、海豹等均可感染。而且常常感染率也高,据一些地区调查,猫的感染率为17%~100%,犬为35.6%~100%,猪为0.8%~38.8%,豹猫为20%~41.2%,小灵猫为37.5%,人的感染率为2.1%~15.8%。

(2)人畜粪便未经处理进入水域 各地用人畜粪便直接施用于田间作肥料。有的地区在鱼塘边修建厕所,或将猪舍盖在鱼塘边,或用人、畜粪便作鱼饵,野生动物宿主四处排粪,这些都造成了虫卵入水,为中间宿主的感染创造了条件。

(3)中间宿主种类多、分布广 我国已报道的第一中间宿主(淡水螺蛳)有3科6属9种,这些螺蛳生活于静水或缓流的水田、池塘、湖泊、小溪、沟渠、河流中,广泛分布于我国南北各地。作为第二中间宿主的淡水鱼、虾,种类多,分布广,我国各地普遍养殖的鲫鱼、鲤鱼、草鱼、青鱼、鲢鱼、鳙鱼、鳊鱼和分布广、数量多的一些野杂鱼,如麦穗鱼、鳑鲏、鲦鱼、棒花鱼等都是其第二中间宿主。

(4)人和动物食生或半生的鱼虾 用生的鱼虾喂犬、猫,或犬、猫自行在水边捞食鱼虾;猪敞放吃到鱼、虾,或用小鱼、虾及其下脚料喂猪;食鱼的动物,如鼬、獾、貂、野猫、狐狸等吃生鱼虾,这都造成了动物的感染。人的感染与饮食习惯密切相关,如食生鱼片、生鱼粥、生虾、鱼火锅或烧制鱼时未煮熟;儿童在河沟、池塘、稻田捕捉小鱼烧烤时未烧熟即食之;或捕鱼时用嘴衔鱼,或搬运、出售、捕捉鱼虾时囊蚴污染手而后送入口中。

我国水域辽阔,养鱼事业发达,多种食用鱼和一些小杂鱼同赤豆螺、纹沼螺、长角涵螺生活在同一水域,这些地区如有感染华枝睾吸虫的人和动物,含虫卵的粪便污染了水域,人、畜吃生或半生的鱼虾,即会造成本病的流行。

4. 致病作用和症状 华枝睾吸虫的致病作用主要是虫体对胆管的机械性损伤和阻塞作用,虫体分泌物和排泄物的刺激作用。在这些理化因素的作用下,引起胆管及胆管周围的炎症,导致肝实质萎缩、肝硬变,致使肝功能受损,从而影响宿主的消化机能,并可引起全身症状。由于虫体阻塞、胆管上皮的增生及纤维化,使管腔变窄,胆汁流出不畅,从而引起阻塞性黄疸,并容易发生细菌的合并感染而引起化脓性胆管炎,甚至肝脓肿。虫卵可成为结石的核心,所引起的胆管上皮细胞增生可发生癌变,因此本虫的寄生也同胆结石和肝癌有关。虫体寄生于胆囊时,引起胆囊肿大和胆囊炎;侵入胰管时,可引起急性胰腺炎。

动物多为隐性感染,症状不明显。严重感染时,主要表现为消化不良,食欲减退,下痢、贫血、水肿、消瘦,甚至出现腹水,肝区叩诊有痛感。病程多为慢性经过,往往因并发其他疾病而死亡。

5. 诊断 生前可根据流行病学资料和症状作出初步判断,再用沉淀法检查粪便中的虫卵而进行诊断。死后则根据剖检,在肝胆管、胆囊内检获大量虫体而确诊。

近年来也用间接血凝试验和酶联免疫吸附试验作为辅助诊断。

6. **治疗**

(1)吡喹酮(Praziquantel) 犬、猫按每千克体重50~75mg,一次口服;猪按每千克体重20~50mg,一次口服。

(2)丙硫咪唑(Albendazole) 犬、猫按每千克体重30mg,口服,每天一次,连用12d。

7. **预防**

(1)治疗病畜、病人 对疫区的猪、犬、猫和人应定期检查,并及时治疗。

(2)防止人、畜食入活的囊蚴 疫区禁止用生的或半生的鱼虾及其下脚料喂饲猪、犬、猫;人不吃生或半生的鱼虾;注意生、熟食的厨具要分开。

(3)管好人、畜粪便 对人、犬、猫、猪的粪便应堆积发酵后作肥料;防止人、畜粪便流入鱼塘,尤应禁止在鱼塘边修建厕所、猪舍;鱼塘改用牛、羊粪便作肥料。

(4)杀灭充当第一中间宿主的淡水螺蛳 可结合农业生产清理塘泥或用药物杀灭螺蛳。

(二)禽后睾吸虫病

禽后睾吸虫病是由后睾科的后睾属(*Opisthorchis*)、次睾属(*Metorchis*)、对体属(*Amphimerus*)及支囊属(*Cladocystis*)吸虫寄生于禽类的胆囊和肝胆管内所引起的一类吸虫病。在我国家禽体内已发现12种后睾科吸虫,其中以东方次睾吸虫(*Metorchis orientalis*)、台湾次睾吸虫(*M. taiwanensis*)和鸭对体吸虫(*Amphimerus anatis*)分布较广,对禽类危害最严重。

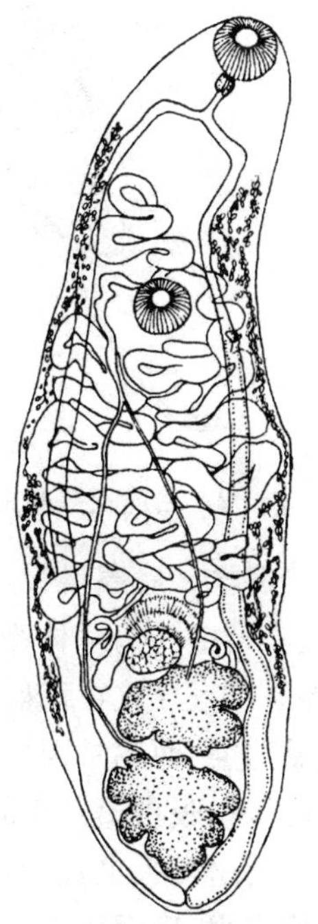

图2-2-31 东方次睾吸虫(仿陈佩慧)

1. **病原形态**

(1)东方次睾吸虫(图2-2-31) 虫体呈叶片状,前端稍窄长,后端钝圆,体长2.35~4.65mm。体表有小棘。两个睾丸大且分叶明显,前后斜列于虫体后端,受精囊位于前睾丸之前,卵巢的右侧。

(2)台湾次睾吸虫(图2-2-32) 虫体小而较细长,前后两端较窄,体长2.37~3.04mm。体表有小棘。两个睾丸呈圆形或椭圆形,分叶不明显,前后排列于虫体后端;受精囊发达呈弯曲的囊状。

(3)鸭对体吸虫(图2-2-33) 虫体窄长,前端稍钝,后端尖细。体长19.58~24.63mm。两睾丸呈椭圆形前后排列于虫体后方。受精囊发达,呈梨形。卵黄腺分布在虫体两侧,每侧明显地分成8~9簇排列,前缘伸达虫体中部稍后,后缘伸达睾丸之后。

2. **生活史** 这三种吸虫与华枝睾吸虫的生活发育过程相似,均需要两个中间宿主,发育过程也包括虫卵、毛蚴、胞蚴、雷蚴、尾蚴、囊蚴和成虫阶段。东方次睾吸虫第一中间宿主为纹沼螺,第二中间宿主为麦穗鱼等鲤科鱼类;台湾次睾吸虫第一中间宿主为纹沼螺与赤豆螺,第二中间宿主为麦穗鱼等鲤科鱼类及黄鳝、泥鳅和蛙类的蝌蚪;鸭对体吸虫第一中间宿主为赤豆螺,第二中间宿主为麦穗鱼等鲤科鱼类及黄鳝、泥鳅和蛙类蝌蚪。家禽食入含有次睾吸虫与鸭对体吸虫成熟囊蚴的鱼类或蝌蚪而受到感染,幼虫在禽体内分别经15d、20d左右发育为成虫。

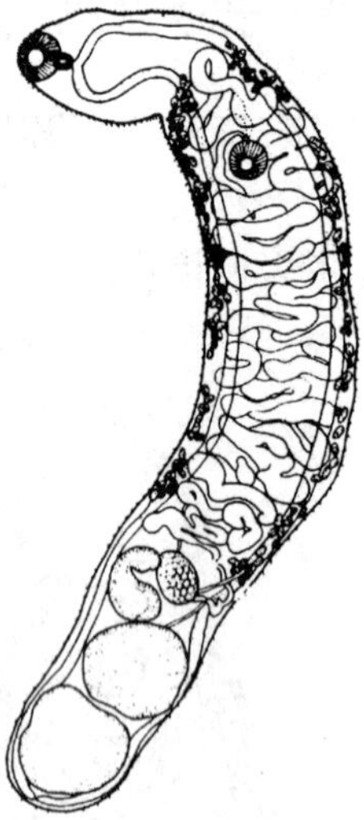

图 2-2-32 **台湾次睾吸虫**（仿陈佩慧）

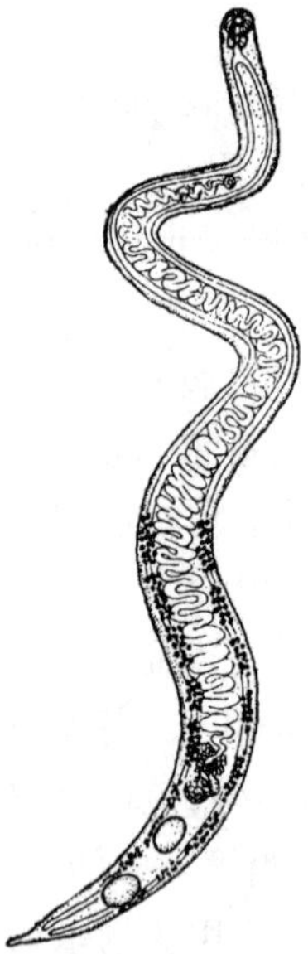

图 2-2-33 **鸭对体吸虫**（仿 Yamaguti）

3. **流行病学** 后睾科吸虫在中国各地家禽体内均有不同程度的感染，其中以东方次睾吸虫、台湾次睾吸虫与鸭对体吸虫分布面广，鸭感染率高，感染强度大，对鸭危害最严重。在江苏、安徽等地曾报导放牧鸭群暴发此类疾病，解剖病死鸭在其体内发现虫数达 500~1000 条以上。鹅偶见感染，而鸡常因投喂生小杂鱼或生鱼下脚料引起群发性后睾吸虫病。

由于后睾科吸虫第二中间宿主种类多，分布广，后睾科吸虫囊蚴感染严重，因而导致各地鸭群普遍感染这类吸虫。

4. **致病作用、病理变化及症状** 次睾属吸虫主要寄生于禽的胆囊，而对体属、后睾属及支囊属则主要寄生于禽的肝脏胆管内。虫体分泌的毒素引起禽贫血、消瘦和水肿；虫体除直接造成胆囊、胆管病变，引起炎症，使胆汁变性和阻塞胆管外，还引起肝脏发生病变，严重影响肝脏正常的生理功能，导致病禽普遍消瘦，饲料报酬降低，幼禽生长发育受阻，成年禽产蛋量降低。在流行区若管理不善，引起本病暴发，可导致家禽大量死亡。病理剖检变化：肝脏病变明显，肝体积增大，表面呈橙黄色，有花斑，被膜粗糙；肝实质非常脆弱，甚至腐败，切开时流出红色稀薄血水，切面可见出血性孔道。胆囊肿大，胆管肿大呈索状突出于肝表面。胆囊、胆管内壁粗糙，胆管壁增厚，管腔狭窄，胆汁浓稠变绿或胆囊内充满虫体而无胆汁。病禽表现为精神沉郁，食欲下降，游走无力，不寻食，缩颈闭眼，离群呆立，羽毛蓬乱，消瘦，排白色或灰绿色水样粪。

5. **诊断** 生前诊断主要用沉淀法粪检发现虫卵，但鉴别虫种较困难。死后剖检发现虫体并结合病变即可确诊。

6. **治疗**

（1）丙硫苯咪唑（Albendazole） 按每千克体重 100~150mg，一次喂服。

（2）吡喹酮（Praziquantel） 按每千克体重 20~30mg，一次喂服。

7. **预防**

（1）禁用生鱼及下脚料喂禽，杜绝感染来源。

(2)可采用化学药物杀灭纹沼螺和赤豆螺,阻断或控制后睾吸虫幼虫期发育的第一个环节。

七、并殖科吸虫病

由并殖科吸虫寄生于人和动物的肺组织内所引起的吸虫病称为并殖吸虫病,本病又称肺吸虫病,是一种重要的人兽共患寄生虫病。目前全世界已报道的并殖吸虫已达50多种,我国报道的有28种,其中有些是同物异名或异物同名。国内分布最广,危害最大的是卫氏并殖吸虫(*Paragonimus westermani*),其次是斯氏狸殖吸虫(*Pagumogonimus skrjabini*)。卫氏并殖吸虫寄生于人、犬、猫、猪和虎、豹等多种野生动物的肺组织内,是人体并殖吸虫病的主要病原,家畜中主要危害犬、猫,分布于我国23个省、市、自治区。

1. 病原形态(图2-2-34)　卫氏并殖吸虫成虫虫体肥厚,背面稍隆起,腹面扁平。活虫体呈深红色,形态因伸缩变化颇大,固定后呈椭圆形。虫体大小为7.5~16mm×4~8mm,厚为3.5~5.0mm。体表披有小棘,以单生棘为主。口、腹吸盘大小相近,腹吸盘位于体中横线稍前。咽小,食道短,两肠支呈波浪状弯曲伸至体后端,睾丸分4~6支,犹如掌状,无次级分支,左右并列于虫体后1/3处。无阴茎囊和阴茎;贮精囊弯曲,后接射精管。生殖孔位于腹吸盘之后。卵巢与子宫并列于腹吸盘之后,睾丸之前。卵巢位于腹吸盘左后方,分5~6叶,形如指状,每叶可再分叶。有受精囊和劳氏管。卵黄腺特别发达,分布于虫体两侧,起于口吸盘,后达体末端。子宫盘曲于腹吸盘右后方,前可达腹吸盘前缘水平,后可达睾丸后缘水虫卵呈金黄色、椭圆形,不太对称,卵盖大平。常略有倾斜,大小为75~118μm×48~67μm,卵内含一个胚细胞和10余个卵黄细胞。

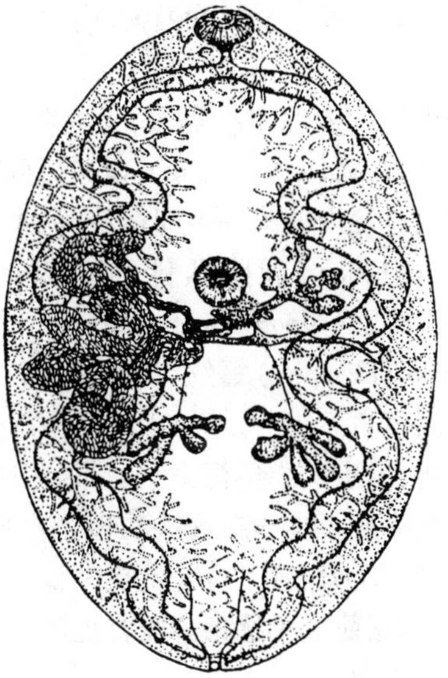

图2-2-34　卫氏并殖吸虫

2. 生活史　卫氏并殖吸虫的发育需要两个中间宿主,第一中间宿主为淡水螺类,第二中间宿主是甲壳类的淡水蟹和蝲蛄。发育过程包括虫卵、毛蚴、胞蚴、母雷蚴、子雷蚴、尾蚴、囊蚴和成虫阶段。成虫寄生于终末宿主(人和犬、猫等动物)肺组织的虫囊内,产出的虫卵经虫囊与小支气管的通道进入支气管、气管,或随痰液排出,或痰液吞咽后随粪便排至外界。虫卵进入水中,在适宜的温度(25~30℃)下,经2~3周发育孵出毛蚴。毛蚴在水中侵入适宜的第一中间宿主(螺类)的淋巴间隙发育为胞蚴,再经母雷蚴、子雷蚴,最后形成短尾的尾蚴。成熟尾蚴离开螺体进入水中,遇到第二中间宿主(淡水蟹或蝲蛄)时,即主动侵入或被其吞食,尾蚴即在它们的鳃叶、肌肉及内脏中形成囊蚴。犬、猫、人及其他终末宿主食入含有活囊蚴的蟹类、蝲蛄后,囊蚴进入终末宿主的消化道,在消化液的作用下,后尾蚴脱囊而出,穿过肠壁进入腹腔。多数童虫侵入腹壁,经5~7d的发育后,又回至腹腔,在脏器间移行窜扰后穿过膈肌进入胸腔,停留相当时间后，钻入肺脏，移行至支气管附近。在虫体的刺激下，引起宿主的组织反应，在虫体外围形成纤维组织的虫囊。虫囊内通常有2个虫体，偶尔也可以只有1个或多至5~6个。由于虫囊破裂或细支气管被蚀坏，虫卵经气管排至外界。自毛蚴侵入螺体，约经3个月开始从螺体逸出尾蚴。自囊蚴进入终末宿主至成熟产卵需2~3个月左右。成虫在终宿主体内一般可活5~6年，长者可达20年。

由于童虫有到处窜扰的习性，因此除在肺部寄生外，还常侵入肌肉、脑及脊髓等处，有些童虫可终生穿行于组织间直至死亡。在生活史中，有时尚有转续宿主的参加，现已证实野猪、兔、鼠、蛙、鸡、鸟类等多种动物可作为转续宿主，作为终末宿主的肉食类动物，如虎、豹、狮等常因捕食这些体内含有童虫的转续宿主而受到感染。

3. 流行病学 卫氏并殖吸虫是并殖吸虫中分布最广，危害最大的虫种，亚洲、欧洲、非洲和南美洲均有报道。我国除西藏、内蒙古、青海、宁夏未见报道外，其余24个省、市、自治区均有本虫存在。

本虫的终末宿主种类多，除人和犬、猫、猪等家畜外，许多野生动物如狐狸、狼、貉、猞猁、虎、豹、狮、豹猫、大灵猫、果子狸等都可感染。

我国已发现的第一中间宿主（淡水螺类）已达20多种，隶属于觿螺科（Hydrobiidae）、肋蜷科（Pleuroseridae）和跑螺科（Thiaridae）。第二中间宿主主要是淡水蟹，如溪蟹（*Potamon* spp.）、华溪蟹（*Sinopotamon* spp.）、拟溪蟹（*Parapotamon* spp.）、石蟹（*Isolapotamon* spp.）、绒螯蟹（*Eriocheir* spp.）等约30余种；其次是蝲蛄（*Cambaroides* spp.），分布于东北；淡水虾也可作为中间宿主。第一、第二中间宿主均分布于山间小溪中，野生动物宿主常在这些溪边饮水、猎取食物，排出的粪便污染水域；这些动物又常在水中捞食蟛蟹、蝲蛄，又造成了这些动物的感染。这就形成了本病在这些动物之间的长期流行，因此本病具有自然疫源性。转续宿主的种类多、数量大、分布广，也是造成肉食类动物感染的重要因素。猫、犬、猪和人多因吃生或半生的蟛蟹、蝲蛄而遭受感染。流行地区，生饮溪水也可引起感染，因为囊蚴可因蟹、蝲蛄的死亡破裂而进入水中。

4. 致病作用和症状 卫氏并殖吸虫的致病作用主要在于童虫、成虫在组织器官的移行、窜扰、定居所造成的组织器官损伤、出血和发炎，虫体的代谢产物等抗原物质所引起的免疫病理反应。患病的猫、犬主要表现咳嗽，并可伴有咯血、气喘、发热、腹痛、腹泻、黑便等。该虫寄生于脑部及脊髓时可引起抽搐、截瘫等神经症状。

5. 诊断 生前根据临床症状，结合曾用蟛蟹或蝲蛄饲喂犬、猫的病史，作出初步诊断。再检查病犬、病猫的痰液、粪便，查出虫卵而确诊。此外，尚可用X光检查和酶联免疫吸附试验等血清学方法作为辅助诊断。

死后剖检，在肺部发现虫囊，囊内有虫体，或在其他组织器官发现童虫而确诊。

6. 治疗 犬、猫可采用以下药物治疗。

（1）吡喹酮（Praziquantel） 按每千克体重50mg，一次投服。

（2）硫双二氯酚（Bithilnolum） 按每千克体重100mg，每天一次，连用7d。

（3）丙硫咪唑（Albendazole） 按每千克体重50~100mg，连用14~21d。

7. 预防 在流行地区，防止犬、猫和人生食或半生食蟛蟹、蝲蛄是预防本病的关键。

八、背孔科吸虫病

（一）裂叶吸虫病

裂叶吸虫病又称槽盘吸虫病，是由背孔科、裂叶属（*Ogmocotyle*）的吸虫寄生于绵羊、山羊、黄牛、水牛等家畜和鹿、麂、麞、林麝、大熊猫、小熊猫、羚牛等野生动物小肠中所引起的一种吸虫病。我国四川、云南、贵州、西藏、陕西、福建、江西、重庆等省、市均有报道。裂叶属吸虫共有6个虫种，我国报道有2种，即印度列叶吸虫（*O. indica*）和羚羊裂叶吸虫（*O. pygargi*），其中以印度裂叶吸虫最常见。印度裂叶吸虫主要寄生于绵羊、山羊的小肠（主要是十二指肠和空肠），还寄生于黄牛、水牛、小熊猫等动物。我国四川、云南、贵州、西藏、陕西、重庆等省、市均有报道。流行地区的绵羊、山羊，特别是绵羊可严重感染，如曾报道四川省汉源县绵羊的感染率为95%；感染强度为10 901～156 141条，平均91 268条。

1. **病原形态**（图2－2－35）　印度裂叶吸虫虫体小，粉红色，卵圆形或葵仁形，大小为1.94～2.80mm×0.75～0.85mm。前部稍狭，半透明；后端钝圆。背面稍隆起，两侧缘的角皮向腹面内侧卷曲形成深凹的沟槽，因而从腹面观察似船形。口吸盘小，位于虫体前端腹面。无咽，食道细短，两肠支沿体两侧向后延伸至睾丸内侧后缘水平。无腹吸盘。睾丸纵椭圆形或肾形，不分叶，位于虫体后部两侧。阴茎囊粗大，几乎呈半圆形，位于虫体中部，雄性生殖孔位于虫体左侧腹面。卵巢分为4～5叶，位于虫体末端中央，前缘达睾丸后缘水平；每叶呈圆形至椭圆形。梅氏腺位于卵巢正前方，两睾丸之间。卵黄腺滤泡呈圆形或椭圆形，13～24个，紧靠子宫区后缘呈“U”形或半圆形排列，并在梅氏腺前方汇合。子宫发达，在虫体后1/3～1/2之间形成排列整齐而弯曲的横环；子宫末段发达，呈“S”形弯曲。雌性生殖孔位于雄性生殖孔直后。虫卵小，卵圆形，金黄色，不对称，大小为15～22μm×10～17μm，两端各具一根细长的卵丝，两根卵丝不等长（图2－2－35）。

2. **生活史**　尚不清楚。

3. **症状**　轻度感染时病畜无临床症状。严重感染时可引起肠炎，病畜出现拉稀、贫血等症状。

4. **诊断**　生前可用沉淀法检查粪便中的虫卵进行诊断。死后剖检，在小肠中检获大量虫体可确诊。

5. **治疗**　治疗患病的绵羊、山羊时，可用：

（1）丙硫咪唑（Albendazole）　按每千克体重20～30mg，一次口服。

（2）硫双二氯酚（Bithilnolum）　按每千克体重100mg，一次口服。

（二）背孔吸虫病

背孔吸虫病是由背孔科、背孔属（*Notocotylus*）的吸虫寄生于鸟禽类的肠道所引起的一种吸虫病。我国的鸡、鸭、鹅等家禽和野生水禽感染极为普遍，最常见于盲肠中，已报道的种类较多，常见的是纤细背孔吸虫（*N. attenuatus*）。

1. **病原形态**（图2－2－36）　纤细背孔吸虫虫体呈长椭圆形，前端稍狭，后端钝圆，活虫体呈粉红色，大小为2.22～5.68mm×0.82～1.85mm。虫体腹面具有圆形或椭圆形的腹腺，分三行纵列，中列为14～15个，两侧列各为14～17个。口吸盘近圆形，位于体前端。无咽，食道

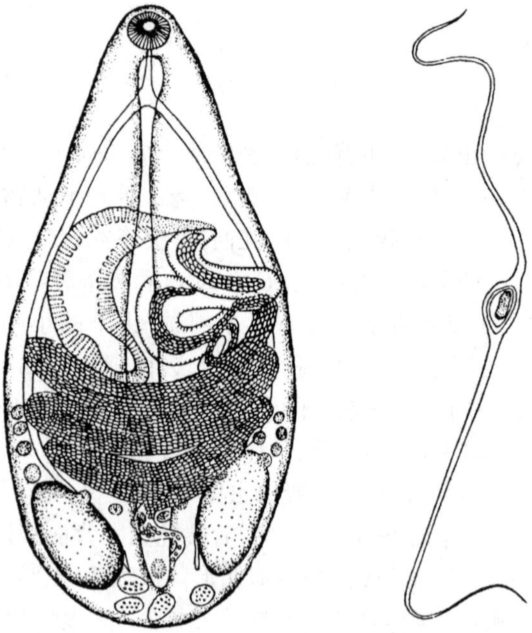

图 2-2-35 印度裂叶吸虫成虫及虫卵(采自孔繁瑶)

短,两根肠管沿体两侧向后伸延至近末端。无腹吸盘。睾丸分叶,左右排列于虫体后端两侧,两肠管的外侧。阴茎囊长袋状或棒状,纵位于虫体前半部。生殖孔位于肠叉之后。卵巢分叶,位于两睾丸之间。梅氏腺位于卵巢之前。子宫盘曲于两肠管之间,在梅氏腺和阴茎囊之间形成紧密的横环。子宫末段与阴茎囊并行,位于阴茎囊右侧,其长度为阴茎囊的一半。卵黄腺分布于虫体后半部两侧,向后至睾丸的前缘或稍后。虫卵小,大小为 15 ~ 21μm × 9 ~ 12μm,两端各具一条长 0.26mm 的卵丝。

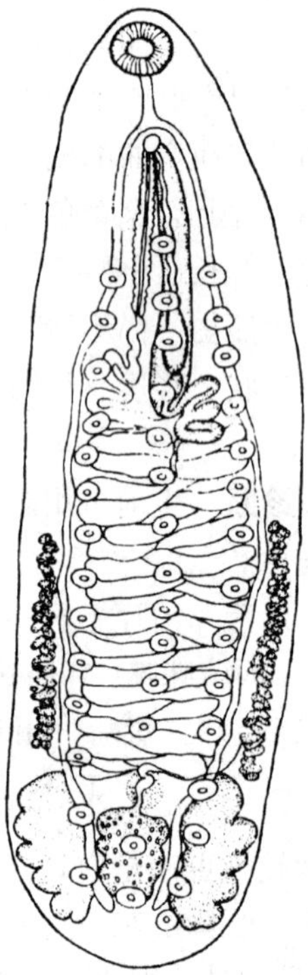

图 2-2-36 纤细背孔吸虫
(采自陈淑玉)

2. 生活史 纤细背孔吸虫的发育需要一个中间宿主。其中间宿主为椎实螺科和扁卷螺科的淡水螺蛳,如折叠萝卜螺(*Radix plicatula*)、小土蜗(*Galba pervia*)、椎实螺(*Lymnaea auricalaris*)、大脐圆扁螺(*Hippeutis umbilicalis*)、尖口圆扁螺(*H. cantori*)、扁卷螺(*Planorbis rotundatas*)等。

发育过程包括虫卵、毛蚴、胞蚴、母雷蚴、子雷蚴、尾蚴、囊蚴和成虫阶段。成虫寄生于终末宿主鸡、鸭、鹅、野鸭、天鹅等的盲肠和直肠中,产出虫卵。虫卵随终末宿主粪便排至外界,落入水中,被中间宿主淡水螺吞食,在其肠道中孵出毛蚴。毛蚴钻过肠壁,进入肝脏发育为胞蚴,再经母雷蚴、子雷蚴,最后形成尾蚴。成熟尾蚴离开螺体,进入水中,在光滑的叶面或螺壳上形成囊蚴。终末宿主(禽类)随采食的水草、螺蛳等而食入囊蚴后,幼虫在盲肠、直肠中经23d发育为成虫。

3. **致病作用和症状**　大量感染时,由于虫体的机械性刺激,可引起肠黏膜糜烂,发生卡他性肠炎,影响消化机能。患禽表现消瘦、下痢及运动失调,幼禽生长发育受阻。

4. **诊断**　生前采用直接涂片法或沉淀法检查患禽粪便中的虫卵进行诊断;死后剖检在肠道中检获虫体而确诊。

5. **防治**　同棘口科吸虫病。

九、棘口科吸虫病

棘口科吸虫主要寄生于宿主的肠道中,种类繁多,全世界已报道600多种,其中大部分寄生于鸟禽类,少数寄生于哺乳类、爬行类,个别种类寄生于鱼类,有的种类为人兽共患寄生虫。我国报道的已达100多种,鸡、鸭、鹅等家禽及其他鸟类感染极为普遍,是家禽肠道中常见的吸虫,犬、猫、猪、狐、水獭、鼠类等多种动物和人也有感染。

1. **病原形态**　棘口科吸虫体长形,前部常有体棘。口吸盘小,周围围有头领(头冠、头襟),头领上有单列或双列的头棘。腹吸盘较大,有咽,食道较长,两肠支通常伸达体后端。睾丸多前后排列于虫体中部或后部;阴茎囊斜置于肠叉与腹吸盘之间,或伸至腹吸盘的后方。生殖孔位于肠叉与腹吸盘之间。卵巢在睾丸之前,子宫弯曲于卵巢和腹吸盘之间。卵黄腺分布于虫体两侧。排泄囊呈"Y"字形。卵大,淡黄色,一端具盖,卵内通常含有一个胚细胞和许多卵黄细胞。

几个常见的属、种:

(1)棘口属(*Echinostoma*)　头领发达。头棘两列,背部中央不间断,两列棘大小相等。口、腹吸盘相距较远。子宫长,含虫卵多。

①卷棘口吸虫(*E. revolutum*)(图2-2-37):寄生于鸡、鸭、鹅及其他野禽的盲肠、直肠,偶见于小肠。世界性分布,国内除青海、西藏外均有报道。第一、第二中间宿主主要是椎实螺科和扁卷螺科的淡水螺。

虫体长叶形,活虫体为淡红色,大小为7.6~12.6mm×1.26~1.60mm。头棘37枚。睾丸椭圆形,边缘光滑。卵黄腺分布于腹吸盘后方的虫体两侧,后达虫体亚末端,在睾丸之后不相汇合。卵椭圆形,大小为114~126μm×64~72μm。

②宫川棘口吸虫(*E. miyagawai*):主要寄生于鸡、鸭、鹅及其他野禽的大、小肠中,也寄生于犬和人的肠道。国内分布广泛。第一、第二中间宿主均为椎实螺科和扁卷螺科的淡水螺。

虫体大小为8.6~18.4mm×1.62~2.48mm,虫卵大小为95~104μm×58~66μm。本种同卷棘口吸虫极其相似,其主要区别在于睾丸分叶,两侧卵黄腺在后睾丸后方向体中扩展彼此汇合,毛蚴对扁卷螺更易感染,成虫不仅寄生于禽类,还能寄生于哺乳类动物。

(2)棘缘属(*Echinoparyphium*)　虫体较小,头领发达。头棘两列,背部中央无间断,外侧列棘较细小,内侧列棘稍长大。口、腹吸盘相距较远。子宫短,含卵数目不多。

曲领棘缘吸虫(*E. recurvatum*)(图2-2-38)　是我国鸡、鸭、鹅和其他野禽常见的一个种,寄生于小肠,主要是十二指肠,也发现于犬和人。在国内外分布广泛。第一、第二中间宿主主要是椎实螺科和扁卷螺科的淡水螺,第二中间宿主尚有蛙类。虫体小,长叶形,活虫体呈浅

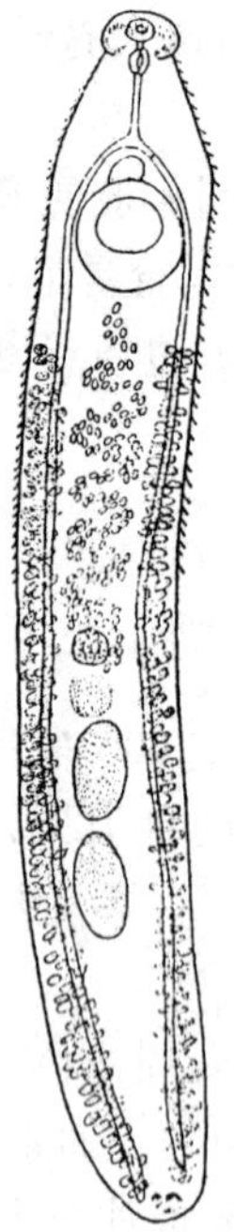

图 2-2-37 卷棘口吸虫

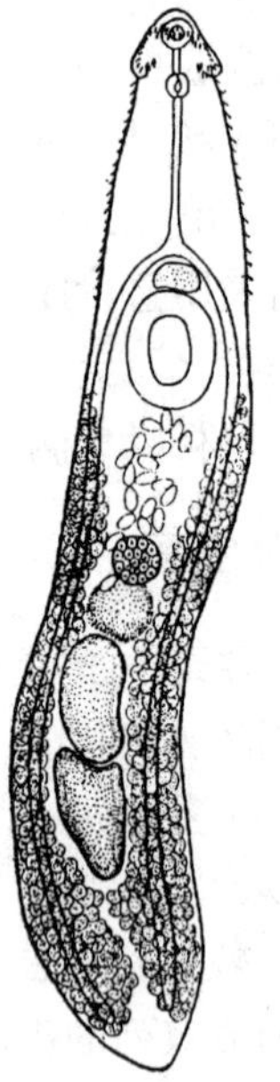

图 2-2-38 曲领棘缘吸虫

黄色,体前部常向腹面弯曲。虫体大小为 4.10～5.25mm×0.68～0.90mm。头棘 45 枚。睾丸呈长椭圆形,边缘完整或有凹陷,前后相接排列于虫体后半部。卵巢为球形,位于体中央。子宫短,含卵 6～28 个。两侧卵黄腺在睾丸后扩展至体中央汇合。虫卵椭圆形,淡黄色,大小为 94～106μm×58～68μm。

(3)低颈属(*Hypoderaeum*) 头领不发达。头棘两列,背部中央不间断,两列棘大小相等。口、腹吸盘很接近。子宫长,含卵多。

似锥低颈吸虫(*H. conoideum*)(图 2-2-39) 是国内外分布广泛的一种吸虫,寄生于鸡、鸭、鹅及其他野禽类的小肠(中部和后部),少数虫体寄生在盲肠中,也可寄生于人、犬。第一、第二中间宿主主要为椎实螺科和扁卷螺科的淡水螺类,第二中间宿主尚有蛙类(姬蛙)。虫体肥厚,活虫体呈黄红色,头端钝圆,腹吸盘之后体逐渐狭小,形如圆锥状;大小为 5.2～11.8mm×0.82～1.79mm。头领半圆形,头棘 49 枚。腹吸盘发达,接近口吸盘,比口吸盘约大 6 倍。食道甚短。睾丸腊肠状,前后排列于虫体中横线之后。卵巢类圆形。两侧卵黄腺在睾丸之后不汇合。子宫甚长,内含很多虫卵。虫卵椭圆形,大小为 86～112μm×58～80μm。

(4)棘隙属(*Echinochasmus*) 虫体小,头领发达。头棘一列,背部中央间断而形成间隙。腹吸盘距口吸盘稍远。子宫短,内含少数虫卵。

①日本棘隙吸虫(*E. japonicus*)(图 2-2-40) 寄生于人、犬、猫、狐、灵猫、褐家鼠、鸡、鸭、鹅及野禽的小肠。分布于东亚诸国,我国江西、福建、黑龙江、北京等 10 余个省市均有报道。第一中间宿主为纹沼螺,第二中间宿主为麦穗鱼、粗皮蛙。虫体小,椭圆形,大小为 1.03～1.38mm×0.36～0.45mm。头领发达,头棘 24 枚,排成一列,背部中央间断。腹吸盘位于虫体前 1/2 的后部,约为口吸盘的 2 倍大。前咽和食道长,两肠支伸达虫体亚末端。睾丸类圆形

或横椭圆形，前后相接排列于虫体后1/3部。卵巢呈圆形，位于前睾与腹吸盘之间。两侧卵黄腺在后睾丸之后相汇合。子宫短，含少数虫卵。虫卵大小为62～64μm×42～45μm。

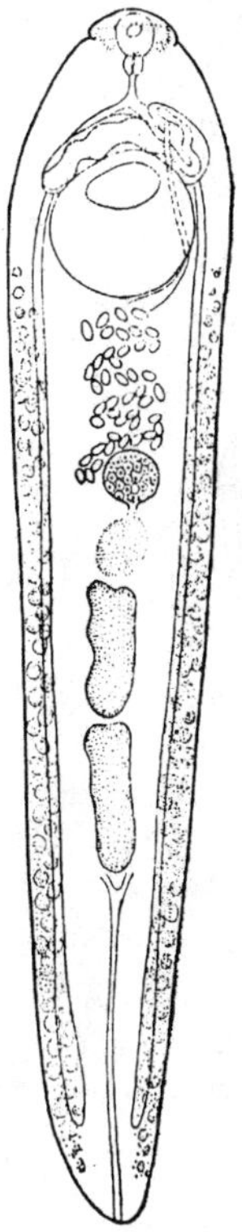

图2－2－39　似锥低颈吸虫

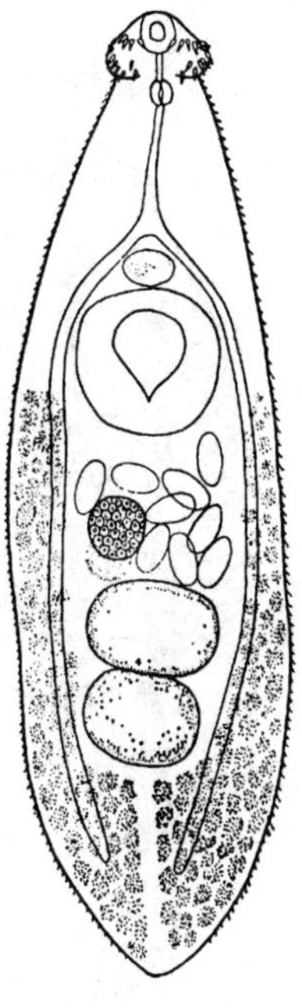

图2－2－40　日本棘隙吸虫

②叶形棘隙吸虫（*E. perfoliatus*）　又名抱茎棘隙吸虫。寄生于犬、猫、狐、猪、人的小肠。分布于亚洲、欧洲。国内见于福建、江西、浙江、江苏、河北、湖北、四川、广东、重庆。第一中间宿主为纹沼螺，第二中间宿主为鳑鲏、麦穗鱼、马口鱼等淡水鱼类。虫体长叶形，前端狭小，后端钝或稍尖，两体侧近平行，大小为3.52～4.48mm×0.72～0.88mm。头棘24枚，排成一列，背面中央间断。腹吸盘大于口吸盘，位于体前1/5处。前咽短，咽短椭圆形，食道短，两肠支伸至体亚末端。睾丸呈椭圆形，前后相接排列于虫体中部或后部。卵巢呈椭圆形，两侧卵黄腺在睾丸之后相汇合。子宫短，含少数虫卵。虫卵大小为96～102μm×56～60μm。

2. 生活史（图2－2－41）　棘口类吸虫的发育一般需要两个中间宿主，第一中间宿主为淡水螺类，如椎实螺、扁卷螺、纹沼螺等。第二中间宿主为淡水螺、蛙类及淡水鱼。发育包括虫卵、毛蚴、胞蚴、母雷蚴、子雷蚴、尾蚴、囊蚴和成虫阶段。成虫寄生于终末宿主的肠道，产出的虫卵随宿主粪便排至外界，落入水中，在适宜的温度下，经一定时间发育后孵出毛蚴。毛蚴在水中游泳，遇到适宜的淡水螺类，即侵入其体内发育为胞蚴，再经母雷蚴和子雷蚴阶段，最后形成尾蚴，成熟尾蚴离开螺体，进入水中游泳，遇到第二中间宿主，即侵入其体内发育为囊蚴。终末宿主吞食含有囊蚴的第二中间宿主后，囊蚴即在其肠道中发育为成虫。

3. 流行病学　我国家禽棘口吸虫病普遍流行，尤其南方各省更为多见；寄生的虫种也较多，但以卷棘口吸虫、宫川棘口吸虫、曲领棘缘吸虫和似椎颈吸虫最为常见。卷棘口吸虫在昆

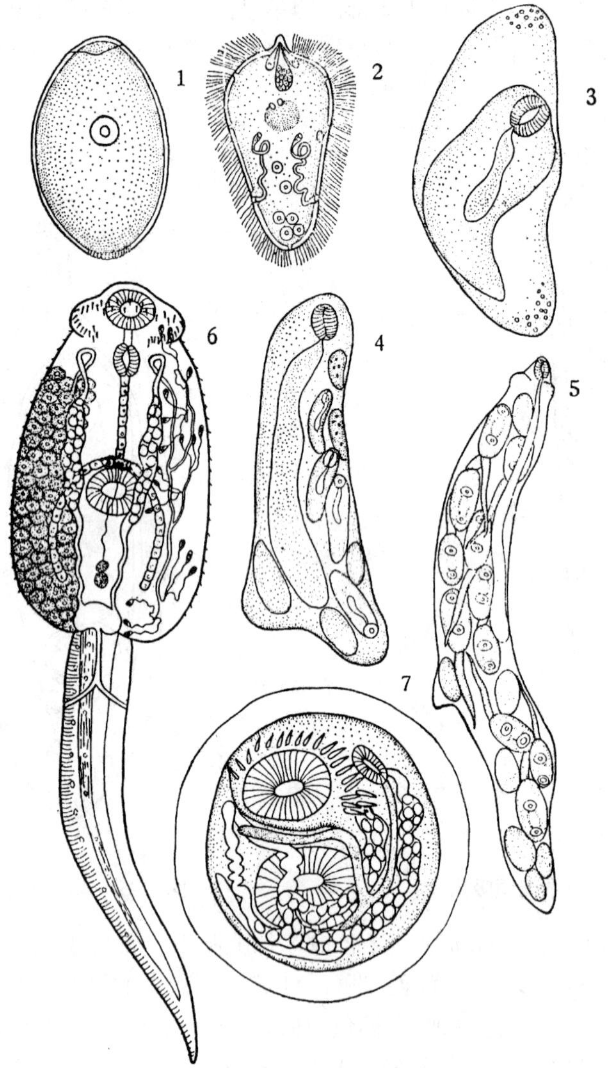

图 2-2-41 卷棘口吸虫生活史(仿汪溥钦)

1. 卵 2. 毛蚴 3. 胞蚴 4. 母雷蚴 5. 子雷蚴 6. 尾蚴 7. 囊蚴

明家鸭的感染率为 57.4%;在贵州都匀市为 45%;重庆江津市鸡、鸭、鹅的感染率分别为 24.7%、42%和33.3%;广东分别为 39.1%、62%和 46.6%。宫川棘口吸虫在福州鸡、鸭、鹅的感染率分别为8.3%、40.0%和 11.1%;江西莲花鹅的感染率为 55.3%。曲领棘缘吸虫在江西莲花鸭、鹅的感染率分别为60%和 8.9%。似椎低颈吸虫在江苏镇江家鸭 7~12 月份的感染率为 28.8%,江西莲花鸭的感染率为 18.2%,福建福州鹅的感染率为 11.11%。

由于棘口科吸虫的中间宿主淡水螺、蛙类、鱼类等分布广泛,种类多,各地普遍存在,这就造成了本病的普遍流行,家禽因直接吞食或随水草吞食含有囊蚴的第二中间宿主淡水螺、蛙类、鱼类而遭受感染,有的地区有用螺蛳饲喂禽类的习惯,这就更增加了家禽的感染机会。犬、猫多因食入含囊蚴的螺肉、蛙类、鱼类而感染。人则因生食或半生食螺肉、蛙肉、鱼肉而受到感染。

4. 致病作用和症状　由于虫体的吸盘、头棘和体棘的刺激，引起肠黏膜损伤、出血和发炎。加之虫体吸收大量营养物质和分泌毒素的作用，使病禽消化机能发生障碍，营养吸收受阻。

少量寄生时危害不严重，严重感染时，特别是幼禽表现食欲减退，消化不良，下痢，粪中混有黏液，消瘦，贫血，发育停滞，重者衰竭死亡。剖检可见肠壁发炎，有点状出血，肠内充满黏液，有许多虫体附着在肠黏膜上。

5. 诊断　生前用直接涂片法或沉淀法检查粪便中的虫卵进行诊断。死后剖检，在肠中检获大量虫体而确诊。

6. 治疗　病禽可用以下药物治疗：

(1)丙硫咪唑(Albendazole)　按每千克体重25mg，口服。

(2)吡喹酮(Praziquantel)　按每千克体重10～15mg，口服。

(3)芬苯哒唑(Fenbendazole)　按每千克体重5mg，口服。

(4)氯硝柳胺(Niclosamide)　按每千克体重50～60mg，拌料喂服。

(5)硫双二氯酚(Bithilnolum)　鸡按每千克体重80～100mg，口服；鸭、鹅按30～50mg/kg，口服。

7. 预防

(1)流行地区用药物定期驱虫，以避免传播病原。

(2)禽舍中清除的禽粪应堆积发酵，杀死虫卵后再作肥料。

(3)杀灭中间宿主淡水螺，特别育雏鸭的水池应先进行灭螺。

(4)不用生的鱼类、蝌蚪、螺类等饲喂家禽，以防止家禽吞食活的囊蚴而引起感染。也不要用浮萍、水草作家禽的饲料，以免因夹杂在水草中的螺类而引起家禽的感染。

十、前殖科吸虫病

前殖科、前殖属(*Prosthogonimus*)的各种吸虫是引起鸟禽类前殖吸虫病的病原。前殖吸虫寄生于鸡、鸭、鹅、野鸭及其他鸟类的输卵管、法氏囊、泄殖腔和直肠内，偶见于蛋内。可引起患禽的输卵管发炎，使蛋的形成和产卵功能发生紊乱，是我国家禽常见的吸虫病之一。

1. 病原形态　前殖吸虫的种类较多，国内发现约20种左右，其中寄生于家禽的约16种。本属吸虫的主要特征是：虫体呈梨形或椭圆形，体壁较透明，活虫体呈淡红色，具体棘。口吸盘和咽较小，食道短，肠管一般不达体末端。雌、雄生殖孔紧靠一起，位于口吸盘的左侧或右侧。睾丸左右并列于腹吸盘后面，阴茎囊长圆筒形。卵巢分叶，位于腹吸盘背面或腹吸盘与睾丸之间；有受精囊和劳氏管。卵黄腺分簇，位于体两侧。子宫环占据虫体后半部。排泄囊呈"Y"字形，虫卵小，一端有卵盖，另一端有小刺，内含毛蚴。

常见虫种有：楔形前殖吸虫(*P. cuneatus*)和透明前殖吸虫(*P. pellucidus*)等。

(1)楔形前殖吸虫(图2-2-42)　虫体大小为2.89～7.14mm×1.7～3.71mm。腹吸盘约为口吸盘的两倍大，卵黄腺起自腹吸盘之前，子宫密集。虫卵大小为22～28μm×13μm。

(2)透明前殖吸虫(图2-2-43)　虫体大小为6.5～8.2mm×2.5～4.2mm。口、腹吸盘近于等大，卵黄腺起自腹吸盘后缘水平，子宫圈较稀疏。虫卵大小为25～29μm×11～15μm。

2. 生活史(图2-2-44)　前殖吸虫的发育需要二个中间宿主。第一中间宿主为淡水螺，如豆螺(*Bithynia leachi*、*Bithynia fuchsianus*、*B. tentaculata*)、白旋螺(*Gyraulus albus*)等；第二中

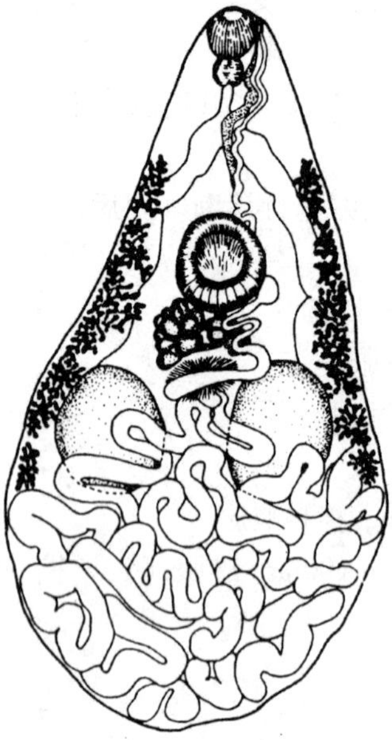

图 2-2-42 **楔形前殖吸虫**（采自陈淑玉）

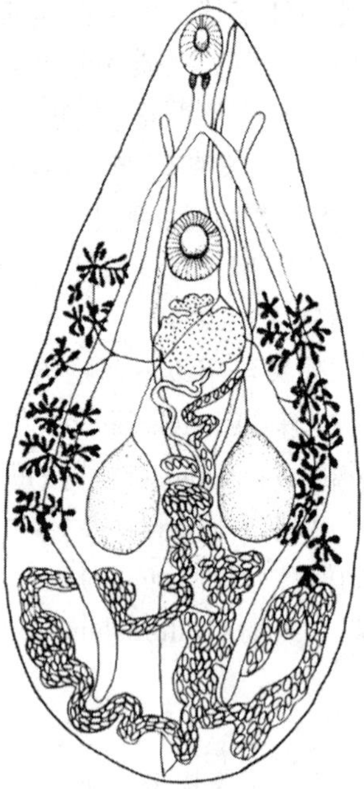

图 2-2-43 **透明前殖吸虫**（采自陈淑玉）

间宿主为各种蜻蜓，如 *Libellula quadrimaculata*、*Cordula cenea*、*Ictinogomphus rapax*、*I. clavatus*、*Orthetrum sabina*、*Crocothemis servilia*、*Brachythemix contaminata* 等。发育阶段包括虫卵、毛蚴、母胞蚴、子胞蚴、尾蚴、囊蚴和成虫。

成虫产出的虫卵随患禽粪便和排泄物排出体外，落入水中。被第一中间宿主淡水螺吞食，在螺的肠道内孵出毛蚴；或虫卵在水中孵出毛蚴，毛蚴侵入螺蛳。毛蚴在螺蛳体内发育为胞蚴与尾蚴。成熟尾蚴逸出螺体，进入水中游泳，遇到第二中间宿主蜻蜓的稚虫时，即由稚虫的肛孔进入其体内，并侵入肌肉中形成囊蚴，当蜻蜓稚虫越冬或变为成虫时，囊蚴在其体内仍保持生命力。当含有囊蚴的蜻蜓稚虫或成虫被家禽吃食后，囊蚴的囊壁在终末宿主消化道内被消化，逸出的童虫经肠进入泄殖腔，再转入输卵管、法氏囊逐渐发育为成虫。用透明前殖吸虫成熟囊蚴人工感染小鸡，第 15d 在法氏囊内找到成虫，在输卵管内 8d 成熟；在小鹅和小鸭的法氏囊内分别需 26d 和 42d 成熟。

3. 流行病学 前殖吸虫病呈世界性分布，我国许多省、市、区均有报道，但以南方各省较为多见。其流行季节与蜻蜓的出现季节相一致。

我国气候温和，不少地区江湖、河流、水田、水渠、池塘密布，适合于螺类及蜻蜓的繁殖、栖息，各地农村又有放养鸡、鸭、鹅的习惯，鸡喜欢到水边吃虫，水禽则常年活动于水中，这既为虫卵入水创造了条件，同时家禽也易吃到带有囊蚴的蜻蜓及其稚虫而受到感染。特别是每年 5~6 月份，蜻蜓的稚虫聚集到水池边，爬在植物叶片或茎杆上，或附着于草丛中，然后变成蜻蜓成虫，这时易被家禽食入；清晨或傍晚以及雨后，蜻蜓多栖息于地面上；阴暗天气，蜻蜓喜聚集于灌木丛或树枝上，都易为家禽啄食，这些因素造成了本病的流行。

4. 致病作用 前殖吸虫附着在患禽输卵管黏膜上，虫体的吸盘、体表小棘刺激黏膜，引起

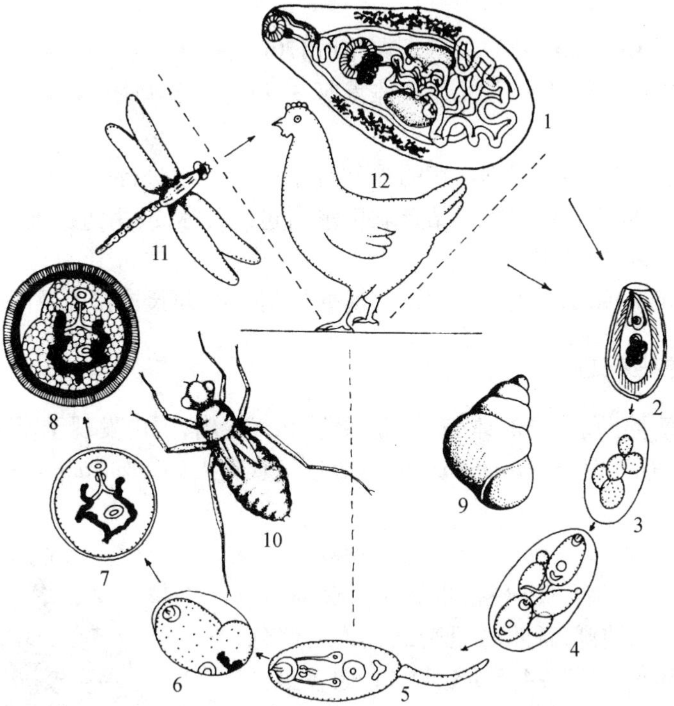

图 2－2－44　前殖吸虫生活史（采自陈淑玉）

1. 成虫　2. 虫卵　3. 母胞蚴　4. 子胞蚴　5. 尾蚴　6～8. 囊蚴
9. 第一中间宿主　10～11. 第二中间宿主　12. 终末宿主

输卵管发炎。同时破坏腺体的功能，最初破坏壳腺的功能，引起形成蛋壳的石灰质分泌增加或停止；然后破坏蛋白腺的功能，引起蛋白分泌过多。虫体的刺激和蛋白的累积又导致输卵管的异常收缩，因而患禽产出不正常的蛋，如无卵黄蛋、无蛋白蛋、软壳蛋、无壳蛋及畸形蛋等，甚至直接排出半液状的蛋白或石灰质。重症时，可引起输卵管破裂或逆蠕动，导致输卵管内的炎性产物或蛋白质、石灰质等进入腹腔，引起腹膜炎而死亡。

5. **症状**　前殖吸虫主要对鸡引起症状，鸭一般症状不甚明显。

初期患鸡症状不明显，食欲、产蛋和活动均正常，但开始产薄壳蛋，易破。以后产蛋率下降，逐渐产出畸形蛋或流出石灰样液体。随着病情的发展，病鸡食欲减退、消瘦、羽毛蓬乱与脱落；产蛋停止，少活动，喜蹲窝，腹部膨大、下垂。后期体温升高，渴欲增加，全身乏力，腹部压痛，泄殖腔突出，肛门潮红，腹部及肛周羽毛脱落，严重者可死亡。

6. **病理变化**　主要病变为输卵管炎，可见输卵管扩张，管壁增厚，黏膜充血，管腔内填充有黄白色凝块和石灰样物质，管壁上附有多量虫体。发生腹膜炎的病例，可见到浆液纤维素性或纤维素性脓性腹膜炎，表现为腹部膨大，腹腔内有大量浑浊的淡黄色液体，有时有脓液，渗出液中有卵黄块。有时还可发生干性腹膜炎。

7. **诊断**　生前诊断，可根据症状，并用沉淀法检查病禽粪便中的虫卵进行诊断；死后则根据病理变化和检获虫体而确诊。

8. 治疗

(1)丙硫咪唑(Albendazole) 按每千克体重120mg,一次口服。

(2)吡喹酮(Praziquantel) 按每千克体重50~60mg,一次口服。

9. 预防

(1)定期驱虫 流行地区根据本病的季节动态,有计划地进行驱虫。

(2)杀灭第一中间宿主淡水螺 结合农田水利建设灭螺,或用药物灭螺,如用血防67,使用浓度为0.0002%,鱼塘禁用。

(3)防止鸡群啄食蜻蜓及稚虫 蜻蜓出现季节,不要在早晨或傍晚及雨后到池塘边放牧。

十一、环肠科吸虫病

环肠科吸虫寄生于鸟禽类的体腔、气囊、鼻腔和气管内,国内发现于家禽的种类分隶于7个属中,其中以嗜气管属(*Tracheophilus*)的舟形嗜气管吸虫(*T. cymbium*)最为常见,我国许多省、市均有报道。

1. 病原形态(图2-2-45) 舟形嗜气管吸虫主要寄生于家鸭和野鸭的气管、支气管,也偶见于鼻腔。虫体扁平、椭圆形,两端钝圆,活虫体呈暗红色或粉红色,大小为6.0~11.5mm×2.5~4.5mm。无口、腹吸盘,口孔位于体前端,咽圆球形,食道短,两根肠管在体后合并成"肠弧",肠管内侧有许多盲突。睾丸圆形或卵圆形,前后斜列,后睾丸位于肠弧之内的后方,前睾丸在肠弧之内的左侧。阴茎囊小,位于肠分叉处,生殖孔位于咽稍前的体中央。卵巢圆形,在肠弧之内的右侧,位于前睾丸或两睾丸之间的对侧,与两睾丸呈三角形排列。卵黄腺起始于咽的两侧,沿两肠支及肠支外侧分布至体末端,两侧卵黄腺在后端相汇合或不相汇合。子宫发达,充满肠管之内的全部空隙。虫卵呈卵圆形,具卵盖,大小为122μm×63μm,卵内含毛蚴,毛蚴具黑色眼点并含有雷蚴。

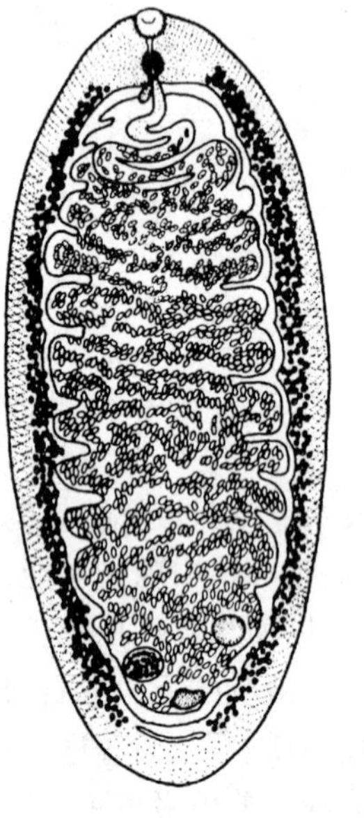

图2-2-45 舟形嗜气管吸虫(仿严如柳)

2. 生活史 舟形嗜气管吸虫的发育需要一个中间宿主。中间宿主为扁卷螺科(Planorbidae)的淡水螺,如尖口圆扁螺(*Hippeutis cantori*)、半球多脉扁螺(*Polypylis hemispherula*)、凸旋螺(*Gyraulus convexiusculus*)、*Planorbis corneus*、*P. planorbis*和*Helisome trivoluis*,前3种为国内证实的中间宿主。发育阶段包括虫卵、毛蚴、雷蚴、尾蚴、囊蚴和成虫。

成虫寄生于家鸭、野鸭的气管、支气管,产出的虫卵随黏液进入口腔,被吞咽而随终末宿主粪便排至外界,落入水中孵出毛蚴,毛蚴体内含有一个活泼的雷蚴。在水中游泳的毛蚴如遇到扁卷螺就附着于螺体表皮上,体内的雷蚴侵入螺体并移行至螺的围心腔中定居,雷蚴仅一代,体内形成尾蚴。发育成熟的尾蚴从雷蚴的产孔钻出,就在原螺的围心腔壁组织附近形成囊蚴。当鸭类宿主吞食了带有囊蚴的扁卷螺后,童虫在鸭的小肠中脱囊而出,穿过肠壁进入腹腔,经胸部气囊,8～9d 后进入气管,逐渐发育为成虫。在成虫子宫中即含有体内已有活泼雷蚴的成熟毛蚴。在扁卷螺体内只须 15～20d 就可发育成熟,童虫在鸭体内发育至性成熟只须 1 个月左右。

3. **致病作用和症状**　虫体刺激气管黏膜,引起分泌物增多。虫体及大量黏液造成呼吸道的阻塞,患鸭咳嗽、气喘、伸颈张口呼吸,少数病鸭躯体两侧和颈部皮下发生气肿。大量虫体寄生时,则可引起窒息死亡。

剖检可见咽喉及气管黏膜充血,分泌物增多,气管中有虫体。

4. **诊断**　生前可根据粪检查获虫卵,并结合症状确诊。死后剖检在气管、支气管发现虫体。

5. **治疗**

(1)用 0.1% 碘溶液气管注射,每只鸭注射 1ml。

(2)10% 三氯苯唑(Trichobendazole,肝蛭净),每只鸭胸肌注射 2～3ml,每天 2 次,连用 2d。

(3)可试用丙硫咪唑(Albendazole)、吡喹酮(Praziquantel)治疗。

6. **预防**

(1)杀灭中间宿主　可结合农田基本建设,减少孳生环境或用灭螺药物灭螺。

(2)处理鸭粪　从鸭舍清扫出来的粪便应堆积发酵,以杀死虫卵。

(3)及时治疗　及时治疗病鸭,减少病原的散播。

十二、嗜眼科吸虫病

嗜眼科吸虫寄生于鸟类的结膜囊、眼窝、鼻腔、泄殖腔、法氏囊,少数寄生于肠道,有的种类可以寄生在小型哺乳动物甚至人的眼中,我国已发现 24 种,其中 18 种为嗜眼属(*Philophthalmus*)的种类。嗜眼属吸虫寄生于鸟禽类的结膜囊,引起患禽眼结膜发炎,溃疡,重者死亡;国内发现的种类中,以涉禽嗜眼吸虫(*P. gralli*)较为常见,该虫寄生于鸡、火鸡、鸭、鹅及其他野鸟的瞬膜、眼结膜囊中,国内分布于广东、福建、江苏、云南、台湾等地,国外也有感染人体的报道。

1. **病原形态**(图 2－2－46)　涉禽嗜眼吸虫又称鸡嗜眼吸虫,虫体呈较窄的扁圆筒状,体表光滑无棘,大小为 2.149～6.396mm×0.798～1.972mm。口吸盘亚顶位;腹吸盘位于体前 1/4～1/3 处,大于口吸盘。咽发达,食道短,两肠支伸达体后端。睾丸圆形、椭圆形或不规则的三角形,前后排列于虫体后 1/4～1/5 部的中央。阴茎囊位于腹吸盘的一侧,生殖孔位于肠分叉处的腹面。卵巢圆形,位于睾丸前方;有劳氏管和受精囊。卵黄腺分布于腹吸盘与前睾丸之间的体两侧。子宫盘曲于前睾丸和腹吸盘之间。排泄囊呈横卵圆形,位于体后端中央。虫卵椭圆形,壳薄,无卵盖,活虫卵大小为 155～173μm×70～85μm,固定后为 75～105μm×38～48μm,卵内含具眼点的毛蚴,毛蚴体内含一个位于体后部的雷蚴。

2. **生活史**　涉禽嗜眼吸虫的发育需要一个中间宿主。中间宿主为淡水螺:瘤拟黑螺(*Melanoides tuberculata*)和斜粒粒蜷(*Tarebia granifera maviensis*)等。发育阶段包括虫卵、毛蚴、三代雷蚴、尾蚴、囊蚴和成虫。在成虫子宫中已发育成熟的虫卵产出后,在水中迅速孵出毛蚴(在虫体子宫内也能孵出)。毛蚴在水中游泳,如遇到瘤拟黑螺,即用其顶突附于螺体上,体内的雷蚴钻入螺体内发育，即为母雷蚴，以后再经第二代雷蚴、第三代雷蚴，最后形成尾蚴。尾蚴在螺体内发育成熟后，离开螺体进入水中游泳，很快附着在水线附近的各种物体上形成囊蚴。一部分尾蚴也可附着在水底的物体上形成囊蚴。从毛蚴侵入螺体至尾蚴发育成熟需三个月。当家禽经口吞食了囊蚴或眼部直接接触到囊蚴时，即引起感染。经口感染时，在禽类宿主口中脱囊，童虫经口腔上颚裂缝、鼻腔、鼻泪管而到达眼部逐渐发育为成虫。眼部接触囊蚴时，囊蚴在眼部脱囊后发育为成虫，但虫体可返回鼻腔而移行至另一只眼中。寄生在家禽眼中的虫体，寿命可达9个月。

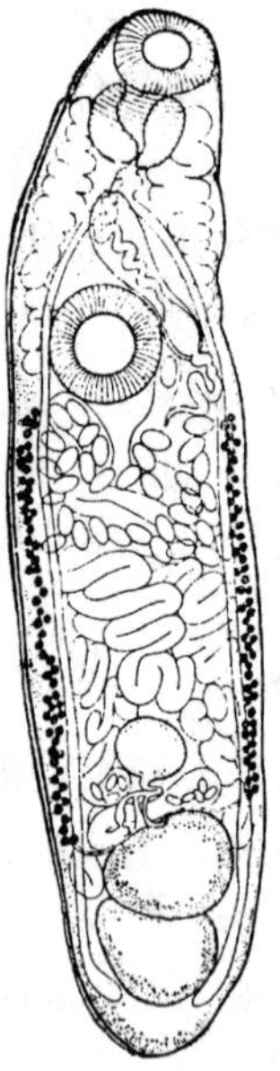

图2-2-46 **涉禽嗜眼吸虫**
（采自陈心陶）

3. 流行病学 在本病流行地区，水禽主要是在水中活动时吃到或眼睛接触到含有囊蚴的水生植物、小螺等物体而受到感染。农户关养在家中的鸡、鸭则因农民捞取浮萍等杂物作为鸡、鸭的饲料而引起感染。人在疫区水中游泳、潜水，水面上的尾蚴、囊蚴也可能进入人眼致病。

在流行地区，本病在家禽中常可造成严重流行，如福建一些地方调查，大鸡的感染率为34.9%、雏鸡为13.7%、鸭为66.0%、鹅为51.9%～87.5%；广东鸡为14%、鸭为76.9%、雏鸭为57.6%、鹅为36.8%。

囊蚴附着的物体选择性不强，尾蚴在螺壳表面，贝壳表面，虾、蟹、浮游幼虫、蚊虫幼虫的体表，水生植物的叶表面都可形成囊蚴。这些动植物都是传播本病的媒介物，其中浮萍和螺蛳（椎实螺、扁卷螺等）是最适宜传播本病病原的媒介物。

福建沿海一带，在4～5月至9～10月期间，是中间宿主瘤拟黑螺体内含有成熟尾蚴最多的季节，这几个月份也是鸡、鸭受感染最严重的时期。

4. 致病作用和症状 虫体寄生于宿主眼眶的结膜囊中，由于虫体的机械刺激和分泌毒素的作用，患禽眼黏膜充血、组织液渗出、角膜与瞬膜晦暗充血，重者化脓、溃疡，眼睑肿大或紧闭；病禽，尤其是幼禽因此眼疾而不能寻食，致使消瘦、羽毛不整；有的两腿瘫痪；严重者死亡。通常小鸡和雏鸭重感染时，经5～6d即开始死亡；中等大的鸡经18d后开始死亡，小鸭感染19d时死亡数最高。轻度感染的家禽仅见消瘦、生长发育不良。人体感染出现砂眼样的症状。

5. 诊断 检查患禽眼部，根据症状，并在眼结膜囊中检获虫体而确诊。

6. 治疗 用95%乙醇滴眼，可使虫体吸盘失去吸附能力或虫体被固定而死亡，虫体能立即随泪水排出。

7. 预防

（1）流行季节，注意检查，发现病禽及时治疗，以减少病原的散布。

（2）流行地区，用作家禽饲料的水生植物、螺蛳应用开水浸泡杀灭囊蚴后再供食用。流行季节应防止家禽在水边放牧。

（3）杀灭中间宿主淡水螺。

第三节　动物绦虫病

绦虫病是指由扁形动物门、绦虫纲(Cestoida)中的各种寄生虫寄生于家畜、家禽和野生动物体内所引起的一类寄生虫病。

一、绦虫的形态、发育与分类

绦虫所有种类都营寄生生活,成虫绝大多数寄生于脊椎动物的消化道,主要是小肠。发育过程中除个别种类外,均需要中间宿主参加,在中间宿主体内的发育期称为中绦期,中绦期幼虫可寄生于中间宿主的各种组织器官中。由绦虫的成虫寄生于家畜、家禽和野生动物所引起的寄生虫病称为绦虫病,而由中绦期幼虫寄生于家畜、家禽和野生动物所引起的寄生虫病则称为绦虫蚴病。寄生于人和家畜、家禽的绦虫均隶属于真绦虫亚纲(Eucestoda)的圆叶目(Cyclophyllidea)和假叶目(Pseudophyllidea)。不少种类为人兽共患,对人体健康危害甚大。

(一)绦虫的形态构造

1. 圆叶目绦虫

(1)外部形态(图 2-3-1)　虫体背腹扁平、带状,呈白色、乳白色、黄色或淡黄色,不透明,整个身体由数个到上千个节片组成,长度由数毫米至 10m 以上。虫体前端细小,后端宽。整个身体可分为以下三部分:

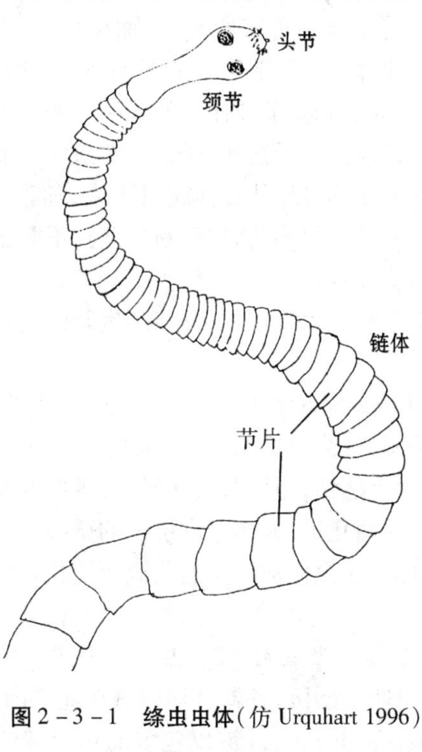

图 2-3-1　绦虫虫体(仿 Urquhart 1996)

①头节(scolex)(图 2-3-2):为吸着器官。位于虫体最前端,一般很细小,长和宽常只有 1~2mm。呈球形、卵圆形、立方形或梭形,为肌肉和间质构成的实体,内含排泄管和神经中枢,表面着生有附着器官。根据其附着器官构造的不同,头节可分为不同类型。圆叶目绦虫通常为吸盘型(acetabulate type of holdfast),这种类型的头节具有四个圆形吸盘,对称地排列在头节的四面;有的在头节顶端中央有能或不能回缩的顶突(rostellum),顶突上还有一排或数排小钩;少数种类在吸盘上也有小钩。

②颈节(neck):为头节之后比较纤细而又不分节的部分,颈节和后面的链体部分均呈扁平状。链体的节片系由颈节向后生出。

③链体(strobila):为颈节后面的部分,又称体节。它由许多节片(proglottid 或 segment)组成,其数目可由数个至上千个。节片间有明显界限,少数绦虫则界限不明显,甚至没有。节片一般呈四角形;由于种类及发育成熟度的不同,或宽大于长,或长大于宽。根据节片的前后位

置和发育程度的不同,节片可分为三类:

a. 未成熟节片:简称幼节。为颈节之后的一部分节片,节片内的生殖器官尚未发育或正在发育中。

b. 成熟节片:简称成节。为紧接在未成熟节片之后的部分节片,节片内的两性生殖器官均已发育成熟。一般位于虫体中段靠前一些的部分。通常宽大于长。

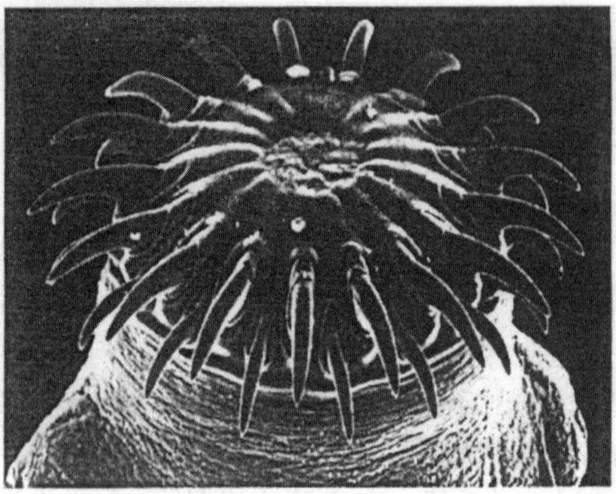

图 2-3-2 绦虫头节顶突上的小钩(仿 Urquhart 1996)

c. 孕卵节片:简称孕节。为成熟节片之后的所有节片,节片内的一部分或全部为蓄满虫卵的子宫所充满,而生殖器官的其他部分则已部分或全部萎缩。一般长大于宽,为最宽和最长的节片。

幼节、成节和孕节彼此之间无明显的界限,是一个连续发育的过程。

圆叶目绦虫无子宫孔,子宫内的虫卵不能自行产出,在虫体发育成熟后,位于虫体最末端的孕节逐节或逐段地从虫体脱落下来,随宿主粪便排出,因节片破裂(在肠道内或外界)而散出虫卵。老的节片不断脱落,新的节片不断由颈节长出,这就使得每种绦虫能维持固有的长度和一定的节片数。

头节主要起附着作用;颈节产生新的节片;链体则主要执行营养和生殖机能,也有附着作用。

(2)体壁(body wall) 体壁的表层,称为皮层(tegument),它覆盖着链体的各个节片,其下有肌肉系统,分为皮下肌及实质肌。皮下肌层的外层为环行肌,内层为纵行肌。纵行肌较发达,贯穿整个链体,当体节成熟老化,纵肌纤维随之萎缩退化,从而孕节易于从链体自动脱落。

绦虫无消化道,靠体壁皮层外的微绒毛(microvilli)吸收营养物质,体壁还能合成并输送蛋白质,又能防止虫体被宿主消化液所消化,且绒毛还具有附着作用,以避免从宿主消化道中排出。

(3)实质 绦虫无体腔,由体壁围成一囊状构造,有人称为皮肤肌肉囊,囊内充满海绵样的实质,也叫髓质区,各器官均埋藏在此区内。实质内常散布有许多球形或椭圆形的石灰小体(calcareous body),为外被以包膜的钙或镁的碳酸盐微粒,直径为 3 ~ 30μm,有调节酸度的作用。

(4)内部器官系统 绦虫缺乏消化系统,皮层的微绒毛和与它相关的细胞具有相当于其他动物消化系统的功能,具有吸收、加工、储存和运送营养物质的功能。绦虫亦无循环系统和呼吸系统,行厌氧呼吸,但有神经系统、排泄系统及发达的生殖系统。

①神经系统:在头节内有中枢神经节,由神经节向后分出两侧主干及背腹左右辅干共 6 条神经干,贯穿整个链体,在头节和每一体节内并有横支相连。

②排泄系统:为许多浸埋在实质中的焰细胞(一般每群 3 ~5 个,通常 4 个)和两对纵走的排泄管所组成的原肾系统。起始于焰细胞,由焰细胞发出的细管汇集成较大的排泄管,再和纵排泄管相连。

纵排泄管为4根，位于虫体两侧的背面和腹面。腹面的一对较大，而且在每个节片的后缘都有一条横管相连（偶尔背管也有）。背腹两对排泄管均贯穿整个绦虫的每一节片，在头节内形成蹄系状联合（排泄丛）。一个总排泄孔位于最后一个节片的游离缘的中部。当第一个最后节片脱落后，就不再有总排泄孔，而由各节片的排泄管各自向外开口。

③生殖系统（图2－3－3）：绦虫一般为雌雄同体，在成熟体节的每个节片中都有1～2组（套）雌性和雄性生殖系统。生殖器官是随着体节的逐渐发育而形成的。首先分化出雄性生殖器官，然后再分化出雌性生殖器官。当体节受精以后，雄性生殖器官就开始萎缩逐渐退化而雌性生殖系统则继续充分发育，直到子宫发育完全成熟，其内逐渐充满虫卵，此时节片内除去高度扩张的子宫外，雌性生殖器官的其他部分已逐渐萎缩和退化消失。孕卵节片随着虫卵的成熟，纵肌纤维的萎缩而脱离链体，随粪便排出体外。

图2－3－3　圆叶目绦虫生殖器官模式图（Augustine）

a. 雄性生殖系统：由睾丸、输出管、输精管、贮精囊、前列腺、雄茎、雄茎囊组成，末端为雄性生殖孔。

睾丸1个至数百个，圆形或椭圆形，埋在近背侧的髓质区实质中；一般在卵巢之前，但也有的分布至卵巢之后，或聚集于节片的两侧，有的甚至扩展到排泄管外侧。由每个睾丸发出的输出管联合成输精管；睾丸多时，输出管互相连接成网状，再汇合形成输精管。输精管曲折蜿蜒向前推进，形成两个膨大部。一个在未进入雄茎囊之前，称外贮精囊；一个在进入雄茎囊之后，称为内贮精囊；有的只有一个贮精囊，位于雄茎囊内。与贮精囊末端相接的部分为射精管及雄茎，雄茎可自生殖腔向外伸出。雄茎囊多为椭圆形或梨形，贮精囊、前列腺、射精管及雄茎的大部分均包在雄茎囊内。雄茎同阴道分别在上下位置向生殖腔开口，生殖腔向外的开口称生殖孔。

生殖孔的位置，一般位于节片侧缘中央，可偏上或偏下。如为一套生殖器官时，生殖孔的位置可以：同侧开口；左右规则交互排列；左右不规则的交互排列。如为两套性器官时，一般位于节片的两侧缘，每侧一个。

b. 雌性生殖系统：包括卵巢、输卵管、卵模、梅氏腺、子宫、阴道、受精囊、卵黄腺、卵黄管、雌性生殖孔。

卵巢位于节片后半部，近腹侧的髓质区，一般呈两瓣状，由许多细胞组成，各细胞有小管，先后汇合成一根输卵管。输卵管依次与阴道、卵黄总管连接，然后略膨大而成为卵模，再与子宫相通，卵模周围有梅氏腺包绕。

阴道呈小管状，常与输精管并行，末端为雌性生殖孔，开口于生殖腔，近端接近输卵管处膨大形成受精囊，然后再通连输卵管。

卵黄腺多为一个单一的致密实体，位于卵巢之后，由卵黄腺发出卵黄总管，常膨大形成卵黄囊后而与输卵管连接。

子宫有的为一中央盲管，分出侧枝；有的为一横管，或呈网状；有的分成小室（即形成卵袋),有的代以实质形成的袋状构造(子宫周器官,为实质形成的围绕在子宫周围的一种致密的纤维袋)。子宫与外界无孔相通。子宫为盲囊,不向外开口,虫卵不能自动排出,只有当孕节脱落后在肠道内或随粪便排至外界,节片破裂时才散出虫卵。

虫卵(图2-3-4)呈圆形、椭圆形等。由内向外由六钩蚴、胚膜、胚层(相当于卵黄膜)和卵壳组成。卵壳多在未离开母体前脱落,因此,通常见到的所谓"卵壳"实际上是胚膜,胚层紧附卵壳或胚膜,不易察见。胚膜为双层,带科绦虫两膜间密布着辐射式棒状体。六钩蚴(oncosphere)无纤毛,体内具有1对穿刺腺、6个小钩和1对焰细胞。

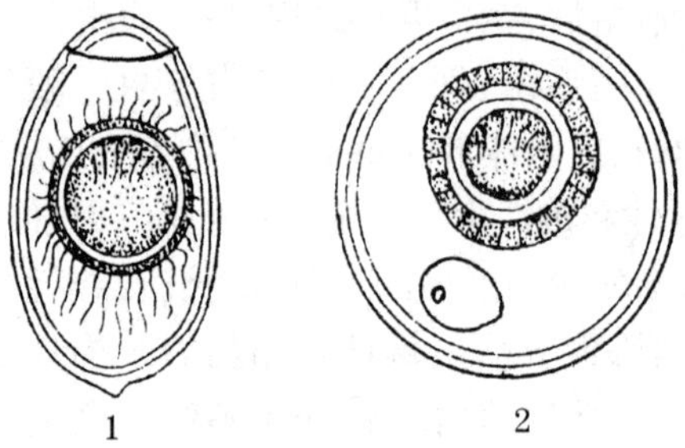

图2-3-4 绦虫卵的模式构造

1. 假叶目绦虫已含钩毛蚴的虫卵 2. 圆叶目绦虫卵

2. **假叶目绦虫**(图2-3-4) 假叶目绦虫与圆叶目绦虫不同之处在于:头节为吸槽型(bothriate type of holdfast),背腹面各具一沟样的吸槽。卵黄腺为滤泡状,分散在皮层中,有时也在髓部。生殖孔多位于虫体腹面。子宫具有向外的开口,即子宫孔,子宫孔位于腹面(图2-3-5)。虫卵可随时经子宫孔排出而进入宿主肠腔,再随宿主粪便排至外界。

图2-3-5 假叶目绦虫生殖器官模式图

左:雌性生殖器官 右:雄性生殖器官

虫卵与吸虫卵相似,呈卵圆形或椭圆形,一端常有卵盖,卵内含有单细胞期或卵裂早期的胚胎和许多卵黄细胞,卵在外界环境中发育形成钩毛蚴。

(二)绦虫的发育

绦虫的发育一般都需要一个或两个中间宿主的参与才能完成其整个生活史。绦虫的受精有多种方式,能同体节受精、异体节受精以及不同链体间的受精等。

1. **圆叶目绦虫**(图2-3-6) 终末宿主主要为鸟类和哺乳类动物,成虫多寄生于终末宿主的小肠。中间宿主为脊椎动物、节肢动物(剑水蚤、蚂蚁、地螨等)和软体动物(蛞蝓等),中绦期幼虫可寄生于中间宿主的各种组织器官中。

圆叶目绦虫的虫卵在成虫的子宫内已发育成熟,卵内含六钩蚴。寄生在终末宿主肠道内的成虫发育成熟后,孕节自链体上脱落,随宿主粪便排至外界,节片在外界破裂散出虫卵,或孕节在宿主肠道内破裂散出虫卵,卵随粪便排出。当适宜的中间宿主吞食了虫卵或含有虫卵的孕节后,卵内的六钩蚴在中间宿主的消化道中逸出,并侵入其体内的一定部位发育成某种类型的中绦期幼虫。当终末宿主随食物或饮水吞食了含有成熟中绦期幼虫的中间宿主或直接吞食了中绦期幼虫后,其幼虫的头节即附着在宿主肠壁上,经一定时间发育为成虫。因绦虫种类的不同,在中间宿主体内可发育成不同类型的幼虫。

(1)囊尾蚴型 在脊椎动物中间宿主体内发育形成。此型幼虫为一个半透明的囊泡,囊壁呈薄膜状,由外面的角质层和内面的生发层(或称胚层)组成,囊内充满液体。有的种类,在囊壁上只有一个向内凹入的头节,称为囊尾蚴(cysticercus)。有的种类,在囊壁上形成许多头节,称为多头蚴(coenurus)。有的种类,在囊内除形成许多头节外,还形成生发囊(brood capsule,亦称育囊)、子囊(daughter cyst)、孙囊(grand daughter cyst),称为棘球蚴(echinococcus 或 hydatid cyst)。有的种类则体的前端为头节,末端有一个小囊泡,在头节与囊泡之间有长而分节但无性器官的链体,称为链尾蚴(strobilocercus)。

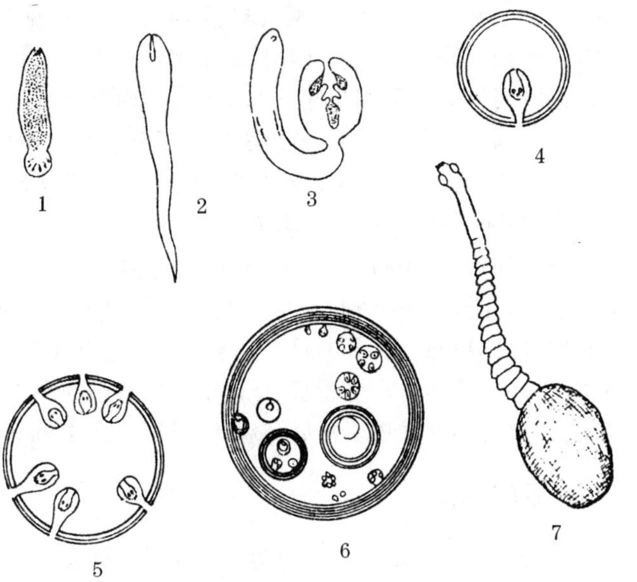

图 2-3-6 各种类型绦虫中绦期的模式构造图

1. 原尾蚴 2. 裂头蚴 3. 似囊尾蚴 4. 囊尾蚴 5. 多头蚴 6. 棘球蚴 7. 链尾蚴

(2)似囊尾蚴型 在甲壳纲及昆虫纲等无脊椎动物中间宿主体内发育形成。似囊尾蚴体型很小,前端有一个小囊,囊腔很小,有一个相对较大的头节缩入其内,后部则有一实心的尾状结构,其末端仍附有六钩蚴的小钩。

上述中绦期幼虫的头节构造与相应的成虫头节构造相似。

2. 假叶目绦虫 终末宿主主要是鱼类,少数为两栖类、爬行类、鸟类和哺乳类。中间宿主通常有两个,第一中间宿主为甲壳纲的节肢动物(如剑水蚤);第二中间宿主为鱼类、蛙类及其他脊椎动物。

假叶目绦虫的虫卵自子宫孔排出后须在水中才能发育。自卵中孵出的六钩蚴,胚膜上具有纤毛,能在水中游泳,称为钩毛蚴(coracidium)。钩毛蚴被第一中间宿主吞食后,在其体内发育为原尾蚴(procercoid)。第二中间宿主吞食了含有原尾蚴的第一中间宿主后,原尾蚴在其体内发育为裂头蚴(sparganum)或称实尾蚴(plerocercoid)。裂头蚴被终末宿主吞食,在其肠内发育为成虫。裂头蚴也可用作属名以指某种裂头科绦虫的此期幼虫,如孟氏裂头蚴(*Sparganum mansoni*)即为孟氏迭宫绦虫(*Spirometra mansoni*)的裂头蚴。

在假叶目绦虫的生活史中,原尾蚴除虫体为实心结构外,还保留着3对小钩在体的后端。而实尾蚴已无小钩,具有成虫样的头节,但链体及生殖器官未发育。

(三)绦虫的分类

通常所称的绦虫指绦虫纲的动物。据山口佐仲(1959)的分类系统,其下分为两个亚纲(单节亚纲 Cestodaria、多节亚纲 Cestoda 或叫真绦虫亚纲)13 个目 60 个科,共 3767 种。据

Jones A. 等(1994)整理,绦虫纲共包括14个目。常见于人、家畜、家禽及某些经济动物的绦虫,为圆叶目和假叶目,尤以圆叶目绦虫多见。

1. 圆叶目(Cyclophyllidea) 头节上有大而显著的四个吸盘,顶端有顶突,其上有钩或无钩或缩入头节内。体节明显,前节后缘覆盖后节前缘。孕卵节片脱离链体被排出。生殖孔在体节的一侧或两侧;睾丸圆形或椭圆形。卵巢叶状或球形,卵黄腺大多为单个,位于卵巢之后。无子宫孔,虫卵无卵盖,内含六钩蚴。

常见有裸头科(Anoplocephalidae)、带科(Taeniidae)、戴文科(Davaineidae)、囊宫科(Dilepididae)、中殖孔科(Mesocestoididae)及膜壳科(Hymenolepididae)等。

2. 假叶目(Pseudophyllidea) 头节上无吸盘和顶突,背腹面有两条沟槽。卵巢两叶,卵黄腺分散,很多。孕卵子宫呈管状,开口于节片腹面的中央。生殖孔开口于子宫孔的前方。虫卵有卵盖,产出时不含幼虫。常见有双叶槽科(Diphyllobothriidae),亦称裂头科。

二、绦虫蚴病

绦虫蚴病是指绦虫的中绦期幼虫寄生于动物或人体内所引起的疾病的总称。绦虫蚴病给动物和人造成的危害往往较成虫引起的绦虫病更为严重,因为它们多寄生于动物的脏器,如肝、肺、心、肌肉、肠系膜、大网膜甚至脑脊髓等处,可导致生命危险。

某些寄生在动物的绦虫蚴,其唯一终末宿主就是人体。同时,人体也可被某些绦虫蚴寄生,但是不再延续下去。因此,绦虫蚴病在公共卫生学、食品卫生学上具有极为重要的意义。

(一)猪囊尾蚴病

猪囊尾蚴病(又称猪囊虫病)是由带科、带属(*Taenia*)的猪带绦虫(*T. solium*,又称猪肉绦虫、有钩绦虫、链状带绦虫)的中绦期幼虫(猪囊尾蚴 *Cysticercus cellulosae*)寄生于猪或人的肌肉、心、脑、眼等器官中所引起的疾病。

猪囊尾蚴病是一种危害十分严重的人畜共患寄生虫病。它不仅严重影响养猪业的发展,给畜牧业造成重大的经济损失,而且给人体健康构成严重威胁。本病广泛流行于我国东北、华北及西南各地。

1. 病原形态

(1)猪带绦虫(图2-3-7) 虫体全长2~4m,头节上有4个吸盘和带有25~50个(两圈)小钩的顶突,节片总数约700~1000个。成熟节片长宽几乎相等,呈四边形,孕卵节片则长度大于宽度。成熟节片内有一组生殖器官。睾丸为150~200个;卵巢分为左右两叶,且还有一个中央小叶;生殖孔在体节两侧不规则地交互开口。孕卵节片内的子宫由主干上生出7~13对侧枝。虫卵圆形或椭圆形,淡黄色,直径为31~43μm,其外有一层薄的卵壳(常脱落),余下的是裸露的胚膜及胚层;胚膜较厚具有辐射状条纹,内含六钩蚴。

(2)猪囊尾蚴(图2-3-8) 呈椭圆形,大如黄豆,半透明乳白色,为充满无色透明液体的囊泡,囊壁上有一个圆形、小高粱米粒大的头节。

2. 生活史(图2-3-9) 人是本虫的唯一终末宿主。猪带绦虫的虫卵或孕卵节片随病人的大便排出后,直接被猪吞食或污染饲料和饮水,然后被猪吞食。虫卵内的六钩蚴在肠内逸出,钻入肠壁血管,再随血流散布到全身各处,在其适于寄生的组织内停留下来,约经10周发育为具有感染能力的囊尾蚴。

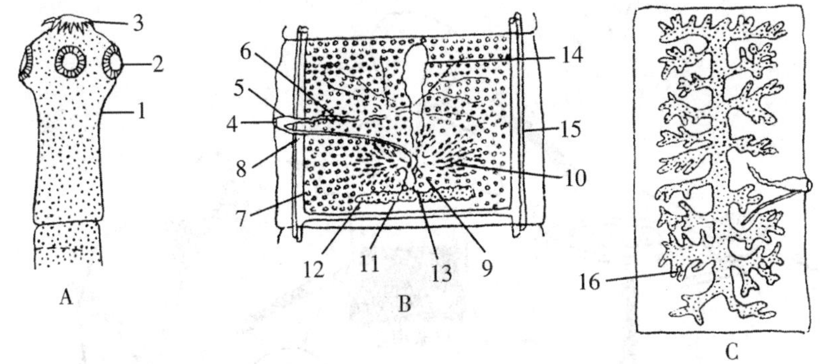

图 2-3-7　猪带绦虫成虫的头节、成节和孕节的构造(Olsen)

A. 头节　B. 成节　C. 孕节　1. 头节　2. 吸盘　3. 顶突(上有钩)　4. 生殖孔　5. 雄茎囊　6. 输精管　7. 睾丸　8. 阴道　9. 受精囊　10. 卵巢　11. 输卵管　12. 卵黄腺　13. 卵模与梅氏腺　14. 子宫　15. 纵排泄管　16. 孕节子宫分枝

图 2-3-8　猪囊尾蚴

自然大(仿 Mönnig)

囊尾蚴在猪寄生的部位以腹内侧肌为最多,以下依次为深腹肌、肩胛肌、咬肌、腹内斜肌、膈肌、舌肌和心肌以及脑、淋巴、胃壁、食道和肺脏等处,有时也可见于肝脏和脂肪内。有囊尾蚴寄生的猪肉称为"米猪肉"或"豆猪肉"。囊尾蚴在猪体可生活 3 ~ 5 年,最后虫体死亡钙化。猪囊尾蚴也能在人、犬、猫、兔、牛、骆驼体内寄生。

人食用未充分煮熟的病猪肉或误食附着在生冷食品上的散落的囊尾蚴而感染猪带绦虫病。囊尾蚴进入人的小肠中,在肠液的作用下,便伸出头节附着在肠壁上,经 2 ~ 5 个月发育为成虫。成虫在人体可存活几年甚至 20 余年。

人如果吃到被绦虫卵污染的食物,或者绦虫病患者发生恶心呕吐时,小肠内的孕卵节片和虫卵逆行到胃内都能发生囊尾蚴病(cysticercosis)。据报告约有 16% ~25% 的绦虫病患者伴有囊虫病,而囊虫病患者中则约有 55.6% 伴有绦虫病史。猪囊尾蚴在人体常寄生于皮下组织、肌肉、脑、眼、心、肝、肺、腹膜等处。

3. 流行病学　猪囊尾蚴病主要是在猪与人之间循环感染的一种人畜共患病。本病呈世界性分布,在我国有 26 个省、市曾有报道,除东北、华北、西北地区及云南、广西与四川部分地区常发外,其余省、区均为散发,长江以南地区较少,而东北地区感染率较高。

猪囊尾蚴病患者是本病的唯一传染源,虫体寄生在人小肠内,每天不断地向外排出孕卵节片和虫卵,而且可持续数年甚至 20 余年,可造成环境的严重污染。

本病的发生与流行与人的粪便管理和猪的饲养管理密切相关。在有些地区,养猪采用放牧式饲养方式,人无厕所;还有的地方采取连茅圈,猪接触人粪机会增多,因而造成本病流行。

人感染猪带绦虫主要与饮食卫生习惯和烹调与食肉的方法有关。生食猪肉、烹调时间过短,蒸煮时间不够易引起人的感染与发病。此外,肉检制度不严或未建立肉检制度也是造成本病流行的一个重要因素。

4. 致病作用与临床症状　猪囊尾蚴对猪的危害一般不明显,囊尾蚴进入猪体后在其移行的初期能引起各部组织的损伤。在肌肉内寄生时不呈现明显致病作用,当在脑内寄生时,能呈现一定的神经功能障碍。严重感染时,可导致猪营养不良,运动障碍及肌肉水肿等。

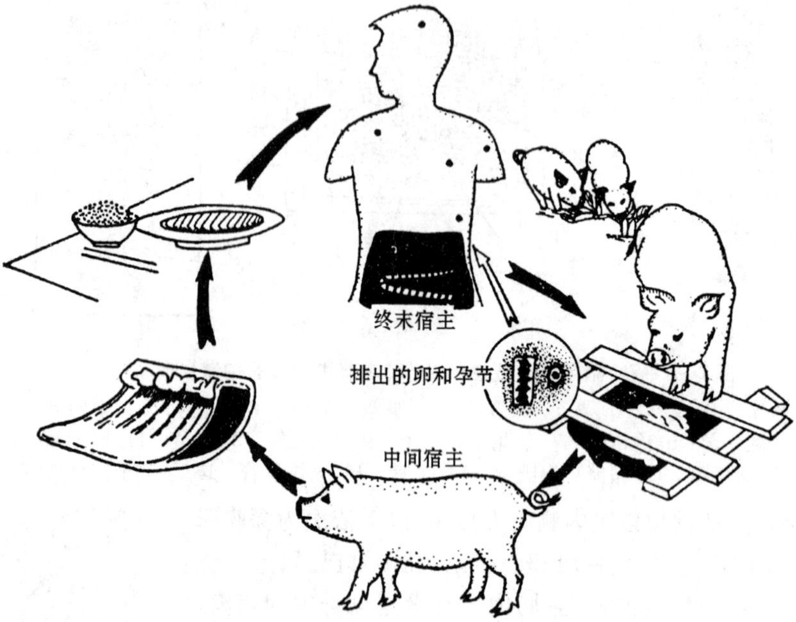

图 2-3-9 猪带绦虫生活史

人感染猪带绦虫后,由于虫体吸取肠内的营养物质,同时以机械作用、毒素作用危害患者机体,引起食欲异常(贪食或厌食)、消化不良、腹部隐痛、腹胀、恶心、呕吐等。更为严重的是人若感染囊虫时,轻则体躯各部皮下发生黄豆大到蚕豆大的结节,有时感到胀痛,四肢无力;重则由于虫体在眼部寄生,发生视力减退,甚至失明,如寄生在脑内则表现为头痛、记忆力减退以及癫痫,甚至危及患者的生命。据国内外资料统计表明,癫痫发作是脑囊虫患者的突出症状,占脑囊虫病的 60% 以上。

5. 诊断 本病的生前诊断多采用免疫学诊断法,如间接血凝试验(HIA)、酶联免疫吸附试验(ELISA)等。

宰后检查,在最容易发现虫体的部位如臀肌、腰肌等处按食品卫生检验的方法进行剖检,查到虫体即可确诊。

6. 治疗 对猪囊尾蚴病的治疗,可选用:

(1)吡喹酮(Praziquantel) 剂量为每千克体重 30~60mg,每日一次,连服 3 日。

(2)丙硫咪唑(Albendazole) 剂量为每千克体重 30~60mg,每日一次,连服 3 日。

7. 预防

(1)查治病人,杜绝传染源。

(2)加强肉品卫生检验,逢宰必检。

(3)加强人粪管理和改变猪的饲养方式,做到人有厕所,不随地大便,养猪实行圈养,厕所与猪圈应分设。人粪需经无害化处理后方可作肥料。

(4)查治病猪。

(5)加强宣传教育,注意个人卫生,不吃生的或半生的猪肉,切生熟肉的刀和砧板分开,以防感染猪带绦虫。

(6)国内有关单位已研制出猪囊尾蚴细胞苗及基因工程苗,可用于疫区猪的免疫预防。

(二)牛囊尾蚴病

牛囊尾蚴病(又称牛囊虫病)是由带科、带吻属(*Taeniarhynchus*)的肥胖带吻绦虫(*T. saginatus*,亦称牛带绦虫、牛肉绦虫、无钩绦虫)的中绦期幼虫(牛囊尾蚴 *Cysticercus bovis*)寄生于牛肌肉内所引起的疾病。牛带绦虫寄生于人的小肠内,是一种重要的人畜共患寄生虫病。

1. 病原形态

(1)肥胖带吻绦虫(图2-3-10)　乳白色,带状,链体长大肥厚,可长达12m。头节上有4个吸盘,但无顶突和小钩。成熟节片内有一套雌雄同体的生殖系统。睾丸数目为800~1200个;卵巢分为两叶。孕卵节片内子宫很发达,其侧枝为15~30对。

虫卵呈球形,黄褐色,内含六钩蚴,大小为30~40μm×20~30μm。

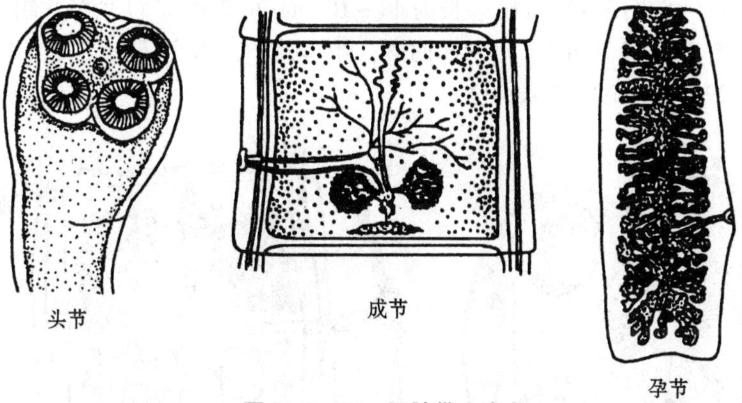

图2-3-10　肥胖带吻绦虫

(2)牛囊尾蚴　外观上与猪囊尾蚴相似,但头节上只有4个吸盘,没有顶突和小钩。

2. 生活史　肥胖带吻绦虫的主要中间宿主是牛科动物,包括黄牛、水牛、瘤牛和牦牛等,驯鹿亦可充当中间宿主。人是本虫种的唯一终末宿主。

肥胖带吻绦虫寄生于人的小肠中,孕卵节片或虫卵随人粪排出,污染牧地和饮水后,牛食入虫卵,六钩蚴在小肠中逸出,钻入肠壁,随血液循环散布于全身肌肉,经10~12周发育为牛囊尾蚴。人吃生的或半生的含有牛囊尾蚴的牛肉而受到感染,牛囊尾蚴在人小肠内经2~3个月发育为成虫,其成虫寿命可达20~30年以上。

3. 流行病学　本病分布于世界各地,其发生和流行与牛的饲养管理方式、人的粪便管理和人嗜食生牛肉的习惯有密切关系。在有食生牛肉习惯的地区和民族中流行更为严重。肥胖带吻绦虫患者排出的虫卵污染外界环境,造成牛的感染。肥胖带吻绦虫卵对外界因素的抵抗力较强,在牧地上一般可存活200d以上。

4. 致病作用与临床症状　牛感染囊尾蚴后一般不出现临床症状。但肥胖带吻绦虫可引起人体消化障碍,如腹泻、腹痛、恶心等,长期寄生时可造成内源性维生素缺乏症及贫血。肥胖带绦虫的虫卵不感染人,因此人不会患牛囊尾蚴病。

5. 诊断　生前诊断可采用间接血凝试验(HIA)和酶联免疫吸附试验。尸体剖检时发现牛囊尾蚴即可确诊,牛囊尾蚴在牛体内最常寄生的部位为咬肌、舌肌、心肌、肩胛肌、颈肌及臀肌。

6. 防治　本病重在预防,牛囊尾蚴病的治疗可试用吡喹酮和甲苯咪唑。预防措施有:

(1)在流行区对牛带绦虫患者进行普查与普治。

(2)管理好患者的粪便,改进牛的饲养管理方式,防止牛接触人粪。

(3)加强牛肉的卫生检验工作,对感染有牛囊虫的牛肉进行无害化处理。

(4)加强卫生宣传教育,改变人们食生牛肉的饮食习惯。

(三)脑多头蚴病

脑多头蚴病(俗称脑包虫病)是由带科、多头属(*Multiceps*)的多头多头绦虫(*M. multiceps*)的中绦期幼虫(脑多头蚴 *Coenurus cerebralis*)寄生于绵羊、山羊、黄牛、牦牛和骆驼等有蹄动物的脑、脊髓内所引起的疾病。本病是严重危害羔羊及犊牛的一种寄生虫病,尤以2岁以下的绵羊最易感,往往导致死亡。

1. 病原形态

(1)多头多头绦虫(图2-3-11) 长为40~100cm,由200~250个节片组成。头节上有4个吸盘,顶突上有22~32个小钩,排列成两圈。孕节的子宫内充满虫卵,子宫侧枝为14~26对。虫卵直径为29~37μm,内含六钩蚴。

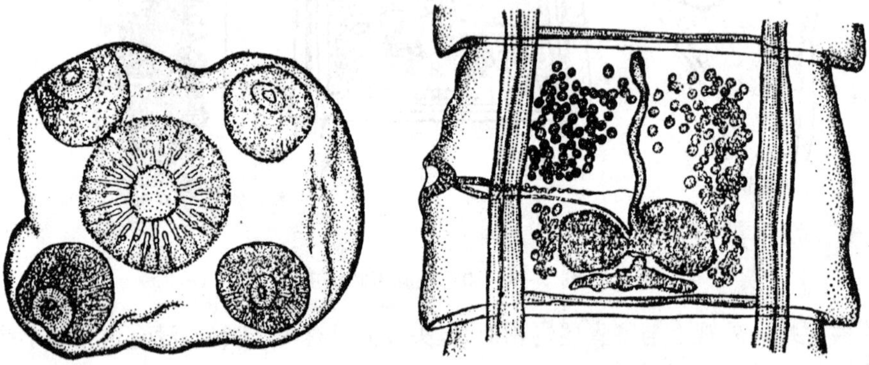

1　　2

图2-3-11 多头多头绦虫

1. 头节 2. 成节

(2)多头蚴 为乳白色半透明的囊泡,囊壁上有集成块的多个原头蚴,平均约150个。

2. 生活史 中间宿主为绵羊、山羊、黄牛、牦牛等有蹄类草食动物,终末宿主为犬、狼、狐等肉食动物。中间宿主随牧草、饲料及饮水吞食了虫卵或孕卵节片后,六钩蚴钻入肠壁血管,随血流被带到脑、脊髓中,经2~3个月发育为成熟的多头蚴。终末宿主吞食了含有多头蚴的脑、脊髓后,原头蚴附着于小肠壁上,经41~73d发育为成虫。

3. 致病作用与临床症状 脑多蚴在中间宿主的脑、脊髓内移行及定居后的生长发育过程造成机械性刺激与损伤,从而引起脑及中枢神经系统功能障碍。

脑多头蚴在牛、羊脑部寄生时引起多头蚴病。动物感染后的1~3周,即虫体在脑内移动时,呈现体温升高,精神沉郁或无规则的强制运动等脑炎及脑膜炎症状,重剧感染的动物常在此期发生死亡。耐过的动物上述症状不久消失而在数月内表现完全健康状态。

感染后2~7个月开始出现典型症状,呈现异常运动或异常姿势,其表现取决于虫体的寄生部位。虫体常寄生在一侧脑半球的颞叶表面,患畜将头部倾向患侧,并向患侧作圆圈运动,而对侧的眼往往失明(图 2－3－12);虫体在脑的前部(额叶)寄生时,患羊头部低垂抵于胸前,步行时高举前肢或向前方猛冲,在遇到障碍物以后倒地或静立不动;虫体在小脑寄生时,患畜表现知觉过敏,容易惊恐,行走时出现急促步样或步样蹒跚,以后逐渐增剧而衰竭卧地,视觉障碍、磨牙、流涎、平衡失调、痉挛;在腰部脊髓有虫体寄生时,引起渐进性后躯及盆腔脏器麻痹。患畜不思饮食,离群,最后死于高度消瘦或因重要的神经中枢受害而死。当虫体在脑髓表面寄生时,颅内压增高,颅骨萎缩甚至穿孔,触诊时,压迫患部有疼痛表现。如果寄生的虫体较多,且位于不同部位时则可出现综合性症状。

图 2－3－12　回旋症羊正在作转圈运动(采自孔繁瑶)

4. 诊断　在流行区,可根据本病特异的症状、病史、头部触诊等作出初步诊断,有些病例须在剖检时才能确诊。也可用血清学方法进行初步诊断。

5. 治疗　在头部前方大脑表层寄生的脑多头蚴可施行手术摘除,而在头的后部及深部寄生者则难以手术治疗。药物治疗可选用吡喹酮(Praziquantel),剂量为每千克体重 50～70mg,每天一次,连服 3d。

6. 预防

(1)防止犬吃到带有多头蚴的牛、羊等动物的脑和脊髓。

(2)对犬进行定期驱虫,对犬粪进行无害化处理,从而防止或避免犬粪污染牧场饲料及饮水,这是一项最重要的预防措施。

(3)捕杀野犬、狼、狐等终末宿主,以逐步杜绝本病的发生。

(四)棘球蚴病

棘球蚴病(又称包虫病)是带科、棘球属(*Echinococcus*)绦虫的中绦期幼虫(棘球蚴 *Echinococcus*)寄生于动物和人的肝、肺及其他器官内所引起的一类绦虫蚴病。本病呈世界性分布,是一类重要的人兽共患寄生虫病。

1. 病原形态　分布于我国的棘球属绦虫主要有两种,即细粒棘球绦虫(*E. granulosus*)和多房棘球绦虫（*E. multilocularis*），其中以前者最为常见。

（1）细粒棘球绦虫（图 2－3－13） 虫体很小，仅 2～7mm 长，由头节和 3～4 个节片组成。头节上有 4 个吸盘，顶突上有 36～40 个小钩，排成两圈。成节内有一套雌、雄性生殖器官，睾丸 35～55 枚。孕节内子宫侧枝有 12～15 对。虫卵大小为 32～36μm×25～30μm。

（2）细粒棘球蚴　为一包囊状构造，内含液体，形状与大小因寄生部位不同而有很大的差异。棘球蚴的囊壁分为二层：外层为乳白色的角质层，无细胞结构，似粉皮状，脆弱易破裂；内层为胚层，又称生发层（germinal layer），具细胞核，向囊腔芽生出成群的细胞，这些细胞空泡化后形成仅有一层生发层的小囊，并长出小蒂与胚层相连；在小囊内壁上生成数量不等的原头蚴（protoscolex），此小囊称为育囊或生发囊（brood capsule）。育囊可生长在胚层上或脱落下来漂浮在囊腔的囊液中。母囊内还可生成与母囊结构相同的子囊，甚至孙囊，与母囊一样亦可生长出育囊和原头蚴。有的棘球蚴还能外生，即向母囊外衍生子囊。游离于囊液中的育囊、原头蚴和子囊统称为棘球砂（hydatid sand）。原头蚴上有小钩、吸盘及微细的石灰质颗粒，具有感染性。但有的胚层不能长出原头蚴，无原头蚴的囊称为不育囊（acephalocyst）。不育囊可长得很大。

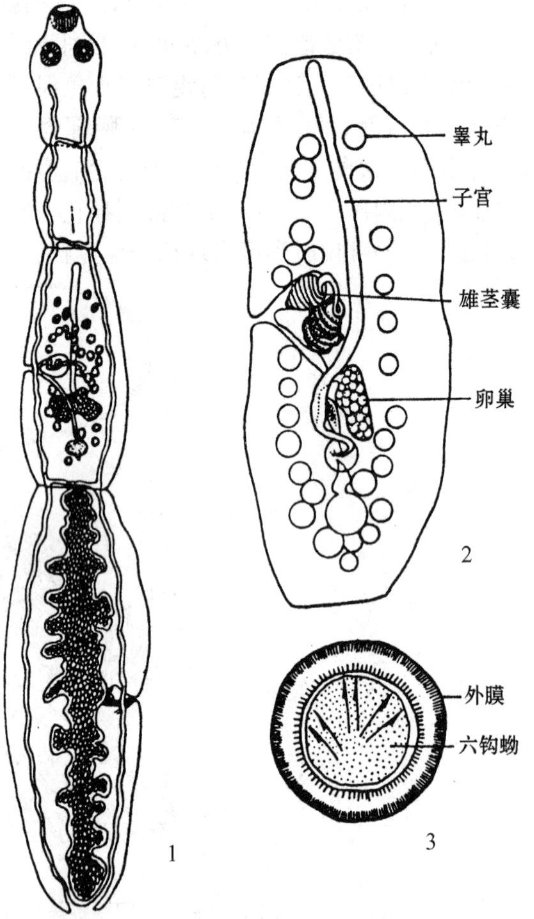

图 2－3－13　细粒棘球绦虫

1. 成虫　2. 成节　3. 虫卵

2. 生活史（图 2－3－14）　本虫种的中间宿主为牛、羊、猪、马等家畜及野生动物和人，其中绵羊为最适宜的中间宿主；终末宿主为犬、狐、狼等犬科肉食动物。

牛、羊等家畜在采食时食入犬、狐等动物排出的细粒棘球绦虫虫卵或孕卵节片后，卵内的六钩蚴在其消化道内逸出，钻入肠壁，随血流或淋巴散布到体内各处，停留下来，缓慢地生长发育为细粒棘球蚴。犬类则因吞食患畜的带细粒棘球蚴的脏器而感染，原头蚴在犬的小肠经 40～50d 发育为成虫。成虫在犬体内的寿命为 5～6 个月。

3. 流行病学　细粒棘球蚴呈世界性分布，尤以牧区最为多见。在我国有 20 个省、市报道有此病发生，其中以新疆、西藏、青海、四川西北部牧区发病率最高。

在牧区，牧羊犬和野犬是人和动物棘球蚴的主要传染源。犬粪中排出的虫卵及孕卵节片污染牧地及饮水而引起牛、羊等家畜的感染，而牧羊犬常吃到带虫的动物内脏，从而造成本虫

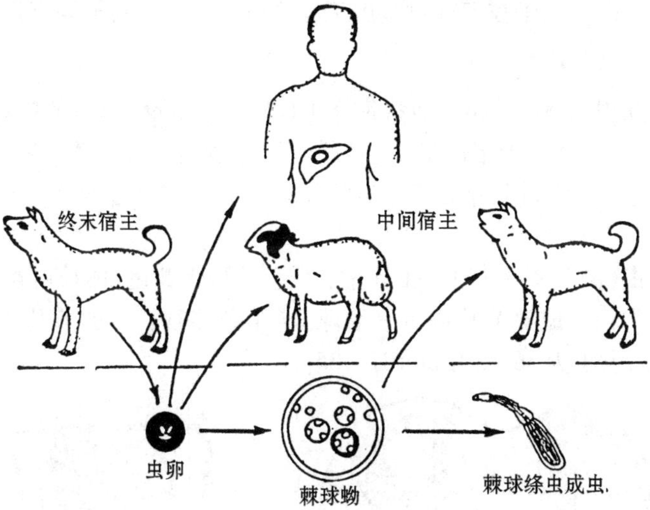

图2-3-14 棘球绦虫生活史

在家畜与犬之间的循环感染。

人常因直接接触犬,致使虫卵粘在手上再经口感染。猎人或牧民因直接接触犬和狐狸的毛皮等,感染机会较多。此外,通过蔬菜、水果、饮水和生活用具等,误食虫卵也可引起人的感染。

4. 致病作用与临床症状 棘球蚴在家畜体内寄生时,由于虫体逐渐增大,对周围组织呈现剧烈压迫,引起组织萎缩和机能障碍。当肝脏、肺脏有多量虫体寄生时,由于肝、肺实质受到压迫而发生高度萎缩,能引起死亡。寄生的虫体小,数目不多时则呈现消化障碍,呼吸困难,腹水等症状,患畜逐渐消瘦,终因恶病质或窒息死亡。绵羊患本病时死亡率较高,主要症状为消瘦,被毛逆立常常脱落,咳嗽,咳嗽发作后常卧于地面。各种动物都可因囊泡破裂而产生严重的过敏反应,甚至突然死亡。

5. 诊断 生前诊断可采用间接血球凝集试验(HIA)和酶联免疫吸附试验(ELISA)。死亡动物在脏器内查到细粒棘球蚴可确诊。

6. 治疗

(1)丙硫咪唑(Albendazole) 剂量为每千克体重90mg,连服两次,对原头蚴杀灭率可达82%~100%。

(2)吡喹酮(Praziquantel) 剂量为每千克体重25~30mg,连服5天(总剂量为每千克体重125~150mg),也有较好疗效。

7. 预防

(1)对犬进行定期驱虫,驱虫后对犬粪进行无害化处理,以防止病原的扩散。对犬的驱虫,可选用吡喹酮,按每千克体重5~10mg口服。

(2)妥善处理病畜脏器,只有在煮熟后才可以当作饲料喂动物。

(3)保持家畜饲料、饮水及畜舍卫生,防止被犬粪污染。

(4)常与犬接触的人员应注意清洁卫生,防止从犬的被毛等处污染虫卵而误食。

(5)扑杀畜群附近的野犬及其他野生肉食动物以根除传染源。

(6)目前国外已研制出细粒棘球蚴基因工程疫苗,可用于牛、羊等家畜的免疫预防。

(五)细颈囊尾蚴病

细颈囊尾蚴病是由带科、带属的泡状带绦虫(*Taenia hydatigena*)的中绦期幼虫(细颈囊尾蚴 *Cysticercus tenuicollis*)寄生于猪的肝脏、网膜和肠系膜等处所引起的一种囊尾蚴病。除猪外,牛、羊、鹿均可感染。农村散养的猪感染较普遍,在牧区绵羊感染也较严重。

1. 病原形态

(1)泡状带绦虫(图 2-3-15)　虫体呈乳白色或稍带黄色,体长可达 5m 以上,头节上有顶突和 26~46 个小钩。成熟节片内有一套雌、雄生殖器官。孕卵节片内子宫侧枝为 5~16 对。虫卵为卵圆形,大小为 36~39μm×31~35μm。

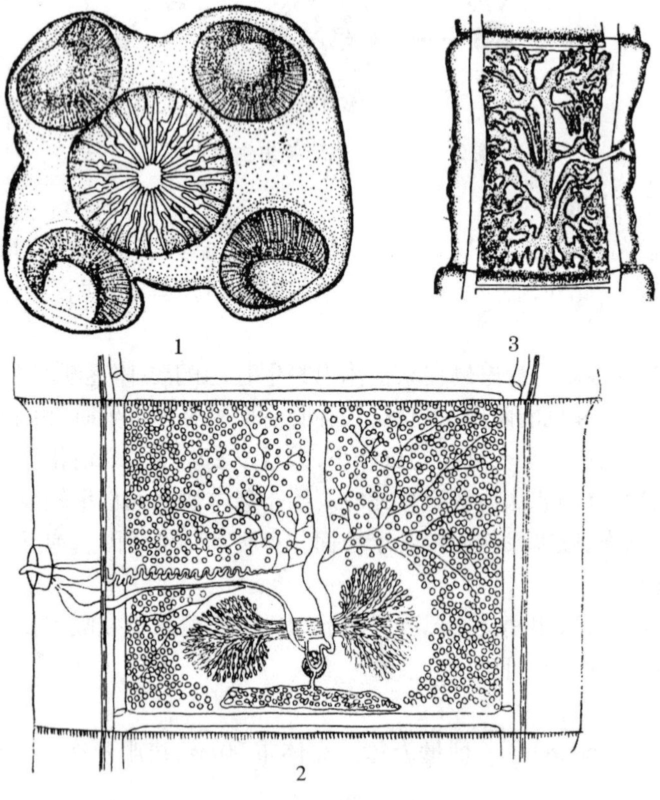

图 2-3-15　泡状带绦虫(采自赵辉元)

1. 头节　2. 成节　3. 孕节

(2)细颈囊尾蚴　呈囊泡状,俗称"水铃铛"、"水泡",内含透明液体,豌豆大至小儿头大。肉眼观察可看到囊壁上有一个向内凹入而具细长颈部的头节。

2. 生活史　中间宿主猪、牛、羊等因吞食了随终末宿主粪便排出的虫卵或孕卵节片后,六钩蚴钻入肠壁随血流至肝,进入肝实质或移行至肝的表面,发育成囊尾蚴,也有些虫体从肝表面落入腹腔而附着于网膜或肠系膜上,经 3 个月发育成具有感染性的细颈囊尾蚴。终末宿主犬、狼、狐、猫、豹、狮等食肉动物吞食了细颈囊尾蚴后,头节在小肠中翻出,附着在肠壁上经 50d 左右发育为成虫(泡状带绦虫)。

3. **致病作用与临床症状**　六钩蚴在肝脏移行时，损伤肝组织，引起肝炎；进入腹腔时可引起局限性腹膜炎。大量寄生时病猪虚弱，消瘦，黄疸和体温升高，影响生长发育。如死于急性细颈囊尾蚴病时，肝脏肿大，肝表面有很多小结节和小出血点。慢性病程中可致肝脏局部组织褪色，呈萎缩现象。

4. **诊断**　尸体剖检或宰后检查发现虫体可确诊。

5. **防治**　吡喹酮(Praziquantel)对细颈囊尾蚴有一定疗效。本病重在预防，主要措施为：

(1)严禁犬类进入屠宰场，禁止将细颈囊尾蚴丢弃喂犬。

(2)禁止犬入猪舍，避免饲料、饮水被犬粪污染。

(3)对犬进行定期驱虫，捕杀野犬。

(六)豆状囊尾蚴病

豆状囊尾蚴病是由豆状囊尾蚴(*Cysticercus pisiformis*)寄生于家兔的肝脏、网膜、肠系膜、直肠浆膜下等处所引起的一种绦虫蚴病。豆状囊尾蚴为带科、带属的豆状带绦虫(*Taenia pisiformis*)的中绦期幼虫。

1. **病原形态**(图2-3-16、图2-3-17)　豆状囊尾蚴为白色的囊泡，大小如豌豆大。囊壁半透明，囊内充满液体，透过囊壁可见到嵌于囊壁上的白色头节。头节上有4个吸盘和两圈角质沟。

豆状带绦虫新鲜时为白色或淡黄色，长60～150cm，头节细小，4个吸盘不突出。顶突上有两圈相间排列的角质沟，共计28～36个。成熟节片内有睾丸250～273个，卵巢分为两叶。生殖孔不规则地交互开口于节后的侧缘。孕卵节片的子宫每侧有8～14个分支，每个分支再分小支。

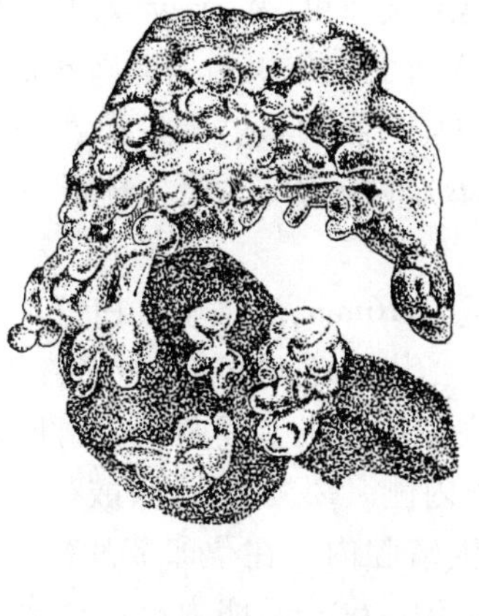

图2-3-16　豆状囊尾蚴(采自孔繁瑶)

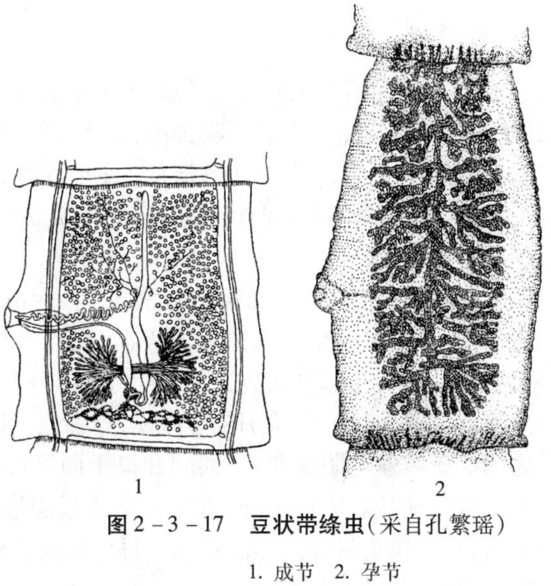

图2-3-17　豆状带绦虫(采自孔繁瑶)

1. 成节　2. 孕节

2. **生活史**　终末宿主为犬、狼、狐、北极狐等肉食动物。中间宿主为家兔、野兔及其他啮齿动物。成虫寄生于终末宿主小肠，孕卵节片随粪便排至外界。虫卵随污染的青草、饮水被中间宿主吞食后，卵内的六钩蚴在消化道内逸出，钻入肠壁，随血流到达肝实质中发育15～30d，然后移行到腹腔浆膜上发育为成熟的豆状囊尾蚴。当终末宿主吞食了含有豆状囊尾蚴的中间宿主或其脏器后,囊尾蚴即以其头节附着于小肠壁上,约经1个月发育为成虫。

3. 流行病学 豆状囊尾蚴是家兔常见的一种寄生虫,分布广泛,并且感染率也常常很高。这种广泛流行主要同兔的饲养方式、犬的喂养和养兔者缺乏预防本病的常识有关。在流行地区,家兔多为农户散养,饲养又以割自野外的青草或废弃的蔬菜为主,同时农村又常有喂犬的习惯。由于犬的四处活动,其排出的孕卵节片造成饲草的广泛污染,这种带有虫卵的青草、蔬菜又被直接用于喂兔,就导致了家兔感染豆状囊尾蚴。而在剖杀家兔时,又常将带有豆状囊尾蚴的兔内脏喂犬或随地丢弃而被犬吞食,这就导致了犬感染豆状带绦虫。这种犬和家兔之间的循环感染就造成了本病的流行。

4. 致病作用与临床症状 一般致病作用不甚严重。大量感染时,幼虫在肝脏移行,造成肝脏的损伤,严重时可引起突然死亡。慢性病例则表现为消化紊乱、腹部膨胀、消瘦等症状。

5. 诊断 主要靠死后剖检发现豆状囊尾蚴而确诊。

6. 防治 本病应以预防为主,主要措施:

(1)提倡少养或不养犬,消灭野犬,对必须留下的生产用犬可用吡喹酮(按每千克体重10~20mg,1次口服)等药物定期驱虫。

(2)防止犬吞食含有豆状囊尾蚴的兔内脏。

(3)注意兔的饲料及饮水卫生,禁止用犬粪污染的饲料、饮水喂兔。

个别贵重的种兔需要治疗时,可试用吡喹酮(Praziquantel)按每千克体重25mg,每日一次,连服5d或丙硫咪唑(Albendazole)按每千克体重15mg,每日一次,连服5d。

三、裸头科绦虫病

(一)莫尼茨绦虫病

莫尼茨绦虫病是由裸头科、莫尼茨属(*Moniezia*)的扩展莫尼茨绦虫(*M. expansa*)和贝氏莫尼茨绦虫(*M. benedeni*)寄生于牛、羊、鹿、骆驼等反刍兽的小肠内所引起的疾病。本病分布于世界各地,我国各地均有发生,多呈地方性流行。主要危害羔羊和犊牛,影响其生长发育,严重感染时可引起大批死亡。国内还发现四川莫尼茨绦虫(*M. sichuanensis*),见于家养及野生林麝。

1. 病原形态(图2-3-18)

(1)扩展莫尼茨绦虫 为大型绦虫,体长为1~6m,最宽处16mm,虫体呈乳白色。头节近似球形,上有4个突出的略呈椭圆形的吸盘,无顶突和小钩。节片短而宽,每个成熟节片(成节)内有两组雌、雄性生殖器官,在节片两侧对称分布,生殖孔开口于节片两侧。扇形分叶的卵巢和致密的卵黄腺呈圆环状围绕着卵模,分别位于排泄管内侧。睾丸数百个,散布于两侧的排泄管之间。雄茎囊与阴道并列,共同开口于两侧边缘的生殖腔内。在孕卵节片(孕节)中,两个子宫汇合呈网状。卵形不一,近三角形或近圆形,直径50~60μm,卵内有一个含有六钩蚴的梨形器,这是裸头科绦虫卵的特征。每个成熟节片的后缘附近,均有8~15个呈泡状的节间腺,排成一行。

(2)贝氏莫尼茨绦虫 长1~4m,最宽处可达26mm,其虫体比扩展莫尼茨绦虫更宽,头节也比前者的大且呈方形。节片的构造与前者相似,但节间腺由微细点聚集而呈横带状,位于节片的后缘中央,其分布范围仅有扩展莫尼茨绦虫的1/3。虫卵多呈方形。

2. **生活史**(图 2－3－19)　莫尼茨绦虫的中间宿主为甲螨或称地螨类(oribatid mites)。成虫寄生于牛、羊、骆驼等反刍动物的小肠内,孕卵节片或虫卵随终末宿主的粪便排出体外,被地螨吞食,卵内的六钩蚴孵出,穿过消化道进入体腔,在地螨体腔内发育为具有感染性的似囊尾蚴。反刍兽吃草时,吞入含有似囊尾蚴的地螨后,地螨被消化,似囊尾蚴以头节吸附于小肠壁上,经 37～50d 发育为成虫,并排出孕卵节片。成虫的寿命为 2～6 个月,一般为 3 个月,此后虫体即自行排出体外。

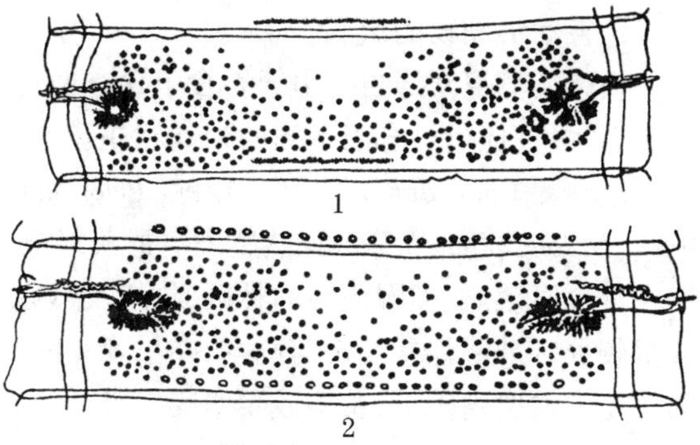

图 2－3－18　莫尼茨绦虫成节(仿 Mönnig)

1. 贝氏莫尼茨绦虫　2. 扩展莫尼茨绦虫

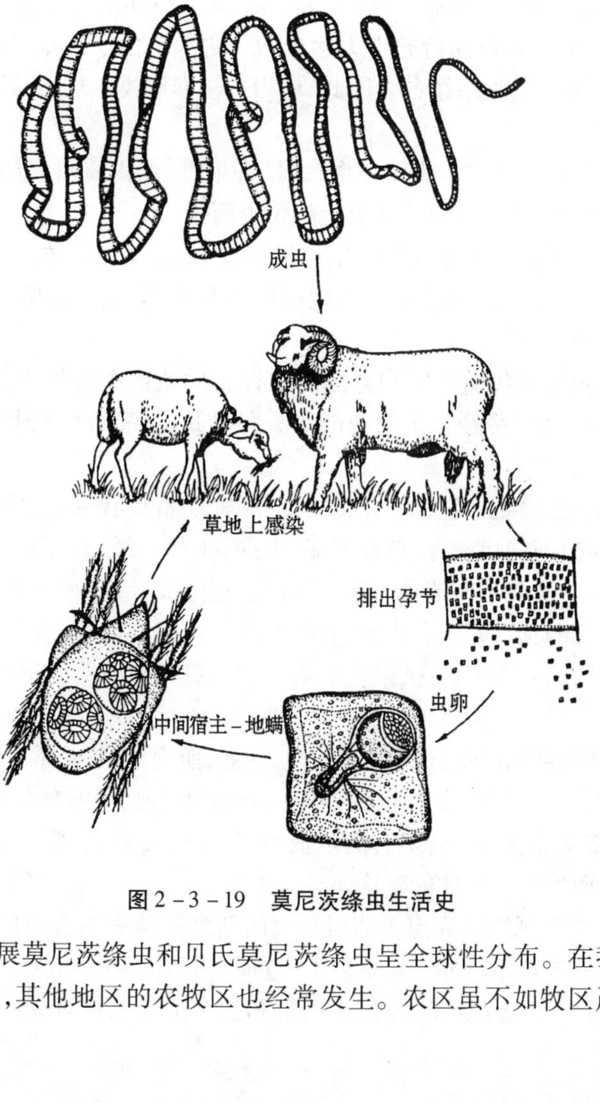

图 2－3－19　莫尼茨绦虫生活史

3. **流行病学**　扩展莫尼茨绦虫和贝氏莫尼茨绦虫呈全球性分布。在我国西北、内蒙古和东北的牧区流行广泛,其他地区的农牧区也经常发生。农区虽不如牧区严重,但也有局部流行。莫尼茨绦虫病主要危害1.5~8个月的羔羊和当年出生的犊牛，成年动物为带虫者，是一种主要危害幼龄动物的疾病。

动物感染莫尼茨绦虫是由于吞食了含有似囊尾蚴的地螨。地螨的种类繁多，世界各地已报导有30多种地螨可充当本病的中间宿主。在我国已报道平滑肋甲螨（*Scheloribates laevigatus*）、超肋甲螨（*S. chauhani*）、斑氏甲螨（*Peloribates banksi*）、腹翼甲螨（*galumans* sp.）和长毛腹翼甲螨（*G. longipluma*）等可自然感染莫尼茨绦虫。其中，以超肋甲螨和腹翼甲螨感染率较高。地螨在富含腐殖质、潮湿阴暗的林区、牧地及草原上数量较多，而在开阔的荒地及耕种的熟地里数量较少。地螨性喜温暖与潮湿，在早晚和阴雨天经常爬在草叶上，白天干燥和日晒时躲在深的草皮下或腐殖土下，黄昏或黎明爬出来活动，寻找食物。因此在阴湿牧地放牧，在阴雨天和早晚放牧牛、羊易吃到地螨（**彩版1**）。

该病的流行具有明显的季节性，这与地螨的分布和习性有密切关系。各地的主要感染期有所不同，在我国南方，当年生的羔羊、犊牛的感染高峰一般在4~6月份，黄牛感染率高于水牛，奶牛最低。在北方，其感染高峰一般在5~9月份。六钩蚴在地螨体内发育为成熟似囊尾蚴所需的时间为：温度为20℃、相对湿度为100%时，需47~109d。成螨在牧地上可存活14~19个月，因此，被污染的牧地可保持感染力达近两年之久。由于地螨的耐寒性强，可以越冬，地螨体内的似囊尾蚴可以随地螨越冬。因此，动物在初春放牧一开始，即可遭受感染。

4. 致病作用

（1）机械损伤　莫尼茨绦虫为大型绦虫，大量寄生时，聚集成团，造成肠腔狭窄，甚至发生肠阻塞、肠套叠或肠扭转，最后因肠破裂引起腹膜炎而死亡。

（2）夺取营养　莫尼茨绦虫在肠道内生长很快，一条虫体的链体一昼夜可生长8cm，在羔羊体内一昼夜可生长12cm。虫体从寄主体内夺取大量营养，进而影响幼畜的生长发育，导致寄主贫血、消瘦和体质衰弱。

（3）毒素作用　虫体的代谢产物和分泌的毒性物质被宿主吸收后，可引起各组织器官发生炎症和退行性病变，破坏神经系统的功能等。肠黏膜的完整性遭到损害时，可引起继发感染，并降低机体的抵抗力。

5. 临床症状　莫尼茨绦虫病主要引起幼畜发病，幼畜症状明显，成年动物一般无临床症状。羔羊和犊牛初期出现的症状有：精神不振，消瘦，生长迟缓，贫血；食欲减退，饮欲增加；离群；腹泻，粪便中含有黏液和孕卵节片。症状随病程逐渐加重，有时有明显的神经症状，如无目的地运动，回旋，或头部向后仰，步态蹒跚，有时有震颤。病的后期，患畜常卧地不起，经常作咀嚼动作，故常见口角周围有许多白沫，最后衰竭死亡。患神经型莫尼茨绦虫病的病羊往往以死亡告终。

6. 病理变化　剖检可见尸体消瘦，黏膜苍白，贫血，肌肉色淡，肠系膜淋巴结肿大。胸、腹腔及心包腔渗出液增多。肠有时可发生阻塞或扭转，肠黏膜出血，肠内有大量莫尼茨绦虫虫体。

7. 诊断　根据临床症状并结合流行病学资料，如动物年龄、发病时间、饲养方式及既往病史等做出初步诊断，要发现病原才能确诊。

（1）生前诊断　严重感染时在患羊清晨排出的新鲜粪球表面有黄白色、圆柱状、能蠕动的孕卵节片，形似煮熟的米粒，长约1cm，厚达2~3mm。有时节片呈链状垂吊于肛门处。只要稍加注意即可发现。若未发现孕卵节片，可应用饱和盐水漂浮法检查粪便中的虫卵。若未发现节片和虫卵,应考虑绦虫可能未发育成熟,可采用药物进行诊断性驱虫。

(2)死后诊断　根据剖检病变和在小肠中检出虫体可做出诊断。

8. **治疗**　治疗莫尼茨绦虫病可采用下列药物:

(1)丙硫咪唑(Albendazole)　剂量为牛、羊按每千克体重10~20mg,口服或做成1%水悬液灌服。

(2)吡喹酮(Praziquantel)　牛按每天每千克体重25~30mg,一次口服;羊按每天每千克体重30~50mg,一次口服。

(3)硫双二氯酚(Bithionol)　剂量为牛按每千克体重50mg,绵羊为100mg/kg,一次口服。

(4)甲苯咪唑(Menbendazole)　牛按每千克体重10mg,羊按每千克体重10~15mg,一次口服。

(5)氯硝柳胺(Niclosamide,灭绦灵)　剂量为绵羊按每千克体重70~80mg,牛为每千克体重60~70mg,一次口服。

9. **预防**

(1)预防性驱虫　应在早春和秋末(11~12月份)舍饲期进行两次驱虫,早春出牧前驱虫防止病原污染牧场,秋末收牧后驱虫以保护家畜安全过冬。由于幼畜在早春放牧一开始即可遭受感染,所以,幼畜应在放牧后3~4周时进行"成熟期前驱虫",间隔2~3周后最好再进行第二次驱虫。成年动物是重要的传染源,也应进行预防性的定期驱虫。驱虫后的粪便应集中堆积发酵,用生物热杀灭虫卵。

(2)加强饲养管理　避免在低洼潮湿地带放牧,也不要在清晨、黄昏和阴雨天放牧;幼畜与成年家畜分开放牧,可放养在两年内没有放养过牛、羊的牧地,以减少感染的机会。

(3)实行轮牧制　牧区草场可有计划地与单蹄兽进行轮牧,地螨的寿命最长者为两年,可两年以上轮牧一次,待感染有似囊尾蚴的地螨死亡后再轮回。亦可采用农牧轮作或天然牧地深翻后改种其他牧草的方法,经3~5年后地螨数量可大大减少。潮湿的森林牧地空闲两年后可以达到净化目的。

(二)牛、羊曲子宫绦虫病和无卵黄腺绦虫病

裸头科中的曲子宫属(*Helictometra* 或 *Thysaniezia*)和无卵黄腺属(*Avitellina*)中,有两个常见种:盖氏曲子宫绦虫(*H. giardi*)和中点无卵黄腺绦虫(*A. centripunctata*)。前者分布于全国各地;后者主要分布于西北和内蒙牧区,西北牧区家畜感染尤其普遍,西南和其他地区也有报道。两者都寄生于牛、羊等反刍兽小肠中,常与莫尼茨绦虫混合感染。其易感性不限于羔羊和犊牛,成年牛、羊也可感染与发病。致病力不如莫尼茨绦虫强,但严重感染时也可引起牛、羊,特别是犊牛和羔羊的死亡。

1. **病原形态**

(1)盖氏曲子宫绦虫　为大型绦虫,体长可达4.3m,最宽处12mm。头节圆形,具有四个卵圆形的吸盘。颈部短,其节片亦比莫尼茨绦虫的节片短。每个成熟节片内有一组生殖器官,生殖孔位于节片侧缘,左右不规则地交替排列。睾丸位于纵排泄管外侧,雄茎囊向外突出,使虫体边缘外观不整齐。孕卵节片内子宫有许多上下弯曲,故名曲子宫绦虫。孕卵节片的子宫上有许多膨大部称为副子宫器(又称子宫旁器、子宫周器官)。每个副子宫器内含虫卵5~15个。卵呈椭圆形,直径18~27μm,卵内含有六钩蚴,无梨形器。

(2)中点无卵黄腺绦虫　虫体大型，窄而细长，体长2～3m，最宽处仅2～3mm。头节圆形，具有4个发达的圆形吸盘。颈部短。节片宽度大于长度，每个成熟节片内有一组生殖器官，生殖孔左右不规则地交替排列于节片两侧缘中点。无卵黄腺和梅氏腺。卵巢位于生殖孔一侧，睾丸位于纵排泄管两侧。成熟节片前段分节不明显，随着发育，孕卵节片分节渐明显。孕卵节片中央有一条不透明且凸出的白色线状物，直达体节末端，系由一连串副子宫器构成。虫卵内无梨形器。

2. 生活史及防治　曲子宫绦虫的生活史与莫尼茨绦虫的生活史相似。无卵黄腺绦虫的生活史还不完全清楚，现仅确认弹尾目的长角跳虫(*Entomobrya*)为其中间寄主。这两种病的防治可参照莫尼茨绦虫病。

(三)马裸头绦虫病

马裸头绦虫病是由裸头科、裸头属(*Anoplocephala*)的大裸头绦虫(*A. magna*)和叶状裸头绦虫(*A. perfoliata*)等寄生于马、骡、驴、斑马等马属动物的小肠，偶见于胃和盲肠所引起的疾病。该病呈世界性分布，我国各地都有发生，以叶状裸头绦虫较为多见，其次是大裸头绦虫。另外，还有裸头科、副裸头属(*Paranoplocephala*)的侏儒副裸头绦虫(*P. mamillana*)，仅见于西北、内蒙、东北、四川和台湾的马匹。裸头绦虫对幼驹危害严重，可导致高度消瘦，甚至因肠破裂而死亡。

1. 病原形态(图2－3－20)

(1)大裸头绦虫　虫体长可达80cm，最宽处可达25mm，头节宽大，在顶部有4个吸盘伸向前方，无顶突和小钩。颈节短。节片短而宽，具有明显的缘膜。成熟节片有一套生殖器官，生殖孔开口于体节同一侧的后半部，睾丸400～500个，位于每一节片的中部，堆积成4～5层。孕卵节片内子宫横列，前后有分支。虫卵浅灰色呈圆形，直径65～80μm，内含六钩蚴，梨形器小于卵的半径。主要寄生于终末宿主的小肠，特别是空肠，偶见于胃。

(2)叶状裸头绦虫　虫体短而厚，似叶状，体长3～8cm。头节较小，4个吸盘呈杯状向前突出，每个吸盘后方有一个耳垂状物。虫卵直径65～96μm，梨形器等于卵的半径。多寄生于宿主的小肠后端、盲肠前端和结肠。

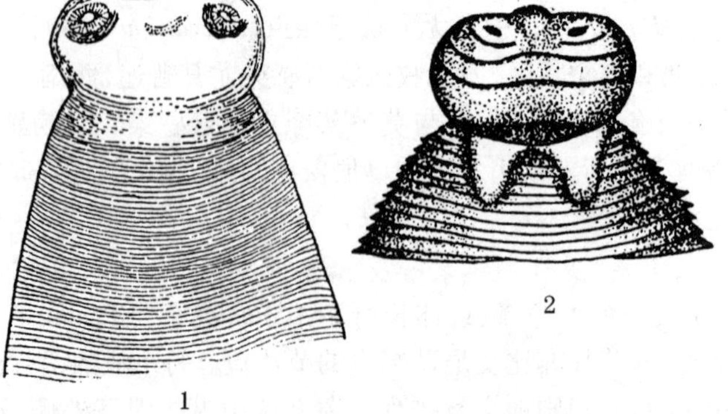

图2－3－20　裸头绦虫前部

1. 大裸头绦虫前部　2. 叶状裸头绦虫前部

(3)侏儒副裸头绦虫　体长仅46～50mm。吸盘为裂缝状，颈部短。虫卵直径为64～

80μm，梨形器超过卵的半径长。寄生于宿主的十二指肠，偶见于胃的幽门部。

2. 生活史　大裸头绦虫和叶状裸头绦虫的生活史与反刍兽莫尼茨绦虫的生活史相似，中间宿主也均为地螨。大裸头绦虫的中间宿主有平滑肋甲螨（*Scheloribates laevigatus*）和侧足肋甲螨（*S. latipes*）；叶状裸头绦虫为平滑肋甲螨、侧足肋甲螨、分明腹翼甲螨（*Galumna obvious*）和有脉腹翼甲螨（*G. longiplumus*）等；而侏儒副裸头绦虫则为分明腹翼甲螨和长毛腹翼甲螨（*G. longiplumus*）。六钩蚴在中间宿主体内需经2～5个月才能发育为具有感染性的似囊尾蚴，马属动物吃草时吞食了这种含有似囊尾蚴的地螨后经6～10周发育为成虫。6月龄至1～2岁的小马易感性最强。

3. 致病作用与症状　这3种绦虫对幼驹致病力强，主要是机械刺激和毒素作用。虫体的机械刺激可引起肠黏膜损伤，大裸头绦虫致病力较强，重度感染时引起肠卡他，有时呈出血性肠炎、溃疡甚至穿孔。虫体过多时引起肠套叠、肠扭转，甚至肠阻塞。感染较轻者则仅有肠卡他和消化紊乱。

叶状裸头绦虫大量寄生时常引起回盲口组织增生性、环行出血性溃疡，并可导致回盲口的局部或全部堵塞，引起严重的间歇性疝痛，最后可导致死亡。偶尔亦有因黏膜溃疡引起肠穿孔，导致急性腹膜炎而死亡者。毒素被宿主吸收后引起中毒，往往伴发癫痫样神经症状，可持续5～10min左右，尔后病畜疲弱地躺在地上。

侏儒副裸头绦虫一般很少有大量寄生，若有大量寄生时，则引起的症状与大裸头绦虫病相似。

临床症状主要表现为消化不良、间歇性疝痛和腹泻，并引起渐进性的消瘦、贫血、衰弱以至死亡。

4. 防治　治疗药物常用丙硫咪唑（Albendazole）、吡喹酮（Praziquantel）、硫双二氯酚（Bithionol）和氯硝柳胺（Niclosamide）等。由于本病主要发生于放牧的马匹，预防主要从减少地螨着手。经常翻耕土地，人工播种牧草或农牧轮作对预防本病有重要意义。在本病的流行区，应对所有马匹进行预防性驱虫，驱虫后排出的粪便应集中堆积发酵，进行无害化处理。如能查清当地的流行季节，则可进行成熟前驱虫。

四、戴文科绦虫病

（一）瑞利绦虫病

瑞利绦虫病是由戴文科、瑞利属（*Raillietina*）的四角瑞利绦虫（*R. tetragona*）、棘沟瑞利绦虫（*R. echinobothrida*）和有轮瑞利绦虫（*R. cesticillus*）寄生于家鸡、火鸡、鸽、孔雀和野生雉鸡类的小肠内所引起的疾病。三种绦虫均为世界性分布，几乎凡是养鸡的地方，都有这三种绦虫存在。我国各地均有发病的报道。各种年龄的鸡均可感染，但17～40日龄的鸡易感性强，死亡率高。

1. 病原形态（图2－3－21）

（1）棘钩瑞利绦虫　虫体白色，长25cm，宽1～4mm，是鸡体内最大的绦虫。头节小，顶突上有200～240个小钩，排成2圈。吸盘4个，呈圆形，其上有8～10排小钩。颈节肥短（图2－3－21）。每个成熟节片通常有一组生殖器官，偶尔也有两组者。生殖孔位于虫体一侧，在个别虫体可见左右交错排列。睾丸20～40个，位于排泄管内侧。卵巢位于节片中央，卵黄腺在卵巢后方。孕卵节片子宫分裂为90～150个卵囊（又称卵袋），每个卵囊内有6～12个含六钩蚴的虫卵。卵的直径为25~48μm。孕卵节片常沿中央纵轴线收缩而在节片之间形成小孔，故常见呈纵行的小孔贯穿链体的后部。

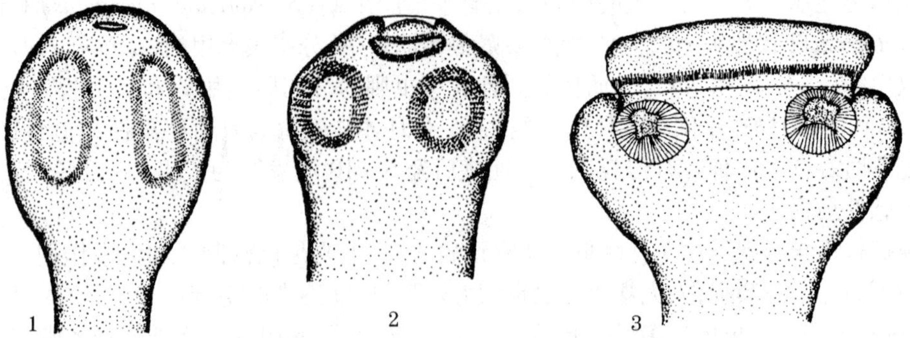

图2-3-21 瑞利绦虫头节(仿Mönnig)
1.四角瑞利绦虫 2.棘钩瑞利绦虫 3.有轮瑞利绦虫

(2)四角瑞利绦虫 虫体外形、大小及内部构造与棘钩瑞利绦虫相似，但本虫的头节纤弱，头节上的吸盘为卵圆形，且颈节较细长可与之相区别。

(3)有轮瑞利绦虫 虫体较小，长为40~130mm。头节上有一个宽大的顶突，形似轮状突出于前端，顶突上有400~500个小钩，排成两圈，位于顶突近基部处。4个吸盘上无小钩。孕节中含许多卵囊，每个卵囊内仅含1个虫卵。虫卵直径为75~88μm。

2. 生活史(图2-3-22) 成虫寄生于鸡、火鸡、鸽、孔雀和野生雉鸡类的小肠内。棘钩瑞利绦虫和四角瑞利绦虫的中间宿主为蚂蚁(*Tetramorium caespitum*, *T. semilaeve* 和 *Pheidole* sp. 等)。孕卵节片和卵囊随鸡的粪便排出体外，被蚂蚁吞食后，约经2周，六钩蚴发育为似囊尾蚴。鸡吞食了带有似囊尾蚴的蚂蚁后，似囊尾蚴用吸盘和小钩吸附于终宿主的小肠壁上，经过20d左右发育为成虫。

有轮瑞利绦虫的中间宿主为多种鞘翅目(Coleoptera)昆虫(即甲虫)，如步行虫科(Carabidae)、金龟子科(Scarabaeidae)和伪步行虫科(Tenebrionidae)的甲虫，已发现的有10科100种以上的甲虫为其天然的和人工感染的中间宿主，虫卵被中间宿主吞食后，经14~16d发育为似囊尾蚴。鸡吃了含有似囊尾蚴的甲虫后经11~20d发育为成虫并开始排出孕节(图2-3-22)。

3. 致病作用 三种绦虫常发生混合感染。虫体固着处由于小钩和吸盘机械刺激引起肠炎出血。虫体聚集成团时导致肠阻塞，甚至肠破裂而引起腹膜炎等。其代谢产物的毒素作用，引起神经中毒症状，有时出现神经性痉挛。棘钩瑞利绦虫的顶突能深入肠黏膜，引起肠壁结核样结节或溃疡病变。

4. 症状 病鸡表现为消化不良，腹泻；食欲减退，饮欲增加；消瘦，倦怠；羽毛逆立，两翅下垂，有时两腿麻痹，头颈扭曲。母鸡产蛋减少或停产，雏鸡发育迟缓或停止。

5. 病理变化 剖检可见病鸡肠黏膜增厚，出血，粪便中含有大量黏液，常带血色。棘钩瑞利绦虫寄生时在十二指肠肠壁上有结核样结节，结节中央有凹陷，凹陷内常有虫体存在或填充着黄褐色凝乳样栓塞物，或变化为凝乳状溃疡病灶。

6. 诊断 根据鸡群的临床症状，粪便检查检获虫卵或孕卵节片，剖检病鸡发现病变或虫体

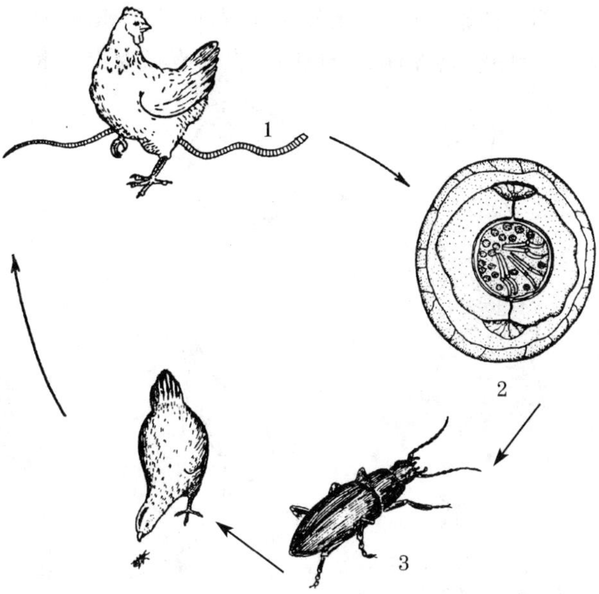

图 2-3-22　有轮瑞利绦虫生活史
1. 终末宿主　2. 虫卵　3. 中间宿主(甲虫)

即可确诊。

7. **治疗**　驱虫药物可选用以下几种：

(1)丙硫咪唑(Albendazole)　按每千克体重 10～25mg,一次口服。

(2)吡喹酮(Praziquantel)　按每千克体重 10～20mg,一次口服。

(3)硫双二氯酚(Bithionol)　按每千克体重 100～200mg,一次口服。

(4)氯硝柳胺(Niclosamide)　按每千克体重 50～60mg,一次口服。

(5)羟萘酸丁萘脒(Bunamidine)　按每千克体重 400mg,一次口服。

8. **预防**

(1)对鸡群进行有计划地定期驱虫,驱虫后及时清除粪便并作无害化处理。

(2)发现病鸡,及时治疗,以消灭传染源。

(3)雏鸡与成鸡分开饲养。新购入的鸡应先隔离驱虫后再并群。

(4)鸡舍内外地面要坚实,使得甲虫的幼虫不能生活;禽舍附近不堆积垃圾、碎石、朽木等,以减少蚂蚁建筑巢穴。定期杀灭鸡舍内外的昆虫,以防止中间寄主吞食虫卵。

(二)戴文绦虫病

戴文绦虫病是由戴文科、戴文属(*Davainea*)的节片戴文绦虫(*D. proglottina*)寄生于鸡、火鸡、鹌鹑、鸽及野生鸡形目鸟类的小肠(特别是十二指肠)内所引起的疾病。本病几乎分布于世界各地,国内南、北方各省区均有报告,但感染率相对较低。

1. **病原形态**　虫体长为 0.5～3.0mm,宽为 0.18～0.60mm,仅有 4～9 个节片。头节小,顶突和吸盘上有小钩,吸盘上的小钩易脱落,故不常见。节片由前向后逐渐增大。生殖孔规则地交替开口于每个节片侧缘的前部。雄茎囊长,其长度达节片宽度的 2/3。睾丸 12～15 个,分为两列位于节片后部。卵巢发达,边缘分叶,卵黄腺位于卵巢下缘,子宫短。孕卵节片的子宫分裂为许多卵囊,每个卵囊只含有 1 个虫卵。虫卵直径为 35 ~ 40μm(图 2 - 3 - 23)。

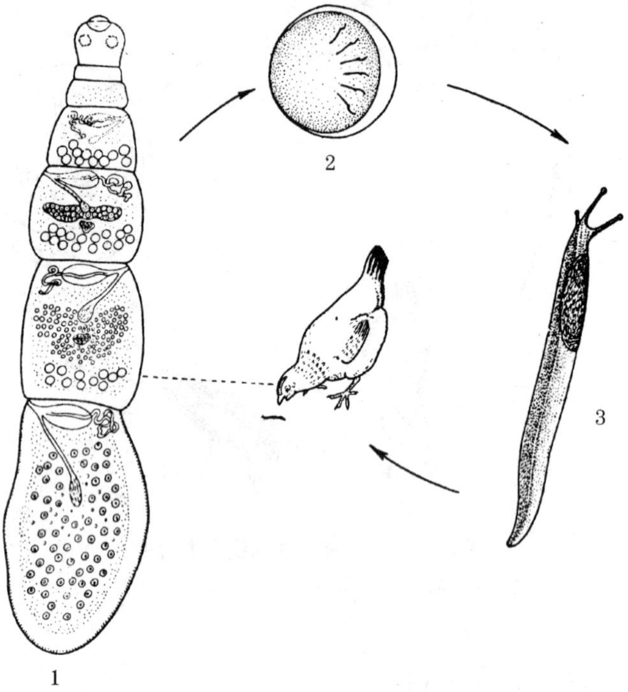

图 2 - 3 - 23　节片戴文绦虫生活史

1. 虫体　2. 虫卵　3. 中间宿主(蛞蝓)

2. **生活史**(图 2 - 3 - 23)　节片戴文绦虫的中间宿主为软体动物:陆地螺(*Limax*、*Arion*、*Cepaea*、*Milax*、*Agriolimax* 等属)和蛞蝓(*Polygytra* 和 *Zonitoides*)。它们吞食了节片戴文绦虫的虫卵后,在温暖的气候条件下,六钩蚴逸出,在其体内需要 21 ~ 22d 的发育,变为成熟的似囊尾蚴。鸡吃了带有病原的陆地螺或蛞蝓,似囊尾蚴在鸡的十二指肠内约经 17 ~ 21d 的发育,达到性成熟并排出孕卵节片(图 2 - 3 - 23)。

3. **致病作用和症状**　本虫对鸡危害较大,虫体头节深入肠壁,可引起急性肠炎。病鸡经感染后 8d 便开始出现精神萎靡,行动迟缓,羽毛蓬乱等症状。严重感染时出现贫血、肠炎与消瘦。虫体分泌的毒素会引起病禽渐进性麻痹,麻痹有时从两腿开始,逐渐波及全身,并可导致死亡。剖检病鸡可见尸体消瘦,可视黏膜苍白和黄疸,小肠增粗,肠壁增厚、充血。肠腔中充满黏液和大量脱落的黏膜并带血,常发恶臭,有虫体。

4. **诊断**　结合症状,在粪便检查时发现虫卵、孕卵节片或剖检时发现虫体即可确诊。

5. **治疗**　治疗药物可参照瑞利绦虫病。

6. **预防**　应注意不使雏鸡与中间宿主接触,鸡舍和运动场要保持干燥,及时清除粪便。有本病流行的鸡场每年进行 2 ~ 3 次定期驱虫。

五、膜壳科绦虫病

（一）剑带绦虫病

剑带绦虫病是由膜壳科、剑带属（*Drepanidotaenia*）的矛形剑带绦虫（*D. lanceolata*）寄生于鹅、鸭等水禽以及野生雁形目鸟类的小肠而引起的疾病。本病呈世界性分布，多呈地方性流行。在我国南方本虫是鹅类重要而常见的绦虫，家鸭、野鸭体内也有发现。对2周龄至3月龄以内的雏鹅危害最重，可引起大量死亡。

1. **病原形态**（图2-3-24）　矛形剑带绦虫是禽类的大型绦虫。虫体黄白色，体长60～160mm。一般前端节片较小，中间大，后又稍小，形似矛头。链体由20～40个节片组成，所有节片宽度大于长度，最宽处14mm。头节小，新鲜时缩于节片之间，呈圆形或梨形，顶突上有8个小钩，4个吸盘呈圆形或椭圆形。颈节短。生殖孔均开口于同侧，位于节片上角的侧缘。成熟节片内睾丸3个，横行排列于节片内偏向生殖孔的一侧；卵巢分为左右两叶；卵黄腺在卵巢下方；子宫呈细管状，横穿节片中央。在孕卵节片内子宫呈长囊状横列于节片之中，有波状边缘。虫卵无色，卵圆形，无卵囊包裹，大小为100μm×82～83μm。

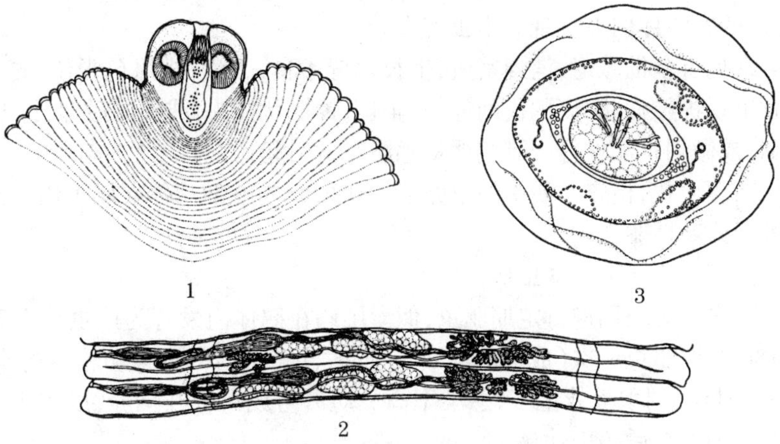

图2-3-24　矛形剑带绦虫（仿林宇光）

1. 头节　2. 成熟节片　3. 虫卵

2. **生活史**（图2-3-25）　矛形剑带绦虫的中间宿主为剑水蚤（*Cyclops*）和镖水蚤（*Diaptomus*）。矛形剑带绦虫寄生于终末宿主的小肠中，孕卵节片在肠道内破裂或排至外界后破裂，虫卵散出。虫卵如果落在水中，被剑水蚤吞食后，在其胃内六钩蚴破卵壳逸出，钻过肠壁到血腔中发育；在18～32℃条件下，经7～13d发育为成熟的似囊尾蚴。鹅、鸭吞食含有似囊尾蚴的剑水蚤后，剑水蚤在其肠中被消化，似囊尾蚴伸出头节，借助于吸盘和小钩固着于肠黏膜上，约经20d发育为成虫，并排出孕卵节片。

3. **流行病学**　中间宿主剑水蚤常大量滋生于水塘、稻田、沟渠、沼泽和江河湖泊及支流等处覆有植物的近岸水域中，每年春、夏季是剑水蚤大量繁殖的季节。除病鹅和带虫鹅以外，野生雁形目鸟类也是使剑水蚤感染似囊尾蚴的一个重要来源，这就更增加了家鹅获得感染的机会。剑水蚤的寿命为一年，似囊尾蚴可在剑水蚤体内越冬并生活到春季。因此，感染季节多在

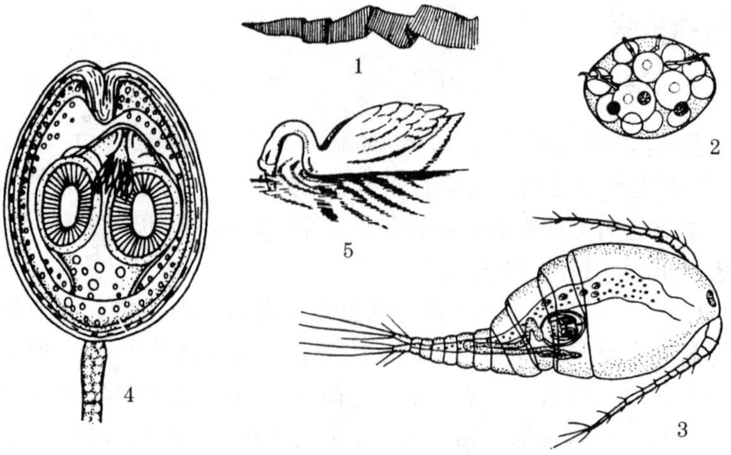

图 2－3－25 矛形剑带绦虫生活史

1. 虫体 2. 虫卵 3. 中间宿主(剑水蚤) 4. 似囊尾蚴 5. 终末宿主

早春以后,雏鹅放牧于水塘内而获得感染。近年来,在湖南、江西、上海、江苏、四川、福建、广西、山东等省市的家鸭体内亦发现有本虫寄生。

4. 症状 常见有食欲减退,消瘦贫血,生长发育不良,下痢,排绿色粪便,粪中有时带有孕卵节片。有时出现神经症状,病鹅夜间伸颈,张口,钟摆状摇头,或头向后仰,行走摇晃,有时失去平衡而摔倒;或做划水动作等。雏鹅严重感染时常引起死亡。

5. 诊断 结合症状,检查粪便中的孕卵节片和虫卵或解剖尸体在肠道内查到多量虫体可确诊。也可进行诊断性驱虫。

6. 治疗 治疗方法同瑞利绦虫病。

7. 预防 首先应对家鹅进行定期驱虫,似囊尾蚴在鹅体内发育为成虫约需 20d,应在鹅群放牧开始后 18d 全群驱虫一次(成熟前驱虫)。同时注意水池的消毒和轮换饲养,水池轮换应考虑季节,5～7 月份,剑水蚤数量多,感染率高。幼禽与成禽分开饲养,以防止成禽排出的病原在中间宿主体内发育后感染幼禽。

(二)片形皱褶绦虫病

片形皱褶绦虫(*Fimbriaria fasciolaris*)为膜壳科、皱褶属(*Fimbriaria*)的绦虫,主要寄生于鸭、鹅等雁形目鸟类的小肠,是家鸭常见的绦虫。本病呈世界性分布,多为地方性流行,少量散发。有的与其他绦虫混合感染而造成危害。在我国湖北、福建、江西、浙江、广东、广西、四川、陕西、宁夏、台湾等省市的水禽养殖区均有流行。

虫体长为 20～40cm,宽为 5mm。体前端有一大型皱褶的、呈三角形的假头,真正的头节在假头的最前端,其上有 10 个小钩和 4 个吸盘(图 2－3－26)。

其生活史与矛形剑带绦虫相似,中间宿主是剑水蚤和镖水蚤等 18 种水蚤。人工感染试验证明,家鸭吞食含有似囊尾蚴的中间宿主后,平均需要 16d 发育为成虫。

防治方法参照矛形剑带绦虫病。

(三)猪伪裸头绦虫病

猪的伪裸头绦虫病是由膜壳科、伪裸头属(*Pseudanoplocephala*)的克氏伪裸头绦虫

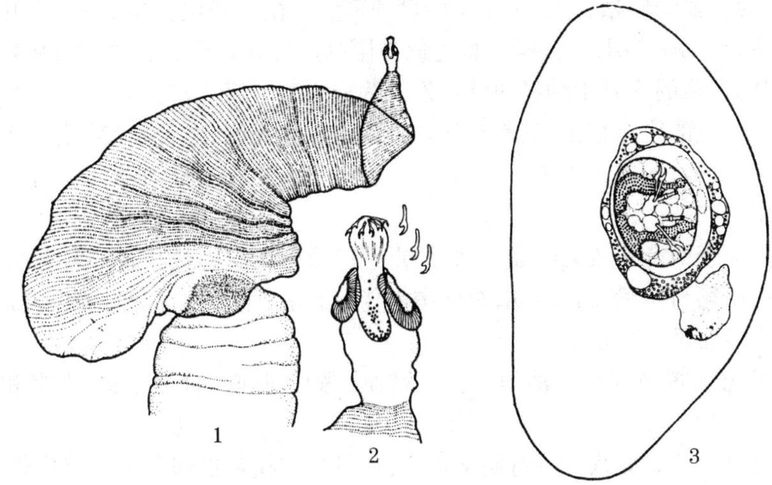

图 2-3-26　片形皱褶绦虫

1. 假头　2. 头节和吻钩　3. 虫卵

(*P. crawfordi*)寄生于猪的小肠中而引起的疾病。偶见于人体,是一种人畜共患寄生虫病。本病分布于斯里兰卡、印度、日本和中国,国内陕西、甘肃、辽宁、山东、河南、江苏、上海、福建、云南、四川和贵州等省区相继有报道,而且有些地方感染率很高,如陕西可高达70%。经研究确认,曾经报道的盛氏许壳绦虫、陕西许壳绦虫、日本伪裸头绦虫均为克氏伪裸头绦虫。褐家鼠在本病的传播中起重要作用。

1. 病原形态(图 2-3-27)　虫体呈乳白色,体长为 64～167mm,宽为 2～6mm,最大宽度可达 11.1mm。头节上有不发达的顶突,无小钩,有 4 个吸盘。颈长而纤细。节片宽度大于长度,生殖孔开口于虫体同一侧的节片中部。睾丸为 24～43 个,不规则地分布于卵巢和卵黄腺的两侧。雄茎囊短,雄茎常伸出生殖孔之外。卵巢分叶,呈菊花状,位于节片中部。卵黄腺为一实体,紧靠卵巢后面。孕卵节片子宫为波状弯曲的横管。子宫里充满虫卵,虫卵呈圆形,卵壳厚且呈棕黄色,外周有波状花纹,虫卵直径为 51.8～110.0μm,卵内含六钩蚴。

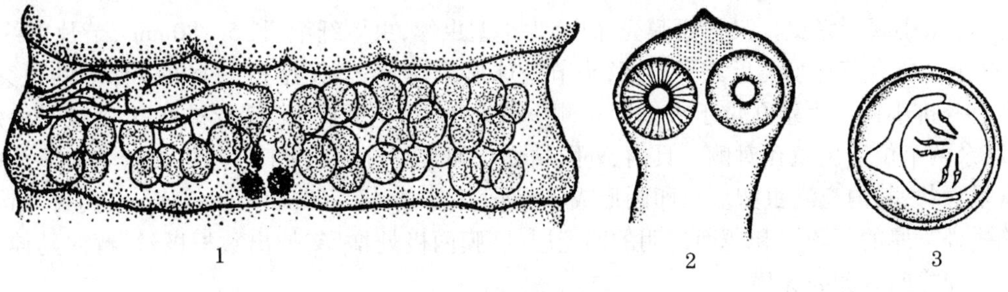

图 2-3-27　克氏伪裸头绦虫

1. 成节　2. 头节　3. 虫卵

2. 生活史　克氏伪裸头绦虫的中间宿主是鞘翅目的一些昆虫,如褐蜉金龟(*Aphodius haemorrhoiolalis*)、赤拟谷盗(*Tribolium castaneum*)、黑粉虫(*Tenebrio obscurus*)、黄粉虫(*T. molitor*)和脊胸露尾甲(*Caropophilus dimidiatus*)等。前一种为食粪性甲虫,喜集于猪、牛和马属动物等粪便内;后 4 种为重要的储粮害虫,常见于回潮和霉变的粮食和粮食加工副产品中。虫卵人工感染赤拟谷盗后,经 27 ~ 31d,六钩蚴发育为似囊尾蚴。猪和人因误食含似囊尾蚴的中间宿主而感染,似囊尾蚴在猪的小肠中约经 30d 可发育为成虫。

褐家鼠也是该虫的终末宿主,其频繁活动于野外和居民区,经常出没于粮食和食品加工厂以及饲料库、猪舍等处,构成了病原体、中间宿主和终宿主之间的传播链,在扩散病原方面起着不可忽视的作用。

3. 症状 轻度感染者一般无明显症状,严重感染或感染时间较长者普遍出现食欲不振,消瘦,被毛无光泽,便秘与拉稀交替出现,粪便中常伴有黏液,生长发育受阻而成僵猪。严重感染时亦可引起肠梗阻而迅速死亡。

人感染后可出现腹痛、腹泻、消瘦、乏力、贫血、恶心、呕吐、食欲不振、失眠和情绪不安等症状。

4. 诊断与治疗 结合症状与流行病学资料,在猪粪中找到虫卵和孕卵节片即可作出诊断。驱虫药物可选用:

(1)吡喹酮(Praziquantel) 按每千克体重 50mg,一次口服。

(2)丙硫咪唑(Albendazole) 按每千克体重 10 ~ 20mg,一次口服。

(3)硫双二氯酚(Bithionol) 按每千克体重 80 ~ 125mg,一次口服。

5. 预防 避免中间宿主吃到粪便中的虫卵是主要的预防措施。赤拟谷盗等主要生活于谷物和饲料中,应保管好粮食和饲料,防止生虫。猪粪必须及时清除,并经无害化处理杀死虫卵后方可作为肥料,以防止虫卵扩散。及时治疗病人、病猪,认真开展灭鼠工作,以控制传染源。

人要注意个人卫生和饮食卫生,食物中不能污染有赤拟谷盗等中间宿主。

(四)鼠膜壳绦虫病

鼠类的膜壳绦虫常见的有两种:微小膜壳绦虫(*Hymenolepis nana*)和缩小膜壳绦虫(*H. diminuta*),属膜壳科、膜壳属(*Hymenolepis*)。两者均呈世界性分布,主要寄生于鼠类的小肠,也可寄生于人和猴子。因此,既是实验动物(鼠类)的常见病,又是一种重要的人兽共患寄生虫病。

1. 病原形态

(1)微小膜壳绦虫 又称短膜壳绦虫,为小型虫体,虫体纤细,长 5 ~ 80mm ,节片数约 100 ~ 200 个。所有节片均宽度大于长度,头节呈球形,具有 4 个吸盘和一个可以伸缩的顶突,顶突上有一排小钩。生殖孔位于虫体同一侧。睾丸 3 个,呈椭圆形,横行排列,1 个位于生殖孔侧,其余两个位于生殖孔对侧。具内、外贮精囊。卵巢呈叶状,位于节片中央。孕卵节片中的子宫呈囊状,其内充满虫卵。虫卵圆形或椭圆形,大小为 48 ~ 60μm × 36 ~ 48μm,内含六钩蚴。六钩蚴外为厚的胚膜层和薄而透明的卵壳层,胚膜两极处增厚,伸出数根极丝,弯曲延伸在卵壳和胚膜之间。卵壳无横纹。

(2)缩小膜壳绦虫 又名长膜壳绦虫,与前者基本相同,但较长大,虫体呈带状,一般体长 80 ~ 780mm,节片数 800 ~ 1000 个。头节圆球形,4 个吸盘,顶突发育不全呈梨形而无小钩,经常缩于吻囊内。生殖孔位于一侧。成熟节片内有睾丸 3 个,横列。卵巢位于节片中央,分左右两叶并有叶状分瓣。孕节内子宫囊状,边缘不整齐,扩张至整个节片。子宫内充满虫卵。虫卵圆形,黄褐色,虫卵直径为 60 ~ 65μm,无极丝,内含六钩蚴。

2. 生活史　微小膜壳绦虫可以不经过或经过中间宿主两种方式完成生活史。直接发育时由虫卵直接感染终末宿主或自身感染而发育为成虫。脱落的孕节或虫卵随粪便排出体外，如被宿主吞食，六钩蚴孵出，钻入肠绒毛经 3 ~ 4d 发育为似囊尾蚴，然后返回肠腔，附着于肠壁上发育为成虫。宿主感染虫卵后在人体内约经 2 周发育为成虫并排出虫卵或孕节，在家鼠体内为 11 ~ 16d。自体感染现象是由于孕节就在宿主肠道内被消化，释放出虫卵，卵在肠中孵出六钩蚴，侵入肠黏膜，经似囊尾蚴然后发育为成虫。间接发育时的中间宿主已被证实有多种蚤类的幼虫，如犬栉首蚤（*Ctenocephalides canis*）、猫栉首蚤（*C. felis*）、印鼠客蚤（*Xenopsylla cheopis*）和致痒蚤（*Pulex irritanus*）等以及多种面粉甲虫（*Tenebrio molitor*，*T. obscurus*）和谷盗（*Tribolium ferrugineum*）。鼠类和人由于误食含有似囊尾蚴的中间宿主而感染。

缩小膜壳绦虫的发育需要中间宿主，已经证实有 60 多种节肢动物可以作为中间宿主，包括倍足类和多种昆虫，如蚤类、蟑螂、鳞翅类昆虫、甲虫等。其中面粉甲虫（*Tenebrio molitor*，*T. obscurus*）和鼠蚤（*Nosopsyllus fasciatus*，*Xenopsylla cheopis* 等）为最常见的中间宿主。人和鼠类若吞食带有成熟似囊尾蚴的中间宿主，便获得感染。终末宿主感染似囊尾蚴后约需 12 ~ 13d 发育为成虫。

3. 致病作用与症状　微小膜壳绦虫的致病作用主要是由于它的头节和体表的微绒毛对宿主肠壁的损伤和虫体的毒性分泌物所致。动物一般少量感染无明显症状。感染特别严重者，引起卡他性肠炎。表现为营养不良，贫血，体重减轻，甚至引起肠阻塞。鼠类作为实验动物时若感染膜壳绦虫将影响实验结果。在人体，尤其是儿童，可有头痛、头晕、失眠、惊厥、食欲不振、恶心、呕吐、腹痛、腹泻和消瘦等一般神经系统和消化系统症状。严重症状常是由于自体感染所致。

缩小膜壳绦虫对人体的损害较微小膜壳绦虫轻微。人体感染后，一般无症状或有轻微的神经和消化系统症状。如头痛、失眠、磨牙、恶心、腹胀和腹痛等。

4. 诊断　粪检时查获虫卵和孕节（本虫的孕节不容易在粪便中检查到）或尸检时找到虫体或在肠绒毛中发现似囊尾蚴便可确诊。

5. 治疗　对鼠类应进行定期驱虫，常用药物有：

（1）氯硝柳胺（Niclosamide）　剂量为每千克体重 200mg。

（2）丙硫咪唑（Albendazole）　每千克体重 30 ~ 40mg，疗效良好。

此外，也可用硫双二氯酚（Bithionol）和吡喹酮（Praziquantel）驱虫。

6. 预防

（1）鼠类预防　对实验用鼠，应注意其粪便的无害化处理，饮水与饲料卫生，并防止中间宿主和野鼠进入动物舍内。

（2）人体预防　要注意个人卫生和环境卫生，饭前便后洗手；保持餐具、食物和饮水清洁；应特别注意防止误食粮仓害虫。加强儿童的卫生保健以及开展灭鼠等爱国卫生活动，均为重要的预防措施。

六、孟氏迭宫绦虫病

孟氏迭宫绦虫（*Spirometra mansoni*）属假叶目、双叶槽科、迭宫属（*Spirometra*）。成虫寄生于犬、猫等肉食动物的小肠，其中绦期幼虫——孟氏裂头蚴（*Sparganum mansoni*）寄生于蛙、蛇、鸟类和一些哺乳动物包括人的肌肉、结缔组织、皮下组织及胸腹腔等处。人偶能感染，人既可作为该虫的第二中间宿主或转续宿主，也可成为终末宿主。本病呈世界性分布，欧洲、北美洲、亚洲均有报道，但多见于东南亚诸国，我国的许多省、市均有记载，尤其多见于南方各省市。孟氏迭宫绦虫也为动物园犬科和猫科动物的常见寄生虫。

1. **病原形态**（图2-3-28） 虫体长60~100mm。头节呈指状，背腹面各有一个纵向的吸槽。颈节明显。颈部向后虫体逐渐变宽，体节宽度大于长度，成熟节片内的睾丸散布于节片的背部，卵巢分为两叶，位于节片的后部。在卵巢的两叶之间为梅氏腺和卵模，泡状的卵黄腺散布于节片腹面两侧。雄性生殖孔开口于节片纵中线稍偏前方，雌性生殖孔紧靠其后。子宫从卵模向上盘旋3~4环或更多，子宫孔开口于雌性生殖孔下方的中线上。虫卵卵圆形，两端稍尖，有卵盖，大小为56~68μm×34~36μm。

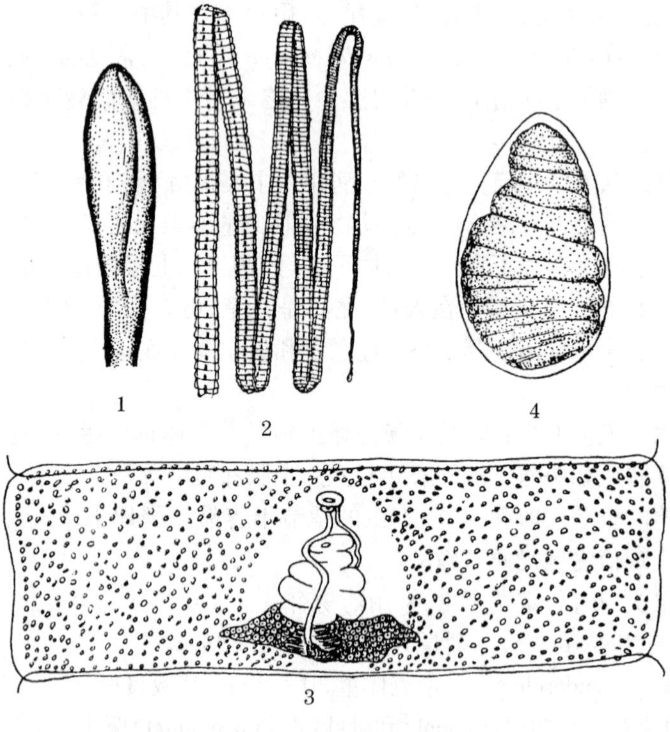

图2-3-28 孟氏迭宫绦虫

1. 头节 2. 链体 3. 孕节 4. 包囊内的裂头蚴

原尾蚴为长椭圆形，大小约为26mm×4.4~10mm，前端略凹陷，称前漏斗。全身被有许多小棘，后端有圆形或椭圆形、含有6个小钩的小尾球。

孟氏裂头蚴呈乳白色，长为0.3~30cm，有的长达105cm，为长带形的实体构造。体前端较宽大，具有成虫样的头节，向后略变细。体不分节，但体表具有环纹。

2. **生活史**（图2-3-29） 成虫寄生于犬、猫等肉食动物的小肠内，孕卵节片内的虫卵从子宫孔产出，随终末宿主粪便排出体外，在温度适宜的水中，约经15d左右发育为钩球蚴（或称钩毛蚴），钩球蚴孵出后在水中游动1~2d，此时若被第一中间宿主——剑水蚤吞入，在其体腔内经1~2周发育为成熟的原尾蚴。含有原尾蚴的剑水蚤被第二中间宿主——蝌蚪吞食，随着蝌蚪发育为成蛙,原尾蚴发育为实尾蚴(即裂头蚴),移行至蛙的肌肉组织内。当蛙被蛇、鸟类、哺乳类如猪,甚至于人食入后,在其肌肉、结缔组织、皮下组织及胸、腹腔等处继续停留在裂头蚴阶段。因裂头蚴在这些动物体内不能发育为成虫,这些动物称为转续宿主。犬、猫等终末宿主吞食了受感染的第二中间宿主蛙或转续宿主时,裂头蚴附着在小肠壁上,约经3周时间发育为成虫。成虫在猫体内的寿命为3年半。

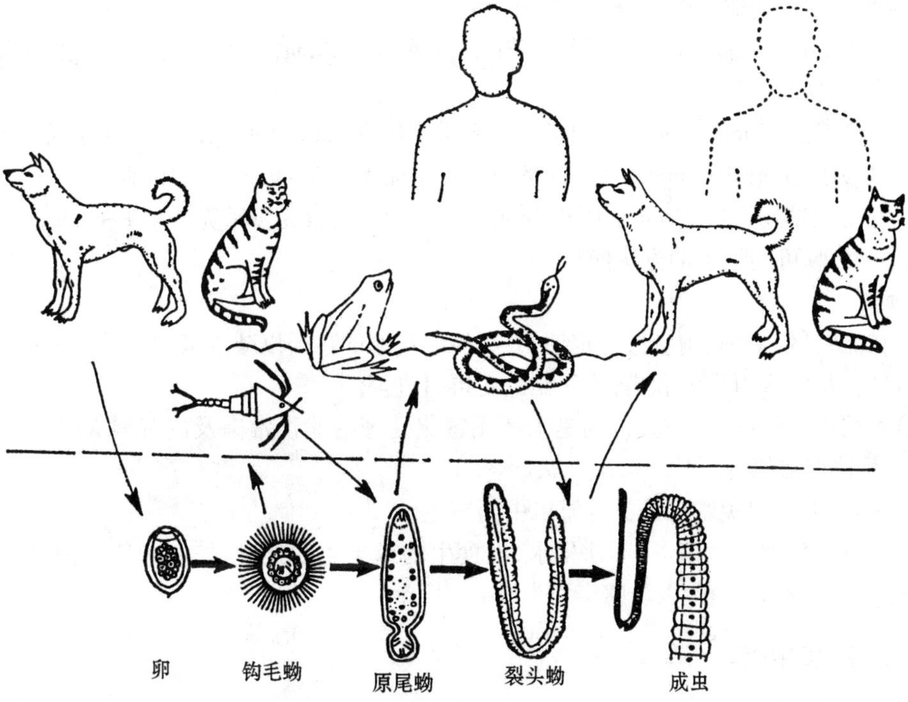

图2-3-29 孟氏迭宫绦虫生活史

3. 流行病学 食肉动物感染成虫主要是捕食蛙类和食肉动物间的互相捕食。家猪和鸡、鸭感染裂头蚴可能是吞食了混在水草中的蝌蚪、蛙所致。动物园犬科和猫科动物的感染主要与饲喂生肉有关。

人感染裂头蚴的主要途径和方式有:(1)用生蛙肉敷贴伤口和眼睛,治疗疮疖和眼炎;(2)吞食活蛙,有些地方(如福建)有生吞青蛙或炒食半生蛙肉的习惯;(3)吃了含有裂头蚴且未煮熟的蛙肉、蛇肉、鸡鸭肉或猪肉等,肉中的裂头蚴移行入人体引起感染;(4)误食了感染性的剑水蚤,多因饮用生水或游泳时误饮生水所致;(5)原尾蚴直接经皮肤或眼结膜侵入。

4. 致病作用与症状 裂头蚴对人和动物的危害较成虫严重,其危害程度主要取决于寄生部位。猪感染裂头蚴时,猪体内的裂头蚴长可达20cm,多在腹腔网膜、肠系膜脂肪、腹壁肌肉和眼部,有时数目可达数十条,但对猪体的致病作用和引起的症状不明显,猪体感染均系在屠宰后发现。一般被侵害的局部可发生炎症反应,产生黏液,出现浮肿,甚至脓肿。

人感染孟氏裂头蚴时寄生于眼、皮下和内脏等处。寄生于皮下时局部皮肤有隆起的结节,局部瘙痒有虫爬感;如有炎症则可出现疼痛或触痛。眼裂头蚴患者大多数眼睑红肿、结膜充血、畏光、流泪、奇痒、虫爬感,严重者角膜溃疡。裂头蚴侵入淋巴管时,引起浮肿和橡皮肿。人感染孟氏迭宫绦虫时有腹痛、恶心、呕吐等轻微症状。犬、猫等肉食动物感染成虫时临床表现为不定期的腹泻,便秘,流涎,皮毛无光泽、消瘦及发育受阻等。

5. 诊断 犬、猫、人等终末宿主可通过检查粪便中的虫卵作出诊断,必要时可作驱虫观察。裂头蚴的诊断需从寄生部位检出虫体,必要时可用疑似虫体喂犬、猫,若能获得成虫或在其粪便中检出虫卵即可确诊。

6. 治疗 常用的驱虫药物有:

(1)吡喹酮(Praziquantel) 剂量为每千克体重 10 ~ 20mg,一次口服。可包在馒头或肉块中投喂,效果很好。

(2)氯硝柳胺(Niclosamide) 剂量为犬每千克体重 100 ~ 150mg,猫每千克体重 200mg。

(3)盐酸丁萘脒(Bunamidine) 剂量为每千克体重 2.5 ~ 5mg,一次口服。

(4)氢溴酸槟榔素(Arecoline Hydrobromide) 犬的剂量为每千克体重 1 ~ 2mg,一次口服。人的裂头蚴可用手术的方法摘除。

7. 预防

(1)在流行区,对猫、狗应进行定期驱虫,控制病原的传播以减少猪和禽类等动物的感染。

(2)禁止从疫区引进犬和猫,或先驱虫后再引进。

(3)不用屠宰场的废弃物,特别是未经无害化处理的非正常肉及内脏喂犬、猫,防止食入裂头蚴或其他绦虫蚴。

(4)猪要圈养,以免吃到蛙类等第二中间宿主。

(5)人不用蛙肉贴敷消炎,不饮生水,不食生的或半生的蛙肉、蛇肉和猪禽肉等。屠宰人员接触肉尸要戴防护手套,以防感染裂头蚴。

七、复孔绦虫病

复孔绦虫属于囊宫科、复殖孔属(*Dipylidium*),成虫寄生于犬、猫等犬科和猫科动物的小肠中。偶尔也可寄生于人,特别是儿童。本虫呈世界性分布,在我国各地均有报道。复孔绦虫有数十种,其中以犬复孔绦虫(*D. caninum*)最常见。

1. 病原形态(图 2 – 3 – 30) 犬复孔绦虫为中型绦虫,体长为 10 ~ 50cm。虫体活时为淡红色,固定后为乳白色。头节小,呈菱形,头节上有 4 个吸盘和一个棒状能伸缩的顶突,上有 4 ~ 5 排玫瑰花刺状的小钩,小钩容易脱落。颈细短。成熟节片和孕卵节片均长大于宽,形似黄瓜籽,故又称瓜子绦虫。每一成熟节片内含有两套生殖器官。睾丸 100 ~ 200 个,位于两排泄管之间的区域,阴茎囊位于排泄管外侧。卵巢呈花瓣状,位于纵排泄管附近。卵黄腺在卵巢之后,亦呈瓣状分叶,两个生殖孔分别位于节片两侧的中央稍后方。子宫早期不明显,孕卵节片内的子宫初为网状,后分化为许多储卵囊(egg capsule)。每个储卵囊内含 8 ~ 15 个虫卵。虫卵呈球形,卵的直径为 35 ~ 50μm,内外壳均薄,内含六钩蚴。

2. 生活史 本虫的中间宿主主要是蚤类,如猫栉首蚤(*Ctenocephalides felis*)、犬栉首蚤、致痒蚤。其次是食毛目(Mallophaga)的犬啮毛虱(*Trichodectes canis*)。成虫的孕卵节片随犬粪排出体外或主动爬出犬肛门外。虫卵污染外界环境,蚤类幼虫吞食虫卵后,六钩蚴在其血腔内约经 18d 发育为似囊尾蚴,后者随幼蚤发育为成蚤而寄生于成蚤体内。犬、猫等动物因舔被毛时吞入含有似囊尾蚴的跳蚤而被感染。似囊尾蚴在终末宿主小肠内附着,约经 3 周发育为成虫。

人的感染多数是由于抚弄犬、猫时，偶然吞食了附着于犬、猫身体上的跳蚤或跳蚤残骸所致，大多数的患者为儿童。

3. 症状　动物感染遍及各地，但人体感染并不多见，大都来自欧洲。我国也有报道。

犬、猫轻度感染时，一般无症状。幼犬严重感染时，可引起食欲不振，消化不良，腹痛，腹泻或便秘，肛门瘙痒等症状。

儿童感染后，有时有腹痛、肛门瘙痒、轻度消化障碍以及中毒性神经症状。

4. 诊断　检查粪便中的孕卵节片、虫卵和卵囊。在犬、猫会阴部周围被毛上可见犬复孔绦虫孕节。若节片为新排出的，可用放大镜观察进行初步诊断。孕节为长形，两侧缘均有生殖孔；若节片已干缩，用解剖针挑碎，显微镜下观察其卵囊，检查到卵囊即可确诊。

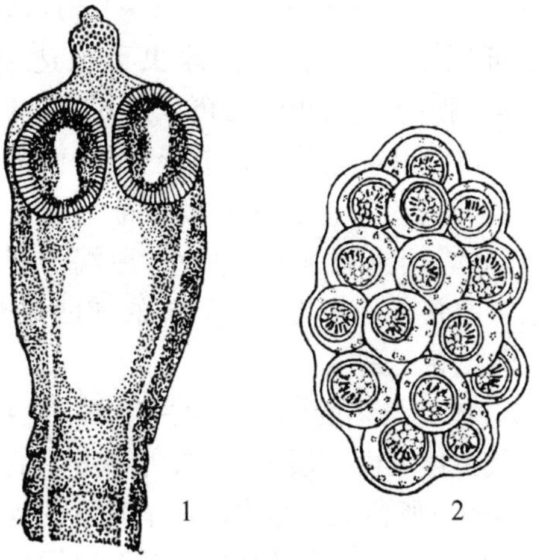

图 2－3－30　犬复孔绦虫

1. 头节　2. 储卵囊

5. 防治

(1)对犬、猫进行定期驱虫　所用药物与孟氏迭宫绦虫的驱虫药相同。驱虫以后的粪便及时清除，堆积发酵，防止虫卵污染环境。

(2)定期驱除犬、猫圈舍和体表寄生虫　应用蝇毒灵(Coumaphos)、倍硫磷(Fenthion)、溴氰菊酯(Deltamethrin)等药物杀灭中间宿主——蚤类和虱，切断流行链。

(3)人不要抚弄犬、猫，以防止感染。

第四节　动物线虫病

一、线虫的形态、发育与分类

线虫是指线形动物门(Nemathelminthes)的动物，它们是地球上存在最普遍的生物之一，也是除节肢动物外具有最大多样性的生物类群。线虫不仅种类多，而且种群数量也很大，包括营自由生活而存在于土壤、海洋、河流、湖泊中的非寄生线虫以及寄生于动、植物和人体的寄生线虫。据不完全统计，地球上自由生活的线虫约有 3 万多种，其中包括海水中约有 25 000 种，淡水中约有 1000 种，土壤中约有 5000 种。寄生于植物的线虫约有 4500 种；寄生于动物的线虫约有 1 万多种，其中寄生于家畜、家禽而与我们有关的线虫约有数百种。可以说，世界上没有一只动物没有线虫寄生。许多动物寄生线虫不仅给畜牧业造成严重的经济损失，而且还可感染人体，甚至导致人体死亡。

(一)线虫的形态结构与功能

1. 一般形态　大多数线虫呈圆柱状，两端逐渐变细，有的呈线状或毛发状。整个虫体一般可分为头端、尾端、背面、腹面及侧面。线虫的大小依种类的不同差别很大，小的很细小，仅肉眼可见,如旋毛虫雄虫仅长 1~1.8mm;但大的可以很长,如猪蛔虫雌虫可长达 40.0cm,而四川鸟蛇线虫雌虫可长达 63.5cm 以上。活体线虫常呈乳白色或淡黄色,而吸血的线虫则呈淡红色。绝大多数寄生线虫为雌雄异体,雄虫通常比雌虫小,后端不同程度地弯曲并有一些与生殖有关的辅助构造,易与雌虫相区别。

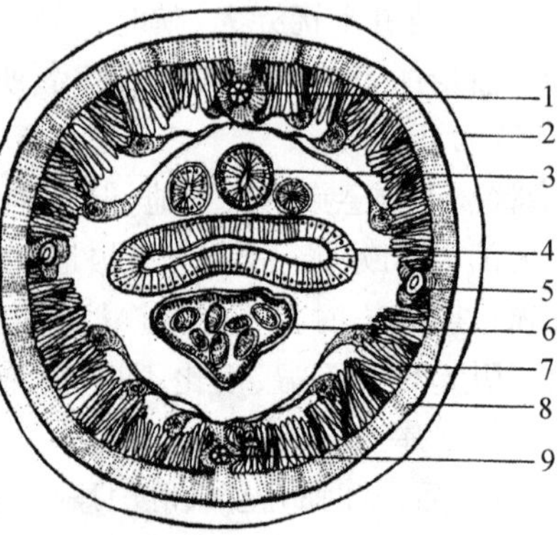

图 2-4-1 线虫横切面示意图(仿 Urquhart 等,1996)

1. 背神经 2. 角皮 3. 卵巢 4. 肠道 5. 排泄管 6. 子宫 7. 肌肉 8. 皮下组织 9. 腹神经

2. **体壁与体腔**(图 2-4-1、图 2-4-2) 线虫体表由一层无色、略为半透明的角皮(cuticle)所覆盖。角皮由位于其下的皮下组织(hypodermis)分泌而成。皮下组织伸入体腔形成两条侧索(lateral chords)、一条背索(dorsal chord)及一条腹索(ventral chord)。两条侧索内有排泄管(excretory canals),而背索及腹索内有神经(nerves)。肌细胞呈纵向排列,位于皮下组织与体腔(body cavity)之间。体腔为假体腔,含有高压(体)液,其功能是保持虫体的涨满及形状。线虫通过肌肉收缩及松弛的波动从而实现运动;肌肉的收缩及松弛交替作用于虫体背侧及腹侧。大部分内部器官呈丝线状并悬浮在充满液体的体腔中。

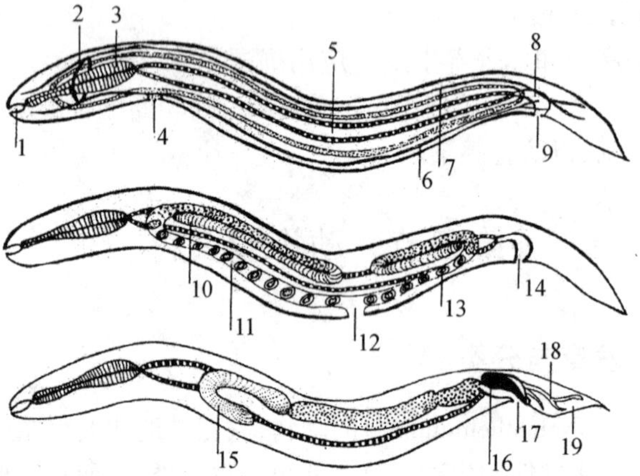

图 2-4-2 线虫纵切面示意图(仿 Urquhart 等,1996)

1~9 消化系统、排泄系统、神经系统:1. 口腔 2. 神经环 3. 食道 4. 排泄孔 5. 肠 6. 腹神经索 7. 背神经索 8. 直肠 9. 肛门

10~14 雌性生殖系统:10. 卵巢 11. 子宫 12. 阴门 13. 虫卵 14. 肛门

15~19 雄性生殖系统:15. 睾丸 16. 交合刺 17. 泄殖孔 18. 肋 19. 交合伞

3. **消化系统**

(1)口腔(图 2-4-3) 消化系统呈管状。许多线虫的口只是一个简单的开口,其周围可能围有 2~3 片唇(lips)并直接通向食道。而有些线虫的口很大,口腔壁衬有角质层而形成可能含有齿的口囊(buccal capsule)。当这样的线虫吸食时,将一块黏膜吸进口囊。在口囊内黏膜被从邻近的腺体分泌入口囊内的酶所分解。这样的一些线虫也可能分泌抗凝素,使线虫

已移向新的位置后，在黏膜块消化中破裂的小血管仍可能继续出血几分钟。

那些具有很小口囊的线虫（如毛圆线虫）或仅有简单开口的线虫（如蛔虫）通常以黏膜液、宿主消化产物及细胞碎片为食。而其余的线虫（例如尖尾线虫）似乎以后肠内容物为食。寄生于血液或组织空隙的线虫，例如丝虫，则完全以体液为食。

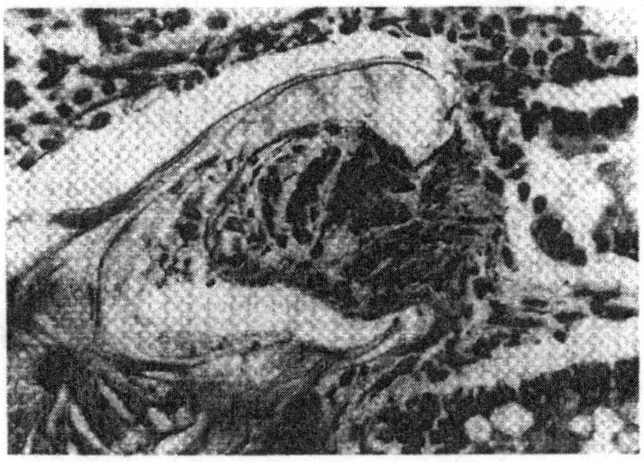

图 2-4-3　圆线虫的大口囊摄食黏膜电镜图
（仿 Urquhart 等，1996）

（2）食道（图 2-4-4）　线虫的食道通常为肌质结构，管腔呈三角形辐射状，其功能是将食物泵入肠道。食道壁内有数个（通常为 3 个）食道腺，分别位于背位及侧腹位，开口于食道腔、齿顶端等处；食道腺可分泌消化液，帮助消化食物。有的线虫在其食道末端处还有小胃（ventriculus）。不同类线虫的食道其形态结构差异很大，常可作为线虫高级分类阶元的初步鉴别特征。根据其形态的不同，可将线虫食道分为 6 大类：

①丝状型食道（filariform oesophagus）：食道简单，其后端稍粗，呈细的圆柱状，见于蛔虫类线虫。

② 球型或灯泡型食道（bulb - shaped oesophagus）：食道后端膨大，多见于圆线虫类。

③ 双球型或双灯泡型食道（double bulb - shaped oesophagus）：食道前、后端均膨大，多见于尖尾线虫。

④肌质 - 腺质型食道（muscular - glandular oesophagus）：食道前端呈肌质，后端呈腺质，多见于丝虫及旋尾线虫。

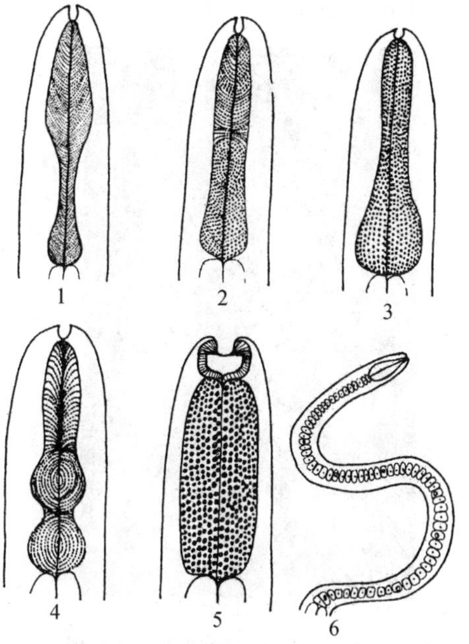

图 2-4-4　线虫食道的基本形状（仿 Urquhart 等，1996）
1. 杆状型　2. 丝状型　3. 球状型　4. 双球状型
5. 肌质 - 腺质型　6. 毛尾线虫型

⑤毛尾线虫型食道（trichuroid oesophagus）：食道细长，呈毛线状，由一连串称为杆细胞（stichocyte）组成的杆状体（stichosome）围绕着细的食管腔而成；见于毛尾目线虫。

⑥杆状型食道（rhabditiform oesophagus）：又称为杆线虫型食道。这是最原始的食道，可分为体部（corpus）、狭部（isthmus）及球部（bulb）三个部分。此型食道见于多种线虫的寄生前期幼虫以及成虫营自由生活的线虫。

（3）肠　肠道呈管状，肠腔由单层细胞或合胞体围绕而成；肠腔表面有很多微绒毛，它们能增强细胞的吸收能力。肠的后部为很短的直肠。雌虫直肠的末端是肛门（anus），单独开口于雌虫尾部。雄虫的直肠末端有一个功能类似肛门的泄殖腔（cloaca），开口于尾部腹面，称为泄殖孔,射精管(ejaculatory duct)开口于此处,交合刺(copulatory spicules)从这里伸出。

从肛门或泄殖孔到虫体末端的部分称为尾部(tail)。不同种线虫其雌、雄虫尾部形态不同,是分类与鉴定的依据之一。有的雄虫其尾部有交合伞(bursa),称为有交合伞线虫(bursate nematode);有的雄虫其尾部无交合伞,称为无交合伞线虫(non - bursate nematode)。

4. 排泄系统 线虫的排泄系统是非常原始的,有腺型和管型两类。无尾感器线虫的排泄系统为腺型,而有尾感器线虫的排泄系统为管型。排泄孔通常开口于食道部腹面正中线上,同种线虫其位置固定,因而具有分类学意义。

5. 生殖系统(图 2 - 4 - 2) 线虫为雌、雄异体,雄虫与雌虫的生殖系统均由丝状管道构成。

(1)雌性生殖系统(图 2 - 4 - 5) 雌性生殖器官通常为双管形,由卵巢(ovary)、输卵管(oviduct)、受精囊(seminal receptacle)、子宫(uterus)、较短的阴道(vagina)和阴门(vulva)组成。在子宫和阴道的交汇处,有些虫种还有肌质的排卵器(ovejector),它可以辅助排卵;有的线虫还有一个明显的阴门盖(vulval flap)。依虫种的不同,阴门可位于虫体腹面的前部、中部或后部。阴门及阴门盖的形态及位置通常具有分类学意义。

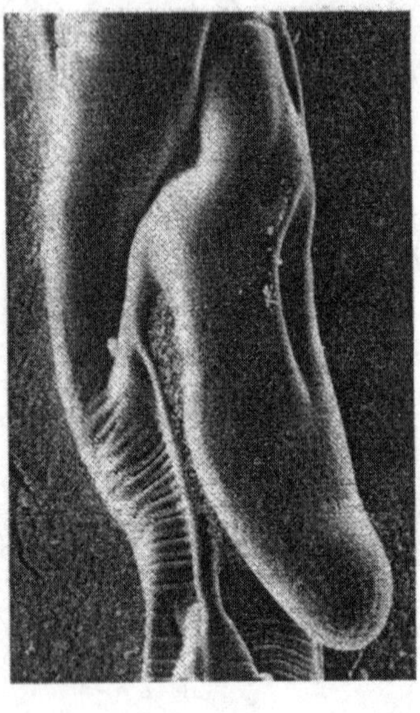

图 2 - 4 - 5 毛圆线虫阴门盖电镜扫描图

(仿 Urquhart 等, 1996)

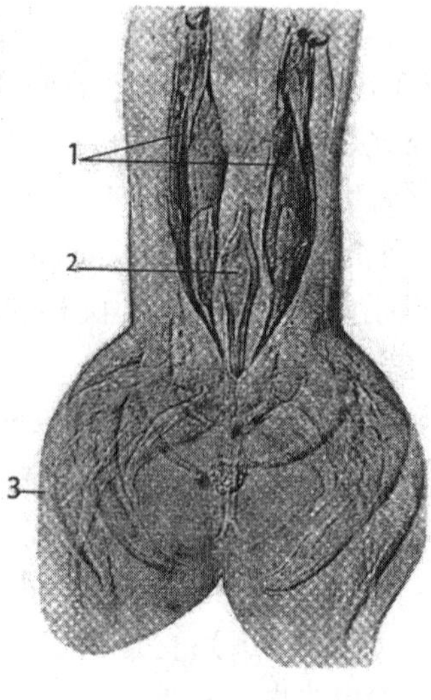

图 2 - 4 - 6 毛圆线虫的交合伞、交合刺及引器

(仿 Urquhart 等, 1996)

1. 交合刺 2. 引器 3. 交合伞

(2)雄性生殖系统(图 2 - 4 - 6) 雄性生殖器官通常为单管形,由 1 个睾丸(testis)、1 条输精管(vas deferens)、贮精囊(seminal vesicle)以及 1 条通向泄殖腔的射精管(ejaculatory duct)组成。睾丸产生的精子经输精管进入贮精囊;交配时,精液从射精管进入泄殖腔,经泄殖孔射入雌虫阴门。

雄虫生殖器官的末端部分还有几个辅助生殖器官,包括交合刺(spicule)、引器(gubernaculum)及副引器(telamon)等,其形态在虫种(特别是毛圆科线虫)鉴定上具有很重要的意义。几丁质的交合刺通常成对出现,1 根者少见。成对时,2 根交合刺可等长或不等长,形状相同或不同。个别虫种如无刺属(*Aspiculuris*)没有交合刺。交合刺通常包藏于交合刺鞘内;由于有肌肉牵引,故能收缩;在虫体交配时,交合刺插入雌性生殖器官开口处。引器也是几丁质的结构,嵌于泄殖腔壁上,位于交合刺背部。有的线虫还有一个副引器,嵌于泄殖腔的侧腹壁上。在虫体交配时,引器和副引器可能有引导交合刺插入生殖孔的作用。除这些辅助生殖器官外,有的线虫还有生殖锥、交合伞和副伞膜等辅助生殖器官。

6. **角皮的分化构造**(图 2－4－7) 许多线虫的角皮分化形成了多种特殊的组织构造,包括头泡(cephalic vesicle)、颈泡(cervical vesicle)、唇(lip)、叶冠(leaf crown)、颈翼(cervical alae)、侧冀(lateral alae)、尾翼(caudal alae)、颈乳突(cervical papillae)、尾乳突(caudal papillae)、性乳突(genital papillae)、交合伞、饰板(Plaque)和饰带(cordons)、刺(spine, bristle)、嵴(ridge)等(图 2－4－7);这些特殊的组织构造不仅具有附着、感觉、辅助交配等功能,而且它们的形状、位置及排列也是分类的重要依据。

(1)叶冠 是由口囊边缘的细小尖叶状角质片环绕排列而成,有些虫体有内、外两圈叶冠,即外叶冠(external leaf crowns)和内叶冠(internal leaf crowns)。马的有些线虫其叶冠特别明显。叶冠的功能还不是很清楚;据推测,在虫体摄食时,叶冠能插入黏膜;也可能与虫体脱离黏膜后,防止异物进入口囊有关。

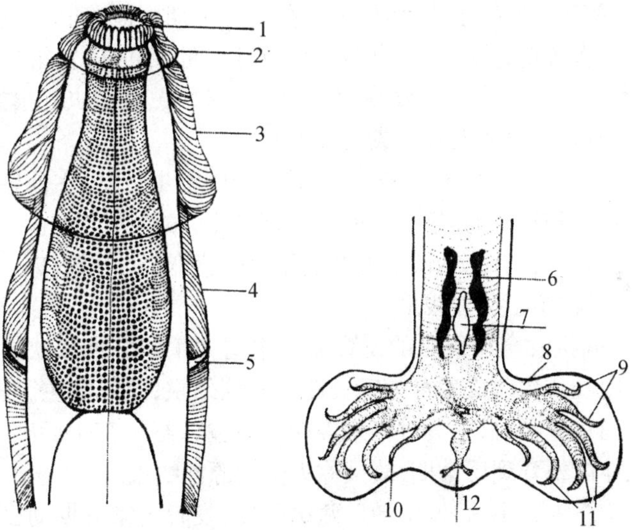

图 2－4－7 线虫角皮的分化构造(仿 Urquhart 等,1996)

1. 叶冠 2. 口领 3. 颈泡 4. 侧翼膜 5. 颈乳突 6. 交合刺 7. 引器
8. 交合伞 9. 腹肋 10. 外背肋 11. 侧肋 12. 背肋

(2)颈乳突及尾乳突 颈乳突位于食道区前段,尾乳突则位于尾部后段,呈刺状或指状突起,可能具有感觉或支持功能。

(3)颈翼、侧冀及尾翼 分别位于食道区、体侧面及尾部,是由表皮伸出的扁平翼状薄膜突起。无交合伞的线虫,有的具尾翼,其上有排列对称或不对称的性乳突(genital papillae),性乳突的形态、大小、数量及排列具有分类学意义。

(4)头泡和颈泡 是分别指在头端或食道区周围形成的角皮膨大。

(5)交合伞 具有交合伞的线虫,其交合伞是从膨大的尾翼演化而来的,它由两个侧叶和一个小的背叶组成,由被称之为肋(ray)的伸长的尾乳突支撑着。肋一般对称排列,可分为腹肋组(ventral ray system)、侧肋组(lateral ray system)及背肋组(dorsal ray system)3组。腹肋组又可细分为2对,即腹腹肋(ventro - ventral ray,又称前腹肋)和侧腹肋(latero - ventral ray,又称后腹肋)。侧肋组可细分为3对,分别为前侧肋(antero - lateral ray)、中侧肋(medio - lateral ray)和后侧肋(postero - lateral ray)。背肋组包括1对外背肋(externo - dorsal ray)及1个背肋(dorsal ray),背肋的远端有时再分为数枝。交合伞不仅在雄虫的分类、鉴定上具有很重要的作用,而且在雌、雄虫交配时能抱着和固定雌虫。

(6)饰板和饰带 旋尾超科的很多种线虫其角皮表面有呈板状和带状的突出饰物,称之为饰板和饰带。

(二)线虫的发育

1. 线虫的生殖方式 线虫有卵生(oviparous)、卵胎生(ovoviviparous)及胎生(viviparous)3种生殖方式。蛔虫及毛尾线虫类雌虫产出的虫卵尚未发生卵裂,处于单细胞期;而圆线虫类雌虫产出的虫卵则已处于桑葚期,这两种情况即为卵生。而在后圆线虫、类圆线虫及大多数旋尾线虫,它们的雌虫所产出的虫卵卵内已发育形成了幼虫,这种情况称为卵胎生。各种毛形线虫及恶丝虫,雌虫直接产幼虫,这种情况称为胎生。

2. 线虫的基本生活史 在发育过程中,线虫在其发育期间脱落其表皮,称为蜕皮。在线虫的整个生活史中有4次蜕皮,连续的幼虫期被称为第一期幼虫(L_1)、第二期幼虫(L_2)、第三期幼虫(L_3)、第四期幼虫(L_4)和第五期幼虫(L_5);L_5是未成熟的成虫。根据线虫完成其生活史是否需要中间宿主,可将线虫的发育分成两大类型:

(1)直接发育型 直接发育型线虫的发育不需要中间宿主,幼虫在外界环境中(例如土壤及粪便)孵化,蜕皮2次,发育成为具感染性的第三期幼虫,被终末宿主食入;也有些是穿过终末宿主皮肤或终末宿主食入含有感染性幼虫的虫卵而被感染。由于直接发育型线虫通常在土壤中发育到感染期,故又称为土源性线虫。

(2)间接发育型 间接发育型线虫的发育需要中间宿主如昆虫和软体动物等的参与,幼虫通常在中间宿主体内经2次脱皮发育为感染性第三期幼虫;终末宿主因摄食了含有感染性幼虫的中间宿主或中间宿主吸血、采食时将感染性幼虫输入终末宿主而感染。由于间接发育型线虫需在中间宿主体内发育到感染期,故又称为生物源性线虫。

在感染性幼虫感染终末宿主后,发生最后两次脱皮,发育为第五期幼虫或未成熟的成虫,再发育至性成熟后发生交配,从而开始新一轮生活史。

侵入终末宿主后,胃肠道线虫的发育可完全在肠腔内进行,或仅移向黏膜浅层。但很多种线虫则要通过移行来完成,即幼虫在最后定居于其寄生部位之前,需在宿主体内移行很远的距离。最常见的移行路途就是“肝—气管途径”,其具体过程是:发育过程中的幼虫从肠腔经门静脉系统进入肝脏,然后经由肝静脉和后腔静脉到达心脏,再通过肺动脉到达肺部;幼虫在肺部经过支气管、气管、食道又回到肠腔中。需要强调指出的是,以上所描述的仅是线虫的基本生活史,具体到各个虫种其生活史可能有所不同。

3. 线虫的基本发育过程

(1)虫卵 线虫虫卵的大小及形状差异很大,卵壳厚度不一。线虫卵壳通常由三层构成:内膜较薄,具有脂质特性;中间层具几丁质而较坚韧,它赋予虫卵硬性,当这一层很厚时使虫卵呈黄色;最外层为蛋白膜,由蛋白质组成,蛔虫类的虫卵该层很厚而且具有黏性,使虫卵对外界环境条件具有较强抵抗力，在蛔虫的流行病学上具有重要意义。相反，有些线虫的卵壳很薄，可能仅以环绕幼虫的一个鞘的形式而存在。

虫卵在体外生存的潜能各不相同，但似乎与卵壳厚度有关。卵壳可保护幼虫免于干燥。因此，感染性阶段为含有幼虫的虫卵时，这类线虫通常其虫卵的卵壳很厚，这样的虫卵在土壤中能存活数年。

(2)孵化　取决于不同的虫种，线虫虫卵或在体外孵化，或在被摄食后孵化。在外界环境中，孵化分别受温度及湿度这样的因素以及受幼虫本身所控制。在孵化过程中，不渗透的卵壳内膜因幼虫分泌的酶及幼虫自身的运动而破裂。然后，幼虫即能从环境中摄取水分，长大以后穿破其余的两层膜而逸出。

当感染期是含幼虫的虫卵时，宿主摄食虫卵后通过给幼虫提供刺激物而启动孵化，然后幼虫完成孵化过程。对每种线虫来说，重要的是孵化应在肠道的适当部位进行。因此，每种线虫孵化的刺激物将不同，但溶解的二氧化碳似乎是每种线虫孵化必不可少的因素。

(3)幼虫的发育与存活　在与人和动物有关的重要线虫中，毛圆线虫、圆线虫及杆状线虫具有一个完全营自由生活的寄生前期。这些线虫的第一、第二期幼虫通常以细菌为食；但第三期幼虫因第二期幼虫留下的角皮与环境阻隔而不能摄食，必须以在发育早期所获取、贮存的营养物而生存。在蜕皮过程中，幼虫的生长因休眠期而中断；在此期间，幼虫既不摄食，亦不运动。

第二期幼虫的角皮作为鞘而留在第三期幼虫的周围；这层鞘对幼虫的存活很重要，其保护性作用与虫卵在感染期时卵壳的作用类似。

外界环境中影响幼虫发育与存活最重要的两个因素是温度及湿度。幼虫发育的最适温度为18～26℃；温度过高，幼虫发育过快，其活动加剧，就会消耗大量的脂质储备，因此死亡率升高，以至很少能够发育到第三期幼虫。温度太低，发育减慢，当低于10℃时，从虫卵到第三期幼虫的发育通常不能进行。当低于5℃时，第三期幼虫的运动和代谢降到最低，但这对于有些虫种的存活却是有利的。

幼虫发育的最佳湿度是100%，但有些线虫在相对湿度降到80%时也能发育。值得注意的是，即使在湿度低、气候干燥的条件中，只要幼虫所在粪便或土壤表面的微环境具有充足的湿度，幼虫亦可继续发育。

因其特殊的构造，毛线科和圆线科线虫胚胎化的虫卵和披有鞘的第三期幼虫能在冰冻和干燥的条件下生存，但第一期和第二期幼虫相当的脆弱。通常认为干燥对幼虫有致死性的影响，但越来越多的证据表明某些线虫即便在极其干燥条件下也能生存。

多数幼虫在地面很活跃，它们的运动需要有一层水膜，并且需要有光和温度的刺激。幼虫的运动多是随机的，与草叶的接触亦是偶然的。

(4)感染　正如前所述，宿主可因摄入了营自由生活的第三期幼虫而被感染，这种情况主要发生于大多数毛线科及毛圆科线虫。在这种情况下，在宿主的消化道里，第三期幼虫蜕去第二期幼虫留下的鞘，然后幼虫从鞘内爬出来。

同寄生前期一样，幼虫在寄生期的发育可因两次蜕皮而中断，这两次蜕皮均发生于短暂的休眠期。

从感染终末宿主至成虫发育成熟并排出虫卵或幼虫于宿主体外的这段时间称潜在期，每种线虫的潜在期是已知的、固定的，是线虫的一个重要的生物学特征。

（三）线虫的分类

线虫是属于后生动物的一个大类，种类繁多。要对线虫进行科学研究必须首先对它们进行分类。线虫的分类是一项十分复杂的科学系统工程；在对线虫进行分类时，由于不同的专家、学者侧重于线虫不同的形态学、生物学等特征，因此迄今已有多种不同的线虫分类系统，其中比较著名的有：Yamaguti（1961）、陈心陶（1965）、Levine（1968）、Schmidt 及 Roberts（1985）、Skryabin 等（1991）及孔繁瑶（1997）等。我们在这里介绍被国际、国内寄生学界广泛接受并采用的 Schmidt 及 Roberts（1985）的线虫分类系统。

线虫属于线形动物门，门以下分为尾感器纲（Secernentea = Phasmidia）及无尾感器纲（Adenophorea = Aphasmidia）。

1. **尾感器纲** 有尾感器；头感器一般不发达，有小而简单的孔开口于唇上或其附近。尾乳突数目通常很多，基本数目为 21 个。排泄系统有 1 条或 2 条侧管，有或无腺细胞；无皮下腺及尾腺；常有颈乳突；卵不具塞，少数一端有卵盖；第三期幼虫常常对终末宿主具有感染性；营自由生活，或为动物及植物的寄生线虫。

尾感器纲下分为杆形目、圆线目、蛔目、尖尾目、旋毛目、丝虫目及驼形目。

（1）杆形目（Rhabditata） 微形至小型线虫，通常有 6 个唇。食道肌质，分为前面的体部、中间的狭部及后面的球部，在体部与狭部之间常见假食道球；在寄生期常无食道球。口囊小或缺乏。雌、雄虫尾部均为圆锥状。交合刺相同。常具引器。寄生世代孤雌生殖（宿主体内只有雌虫）或雌雄同体，自由生活世代雌雄异体，两种世代交替进行。为两栖类及爬行类肺部的寄生线虫，或两栖类、爬行类、鸟类及哺乳动物肠道的寄生线虫。杆形目下与人畜有关的有 2 个科：类圆科（Strongyloididae）及小杆科（Rhabditidae）。

（2）圆线目（Strongylata） 通常为细长型虫体；食道后端常膨大，呈棒状，但无明确的食道球；雄虫具有发达的、由肋支撑的交合伞；通常为卵生；卵壳薄，刚产出时很少发育到超过桑葚期；可寄生于各纲的脊椎动物，但少见于鱼类。

圆线目线虫在动物寄生虫学上占有十分重要的地位，种类繁多，与兽医有关的主要有如下这些科：裂口科（Amidostomatidae）、钩口科（Ancylostomatidae）、管圆科（Angiostrongylidae）、盅口科（Cyathostomidae）、网尾科（Dictyocaulidae）、后圆科（Metastrongylidae）、原圆科（Protostrongylidae）、冠尾科（Stephanuridae）、圆线科（Strongylidae）、比翼科（Syngamidae）及毛圆科（Trichostrongylidae）等。

（3）蛔目（Ascaridata） 常为大型、粗壮虫体。通常有 3 片唇，个别虫种具 2 片唇或无唇。食道简单、为肌质，无分化，个别虫种有后小胃；少数种有肛（泄殖孔）前吸盘；雄虫尾部常弯向腹面；雌虫阴门位于体中部稍前，卵壳厚，常有凹凸不平的外层，产出时尚未胚胎化；第二或第三期幼虫对宿主有感染性；为各纲脊椎动物的寄生虫。

蛔目下分为 10 多个科，与兽医有关的主要是下面 4 个科：蛔科（Ascarididae）、禽蛔科（Ascaridiidae）、弓首科（Toxocaridae）及异尖科（Anisakidae）。

（4）尖尾目（Oxyurata） 小型到中型虫体，通常有长而尖的尾，雌、雄虫长度差异大。唇通常退化或无唇，如果有的话则有 3 片唇。食道有后食道球，内腔有瓣或小齿或嵴，且与食道前部有狭相连。尾翼通常很发达；有些种具泄殖孔前吸盘。雌虫阴门在体前部；虫卵壳薄，多数种两侧不对称，产出时通常已完全胚胎化；生活史多为直接发育型；为各纲脊椎动物及节肢动物的寄生虫。

尖尾目也是线虫的一个大目，下分为6个超科（Superfamily），与我们关系密切的有2个超科：尖尾超科（Oxyuroidea）及异刺超科（Heterakoidea）。尖尾超科中与兽医关系密切的只有尖尾科（Oxyuridae）；异刺超科中与兽医关系密切的只有异刺科（Heterakidae）。这两个科虫体的最重要鉴别特征是：异刺科虫体的雄虫有2根交合刺，有泄殖孔前吸盘；而尖尾科线虫的雄虫可有1~2根交合刺或无交合刺，无泄殖孔前吸盘。

（5）旋尾目（Spirurata）　口周有6片小唇，或有1个角质环围绕，或有2个侧假唇（lateral pseudolabia）；有口囊。通常有头部饰物。食道常分为短的前肌质部及长的后腺质部，无后食道球。雄虫尾部旋转卷曲，交合刺的大小及形状各异。雌虫阴门位于体中部或靠前端，子宫中虫卵很多，卵内含幼虫。寄生于宿主消化道、眼、鼻腔等处。发育为间接型，需非吸血性节肢动物作为中间宿主。

旋尾目所属的科多达20多个，但与兽医有关的约有下列10个：锐形科（Acuariidae，或称华首科）、似蛔科（Ascaropsidae）、颚口科（Gnathostomidae）、筒线科（Gongylonematidae）、柔线科（Habronematidae）、泡翼科（Physalopteridae）、尾旋科（Spirocercidae）、旋尾科（Spiruridae）、四棱科（Tetrameridae）和吸吮科（Thelaziidae）。

（6）丝虫目（Filariata）　口简单，无唇；大多数种无口囊。食道通常分为前面的肌质部和后面的腺质部。交合刺通常不等长、不同形。胎生或卵胎生。雌虫阴门开口于食道部或头端附近。生活史的完成需要吸血节肢动物作为中间宿主。为陆生脊椎动物各种组织或呼吸系统的寄生虫。

丝虫目下至少分为6个科，其中与兽医有关的有4个科：双瓣科（Dipetalonematidae）、丝虫科（Filariidae）、盘尾科（Onchoceridae）及腹腔丝虫科（丝状科，Setariidae）。

（7）驼形目（Camallanata）　无唇；口囊有或无，或由2个大的侧板取代；食道长，明显地分为前肌质部及后腺质部；雌虫远大于雄虫；交合刺等长、同形，或不等长、不同形；胎生；雌虫的肛门及阴门可能萎缩；为水生及陆生脊椎动物包括人的组织、体腔、气囊、循环系统或消化系统的寄生虫。

驼形目下分为8个科，其中与兽医有一定关系的只有1个科即龙线科（Dracunculidae）。其主要鉴别特征是：龙线科虫体口腔不发达，雌虫远大于雄虫；雄虫有交合刺，为哺乳类及鸟类的寄生虫。

2. 无尾感器纲　无尾感器（phasmid），头感器（amphid）一般较发达（寄生者例外），位于唇后，开口处结构较复杂。无尾乳突或有尾乳突，但数目很少。排泄系统无侧管，且末端无角皮衬里。通常有皮下腺及尾腺，但无颈乳突。卵常处于单细胞期，且两端有卵塞；或为胎生。第一期幼虫常有小针刺，常对终末宿主具有感染性。多为自由生活线虫，少数寄生于动物及植物。

无尾感器纲下分毛尾目及膨结目。

（1）毛尾目（Trichurata）　虫体前端比后端细，无唇及口囊或明显退化。食道呈念珠状，中间为细长的毛细管腔，有一排或多排大而且呈腺质的杆细胞；有杆状带。雌、雄虫均有一个生殖腺。雄虫仅有1根交合刺或无交合刺；卵的两端有卵塞，毛形科为胎生。可寄生于各纲脊椎动物的几乎所有器官。

毛形目下与兽医有关的有3个科：毛尾科（Trichuridae）、毛细科（Capillariidae）及毛形科（Trichinellidae）。

(2)膨结目(Dioctophymata) 虫体粗大。某些种的前端角皮上有棘;食道腺高度发达,多核;唇及口囊退化,芽结科代之为肌质口吸盘;食道呈圆柱状;神经环紧靠虫体前端;肛门位于雌、雄虫的尾端。雄虫有一钟形肌质交合伞,无肋,有交合刺1根;雌、雄虫均有一个生殖腺;虫卵壳厚,表面有大小及形态各异的突起或小穴。为鸟类与哺乳动物的寄生线虫。

膨结目下与兽医有关的有2个科,膨结科(Dioctophymatidae)及芽结科(Soboliphymatidae)。两科的主要鉴别特征是:膨结科虫体头端无吸盘,口孔由排列成1~3圈的6、12或18个乳突围绕。雌虫生殖孔位于体前端或体后部肛门附近;成虫寄生于哺乳动物的泌尿系统或腹腔等处或水鸟的腺胃中。芽结科虫体头端具有发达的口吸盘,其外缘有6个乳突围绕。雌虫生殖孔位于体前1/3。成虫寄生于陆生哺乳动物的肠道中。

二、蛔虫病

蛔虫(ascarids)是人和动物常见的肠道寄生线虫,所引起的蛔虫病主要是幼年动物的疾病。蛔虫病对各种畜禽的危害十分严重并严重影响畜牧业的发展。各种家养动物蛔虫病的病原体主要属于蛔目、蛔虫超科(Ascaridoidea)的蛔科、禽蛔科、弓首科的各种线虫。与兽医关系密切的动物蛔虫病包括:猪蛔虫病、犊新蛔虫病、犬、猫蛔虫病及鸡蛔虫病等。

(一)猪蛔虫病

猪蛔虫病是由蛔科、蛔属(*Ascaris*)的猪蛔虫(*A. suum*)寄生于猪的小肠内所引起的疾病。猪蛔虫是猪最常见的肠道线虫,呈全球性分布,感染普遍,危害十分严重。它主要侵害2~6月龄的仔猪,导致其发育不良、生长受阻,是造成“僵猪”的主要原因之一,甚至导致仔猪的死亡;是危害养猪业发展、造成严重经济损失的一种主要寄生虫病。

1. 病原形态(图2-4-8) 猪蛔虫为大型线虫,呈长圆柱形,中间稍粗,头尾两端较细,形似蚯蚓。体表光滑,鲜活虫体呈淡红色或微黄色,死后变为苍白色或灰白色。虫体前端有3个呈品字形排列的唇片,其中的一片背唇较大,两片腹唇较小 。

雄虫长为15~35cm,宽为2~4mm。其尾端向腹面弯曲,形似鱼钩,有1对近等长的交合刺。泄殖腔开口于近尾端。

雌虫可长达40.0cm,宽为3~6mm。虫体较直,尾端稍钝。阴门开口于虫体前1/3与中1/3交界处附近的腹面中线上。肛门开口于虫体末端附近。

虫卵分为受精卵与未受精卵两种。受精卵呈短椭圆形,黄褐色,大小为50~75μm×40~80μm。卵壳厚,由三层组成。最外层凹凸不平,有不规则的乳头状突起,为蛋白质膜,常被胆汁染成棕黄色。刚随粪便排出体外的虫卵内含一个圆形卵细胞,使得卵细胞与卵壳之间的两端形成新月形空隙。未受精卵比受精卵狭长,呈长椭圆形,平均大小约90μm×40μm。多数未受精卵无蛋白质膜,即使有也很薄且极不规则。

2. 生活史(图2-4-8) 猪蛔虫属直接发育型,完成生活史不需要中间宿主。其生活史可分成三个阶段:虫卵在外界发育、幼虫在猪体内移行和发育以及成虫在小肠内寄生。

虫卵随宿主粪便排出体外,在潮湿、荫蔽和有充足氧气及适宜温度(21~30℃)条件下,经10d左右在卵内形成第一期幼虫。进一步蜕化发育,约经13~18d,卵内形成第二期幼虫。此时的虫卵尚无感染性,尚需在外界发育成熟3~5周左右才能达到感染性虫卵阶段。

温度对虫卵的发育影响最大:在28~30℃,受精卵仅需10d左右即可发育为第一期幼虫;

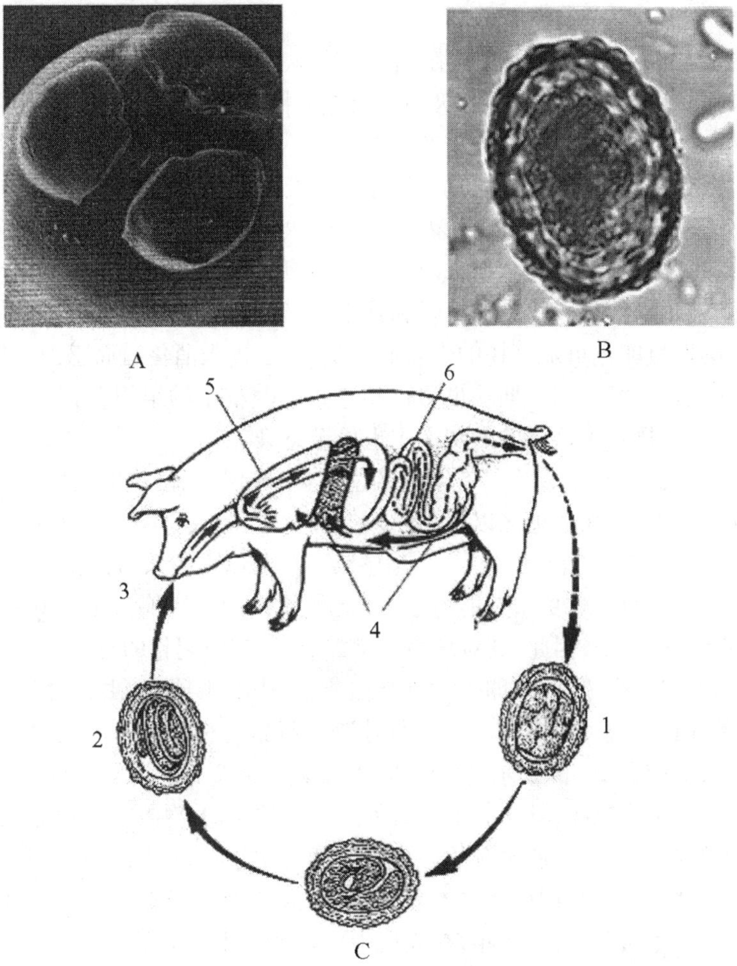

图 2-4-8　猪蛔虫

A. 头端3片唇　B. 受精卵　C. 生活史

1. 未发育的虫卵　2. 含感染性幼虫的虫卵　3. 猪摄食感染性虫卵　4. 孵出的幼虫钻入肠壁并经肝脏移行到肺　5. 幼虫从肺移行到气管并被咽下　6. 幼虫在小肠发育为成虫

而在18～20℃，则需20d左右；在12～18℃，则约需40d左右。高于40℃或低于－2℃，虫卵都不能发育。氧气浓度及湿度也对猪蛔虫虫卵的发育具有重要影响。

感染性虫卵被猪吞食后在小肠内孵化，释放出第二期幼虫。大多数第二期幼虫钻入肠壁，随血流移行到肝脏；感染后4～5d在肝脏内发生第二次蜕皮，形成第三期幼虫。第三期幼虫随血液经肝静脉、后腔静脉进入右心房、右心室和肺动脉，并穿破肺泡毛细血管进入肺泡。感染后12～14d，在肺泡内发生第三次蜕皮并形成第四期幼虫。第四期幼虫在肺内经过约2周发育后，沿支气管、气管上行到会厌部；被咽下后再经食道、胃重返小肠。在小肠发生最后一次蜕皮后形成第五期幼虫，继续发育即为成虫。

从虫卵被猪吞食到在猪小肠内发育为成虫约需2～2.5个月。虫体在猪小肠内以黏膜表层物质及半消化的食物为营养来源。猪蛔虫可在猪体内生存6个月，然后随粪便自行排出。

3. 流行病学

(1)分布　猪蛔虫病呈全球性分布。在温暖、潮湿、卫生条件不良的地方，不论是集约化饲养的猪还是农村散养猪都易感染发病，极易造成地方性流行。据有关调查，我国猪群猪蛔虫的感染率为17% ~80%，平均感染强度为20 ~30条。一般农村散养猪的感染率高于集约化饲养猪的感染率。猪蛔虫病是我国规模化猪场猪的主要寄生虫病之一。

(2)感染来源与途径　患病猪和带虫猪不断排出虫卵至外环境中，被感染性虫卵污染的泥土、饲料和饮水，是猪蛔虫感染的主要来源。经口摄食虫卵是主要的感染途经，本病感染主要是由于猪采食了被感染性虫卵污染的饲料和饮水；母猪的乳房易沾染虫卵，仔猪在吸奶时易受感染。另外，感染性虫卵也可随飞扬的尘埃而被猪吸入，进入消化道而感染。如果蚯蚓和粪甲虫吞食虫卵，虫卵孵化之后，第二期幼虫移行到这些贮藏宿主的组织器官中，并保持很长时间对猪具有感染力。猪摄食了这样的贮藏宿主也可被感染。

(3)感染季节　猪蛔虫病的发生具有明显的季节性，在温暖、潮湿的地区以及温度较高的夏季发病率高；而在低温、干燥的地区以及温度较低的秋天、冬天、春天，发病率也就相对较低。

(4)与流行有关的因素　猪蛔虫分布广，猪感染率高与以下因素密切相关：

①猪蛔虫的生活史简单，雌虫生殖能力强，每条雌虫平均每天可产卵达10 ~20万个，产卵旺盛期可产卵100 ~200万个，因此，其对环境污染严重，极易引起猪的感染。

②猪蛔虫虫卵不仅卵壳厚，而且卵壳外有蛋白质膜，内有蛔甙层，虫卵对各种理化物质和不良的外界环境条件具有很强的抵抗力。虫卵对消毒药品具有较强的抵抗力，15%硫酸和硝酸均不能杀死虫卵，即使在2%的福尔马林溶液中，虫卵仍能正常发育。卵壳的中间层有隔水作用，能保持内部不受干燥影响；外层有阻止紫外线透过的作用，对外界环境有较强抵抗力，使胚胎的发育不易受影响。由于胚胎发育的过程是在卵壳里进行的，胚胎及幼虫受到卵壳的庇护，使得虫卵在外界环境中能长期存活并不断积累，大大增加了猪受到感染的机会。例如，虫卵在低温、潮湿的土壤里可存活5 ~6年，在粪坑中可存活半年到1年。

③猪蛔虫虫卵具有黏性，可借助粪甲虫、鞋靴等机械地被传播。

④猪场的饲养管理不善和卫生条件较差，有利于本病的流行。

4. 致病作用与病理剖检变化

(1)幼虫的致病作用　幼虫侵入肠壁和肝脏以及经肺组织移行和发育时，可释放出免疫原性物质，引起宿主全身的变态反应，并造成各有关器官和组织的损害，尤以对肺和肝的损害较大。血中IgE含量升高，嗜酸性粒细胞增多，在幼虫周围出现白细胞浸润。其病变以肺部较为显著，可见出血和水肿。此时患猪可见咳嗽、哮喘等症状，但多数在4 ~14d内自愈。

猪蛔虫也可偶然感染牛，呈现急性非典型性间质性肺炎，重者可导致死亡。报道的很多病例是由于牛群接近猪圈或者有猪粪便的地方受到感染。蛔虫还可在羔羊中引起临床型肺炎，并在肝脏造成“乳斑”，导致羊肝脏的废弃。偶尔也可在绵羊的小肠中发现蛔虫的早期成虫。一旦羊群放牧到被猪粪污染的草地或者泥地，就容易受感染。被污染的牧地即使经过反复耕作仍保持感染力。

(2)成虫的致病作用(图2 -4 -9)　蛔虫对猪体的危害主要是由成虫所引起的。由于成虫对小肠壁的机械性、刺激性损伤，可引起宿主消化不良、腹痛、腹泻或便秘等症状。成虫在小肠内以宿主黏膜表层物质及半消化的食物为食，不仅直接夺取大量的营养，而且还严重影响蛋白质、脂肪、糖类及维生素的吸收。由于营养物质被大量消耗，可引起患猪营养不良、贫血等症状；严重感染时可导致仔猪发育受阻。蛔虫的排泄分泌产物被宿主吸收后，可引起发热、荨麻疹、嗜酸性粒细胞增多及皮肤瘙痒等过敏反应。

蛔虫大量寄生时常扭集成团，堵塞肠管而引起肠梗阻、肠穿孔；特别严重时可造成肠管破裂而使患猪死亡。蛔虫成虫有游走和钻孔习性，在驱虫、饥饿等应激条件下，蛔虫还可上行至胃内或钻入胆管、胰管等处，可引起呕吐、胆道蛔虫症与胰腺炎等。

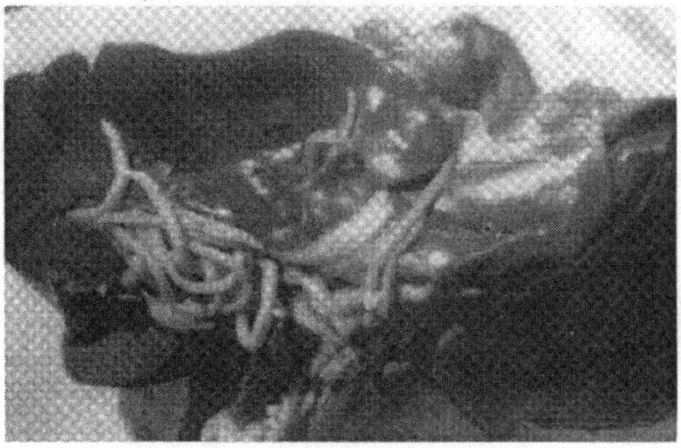

图 2－4－9　猪蛔虫钻入胆管

(3)病理剖检变化(图 2－4－10)　病检时，一般可在病猪小肠内找到成虫。

在肝脏，移行的第二、第三期幼虫可导致肝组织出血、变性和坏死，在肝脏表面形成直径达 1.0cm 的浑浊白色的蛔虫斑，又称“乳斑”。

蛔虫病初期，大量的幼虫移行至肺能引起暂时性肺炎。可见肺炎变化，肺脏表面呈斑点状，肺内有大量蛔虫幼虫。

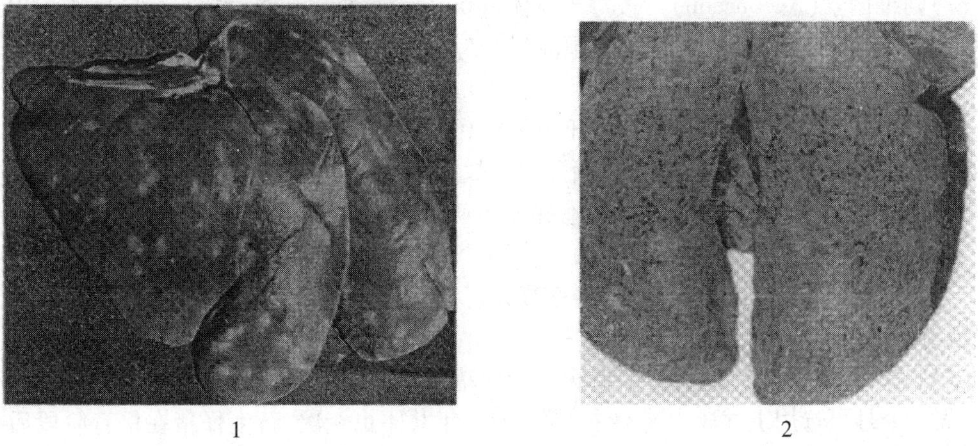

图 2－4－10　猪蛔虫感染所致病变

1.“乳斑”肝　2. 肺脏病变

成虫寄生于小肠能引起黏膜轻微损伤，可见肠黏膜卡他、出血、溃疡等变化。大量的虫体寄生将导致肠管阻塞，并有少量的虫体移行到胆管，导致阻塞性黄疸甚至引起动物死亡(图 2－4－9)。

5. 临床症状　猪蛔虫病主要危害仔猪，缺少特征性临床症状。对 4 月龄以下的小猪，幼虫在肺移行时引起临床上典型的肺炎；但这种肺炎是暂时性的，可以很快消除。

严重患病时，可见病猪精神沉郁，食欲不振，被毛焦枯，形体消瘦，发育不良，贫血，生长缓慢，有时咳嗽、呕吐和下痢；经常磨牙，多有食后腹痛，起卧时呻吟。粪检时，可见虫卵，甚至有虫体随粪便排出。有时蛔虫数量多时,会出现肠梗阻和肠穿孔或常伴随有胆道蛔虫病,引起黄疸、贫血、呕吐、剧烈腹痛等症状,特别严重时可导致患猪死亡。

6. **诊断** 仔猪若出现上述临床症状,可怀疑为猪蛔虫病。确诊需进行实验室粪检及尸体解剖。粪检时可以采取粪便饱和盐水漂浮法或生理盐水直接涂片法,发现虫卵。如用饱和硫酸锌溶液或硫酸镁溶液进行漂浮效果更好。尸检在小肠内找到虫体,即可确诊。

对幼虫寄生期的诊断可采用血清学方法如酶联免疫吸附试验(ELISA);亦可采用尸体剖检的方法,肝脏及肺脏的病变有助于诊断,但确诊需取肝、肺组织,采用贝尔曼氏幼虫检查法分离与鉴定幼虫。

7. **治疗** 可选用以下药物进行治疗:

(1)左旋咪唑(Levamisole) 按每千克体重6~8mg,一次混料喂服或肌肉注射。

(2)丙硫咪唑(Albendazole) 按每千克体重10~20mg,一次混料喂服。

(3)甲苯咪唑(Mebendazole) 片剂按每千克体重20mg,口服。

(4)氟苯达唑(Flubendazole) 片剂按每千克体重10mg,口服;或按每千克体重5mg,肌肉注射;氟苯达唑预混剂,每1000kg饲料中添加30g氟苯达唑。

(5)芬苯哒唑(Fenbendazole) 片剂按每千克体重10mg,口服;4%芬苯哒唑预混剂:育肥猪每吨饲料添加450~600g,母猪和公猪每吨饲料添加900~1800g,连续饲用7d。

(6)2%越霉素A(Destomycin A) 每1000kg饲料中添加越霉素A预混剂5~10g。

(7)阿维菌素(Avermectin) 按每千克体重0.3mg,一次皮下注射或口服。阿维菌素预混剂:每千克饲料中添加0.2%阿维菌素预混剂1.5g。

(8)伊维菌素(Ivermectin) 按每千克体重0.3mg,一次皮下注射或口服。

(9)多拉菌素(Doramectin) 按每千克体重0.3mg,一次肌肉注射。

此外,还可采用中、西结合治疗。西药驱虫效果较好,中药则在驱虫、安蛔、调理脾胃、促进机体的机能恢复上占有明显优势。因此,在使用西药驱虫的同时,可配合使用使君子散、化虫丸、乌梅丸或香砂六君子丸等中药。

8. **预防** 由于猪蛔虫在猪群中感染率高,流行分布广,危害严重,因此必须重视预防工作。具体措施如下:

(1)在集约化养猪场,特别是蛔虫病流行的猪场,对空怀母猪、怀孕母猪、哺乳母猪、种公猪,每隔3个月可选用上述驱虫药驱虫一次,即1年共驱虫4次;新生仔猪在保育阶段后期或生长期阶段驱虫一次;对引进种猪在并群前10d,驱虫一次。

(2)对散养猪,可用驱虫药物在3月龄及5月龄各驱虫一次。

(3)控制蛔虫病的主要问题是虫卵的强大生命力。对于圈养猪,保持圈舍和运动场等饲养环境的卫生清洁对预防猪蛔虫病十分重要。产房和猪舍在进猪前一定要进行彻底清洗和消毒。在转入产房之前,要用温肥皂水清洗母猪全身。要保持饲料和饮水的清洁卫生,防止被粪便污染。对于自由放养的猪,这个问题就显得更加严重。

(4)为减少猪蛔虫虫卵对环境的污染,应将猪的粪便进行无害化处理。要及时清扫,将清除的粪便和褥草进行堆积发酵,利用发酵的温度杀死虫卵。

(二)犊新蛔虫病

犊新蛔虫病(又称犊弓首蛔虫病)是由弓首科、新蛔属(*Neoascaris*)的牛新蛔虫(*N. vitulo-*

rum)寄生于犊牛小肠内所引起的一种寄生虫病,以出现肠炎、腹泻、腹部膨大和腹痛等为主要临床特征,感染严重时可导致犊牛死亡。

1. 病原形态(图 2－4－11)　犊新蛔虫(又称牛弓首蛔虫)是寄生于牛体内最大的肠道寄生虫。虫体粗大,新鲜时呈粉红色;表皮透明,可以透过表皮看到内脏器官。头端有唇3片,唇基部宽而前窄。食道呈圆柱形,后端以一小胃与肠管相连。

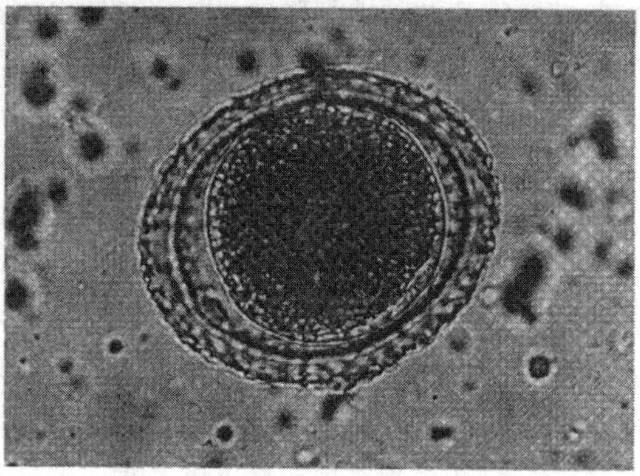

图2－4－11　牛新蛔虫虫卵

雄虫长 11～26cm,尾部有一小锥突,弯向腹面;有形状相似的交合刺1对。

雌虫尾直,长 14～30cm。生殖孔开口于虫体前部 1/8～1/6 处。

虫卵呈亚球形,卵壳厚,凹凸不平,大小为 70～80μm×60～66μm 。

2. 生活史　犊新蛔虫的生活史比较特殊。成虫只寄生于6月龄以下犊牛的小肠内;雌虫所产虫卵随粪便排出体外。在适宜的温度(27℃)和湿度条件下,约经 20～30d 发育为含有第二期幼虫的感染性虫卵。感染性虫卵被母牛摄食后,在小肠内孵化出第二期幼虫;幼虫穿过肠壁移行至肝、肺、肾等器官,在这些器官发生第二次蜕皮,变为第三期幼虫并仍寄居于这些器官、组织中。当母牛怀孕8.5个月左右时,幼虫即移行至子宫,进入胎盘羊水中并在此进行第三次蜕皮,变为第四期幼虫。第四期幼虫被胎牛吞入体内。犊牛出生后,幼虫在犊牛小肠内进行第四次蜕皮并经 25～31d 发育为成虫。第二个感染途径是,在母牛体内移行的一部分幼虫经循环系统到达乳腺,犊牛因吸吮母乳而感染并在小肠内发育为成虫。

成虫在小肠中可生存2～5个月。成年牛,只发现在内部组织器官中寄生有移行幼虫,尚未发现有成虫寄生。

3. 流行病学

(1)宿主与分布　水牛、黄牛、牦牛和奶牛均可感染,尤以水牛多发。该病主要分布于热带和温暖地区,如泰国、马来西亚、印度、菲律宾、孟加拉国、巴基斯坦等国,在我国则多见于南方各省的犊牛。

(2)感染来源和途径　幼虫储存在母牛组织器官中,可通过胎盘和乳汁传播给犊牛。小牛体内排出的虫卵污染饲料和饮水,母牛经口食入后发生感染,因此患病和带虫的小牛是母牛的传染源。

牛新蛔虫虫卵对温度和湿度的抵抗力与猪蛔虫类似,但耐高温的能力较差;感染期的虫卵在80%的相对湿度下才能生存。虫卵对消毒药品的抵抗力也较强。例如,在29℃时,虫卵在2%克辽林或2%来苏儿溶液中可存活约20h。即使在2%的福尔马林溶液中,虫卵仍能正常发育。

(3)感染年龄与感染季节　本病主要发生于6月龄以下的犊牛,以1～2月龄的犊牛受害最为严重,7月龄以上牛很少发生。安徽省皖北地区犊牛弓首蛔虫感染率可高达44.7%,死亡率高达21.6%;福建漳州地区犊牛的平均感染率高达48.3%。感染率与饲养管理水平及季节都有一定的关系:饲养管理条件越差、饲料单一,犊牛感染率越高;在每年的2~5月间出生的犊牛以及在阴雨连绵的季节,犊牛弓首蛔虫的感染率、发病率和死亡率都很高。

4. **致病作用及病理剖检变化** 移行幼虫可造成肠壁、肺脏、肝脏等组织的损伤,导致点状出血、发炎;血液及组织中嗜酸性白细胞显著增多。虫体的机械性刺激可损伤小肠黏膜,引起黏膜出血或溃疡。成虫大量寄生时可造成肠阻塞或肠穿孔。

5. **临床症状** 轻度感染时症状不明显;但中度及较严重感染者出现畜体消瘦虚弱,被毛粗乱无光泽,精神迟钝或焦急不安,体温升高,咳嗽和呼吸困难。口腔有特殊臭味,后肢无力,站力不稳。吮乳无力或不食,腹泻,排灰白色或黄白色稀粥状粪便,有特殊的腥臭味,腹臌胀和出现回视腹部等腹痛症状。重症感染者因衰竭或虫体引起的肠阻塞、穿孔而死亡。

6. **诊断** 临床上犊牛若出现腹泻,粪便有时混有血液、有特殊恶臭,软弱无力,被毛粗乱等症状,结合流行病学资料可疑为犊新蛔虫病,但确诊需采用饱和盐水漂浮法在粪便中检出虫卵或尸体剖检时在小肠发现多量虫体及相应的病理变化。此外,还可口服或注射驱虫药物进行治疗性诊断。

7. **治疗** 大多数的驱线虫药对本虫均有良好的驱除效果。

(1)盐酸左旋咪唑(Levamisole) 按每千克体重8mg一次口服或肌肉注射。

(2)丙硫咪唑(Albendazole) 片剂可按每千克体重10~15mg一次口服。

(3)伊维菌素(Ivermectin) 按每千克体重0.3mg,一次皮下注射或口服。

8. **预防** 搞好牛舍清洁卫生,勤换垫草,勤除粪便进行堆积发酵杀死虫卵。犊牛与母牛应隔离饲养,以减少感染机会。可通过对20日龄以内的犊牛进行预防性驱虫阻止幼虫发育成熟,能有效地控制感染流行。流行地区,提倡对6月龄以下犊牛全部驱虫。

(三)犬弓首蛔虫病

犬弓首蛔虫病是由弓首科、弓首属的犬弓首蛔虫(*Toxocara canis*)主要寄生于犬的小肠所引起的一种蛔虫病,广泛分布于世界各地。犬弓首蛔虫在兽医学及公共卫生学上都具有重要意义,它不仅可造成幼犬生长缓慢、发育不良,严重感染时可引起幼犬死亡;而且它的幼虫也可感染人,引起人体内脏幼虫移行症(visceral larva migrans VLM),严重者可致失明。犬弓首蛔虫除寄生于犬外,还可见于狼、郊狼、美洲赤狐等野生动物。

1. **病原形态**(图2-4-12) 犬弓首蛔虫是寄生于犬的一种大型线虫。虫体呈白色,头端有3片唇,在虫体前端两侧有向后延伸的颈翼膜。食道和肠道由小胃相连。

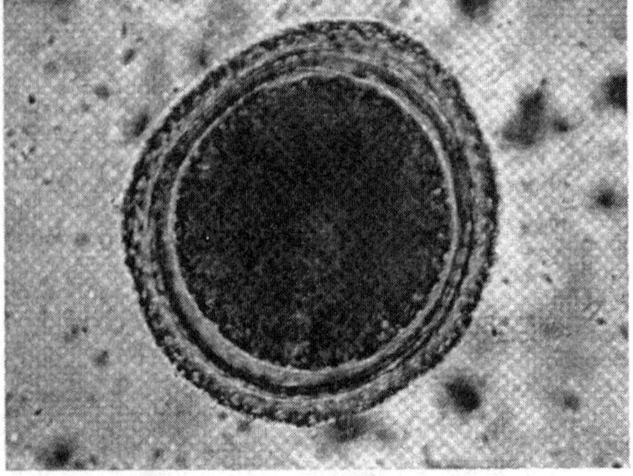

图2-4-12 犬弓首蛔虫虫卵

雄虫长5~11cm,尾端弯曲,有1个小的指状突起,具有尾翼。雌虫长9~18cm,尾端直,阴门开口于虫体前半部。虫卵呈黑褐色,亚球形,卵壳厚,表面有许多点状的凹陷,大小为68~85μm×64~72μm。

2. **生活史** 犬弓首蛔虫的生活史是

蛔虫中最复杂的，具有几种可能的感染模式。最基本的模式是典型的蛔虫生活史。在适当的温度下，虫卵排出后经 4 周发育成含有第二期幼虫的感染性虫卵。感染性虫卵被宿主摄食后，在小肠中孵化出第二期幼虫，第二期幼虫钻入肠壁中通过血液循环经过肝脏到达肺部，在肺部发生第二次蜕皮发育为第三期幼虫。第三期幼虫经气管返回到小肠，在小肠中进行最后的两次蜕皮，变为第四、第五期幼虫并发育为成虫。从感染性虫卵被摄食到在犬小肠中发育为成虫共需时 4～5 周。这种感染模式通常只发生于 3 月龄以内的犬。

3 月龄以上的犬，虫体很少发生上述"肝—气管移行"；6 月龄的犬中几乎见不到虫体发生移行。相反，第二期幼虫转移到范围很广的组织器官，包括肝、肺、脑、心、骨骼肌、消化管壁中，在这些器官、组织中，幼虫并不进一步发育，但保持对其他肉食动物的感染性。

怀孕犬体内的幼犬可发生出生前感染。第二期幼虫在分娩前 3 周就活动起来了，移行到胎儿的肺部并在分娩之前蜕皮发育成第三期幼虫。新生幼犬，幼虫经气管而移行到小肠，并发生最后两次蜕皮，变为第四、第五期幼虫并发育为成虫，从而完成发育史。母犬一旦被感染，即使不被再感染，也含有足够数量的幼虫去感染它的后代。这样在幼犬出生后 3 周左右，小肠内即有成虫寄生。母犬体内的一小部分活动性幼虫并没有进入子宫，而是在母犬体内完成正常移行，变为成虫。这些成虫在犬分娩后数周内，可导致粪便虫卵排出的短暂但明显的增加。

在泌乳开始后的前三周，吸吮母乳的幼犬可通过吸吮含有第三期幼虫的母乳而受感染。通过这个途径受到感染的幼犬，幼虫在体内不发生移行。

啮齿动物或鸟类等贮藏宿主也可摄食感染性虫卵，在其体内第二期幼虫移行到各种组织器官并一直保持对犬的感染力。犬摄食这样的贮藏宿主后亦可发生感染，在这种情况下，潜在期亦约为 4～5 周。

新近发现的一种情况是，怀孕后期和泌乳期的母犬可受到再次感染并可直接引起吮乳幼犬经乳汁感染，而且母犬体内的虫体一旦发育成熟即可排出虫卵污染环境。

3. 流行病学　犬弓首蛔虫分布于世界各地，感染率在 5%～80% 以上。本虫主要感染幼犬，6 月龄以内的幼犬感染率最高，而成年犬感染率较低。我国辽宁省盘山县幼犬的感染率可高达 96%，死亡率达 60%。

犬弓首蛔虫雌虫产卵量很高，每条雌虫每天在每克粪便中可排虫卵约 700 个，在幼犬的每克粪便中发现 15 000 个虫卵很常见。虫卵对外界环境的抵抗力极强，在地上能存活数年；幼虫在母犬的组织中可长期存在，是幼犬感染的一个持续的来源，这样的幼虫对大多数抗蠕虫药均不敏感。以上因素是导致犬弓首蛔虫广泛流行，犬感染率高、感染强度大的主要原因。

4. 致病作用及病理剖检变化　轻度及中度感染时，移行幼虫对组织器官不造成明显的损害，成虫在小肠中也不引起任何明显的反应。但严重感染时，幼虫在肺部移行引起肺炎，有时伴发肺水肿；成虫可引起黏膜卡他性肠炎、出血或溃疡，可能部分或完全阻塞肠道。少数情况时，还出现肠穿孔、腹膜炎，胆管阻塞、胆管化脓、破裂，肝脏黄染、变硬。

5. 临床症状　轻度、中度感染时，虫体移行在肺脏时期不表现任何临床症状。寄生于小肠的成虫可引起腹部膨大，导致发育迟缓，被毛粗乱，精神沉郁，消瘦，并偶见拉稀。有时可见幼犬吐出蛔虫或在粪便中排出虫体。

重度感染时，幼虫移行导致肺损伤，引起咳嗽，呼吸节律增加，鼻孔排泡沫状分泌物。

大部分死亡病例发生于肺部感染期。经胎盘严重感染的幼犬在分娩后几天内即可发生死亡。有的病犬可出现神经性惊厥现象。

6. 诊断 由于临床症状不具特征性，所以即使是在严重感染的肺部移行期，幼犬在出生后两周内同窝幼犬同时表现为肺炎症状时，也只能疑为弓首蛔虫病。在粪便中发现特征性的虫卵或尸检时在小肠或胆道发现虫体可确诊。在犬体小肠内，犬弓首蛔虫易与狮弓蛔虫相混，鉴别起来比较困难。在放大镜下，可通过比较两个种雄虫的尾部来区分两个种，犬弓首蛔虫雄虫的尾部有一小的指状突起，而狮弓蛔虫雄虫尾部则无。

粪便中虫卵为黑褐色，亚球形，有厚的凹凸不平的卵壳，可作为诊断特征。由于虫卵的量很高，可不用漂浮法；只需用少量粪便涂片，加上一滴清水，即可镜检出虫卵。

7. 治疗 常用的驱线虫药物均可驱除犬弓首蛔虫。

(1)丙硫咪唑(Albendazole) 幼犬按每千克体重10mg，一次口服，7d后再重复喂一次。

(2)左旋咪唑(Levamisole) 按每千克体重10mg，一次口服。

(3)芬苯哒唑(Fenbendazole) 按每千克体重10mg口服，每天一次，连喂3d。少数病例在用药后可能出现呕吐。

(4)双羟萘酸噻嘧啶(Pyrantel) 按每千克体重5mg，一次口服。

(5)伊维菌素(Ivermectin) 按每千克体重0.2~0.3mg，皮下注射或口服。应注意的是，柯利犬及有柯利犬血统的犬禁用。

8. 预防 由于地面上的虫卵及母犬体内的幼虫是感染的主要来源，因此对幼犬的弓首蛔虫病的防制可采取如下措施：

(1)对所有的幼犬在2周龄时驱虫一次，2~3周后再驱虫一次，目的是驱除经母体感染的虫体。母犬和幼犬同时给药效果更好。

(2)幼犬2月龄时再驱虫一次，以驱除出生后感染的虫体。

(3)新购进的幼犬必须间隔14d驱虫一次，共驱虫两次。

(4)成年犬每隔3~6个月驱虫一次。

(5)要注意环境、食具及食物的清洁卫生，及时清除粪便制作堆肥以杀死虫卵。

(四)猫弓首蛔虫病

猫弓首蛔虫病是由弓首科、弓首属的猫弓首蛔虫(*Toxocara cati*)主要寄生于猫的小肠所引起的一种蛔虫病，广泛分布于世界各地，是猫的一种常见的寄生虫病，在我国各地均有报道。它不仅可造成幼猫生长缓慢，发育不良，严重感染时尚可引起幼猫死亡。猫弓首蛔虫的幼虫也偶可感染人，引起人体内脏幼虫移行症(VLM)。猫弓首蛔虫除寄生于猫外，还见于狮、豹等野生猫科动物。

1. 病原形态(图2-4-13) 猫弓首蛔虫具有蛔虫的典型特征，是一种较大的白色虫体。虫体外型与犬弓首蛔虫很相似。雄虫长3~6cm，有1对不等长的交合刺，尾部有一个小的指状突起；雌虫长4~12cm。虫卵呈亚球形，无色，具有厚的凹凸不平的卵壳，大小为65μm×70μm。

猫弓首蛔虫常与犬猫的另一种蛔虫——狮弓蛔虫混合感染。可根据两者的颈翼在形态上的不同而区别猫弓首蛔虫及与狮弓蛔虫。猫弓首蛔虫的颈翼呈箭头状，后缘和体躯几乎成直角，而狮弓蛔虫的颈翼则向体躯逐渐变细，呈柳叶刀形。此外，同犬弓首蛔虫一样，猫弓首蛔虫雄虫尾部有一个小的指状突起，而狮弓蛔虫的雄虫尾部则无。

2. 生活史 猫弓首蛔虫的生活史与犬弓首蛔虫相似，但相对简单一些。如果猫摄食的是含有第二期感染性幼虫的虫卵，则幼虫要发生移行；如果猫是经乳汁感染的第三期幼虫或吞食了含有第三期幼虫的贮藏宿主，则不发生幼虫移行。然而和犬弓首蛔虫不同的是，猫弓首蛔虫不能经胎盘而发生出生前的感染。猫感染虫卵后到成虫发育成熟的潜在期大约为 8 周。

3. **流行病学**　猫弓首蛔虫病的流行主要是由于感染性幼虫贮存在母猫的组织器官中，并在怀孕后期开始活动起来，然后在整个泌乳期随乳汁排出，猫因摄入乳汁中的幼虫而感染。此外，由于猫具有很强的猎食本能，受感染的贮藏宿主在猫弓首蛔虫病流行上所起的作用也很重要，但这一感染途径在小猫开始猎食，或同母猫分享猎物之后才起作用。其贮藏宿主多为蚯蚓、蟑螂、鸟类和啮齿类。

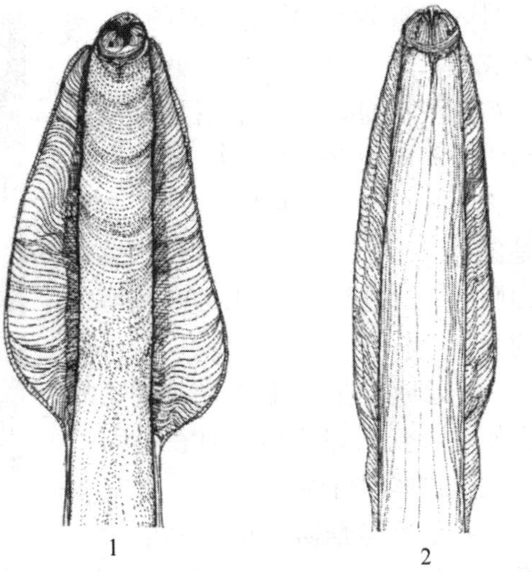

图 2-4-13　**猫弓首蛔虫和狮弓蛔虫颈翼比较**

（仿 Urquhart 等，1996）

1. 猫弓首蛔虫　2. 狮弓蛔虫

4. **致病作用及病理剖检变化**　由于大部分感染是通过乳汁或摄食了贮藏宿主，由此猫弓首蛔虫病一般没有移行期，病变仅局限于小肠，表现为卡他性炎症、肠黏膜出血；成虫也可导致肠穿孔并产生腹膜炎；也可钻入胆囊导致胆囊炎。

5. **临床症状**　临床上患病猫表现为食欲不振，被毛粗乱，渐进性消瘦与贫血，腹部膨大，呕吐，出现异嗜，先下痢后便秘，偶伴发癫痫性痉挛，幼猫生长发育缓慢。

6. **诊断**　采用饱和盐水漂浮法在粪便中查到虫卵或剖检时检获大量虫体即可确诊。

7. **治疗**　同犬弓首蛔虫病。

8. **预防**　由于猫开始吮乳后才发生感染，因此必须使小猫与母猫尽早分隔开并人工饲养。其他预防控制措施，可参照犬弓首蛔虫病。

（五）狮弓蛔虫病

狮弓蛔虫病是由蛔科、弓蛔虫属（*Toxascaris*）的狮弓蛔虫（*T. leonina*）寄生于犬、猫、狮、虎、狼、狐、豹、猞猁、金猫等犬科及猫科动物的小肠所引起的一种寄生虫病，呈全球性分布。狮弓蛔虫病也是犬和猫的一种常见的蛔虫病，可造成幼犬、猫生长缓慢，发育不良，严重感染时可引起死亡。本病为动物园犬科与猫科动物的常见病之一。

1. **病原形态**（图 2-4-13、图 2-4-14）　成虫头端向背侧弯曲，颈翼呈柳叶刀形。无小胃。雄虫长为 3～7cm，交合刺长为 0.7～1.5mm；雌虫长为 3～10cm，阴门开口于虫体前 1/3 与中 1/3 的交接处。虫卵略呈卵圆形，卵壳厚而光滑，大小为 49～61μm×74～86μm。

狮弓蛔虫与犬弓首蛔虫、猫弓首蛔虫在形态上的主要区别是：犬弓首蛔虫的雄虫尾部有一个指状突起，而狮弓蛔虫的雄虫尾部无突起；狮弓蛔虫的颈翼呈柳叶刀形，而猫弓首蛔虫的颈翼呈箭头状。

2. **生活史**　狮弓蛔虫的生活史较简单，幼虫在体内不经移行。犬、猫等肉食动物感染狮弓蛔虫的途径有两个：一是虫卵随犬、猫等肉食动物粪便排出体外，在适宜条件下发育为含有感染性第二期幼虫的虫卵。犬、猫等肉食动物摄食了含有第二期感染性幼虫的虫卵后，幼虫孵出并进入肠壁发育，然后返回肠腔，发育成熟。第二个途径是感染性虫卵可被啮齿动物等贮藏宿主摄食，在其组织中形成幼虫包囊。犬、猫等肉食动物摄食了受感染的贮藏宿主（主要是鼠）后幼虫进入肠壁发育，然后返回肠腔，发育成熟。本虫的潜在期大约为11周。

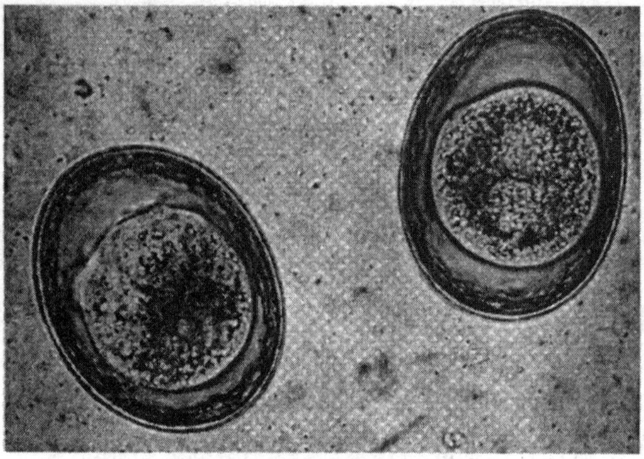

图2－4－14 狮弓蛔虫虫卵

3. 诊断 在犬、猫等肉食动物的粪便中查到虫卵或剖检时在小肠见到大量虫体即可确诊。

4. 治疗与预防 由于感染的主要来源是猎物中的幼虫和地面上的虫卵，因此治疗与预防该病的着眼点应放在控制宿主体内的虫体感染以及重视改善卫生条件，以减少犬、猫等肉食动物摄食虫卵的机会。

本病的治疗与预防控制措施，可参照犬弓首蛔虫病。

（六）鸡蛔虫病

鸡蛔虫病的病原体为禽蛔科、禽蛔属（*Ascaridia*）的鸡蛔虫（*A. galli*），寄生于鸡、吐绶鸡、珍珠鸡、山鹑、鹧鸪、雉鸡、灰雁、针尾鸭、番鸭等家禽及野禽的小肠。本病呈世界性分布，亦遍及我国各地，是家鸡及野禽的一种常见寄生虫病。主要危害雏鸡，一年以上的鸡常为带虫鸡。感染严重时，影响雏鸡的生长发育，甚至引起大批死亡，给养鸡业造成严重的经济损失。

1. 病原形态（图2－4－15） 鸡蛔虫是鸡体内最大的一种线虫，呈黄白色，圆筒形，体表角质层具有横纹，口孔位于体前端，其周围有一个背唇和两个侧腹唇。口孔下接食道，在食道前方1/4处，有神经环；排泄孔位于神经环后的体腹侧。

雄虫体长为26～70mm，尾部有尾翼，并有性乳突10对，泄殖孔的前方有近似椭圆形的肛前吸盘，吸盘上有明显的角质环，角质环后有一个圆形的乳突，交合刺1对近于等长。

雌虫体长65～110mm，阴门开口于虫体的中部，肛门位于虫体的亚末端。虫卵呈椭圆形，深灰色，卵壳厚而光滑，大小为70～90μm×47～51μm。

2. 生活史 鸡蛔虫的发育不需要中间宿主，寄生期不发生移行。虫卵随粪便排出体外，在适宜的环境下，经至少3周的时间发育成含幼虫的感染性虫卵；鸡随饲料和饮水吞食了感染性虫卵后，幼虫在胃或小肠处逸出，移行到十二指肠后段，钻进肠黏膜发育一段时期，然后返回肠腔发育为成虫。从感染性虫卵至发育为成虫，需时5～8周。成虫的寿命约为一年。蚯蚓可吞食其虫卵而充当转运宿主。

3. 流行病学

（1）流行特征 本病主要发生于平养或散、放养的鸡，而笼养鸡较少发生。

（2）传染源与感染途径 各龄期鸡均能感染鸡蛔虫，其中3～4月龄以内的鸡最易感，病情也较重。一般雏鸡只要有15～25条成虫寄生即可发病，5月龄以上的鸡抵抗力较强，一年龄以上的鸡常为带虫者，成为传染源。

鸡主要是因吞食了感染性虫卵污染的饲料、饮水或蚯蚓等而受到感染。

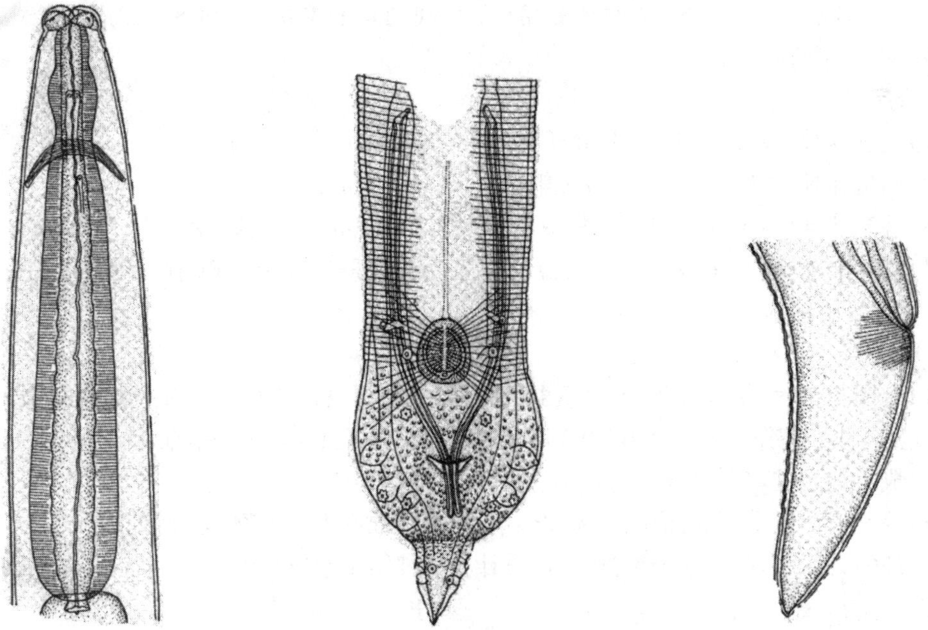

图 2-4-15 鸡蛔虫

1. 虫体头部 2. 雄虫尾部 3. 雌虫尾部

(3)感染季节 由于虫卵比较适合在温度适宜、阴雨潮湿的环境中发育,在温度19~29℃和90%~100%的相对湿度时,最容易发育到感染期。因此,本虫的感染季节一般在春、夏与秋季。

(4)与流行有关的因素 虫卵对不良的外界环境和常用的消毒药物抵抗力较强,感染性虫卵可在土壤中存活6~6.5个月;虫卵亦耐低温,温度在10℃以下或相对湿度在60%以下,可存活两个月以上。但对高温和干燥敏感,温度超过40℃或阳光直射下1~1.5h即可死亡。

鸡的易感性与饲养条件有很大关系。饲料营养全价,含有足量维生素A和维生素B的饲料,鸡群营养状况良好,那么鸡就有较强的抵抗力;如果饲料中动物性蛋白不足,或饲料配合单一,饲料利用率不高时,可使鸡抵抗力减弱。另外,鸡群管理粗放,卫生条件差,鸡也易患蛔虫病。

4. 致病作用及病理剖检变化 幼虫侵入肠黏膜时,破坏黏膜及肠绒毛,引起卡他性肠炎;严重时导致出血性肠炎,并易招致病原菌继发感染;此时在肠壁上常见有颗粒状化脓灶或结节形成。成虫寄生于小肠时,损伤肠黏膜,造成肠黏膜发炎、出血。大量虫体聚集时,相互缠结成团,可发生肠阻塞甚至引起肠破裂,最后导致死亡。虫体大量吸收宿主的营养,并产生有毒的代谢产物,常使雏鸡发育迟缓,成年鸡产蛋量下降。

5. 临床症状 雏鸡生长发育不良,精神沉郁,行动迟缓,有的病鸡长时间伏卧不动,翅膀下垂,羽毛蓬乱,鸡冠苍白,黏膜贫血,消化机能紊乱,食欲减退,顽固性下痢,偶见稀粪中混有带血黏液,严重者逐渐衰弱而死亡。成年鸡多数属轻度感染,一般不表现症状,严重时表现为食欲不定,嗉囊积食,下痢,产蛋量下降和贫血等症状。

6. 诊断 本病症状缺乏特征性,诊断时应综合饲养管理、生长发育和临床症状,通过粪检发现大量虫卵或剖检在小肠内容物或黏膜碎屑中找到幼虫或成虫即可确诊。应注意鸡蛔虫虫卵与异刺线虫卵的区别。

7. 治疗

(1)左旋咪唑(Levamisole) 按每千克体重20~25mg,一次口服。

(2)丙硫咪唑(Albendazole) 按每千克体重10~20mg,一次口服。

(3)芬苯咪唑(Fenbendazole) 按每千克体重10~20mg,一次口服。

(4)枸橼酸哌嗪(Piperazine,驱蛔灵) 按每千克体重0.15~0.30g拌入饲料或配成1%的水溶液让鸡自由饮水。

8. 预防

(1)定期驱虫,每年进行2~3次驱虫,雏鸡第一次驱虫在2月龄左右进行,第二次驱虫在秋冬季进行;成年鸡第一次驱虫在10~11月龄,第二次驱虫在产蛋季节前15~30d进行。

(2)成年鸡与雏鸡严格分群饲养,不使用公共运动场或牧场。

(3)搞好清洁卫生,及时清除鸡粪和垫草,并集中堆沤进行生物热发酵处理。

(4)加强饲养管理,饲喂全价饲料,适量补充多种维生素或维生素A、B等可提高抵抗力。

(七)熊猫蛔虫病

熊猫蛔虫病的病原为蛔科、贝蛔属(*Baylisascaris*)的施氏贝蛔线虫(*B. schroedari*)。该虫寄生于大熊猫的小肠及胃内,野生大熊猫感染率可高达100%,感染强度可高达2000条以上,是野生及圈养大熊猫的常见寄生虫之一。

施氏贝蛔线虫具有蛔虫的一般特征,雌虫长为7.9~11.6cm,雄虫长为6.5~9.2cm。同猪蛔虫等其他蛔虫类似,施氏贝蛔线虫虫卵在自然界发育为含幼虫的感染性虫卵,熊猫摄食感染性虫卵而受到感染。

熊猫蛔虫病的症状亦与猪蛔虫病相似,患病熊猫表现精神沉郁、食欲减退,消瘦、腹部下垂。严重感染时,可导致肠梗阻、肠穿孔。虫体异位钻入胆管或胰管时可引起胆道蛔虫病或胰腺炎。

熊猫蛔虫病的临床症状不具备特异性,确诊需用粪便检查法发现大量的虫卵。可选用丙硫苯咪唑、伊维菌素等高效、低毒的药物进行驱虫。对饲养于动物园中的熊猫,应加强预防措施,定期驱虫,搞好笼舍卫生,消毒并保持清洁,严防粪便污染,及时清除粪便并堆积发酵。

(八)其他动物的蛔虫病

除以上介绍的几种蛔虫病外,危害动物的蛔虫还有:

1. 马副蛔虫病 马副蛔虫(*Parascaris equorum*)见于马、骡、驴、斑马等奇蹄类动物的小肠,亦能移至胃内,或侵入胆管,马副蛔虫病是幼龄马属动物的常见病之一。

2. 熊蛔虫病 熊蛔虫(*Baylisascaris transfuga*)病为动物园的黑熊、棕熊、马熊、马来熊、白极熊和小雄猫等熊科及浣熊科动物的一种常见、多发性疾病,对幼熊危害严重。

3. 鸽蛔虫病 鸽蛔虫(*Ascaris columbae*)常见于各品种的幼鸽。

4. 迴异鸡蛔虫病 迴异鸡蛔虫(*Ascaridia dissimlis*)见于野生及家养的火鸡。

5. 珠鸡蛔虫病 珠鸡蛔虫(*Ascaridia numidia*)见于野生及家养的珠鸡、石鸡。

6. 松鸡蛔虫病 松鸡蛔虫(*Ascaridia bonasae*)见于野生及家养的松鸡。

以上几种蛔虫病的诊断与防治可参照牛弓首蛔虫病、犬猫蛔虫病及鸡蛔虫病。

三、尖尾线虫病

（一）异刺线虫病

异刺线虫病是由异刺科、异刺属（*Heterakis*）的线虫寄生于鸡、火鸡、鹌鹑、鸭、鹅、孔雀、雉鸡等鸟禽类的盲肠内引起的。异刺线虫又叫盲肠线虫，国内常见种为鸡异刺线虫（*H. gallinarum*），见于鸡、火鸡、鹌鹑、孔雀等鸟禽类的盲肠。

1. 病原形态（图 2－4－16）　鸡异刺线虫虫体细线状，淡黄色，头端略向背面弯曲，有侧翼，向后延伸的距离较长。头端有 3 片唇，1 个背唇，2 个亚腹侧唇。食道后端具有食道球。

雄虫长为 7～13mm，宽约为 0.3mm。尾部末端尖细，泄殖孔前有一个圆形的肛前吸盘。左右交合刺不等长，左交合刺后部狭而尖，长为 2mm，右交合刺较粗短，长约为 0.70～1.1mm。尾翼发达，有性乳突 12～13 对，其中肛前吸盘周围 2～3 对，泄殖孔周围 6 对，肛后 3～5 对。

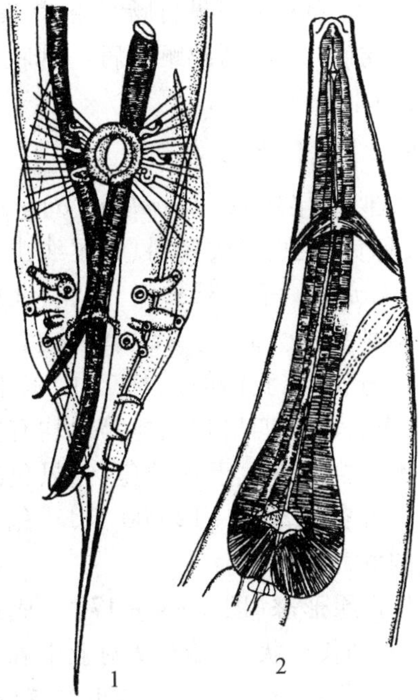

图 2－4－16　鸡异刺线虫（仿 Skrjabin）
1. 雄虫尾部　2. 虫体头部

雌虫长为 10～15mm，宽约为 0.4mm，尾部细长，阴门开口于虫体中部略后，不隆起。

卵椭圆形，淡灰色，一端较明亮，内含未发育的胚细胞，大小为 65～80μm×35～46μm。

2. 生活史　异刺线虫的发育为直接发育，虫卵随粪便排出，在外界适宜温度（20～30℃）和湿度条件下，经 12～14d，33℃时 9～11d 发育为感染性虫卵（内含第二期幼虫），鸡吃到受污染的饲料、饮水而感染。蚯蚓及一些昆虫（如鼠妇）可作贮藏宿主，当蚯蚓吞食感染性虫卵后，虫卵能在蚯蚓体内长期生存，成为一个重要的感染来源。感染后，第二期幼虫在鸡小肠内孵出。幼虫大约经 24h 移行到盲肠，钻入盲肠壁，发育 4～5d，蜕皮变为第三期幼虫。以后再返回肠腔蜕皮两次，变为第五期幼虫，逐渐发育为成虫。从鸡感染虫卵到发育为成虫约需 25～34d。成虫寿命为 10～12 个月。

3. 流行病学　鸡因吞食感染性虫卵而感染。蚯蚓和鼠妇可作为贮藏宿主，分布广，当鸡吞食了这些动物亦可感染。主要感染季节在 6～9 月份。虫卵对外界抵抗力较强，在阴暗潮湿处可保持活力达 10 个月；0℃时存活 67～172d，温度升高后能继续发育；阳光直射下易死亡；在 10% 硫酸及0.1% 升汞溶液中均可正常发育。

4. 临床症状　鸡异刺线虫寄生数量多时可损伤肠黏膜，引起出血；代谢产物可使鸡中毒。幼虫寄生时，在盲肠壁上形成结节。病鸡表现食欲不振或废绝，贫血，消瘦，下痢。成年鸡产蛋率下降，雏鸡生长发育不良，逐渐衰弱而死亡。异刺线虫是火鸡组织滴虫（*Histomonas meleagridis*）的传播者。当鸡盲肠内同时有异刺线虫和火鸡组织滴虫寄生时，后者可进入异刺线虫虫卵内，并随之排出体外。当鸡摄入这种虫卵时，就可同时感染异刺线虫和火鸡组织滴虫，这种病鸡极易死亡。

5. 诊断 用饱和盐水漂浮法查虫卵，注意与鸡蛔虫卵区别；或尸体剖检在盲肠中发现虫体即可确诊。剖检时可见盲肠发炎，黏膜肥厚，上有溃疡，肠内容物凝结成条，其中含虫体。

6. 防治 可参考鸡蛔虫病。同时注意防止鸡摄入蚯蚓和鼠妇等贮藏宿主，运动场采用沙土，保持干燥。

（二）兔钉尾线虫病

疑似钉尾线虫（*Passalurus ambiguus*）又称兔蛲虫，属尖尾科、钉尾线虫属（*Passalurus*）。寄生于家兔、雪兔、北极兔等多种兔的大肠，主要是盲肠内。呈世界性分布，在我国的黑龙江、山东、陕西、江苏、湖南、四川和福建等地均有报道。本虫普遍寄生于各种兔，一只兔的荷虫数可多达 3000～12 000 条，对兔有一定的危害。

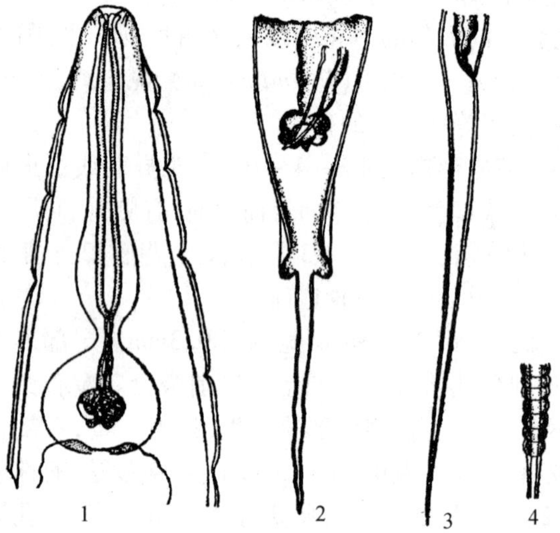

图 2－4－17 疑似钉尾线虫
1. 头部 2. 雄虫尾部 3. 雌虫尾部 4. 雌虫尾部前部

1. 病原形态（图 2－4－17） 成虫半透明，细长针状，头端有 2 对亚中乳突和 1 对小侧乳突。头部具狭小的翼膜。口囊浅，底部具有三个齿。食道前部呈柱状，向后渐大，再缩小后接发达的食道球。

雄虫长为 3.81～5.00mm，尾尖细，有由乳突支撑着的尾翼，有一根长 90～130μm 的弯曲交合刺。

雌虫长为 7.75～12.00mm，阴门位于虫体前 1/5 处；肛门后有一细长的尾部，上有 40 个环纹。

虫卵大小为 95～115μm×43～56μm，一边稍平直，如半月形，产出时已发育至桑葚期。

2. 生活史 发育属直接发育型。成虫寄生于各种兔的大肠内。雌虫产出的虫卵已处于桑葚期。虫卵在 35～36℃下发育迅速，经 1d 发育为第三期幼虫，幼虫包在卵壳中，此时的虫卵为感染性虫卵。兔吞食了感染性虫卵后，经胃到肠，幼虫在盲肠腺窝中发育。经 56～64d 虫体发育成熟，在肠腔中可以生存 106d。

3. 症状 轻度感染时症状不明显。严重感染时家兔表现为营养不良，贫血，消瘦，被毛粗糙，不安，啃尾部，尾脱毛，粪便中出现白色的针状虫体等。

4. 诊断 查兔粪便中的虫卵或成虫即可确诊。

5. 防治

（1）丙硫咪唑（Albendazole） 按每千克体重 10mg，喂一次。

（2）伊维菌素（Ivermectin） 按每千克体重 0.2～0.3mg，一次皮下注射。

（3）磷酸哌嗪（Piperazine） 成年兔按每千克体重 0.5g，幼兔按每千克体重 0.75g，每日一次，混于水或饲料中连用两日。

（三）马尖尾线虫病

马尖尾线虫（*Oxyuris equi*），又称马蛲虫，属尖尾科、尖尾属（*Oxyuris*）。寄生于马、骡、驴、斑马等马属动物的大肠内，呈全国性分布。

1. **病原形态**（图2－4－18）　虫体粗，如火柴杆。雄虫体小，白色，体长为9～12mm，有一根针状交合刺，尾端有外观呈四角形的翼膜，有两个大的和一些小的乳突。

雌虫可长达15cm，未成熟虫体呈白色，微弯曲，尾部短细；成熟雌虫呈灰褐色，尾部细长，可长达体部的3倍以上，这是本虫的一个重要特征。雌虫阴门位于体前1/4处。

虫卵呈长卵圆形，大小为90μm×42μm，稍不对称，一侧边较平直，一端有卵塞。初排出时，内含一胚细胞，黏附在肛门附近。

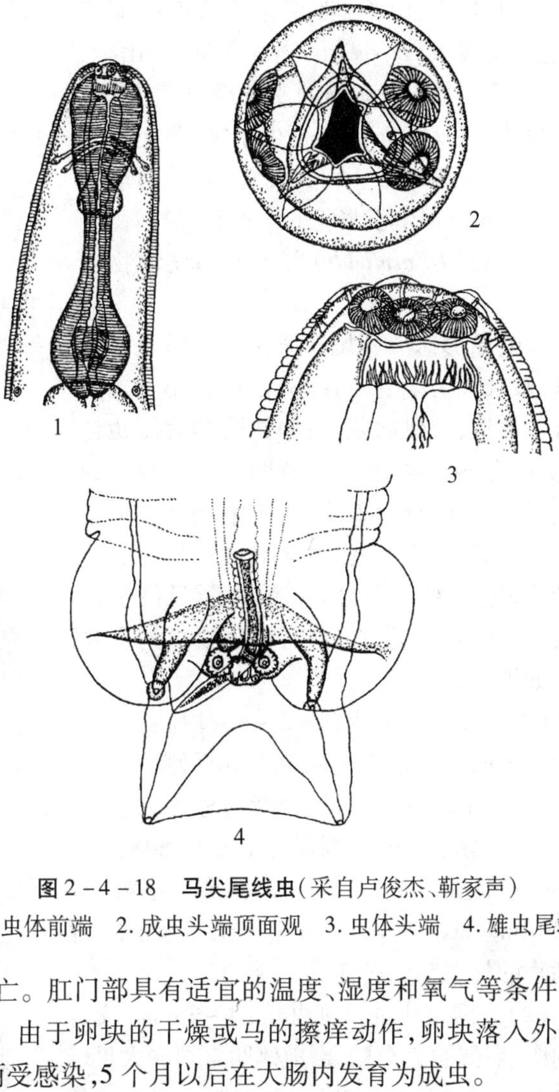

图2－4－18　马尖尾线虫（采自卢俊杰、靳家声）

1. 虫体前端　2. 成虫头端顶面观　3. 虫体头端　4. 雄虫尾端

2. **生活史**　雄虫交配后死亡。雌虫将虫体前部伸出肛门外，在肛门周围和会阴部皮肤上产卵，卵互相粘着，呈黄白色团块。雌虫产完虫卵后，皱缩死亡。肛门部具有适宜的温度、湿度和氧气等条件，经3～5日卵内发育形成第三期感染性幼虫。由于卵块的干燥或马的擦痒动作，卵块落入外界，马随污染的饲料或饮水吞食感染性虫卵而受感染，5个月以后在大肠内发育为成虫。

3. **临床症状**　雌虫产卵时引起肛门剧痒，患马以臀部擦痒，引起该部脱毛、发炎；继发细菌感染时，可引起化脓。患马不安，食欲差，消瘦。有的有肠炎症状。

4. **诊断**　可刮取肛门周围和会阴部的酪黄色污物，检查有无虫卵。粪便检查难发现虫卵。严重感染时，在粪便中可检出虫体。

5. **治疗**　驱虫可用丙硫咪唑（Albendazole）按每千克体重10mg，一次口服；或噻苯达唑（Thiabendazole）按每千克体重25～100mg。肛门周围和会阴部用石炭酸软膏杀灭虫卵和止痒。

四、圆线虫病

（一）网尾线虫病

网尾线虫病是由网尾科、网尾属（*Dictyocaulus*）的线虫寄生于反刍兽和马属动物的肺部所引起的一类肺线虫病。网尾科的线虫较大，故又称大型肺线虫。其中丝状网尾线虫（*D. filari-*

a）寄生于绵羊、山羊、骆驼等反刍兽的支气管；鹿网尾线虫（*D. eckerti*）寄生于绵羊、山羊、驯鹿、马鹿、羚牛等动物的支气管和气管；胎生网尾线虫（*D. viviparus*）寄生于牛、骆驼和多种野生反刍兽的支气管和气管；骆驼网尾线虫（*D. cameli*）寄生于骆驼的气管和支气管；安氏网尾线虫（*D. arnfieldi*）寄生于马属动物的支气管。

1. **病原形态** 网尾属线虫虫体呈乳白色丝状，较长。头端有4片小唇，口囊小。雄虫交合伞发达，前侧肋独立；中侧肋和后侧肋合二为一，有的仅末端分开；背肋为两个独立的分支，每枝末端分为2或3个指状突起。交合刺两根等长，呈暗褐色，为多孔性结构。引器色稍淡，也呈泡孔状构造。雌虫阴门位于体中部。虫卵内含幼虫。各种网尾线虫的主要特征如下：

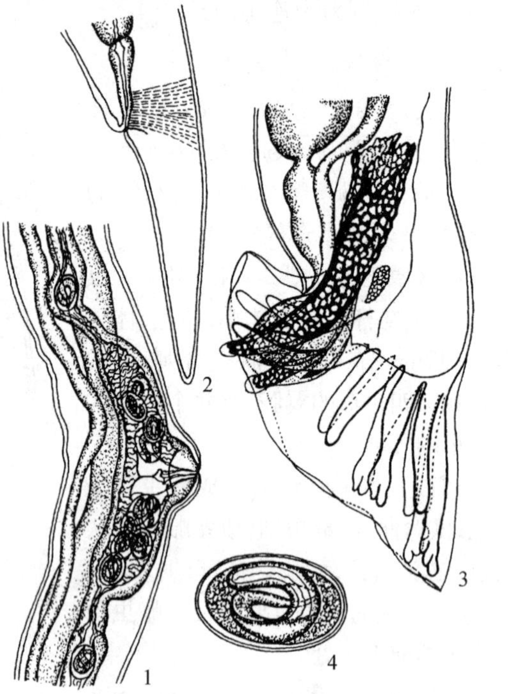

图2-4-19 丝状网尾线虫（采自卢俊杰、靳家声）
1. 雌虫阴门部 2. 雌虫尾端 3. 雄虫尾端 4. 虫卵

（1）丝状网尾线虫（图2-4-19） 雄虫长25~80mm，交合伞的中侧肋和后侧肋合二为一，只在末端稍分开，两个背肋分支末端各有3个小分支；交合刺靴形，长0.448~0.624mm。雌虫长43~112mm。虫卵大小为120~130μm×80~90μm。寄生于绵羊、山羊、鹿等动物的气管和支气管。

（2）鹿网尾线虫 雄虫长24~38mm，交合伞的中、后侧肋完全融合，前侧肋末端膨大呈球形；交合刺棒状，长0.203~0.249mm。雌虫长34~56mm。虫卵49~97μm×32~59μm。寄生于羊、鹿、驼鹿、羚牛等动物的呼吸道。

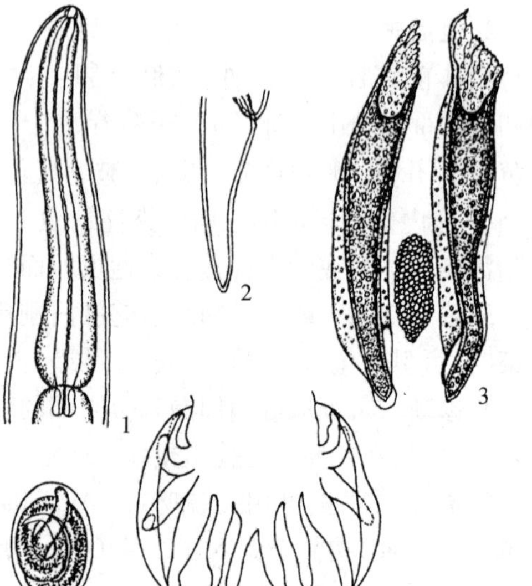

图2-4-20 胎生网尾线虫（采自卢俊杰、靳家声）
1. 成虫前端 2. 雌虫尾端 3. 交合刺与引器 4. 虫卵 5. 雄虫尾端

（3）胎生网尾线虫（图2-4-20） 雄虫长40~50mm，交合伞的中侧肋与后侧肋完全融合；交合刺棒状，长为0.22~0.27mm。雌虫长为60~80mm。虫卵大小为82~88μm×33~38μm。寄生于牛的气管和支气管。

（4）骆驼网尾线虫 雄虫长32~55mm，交合伞中、后侧肋完全融合，仅末端稍膨大；外背肋短；背肋末端各有呈梯级的3个分支；交合刺棒状，长为0.249~0.30mm。雌虫长为46~

68mm。虫卵大小为 49～99μm×32～49μm。寄生于单、双峰蛇的肺脏。

(5)安氏网尾线虫　雄虫长为 30～40mm,交合伞的中、后侧肋在开始时为一总干,后半段分开;交合刺棒状,长为 0.183～0.234mm。雌虫长为 55～70mm。虫卵大小为 49～83μm×25～49μm。寄生于马、驴、骡和斑马的气管和支气管。

2. 生活史　发育不需中间宿主。雌虫产出含幼虫的卵,卵随着咳嗽,经支气管、气管进入口腔,后被咽下,在消化道中孵出第一期幼虫。幼虫随粪便排出;但安氏网尾线虫虫卵多是在外界孵化。在外界经过一周,第一期幼虫蜕皮 2 次发育为感染性幼虫,经口感染宿主。幼虫钻入肠壁,进入肠系膜淋巴结蜕皮为四期幼虫,随淋巴循环进入心脏,再随血流到肺脏,进入支气管、气管,经最后一次蜕皮,逐渐发育为成虫。

3. 流行特点　网尾线虫的幼虫对热和干燥敏感,但可以耐低温。丝状网尾线虫在 4～5℃时,幼虫就可以发育,并且可以保持活力达 100d 之久。被雪覆盖的粪便,虽在 -20～-40℃气温下,其中的感染性幼虫仍不死亡。干粪中幼虫的死亡率比湿粪中的大得多。胎生网尾线虫的幼虫在适宜的外界条件下发育为感染性幼虫时间比较短,只需 3d 左右。温度低时,可能延迟至 11d。低于 10℃或高于 30℃不能发育到感染期。从感染宿主起到雌虫产卵需要 1～4 个月,一般为 21～25d。安氏网尾线虫与胎生网尾线虫很相似,感染性幼虫被宿主吞食后,经 35～40d 发育成为成虫。

成年动物比幼龄动物的感染率高,但虫体对羔羊、犊牛、幼驹等危害严重。成虫在牛羊体内的寄生期限依动物营养的好坏而不同,由两个月到一年不等。

4. 致病作用和症状　幼虫移行时,可导致肠黏膜、淋巴结、肺毛细血管的损伤和出现小出血点;成虫寄生时引起支气管、细支气管炎症,发生肺萎缩、肺气肿和广泛性肺炎。病羊表现咳嗽,尤以夜间和清晨出圈时明显,咳出的痰液中可含有虫卵、幼虫或成虫。常流鼻液,打喷嚏;逐渐消瘦、贫血,头胸部和四肢水肿,呼吸困难,重者死亡。

5. 诊断　根据临床症状(咳嗽)和发病季节(春季),可疑为网尾线虫病。进一步确诊,需用幼虫分离法检查粪便中的第一期幼虫。鉴别可根据幼虫的长度、特点来进行。丝状网尾线虫第一期幼虫头端较粗,有一特殊的扣状突起;胎生网尾线虫第一期幼虫头端钝圆,其上无扣状突构造,尾端短而尖。必要时还可进行寄生虫学剖检诊断。

6. 治疗

(1)丙硫咪唑(Albendazole)　按每千克体重 5～20mg,内服,效果较好。

(2)伊维菌素(Ivermectin)　按每千克体重 0.2～0.3mg,皮下注射。

(3)枸橼酸乙胺嗪(Diethylcarbamazine Citrate,海群生)　按每千克体重 200mg,混于饲料中给予,适用于童虫的驱除(感染后 14～25d 的虫体)。

7. 预防　预防措施包括保持牧场的清洁干燥,防止潮湿积水;注意饮水卫生;计划性驱虫以当地的具体情况而定,一般由放牧改为舍饲的前后进行一次驱虫,使家畜安全越冬,在 1～2 月初再进行一次驱虫,以避免春乏死亡;及时清扫粪便并堆积发酵,以杀灭病原;有条件的牧场,可进行轮牧;接种致弱幼虫苗,增强牛、羊的免疫力。

(二)原圆科线虫病

原圆科线虫病主要是由原圆科的原圆属(*Protostrongylus*)、缪勒属(*Muellerius*)、变圆属(*Varestrongylus*)等几个属的多种线虫寄生于羊的肺泡、毛细支气管、细支气管、肺实质等处引起的另一类肺线虫病。此类线虫多系混合感染，虫体细小，有的肉眼刚能看到，故又称小型肺线虫。该病分布广，羊的感染率高，感染强度大，常见种为毛样缪勒线虫（*Muellerius capillaris*）、柯氏原圆线虫（*Protostrongylus kochi*）和肺变圆线虫（*Varestrongylus pneumonicus*）。

1. **病原形态** 虫体非常纤小。雄虫的交合伞不发达，背肋单个，交合刺具膜质羽状的翼膜，引器由头、体和脚部组成；雌虫的阴门位于近肛门处。

（1）毛样缪勒线虫（图 2－4－21） 雄虫长为 11～26mm，和原圆科其他线虫不同之处在于其交合伞高度退化，雄虫尾部呈螺旋状卷曲，泄殖孔周围有许多乳突。背肋较其他肋发达，于后 1/4 处分为 3 枝。交合刺两根，长为 150～180μm，弯曲，近端部有翼膜，远端部分为两枝。引器 1 对，结构简单，不分为头、体、脚三部。副引器发达。雌虫长为 18～30mm。虫卵呈褐色，产出时细胞尚未分裂，大小为 82～104μm×28～40μm。寄生于绵羊、山羊、岩羊等动物的支气管和小肺泡。

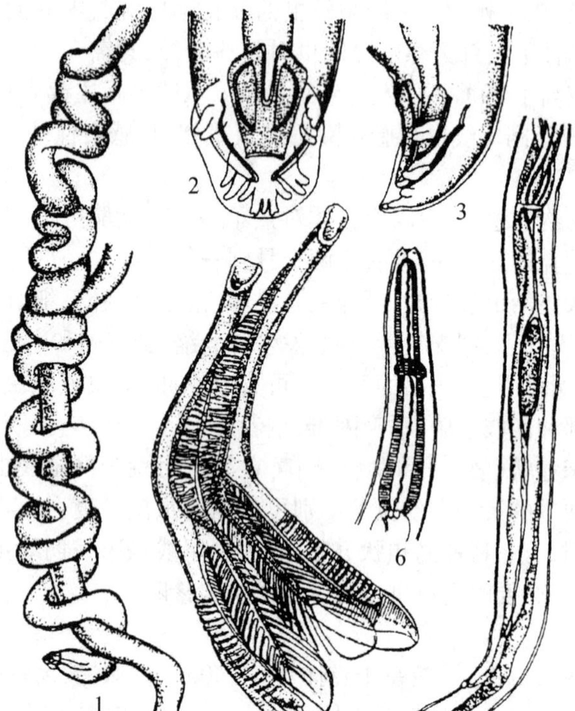

图 2－4－21 毛样缪勒线虫（仿 Boev）

1. 雄虫缠绕在雌虫身上（外形） 2. 雄虫尾部腹面观 3. 雄虫尾部侧面观
4. 交合刺 5. 雌虫后部 6. 头部

（2）柯氏原圆线虫（图 2－4－22） 虫体纤细红褐色。雄虫长为 24.3～30.0mm，交合伞小，背肋为一丘形的隆突，上有 6 个乳突；交合刺呈暗褐色；引器由头、体和脚三部分组成，头部有两个尖形的耳状结构，脚部末端有 3～5 个齿状突起；副引器发达。雌虫长 28～40mm。阴道内虫卵的大小为 69～98μm×36～54μm。寄生于绵羊、山羊等动物的支气管和细支气管等处。

(3)肺变圆线虫　同义名为舒氏歧尾线虫(*Bicaulus schulzi*)。虫体黄色,细线状。雄虫长13.77～23.10mm;交合伞较小;背肋呈圆扣状,其腹面有5个乳突;交合刺1对等长。引器由体与脚两部分组成,体部为单一的棒状;脚1对,上有4个小齿;副引器不发达。雌虫长22～27mm。虫卵椭圆形,大小为39～56μm×26～39μm。寄生于绵羊、山羊等动物的小支气管和细支气管。

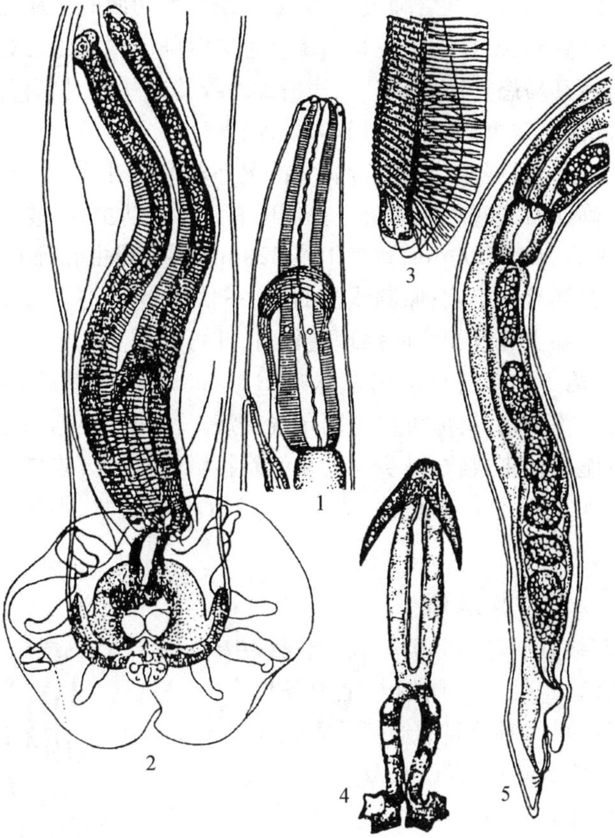

图2－4－22　柯氏原圆线虫(仿 Boev)

1.头部　2.雄虫尾部　3.交合刺远端　4.引器　5.雌虫尾部

2.生活史　原圆科线虫的发育需要多种螺类或蛞蝓作为中间宿主。虫卵产出后,发育孵化为第一期幼虫,后者沿细支气管上行到口腔,再转入肠道,随粪便排到外界,钻入中间宿主体内经2次蜕皮成为感染性幼虫。在中间宿主体内发育到感染期的时间,随温度和螺的种类而异;缪勒属线虫为8～98d,原圆属线虫一般为15～49d。感染性幼虫可自行逸出或留在中间宿主体内;羊吃草或饮水时,摄入感染性幼虫或含有感染性幼虫的中间宿主时遭受感染。幼虫钻入肠壁,到淋巴结,进行第三次蜕皮;后随血流移行至肺,在肺泡、细支气管或肺实质中完成第四次蜕皮,渐发育为成虫。从感染到发育为成虫的时间约为25～38d。

3.流行特点　第一期幼虫的生存能力较强。自然条件下,在粪便和土壤中可生存几个月;对干燥有显著的抵抗力,在干粪中可生存数周;在湿粪中的生存期更长。幼虫耐低温,在3～6℃时,生活得较好;还能抵抗冰冻,冰冻3d后仍有活力,12d后死亡;阳光直射可迅速使幼虫致死。

因为螺类以羊粪为食,幼虫通常不离开粪便,因而幼虫有更多的机会感染中间宿主。在螺体内的感染性幼虫,其寿命与螺的寿命同长,为12～18个月。除严冬软体动物休眠外,几乎全年均可发生感染。4～5月龄以上的羊,几乎都有虫体寄生,有的数量很大。

4.致病作用和症状　由于虫体的寄生和刺激,引起局部炎性细胞浸润、肺萎陷和实变,继之其周围的肺泡和末梢支气管发生代偿性气肿和膨大;当肺泡和毛细支气管膨大到破裂时,细菌乘机侵入，引起支气管肺炎；在肺脏边缘病灶切面的涂片上，可见到幼虫和成虫。

轻度感染时不显临床症状。重度感染时肺虚弱无力，这可以加剧宿主健康状况和抵抗力的降低，使其易患其他疾病。当病情加剧或接近死亡时，有呼吸困难、干咳或暴发性咳嗽等症状。并发网尾线虫病时，可引起大批死亡。

5. 诊断 根据症状和流行病学情况怀疑本病时，进行粪便幼虫检查；发现多量第一期幼虫时，可以确诊为本病。大约每克粪便中有 150 条幼虫时，被认为是有病理意义的荷虫量。第一期幼虫长为 300 ~ 400μm，宽为 16 ~ 22μm。缪勒线虫和肺变圆线虫的第一期幼虫尾部呈波浪形弯曲，背侧有一小刺；原圆线虫的第一期幼虫尾部亦呈波浪形弯曲，但无小刺。剖检时发现成虫、幼虫和虫卵及相应的病理变化时，即可确诊。

6. 防治 治疗药物可用左咪唑(Levamisole)、噻苯唑(Thiabendazole)或丙硫苯咪唑(Albendazole)等药物，具体可参考网尾线虫病。预防要根据当地情况进行计划性驱虫；应避免在低洼、潮湿的地带放牧，减少与陆地螺蛳接触的机会。放牧羊只应尽可能地避开中间宿主活跃的时间，如雾天、清晨和傍晚；成年羊与羔羊分群放牧，因为成年羊往往是带虫者，是感染的来源。

(三)后圆线虫病

后圆线虫病是由后圆科、后圆属(*Metastrongylus*)的线虫寄生于猪的支气管和细支气管所引起的肺线虫病。本病遍及全国各地，呈地方性流行，对散养的幼猪危害很大。常见的种为野猪后圆线虫(*M. apri*)和复阴后圆线虫(*M. pudendotectus*)，萨氏后圆线虫(*M. salmi*)很少见。

1. 病原形态 虫体呈乳白色或灰色长丝状，口囊很小，有 1 对呈三叶状的侧唇。交合伞明显，背叶小，全部肋均粗短，有的肋有一定程度的融合。交合刺 1 对，细长，末端有单钩或双钩。阴门紧靠肛门，前方覆一角质阴门盖。随粪便排出的虫卵中含有幼虫。

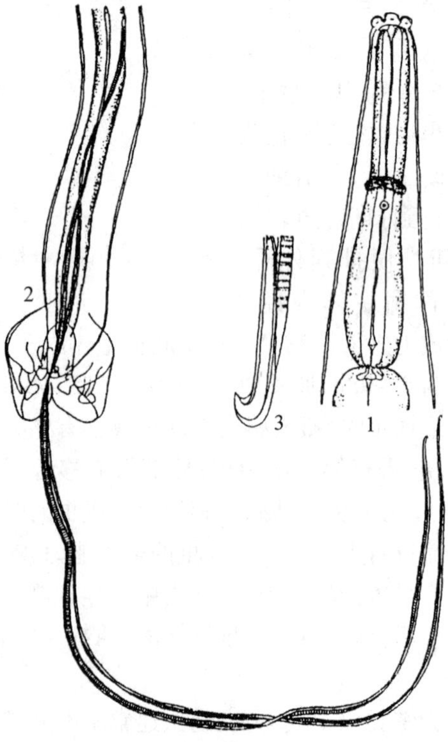

图 2-4-23 野猪后圆线虫(仿 Shultz et al)

1. 前部侧面 2. 雄虫尾部 3. 交合刺末端

(1)野猪后圆线虫(图 2-4-23) 又称长刺后圆线虫(*M. elongatus*)。雄虫长 11 ~ 25mm，交合伞的前侧肋大，末端膨大；中侧肋和后侧肋融合在一起；背肋极小。交合刺呈丝状，长 4.0 ~ 4.5mm，末端为单钩。无引器。雌虫长 20 ~ 50mm，阴道长，超过 2mm，阴门盖较大。尾长 90μm，稍弯向腹面。虫卵大小为 51 ~ 54μm × 33 ~ 36μm，内含有幼虫。寄生于家猪和野猪的气管。

(2)复阴后圆线虫　雄虫长16～18mm。交合刺长1.4～1.7mm,末端为双钩。有引器。雌虫长22～35mm。阴道短于1mm,尾直,阴门盖大而呈球形。虫卵大小为57～63μm×39～42μm。寄生于家猪和野猪的气管。

(3)萨氏后圆线虫　雄虫长17～18mm,交合刺长2.1～2.4mm,末端呈单钩形。雌虫长30～45mm。阴道长1～2mm,阴门盖较小。尾长95μm,稍弯向腹面。虫卵大小为52.5～55.5μm×33～40μm。寄生于家猪和野猪的气管。

2. **生活史**(图2－4－24)　后圆科线虫的发育是间接的,需以蚯蚓作为中间宿主。雌虫在细支气管和支气管中产卵,卵随气管黏液转至口腔被咽下,再随粪便排出外界,在外界孵出或不孵出第一期幼虫。虫卵或第一期幼虫被蚯蚓吞食后,在其体内蜕皮2次,约经10天发育至感染性幼虫;猪吞食了带有感染性幼虫的蚯蚓或由蚯蚓体内释出的感染性幼虫遭受感染。感染性幼虫在猪小肠内释出,钻入盲肠壁、结肠前段肠壁和肠淋巴结中,经1～5天发育,进行第三、第四次蜕皮;第五期幼虫经肠壁淋巴结系统,再随血流进入肺脏,移行至细支气管和支气管内发育为成虫。从感染幼虫到成虫排卵约经1个月左右。感染后5～9周排卵最多。

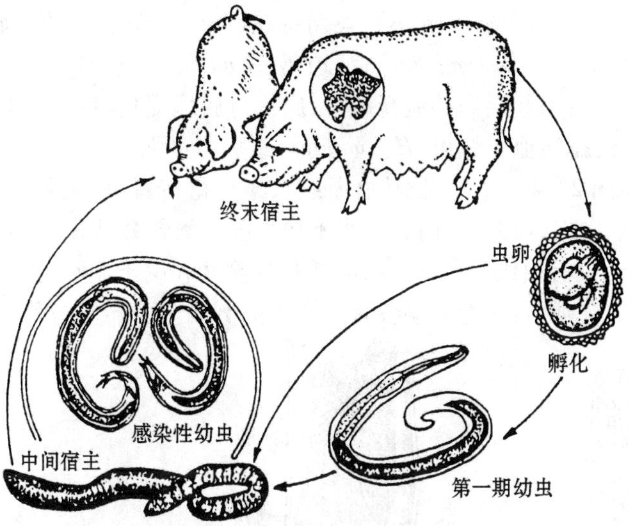

图2－4－24　猪后圆线虫的生活史

3. **流行特点**　在适合蚯蚓生活的地方,如疏松、潮湿,富有腐殖质的土壤环境中,猪最容易感染。本病的流行具有季节性,通常夏秋季节感染比较严重。虫卵对低温的抵抗力强,在潮湿的外界环境中,可以长期保持活力。第一期幼虫的存活力也很强,在水中可以生存6个月以上,在潮湿的土壤中可存活4个月之久。感染性幼虫可在蚯蚓体内长期保持感染性。猪的发病季节与蚯蚓的活动季节是一致的。多发生于6～12月龄的猪。

4. **致病作用和症状**　幼虫移行对肠壁及淋巴结的损害是轻微的,主要损害肺,呈支气管肺炎的病理变化。轻度感染时症状不明显,但影响生长发育。严重感染时,表现强有力的阵咳,呼吸困难,特别在运动、采食或遇冷空气刺激时更加剧烈;病猪贫血,食欲降低,生长缓慢。后圆线虫幼虫还可携带流感、猪瘟等病毒,从而加重病情,造成继发感染。

5. **诊断**　可根据症状和流行病学资料进行初步判断,确诊可用沉淀法或饱和硫酸镁(或硫代硫酸钠)溶液漂浮法检查虫卵。虫卵卵壳厚,表面有细小的乳突状突起,稍带暗灰色,内含幼虫。也可进行寄生虫学剖检，虫体多寄生在肺膈叶后缘，形成灰白色隆起，切开后可见有黏稠分泌物及白色丝状虫体。

6. 治疗

(1)伊维菌素(Ivermectin)　按每千克体重0.3mg，皮下或肌肉注射。

(2)丙硫咪唑(Albendazole)　按每千克体重10～20mg，混入饲料喂服。

(3)左咪唑(Levamisole)　按每千克体重8～15mg，拌入饲料口服。

7. 预防

(1)猪舍、运动场应保持干燥；舍内最好铺设水泥地面。

(2)及时清除粪便，并将粪便堆积发酵。

(3)对放牧猪，在夏秋季节进行定期驱虫具有较好的预防效果。

(四)血矛线虫病

寄生于牛、羊、骆驼和其他反刍兽真胃和小肠的毛圆科线虫种类很多，往往呈混合感染，分布遍及全国各地，引起的反刍兽毛圆线虫病，危害十分严重。反刍兽毛圆科的线虫主要有血矛属(*Haemonchus*)、长刺属(*Mecistocirrus*)、奥斯特属(*Ostertagia*)、马歇尔属(*Marshallagia*)、古柏属(*Cooperia*)、毛圆属(*Trichostrongylus*)、细颈属(*Nematodirus*)和似细颈属(*Nematodirella*)的许多种线虫，本科线虫所引起疾病的流行病学、症状与病理变化、诊断与防治等方面有许多共同点，其中以血矛属的捻转血矛线虫(*H. contortus*)致病力最强。

1. 病原形态(图2-4-25)　捻转血矛线虫亦称捻转胃虫，主要寄生于真胃，虫体因吸血而呈淡红色。头端尖细，口囊小，内有一背矛状小齿。颈乳突显著，呈锥形，伸向后侧方。雄虫长15～19mm，交合伞有由细长的肋支持着的长的侧叶和偏于左侧的一个由倒"Y"字形背肋支持着的小背叶。交合刺两根，近末端各有一个小的倒钩。引器呈梭形。雌虫长27～30mm，因

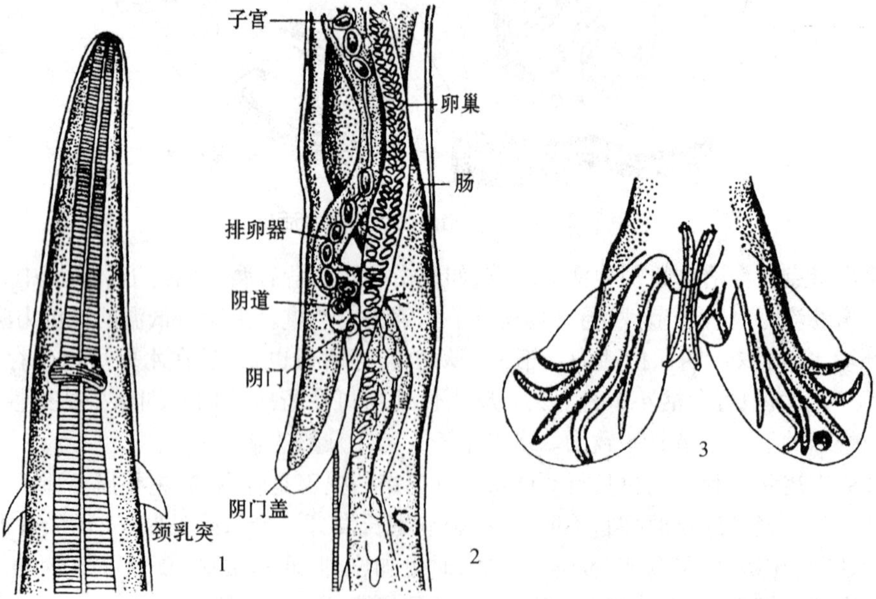

图2-4-25　捻转血矛线虫

1. 头端　2. 雌虫生殖孔部　3. 雄虫交合伞

白色的生殖器官环绕于红色含血的消化道周围,形成了红白线条相间的麻花状外观,故称捻转血矛线虫。阴门位于虫体后半部,有一显著的瓣状阴门盖。虫卵 75～95μm×40～50μm。

2. 生活史(图 2-4-26)　雌虫产出的桑葚期卵随粪排入外界后,约需 1 周左右发育为带鞘的第三期感染性幼虫,然后经口感染宿主,到达真胃后钻入黏膜发育,蜕皮一次,再返回胃腔经最后一次蜕皮逐渐发育为成虫。从感染至成熟约需 20d。

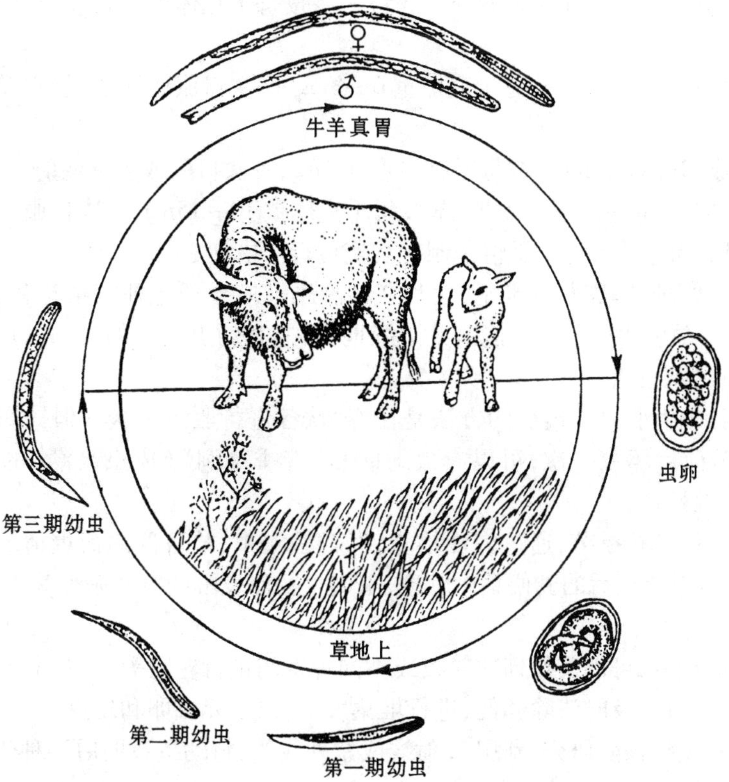

图 2-4-26　捻转血矛线虫的生活史

3. 流行特点　捻转血矛线虫成虫寿命大约为 1 年。雌虫每天可产卵 5000～10 000 个,卵在北方地区不能越冬。第三期幼虫抵抗力强,在一般草场上可存活 3 个月,不良环境中,可休眠达 1 年;该期幼虫有向植物茎叶爬行的习性及对弱光的趋向性,温暖时活性加强。此病感染流行甚广,各地普遍存在,多与其他毛圆科线虫混合感染,危害家畜。羊对捻转血矛线虫的再次感染有“自愈”现象。

4. 致病作用和症状　捻转血矛线虫的矛状刺可刺破胃黏膜,且分泌抗凝血酶,吸血夺取营养。据统计 2000 条虫体每天可吸血 30ml,同时,分泌的毒素干扰造血功能,因而导致宿主贫血;重度感染则导致严重贫血。大量寄生可使胃黏膜广泛损伤,发生溃疡。分泌毒素还抑制宿主神经系统的活动,并使宿主消化吸收机能紊乱。

急性型多见于羔羊,高度贫血,可视黏膜苍白,短期内引起大批死亡。亚急性型表现为黏膜苍白,下颌间、下腹部及四肢水肿,下痢便秘相交替,衰弱消瘦。慢性型病程长,发育不良,渐进性消瘦。

5.诊断 结合上述临床症状和当地的流行病学资料作出初步诊断。生前诊断可采用饱和食盐水漂浮法检查虫卵，但虫卵特征性不强，进一步鉴别，需作幼虫培养，对第三期幼虫进行鉴定。死后诊断可剖检查找虫体而确诊。

6.治疗

(1)丙硫咪唑(Albendazole) 牛、羊按每千克体重10~15mg，一次口服。

(2)氯氰碘柳胺钠(Closantel Sodium，三特) 牛按每千克体重5mg皮下注射；羊按每千克体重10mg皮下注射。

(3)左咪唑(Levamisole) 按每千克体重6~8mg，一次口服或注射，奶牛及奶山羊休药期不得少于3d。

(4)伊维菌素(Ivermectin) 按每千克体重0.2mg，一次口服或皮下注射。

(5)甲苯咪唑(Menbendazole) 牛、羊按每千克体重10~15mg，一次口服。

7.预防 根据当地的流行病学情况制定切实可行的措施。

(1)加强饲养管理，提高营养水平，尤其在冬春季节应合理地补充精料和矿物质，提高畜体自身的抵抗力。放牧牛羊应尽可能避开潮湿地带，避开幼虫活跃的时间，以减少感染机会。注意饲料、饮水的清洁卫生。

(2)应进行计划性驱虫。传统的方法是在春、秋各进行驱虫一次。但针对北方牧区的情况，在每年的春节前后驱虫一次，可以有效地防止"春季高潮"(成虫高潮)的到来，避免"春乏"造成牛、羊大批死亡。

(3)在流行区的流行季节，通过粪便检查，经常检测牛、羊畜群的荷虫情况，防治结合，减少感染源。同时应对驱虫后的粪便集中管理，采用生物热发酵的方法杀死其中的病原，以免污染环境。

(4)有条件的地方，可以实行划地轮牧或不同种畜间进行轮牧等，以减少牛、羊感染机会。

(5)加强粪便管理，及时清除粪便，进行堆集发酵，以杀死虫卵和幼虫。

(6)可以进行免疫预防研究，利用X射线或紫外线等，将幼虫致弱后接种于牛、羊，在国外已获成功。

(五)仰口线虫病

牛、羊仰口线虫病也称钩虫病，是由钩口科、仰口属(*Bunostomum*)的羊仰口线虫(*B. trigonocephalum*)和牛仰口线虫(*B. phlebotomum*)所引起的一类线虫病，以贫血为主要特征。前者主要寄生于羊的小肠；后者主要寄生于牛的小肠(主要是十二指肠)。该病广泛流行于我国各地，对牛、羊的危害很大，并可以引起死亡。

1.病原形态 本属线虫的特点是头部向背侧弯曲(仰口)。口囊大呈漏斗状，口孔腹缘有1对半月形切板，口囊内有背齿1个，亚腹齿若干，随种类不同而异。雄虫交合伞的外背肋不对称。雌虫的阴门在虫体中部之前。

(1)羊仰口线虫(图2-4-27) 虫体乳白色或淡红色。口囊底部背侧生有1个大背齿，背沟由此穿出；底部腹侧有1对小的亚腹侧齿。雄虫长12.5~17.0mm。交合伞发达。外背肋不对称，右外背肋细长，由背肋的基部伸出；左外背肋短，由背肋的中部伸出。交合刺等长，扭曲，褐色，长0.57~0.71mm。无引器。雌虫长15.5~21.0mm，尾端钝圆。阴门位于虫体中部前方不远处。虫卵具有一定特征性：色深，大小为79~97μm×47~50μm，两端钝圆，两侧平直,内有 8～16 个胚细胞。主要寄生于羊,也寄生于牛、岩羊、羚羊等动物的小肠。

(2)牛仰口线虫(图 2－4－27)　形态和羊仰口线虫相似,但口囊底部腹侧有两对亚腹侧齿;雄虫的交合刺长 3.5～4.0mm,为羊仰口线虫的 5～6 倍。雄虫长 10～18mm,雌虫长 24～28mm。卵的大小为 106μm×46μm,两端钝圆,胚细胞呈暗黑色。主要寄生于牛,也寄生于羊等动物的小肠。

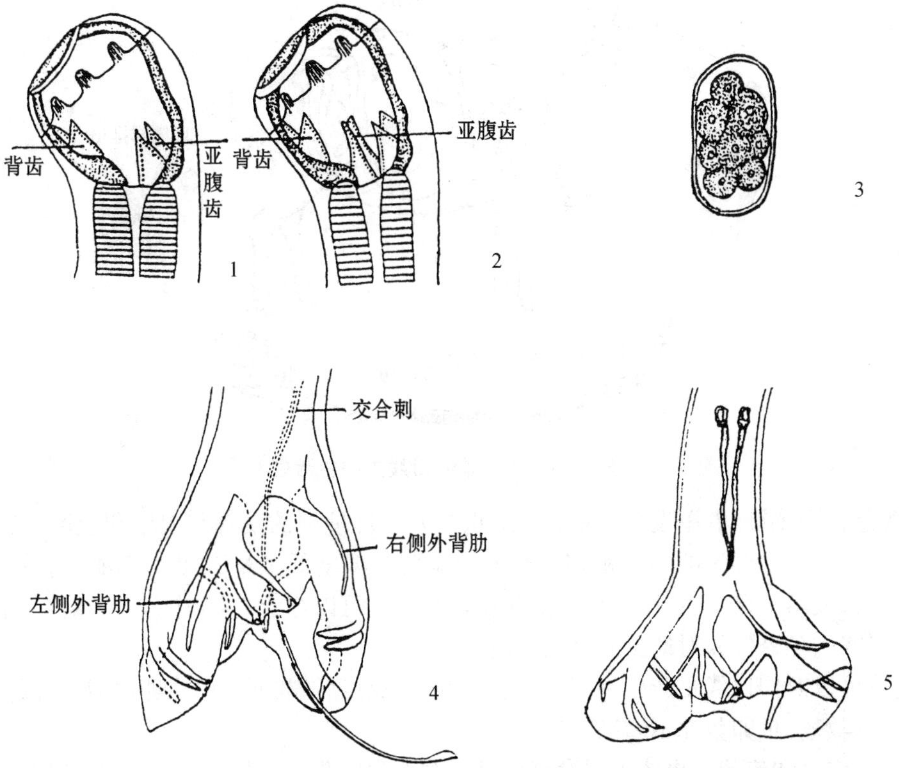

图 2－4－27　牛、羊仰口线虫

1. 羊仰口线虫头部　2. 牛仰口线虫头部　3. 卵　4. 牛仰口线虫雄虫尾部　5. 羊仰口线虫雄虫尾部

此外,我国南方的牛尚有莱氏旷口线虫(*Agriostomum vryburgi*),头端稍向背面弯曲。口囊浅,口缘有 4 对大齿;食道前端扩大呈漏斗状;并有 1 个不明显的叶冠。雄虫长 9.2～11.0mm;雌虫长 13.5～15.5mm;卵的大小为 125～195μm×60～92μm。

2. **生活史**(图 2－4－28)　虫卵随粪便排出体外。在适宜的温度和湿度条件下,经 4～8d 形成第一期幼虫;幼虫从卵内逸出,经 2 次蜕化,变为感染性幼虫。感染性幼虫可经两种途径进入牛、羊体内。一是感染性幼虫随污染的饲草、饮水等经口感染,在小肠内直接发育为成虫,此过程需 25d;二是感染性幼虫经皮肤钻入感染,进入血液循环,随血流到达肺脏,再由肺毛细血管进入肺泡,在此进行第三次蜕化发育为第四期幼虫,然后幼虫上行到支气管、气管、咽、口腔,再返回小肠,进行第四次蜕化,发育为第五期幼虫,逐渐发育为成虫,此过程需 50～60d。实验表明,经皮肤感染时,可以有 85% 的幼虫得到发育;而经口感染时,只有 12%～14% 的幼虫得到发育。

3. **流行特点**　仰口线虫病分布于全国各地,在比较潮湿的草场放牧的牛、羊流行更为严

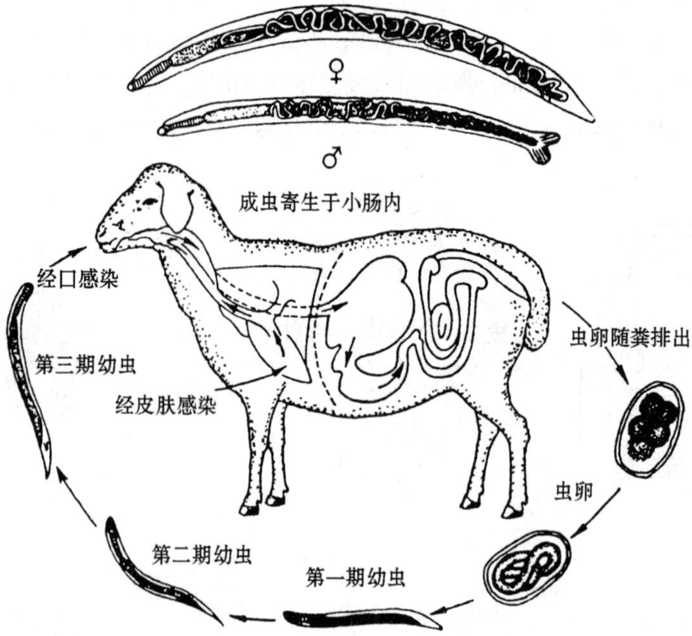

图 2-4-28 羊仰口线虫的生活史

重。一般是秋季感染,春季发病。虫卵和幼虫在外界环境中的发育与温度和湿度有密切的关系,最适宜的条件是潮湿的环境和 14～31℃的温度。温度低于 8℃,幼虫不能发育;35～38℃时,仅能发育成第一期幼虫;感染性幼虫在夏季牧场上可以存活 2～3 个月;在春秋季节生活时间较长;严寒的冬季气候对幼虫有杀灭作用。

牛、羊可以对仰口线虫产生一定的免疫力,产生免疫后,粪便中的虫卵数减少,即使放牧于严重污染的牧场,虫卵数亦不增高。

4. 致病作用和症状 虫体不同发育期对宿主的致病作用不同。幼虫侵入皮肤时,引起发痒和皮炎。幼虫移行到肺时引起肺出血。寄生在小肠的虫体危害最大,成虫以其强大的口囊吸附在小肠壁上,用切板和齿刺破肠黏膜,大量吸血。据统计每 100 条虫体每天可吸血 8ml,失去 4μg 铁,且吸血过程中频繁移位,同时分泌抗凝血酶,造成肠黏膜多处持续出血。此外,虫体分泌的毒素,可以抑制红细胞的生成。这些就导致了宿主的贫血。

临床上可见患病牛、羊进行性贫血,严重消瘦,下颌水肿,顽固性下痢,粪便带血。幼畜发育受阻,有时出现神经症状,如后躯无力或麻痹,最后陷入恶病质而死亡。据试验,牛体内有 1000 条虫体时,即可引起死亡。

5. 诊断 根据临床症状进行粪便检查,发现大量的虫卵。剖检时,在十二指肠和空肠找到多量虫体和相应的病理变化即可确诊。

6. 治疗 结合对症支持疗法,可以选用左咪唑(Levamisole)、丙硫咪唑(Albendazole)、甲苯咪唑(Menbendazole)、噻苯唑(Thiabendazole)、伊维菌素(Ivermectin)等药物进行驱虫,具体剂量和用法可参考血矛线虫病。

7. 预防 预防措施包括定期驱虫,保持厩舍清洁干燥,严防粪便污染饲料和饮水,避免牛羊在低洼潮湿地放牧,注意牧场的排水等。

(六)猪钩虫病

猪钩虫病主要是由钩口科、球首属(*Globocephalus*)的一些线虫寄生在猪的小肠内所引起的寄生性线虫病。主要虫种有长尖球首线虫(*G. longemucronatus*)(又称为长刺圆口钩虫)、萨摩亚球首线虫(*G. samoensis*)、椎尾球首线虫(*G. urosubulatus*)(又称猪钩虫或针尖球首线虫或康氏球首线虫 *G. connorfilli*)。

除球首线虫外,有时尚可见其他一些属的钩虫也可感染猪,如钩口属(*Ancylostoma*)的十二指肠钩虫(*A. duodenale*)和犬钩虫(*A. caninum*)、板口属(*Necator*)的美洲板口线虫(*N. americanus*)、弯口属(*Uncinaria*)的狭头弯口线虫(*U. stenocephala*)等。

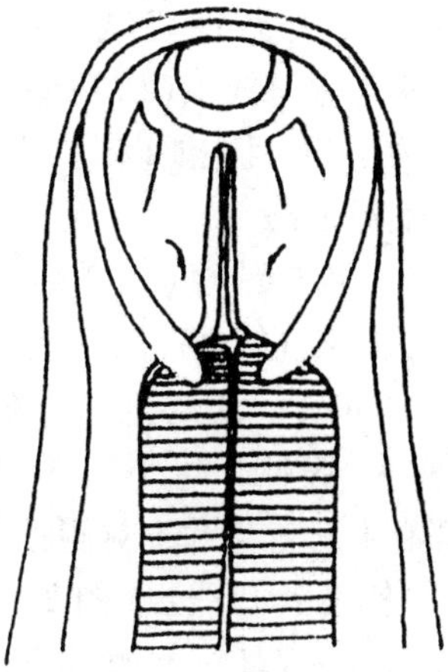

图 2-4-29 椎尾球首线虫头部
(仿 Mönning)

1. 病原形态(图 2-4-29) 球首属线虫虫体粗短,口孔亚背位,口囊呈球形或漏斗状,外缘有角质环,无叶冠。口囊底部有 1 对亚腹齿。背沟明显。雄虫背肋末端分为 2 支,每支末端形成 3 个指状突出,交合刺纤细。雌虫尾端呈尖刺状,阴门位于虫体中部后方。虫卵呈卵圆形,灰色,壳薄,卵细胞颜色较深。

(1)长尖球首线虫 口囊内无齿。雄虫长约 7mm,雌虫长约 8mm。寄生于家猪、野猪和鹿的小肠。

(2)萨摩亚球首线虫 口囊内有 2 枚齿。雄虫长为 4.5~5.5mm,雌虫长为 5.2~5.6mm。寄生于猪的小肠。

(3)椎尾球首线虫 口囊内有 2 枚亚腹齿。雄虫长为 4.4~5.5mm,雌虫长为 5~7.5mm。寄生于猪小肠。

2. 生活史和流行特点 虫卵排至外界后,在适宜的条件下,经一定时间发育为感染性的第三期幼虫阶段。感染途径有两条:一种是经口感染,通过猪的采食、饮水,虫体进入消化道,到寄生部位发育为成虫。个别的感染后,进入肠壁血管,随血液循环,经肝、肺、支气管、气管逆行到口腔,再吞咽入小肠中寄生。另一种是经皮肤感染,幼虫钻入皮肤,沿血流经心、肺、支气管上升到口腔,再入肠管发育成熟。

在气候温暖(14~31℃)、地面潮湿、猪只拥挤的情况下易发病,可造成严重贫血,死亡病例主要发生于仔猪。

3. 症状和诊断 临床表现为肠卡他,肠黏膜有时有出血点。感染严重时,腹痛,下痢,粪便常含有血液,呈棕黑色,并混有黏液。患猪黏膜苍白,消化紊乱,严重贫血消瘦。

诊断可用饱和盐水漂浮法检查粪便中的虫卵,卵细胞颜色较深,仅 4~16 个,易于辨认。也可用轻泻性饲料或泻剂给猪喂食,待泻下后,检查粪便中的虫体。或剖检后在寄生部位找成虫。

4. 防治 治疗可用噻苯唑(Thiabendazole)、伊维菌素(Ivermectin)、丙硫咪唑(Albendazole)等。

预防可采取有计划地进行定期性驱虫;加强猪舍卫生,保持干燥、清洁。粪便及时清理,堆积发酵。由于有的钩虫种类可以在人和其他动物的体内寄生,所以也需注意不同动物间的相互传播。

（七）犬、猫钩虫病

犬、猫钩虫病是由钩口科的钩口属(*Ancylostoma*)、板口属(*Necator*)和弯口属(*Uncinaria*)的一些线虫所引起，是犬、猫较为常见的重要线虫病之一。主要的种类有犬钩口线虫(*A. caninum*)、锡兰钩口线虫(*A. ceylanicum*)、管形钩口线虫(*A. tubaeforme*)、美洲板口线虫(*N. americanus*)和狭头弯口线虫(*U. stenocephala*)，寄生部位为小肠，且主要以十二指肠为主。

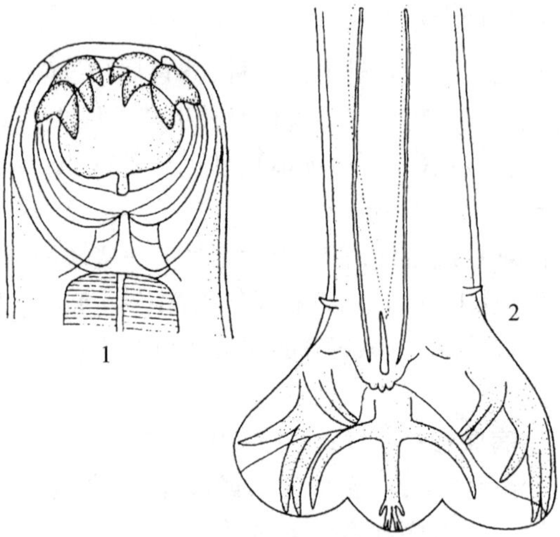

图2-4-30 犬钩口线虫(仿 Mönning)

1. 头端背面 2. 雄虫尾部

1. 病原形态

(1)犬钩口线虫(图2-4-30) 寄生于犬、猫、狐的小肠，偶寄生于人。虫体长10~16mm，呈淡红色。前端向背侧弯曲，口囊大，腹侧口缘上有3对大齿。口囊深部有1对背齿和1对侧腹齿。卵大小为60μm×40μm，刚排出的卵内含8个卵细胞。

(2)锡兰钩口线虫(图2-4-31) 寄生于犬、猫、豹猫、小灵猫、虎、狮、豹等动物和人。雄虫长5.28~7.14mm，雌虫长7.14~8.76mm。口孔腹面内缘有两对齿，侧方的1对较大，近中央的1对较小。本虫与巴西钩口线虫(*A. braziliense*)很相似，应注意区别。

(3)美洲板口线虫 寄生于人、犬、大猩猩、犀牛等宿主。雄虫长为5~9mm，雌虫长为9~11mm。虫体头端弯向背侧，口孔腹缘上有1对半月形切板。口囊呈亚球形，底部有2个三角形亚腹侧齿和2个亚背侧齿。虫卵大小为67~76μm×38~40μm。

(4)管形钩口线虫 是猫的普通钩虫。雄虫长为9.5~10.0mm，雌虫长为12~15mm。本虫与犬钩口线虫非常相似，应注意区别。

(5)狭头弯口线虫 寄生于犬、猫、貂、狐、熊、狼、猪等动物。较犬钩口线虫小，虫体呈淡黄色，两端稍细，头端弯向背面。雄虫长为6~11mm，雌虫长为7~12mm。口孔腹面有1对半月形切板。口囊发达，接近口囊底部有1对亚腹侧齿，无背椎。虫卵与犬钩口线虫虫卵相似，大小为69~75μm×32μm。

2. 生活史 虫卵随宿主粪便排出体外后，在适宜的温度和湿度条件下，在一周内经2次蜕皮发育为感染性的第三期幼虫。其感染途径有三：其一，感染性幼虫经皮肤侵入，进入血液，经心脏、肺脏、呼吸道、口腔、食道和胃，而进入小肠内定居，此途径较为常见；其二，是经口感染，犬、猫食入感染性幼虫，幼虫可能经肺移行，但多系钻进胃、肠壁，经一段时间的发育后，重返肠腔发育为成虫。其三，是经胎盘感染，幼虫移行至肺静脉，经体循环进入胎盘，从而使胎儿感染，此途径较少见。弯口属线虫多以经口感染为主，幼虫移行一般不经肺。

3. 流行特点 犬、猫钩虫病分布甚广，在我国华东、中南、西北和华北等温暖地区广泛流行，一般危害1岁以内的幼犬和幼猫，哺乳幼犬的一个重要感染方式是吮乳感染；成年动物多由于年龄免疫而不发病。潮湿、阴暗的畜舍有利于本病的流行，日光直射、干燥或加热可杀死幼虫。

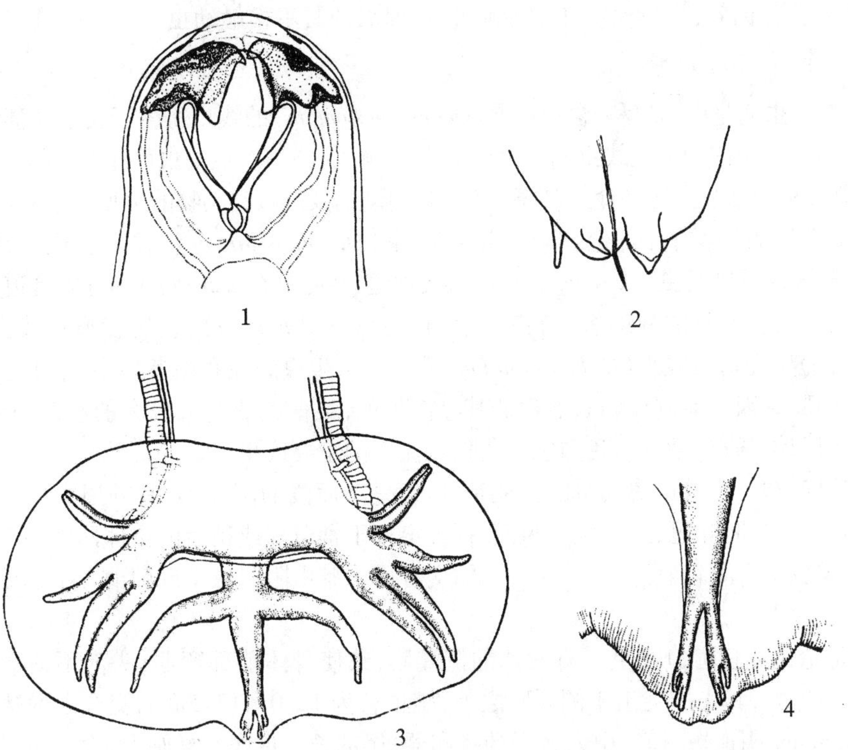

图2-4-31　锡兰钩口线虫(仿陈清泉)

1. 头部　2. 生殖锥侧面观　3. 交合伞　4. 交合伞的背肋

4. 症状和病变　幼虫钻入皮肤时可引起瘙痒、皮炎,也可继发细菌感染,其病变常发生在趾间和腹下被毛较少处。幼虫移行阶段:一般不出现临床症状,有时大量幼虫移行至肺可引起肺炎。成虫寄生阶段:虫体吸着于小肠黏膜上,不停地吸血,并从肛门排出血液;虫体还可分泌抗凝血素,延长凝血时间;再加上虫体不断变换吸血部位,造成动物大量失血,体内的铁和蛋白质不断消耗。因此急性感染病例,主要表现为贫血、倦怠、呼吸困难。哺乳期幼犬多数感染较为严重,常伴有血性或黏液性腹泻,粪便呈柏油状。血液检查可见白细胞总数增多、嗜酸性粒细胞比例增大,血色素下降,病畜营养不良,严重感染者可引起死亡。

尸体剖检可见:血液稀薄,小肠黏膜苍白肿胀,上有出血点,肠内容物混有血液,肠黏膜上有许多虫体。

5. 诊断　根据流行病学资料、临床症状和病原学检查进行综合诊断。临床症状主要特点是:贫血、黑色柏油状粪便、肠炎,并有低铁、低蛋白性血症表现。病原检查方法主要是用粪便漂浮法检查虫卵和贝尔曼法分离犬、猫栖息地土壤或垫草内的幼虫;剖检时发现虫体即可确诊。

6. 治疗　可用左咪唑(Levamisole)、丙硫咪唑(Albendazole)、甲苯咪唑(Menbendazole)、碘化噻唑青胺(Dithiazanine iodide)、二碘硝基酚(Disophenol)和伊维菌素(Ivermectin)等药物进行驱虫;同时配合给予含铁补剂或输血等对症治疗。

7. 预防　定期有计划地进行驱虫;注意保持犬、猫舍的干燥和清洁卫生;及时清理粪便,并进行生物热处理;定期用硼酸盐溶液、火焰或蒸汽对动物经常活动的地方及用具进行消毒;成年犬与幼犬分开饲养;尽量保护怀孕和哺乳的动物,使其不接触幼虫。

(八)食道口线虫病

食道口线虫病是由盅口科、食道口属(*Oesophagostomum*)的线虫寄生于反刍家畜和猪的大肠(主要是结肠)所引起的一类线虫病。由于某些种类的食道口线虫幼虫可在寄生部位的肠壁上形成结节,故又称为结节虫病。食道口线虫也是鹿科动物及灵长类动物的常见寄生虫之一。

牛、羊常见的种类有:哥伦比亚食道口线虫(*O. columbianum*)、辐射食道口线虫(*O. radiatum*)、微管食道口线虫(*O. venulosum*)、粗纹食道口线虫(*O. asperum*)和甘肃食道口线虫(*O. kansuensis*)等。猪常见的种类有:有齿食道口线虫(*O. dentatum*)、长尾食道口线虫(*O. longicaudum*)和短尾食道口线虫(*O. brevicaudum*)等。该寄生虫病在我国各地牛、羊中普遍存在,可使有病变的肠管因不能制作肠衣而降低其经济价值,给畜牧业造成较大的经济损失。猪严重感染时可引起结肠炎,是目前我国规模化猪场流行的主要线虫病之一。

1. 病原形态 食道口属线虫的特征是:口囊呈小而浅的圆筒形,其外周为一显著的口领,口孔周围有 1~2 圈叶冠;颈沟位于腹面,颈乳突位于食道部或稍后的虫体两侧,有或无头泡及侧翼膜。雄虫交合伞较发达,有 1 对等长的交合刺。雌虫阴门位于肛门前方不远处,排卵器发达,呈肾形。

(1)哥伦比亚食道口线虫 有发达的侧翼膜,致使身体前部弯曲;头泡不甚膨大;颈乳突在颈沟的稍后方,其尖端突出于侧翼膜之外;雄虫长为 12.0~13.5mm,交合伞发达;雌虫长为 16.7~18.6mm,阴道短,横行引入肾形的排卵器;尾部长。虫卵呈椭圆形,大小为 73~89μm × 34~45μm。主要寄生于羊,也寄生于牛和野羊的结肠。

(2)微管食道口线虫 无侧翼膜,前部直;口囊较宽而浅;颈乳突位于食道后面;雄虫长为 12~14mm;雌虫长为 16~20mm。主要寄生于羊,也寄生于牛和骆驼的结肠。

(3)粗纹食道口线虫 无侧翼膜;口囊较深,头泡显著膨大;颈乳突位于食道后方;雄虫长为 13~15mm;雌虫长为 17.3~20.3mm。主要寄生于羊的结肠。

(4)辐射食道口线虫 侧翼膜发达,前部弯曲;缺外叶冠,内叶冠也只是口囊前缘的一小圈细小的突起,有 38~40 叶;头泡膨大,上有一横沟,将头泡区分为前后两部分;颈乳突位于颈沟的后方;雄虫长为 13.9~15.2mm;雌虫长为 14.7~18.0mm。寄生于牛的结肠。

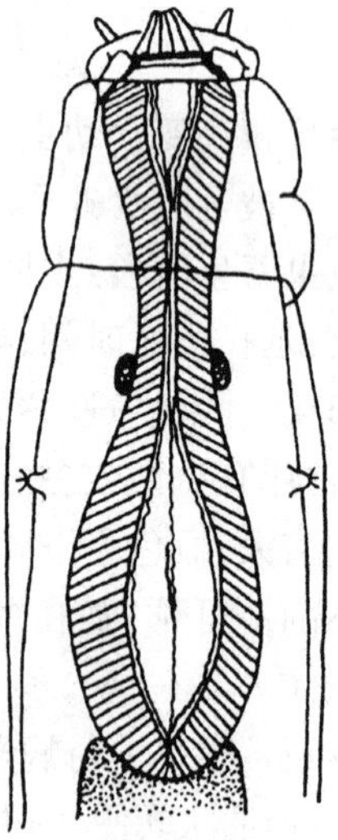

图 2-4-32 长尾食道口线虫前部腹面

(仿熊大仕、孔繁瑶)

(5)甘肃食道口线虫 有发达的侧翼膜,前部弯曲;头泡膨大;颈乳突位于食道末端或前或后的侧翼膜内,尖端稍突出于膜外;雄虫长为 14.5~16.5mm;雌虫长为 18~22mm。寄生于绵羊的结肠。

(6)有齿食道口线虫 虫体乳白色;雄虫长为 8~9mm,交合刺长为 1.15~1.30mm;雌虫长为 8.0~11.3mm,尾长为 0.35mm。寄生于猪的结肠。

（7）长尾食道口线虫（图 2－4－32）　虫体呈灰白色；雄虫长为 6.5～8.5mm，交合刺长为 0.9～0.95mm；雌虫长为 8.2～9.4mm，尾长为 0.4～0.46mm。寄生于猪的盲肠和结肠。

（8）短尾食道口线虫　雄虫长为 6.2～6.8mm，交合刺长为 1.05～1.23mm；雌虫长为 6.4～8.5mm，尾长仅 0.081～0.12mm。寄生于猪的结肠。

2. 生活史　牛、羊食道口线虫虫卵随粪便排出体外，在外界适宜的条件下，经 10～17h 孵出第一期幼虫；经 7～8d 蜕化 2 次变为第三期幼虫，即感染性幼虫。牛、羊摄入被感染性幼虫污染的青草和饮水而遭感染。感染后 36h，大部分幼虫已钻入小结肠和大结肠固有层的深处导致肠壁形成卵圆形结节，幼虫在结节内进行第三次蜕化成为第四期幼虫。幼虫在结节内停留的时间，常因家畜的年龄和抵抗力（免疫力）而不同，短的经过 6～8d，长的需 1～3 个月或更长，甚至不能完成其发育。幼虫从结节内返回肠腔后，经第四次蜕化发育为第五期幼虫，进而发育为成虫。哥伦比亚食道口线虫和辐射食道口线虫的幼虫可在肠壁上形成结节。

猪食道口线虫虫卵随粪便排出后，在外界适宜的条件下，发育为感染性的第三期幼虫。猪经口感染后，幼虫在小肠内脱皮，感染后 1～2d 移行至结肠侵入黏膜深部，形成直径 1～6mm 的结节；在感染后 6～10d，幼虫在结节内蜕化，形成第四期幼虫；之后返回大肠肠腔，再次蜕化形成第五期幼虫。感染后经过 1～2 个月发育为成虫。

3. 流行特点　牛、羊食道口线虫虫卵在相对湿度 48%～50%，平均温度为 11～12℃时，可生存 60d 以上；在低于 9℃时，虫卵不能发育；第一、第二期幼虫对干燥敏感，极易死亡。第三期幼虫有鞘，抵抗力较强，在适宜条件下可存活几个月，但冰冻可使之致死。温度在 35℃以上时，所有的幼虫迅速死亡。感染性幼虫适宜于潮湿的环境，尤其是在有露水或小雨时，幼虫便爬到青草上；因此，牛、羊的感染主要发生在春、秋季；且主要侵害羔羊和犊牛。

猪食道口线虫的感染性幼虫可以越冬，虫卵和幼虫对干燥和高温的耐受性较差，虫卵在 60℃高温下迅速死亡。潮湿的环境有利于虫卵和幼虫的发育和存活。猪在采食或饮水时吞进感染性幼虫而发生感染。集约化方式饲养的猪和散养的猪都有发生，成年猪被寄生的较多。

4. 致病作用和症状　食道口线虫幼虫的危害较大，其钻入肠壁引起炎症，机体免疫反应导致局部形成结节，结节在肠的浆膜面破溃时，可引发腹膜炎；有时可发生坏死性病变。在新形成的小结节中，常可发现幼虫；有时可发现结节钙化，使宿主消化吸收受到影响。结节主要是在成年动物多次感染后形成，幼龄动物初次感染一般很少形成结节；另外，结节的形成和表现形式与虫种有关。食道口线虫成虫寄生于肠道，分泌毒素，可加重结节性肠炎的发生。

临床症状的有无及严重程度与感染虫体的数量和机体的抵抗力有关。如 1 岁以内的羊寄生 80～90 条，年龄较大的羊寄生 200～300 条虫体时，即为严重感染。重度感染可使羔羊、仔猪发生持续性腹泻。粪便呈暗绿色，含有多量黏液，有时带血，严重时引起死亡。慢性病例患畜则表现为便秘和腹泻交替发生，渐进性消瘦，下颌水肿，最后可因机体衰竭而死亡。

5. 诊断　根据临床症状，进行生前粪便检查，可检出大量虫卵；鉴别则需进行幼虫培养。结合剖检在肠壁发现大量结节，在肠腔内找到虫体，即可确诊。

6. 防治　可用噻苯唑（Thiabendazole）、左咪唑（Levamisole）、氟苯达唑（Flubendazole）、伊维菌素（Ivermectin）等药物驱虫；对重症患畜应进行对症治疗。

预防措施包括定期驱虫，加强营养。及时清理粪便，保持饲草和饮水卫生，改善牧场环境。提高放牧技术，避免牛、羊在感染季节到污染严重的牧场放牧等。

(九)禽比翼线虫病

禽比翼线虫病是由比翼科、比翼属(*Syngamus*)的斯氏比翼线虫(*S. skrjabini*)和气管比翼线虫(*S. trachea*)主要寄生于鸡,除鸡外还可寄生于鹅、鸭、火鸡、雉鸡、吐绶鸡、珍珠鸡和多种野禽的气管内所引起的呼吸系统疾病。发病特点为张口呼吸,因而又称为开口虫病。主要侵害幼禽,患鸡常因呼吸困难而导致窒息死亡。

1. 病原形态 虫体呈红色。头端膨大,呈半球形。口囊宽阔成杯状,其外缘形成1个较厚的角质环,底部有三角形小齿。雌虫远比雄虫大,阴门位于体前部。雄虫细小,交合伞厚,肋粗短,交合刺短小。雄虫通常以其交合伞附着于雌虫阴门部,构成"Y"字形外观,故得名比翼线虫。虫卵两端有厚的卵盖。

(1)气管比翼线虫(图2-4-33) 雄虫长2~4mm,雌虫长7~20mm。口囊底部有齿6~10个。虫卵大小为78~110μm×43~46μm,内有16个卵细胞。

(2)斯氏比翼线虫 雄虫长为2~4mm,雌虫长为9~26mm。口囊底部有6个齿。卵椭圆形,大小为90μm×49μm。

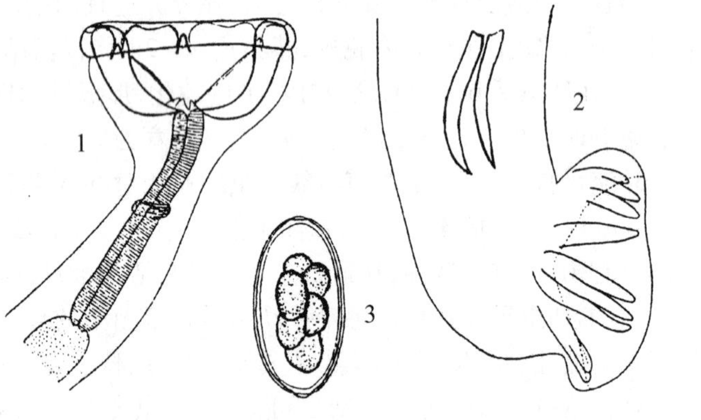

图2-4-33 气管比翼线虫(仿 Yorke et al)

1. 头部侧面 2. 交合伞侧面 3. 虫卵

2. 生活史 雌虫在气管产卵,卵随咳嗽进入口腔,被咽入消化道后,随粪便排到体外(卵也可直接由口腔咳出体外)。卵在适宜的温度(25℃)和湿度(85%~90%)下,幼虫在卵壳内蜕皮2次发育为第三期感染性幼虫,即形成感染性虫卵,这种虫卵在土壤中可生存8~9个月。感染宿主的方式有三种:一是感染性虫卵被终末宿主啄食感染;二是感染性幼虫从卵内孵出,终末宿主摄食了感染性幼虫而感染;三是感染性虫卵或感染性幼虫被贮藏宿主(蛞蝓、陆生螺、蝇和蚯蚓等无脊椎动物)摄食,终末宿主再啄食了这类贮藏宿主,造成感染。

终末宿主经口感染后,幼虫钻入肠壁,经血流到肺,再转至肺泡。感染后6h,可在肺泡内见到幼虫;感染后第三天,可在肺泡内见到第四期幼虫,之后幼虫上行到细支气管和支气管;感染后第五天,在细支气管和支气管内蜕最后一次皮,变为第五期幼虫;感染后第七天,可在气管中见到虫体;感染后第18~20d,气管中的虫体发育至性成熟。

3. 流行特点 本病呈地方性流行,主要发生于放养的鸡群,各年龄鸡均易感,但主要危害雏鸡。缺乏维生素A、钙和磷时易感。外界环境中的虫卵和感染性幼虫抵抗力较弱,但感染性幼虫在蚯蚓体内可保持感染力达4年多,在蛞蝓和蜗牛体内可存活1年以上。来自野鸟的幼虫通过蚯蚓后,对鸡的易感性增强,有助于本病的散布和流行。成虫的寿命随终末宿主的种类不同而不同,鸡和吐绶鸡为147d。

4. 致病作用和症状 成年禽一般症状不明显。幼禽感染3~6条虫体,即出现临床症状。幼虫在肺部移行,严重感染时,可引起大叶性肺炎、肺溢血和肺水肿。成虫寄生在家禽的气管或支气管黏膜，导致卡他性气管炎，分泌大量黏液，影响气管通畅。本病的特征性症状是伸颈，张口呼吸，头左右摇甩，力图排出黏性分泌物，有时可在甩出的分泌物中见少量虫体。病初食欲减退，消瘦，口内充满多泡沫的黏液，其后可发生呼吸困难，窒息而死。

剖检可见：气管黏膜潮红、出血，有多量黏液，上有虫体附着；肺部有炎症病变；尸体贫血、消瘦。

5. 诊断与治疗　根据特异性临床症状和粪便检查结果可以做出诊断；打开病禽口腔，常能发现喉头附近有不断蠕动的红色虫体。

治疗可用噻苯唑（Thiabendazole）、甲苯咪唑（Menbendazole）、丙硫咪唑（Albendazole）和伊维菌素（Ivermectin）类等药物驱虫。也可用 1/1500 的稀碘液经喉裂注入气管，每只禽 1～1.5ml。还可用棉签插入气管将虫体裹出；或用小镊子经喉裂伸入气管将虫体夹出。

6. 预防

（1）及时清扫禽粪并堆积发酵，以杀灭虫卵。

（2）禽舍和运动场应保持干燥，定期消毒。

（3）尽可能改自由放牧为舍饲；防止野鸟进入禽舍。

（4）消灭蚯蚓和蜗牛等贮藏宿主，避免在上述宿主多的地方放养家禽。

（十）禽裂口线虫病

裂口线虫病是由裂口科、裂口属（*Amidostomum*）的鹅裂口线虫（*A. anseris*）寄生于鹅、鸭和野鸭的肌胃角质膜下所引起的寄生虫病，偶见于腺胃。该病对雏鹅、雏鸭的生长发育造成严重影响，常呈地方性流行，具有较高的死亡率。

1. 病原形态（图 2－4－34）　鹅裂口线虫也叫鹅裂口胃虫，为小型线虫，虫体表皮具有横纹；有杯状的口囊，口囊底部有 3 枚长三角形尖齿。雄虫长为 9.6～14mm；交合伞侧叶较大；交合刺等长，末端分两支。雌虫长为 15.6～21.3mm，尾部呈指状；生殖孔位于体后部，由椭圆形的瓣膜覆盖。椭圆形的虫卵具有厚而光滑的膜，大小为 68～80μm×45～52μm。

2. 生活史　雌虫在胃内产出桑葚期的虫卵，卵随粪便排出后，在适宜的温、湿度条件下，逐渐发育为感染性的第三期幼虫。幼虫很活泼，能沿牧草爬行，易被鹅或鸭连同牧草或水一起将其吞食。幼虫进入宿主消化道后，在腺胃内停留一段时间，变成第四期幼虫；然后从腺胃沿肌层移行到肌胃，经 17～22d 发育为成虫。

3. 症状和病变　由于虫体移行、寄生使腺胃和肌胃黏膜遭受破坏而致发炎、溃疡。患禽食欲减退或完全废绝，精神萎靡，不爱运动；幼禽生长停滞；重症时步伐摇晃，呼吸困难，心律加速，极度消瘦而死亡。剖检可见肌胃角质膜有黑色溃疡病变，虫体潜于坏死灶内。

4. 诊断和防治　用漂浮法检查粪便内的虫卵；剖检在肌胃角质膜发现溃疡病变，角质膜下见到虫体即可确诊。

治疗可用左咪唑（Levamisole）、丙硫咪唑（Albendazole）或甲苯咪唑（Menbendazole）等药物。预防应在专用牧地上放牧幼鹅或幼鸭，以免受感染。经常轮换（5～6d）牧地和定期驱虫也可收到一定的防治效果。

（十一）猪冠尾线虫病

猪冠尾线虫病是由冠尾科、冠尾属（*Stephanurus*）的有齿冠尾线虫（*S. dentatus*）寄生于猪和

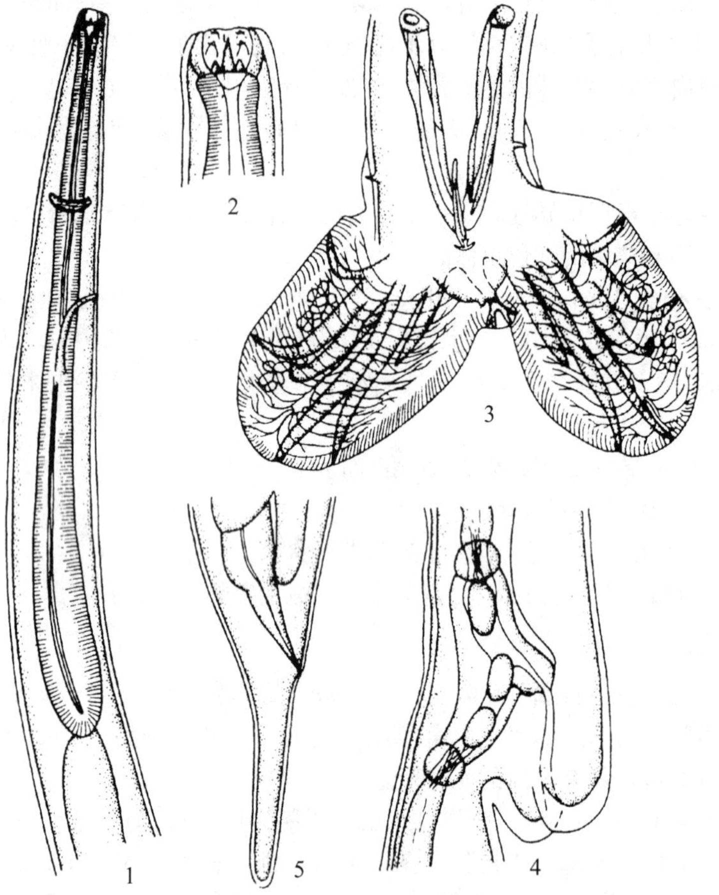

图 2-4-34 鹅裂口线虫

1. 头部侧面观 2. 头端 3. 雄虫尾部 4. 雌虫阴门部 5. 雌虫尾部侧面观

野猪的肾盂、肾周围脂肪和输尿管壁等处所引起的疾病,偶见于腹腔和膀胱。又称猪肾虫病。

1. **病原形态**(图 2-4-35) 虫体粗壮,形似火柴杆。新鲜时呈灰褐色,体壁半透明,其内部器官隐约可见。口囊呈杯状,壁厚,底部有 6~10 个小齿。口缘有一圈细小的叶冠和 6 个角质隆起。雄虫长 20~30mm,交合伞小,肋短粗;腹肋并行,其基部为一总干;侧肋基部亦为一总干,前侧肋细小,中侧肋和后侧肋较大;外背肋细小,自背肋基部分出;背肋粗壮,其远端分为 4 个小支。生殖锥突出于伞膜之外。交合刺 2 根,有引器和副引器。雌虫长为 30~45mm,阴门靠近肛门。卵呈长椭圆形,较大,灰白色,两端钝圆,卵壳薄,大小为 99.8~120.8μm×56~63μm,内含 32~64 个深灰色的胚细胞,胚与卵壳间有较大空隙。

2. **生活史**(图 2-4-36) 卵随尿排出体外,在猪舍以及运动场的潮湿处发育并孵出第一期幼虫,进而发育为感染性的第三期幼虫,通过口或皮肤感染猪。经口感染时,幼虫钻入胃壁,脱去鞘膜,在其中蜕皮一次,变为第四期幼虫,然后随血流到达肝脏;经皮肤感染时,幼虫钻入皮肤或肌肉蜕皮一次成为第四期幼虫,再随血流经体循环到达肝脏。在肝脏中的上述幼虫停留 3 个月或更长时间,在其中进行第四次蜕皮而发育为第五期幼虫。幼虫穿过肝包膜进入腹

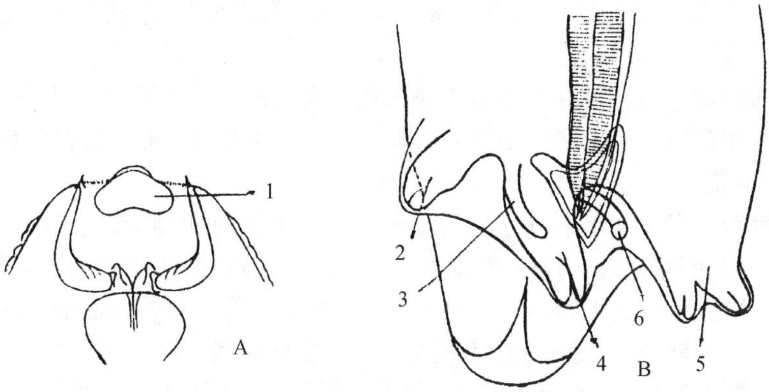

图 2－4－35　有齿冠尾线虫（仿 Yorke et al）

A. 头端腹面　B. 交合伞侧面

1. 腹面角质隆起　2. 腹肋　3. 前侧肋　4. 中、后侧肋　5. 背肋　6. 外背肋

腔，移行到肾脏、输尿管及其附近组织中形成包囊，在此发育为成虫。从感染猪到虫体成熟，需 6～12 个月。

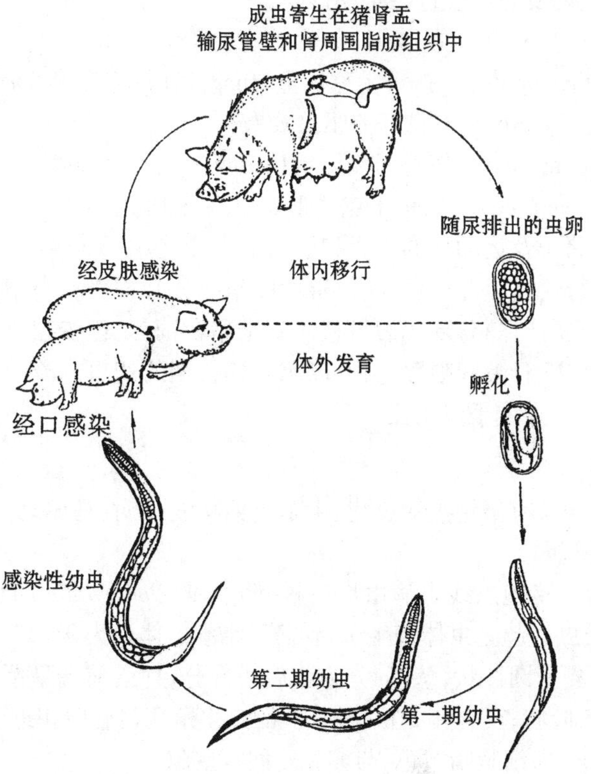

图 2－4－36　有齿冠尾线虫的生活史

3. **流行特点**　猪肾虫病是热带、亚热带地区猪的一种常见寄生虫病，往往呈地方性流行，饲养密集、潮湿的猪场易发生。一般温暖多雨的季节适宜幼虫发育，感染机会较多；而炎热干

旱季节不适宜幼虫发育,感染机会也随之减少。在我国南方地区,本病多发于3~5月份和9~11月份。

猪肾虫雌虫产卵力强,1头中等程度感染的猪每天可排出100万个虫卵,使猪舍和牧地受到严重污染。本虫的感染率随猪的年龄增长而加大。猪肾虫卵还可被蚯蚓吞食,在其体内发育为感染性幼虫,猪吃入这种蚯蚓也可遭受感染。

4. 症状和病变 经皮肤感染时,皮肤上会出现丘疹和红色小结节,附近局部淋巴结肿大。侵害到肾及肾区时,病猪出现腰背敏感,后肢无力,跛行,走路时后躯左右摇摆。严重的后躯麻痹或后肢僵硬,不能站立,拖地爬行。尿液中常有白色黏稠的絮状物或脓液。仔猪发育停滞,母猪不孕或流产,公猪性欲减低或失去交配能力。严重的病猪多因极度衰弱而死。

病变主要表现在肝内有包囊和脓肿,肝肿大变硬,结缔组织增生,切面上可以看到幼虫钙化的结节。肝门静脉中有血栓,内含幼虫。肾盂有脓肿,结缔组织增生。输尿管壁增厚,常有数量较多的包囊,内有成虫。在胸膜壁面和肺脏中均可见有结节或脓肿。

5. 诊断 对有后躯麻痹或不明原因跛行的5月龄以上猪只,可采集晨尿,静置后倒去上层尿液,衬深色背景观察器皿底部有无白色点状物(虫卵)并镜检;虫卵黏性大,易粘于容器底部;对5月龄以下的猪,可在肝、肺或腹腔等处寻找幼虫;发现虫卵或剖检患猪发现幼虫或成虫即可确诊,亦可采用皮内变态反应进行早期诊断。

6. 治疗

(1)丙硫咪唑(Albendazole) 按每千克体重20mg,口服;或配成5%玉米油混悬液腹腔注射,剂量为每千克体重5~20mg,有良好的驱虫效果。

(2)伊维菌素(Ivermectin) 按每千克体重0.3mg,一次皮下注射。

(3)左旋咪唑(Levamisole) 按每千克体重8mg,一次肌注。

7. 预防 要保持猪舍及运动场的干燥和清洁卫生,定期用3%~4%的食盐水或漂白粉溶液(含1%有效氯)进行喷洒消毒;对不同年龄段的猪要分开饲养。由于猪肾虫卵在低温下不能发育,因此冬春季节所产仔猪,断奶后可移入安全猪舍饲养,逐步建立健康猪群。对在非安全季节出生的仔猪,从75日龄起喂服药物,以杀死移行期的幼虫。流行本病的猪场要定期尿检,发现病猪及时隔离治疗或予以淘汰。

(十二)其他圆线虫病

其他家畜圆线虫病还有猪鲍杰线虫病、牛羊夏伯特线虫病、马属动物圆线虫病等,在某些地区流行危害也比较严重。

1. 猪鲍杰线虫病 猪鲍杰线虫病由盅口科、鲍杰属(*Bourgelatia*)的双管鲍杰线虫(*B. diducta*),又称猪大肠线虫引起。虫体寄生于猪的盲、结肠。体长为9~13.5mm,口孔圆形,直向前方,有内外叶冠;口囊呈圆柱状,壁厚,分为前后两部分;食道前端呈漏斗状。雄虫交合伞侧叶分开,使交合伞呈5叶状;交合刺2根,等长。雌虫生殖孔与肛门相近。卵呈卵圆形,大小为58~77μm×36~42μm,卵细胞暗黄色,与卵壳之间有空隙。

发育不需要中间宿主,致病力尚缺乏研究,诊断与防治可参考食道口线虫病。

2. 牛、羊夏伯特线虫病(图2-4-37) 牛、羊夏伯特线虫病是由圆线科、夏伯特属(*Chabertia*)线虫,也叫阔口线虫所引起。虫体寄生于牛、羊、骆驼等反刍兽的大肠。常见的有绵羊夏伯特线虫(*C. ovina*)和叶氏夏伯特线虫(*C. erschowi*)。

虫体呈淡黄绿色，粗硬如火柴杆状。头端向腹侧弯曲。口孔周围有两圈小叶冠，有或无颈沟。口囊大，呈半球形斜截状；口囊内无齿，有背沟。雄虫有交合伞，2 根交合刺等长，引器色淡。雌虫尾端尖小，阴门距肛门近，排卵器为肾形。

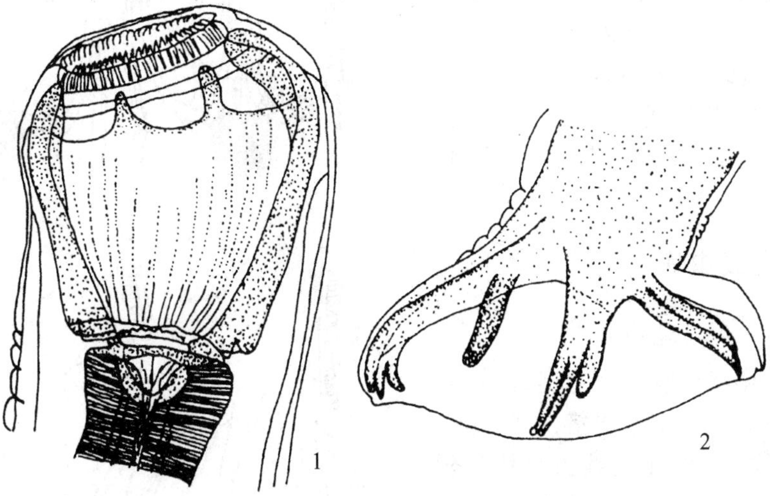

图 2-4-37　叶氏夏伯特线虫（仿熊大仕、孔繁瑶）

1. 头部侧面　2. 交合伞侧面

生活史类似血矛线虫。从感染宿主到成熟需 30～50d。成虫寿命 9 个月左右。虫卵和感染性幼虫在低温（-3～-12℃）下可长期生存。致病作用主要是因为成虫口囊大，严重损伤肠黏膜，造成溃疡出血。同时分泌毒素，造成贫血、下痢、消瘦、发育受阻。

诊断与防治同捻转血矛线虫病。

3. **马属动物圆线虫病**（图 2-4-38、图 2-4-39、图 2-4-40）　马属动物圆线虫病是由圆线目的许多种线虫引起。根据虫体大小分为大型圆线虫和小型圆线虫两大类，寄生于马属动物大肠，以盲肠、结肠为主。分布广，感染率高，感染强度大（可达 10 万条），危害严重。

大型圆线虫属于圆线科（Strongylidae）、圆线属（*Strongylus*）。虫体较大、粗硬，长为 14～47mm，形如火柴杆状，呈红褐色或深灰色。头端钝圆，有发达的口囊，其内有齿或无。口孔周围有叶冠环绕。雄虫有发达的交合伞和两根细长的交合刺。主要有三种。即：马圆线虫（*S. equinus*），特征是口囊内有 1 个大背齿（末端有分支）和 2 个亚腹齿；无齿圆线虫（*S. edentatus*），特征是口囊内无齿，又称为无齿阿尔夫线虫；普通圆线虫（*S. vulgaris*），特征是口囊内有 1 对耳状齿，又称为普通戴拉风线虫。

小型圆线虫主要包括圆线科和盅口科许多属的数十种虫体较小的线虫。它们较圆线属的虫体小，种类多，形态复杂。

生活史一般是虫卵随家畜粪便排出后，在外界逐渐发育为感染性的第三期幼虫，经口感染宿主。不同种属的幼虫在宿主体内的移行路径不尽相同：大型圆线虫移行路径稍复杂；小型圆线虫较为简单。在致病作用上：成虫寄生期主要表现为急性卡他性肠炎，腹痛，腹泻，贫血和明显消瘦；慢性病例程度稍轻，腹泻与便秘相交替。幼虫期症状随虫种不同而异，普通圆形线虫可使肠系膜动脉发生血栓及动脉瘤，引起间歇性疝痛。

成虫期诊断可用漂浮法检查粪中的虫卵,一般认为1000个/克粪便以上时,必须给予治疗。但各种圆线虫虫卵形态相似,需鉴别时,可作幼虫培养。幼虫期诊断困难,可依据症状推测;确诊需进行尸体剖检,检查幼虫,观察病变。

防治可定期用抗线虫药驱虫,合理放牧,尽量少在清晨、傍晚及潮湿的环境下放牧。

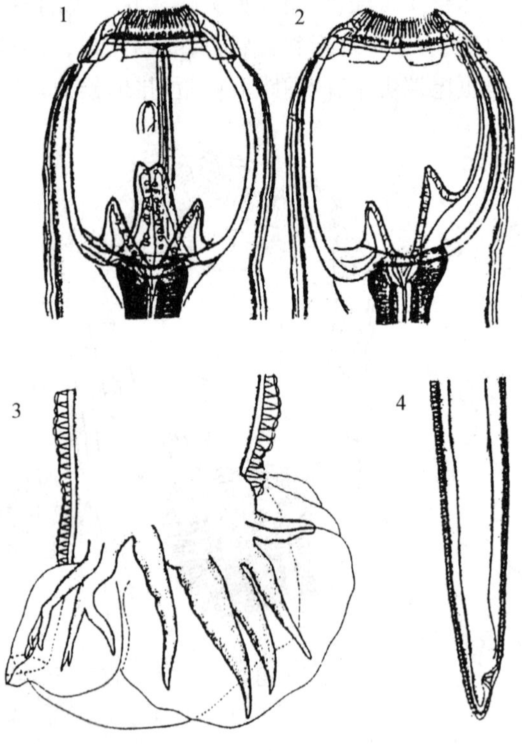

图2-4-38 马圆线虫(仿Levine)

1. 口囊腹面观 2. 口囊侧面观 3. 雄虫尾部 4. 雌虫尾部

五、毛尾线虫病

(一)猪、羊毛尾线虫病

猪、羊毛尾线虫病是由毛尾科、毛尾属(*Trichuris*)的线虫寄生于猪、羊的盲肠中所引起的线虫病。毛尾线虫因其形态特点,也被称为鞭虫或毛首线虫(*Trichocephalus*)。除猪和羊外,牛、骆驼、鹿、犬、麝、羚牛等动物都可以寄生。主要危害幼畜,特别是仔猪。毛尾线虫在金丝猴、短尾猴等灵长类动物体内亦很常见,并可引起发病与死亡。

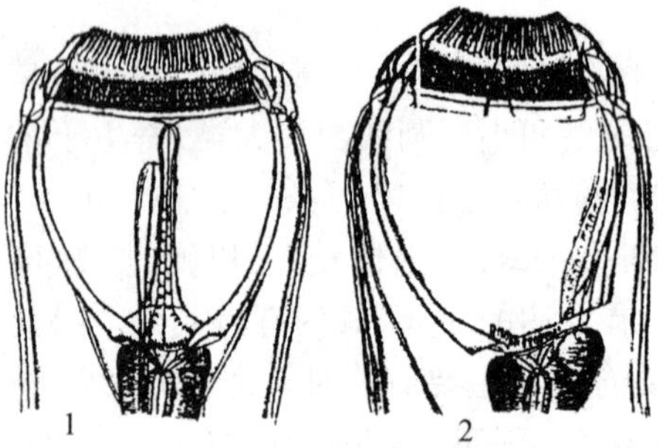

图2-4-39 无齿圆线虫(仿Levine)

1. 口囊腹面观 2. 口囊侧面观

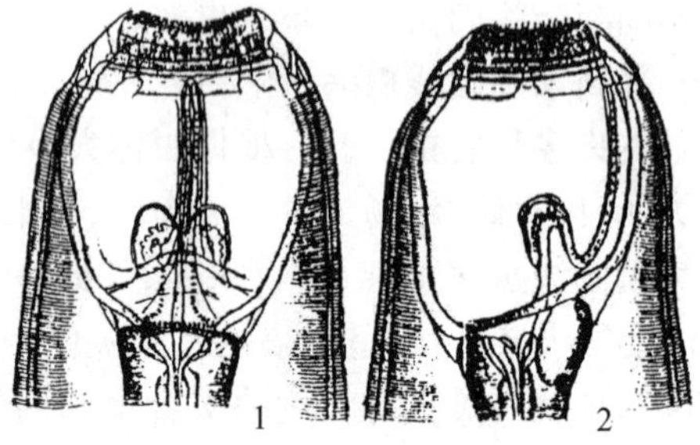

图2-4-40 普通圆线虫(仿Levine)

1. 口囊腹面观 2. 口囊侧面观

1. **病原形态**(*T. suis*)(图2-4-41) 毛尾属线虫的基本形态特点:虫体呈乳白色,长为20~80mm左右。虫体外观形如鞭状。前部细长为食道部,约占整个虫体长的2/3,内含由一串单细胞围绕着的食道。后部粗短为体部,内有生殖器官和肠管。

雄虫尾部卷曲,泄殖孔位于体末端,无交合伞;有交合刺1根,包藏在有刺的交合刺鞘内,刺及刺鞘均可伸缩于体内外。雌虫尾部较直,阴门位于粗细交界处,肛门位于体末端。虫卵为棕黄色,腰鼓形,卵壳较厚,两端有卵塞。

本属线虫的种类较多，常见于猪的是猪毛尾线虫；常见于牛、羊的有绵羊毛尾线虫（*T. ovis*）、球鞘毛尾线虫（*T. globulosa*）及斯氏毛尾线虫（*T. skrjabini*）等多种。

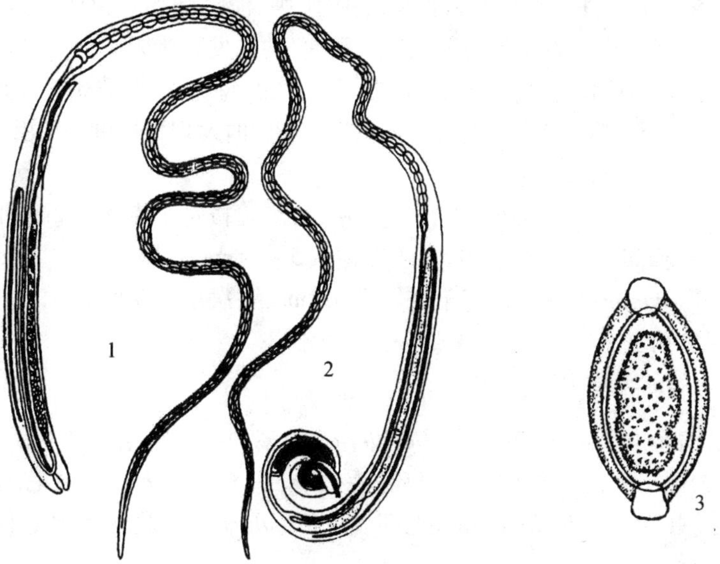

图 2－4－41　猪毛尾线虫

1. 雌虫　2. 雄虫　3. 虫卵

2. **生活史**（图 2－4－42）　成虫产出单细胞期的虫卵，卵随粪便排到外界后，在适宜的温度和湿度条件下，经 3～4 周发育为含第一期幼虫的感染性虫卵，经口感染宿主。猪毛尾线虫第一期幼虫在猪小肠后部孵出后，钻入肠绒毛间发育，8d 后移行到盲肠、结肠内，固着于肠黏膜上，感染后 30～40d 发育为成虫。绵羊毛尾线虫在盲肠内发育为成虫约需 12 周。

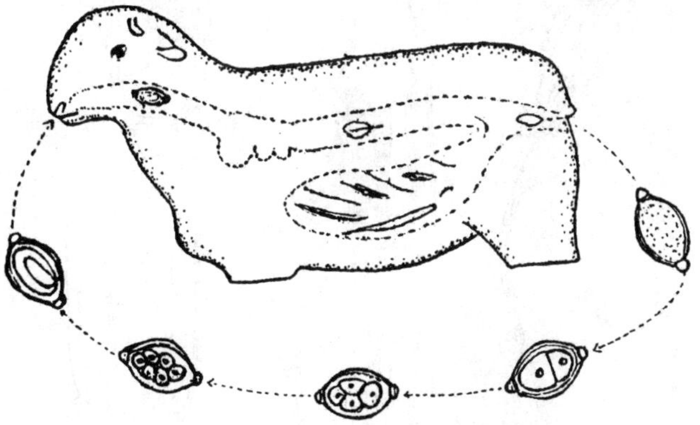

图 2－4－42　羊毛尾线虫生活史

3. **流行特点**　从感染到成虫成熟需 30～80d，成虫寿命为 4～5 个月。幼畜感染率高，1.5 个月的猪即可检出虫卵；4 个月左右的猪，感染率和感染强度最高，以后渐减；14 月龄后的猪极少感染。一般夏季易于感染，秋冬出现临床症状。在不卫生的圈舍内，一年四季均可感染。虫卵壳厚，抵抗力强，可在土壤中存活 5 年。近年来，有研究者认为猪毛尾线虫和寄生于人的鞭形毛尾线虫(*T. trichiura*)可能为同种,故有一定的公共卫生重要性。

4. 致病作用和症状 致病作用包括机械性损伤(虫体前部刺入肠黏膜)和毒素作用。重度感染时(数千条虫体),盲肠和结肠黏膜有出血、水肿、溃疡和坏死,有时肠黏膜上形成结节,内有部分虫体和虫卵。临床表现为腹泻、贫血、消瘦,幼畜发育受阻。

5. 诊断 生前诊断可用漂浮法查虫卵。据资料认为:每克粪便1000个虫卵时,虫体不少于30条;每克6000个以上,即可认为患有毛首线虫病。剖解时发现大量虫体和相应病变亦可确诊。

6. 防治

(1)羟嘧啶(Pyrantel) 羊按每千克体重5~10mg;猪按每千克体重2mg,口服,特效。

(2)左咪唑(Levamisole) 牛、羊按每千克体重5~11mg,口服。

(3)伊维菌素(Ivermectin) 按每千克体重0.3mg,一次皮下注射。

预防可参照猪蛔虫病。

(二)禽毛细线虫病

禽毛细线虫病系由毛细科、毛细属(*Capillaria*)的多种线虫寄生于禽类食道、嗉囊、肠道等处所引起的一类线虫病。主要虫种有:有轮毛细线虫(*C. annulata*)、鸽毛细线虫(*C. columbae*)、膨尾毛细线虫(*C. caudinflata*)和鹅毛细线虫(*C. anseris*)。我国各地都有分布,严重感染时,可引起家禽死亡。

1. 病原形态(图2-4-43) 成虫细长呈毛发状,长10~50mm,虫体前部稍细,为食道部,短于或等于身体后部。雄虫交合刺1根,细长有刺鞘;也有的无交合刺,而仅有刺鞘。雌虫阴门位于虫体前后交界处。虫卵呈桶形,两端具塞,色淡。不同种类寄生部位严格,可据此对虫种做出初步判断。

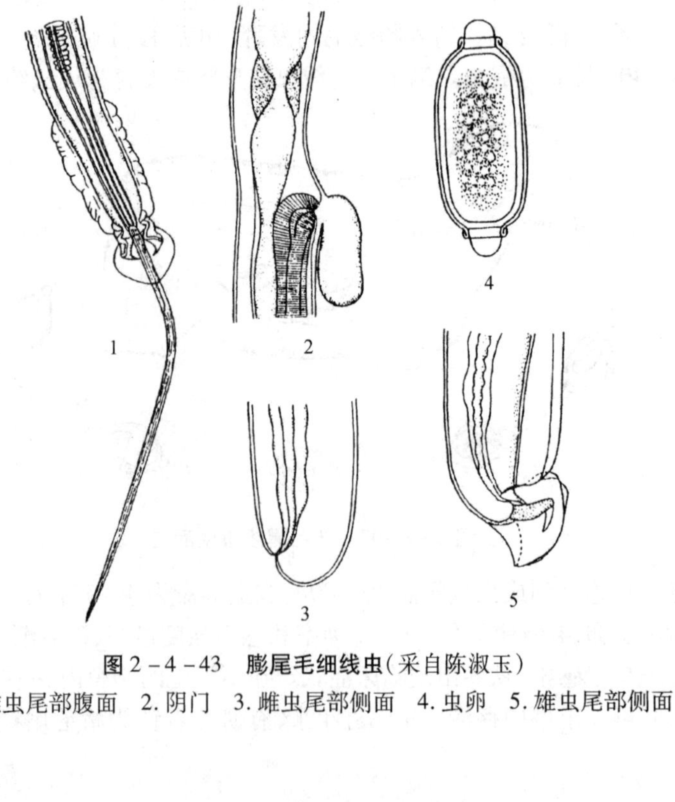

图2-4-43 膨尾毛细线虫(采自陈淑玉)

1. 雄虫尾部腹面 2. 阴门 3. 雌虫尾部侧面 4. 虫卵 5. 雄虫尾部侧面

2. 生活史　毛细线虫的发育史有直接和间接两种方式：鸽毛细线虫属直接发育型，其雌虫产卵，卵随粪便排出后，发育到感染性虫卵（内含第一期幼虫），经口感染宿主，幼虫进入宿主十二指肠黏膜内发育，成虫在感染后20～26d形成。而膨尾毛细线虫和有轮毛细线虫则需要中间宿主——蚯蚓的参与才能完成其生活史。感染性虫卵被中间宿主吞食后，在中间宿主体内孵出幼虫，蜕皮一次，变为第二期幼虫，即具有感染性；禽类食入了含第二期幼虫的蚯蚓，即遭受感染，虫体在终末宿主体内的寄生部位逐渐发育为成虫。

3. 流行特点　成虫的寿命为9～10个月。毛细线虫虫卵耐低温，发育慢，在外界可存活很长时间。如膨尾毛细线虫卵在普通冰箱中可存活344d。虫卵在外界发育成感染性虫卵的时间：有轮毛细线虫在28～32℃下，需24～32d；鹅毛细线虫在22～27℃下，需8d。

4. 致病作用和症状　虫体在寄生部位掘穴，造成机械性和化学性刺激。轻度感染时，局部出现轻微炎症和增生；感染严重时，炎症加剧，并出现黏液或脓性分泌物，局部黏膜溶解、坏死或脱落。剖检可见寄生部位消化道出血，黏膜上有大量虫体。患禽食欲不振，下痢，贫血，消瘦。严重感染时，雏鸡和成年鸡均可发生死亡。

5. 诊断与防治　根据临床症状，结合剖检病禽，发现虫体及相应病变或粪便中检出虫卵即可做出诊断。

治疗可用甲苯咪唑（Menbendazole）按每千克体重70～100mg，口服。左旋咪唑（Levamisole）按每千克体重25mg，口服。严重的地区应有计划地进行预防性驱虫。要定期清洁禽舍，粪便堆积发酵，杀灭虫卵。禽舍应建在通风干燥的地方，以抑制虫卵的发育和中间宿主蚯蚓的孳生。

（三）猪旋毛虫病

旋毛虫病是由毛尾目、毛形科、毛形属（*Trichinella*）的数种线虫所引起的一种人兽共患寄生虫病。在家畜中，以由旋毛虫（*T. spiralis*）所引起的猪旋毛虫病最为严重，是人体旋毛虫病的主要感染来源。该病是肉品卫生检验项目之一，在公共卫生上具有十分重要的意义。

1974年在一具公元前1200年的埃及木乃伊古尸中发现了旋毛虫包囊，这说明旋毛虫至少已存在了数千年。但发现旋毛虫的历史还不足200年。1828年，英国伦敦的Peacock首次在人体尸检时观察到肌肉中的小白点，后来发现这些小白点是旋毛虫包囊。英国的James Paget于1835年首次发现人体肌肉中的旋毛虫；Leidy于1846年在猪肉中发现旋毛虫。1881年，Patrick Manson在我国厦门的猪肉中发现旋毛虫；1921年，Faust首次报道我国人体旋毛虫病病例。

现在认为毛形属共有8个种（*T. spiralis*、*T. native*、*T. britovi*、*T. pseudospiralis*、*T. murrelli*、*T. nelsoni*、*T. papuae* 及 *T. zimbabuensis*）以及3个尚未明确分类地位的基因型（T－6，T－8，T－9），其中感染猪的主要是旋毛虫，感染我国东北犬和猫的是本地毛形线虫（*T. native*）。下面介绍由旋毛虫所引起的猪旋毛虫病。

1. 病原形态（图2－4－44）　旋毛虫成虫很细小，呈毛发状。雄虫长为1～1.8mm，宽为0.03～0.05mm。消化道为一简单管道，由口腔、食道、有刷状缘的中肠及直肠组成。口呈圆形，内有一锥刺。食道总长约占整个体长的1/3～1/2，除神经环后的部分略膨大外，其余均为毛细管状。食道膨大部分之后邻接杆状体（stichosome）；杆状体由45～55个圆盘状杆细胞组成，呈单层串球状排列；杆细胞的分泌物经管道系统排入食道。直肠开口于泄殖腔，尾端的泄殖孔外侧有1对呈耳状悬垂的交配叶，其内侧有2对性乳突或小结节。缺乏交合刺。

雌虫长为1.3～3.7mm，宽为0.05～0.06mm。生殖器官为单管型，卵巢位于虫体的后部，呈管状。卵巢之后为一短而窄的输卵管。在输卵管和子宫之间为受精囊。子宫较卵巢长，可在其内观察到胚胎发生的全过程。阴门开口于虫体前端1/5处的腹面。胎生。

成虫寄生于小肠，称为肠旋毛虫；幼虫寄生于横纹肌内，称为肌旋毛虫。

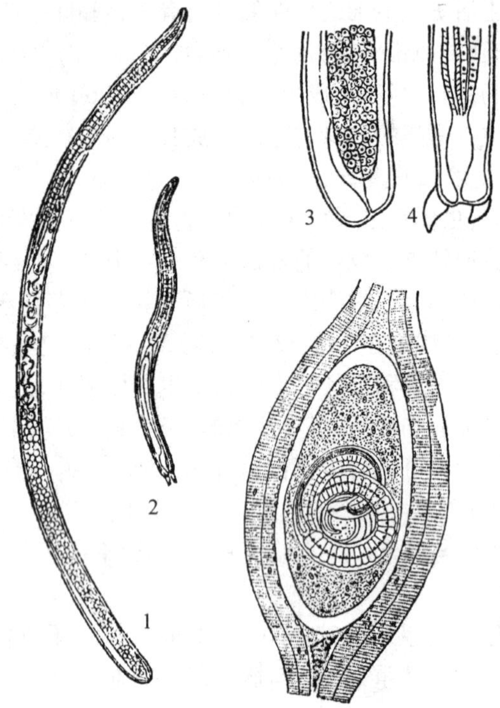

图2－4－44　旋毛虫（仿唐仲璋）

1. 雌虫　2. 雄虫　3. 雌虫尾端　4. 雄虫尾端　5. 幼虫包囊

2. **生活史**（图2－4－45）　旋毛虫的生活史很特殊，属胎生。成虫寄生于宿主的小肠内，主要在十二指肠及空肠上段。含幼虫的包囊则寄生于同一宿主的横纹肌，对新宿主具有感染性，此时的幼虫为感染性第一期幼虫。成虫和幼虫均不需在外界发育，因此同一宿主先为终末宿主后为中间宿主，但要延续生活史必须更换宿主。

旋毛虫主要寄生于猪、人体及鼠类，但也可寄生于犬、猫、熊、水貂及多种野生哺乳动物。含有感染性第一期幼虫的肌肉或肉食品被新宿主摄食后，在胃内由胃蛋白酶消化掉肌组织及包囊而释放出幼虫。这个过程仅需数分钟，最多不超过1h就可完成。幼虫进入十二指肠后，迅速侵入由小肠黏膜柱状上皮细胞组成的细胞内龛中。随后发生4次连续的蜕皮，在48h内发育为成虫，最早在经口感染后24h即可见到成虫。

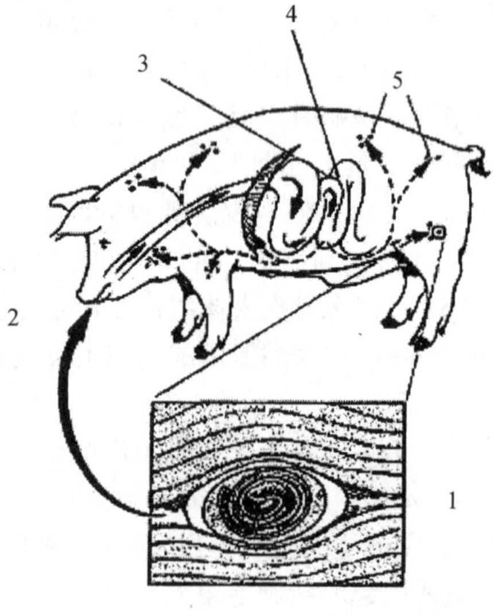

图2－4－45　旋毛虫生活史

1. 横纹肌中的包囊幼虫　2. 经口摄食含有感染性幼虫的不熟肉食　3. 幼虫在小肠虫蜕皮4次后发育为成虫　4. 雌虫受精后钻入肠黏膜深层产出新生幼虫　5. 第一期幼虫移行到全身横纹肌内并形成包囊

在性成熟后雌、雄虫立即发生交配，交配后雄虫大多死亡并由肠道排出。雌虫受精后虫体继续长大并深入肠黏膜，在感染后经 3 ~4d,子宫内受精卵经过典型的胚胎发生期而发育为幼虫并逐渐移至阴门。感染后第五天雌虫即开始产新生第一期幼虫,简称新生幼虫。雌虫产幼虫的时期可持续 4 ~ 16 周。在此期间,每条雌虫可产 1000 ~ 2000 条新生幼虫,最多可达10 000条。雌虫的寿命一般为 1 个月,亦可长达 3 ~ 4 月。雌虫死亡后随宿主粪便排出体外。

除感染性第一期幼虫于感染初期在宿主胃内作短暂停留外,移行的新生幼虫是旋毛虫生活史中唯一不寄生于细胞内的时期。新生幼虫为圆柱状或棒状,两端钝圆。虫体长 78 ~ 124μm,顶端微有凹陷,代表正在发育的口孔。口孔后接分化相当差的食道球。食道后布满细胞核,它起自距前端 8μm 处,直达体后端;虫体前半部细胞核较密。在幼虫顶端后 26μm 处有一倾斜的空隙,为神经环。绝大多数新生幼虫产于肠黏膜内,然后侵入局部的淋巴管和小静脉,随淋巴和血液循环进入右心,再经肺循环回到左心,然后再随体循环到达身体各部;但只有到达横纹肌的幼虫才能继续发育。幼虫借助锥刺的帮助穿透肌细胞膜进入横纹肌细胞内并迅速生长发育。由于幼虫机械的和代谢产物的刺激,使肌细胞受损,局部出现炎性细胞浸润和纤维组织增生。受损的肌细胞发生一系列生理、生化特性及结构的重建,使之丧失肌细胞的特性,形成了在解剖结构上独立于其他肌细胞的营养细胞即"保姆细胞(nurse cell)"。其功能是给幼虫提供所需的营养物质,并保护幼虫免遭宿主免疫反应的破坏。

在钻入肌细胞后第 4 ~ 20d,幼虫的生长及分化很快。在经口感染后 17 ~ 21d 的幼虫已成为感染性第一期幼虫,对其他宿主具有感染性。感染性第一期幼虫长为 1 ~ 1. 143mm,宽为 0. 036mm。虫体两端钝圆,头端仅有一裂缝状的口并伸出一小针刺(stylet)。消化道完全,其食道结构与成虫相似。杆状体由 45 ~ 55 个杆细胞组成,生殖系统由未分化的生殖原基组成,根据其结构特点可以区分雌、雄幼虫。由于在其假体腔内含有血红蛋白,感染性第一期幼虫为淡橙红色,大量幼虫集中时这一特征更为明显。

在进入肌细胞后第 20d,感染性第一期幼虫即停止生长。幼虫在包囊内充分卷曲,只要宿主不死亡,包囊不钙化,含幼虫的包囊则可一直保持有感染性。若有机会被另一宿主摄食,则肌幼虫又可在新宿主体内发育为成虫,又开始其新的生活史。

感染半年后,包囊两端开始出现钙化,幼虫则逐渐丧失感染能力并随之死亡,最后整个包囊钙化。但也有报告幼虫在钙化的包囊内可存活数年,甚至长达 30 年。

3. 流行病学

(1)地理分布及易感动物　全球七大洲除南极洲因无人长期定居而无旋毛虫外,其余六大洲的数十个国家和地区均已发现旋毛虫。我国已在 20 多个省、市、自治区发现动物和人感染旋毛虫,其中尤以河南、湖北、云南、西藏藏族自治区等省、区动物及人的旋毛虫感染尤为严重。据调查,河南邓县及新野某些地方的猪旋毛虫感染率为 18. 5% 及 34. 2%;哈尔滨地区犬旋毛虫感染率可高达 50%。

旋毛虫的宿主特异性低,宿主范围很广,几乎可感染所有哺乳动物。不同动物对旋毛虫的易感性不一样,至少已报道 150 多种动物可感染旋毛虫,常见的宿主包括人、猪、牛、绵羊、山羊、犬、猫、鼠、狐、熊、水貂等。

(2)感染来源及感染途径　由于猪肉是人的主要肉食品,因此感染有旋毛虫的病猪肉是人体旋毛虫病的主要感染来源。随着人民生活水平的提高,感染旋毛虫的犬肉及野生动物肉品已成为人体旋毛虫病的又一个重要感染来源。草食动物如牛、羊也可感染旋毛虫,所以吃入感染有旋毛虫的草食动物肉品也可导致人体旋毛虫病。人感染旋毛虫的主要途径是生食或食入加工不彻底的感染旋毛虫的各种肉类及其制品;其次是食入被旋毛虫幼虫污染的食品。

经研究证实,猪感染旋毛虫的主要传染源还是感染有旋毛虫的猪。旋毛虫感染猪通过屠宰、运输、销售、加工、烹调等环节,连同屠宰废水、肉及副产品、抛弃的废肉、砍掉和锯掉的肉屑、洗肉泔水、污染的用具等把旋毛虫散播到各个地方去。由于人们习惯使用洗肉泔水、屠宰废水、抛弃的废肉及肉屑喂猪,从而使猪感染旋毛虫。此外,跑养猪、放牧猪,因自由采食屠宰场、肉摊、加工场所附近抛弃的废肉、肉屑、骨头、洗肉泔水、屠宰废水等,同样可使猪感染旋毛虫。

猪感染旋毛虫的第二个来源是感染有旋毛虫的鼠类。猪自身虽不能捕捉鼠,但人可将捕捉的鼠或死鼠喂猪。另外,猪在放牧、自由采食时,也可能觅食到死鼠。食入人及动物含有旋毛虫肌幼虫的粪便也是猪感染旋毛虫的途径之一。

母体感染胎儿的垂直感染方式在动物及人均有报道,但十分罕见。

(3)流行因素　猪旋毛虫病的广泛流行主要与下面因素有关:

①旋毛虫的宿主范围很广:世界各地受到感染的多种家畜及野生动物甚至许多海洋动物都能传播旋毛虫病。

②肌肉包囊中的幼虫对外界环境条件具有较强的抵抗力:在 -20℃时可保持活力达57d,在腐败的肉或尸体中可存活100d以上。盐渍或烟熏均不能杀死肌肉深层的旋毛虫幼虫。

③猪旋毛虫病的流行与饲养方式密切相关:传统散养、放养的猪,其旋毛虫感染率大大高于集约化饲养的猪,因为传统散养、放养的猪不上圈,自由采食,吃到各种尸体和肉类的机会较多,因此感染率高。

4. 致病作用、病理剖检变化及临床症状　旋毛虫主要危害人,不仅可导致腹痛、腹泻、发热、肌肉酸痛、水肿及不适等症状,严重感染时也可导致死亡。

旋毛虫对猪的致病力较弱,少见猪旋毛虫病的自然病例报道。其临床表现一般均是人工感染猪的实验描述。轻度及中度感染无临床表现,但大剂量感染时可发病并出现临床症状,特别严重时可导致死亡。

可将猪旋毛虫病的致病作用、病理剖检变化及临床症状分为肠期及肌期。肠期是感染后2~7d,相当于成虫寄生于肠黏膜的时期,肌期则为8d以后的时期。肠期可引起病猪急性卡他性肠炎,黏膜出现浮肿性增厚,被覆黏液;在黏膜表面形成因新生幼虫侵入毛细血管而引起点状出血和小溃疡。在临床上,严重感染的猪可出现食欲减退、头尾下垂、磨牙、腹部紧缩及疝痛等症状,还可见拉稀、发热等。肌期可见感染猪嗜酸性粒细胞增多,还可见发热、发疹、食欲不振、肌痛、运动障碍、发声异常、咀嚼吞咽困难、呼吸困难、不能起立。有时眼睑及四肢水肿。感染猪营养不良,增重缓慢。重症患猪可陷入虚脱并于2周左右死亡。感染6周后临床症状开始减轻。

5. 诊断

(1)生前诊断与检疫　人旋毛虫病不具有特征性的临床症状,旋毛虫感染猪无明显临床症状,因此人和猪旋毛虫病的生前诊断较为困难,必须采用免疫学方法,如间接血凝试验(IHA)、酶联免疫吸附试验(ELISA)、单克隆抗体快速ELISA法、斑点免疫金渗滤法(DIGFA)、乳胶磁性颗粒技术等。这些免疫学方法具有敏感性高、特异性好、操作简便、快速的优点。

（2）死后检验　旋毛虫是我国猪肉肉品卫生检验的法定检验项目。旋毛虫感染的肉品可采用“目检法”、“镜检法”及“消化法”来进行检验。

①目检法：将新鲜膈肌脚撕去肌膜，肌肉纵向拉平，然后在光线较好的地点仔细观察肌纤维表面。目检时，虫龄较长，已开始钙化的肌幼虫显示为灰白色或浅白色的小白点，呈条索状或连成片状。虫龄较短，无任何钙化迹象的肌幼虫在肌纤维表面表现为稍凸出、卵圆形、灰白色的针尖大小的膨胀物，折光良好。本法的漏检率较高。

②镜检法：又称压片镜检法、显微镜检法或旋毛虫镜检法，是检验肉品中有无旋毛虫的传统方法。其方法是，在每头猪的横膈肌膜、横膈肌脚各取一小块肉样，先撕去肌膜作肉眼观察，然后在肉样上剪取 24 个麦粒大小的小片，放于两玻片之间压薄，低倍显微镜下观察有无包囊。在感染早期及轻度感染时本法的漏检率较高。据报道，我国新一代肉类旋毛虫检测投影显微镜已研制成功。

③消化法：即人工胃液消化法，基本方法是：取肉样用搅拌机搅碎，每克加入 60ml 水、0.5g 胃蛋白酶、0.7ml 浓盐酸混匀；37℃消化 0.5～1h 后分离沉渣中的幼虫镜检。该法的主要优点是敏感性高，改进为机械化操作后还可明显提高效率、降低成本。

6. 治疗　临床上常用的广谱、高效、低毒的驱线虫药物如丙硫咪唑、甲苯咪唑等对人和猪的旋毛虫病均有很好的疗效，其中丙硫咪唑是我国治疗人和猪旋毛虫病的首选药物。

7. 预防　预防猪旋毛虫病可采取“以治灭源，治、检、管结合”的综合防制措施。

（1）以治灭源　预防猪旋毛虫病的综合防制措施中，“以治灭源”最关键。“以治灭源”就是在感染猪屠宰前、出栏前进行治疗。

（2）以检堵漏　在“以治灭源”的同时，要认真做好旋毛虫感染猪的生前检疫及肉品的检验工作。凡检出的阳性感染猪必须治疗；凡检出的感染肉品必须进行无害化处理；严重感染的肉品应销毁或用做工业材料。

按照我国农业部、卫生部、对外贸易部和商业部联合颁发的“肉品卫生检验试行规程”第 42 条规定，在 24 个肉片标本中发现包囊幼虫或钙化的旋毛虫不超过 5 个者，横纹肌和心脏高温处理后出场；超过 5 个者，横纹肌和心脏供工业用或销毁。

（3）加强卫生管理及宣传教育　在“以治灭源”、“以检堵漏”的同时，还要加强卫生管理、改变农村散、跑养猪的不良习惯，做到养猪上圈。养猪户、养猪场、屠宰场及肉联厂要经常开展灭鼠活动。使用洗肉泔水、废弃肉渣喂猪之前必须加热煮沸。另外，还要对肉联厂、屠宰场及专业户屠宰场所的屠宰废水、污物及肉渣废料等进行无害化处理，以免污染水源、植被、土壤、饲料和工具等。还要利用各种渠道和新闻手段，广泛向群众宣传旋毛虫病的危害性及正确的预防措施。

此外，国内已有单位研制出旋毛虫油乳剂苗可用于猪的免疫预防。

六、旋尾线虫病

（一）猪颚口线虫病

猪颚口线虫病是由颚口科、颚口属（*Gnathostoma*）的刚棘颚口线虫（*G. hispidum*）和陶氏颚口线虫（*G. doloresi*）寄生于家猪及野猪的胃内所引起的线虫病。本病分布于新疆、河南、浙江、江苏、安徽、湖北、云南、江西、福建、广东、广西、四川和台湾。此外，国内还发现棘颚口线虫

(*G. spinigerum*)寄生于犬、猫。3种颚口线虫也偶尔寄生于人体。

1. 病原形态

(1)刚棘颚口线虫(图2-4-46) 新鲜虫体呈淡红色,圆柱形,体壁较透明。体前端有膨大的头球,其上有11圈小钩,头球前端有2个大的侧唇。全身体表面披有环列的小棘,体前部的棘呈鳞片状,较短宽,其游离缘小齿数最多可达10个。体后部的棘细长而呈针状。雄虫体长15~25 mm,左右交合刺不等长。雌虫体长22~45 mm。卵椭圆形,大小为72~74μm×39~42μm,卵壳表面有细颗粒,一端有帽状的似卵盖样的突起。

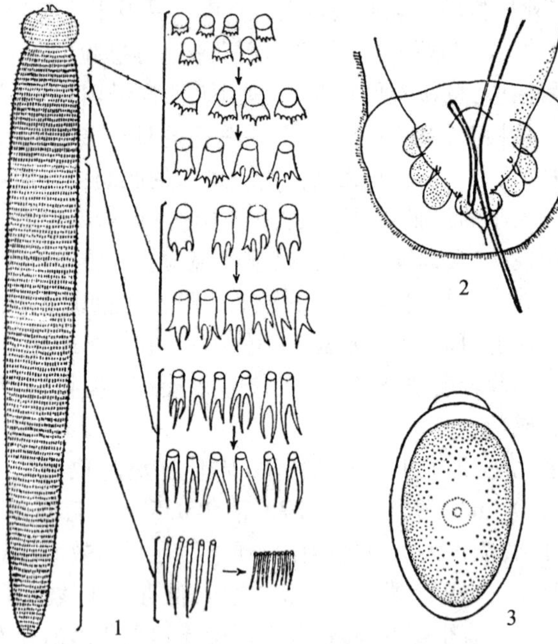

图2-4-46 刚刺颚口线虫

1. 成虫 2. 雄虫尾端 3. 虫卵

(2)陶氏颚口线虫(图2-4-47) 头球具8~13环列小钩。虫体全身布满体棘,在体前1~18环列的体棘后缘小齿数目为3~6个,以后渐减为3齿,体后半部为针状的单棘。在雄虫的尾部腹面泄殖腔前后有一个椭圆形的无棘区。雄虫体大小为25.5~38.0 mm×0.9~1.7 mm。左右交合刺不等长。尾部腹面有4对大的具柄侧乳突和4对小的腹乳突。雌虫大小为30~52 mm×1.3~2.8 mm。卵椭圆形,大小为56~67μm×31~37μm,卵壳表面有细颗粒状突起,两端各有一卵盖样的帽状突起。

2. 生活史 属间接发育型。本虫的第一中间宿主为剑水蚤,第二中间宿主为鱼类、蛙类。已报道共有15种剑水蚤可充当其第一中间宿主;有16种淡水鱼充当其第二中间宿主。

刚棘颚口线虫成虫寄生于猪胃壁,虫卵随宿主的粪便排出外界,在水中温度25~30 ℃下经过9~10d便发育为幼虫。幼虫在卵内进行第一次蜕皮,孵出带鞘的第二期幼虫。带鞘的第二期幼虫在水中能活动,当被水蚤吞食后,在室温28~30℃下,经8~9d发育,先经具有头泡的晚期第二期幼虫期,然后第二次蜕皮成为具有头球的早期第三期幼虫(early third stage)。含有早期第三期幼虫的剑水蚤若被第二中间宿主鱼类或蛙类吞食后,幼虫穿过肠壁进入肝脏,在肝或移行于肌肉组织中形成虫囊,约经1个月生长为晚期第三期幼虫,从鱼体获得的第三期幼虫,虫体全身布满体棘,体前部棘较明显而密,体后部棘渐小而稀疏。在鱼体内第三期幼虫可长期存活。当含有晚期第三期幼虫(advanced third stage)的鱼、蛙被蛇类、鸟类或其他非终末宿主的哺乳动物吞食后,幼虫不发育而在这些动物体内形成虫囊,这些动物称为转续宿主。

猪饮水时若吞入含有早期第三期幼虫的剑水蚤,或吞食含有晚期第三期幼虫的鱼类和转续宿主或其内脏,都能获得感染。感染后的幼虫进入猪胃,穿过胃壁,少数穿过肠道进入肝脏发育一段时间后,并在腹腔、肌肉、结缔组织内移行,然后穿过膈肌再返回胃部寄生发育为成虫。在胃内,虫体的头部深入胃壁,其余部分则游离于胃腔。从第三期幼虫侵入猪体到发育为

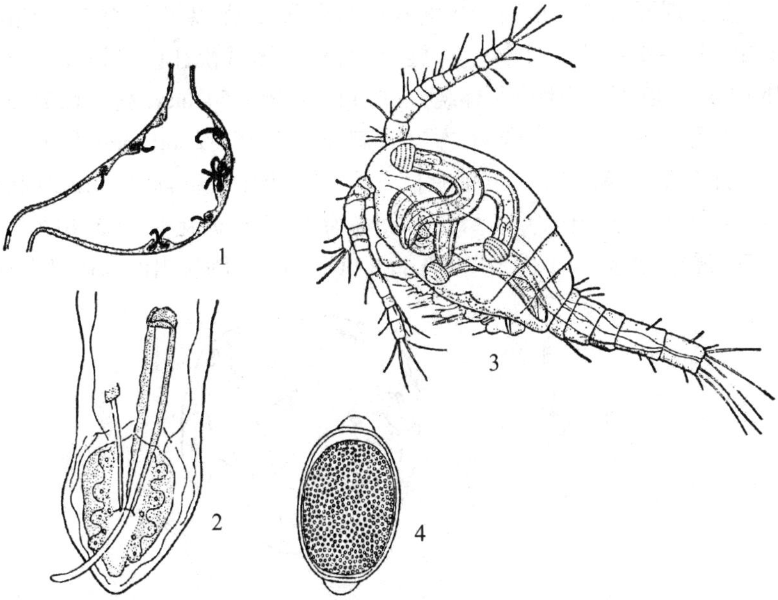

图 2-4-47　陶氏颚口线虫

1. 寄生于猪胃内的成虫　2. 雄虫尾部　3. 剑水蚤体内的颚口线虫幼虫　4. 虫卵

成虫需 65～150d。

陶氏颚口线虫生活史与刚刺颚口线虫相似。从第三期幼虫侵入猪体到发育为成虫成熟产卵需 71～90d。

3. 致病作用和症状　幼虫进入腹腔，在肝脏、肌肉等组织中移行，由于虫体的机械损伤和分泌毒素，使组织坏死；特别是在肝脏的移行，造成肝组织的破坏，引发肝炎、肝充血和肝小叶结缔组织增生，严重者肝肿大或硬化。在此期间，可见嗜酸性粒细胞增高，仔猪食欲减少，体瘦，被毛粗，无光泽。当幼虫移行出肝时，有时因虫体穿破门静脉，造成内出血，常致仔猪死亡。曾有因本病致使大批猪只死亡的报道。成虫寄生于胃内，其头部钻入胃壁，使胃壁形成众多腔窦，内含淡红色液体。曾有在一个胃底部有 380 多个虫洞的报道。空洞周围的组织红肿，发炎，黏膜显著肥厚，局部可有肿瘤样结节。胃底大面积充血，发炎。患猪食欲减退，常出现呕吐或停食，严重影响猪的生长发育。轻度感染时不表现任何症状。

4. 诊断　根据临床症状和粪便检查发现虫卵，或剖检时在猪胃内发现虫体者即可确诊。

5. 防治

(1) 丙硫咪唑（Albendazole）　按每千克体重 20mg，一次口服。

(2) 左旋咪唑（Clevamisole）　按每千克体重 6～8 mg，一次口服或肌肉注射。

(3) 氯氰碘柳胺钠（Closantel Sodium）　按每千克体重 5～10 mg，一次口服或皮下注射。

注意环境卫生，防止猪饮用含剑水蚤的水和吃到转续宿主。患猪粪便应堆积发酵。

(二) 犬尾旋线虫病

犬尾旋线虫病（canine spirocercosis），俗称犬食道线虫病，是由尾旋科、尾旋属（*Spirocerca*）的狼尾旋线虫（*S. lupi*）寄生于犬、狐等肉食动物的食道壁、胃壁、主动脉壁及其他组织所引起的以食道瘤为主要表现形式的线虫病。我国各地均有分布，尤以华中、华南等地区多发。

1. 病原形态（图 2－4－48） 虫体呈螺旋形，新鲜虫体呈粉红色，粗壮。头端不具明显的唇片，口的周围由 6 个柔软组织团块所环绕。雄虫长为 30～54 mm，宽为 0.76 mm，尾部有尾翼和许多乳突。有两根不等长的交合刺，左交合刺长为 2.45～2.80 mm，右交合刺长为 0.475～0.750 mm。尾部有侧翼膜，有 4 对肛前有柄乳突与 1 个中央肛前乳突，2 对肛后有柄乳突，靠近尾尖有一些小乳突。雌虫长为 54～80 mm，宽为 1.15 mm，尾长为 0.40～0.45 mm，稍弯向背面。卵壳有一厚壁，虫卵大小为 30～37μm×11～15μm，刚排出的卵内已含幼虫。

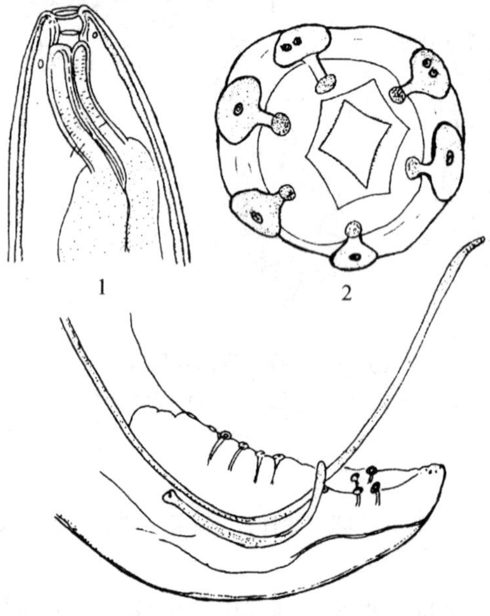

图 2－4－48 狼尾旋线虫（仿 Babero）
1. 虫体头端 2. 虫体头端顶面观 3. 雄虫尾端

2. 生活史 属间接发育型，中间宿主是一些食粪甲虫、蟑螂和蟋蟀等昆虫。成虫通过食道破口产卵于食道腔，卵经消化道随粪便排出，被中间宿主吞食后孵出第一期幼虫，幼虫钻过肠壁，进入体腔和气管内形成包囊，发育为第三期感染性幼虫，成为具有感染能力的包囊。若含有这种包囊的甲虫被不适宜的动物如鸟禽类、两栖类、爬行类动物及某些哺乳动物（如猪、驴、鼠、狐、蝙蝠、豪猪）等吞食，则幼虫钻过肠壁，在肠系膜动脉、食道或其他器官形成包囊。当终末宿主食入含有包囊的中间宿主或储藏宿主内脏时，感染幼虫钻入终末宿主胃动脉壁，移行到主动脉壁，再通过结缔组织到达食道壁，发育为成虫。从感染到粪便中查出虫卵需 5 个月时间。

3. 流行病学 本病分布于热带、亚热带和温带，在我国的北京、辽宁、甘肃、河北、河南、陕西、上海、浙江、湖北、四川、福建、广东、广西等省市均有发现。常侵害犬、狐、狼、豺、山狗、山猫、雪豹、美洲豹等动物，偶见于山羊、猪与驴等。

4. 致病作用和症状 成虫多寄生在宿主的食道壁与胃壁，也见于动脉壁、淋巴结及肺等处。在移行过程中，常引起组织出血、炎症和坏疽性脓肿。幼虫离去后病灶可自愈，但遗留有血管腔狭窄病变，若形成动脉瘤或引起管壁破裂，则因发生大出血而致宿主死亡。成虫在食道壁、胃壁或主动脉壁中形成肿瘤，病犬出现吞咽、呼吸困难，循环障碍和呕吐等症状。另外，还可见肥大性骨关节病、贫血、脊椎炎、流鼻血、胸膜炎、腹膜炎、厌食、咳嗽及唾液分泌增加等。

5. 诊断　根据症状和漂浮法在检查的粪便或呕吐物中发现虫卵即可确诊。由于虫卵是周期性排出的，因此需做多次检查。脊椎炎检查也有利于本病诊断。

6. 治疗

(1)丙硫苯咪唑(Albendazole)　按每千克体重 10mg，一次口服。

(2)左旋咪唑(Levamisole)　按每千克体重 6～8 mg，一次口服。

(3)二碘硝基酚(Disophenel)　按每千克体重 10mg，一次口服。

(4)伊维菌素(Ivermectin)　按每千克体重 0.2～0.3mg，一次皮下注射。

(5)乙胺嗪(Diethylcarbamazine Citrate)　按每千克体重 50mg，每天一次，连续口服 10d。

7. 预防　防止犬与中间宿主或贮藏宿主接触。注意环境卫生，保持清洁，杜绝中间宿主或转运宿主进入犬舍；在流行地区，要把犬放在铁丝网上饲养。

(三)禽锐形线虫病

禽锐形线虫病(又称华首线虫病)是由旋尾目、锐形科、锐形属(*Acuaria*)的旋锐形线虫(*A. spiralis*)和钩状锐形线虫(*A. hamulosa*)寄生于禽类的腺胃和肌胃角质层所引起的一种胃线虫病。本病在我国各地均有分布。

1. 病原形态

(1)旋锐形线虫　虫体短钝，体表具有细横纹，头端具有 2 个锥形侧唇，每唇有 1 对乳突，唇后有 4 条角质饰带，呈波浪状弯曲，向后延伸，至食道肌质部的中后部或排泄孔前，折返向前伸，末端彼此不相连接。左右交合刺不等长。雄虫体长为 4.0～7.20mm，左交合刺细长，右交合刺短宽呈舟状。雌虫体长 5.6～9.2mm，阴门位于体后部，距尾端 1.60～1.80mm。虫卵大小为 34～40μm×18～22μm，产出时内含幼虫。主要寄生于禽的腺胃。

(2)钩状锐性线虫(图 2－4－49)　虫体粗壮，淡黄色，圆柱形，头端钝，尾部尖，体两侧各具有 2 条绳状的角质饰带，每条饰带由两条外缘不规则的角质隆起所组成，由头端向后延伸，不回旋曲折，直至虫体的亚末端。雄虫体长 8.6～14.0 mm，具有尾翼膜。左右交合刺不等长，左交合刺细长，右交合刺短扁如船状。雌虫体长为 25～30 mm，阴门位于虫体中部稍后方。虫卵椭圆形，大小为 32～38μm×20～26μm，产出的虫卵已含幼虫。主要寄生于禽的肌胃。

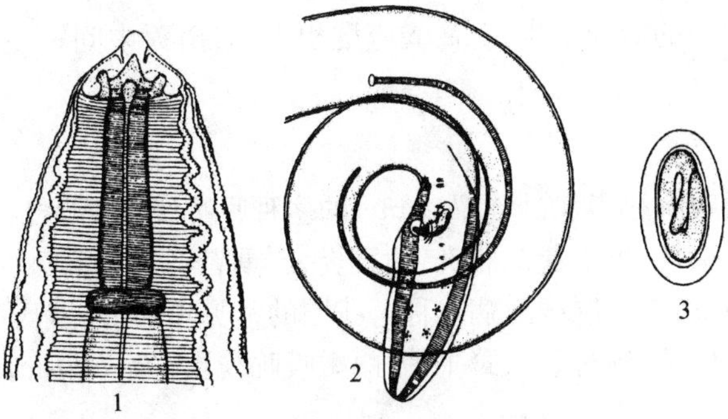

图 2－4－49　钩状锐形线虫(采自陈淑玉)

1. 虫体头端　2. 雄虫尾端　3. 虫卵

2. 生活史 钩状锐形线虫的发育需要一个中间宿主。中间宿主包括蝗虫、螽斯、黑皮蠹、伪步行虫、拟步甲、赤腿蚱蜢、殊种蚱蜢、稻蝗、谷盗、草螽斯、米象鼻虫、小谷盗、赤拟谷盗、毛蕈甲等昆虫。虫卵随宿主粪便排到外界被昆虫等吞食后,幼虫孵出移入昆虫假体腔中,经两次蜕皮后钻入肌肉组织中发育成为感染性幼虫。雏禽吞食含有感染性幼虫的昆虫后,经一昼夜幼虫即侵入肌胃,在角质膜下寄生,经 12d 进行一次蜕皮为第四期幼虫。再经 4 ~9d 进行第四次蜕皮为童虫,感染后经 76 ~90d 发育为成虫并开始产卵。

旋锐形线虫的虫卵被中间宿主如等足类的光滑鼠妇(*Porcellio laevis*)、粗糙鼠妇(*Armadillidum vulgara*)吞咽,幼虫孵出,穿过昆虫肠壁进入血腔,经两次蜕皮后发育为第三期感染性幼虫。含有感染性幼虫的中间宿主被雏禽吞食后,虫体直接侵入腺胃,少数可寄生于食道肌胃前缘。感染后 10 ~12d,虫体进行第四次蜕皮为第五期幼虫。感染后 15 ~20d,便发育为成虫。雌虫发育到性成熟并开始排卵约需 27d。

3. 流行病学 钩状锐性线虫分布于世界各地,我国的北京、黑龙江、辽宁、甘肃、陕西、江苏、福建、广西、四川、台湾等省市均有报道。可危害鸡、吐绶鸡、环颈雉、鹌鹑等鸟禽类。

旋锐形线虫亦分布于世界各地,在我国见于北京、黑龙江、吉林、辽宁、新疆、山东、陕西、上海、福建、广东、广西、四川、台湾等省市。宿主有鸡、家鸽、珠鸡、吐绶鸡、环颈雉等 50 余种鸟禽类。

禽锐性线虫病多发于散养或平养的鸡,本病的发病季节与中间宿主的活动季节基本一致。

4. 致病作用与症状 钩状锐性线虫寄生在禽肌胃的角质层下面时引起黏膜的出血性炎症;以后在肌层形成干酪性或脓性结节,影响肌胃的机能,严重时偶见肌胃破裂。病禽表现为消瘦、贫血、食欲减退、腹泻等症状,有时可引起幼鸡的急性死亡。

旋锐形线虫寄生在禽腺胃,其致病作用和感染强度与宿主年龄和品种等因素有关。感染性幼虫进入腺胃黏膜上皮时有局部轻微出血,部分黏膜上皮细胞变性,坏死脱落。严重感染时,可在腺胃见深溃疡,虫体前端深藏在溃疡中;被寄生部位的腺体遭受破坏,影响腺细胞正常分泌,引起消化不良,食欲消失,迅速消瘦,高度贫血和下痢,重至死亡。

5. 诊断 根据临床症状、粪便检查发现虫卵和病尸剖检发现虫体,进行综合诊断。

6. 治疗

(1)丙硫苯咪唑(Albendazole) 按每千克体重 5 ~10mg,口服,每天一次,连用 2 ~3d。

(2)甲苯咪唑(Menbendazole) 按每千克体重 30mg,一次口服。

7. 预防 做好禽舍的清洁卫生,对禽粪应堆积发酵,消灭中间宿主,定期对禽进行预防性驱虫。

(四)吸吮线虫病

吸吮线虫病是由吸吮科、吸吮属(*Thelazia*)的多种吸吮线虫寄生于动物及人的眼部而引起的一种人兽共患寄生虫病,可引起结膜炎、角膜炎,严重者可致角膜糜烂、溃疡,甚至混浊穿孔,以致影响或丧失视力,所以有眼线虫病之称。我国的常见虫种有:罗氏吸吮线虫(*T. rhodesii*),主要侵害黄牛、水牛、山羊、绵羊、马、野牛等;丽嫩吸吮线虫(*T. callipaeda*),见于猫、狗、狐、人、貉等多种动物。

1. 病原形态

(1)罗氏吸吮线虫(图 2 -4 -50) 虫体细长,体表角皮具有粗横纹。雄虫体长为 10.2 ~

15.5 mm,尾端钝圆。肛前乳突 14 对,肛后乳突 2 对。左交合刺细长,右交合刺粗短。雌虫体长为 15.4 ~ 16.5 mm,尾端钝圆,阴门位于虫体前部。虫卵大小为 32 ~ 43μm × 21 ~ 26μm。

(2)丽嫩吸吮线虫 又称结膜吸吮线虫。虫体细长、半透明、浅红色,离开宿主后转为乳白色。体表除头尾两端外,均具有横纹。雄虫体长为 9.9 ~ 13.0 mm,左右交合刺不等长。肛前乳突有 8 ~ 12 对,肛后乳突有 2 ~ 5 对。雌虫体长为 10.45 ~ 15.00 mm。卵壳薄而透明,愈近阴门处虫卵愈大,卵内含幼虫。

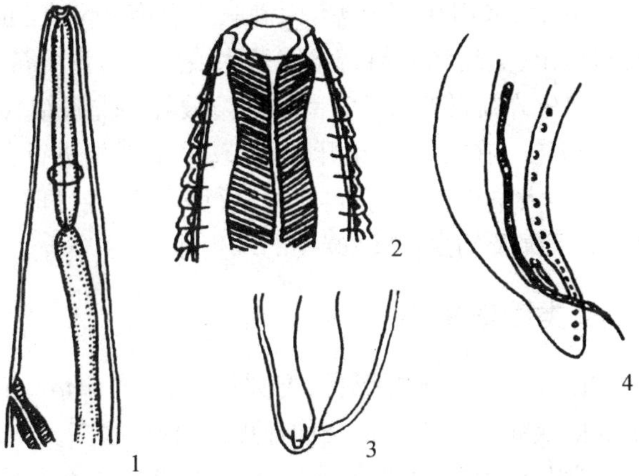

图 2-4-50 罗氏吸吮线虫(采自卢俊杰、靳家声)
1. 虫体头部 2. 体头端 3. 雌虫尾端 4. 雄虫尾端

2. **生活史** 吸吮线虫的生活史,需要通过中间宿主蝇类来发育和传播。已知凸额蝇(*Musca convexifrons*)、秋蝇(*M. autumnalis*)和胎生蝇(*M. larvipara*)可作为罗氏吸吮线虫的中间宿主。变色纵眼果蝇(*Amiota variegata*)为丽嫩吸吮线虫的中间宿主。两种吸吮线虫的卵在产出之前,卵壳已演变成包被幼虫的鞘膜。

雌虫在终末宿主第三眼睑内产出具有鞘膜的幼虫,幼虫被蝇吞食,侵入蝇体内经两次蜕皮发育为感染性的第三期幼虫,移行到蝇的口器内。当蝇舔吮终末宿主眼部时,幼虫便侵入其眼结膜囊内,再经两次蜕皮发育为成虫,成虫在眼内可生活 1 年。

3. **流行病学** 本病呈世界性分布,在我国黑龙江、吉林、内蒙古、甘肃、山东、陕西、江苏、贵州、湖南、福建、广西、台湾等均有报道。流行与蝇的活动季节密切相关,而蝇的繁殖速度和生长季节又决定于当地气温和湿度等环境因素,故通常在温暖而湿度较高的季节,常有大批动物发病,干燥而寒冷的冬季则少见。各种年龄的动物均可受其害。在温暖地区,吮吸线虫可整年流行,在寒冷地区仅流行于夏秋两季。

4. **致病作用和症状** 吸吮线虫的致病作用主要表现为机械性地损伤动物结膜和角膜,引起结膜炎和角膜炎,并刺激泪液的分泌,如继发细菌感染时,则更为严重。临床上可见有眼潮红、流泪和角膜混浊等症状。当结膜因发炎而剧肿时,可使眼球完全被遮闭。炎性过程加剧时,眼内有脓性分泌物流出,常将上下眼睑黏合。角膜炎继续发展,可引起糜烂和溃疡,严重时发生角膜穿孔,水晶体损伤及睫状体炎,最后导致失明。混浊的角膜发生崩解和脱落时,一般能缓慢地愈合,但在该处留下永久性白斑,影响视觉。患病动物表现极度不安,常将眼部在其他物体上摩擦,摇头,食欲不振,生产性能降低。

5. **诊断** 在眼内发现吸吮线虫即能确诊。虫体爬至眼球表面时,很容易被发现。或用手轻压眼眦部,然后用镊子把第三眼睑提起,查看有无活动虫体。还可用一橡皮球,吸取 3% 硼酸溶液,以强力冲洗第三眼睑内侧和结膜囊,同时用一弧形盘接取冲洗液,可在盘中发现虫体。

6. **治疗**

(1)左旋咪唑(Levamisole) 按每千克体重 8mg,口服,每天一次,连用 2d。

(2)滴眼采用0.5%地卡因滴眼作表面麻醉,当虫的蠕动减慢或停止后,用眼科镊子将虫体直接取出,然后滴入氯霉素眼药水或涂红霉素眼膏。亦可用2% ~3%硼酸溶液、0.2%海群生溶液、1%左旋咪唑或1%敌百虫溶液等冲洗眼结膜可杀死或冲出虫体。

7. **预防** 在疫区每年开春季节,对全部牛进行预防性驱虫;并应根据当地气候情况之不同,在蝇类大量出现之前,再对牛进行一次普遍性驱虫,以减少病原体的传播。经常注意环境卫生,杀灭蝇及幼虫,消除蝇类的孳生地。

七、类圆线虫病

类圆线虫病是由杆形目、类圆科、类圆属(*Strongyloides*)的线虫寄生于幼龄动物的小肠内所引起的疾病。类圆线虫又称杆虫,其种类很多,分布于世界各地。这类线虫对幼龄动物危害甚大,可引起消瘦,生长迟缓,甚至大批死亡。在我国常见的虫种有:兰氏类圆线虫(*S. ransomi*)寄生于猪的小肠,多在十二指肠的黏膜固有层内;乳突类圆线虫(*S. papillosus*)寄生于牛、羊、林麝等动物的小肠黏膜内,对家养林麝可产生严重危害;韦氏类圆线虫(*S. westeri*)寄生于马属动物的十二指肠的黏膜内;粪类圆线虫(*S. stercoralis*)寄生于人、其他灵长类、犬、狐和猫的小肠内。本节主要介绍猪的兰氏类圆线虫。

1. **病原形态**(图2-4-51) 寄生于动物体内的各种类圆线虫都是雌虫,行孤雌生殖,未见有雄虫寄生的报道。

(1)寄生性雌虫 兰氏类圆线虫虫体细小,乳白色,体长为3.1~4.6mm,口具有4个不明显的唇片,口囊小,食道细长,呈柱状,占虫体长的1/5。阴门位于体中1/3与后1/3交界处,阴门为两片小唇,稍向外突出。尾短,近似圆锥形。

(2)自由生活雌虫 虫体较寄生性雌虫粗短。头端有2个侧唇,每唇顶端又分3个小唇,食道为杆状型,阴门位于体中1/3处,具2片小唇,稍向外突出。尾端尖细。

(3)自由生活雄虫 体长为0.66~0.77mm,食道长,尾部尖细向腹面弯曲,具交合刺1对,等长,引器呈匙状。

虫卵大小为42~53μm×24~32μm,虫卵呈椭圆形,卵壳薄而透明,内含幼虫。

2. **生活史** 本虫的生活史为世代交替,寄生于猪小肠内的雌虫营孤雌生殖。虫卵随猪粪排出。

(1)直接发育型 虫卵在外界孵出第一期幼虫,称为杆虫型幼虫或杆状蚴,这种幼虫食道短,有两个膨大部。直接发育为具有感染性的第三期幼虫,称为丝虫型幼虫或称丝状蚴,这种幼虫的食道长,呈柱状,无膨大部。幼虫经皮肤侵入宿主,钻入血管随血流到达肺部,进行第三次蜕皮,并发育长大,然后移行到咽部被咽下,经胃到小肠,钻入黏膜发育为成虫。自丝状蚴侵入宿主皮肤到粪便中检出含幼虫虫卵,需10~12d。经口感染宿主时,大部分幼虫从口腔、食道黏膜钻入血管,以后移行途径同前述。怀孕母猪感染丝状蚴,可经血液循环通过胎盘感染胎儿,亦可在肌肉组织中停留下来,待母猪分娩产仔后移行到乳腺,随乳汁感染仔猪。

(2)间接发育型 在适宜的外界环境条件下,通常是在温度较高(27~30℃)与食物丰富之时,第一期杆虫型幼虫经4次蜕皮,在48h内发育为性成熟的自由生活的具杆虫型食道的雌虫和雄虫,性成熟后交配产卵,卵很快孵出杆状蚴,经蜕皮发育为下一代成虫。环境适宜时,自由世代生活可继续若干代。当环境不适时,杆状蚴经两次蜕皮变为丝状蚴,如有机会即侵入宿主。

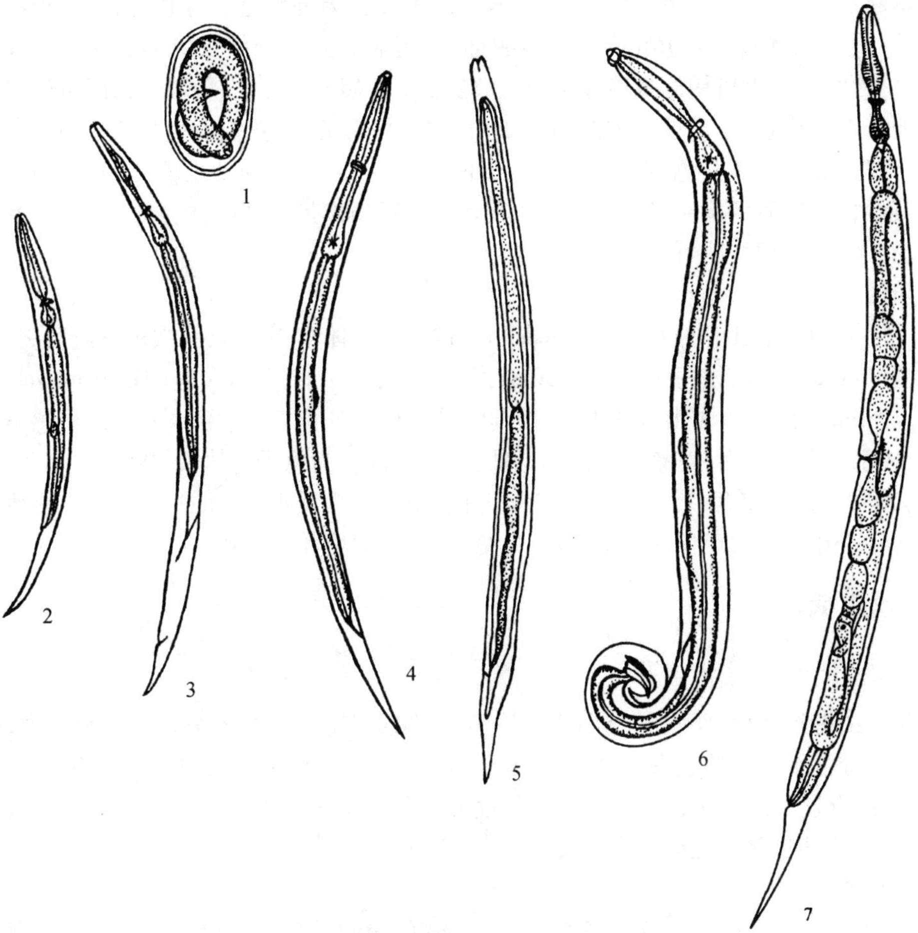

图 2-4-51　兰氏类圆线虫（采自卢俊杰、靳家声）

1. 虫卵　2. 初期杆状幼虫　3. 二期杆状幼虫　4. 第二次脱皮的幼虫
5. 丝状幼虫 6. 自由生活的雄虫　7. 自由生活的雌虫

3. 流行病学　主要在仔猪中流行，出生后即可感染。出生后 5~8d 的乳猪粪便中，即可见有虫卵，1 月龄左右感染最严重，2~3 月龄后逐渐减少；春产仔猪较秋产的仔猪感染严重。常常是从猪舍的土壤中经皮肤感染和从母猪被污染的乳头经口感染。幼猪可从母乳中获得感染。在夏季和雨季卫生状况不良时，流行特别普遍。未孵化的虫卵能在适宜的环境中保持其发育能力达 6 个月以上，感染性幼虫在潮湿的环境下可生存 2 个月。

4. 临床症状　幼虫穿过皮肤移行到肺时，常引起湿疹（仔猪）、支气管炎、肺炎和胸膜炎。肺炎时体温升高，咳嗽。大量幼虫钻入小猪肠壁时，导致小肠充血、出血和溃疡；患猪消瘦、贫血、呕吐、腹痛，最后多因极度衰弱而死亡，死亡率可达 50%；少量寄生时，临床症状不明显，但影响生长发育。丝虫型幼虫侵入成年猪体内时常不能发育至性成熟。

成虫寄生于小肠黏膜固有层内，使肠绒毛顶端坏死，肠黏膜脱落，引起腹痛、腹泻、呕吐等消化不良症状。

5. 诊断 除结合年龄、卫生情况、流行病学因素和临床症状进行分析外，须检查刚排出的新鲜粪便(夏天6h内，冬天15h内)，发现虫卵，方可确诊。类圆线虫的卵比其他圆线虫的卵小得多，内含幼虫。也可用幼虫检查法检查放置了5~15h的粪便，发现幼虫即可确诊。还可以用粪便培养法检查，于玻璃杯内装半杯粪便，注意保持湿度，置温暖室内1~3d，如属阳性，即可在杯壁上见有浅灰白色、直径为1~2cm的成片的、云雾状的幼虫群落，并随幼虫的运动而变化其形状。死后剖检时，可见小肠，尤其是十二指肠扩张，内含白色液状物；刮取黏膜压片镜检，见有大量雌虫时，即可确诊。

6. 防治

(1)驱虫 可用：①伊维菌素(Ivermectin)，按每千克体重0.3mg，一次皮下或肌肉注射；②左旋咪唑(Levamisole)，按每千克体重10mg，一次口服或注射；③噻苯唑(Thiabendazole)，按每千克体重50mg，拌料，可驱出全部虫体；按饲料量的0.01%配合，连用14d，对严重感染的猪有良效；配成水剂肌肉注射，对猪体内的移行幼虫有效，剂量为每千克体重100mg。

(2)预防 搞好猪舍的清洁卫生，经常用石炭酸水、热碱水、沸水或石灰乳消毒地面和饲槽。经常检查并及时治疗怀孕母猪、哺乳母猪和仔猪；病猪和健康猪分开饲养。

八、丝虫病

(一)草食动物丝状虫病

丝状线虫指丝状科、丝状属(*Setaria*)的一些线虫，多寄生于有蹄类动物的腹腔内，故又称腹腔丝虫。寄生于腹腔的成虫，致病性不强；但有些种的幼虫，可寄生于非固有宿主的某些器官，引起如脑脊髓丝虫病和浑睛虫病等一些危害严重的疾病。本病多发生于长江流域和华东沿海地区，东北和华北等地亦有病例发生。

1. 病原形态

(1)马丝状线虫(*S. equina*) 寄生于马属动物的腹腔，有时也寄生于胸腔、盆腔和阴囊等处。虫体呈乳白色，线状。口孔周围有角质环围绕，口环的边缘上，突出形成两个半圆形的侧唇，两个乳突状的背唇和两个乳突状腹唇。头部有4对乳突，侧乳突较大，背、腹乳突较小。雄虫长为40~80mm，交合刺两根不等长。雌虫长70~150mm，尾端呈圆锥状。

(2)鹿丝状线虫(*S. cervi*)(图2-4-52) 又称唇乳突丝状线虫(*S. labiatopapillosa*)，寄生于牛、羚羊和鹿等动物的腹腔。口孔呈长形，角质环的两侧部向上突出成新月状(较宽阔)，背、腹面突起的顶部中央有一凹陷，略似墙垛口(颇狭窄)。雄虫长为40~60mm，交合刺两根不等长。雌虫长为60~120mm，尾端为一球形的纽扣状膨大，表面有小刺。微丝蚴有鞘膜。

(3)指形丝状线虫(*S. digitata*)(图2-4-53) 寄生于黄牛、水牛和牦牛的腹腔，形态和鹿丝状线虫相似，但口孔呈圆形，口环的侧突起为三角形，且较鹿丝状线虫的大。背、腹突起上有凹迹。雄虫长为40~50mm，交合刺两根不等长。雌虫长60~90mm，尾末端为一小的球形膨大，其表面光滑或稍粗糙。

2. 生活史 中间宿主为吸血昆虫。马丝状线虫的中间宿主为埃及伊蚊(*Aedes aegypti*)、奔巴伊蚊(*A. pembaensis*)及淡色库蚊(*Culex pipiens*)；指形丝状线虫的中间宿主为中华按蚊(*Anopheles hyrcanus sinensis*)、雷氏按蚊(*A. hyrcanus lesteri*)、骚扰阿蚊(*Armigeres obturbans*)、东乡伊蚊(*A. togoi*)和淡色库蚊；鹿丝状线虫的中间宿主可能是厩螫蝇或一些蚊类。

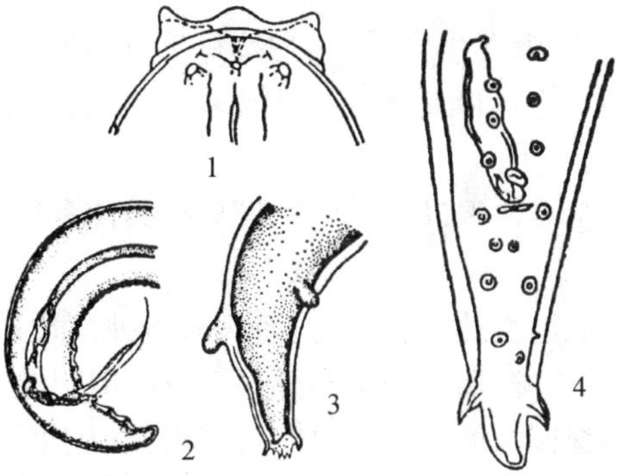

图 2－4－52　鹿丝状线虫

1. 虫体头端　2. 雄虫尾端　3. 雌虫尾端　4. 雄虫后端腹面

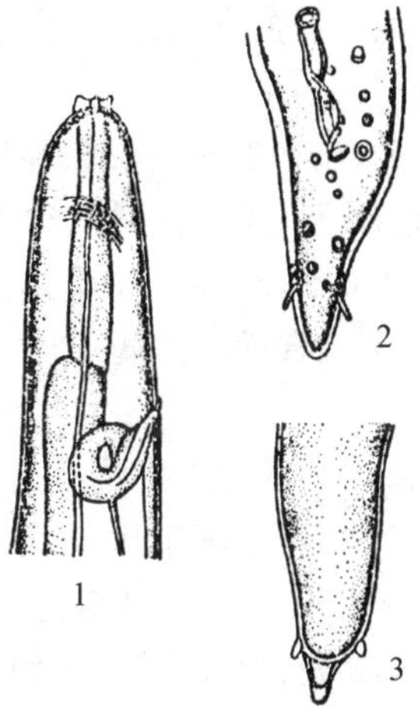

图 2－4－53　指形丝状线虫

1. 虫体头端　2. 雄虫尾端　3. 雌虫尾端

成虫寄生于腹腔，雌虫胎生，产出带鞘的第一期幼虫即微丝蚴。微丝蚴进入宿主的血液循环，周期性地出现在动物体的外周血液中。外周血液中的马丝状线虫微丝蚴的数量高峰出现在黄昏时分；指形丝状线虫微丝蚴密度则以早晨 6h 至中午 1～2h、晚 6h 和 9h 较高。当中间宿主刺吸终末宿主血液时，微丝蚴随血液进入中间宿主——蚊虫的体内，约经 15d 左右发育为第三期感染性幼虫，并移行到蚊口器内。当蚊吸终末宿主血液时，感染性幼虫进入终末宿主体内，经 8～10 个月，发育为成虫。

当携带有指形丝状线虫感染性幼虫的蚊吸非固有宿主——马或羊的血液时，幼虫进入马或羊的体内，但由于宿主不适，它们常循淋巴或血液进入脑脊髓或眼前房，停留于童虫阶段，引起马或羊的脑脊髓丝虫病或马浑睛虫病。

3. 致病作用与症状　成虫寄生于马、牛腹腔，可引起轻度腹膜炎，大多不呈现明显的致病作用。但其幼虫有较强的致病力：

（1）脑脊髓丝虫病　指形丝状线虫的幼虫可导致马、骡、羊脑脊髓丝虫病（腰痿病），其晚期幼虫（童虫）多寄生于脑底部、颈椎和腰椎膨大部的硬膜下腔、蛛网膜下腔或蛛网膜与硬膜下腔之间。患病动物主要表现为后躯神经的功能障碍。马、骡患病后，逐渐丧失使役能力，重病者多因长期卧地不起，发生褥疮，继发败血症致死；羊表现为运动障碍，严重时出现瘫痪。

（2）浑睛虫病　马、骡浑睛虫病的病原包括指形丝状线虫、鹿丝状线虫和马丝状线虫的童虫，其形态构造与各虫的成虫相似。发生于牛时，则多为马丝状线虫的童虫。马、骡或牛的一个眼内常寄生 1～3 条，游动于眼前房中，虫体长为 1～5cm。症状为角膜炎、虹膜炎和白内障。畏光，流泪，角膜和眼房液轻度混浊，瞳孔放大，视力减退，眼睑肿胀，结膜和巩膜充血。病马摇头，摩擦患眼。严重时可失明。对光观察马或牛的患眼时，常可见眼前房中有虫体游动，时隐时现。

4. 诊断

（1）微丝蚴检查，取动物外周血液检查，发现微丝蚴即可确诊，具体方法详见实验教程。

（2）对脑脊髓丝虫病，当出现临床症状时，才能做出诊断，但难以治愈。早期诊断需用免疫学方法，用牛腹腔的指形丝状线虫提取抗原，进行皮内反应试验。

(3)对浑睛虫病,除观察症状外,可对光检查眼,在眼前房内发现游动的虫体即可确诊。

5. 治疗

(1)马、牛丝状虫病　乙胺嗪(Diethylcarbamazine,海群生),马、牛均按每千克体重10mg,每天一次,连用7d,可杀死微丝蚴,但不能杀灭成虫。左咪唑每千克体重8～10 mg连用2～3次或伊维菌素(Ivermectin)每千克体重0.3 mg治疗。

(2)马、羊脑脊髓丝虫病　马、羊均用海群生每千克体重20mg,连用5d或伊维菌素每千克体重0.3mg。

(3)浑睛虫病的根本疗法　是应用角膜穿刺法取出虫体。手术时,使病马横卧或站立,保定头部,3%毛果芸香碱点眼,再用5%普鲁卡因点眼麻醉,用小号尖头外科刀或注射用针头在距尖端0.3～0.5cm处,以线缠定(限定最大限度的穿刺深度)。右手持刀,使尖端位于距角膜下0.2～0.3cm处,斜向角膜,并使刀与虹膜面平行(如用静脉注射针头,须使斜面向内),待虫体向术者方向游来时,迅速刺入眼房内,此时虫体可随眼房液流出。如虫体未流出,可用小镊子将虫体夹出。穿刺的创口一般可在术后1周内愈合;如分泌物过多时,可用硼酸液清洗,并用抗生素眼药水点眼。

6. 预防

(1)防止吸血昆虫叮咬和杀灭吸血昆虫。

(2)预防马脑脊髓丝虫病时,对新引进的马和幼马,可用海群生预防注射,每月一次,连用4个月。

(二)猪浆膜丝虫病

猪浆膜丝虫病是由双瓣科、浆膜丝虫属(*Serofilaria*)的猪浆膜丝虫(*S. suis*)寄生于猪的心脏、肝、胆囊、膈肌、子宫、胃、肋胸膜、腹膜及肺动脉基部等的浆膜淋巴管内所引起的线虫病。我国江西、山东、安徽、北京、河南、湖北、四川、福建、江苏等省市均有发现。

1. 病原形态(图2－4－54)　虫体呈乳白色,极细,头端稍微膨大。无唇,口孔周围有4个小乳突,另有4个亚中乳突和两个化感器排列在外圈。食道分为肌质与腺体两部分。神经环位于食道肌质部的后方。

雄虫长为12～26.25mm。尾部呈指状,向腹面卷曲,有乳突6～12对,规则地排列在整个尾部亚腹侧,肛前3～6对,肛后3～6对。交合刺1对,短且不等长,形态相似。

雌虫长为50.62～60.00mm,尾部指状,稍向腹面弯曲,端部两侧各有1个乳突,腹面有一簇15～20个小乳突。肛门萎缩。微丝蚴两端钝,有鞘。

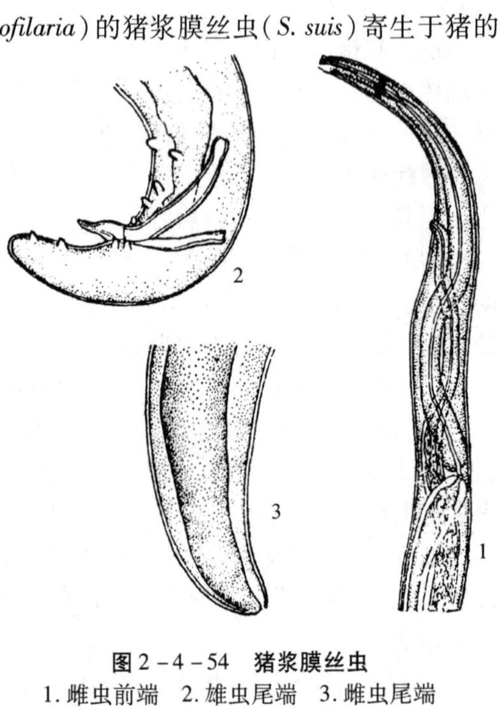

图2－4－54　猪浆膜丝虫
1. 雌虫前端　2. 雄虫尾端　3. 雌虫尾端

2. 生活史　尚不十分清楚。中间宿主为库蚊。成虫寄生在各器官浆膜的淋巴管内，产出的微丝蚴进入血液，被库蚊吸血时吸入；微丝蚴在库蚊体内发育成感染性幼虫，当这种库蚊再吸猪血时，感染性幼虫进入猪体内，发育为成虫。

3. 症状　生前一般无症状，猪群食欲下降，生长缓慢，腹式呼吸，呈犬坐式或俯卧，肌肉震颤。病变多分布在心脏纵沟附近或其他部位的心外膜表面，形状不一，大如赤豆，小如粟粒或长条弯曲的透明包囊，有些包囊形成寄生虫性结节，结节中虫体部分钙化或完全钙化，活虫少见。常被误诊为猪囊尾蚴。在子宫阔韧带上亦可形成包囊。

如果虫体新鲜，在透明的包囊中可清楚地看到卷曲的白色透明的虫体。

4. 诊断　生前可自耳静脉采血，检查血液中的微丝蚴。宰后在心脏等处发现病灶并找到活虫，或将病灶压成薄片镜检发现虫体残骸即可以确诊。

5. 防治　未见报道。

（三）犬恶丝虫病

犬恶丝虫病是由双瓣科、恶丝属（*Dirofilaria*）中的犬恶丝虫（*D. immitis*），又称犬心丝虫寄生于犬的右心室和肺动脉（少见于胸腔、支气管、皮下结缔组织）引起循环障碍、呼吸困难及贫血等症状的一种丝虫病。在我国分布很广。除犬猫外，狼、狐及小熊猫等野生肉食动物也能感染。免疫力低的人偶被感染，第三期幼虫导致患者肺部和皮下出现结节，胸痛与咳嗽。

1. 病原形态（图2－4－55）　虫体呈微白色，细长粉丝状，口由6个不明显的乳突围绕。雄虫长为12～20cm，后部呈螺旋状卷曲，有窄的尾翼膜，末端有尾乳突11对（肛前5对、肛后6对），交合刺2根，长短不等。雌虫长为25～30cm，尾端钝圆，阴门开口于食道后端。

犬血液中的微丝蚴无鞘膜。微丝蚴的出现周期性不明显，但以夜间出现较多。

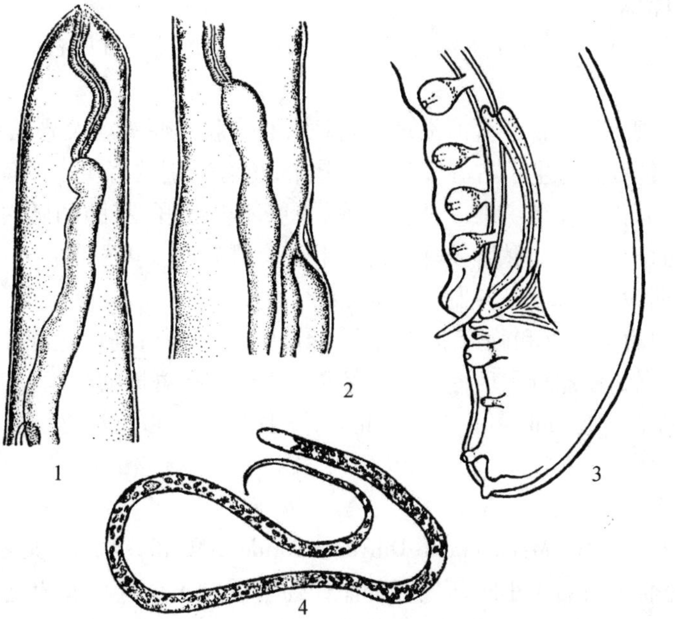

图2－4－55　犬恶丝虫

1. 虫体头部　2. 雌虫阴门部　3. 雄虫尾端　4. 微丝蚴

2. 生活史 犬恶丝虫寄生于犬的右心室和肺动脉。中间宿主为蚊子(中华按蚊、白纹伊蚊、淡色库蚊)、蚤(犬蚤、猫蚤)。雌虫产出的微丝蚴进入外周血液,在血液中可生存一年或一年以上,但被中间宿主吞食之前不能进一步发育。夏季蚊子吸血,微丝蚴进入蚊体中,约2周发育为第三期感染性幼虫。蚊刺吸犬血液时,第三期幼虫从蚊口器中逸出,迅速钻进皮肤,在皮下结缔组织、肌间组织、脂肪组织和肌膜下发育,经第三次、第四次蜕皮成为童虫,然后进入静脉,移行到右心室及大血管内,继续发育为成虫。从蚊叮咬感染到发育为成虫需6~7个月。成虫也可在后腔静脉、肝静脉、前腔静脉到肺动脉的毗连血管内寄生。在终宿主体内成虫可生存5~6年,并不断产生微丝蚴。

3. 流行病学 我国各地犬的感染率很高,感染季节一般为蚊最活跃的6~10月份,感染高峰期为7~9月份。感染率与年龄呈正比,年龄越大则感染率越高。犬的性别、被毛长短、毛色等与感染率无关。饲养环境与感染率有关,饲养在屋外的犬感染率高于屋内犬。

4. 致病作用与症状 成虫寄生于犬的右心室及肺动脉中,由于虫体刺激心内膜,可引起心内膜炎并继发心脏肥大和右心室扩张;虫体寄生于肺动脉中,出现动脉内膜炎。严重感染时可因静脉淤血而导致腹水和肝肿大等病变;肺因幼虫的刺激而发炎,造成上呼吸道感染。初期症状是慢性咳嗽,无上呼吸道感染的其他症状,运动时加重,或运动时病犬易疲劳。随着病情的发展,病犬出现慢性支气管炎,心悸亢进,脉细弱并有间歇,心内有杂音,肝区触诊疼痛,肝肿大,胸、腹腔积水,全身浮肿,呼吸困难,咳嗽剧烈,无尿、血尿。长期受到感染的病例,肺源性心脏病十分明显。末期,由于全身衰弱或运动时虚脱而死亡。常有因输液而死亡的病例。

病犬常伴发结节性皮肤病,以瘙痒和沿背线分布且易破溃的多发性灶状结节为特征。皮肤结节显示血管中心的化脓性肉芽肿;在化脓性肉芽肿周围的血管内常见有微丝蚴。经过治疗,皮肤病变可以治愈。

当病犬出现肺动脉高压症及肺动脉瓣功能障碍时,X光摄影可见右心室扩张,主动脉与肺动脉扩张。

解剖时可见心脏肥大、右心室扩张、瓣膜病变、心内膜肥厚等。犬恶丝虫的成虫常纠缠成团,也可游离或被包裹而寄生于右心室和肺动脉中,也有个别的寄生于肺动脉支和肺组织中。此外,还可见于皮下和肌间组织中。肺脏贫血,扩张不全及肝变,肺动脉内膜炎(由于虫体的刺激,右膈叶最明显)和栓塞、脓肿及坏死等。肝脏有肝硬变及肉豆蔻肝。肾脏实质和间质均有炎症变化。后期为全身贫血,各器官发生萎缩。

5. 诊断 根据病史调查和临床症状观察可作出初步诊断;确诊应在血液中找到微丝蚴。在新鲜血液中,可见到作蛇行和环形运动并经常与血细胞相碰撞的微丝蚴。用血液1ml加7%醋酸溶液或1%盐酸溶液5ml,离心2~3min后,倾去上清液,取沉淀物镜检,易找到微丝蚴。

6. 药物治疗

(1)杀成虫药

①美拉索明和氰安定(Melarsomine Dihydrochloride,RM340)合剂 又名盐酸灭来丝敏,按2.2mg/kg体重的剂量间隔3小时两次腰部肌肉注射后对4个月龄大的童虫及雄性和雌性成虫均有高的杀灭作用。但两者联用存在一定的副作用,主要是局部的神经症状和肌注带来的刺激作用。

②硫砷胺钠(Thiacetarsamide sodium) 按2.2mg/kg体重的剂量静脉注射,2次/日,连用

3d,对犬恶丝虫的成虫有较好的杀灭作用。

此外,伊维菌素也可用于犬恶丝虫成虫的治疗。

(2)杀微丝蚴药 目前以伊维菌素为代表的几种大环内酯类的药物作为杀犬恶丝虫微丝蚴的首选药物,在国外已被广泛应用。大环内酯类的几种杀微丝蚴药物,因其在动物体内有效血药浓度维持时间长,故也是犬恶丝虫病预防的主要药物,具体的用法与用量见药物预防。

除大环内酯类的药物外,其他常用的杀微丝蚴药物还有如下几种:

①乙安嗪(Diethylcarbamazine,DEC) 作为一种传统的抗丝虫药,按22 mg/kg体重的剂量口服,3次/日,连用7d,其通过介导体内的免疫球蛋白IgE和IgG的免疫反应,对犬恶丝虫的微丝蚴有强大的杀灭作用。

②碘噻青胺(Dithiazaniniodide) 按3~6 mg/kg体重剂量口服给药,每日2次,连用7~10d,对微丝蚴有强的杀灭作用。

③盐酸左旋咪唑(Levamisole) 按10 mg/kg体重的剂量口服给药,每日1次,7~10d为一个疗程;一个疗程后作微丝蚴检查,若仍未转阴者,可再用药一个疗程。

在进行驱虫治疗的同时,对个别病例,尤其是感染时间长、体况差和出现混合感染的个体,在进行药物治疗时辅以适当的对症治疗(如抗血栓处理等)是确保治疗成功的重要保证。此外,在进行药物治疗期间应严格控制动物的运动量,防止由于虫体崩解后形成的血栓,在动物剧烈运动时引起动物的猝死。

7.预防

(1)药物预防 犬恶丝虫病作为一种严重危害人、伴侣动物及野生动物的人兽共患寄生虫病,迄今为止仍没有商品化的疫苗可供使用,因而药物预防在该病的防治中占有重要地位。该病的易感动物,特别是疫区的犬、猫等动物,应用化学药物对其进行预防是首选的防治措施。

大环内酯类(Macrocyclic lactones)药物中的伊维菌素(Ivermectin)、美贝霉素(Milbemycin oxime)、塞拉菌素(Selamectin)、摩西菌素(Moxidectin)对犬恶丝虫的微丝蚴、三期和四期幼虫和童虫均有较好的杀灭和抑制作用,且安全范围宽、药效比高,因而被广泛用于犬恶丝虫病的预防。

①伊维菌素 按0.006mg/kg体重的剂量每月口服给药一次,连续用药12个月对于进入犬体内的微丝蚴和3~4个月龄大的童虫杀灭率可达95.1%。

②摩西菌素 有两种剂型,即片剂和注射用缓释剂。片剂按0.17mg/kg体重的剂量口服给药1次,对微丝蚴和4个月龄以下的童虫有强的杀灭作用,杀灭率可达85.9%;在6个月后再次给药一次,杀灭率可达97.2%。摩西菌素缓释剂(Moxidectin SR)按推荐剂量(0.17mg/kg体重)在颈部皮下注射能提供长达6个月以上的保护效率,且保护效率较高。

③美贝霉素 按0.5mg/kg体重的剂量每月口服给药一次,对犬恶丝虫的微丝蚴均有较好的杀灭作用,同时对童虫也有一定的抑制作用。

④塞拉菌素 按6mg/kg体重的剂量每月进行局部涂搽给药一次,对犬恶丝虫的微丝蚴有较好的杀灭作用,同时对童虫也有一定的抑制作用。

(2)控制和杀灭中间宿主 控制和杀灭中间宿主(蚊、蚤)是预防本病的又一重要措施。在蚊虫活动的高峰季节,可采用菊酯类高效杀虫药进行环境、笼舍等的杀虫处理。

九、鸟蛇线虫病

鸟蛇线虫病是由驼形目、龙线科、鸟蛇属(*Avioserpens*)的线虫寄生于鸭颌下、颈、腿等处皮下结缔组织,形成以瘤样肿胀为特征的一种线虫病,俗称鸭腮丝虫病。在我国已发现两个虫种:四川鸟蛇线虫(*A. sichuanensis*),寄生于鸭、野鸭及鸡,分布于四川、重庆、贵州、安徽、江苏等地;台湾鸟蛇线虫(*A. taiwana*),寄生于鸭、野鸭,分布于我国广西、广东、福建、台湾等地。

1. 病原形态

(1)四川鸟蛇线虫(图2-4-56) 虫体呈细长丝线状,淡黄白色。虫体头端钝圆,口周围有角质环。头乳突14个,呈两圈同心圆排列,背乳突和腹乳突成对,较大;两侧各有一个单乳突,另有4对亚中乳突。食道分肌质部和腺体部两部分。

雄虫很短小,长为8.71~10.99mm。交合刺1对,褐色,略不等长。引器褐色,犁形。尾弯向腹面,尾尖有一个刺状突起。

雌虫长为32.6~63.5cm,比雄虫长30~60倍。尾尖锐,腹面有乳突1对,尾尖有一小结节。卵巢两个,双子宫型。未成熟雌虫可见肛门、阴门及阴道。肛门呈横缝状,阴门唇状,开口于虫体中部。子宫内充满胚细胞;随着虫体的成熟,阴门及阴道、肛门均萎缩不见,而子宫向虫体前后伸展,后部的卵巢可伸达肛门后方。

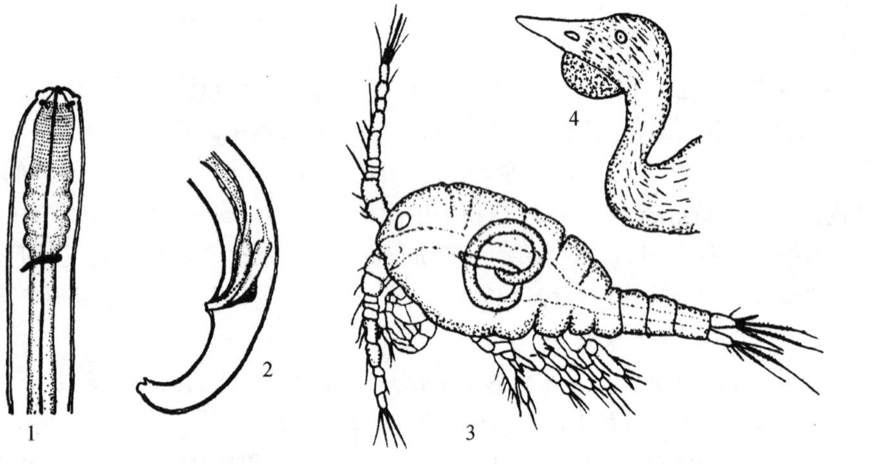

图2-4-56 四川鸟蛇线虫

1. 虫体头部 2. 雄虫尾部 3. 中间宿主剑水蚤 4. 患病鸭的颌下病灶

(2)台湾鸟蛇线虫(图2-4-57) 形态构造似四川鸟龙线虫。雄虫长为6.0mm,交合刺不等长,引器三角形。雌虫长为11~18mm,尾弯曲呈钩状。生殖孔位于虫体后半部。

2. 生活史 鸟蛇线虫为胎生,属间接发育。中间宿主为剑水蚤,包括广布中剑水蚤、北碚中剑水蚤、透明温剑水蚤、台湾温剑水蚤、锯缘真剑水蚤、如愿真剑水蚤、绿色近剑水蚤、棕色大剑水蚤、英勇剑水蚤等。

四川鸟蛇线虫的雌虫成熟后在寄生部位钻一小孔,当鸭下水游泳与觅食时,虫体头部破裂,子宫与表皮一起破溃,释放出大量幼虫,落入水中。第一期幼虫到水中被中间宿主剑水蚤吞食，在适宜温度下（28 ~ 32℃），在剑水蚤的血腔中约经 7d，两次蜕皮后发育为第三期幼虫（感染性幼虫）。含第三期幼虫的剑水蚤被鸭吞食后，幼虫在腺胃内逸出，然后穿过腺胃壁，逐渐移行到皮下结缔组织寄生。感染后 14d 出现症状，在皮下结缔组织检得雌虫（未成熟）。移行到皮下寄生的虫体均为雌虫，而雄虫则寄生于腹壁。感染后 26 ~28d，雌虫成熟，寄生部位的肿胀达最大。此时，雌虫头部穿破皮肤，体壁破裂，幼虫逸出。以后雌虫逐渐死去。整个生活史在气温 26 ~ 32℃时需 36 ~40d。

台湾鸟蛇线虫的雄虫寄生于肠系膜，生活史与四川鸟蛇线虫相似。

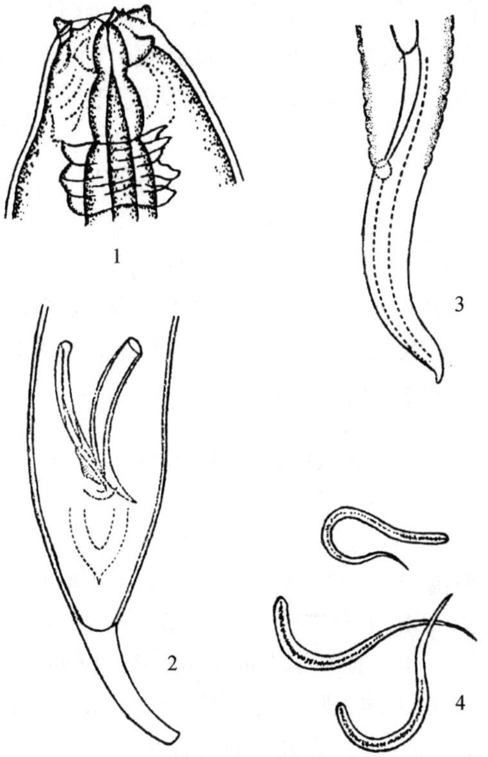

图 2 – 4 – 57　台湾鸟蛇线虫

1. 虫体头端　2. 雄虫尾端　3. 雌虫尾部　4. 幼虫

3. 流行病学　鸟蛇线虫的中间宿主——剑水蚤主要孳生在比较肥沃的稻田、水塘和流动较缓的河流。本病常发生于我国南方地区的放牧鸭群，主要侵害 3 ~8 周龄的雏鸭及青年鸭，未见成年鸭发病。发病季节在 3 ~ 10 月；7 ~9 月为高峰期。鸡亦偶见感染与发病。

4. 症状　雌虫主要寄生在鸭的颌下及腿部皮下结缔组织内，在腹下、颈、眼等处皮下亦有寄生。症状以颌下、腿部出现瘤结为特征。起初寄生部位充血肿胀，瘤结小而柔软，以后逐渐变大、变硬，瘤结上有小孔，孔上有线头样虫体断片。轻度感染时症状不明显；中重度感染可见幼鸭皮下有多处瘤结，步态踉跄，或不能行走，呼吸吞咽困难，结节外翻。病鸭在饥饿、疲惫下急剧消瘦，陷入恶病质而死亡。在病变部的瘤结中可见有缠绕成团的虫体，后期虫体逐渐被吸收，病变部黄褐色胶样浸润，新旧病变中都混有大量新生血管，患部发红。尸体贫血消瘦。

5. 诊断　根据流行季节以及鸭的颌下、腿部等处出现瘤结易于诊断，必要时可切开瘤结找到虫体或用手指按压肿胀部，将挤出的液体涂片镜检查到幼虫而确诊。

6. 治疗　可用 1% 左旋咪唑（Levamisole）水溶液或 1% 丙硫咪唑（Albendazole）油悬浮液，每个结节内注射 0.3 ~0.5ml，作扇形注射，安全有效，结节一般在一周左右消失。也可在结节内注射 1 ~3ml 0.5% 高锰酸钾液、1% 碘溶液、75% 乙醇、2% 食盐溶液等以杀死虫体。

7. 预防

（1）加强育雏管理　育雏场地应在流动较大的水面或清洁的池塘，不要到疑有病原的水域放养雏鸭。

(2)杀灭中间宿主　育雏水域可用杀虫药物杀灭中间宿主剑水蚤。

(3)驱虫　放牧后10d用左旋咪唑、丙硫咪唑(Albendazole)进行药物预防。两种药物均按每千克体重50~70mg拌料,每日两次,连服一周。

第五节　棘头虫病

棘头虫病是由棘头虫门(Acanthocephala)的动物寄生于家畜、家禽及野生动物的肠道内所引起的一类蠕虫病。棘头虫是无消化系统、左右对称、雌雄异体的蠕虫。自Redi于1684年首次发现鳝鱼的棘头虫之后,迄今已报道棘头虫达1000多个种。在我国已报道的寄生于家畜、家禽、犬的棘头虫只有10个种。

一、棘头虫的形态、发育与分类

(一)形态结构

1. 外部形态　虫体呈圆柱形,大小差异很大,大的如蛭形巨吻棘头虫,雌虫体长可达692mm;小的如微小多形棘头虫,雄虫的体长仅3mm。棘头虫雌雄异体,两侧对称,虫体分为前体部和躯干部。前体部细而短,由吻突(proboscis)和颈部组成。吻突呈椭圆形、圆球形或圆柱形,可以伸出或缩入吻囊内;吻突上有成排的吻钩或棘,其钩的形状、数量、排列情况等均是虫种的分类依据;吻突是虫体的附着器官,钻入宿主肠壁内。吻突后面是较短的颈部,颈部上无钩或棘。躯干呈柱状或棒状,体表光滑或有不规则的皱纹或环纹,其内为假体腔。

2. 内部结构　假体腔内有生殖系统、排泄系统、神经系统等,但无消化系统、循环系统和呼吸系统。虫体的吻囊是由单层或多层肌肉构成的肌质囊,它借助肌鞘与吻突相连。吻腺(lemniscus)呈长形,附着于吻囊两侧的体壁上,但有的种其吻腺游离于假体腔内。韧带囊(ligament sac)是由结缔组织构成的空管状构造,前起于吻囊,沿整个虫体内部包裹生殖器官;雌虫成虫的韧带囊常退化成一个带状物。韧带索(ligamment strand)是一个有核的索状物,其前端起于吻囊后部,后端与雄虫的生殖鞘或雌虫的子宫钟相连。

棘头虫的生殖系统较发达。雄虫有2个睾丸,呈圆形、椭圆形或卵圆形,前后排列。每个睾丸有1条输出管,2条输出管汇合成一条输精管,输精管下端膨大成为贮精囊,再经射精管而至阴茎。交配器位于虫体后端,呈囊状,内有阴茎和能够伸缩的交合伞。交合伞是虫体体壁内翻形成的一个半圆形或长圆形腔,可以外翻。射精管与黏液腺均位于生殖鞘内。雌虫的生殖器官由卵巢、子宫钟、子宫、阴道和阴门组成,成虫的卵巢崩解为卵球或称浮游卵巢,子宫钟(uterine bell)是一个呈漏斗形的管,前端有大的开口,后端以输卵管与子宫相连。子宫是肌质管,其后端与非肌质的阴道相连,最末端为阴门。

(二)发育史

棘头虫的发育属间接发育型。成虫寄生于各类脊椎动物,主要是鱼类、鸟类和哺乳类动物的肠道内。通常需要一个中间宿主,常见的中间宿主为甲壳动物和昆虫。

雌虫产出成熟虫卵随终末宿主的粪便排至外界,卵内含有一个被称为棘头蚴(acanthor)的幼虫。虫卵在自然界被中间宿主吞食后,棘头蚴在中间宿主体内先发育为棘头体(*acanthel-*

la),再发育为感染性幼虫——棘头囊(cystacanth)。当终末宿主摄食含有棘头囊的中间宿主后,棘头囊即在终末宿主肠道内逐渐发育为成虫。

(三)分类

在我国寄生于家畜、家禽及犬的棘头虫已报道10种,其分类地位如下:

棘头动物门 Acanthocephala Rudolphi,1808

原棘头虫纲 Archiacanthocephala

少棘吻科 Oligacanthorhynchidae Meyer,1931

巨吻属 *Macracanthorhynchus* Travassos,1916

钩吻属 *Oncicola* Travassos,1916

古棘头虫纲 Palaeacanthocephala

多形科 Polymorphidae Meyer,1931

多形属 *Polymorphus* Lühe,1911

细颈属 *Filicollis* Lühe,1911

二、猪棘头虫病

猪棘头虫病是由蛭形巨吻棘头虫(*Macracanthorhynchus hirudinaceus*)寄生于猪的小肠内引起。虫体借助吻突固定在肠壁上,在寄生部位的浆膜上可见黄豆至豌豆大小的淡黄色结节。猪棘头虫病呈地方性流行,在猪放牧区均有流行。蛭形巨吻棘头虫除寄生于家猪、野猪等动物外,还可寄生于人,是一种人兽共患病,但寄生于人小肠的蛭形巨吻棘头虫极少发育成熟。

1. 病原形态(图2-5-1)　虫体是一种大型寄生虫,呈乳白色或淡红色,圆柱形,前面部分粗,向后逐渐变细,虫体表面有横皱纹。吻突小,呈球形,有5~6纵列呈螺旋形排列的吻钩,每列6个,共计30~36个。吻腺发达呈带状。

雄虫体长为50~113mm。睾丸2个,呈椭圆形,前后排列于虫体的中部。黏液腺8个,呈长椭圆形。交合伞呈钟罩状。

雌虫体长为310~692mm,体内充满不同发育时期的虫卵。

虫卵呈深褐色,长椭圆形,两端稍尖,大小为87~102μm×43~56μm。卵壳厚,其上布满不规则的沟纹,卵内含棘头蚴。

2. 生活史(图2-5-2)　中间宿主为金龟子、天牛等甲虫。寄生于猪小肠的雌虫产出虫卵后,虫卵随粪便排出体外,被中间宿主吞食后释放出棘头蚴,棘头蚴穿过肠壁进入体腔,发育至棘头体。从虫卵进入中间宿主发育至棘头体,需1.5~2.0个月,再经2~3个月后棘头体发育至棘头囊,棘头囊为一个椭圆形、乳白色的囊状体。中间宿主感染虫卵的季节不同,虫卵发育至棘头囊所需要的时间长短也不一样,如果在6月份以前感染,需要3.5~4.0个月,最短的为35d;如果在7月份以后感染,需要12~13个月。猪吞食了含棘头囊的中间宿主甲虫(成虫、幼虫或蛹)而受到感染。在猪的消化道内,棘头囊破囊而出,以其吻突固定在小肠壁上,经3~4个月发育至成虫。

3. 流行病学　猪的蛭形巨吻棘头虫病呈地方性流行,遍布世界各地,如美国、俄罗斯、意大利、罗马尼亚、阿根廷、菲律宾等。在我国,几乎每一个省、市、自治区均有流行,猪的感染率可高达82.2%,感染强度高的可达100多条虫体。蛭形巨吻棘头虫除主要感染猪和野猪外,犬、

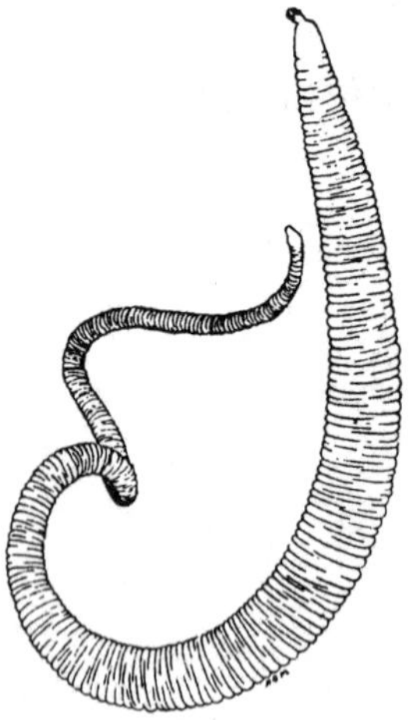

图 2-5-1 蛭形巨吻棘头虫雌虫
(Mönnig)

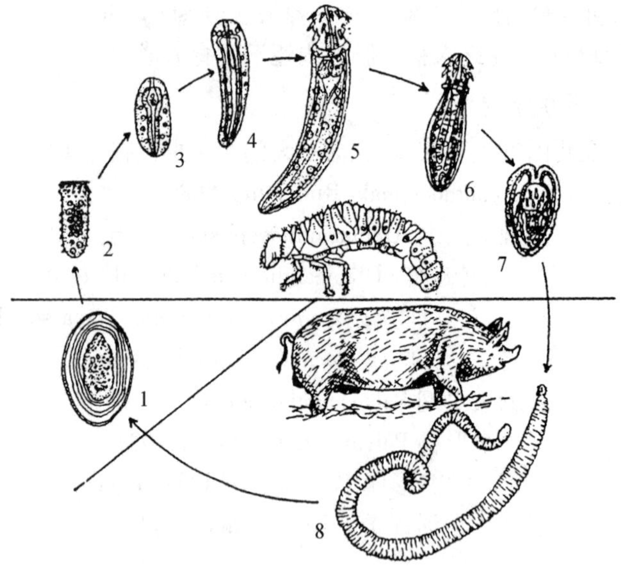

图 2-5-2 蛭形巨吻棘头虫生活史(仿板垣等)
1.卵 2~7.棘头蚴→棘头体→棘头囊 8.成虫

猫、绵羊、猴和鼠类等动物和人也可以感染。

成虫的繁殖能力很强,每条雌虫每天可产25万个虫卵以上,最高可达68万个,虫卵对外界环境的抵抗力较强。中间宿主的种类多,分布广。自Schneider(1871)首先报道大绒栗色金龟子(*Melolontha melontha*)为蛭形巨吻棘头虫的中间宿主后,至今已报道的中间宿主达130多个种,我国已发现30多个种。在辽宁绥中县调查发现,中间宿主(金龟子、天牛)成虫的感染率为38.8%,蛹的感染率为20%,幼虫的感染率为15%。

猪感染棘头虫病有明显的季节性,这主要与中间宿主的生活习性有关。夏季气温较高,中间宿主的幼虫一般生活在土壤的上层,容易被猪食入。另外,金龟子在夏季羽化,飞翔于有灯光的猪舍,落地易被猪吞食,故夏季猪感染棘头虫病的机会较多。冬季气温较低,中间宿主的幼虫一般生活在土壤的深层,猪不易食入,故感染机会较少。本病多发于农村散养或放牧式饲养的猪,而规模化猪场则较少发生。

人体感染主要是由于生食或食入未炒熟的含棘头囊的甲虫所致。

4. 致病作用 虫体对猪的致病作用主要为两方面,即虫体的吻突固着在猪肠壁上引起的机械损伤和虫体的毒素作用。虫体的吻突钻入肠黏膜并深入到浆膜形成结节,引起肠黏膜发炎,肠壁组织的严重机械损伤,附着部位可发生坏死、溃疡。在炎症部位的组织切片上,可见吻突周围有嗜酸性细胞和细菌。有时虫体穿过肠壁进入腹腔,引起炎症、肠粘连或腹膜炎。

5. 临床症状 感染轻微时一般不表现出临床症状。感染严重后,病猪表现为食欲减退、拉稀、粪便带血、腹痛。当虫体固定部位穿孔时,宿主体温升高到41℃,食欲废绝,剧烈腹痛,卧地。

6. 病理变化 病死猪消瘦、贫血、黏膜苍白。小肠,主要是空肠和回肠的浆膜上可见豌豆大小的红色或淡黄色结节,结节周围有红色的充血带。肠黏膜发炎,肠壁增厚,有溃疡灶,并有大量虫体附着于肠黏膜上或游离于肠腔内。

7. **诊断**　根据流行病学资料、临床症状和粪中检出虫卵或解剖发现虫体及特征性病理变化而确诊。粪检时可用直接涂片法或沉淀法。

8. **治疗**　尚无特效药，可试用：

（1）硝硫氰醚　剂量为每千克体重 80mg，一次口服，间隔 2d 重复喂一次，连续喂 3 次。

（2）丙硫咪唑（Albendazole）和吡喹酮（Praziquantel）合剂　剂量为每千克体重各 50 mg，一次口服。

9. **预防**　在流行区，每年 5～8 月份甲虫出现较多的季节，猪不宜放牧，改为舍养。猪粪便应集中发酵后方可作为粪肥使用。对病猪进行驱虫或快速育肥后尽快屠宰，以减少虫卵对环境的污染。注意猪饲料中不要混入甲虫，尤应禁用生甲虫喂猪。

三、鸭棘头虫病

鸭棘头虫病是由多形科、多形属和细颈属的棘头虫寄生于鸭、鹅、天鹅、野生水禽和鸡的小肠引起，在我国的四川、江苏、江西、辽宁、陕西、重庆、安徽、台湾、湖北、河南、湖南、福建、广东、云南等地均有报道。我国家禽体内已发现 8 种，即大多形棘头虫（*Polymorphus magnus*）、小多形棘头虫（*P. minutus*）、腊肠多形棘头虫（*P. botulus*）、四川多形棘头虫（*P. sichuanensis*）、台湾多形棘头虫（*P. formosus*）、重庆多形棘头虫（*P. chongqingensis*）、双扩多形棘头虫（*P. diploinflatus*）及鸭细颈棘头虫（*Filicollis anatis*），其中以大多形棘头虫、小多形棘头虫和鸭细颈棘头虫最常见。

1. **病原形态**

（1）大多形棘头虫（图 2－5－3）　虫体呈纺锤形，体前部大，体表有小棘，体后部较细小，体表棘不明显。吻突呈长椭圆形，其上有 18 纵列吻钩，每列 7～8 个，前 4 个吻钩较大，有发达的尖端和基部。雄虫体长为 9.2～11.0mm。睾丸 2 个，呈卵圆形，斜列于虫体前 1/3 部，睾丸后方有 4 条并列的腊肠状黏液腺。交合伞呈钟状，位于体腔的后端，前面两侧有 2 个膨大的侧突，后部边缘有 18 个指状辐肋，生殖孔开口于体末端。雌虫体长为 12.4～14.7μm。虫卵呈长纺锤形，大小为 113～129μm × 17～22μm。

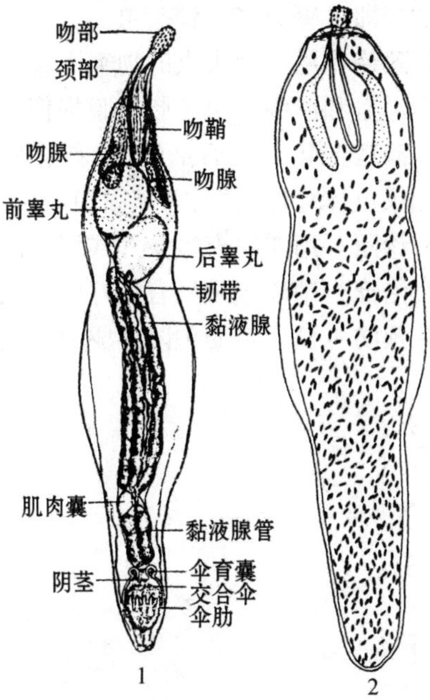

图 2－5－3　**大多形棘头虫**

1. 雄虫　2. 雌虫

（2）小多形棘头虫　虫体细小，呈纺锤形，体前部体表有小棘。吻突呈圆形，其上有 16 纵列吻钩，每列 7～8 个，前 4 个钩发达。雄虫体长为 2.79～3.94mm；睾丸 2 个，呈球形，斜列于虫体前半部的后部；有 4 条腊肠状的黏液腺，交合伞呈钟状，其前部有侧盲突，后缘有 18 条指状辐肋；生殖孔开口于虫体的亚末端。雌虫体长为 2.79～3.94mm。虫卵细长，卵壳有三层卵膜，大小为 107～111μm × 18μm。

（3）鸭细颈棘头虫　虫体呈纺锤形，体前部细长，后部粗短。雄虫体长为 6.0～8.0mm；

吻椭圆形,吻钩大小相近;颈圆锥形;睾丸卵圆形,斜列于虫体中部;黏液腺6个,肾形;交合伞钟形。雌虫体长为20～26mm;吻突圆球形;吻钩细小,大小相近,分布于吻突顶端,呈放射状排列;颈部细长。虫卵呈卵圆形,大小为75～84μm×27～31μm。

2. 生活史 鸭棘头虫的发育需中间宿主,因虫种的不同所需的中间宿主亦不相同。大多形棘头虫的中间宿主为湖沼钩虾(*Gammarus lacustris*);小多形棘头虫的中间宿主为蚤形钩虾(*G. pulex*)、河虾(*Potamobius astacus*)和罗氏钩虾(*Carinogammarus roeselli*);腊肠状棘头虫的中间宿主为岸蟹(*Carinus moenus*);鸭细颈棘头虫的中间宿主为栉水虱(*Asellus aquaticus*)。

寄生于鸭小肠的棘头虫产出含棘头蚴的虫卵,虫卵随粪便排出体外,落入水中后被适合的中间宿主吞吃,逸出的棘头蚴在中间宿主体内经棘头体阶段发育为棘头囊。当鸭吞食了含棘头囊的中间宿主后,幼虫附着于肠壁上发育为成虫。在钩虾吞食大多形棘头虫虫卵后,经54～60d发育为感染性棘头囊。鸭吞吃了含感染性棘头囊后,幼虫在鸭肠内经27～30d发育至成虫。

3. 流行病学 多形棘头虫虫卵对外界环境的抵抗力很强,在10～17℃的水中可存活6个月。钩虾多生活于水边和水草多的地方,以腐败的动植物为食,水中小鱼吞吃了含感染性幼虫的虾后成为多形棘头虫的贮藏宿主,鸭吞吃了这种小鱼或虾后均可感染。

湖沼钩虾能存活两年,故感染性棘头体可在中间宿主体内越冬,次年雏鸭吃到有感染性棘头囊的虾即可感染多形棘头虫。

4. 致病作用 棘头虫的吻突固着于鸭肠壁上,引起肠壁机械性损伤和卡他性肠炎,固着部位出现溢血和溃疡。由于肠黏膜损伤,造成其他病原菌感染,引起化脓性炎症。

5. 病理变化 死后剖解,在肠浆膜上可见虫体固着部位肉芽组织增生,并形成淡黄色结节。如果虫体穿过肠壁,引起腹膜炎。

6. 诊断 用粪便直接涂片或沉淀法查出虫卵,或剖解病鸭发现虫体即可确诊。

7. 治疗 硝硫氰醚具有较好的疗效,剂量为每千克100mg,一次口服,隔3d重复一次。

8. 预防 鸭应定期预防性驱虫。沟塘每年干塘一次,尽量消灭中间宿主。

第三章　兽医节肢动物学

第一节　概　论

节肢动物是指节肢动物门(Arthropoda)的动物,其种类繁多,约占动物种类总数的87%。多数营自由生活,广泛分布于各种生态环境中。有的寄生于人和动物的体内或体表,有的则作为传播者传播各类病原生物体,这些作为动物寄生虫和疾病传播者的节肢动物,称为兽医节肢动物。兽医节肢动物学是研究寄生在畜、禽体内或体表的节肢动物和由它们所引起的寄生虫病,以及它们同所传播的各种疾病之间的关系的学科。学习本章的目的在于控制和扑灭由它们所引起的各种畜、禽疾病。

一、节肢动物的形态和发育特征

(一)形态特征

节肢动物的身体左右对称,身体及附肢均分节,部分体节相互愈合而形成头部、胸部及腹部。体外壁具有由几丁质参与组成的外骨骼,有混合体腔(又称血腔)和开放式的循环系统。呼吸方式多样,水生种类用鳃,陆生种类用书肺或气管进行呼吸,体型小的种类有的还可经体表呼吸。

(二)发育特征

节肢动物常为雌、雄异体,发育过程包括卵、幼虫(含蛹)和成虫三个阶段,常具1个至多个幼虫期。发育过程中大多要经历蜕皮和变态。

1. **变态**(metamorphosis)　昆虫从幼虫到成虫经历从外部形态、内部结构、生理功能到生态习性、行为和本能上的一系列变化,这一过程称为变态。节肢动物的变态有各种类型,其中主要有以下两种:

(1)不完全变态(incomplete metamorphosis)　虫体自卵孵化,经过幼虫期便发育为成虫,缺乏蛹期,称为不完全变态,即发育过程包括卵、幼虫、成虫三个阶段。如蜱、螨、虱等。

(2)完全变态(complete metamorphosis, holometabola)　发育过程中需要经历蛹期者,称为完全变态,即发育过程包括卵、幼虫、蛹和成虫四个阶段。如双翅目和蚤目的昆虫。

2. **蜕皮**(ecdysis, molt)　节肢动物的幼虫或若虫通常需要进行数次蜕皮,即脱掉旧的几丁质膜,代之以新的几丁质膜。

二、兽医节肢动物的分类

兽医节肢动物分属四个纲。

（一）蛛形纲（Arachnida）

虫体分为头胸和腹两部，或头胸腹愈合成一个整体，无翅，无触角，成虫具足 4 对，幼虫为 3 对。本纲中与兽医有关的是蜱螨目（Acarina）的种类。

（二）昆虫纲（Insecta）

虫体分头、胸、腹 3 部。头部具触角 1 对；胸部有足 3 对；有或无翅，有时为 2 对或 1 对。本纲中与兽医有关的是双翅目（Diptera）、虱目（Anoplura）、食毛目（Mallophaga）和蚤目（Siphonaptera）的种类。

（三）甲壳纲（Crustacea）

虫体分为头胸和腹 2 部或头、胸、腹 3 部，附肢甚多，触角 2 对。多营水生生活，有些种类为鱼类寄生虫，有的可为畜、禽寄生虫的中间宿主。

（四）五口虫纲（Pentastomida）

幼虫似螨类，具 2 对不分节的足。成虫蠕虫状，体表具许多明显的环纹，口器简单，无附肢。寄生于脊椎动物体内，与兽医有关的为舌形虫科（Linguatulidae）的锯齿舌形虫（*Linguatula serrata*）。

三、兽医节肢动物对畜、禽及经济动物的危害

兽医节肢动物对畜、禽及经济动物的危害大致可分为直接危害和间接危害两方面。

（一）直接危害

直接危害是指节肢动物作为寄生虫直接危害畜、禽及经济动物。

1. 叮咬和骚扰动物 节肢动物反复叮咬畜禽及经济动物，引起被叮咬部位发生红肿、痛痒，甚至引起皮肤炎、毛囊炎、皮脂腺炎、疮疖等；有的引起伤口蝇蛆病，影响伤口的愈合，从而使动物骚扰不安，影响其采食和休息。

2. 造成宿主的营养消耗 一些节肢动物吸食畜、禽及经济动物的血液、组织液，或咬食畜、禽及经济动物的被毛等，从而夺取宿主的营养。节肢动物的寄生常造成宿主皮肤、被毛等的损伤破坏，从而使宿主增加修复的额外营养消耗。皮肤、被毛的破坏又造成体热的大量散失。这一切都使宿主的营养消耗大大增加，导致宿主消瘦、贫血、生长发育不良等。

3. 引起特异性的寄生虫病 一些节肢动物寄生于畜、禽及经济动物的体内或体表，引起相应的寄生虫病，危害畜、禽及经济动物。如疥螨寄生于家畜及经济动物的皮肤内引起疥螨病；痒螨寄生于家畜及经济动物的皮肤表面引起痒螨病；羊狂蝇蛆寄生于绵羊的鼻腔及附近腔窦而引起羊狂蝇蛆病。

（二）间接危害

指节肢动物作为传播者时，能传播多种病原微生物和寄生虫，引起相应的传染病和寄生虫病的发生与流行，从而给畜、禽及经济动物带来严重危害。节肢动物传播病原体的方式有以下几种：

1. 机械性传播（mechanical transmission） 病原体在传播者体内或体表仅能生存，而不进行发育和繁殖，传播者对病原体仅起携带、输送的作用。在这种传播方式中，病原体只是机械

地从一个宿主传给另一个宿主，或从某一污染物，如宿主带“病原体”的粪便，被输送到宿主的饲料、饮水、饲养用具上，造成食物等的污染而传播病原体。如牛虻传播伊氏锥虫、炭疽杆菌；蝇类传播蛔虫卵等。

2. **生物性传播**(biological transmission)　这是节肢动物传播病原体最重要的方式。病原体在传播过程中，在传播者体内要经历发育或/和繁殖的过程。这种发育或/和繁殖是病原体完成其生活史或传播必不可少的过程，病原体必须在节肢动物体内经过一定时间的发育或/和繁殖后才具有感染力。在这种传播方式中，病原体对传播者具有很强的选择性。依据病原体在节肢动物体内的发育和繁殖情况，生物性传播又可分为以下几种方式：

(1)繁殖式　指病原体在传播者体内经繁殖而数量增多，但没有发育的阶段性，形态上没有明显的变化。病毒、立克次体、杆菌、螺旋体等病原微生物的传播多属此种类型。这些病原体在繁殖时期内都有传染性，但由于在节肢动物体内数量太少而尚未侵入传播者的某些器官而使传播者在一定时间内尚无传染性。

(2)发育式　指病原体在传播者体内完成其生活史的发育阶段，但没有繁殖过程，即病原体在传播者体内仅有形态结构及生理生化特征等的变化，而没有数量的增加。有时甚至由于发育过程中病原体的死亡而使数量下降。如家蝇传播牛吸吮线虫、蚊传播微丝蚴、地螨传播莫尼茨绦虫。

(3)发育繁殖式　指病原体在传播者体内，必须经历发育和繁殖两个过程，在传播者体内既要发生形态上的变化，也要发生数量的增加。病原体只有完成发育阶段和繁殖并到达感染部位之后才能传染给宿主。如蚊传播疟原虫、璃眼蜱传播环形泰勒虫、蠓与蚋传播住白细胞原虫等。

(4)经卵传递式　指病原体不但在传播者体内进行发育和繁殖，而且侵入雌虫的卵巢，经卵传至下一代，并使之具有感染性。甚至有的病原体经卵传递是唯一的传播方式。如微小牛蜱传播双芽巴贝斯虫，人的乙型脑炎病毒和登革热病毒在蚊媒中也可以经卵传递。

第二节　动物蜱病

动物蜱病是由蜱(ticks)寄生于动物的体表所引起的一类外寄生虫病。蜱属节肢动物门、蛛形纲、蜱螨目、蜱亚目(Ixodides)的一类小型节肢动物，目前已知种类约800多种，分三个科：硬蜱科(Ixodidae)、软蜱科(Argasidae)和纳蜱科(Nuttalliellidae)，其中最常见、危害性最大的是硬蜱科，其次是软蜱科。纳蜱科仅一种，分布于非洲南部。

一、硬蜱病

硬蜱病是由硬蜱科的蜱寄生于动物的体表而引起的一种外寄生虫病。

(一)形态特征

1. **外部形态**　蜱体背腹扁平，呈圆形或卵圆形；头部、胸部和腹部完全愈合在一起，通常只分为假头和躯体两大部分。蜱体长为2～13mm之间；吸血以后的雌蜱，体长可达20～30mm，体形变厚呈双凸状，外观似蚕豆或蓖麻籽。

(1)假头(图3－2－1)　假头又称颚体，位于躯体前端，由假头基(basis capituli)和口器

(mouthparts)组成。

①假头基:假头基亦称颚基。假头基依属的不同而呈矩形、六角形、三角形或梯形。雌蜱假头基背面有一对孔区,有感觉及分泌体液帮助产卵的功能。假头基背面外缘和后缘的交接处可因蜱种不同而有发达程度不同的基突,假头基腹面前部侧缘有1对耳状突。

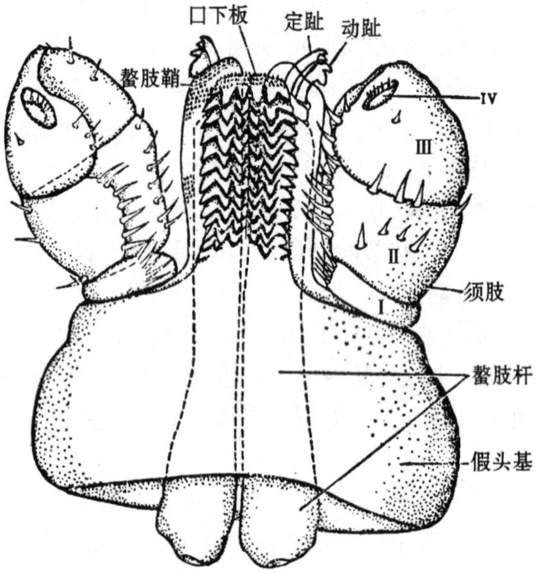

图3-2-1 硬蜱的假头(仿 Matheson)

②口器:由1对须肢(palp)、1对螯肢(chelicera)和1个口下板(hypostome)组成。

须肢位于假头基前方两侧,左右对称,长短与形状因属或种的不同而异。须肢分4节,第一节较短小,第二、第三节较长,第四节短小,嵌在第三节腹面的前端,其端部具感觉毛称为须肢器(palpal organ)。须肢在蜱吸血时起固定和支撑蜱体的作用。

螯肢位于须肢之间,可从背面看到,螯肢分为螯肢杆和螯肢趾,螯肢杆包在螯肢鞘内,螯肢趾分为内侧的定趾(或称内趾)和外侧的动趾(或称外趾),为切割宿主皮肤之用。

口下板位于螯肢的腹面,与螯肢合拢形成口腔。其形状和长短因种类而异(剑状、矛状或压舌板状等),顶端尖细或圆钝。腹面有呈纵列的倒齿(denticle),为吸血时穿刺与附着的重要器官。

(2)躯体　为连接在假头基后缘的蜱体部分,呈卵圆形。饱血后的硬蜱雌、雄虫体的大小相差很大。

①躯体背面:最明显的构造为几丁质的盾板(Scutum)。雄蜱的盾板大,几乎覆盖躯体整个背面;雌蜱的盾板小,仅覆盖躯体背面前部的小部分。盾板上有点窝状刻点(punctation)。盾板前缘靠假头基处的凹入部,称为缘凹(emargination),其两侧向前突出形成肩突(scapula)。有的蜱具眼,位于第二对足位置的盾板侧缘。盾板上有沟。多数硬蜱在盾板或躯体的后缘具方块状的结构称为缘垛(festoon),通常有11块,正中的1块有时较大,色泽较淡,称为中垛。有的种类体末端常突出,形成尾突。

②躯体腹面(图3-2-2):有足、生殖孔、肛门、气门板和几丁质板等。生殖孔(genital opening)位于前部或靠中部正中,在生殖孔前方及两侧有1对向后伸展的生殖沟。肛门(anus)

位于后部正中,是由1对半月形肛瓣构成的纵行裂口。在肛门之后或肛门之前有或无肛沟,一般为半圆形或马蹄形。

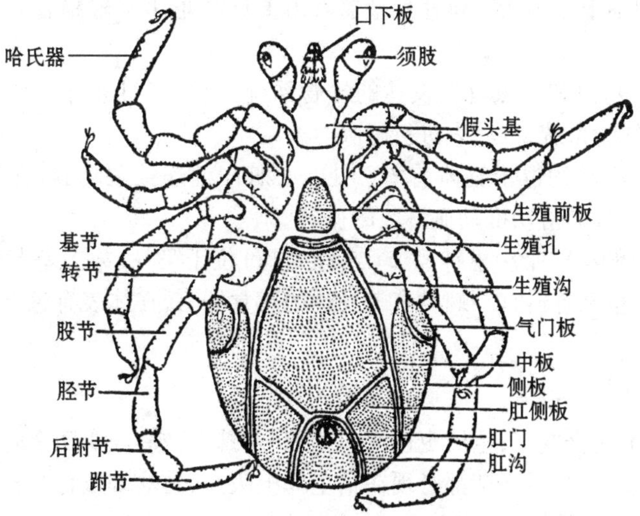

图3-2-2　硬蜱(雄)腹面观

足共4对,着生于腹面前部两侧,每足由6节组成,由体侧向外依次为基节、转节、股节、胫节、后跗节和跗节。基节固定于腹面的体壁上不能活动,其后缘通常裂开,延伸为距,靠后角的称为内距,靠后外角称为外距。跗节末端具爪1对,爪基有发达程度不同的爪垫。第一对足跗节接近端部的背缘各有一个哈氏器(Haller's organ),为嗅觉器官。

有些种类的蜱,其雄蜱腹面还有几丁质板,其数目因蜱属不同而异。综合起来有7种腹板:生殖前板1块,位于生殖孔之前;中板1块,位于生殖孔与肛门之间;侧板1对,位于体侧缘的内侧;肛板1块,位于肛门的周围,紧靠中板之后;肛侧板1对,位于肛板的外侧;副肛侧板1对,位于肛侧板的外侧;肛下板1对,位于肛侧板的下方。

硬蜱属具有前5种板(共7块);璃眼蜱属具有3种板(共6块);牛蜱属和扇头蜱属具有肛侧板和副肛侧板(共4块);血蜱属、革蜱属和花蜱属则无前述各种板。

腹侧面有气门板1对,位于第四对足基节的后外侧,其形状因种类而异,呈圆形、卵圆形、逗点形或其他形状,有的向后延伸成背突,是蜱重要的分类依据之一。

幼蜱和若蜱的形态与成蜱相似,其区别点为:幼蜱只有3对足,无气门板,无生殖孔及孔区,盾板只覆盖躯体背面的前部,其上无花斑。若蜱有4对足,有气门板,但无生殖孔和孔区,盾板只覆盖躯体背面的前部,其上亦无花斑。

2. 内部构造

(1)消化系统　硬蜱的消化系统分为前肠、中肠和后肠三部分。前肠包括口腔、咽和细短的食道,食道与中肠相连。中肠又称胃,很短,但其两侧生有很多胃支囊,可以贮藏大量血液,然后逐渐消化,历久不饥。中肠的后端变细与后肠相连。后肠包括直肠和肛门。直肠呈囊状,两侧各有1条马氏管。此外,还有唾液腺1对,位于第二至第三对足的基节处。

(2)生殖系统　硬蜱是雌、雄异体。雌性生殖器官由1对卵巢、1对输卵管、1个子宫和1

个与生殖孔相通的阴道等组成。在雌蜱的假头基后方还有1腺体,称为简氏器(Gene's organ),有管通于假头基后方膜上的开口;当雌蜱产卵时,它能分泌黏液将虫卵黏附在一起,成为一大团卵块,使虫卵不至于干燥。雄性生殖器官由1对睾丸、1对输精管和1个通入生殖孔的射精管组成。

(3)呼吸系统　若虫和成虫有较发达的气管系统,通过气门进行气体交换和调节体内的水分平衡。幼虫无气管系统,以体表进行呼吸。

(4)循环系统　心脏约位于躯体前2/3处。心脏向前连接主动脉,在前端包围着脑部形成围神经血窦。由心脏的搏动推动血淋巴的循环。

(5)神经系统　蜱有一个中枢神经节(或称为脑)位于第一、第二基节水平线上。外周神经起于各神经节,分布至各器官。蜱类有较发达的感觉器官,在体表有感觉毛。此外,尚有眼、哈氏器和须肢器等。

(二)生活史

硬蜱的发育为不完全变态,生活史过程包括卵、幼蜱、若蜱、成蜱四个阶段和要经历两次蜕皮。幼蜱、若蜱和成蜱三个活跃期都必须在宿主体上吸血,由幼蜱发育为若蜱和由若蜱发育为成蜱各需进行一次蜕皮(图3-2-3)。

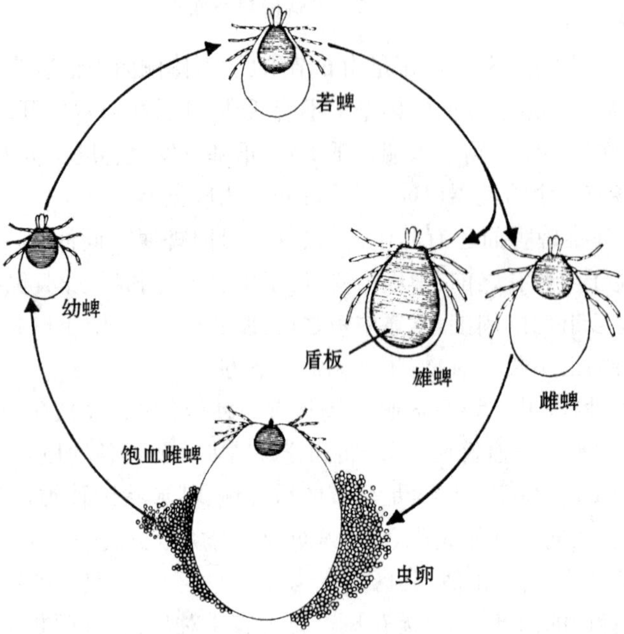

图3-2-3　硬蜱的形态与生活史(仿 Urquhart 1996)

雌、雄硬蜱在宿主体上进行交配,交配后吸饱血的雌蜱落地,爬入缝隙内或土块下静伏不动,一般经4~8d后开始产卵。卵期随蜱的种类和外界气温而定,通常经2~3周或1个月以上孵出幼蜱。孵出的幼蜱爬到宿主体上吸血,以后的发育则根据其更换宿主的次数和蜕皮场所可分为以下三种类型(图3-2-4):

1. **一宿主蜱**　幼蜱、若蜱和成蜱都在同一宿主体上发育,两次蜕皮也在该宿主体上进行,雌性成蜱饱血后才离开宿主落地产卵。如微小牛蜱。

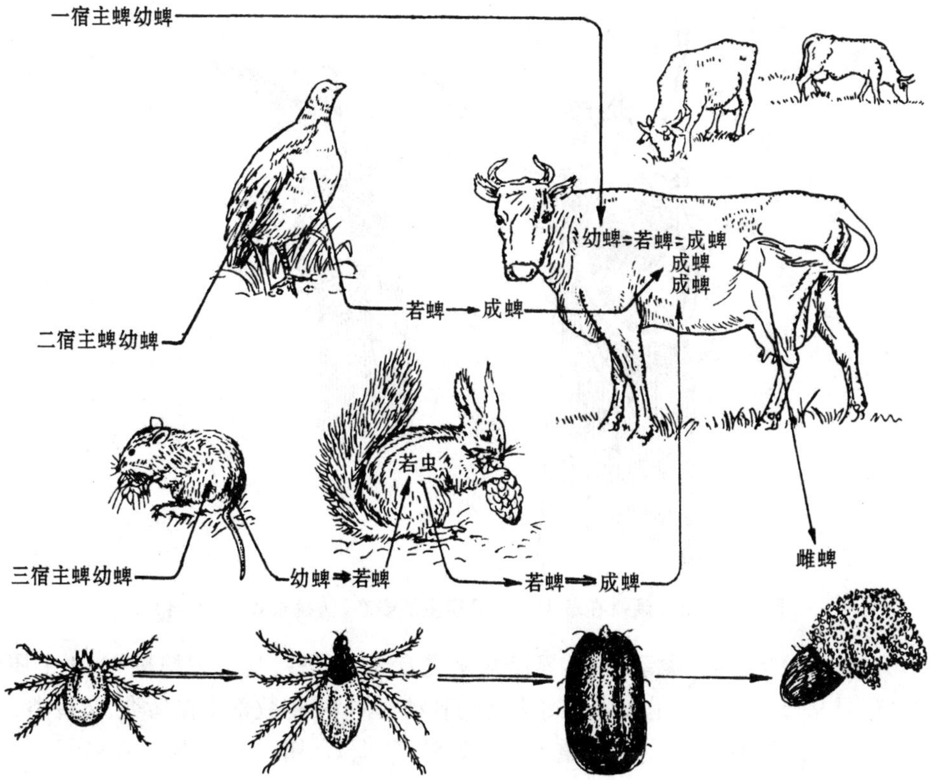

图 3－2－4　硬蜱更换宿主类型图

2. **二宿主蜱**　幼蜱和若蜱在同一个宿主体上寄生，而成蜱则寄生于另一个宿主。即：幼蜱侵袭到第一个宿主体上寄生并蜕皮为若蜱，若虫饱血后落地蜕皮为成蜱；饥饿的成蜱侵袭到第二个宿主体上寄生，交配饱血后的雌蜱再落地产卵。如残缘璃眼蜱。

3. **三宿主蜱**　幼蜱、若蜱和成蜱分别在三个宿主体上寄生，两次蜕皮均在地面进行，每期虫体饱血后都需要离开宿主落地蜕皮或产卵。如硬蜱属、血蜱属和花蜱属中的所有种，革蜱属和扇头蜱属中的多数种，璃眼蜱属中的个别种。

雌蜱产卵后 1～2 周死亡，雄蜱一般能活 1 个月左右。从卵发育至成蜱的时间，依蜱的种类和气温而异，可由 3～12 个月，甚至 1 年以上。如微小牛蜱完成一个世代仅需 50d，而青海血蜱则需 3 年。

二宿主蜱与三宿主蜱的幼蜱和若蜱常寄生在小野兽和禽类的体表，成虫多寄生于大动物身上；有些种类的蜱，各个活跃期都以家畜为宿主。（图 3－2－5）

（三）分类

由于未饱血的雄蜱较易观察，可根据盾板大小选择雄蜱进行鉴定。其鉴定要点为肛沟的有无及位置；盾板的形状、大小和有无花斑；眼的有无；假头基的形状；须肢的长短和形状；口下板的形状和齿式；气门板的形状；足基节有无距；雄蜱腹面几丁质板的数量和形状；颈沟和侧沟的长度和深浅度；刻点的疏密和粗细及有无缘垛等。

图 3－2－5 硬蜱在草尖上等候宿主的姿态（仿姚永政、许先典）

按照 Krantz（1978）的分类系统，世界已知蜱类有 800 多种，其中硬蜱科有 13 个属约 650 种，我国已记录 9 属 104 种。绝大多数寄生在哺乳动物体表，少数寄生在鸟类、爬行类，个别寄生在两栖类。在动物医学上有重要意义的有七个属：硬蜱属（*Ixodes*）、血蜱属（*Haemaphysalis*）、革蜱属（*Dermacentor*）、牛蜱属（*Boophilus*）、扇头蜱属（*Rhipicephalus*）、璃眼蜱属（*Hyalomma*）和花蜱属（*Amblyomma*）。

我国家畜常见的硬蜱种类有：微小牛蜱（*Boophilus microplus*）、全沟硬蜱（*Ixodes persulcatus*）、血红扇头蜱（*Rhipicephalus sanguineus*）、镰形扇头蜱（*R. haemaphysaloides*）、长角血蜱（*Haemaphysalis longicornis*）、青海血蜱（*H. qinghaiensis*）、残缘璃眼蜱（*Hyalomma detritum*）、亚东璃眼蜱（*H. asiaticum* Kozlovi）、草原革蜱（*Dermacentor nuttalli*）、龟形花蜱（*Amblyomma testudinarium*）等。

（四）危害性

1. **直接危害** 当硬蜱吸血时能机械地损伤皮肤，造成寄生部位的痛痒，使动物骚动不安，摩擦甚至啃咬。在硬蜱固着处，损伤皮肤引起继发感染，继而引起皮炎和伤口蝇蛆症等。当大量虫体寄生时，由于吸食血液，可引起贫血、消瘦、发育不良，皮毛的质量低劣以及奶产量下降。如果大量寄生于头、颈部或后肢时，其毒素可引起全身麻痹或后肢麻痹（蜱瘫痪）。

2. **间接危害** 硬蜱在传播寄生虫病和传染病方面起着重要的作用。它们是动物梨形虫病的传播媒介，同时也能传播病毒性疾病（如马脑脊髓炎、森林脑炎等）、细菌性疾病（如炭疽病、莱姆病、布氏杆菌病、野兔热）以及立克次氏体病（如 Q 热等）。

（五）防治

对硬蜱的防治应在充分了解和掌握硬蜱的生物学特性，包括硬蜱的生活习性、生活规律、季节消长和宿主范围等基础上，才能制订出行之有效的防治措施。

1. 消灭畜体上的蜱

(1)机械法　即用手捉除蜱。捉蜱时应使蜱与动物的皮肤成垂直状态地往上拔出,以免因拔断的假头留置于畜体,引起局部炎症。捉蜱时常引起家畜不安和疼痛,应注意预防动物的脚踢、角顶或嘴咬,必要时须加以保定。捉到的蜱应立即杀死。但这种方法费时费工,也不易彻底,因此只能用于少量寄生时或用作辅助方法。

(2)药物灭蜱　用0.0025%~0.0050%溴氰菊酯(Deltamethrin 商品名:倍特)、0.0025%~0.0050%双甲脒(Amitraz 商品名:特敌克)、0.0025%二嗪农(Diazion 商品名:螨净)等杀螨药物进行药浴、喷洒、涂搽或洗刷畜体;亦可采用伊维菌素(Ivermectin)或阿维菌素(按每千克体重0.2~0.3mg)等药物口服或注射。

2. 消灭畜舍内的蜱　有些硬蜱如:残缘璃眼蜱生活于畜舍内,可用黄泥、石灰、水泥等堵塞所有缝隙;定期用杀蜱药物处理畜舍。另外可用杀蜱药物定期洗刷柱子、地板、墙壁、墙缝等。

3. 消灭外界环境中的蜱

(1)改变蜱的孳生环境　如结合人工造林,清除杂草、灌木丛;翻耕土壤,栽种牧草和农作物等。

(2)药物防制　对蜱密度很高的草场用杀蜱药物(如马拉硫磷等)进行超低容量喷雾灭蜱。

4. 加强检疫　对引进或输出的动物均要进行检查和灭蜱工作,防止外来动物将蜱带入或将有蜱动物带出。

5. 免疫预防　澳大利亚蜱的重组疫苗已投入市场,可用于家畜蜱病的免疫预防。

6. 生物防治　即利用蜱的天敌进行防治。已发现的天敌有膜翅目跳小蜂科的几种寄生蜂;猎蝽科的昆虫;一些真菌,如白僵菌、绿僵菌、烟曲霉等均有明显的灭蜱效果。膜翅目跳小蜂科的寄生蜂可在蜱的幼蜱、若蜱和成蜱体内寄生,当发育为成虫后才从蜱体内飞出,蜱被寄生蜂寄生而造成死亡。因此,利用寄生蜂可控制蜱的种群密度。

二、软蜱病

软蜱指软蜱科的蜱,是危害哺乳动物及鸟类的一类外寄生虫,宿主范围广泛,常侵袭鸟类、蛇类、龟类以及多种哺乳类而引起的一种外寄生虫病。当虫体大量侵袭时,可使动物消瘦、贫血、生产力降低,甚至造成死亡。

(一)形态特征

软蜱雌、雄异形性不明显。虫体扁平,卵圆形或长卵圆形,体前端较窄。有的种类腹面前端突出称为顶突;未吸血前为灰黄色,饱血后为灰黑色。饥饿时其大小、形态略似臭虫,饱血后体积增大,但不如硬蜱明显。

1. 假头　假头从背面看不到,隐于虫体腹面前端的头窝内,头窝两侧有1对叶片,称为颊叶。假头基小,近方形,无孔区。须肢为圆柱状,游离而不紧贴于螯肢和口下板两侧,共分4节,可自由转动,第四节大小与其他三节相似。口下板不发达,其上的齿较小,靠近基部有1对口下板毛。螯肢结构与硬蜱相同。

2. 躯体　躯体体表大部分为适于舒张的革质表皮,雄蜱较厚而雌蜱较薄,并有起伏明显的皱襞。背腹面均无盾板和腹板。表皮的结构随属种不同而异,具皱纹状,或颗粒状或乳突状的小结节;或有圆陷凹,其陷凹称为盘窝。腹面前端有时突出称为顶突。大多数无眼,个别有1~2对,位于腹侧第一二对足基节外侧方。生殖孔和肛门的位置与硬蜱相同。雌蜱的生殖孔呈横沟状,而雄蜱呈半月状,这是区别雌、雄的主要依据。躯体背腹两面也有各种沟,但与硬蜱不同。气门板小,位于第四对足基节的前外侧。沿基节内、外侧有褶突,内侧为基节褶,外侧为基节上褶。

足的结构与硬蜱相似,但基节无距。跗节和后跗节背缘具有几个瘤突、亚端瘤突,一般比较明显,其数目和大小是分类的重要依据。爪垫退化或缺如。

幼蜱和若蜱的形态与成蜱相似,但生殖孔尚未形成,且幼蜱只有3对足。

(二)分类

在世界各地已发现软蜱科的蜱约150种,在我国已发现锐缘蜱属(*Argas*)及钝缘蜱属(*Ornithodoros*)的一些种类,常见的种类有:

1. **波斯锐缘蜱**(*Argas persicus*)(图3-2-6) 体扁平,呈卵圆形,前部钝窄,后部宽圆;吸血后体呈红色乃至青黑色,饥饿时淡黄色。体缘薄,由许多不规则的方格形小室组成。背面表皮高低不平,形成无数细密的弯曲皱纹;盘窝大小不一,呈圆形或卵圆形,放射状排列。雄蜱大小为7.5mm×4.7mm,雌蜱大小为9.5mm×5.5mm。卵呈球形棕色,幼蜱呈圆形暗红色。

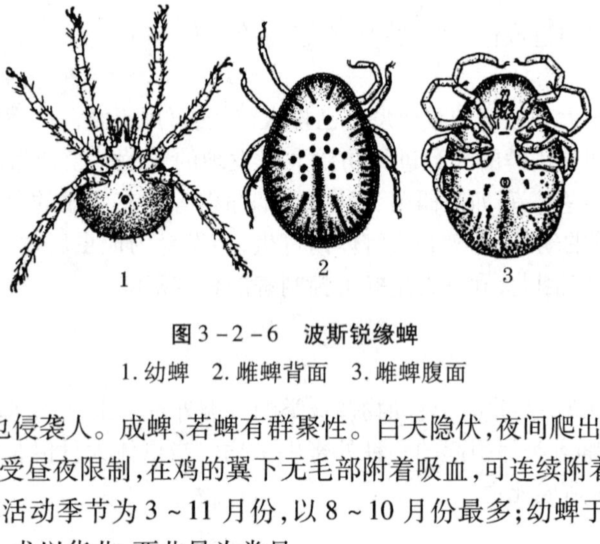

图3-2-6 波斯锐缘蜱

1. 幼蜱 2. 雌蜱背面 3. 雌蜱腹面

主要寄生于鸡,也侵袭人。成蜱、若蜱有群聚性。白天隐伏,夜间爬出活动,叮附在鸡的腿部吸血。幼蜱活动不受昼夜限制,在鸡的翼下无毛部附着吸血,可连续附着10余天,侵袭部位形成褐色结痂。成蜱活动季节为3~11月份,以8~10月份最多;幼蜱于5月份大量出现活动。本蜱分布于全国,尤以华北、西北最为常见。

2. **拉合尔钝缘蜱**(*Ornithodoros lahorensis*) 土黄色,体椭圆形,前端尖窄,形成锥状顶突,雄蜱较为明显,后端宽圆。表皮呈皱纹状,密布星状小窝。前半部中段有1对长形盘窝。中部及后部两侧有几对圆形盘窝。肛前沟浅而不完整,无肛后横沟。第一对足的跗节背缘有2个粗大的瘤突和1个粗大的亚端瘤突。

主要生活在羊圈或其他牲畜棚内。幼蜱和前两期若蜱冬季在宿主身上连续停留,第三期若蜱在春季吸饱血后离开。成蜱也在冬季活动,白天隐伏在棚圈的缝隙里或木柱树皮下或石块下,夜间爬出叮咬吸血,每次吸血约10~60min。主要寄生在绵羊或其他牲畜,有时也侵袭人。分布于新疆、甘肃、西藏等地。

(三)防治

本病的防治可参照硬蜱病。

第三节　动物螨病

螨病是由寄生性螨类寄生于动物的体表或体内所引起的一类寄生虫病。螨类(mites)指蜱螨目中除蜱亚目的种类以外的所有种类,已知的约3万余种,它们中有的自由生活,有的寄生在植物上,有的寄生于哺乳类(包括人)、鸟类、爬行类和昆虫类,引起动物的螨病。寄生于动物的螨分属于疥螨亚目(Sarcoptiformes)、中(气)门亚目(Mesostigmata)和恙螨亚目(Trombidiformes),其中以疥螨亚目的疥螨科(Sarcoptidae)和痒螨科(Psoroptidae)的种类最为重要,它们分别寄生于畜、禽的皮肤表皮内或皮肤表面,引起畜、禽的慢性寄生性皮肤病,即通常所称的螨病,又称疥癣,俗称癞或瘙。

螨的形态与蜱相似,头、胸、腹愈合在一起,躯体呈圆形、卵圆形或亚圆形,也有的呈长形或蠕虫状。虫体由颚体(或称假头)和躯体两部分构成。颚体由背面的一对螯肢,两侧的一对须肢及腹面的一个口下板构成(有的种类无口下板)。躯体由具弹性的革状表皮构成,成螨和若螨有足4对,幼螨有足3对,躯体和足上生有许多刚毛。

一、疥螨病

疥螨病是由疥螨科、疥螨属(*Sarcoptes*)的螨寄生于多种家畜和野生哺乳动物的皮肤表皮层内所引起的慢性、寄生性皮肤病。该病以患部剧痒、结痂、脱毛、皮肤增厚和畜体消瘦为特征,是人和马、牛、羊、猪、犬、兔、狮、虎、豹、狐、鹿、小熊猫、羚羊、猴等动物的重要外寄生虫病。

(一)病原形态

世界记录的疥螨有28个种和8个亚种,宿主有40种哺乳动物。近年研究倾向于单种说,即只有人疥螨(*Sarcoptes scabiei*)一个种,但可分为不同的亚种(变种),各亚种之间在形态上差别甚微,但在生物学和致病性上有差异。各亚种的命名常以宿主名称命名。与动物有关的疥螨有马疥螨(*S. scabi* var. *equi*)、牛疥螨(*S. scabi* var. *bovis*)、猪疥螨(*S. scabi* var. *suis*)、驼疥螨(*S. scabi* var. *cameli*)、山羊疥螨(*S. scabi* var. *caprae*)、绵羊疥螨(*S. scabi* var. *ouis*)、兔疥螨(*S. scabi* var. *cuniculi*)、犬疥螨(*S. scabi* var. *canis*)、狮疥螨(*S. scabi* var. *lionis*)、狐疥螨(*S. scabi* var. *lupi*)等亚种或变种。这些疥螨对宿主的特异性并不十分严格,经常接触家畜的人,也可受到家畜疥螨的侵袭,但寄生的时间较短,危害较轻。

疥螨虫体较小,近圆形或龟形,乳白色,背面隆起,腹面扁平,身体上有横、斜的皱纹。头、胸、腹完全合并在一起,通常只分为假头和躯体两部分(图3-3-1)。

1. 假头　又称颚体,短而宽,蹄铁形,咀嚼式口器,口器由1对须肢和1对螯肢组成。假头基背面有1对垂直粗刺。

2. 躯体　背面前部有一呈长方形的几丁质胸甲,后缘处有一肛门,体表有大量的波状皮纹、三角形鳞片、棒状刺,两侧有对称的刚毛。

躯体腹面有4对足,粗短,圆锥形,前2对位于虫体前1/3,向前伸,比后足长,可从背面看见；后2对足位于虫体后1/3，伸向后方，短，背面不能见到。每对足基部有一呈"Y"字形的角质化支条，第一对足的支条合并成长干，足的末端有吸盘或长刚毛。吸盘呈钟形有长柄，且柄不分节。雌、雄螨的区别如下：

雄螨：雄螨大小为200～300μm×150～200μm。第一、第二、第四对足上有吸盘，第三对足上只有长刚毛；生殖孔位于第四对足间，周围有呈倒"V"字形的几丁质构造。

雌螨：雌螨大小为300～500μm×250～400μm。在第一、第二对足上有吸盘，第三、第四对足上有长刚毛；产卵孔位于腹面中央，近末端有一阴道。

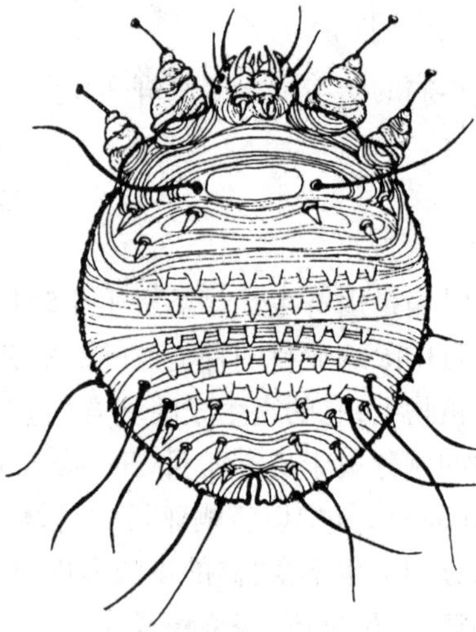

图3－3－1　人疥螨背面观（仿 Urquhart 1996）

若螨与成螨相似有4对足，但体形较小，生殖器尚未显现；幼螨大小为120～160μm×100～150μm，形似成螨。但只有3对足，前2对足上具有吸盘，后1对足具长刚毛。

卵为长椭圆形，灰色，壳很薄，卵内常有一幼螨，大小约180μm×80μm。雌螨产卵于宿主表皮内的隧道中，初产卵未完全发育，后期的卵可透过卵壳看到发育中的幼螨。

（二）生活史

疥螨属终生寄生虫，它们的一生，都是在宿主身上度过的，并能世代相传地生活在同一宿主身上。其发育过程包括卵、幼螨、若螨和成螨四个阶段，属于不完全变态。

雄螨蜕化出后，十分活跃，可钻出隧道外，在宿主的体表与雌螨的第二期若螨进行交配。交配后的雄螨，不久即死亡。受精后的雌螨亦非常活跃，每分钟能爬行2.5cm，在宿主的表皮寻找适当部位，利用螯肢和前足跗节末端的爪突挖凿隧道，每天能挖凿2～5mm，以后逐渐形成一条与皮肤平行的蜿蜒隧道。在隧道中，每隔一段距离即有通向表皮的纵向通道，便于虫卵的孵育和幼螨爬出隧道。雌螨经2～3d开始在隧道内产卵，每天产卵1～2枚。雌螨继续向前掘进，卵就留在虫体后面的隧道中。这样持续4～5周，可产卵40～50枚。虫卵在隧道中一般经3～4d孵出幼螨。如果外界温度降低，可延续至10d。卵对不良环境变化有一定的耐受性，离开宿主后10～30d仍能发育。

幼螨很活跃，可离开隧道，爬至宿主皮肤表面，然后可经毛囊或毛囊间的皮肤等处钻入皮肤。入口处呈小泡状，内有小穴道。幼螨在其中蜕皮为若螨。幼螨期为3～4d。若螨有大小两型，小型若螨是雄性若螨，在挖凿的浅穴道内蜕变为雄螨；大型若螨是雌性第一期若螨，经蜕皮发育为雌性第二期若螨（又称未成熟雌螨或青春期雌螨）。雌性第二期若螨与雄螨在小穴中或宿主体表交配，然后雌性第二期若螨钻入皮内再蜕皮变为雌螨，挖凿永久性隧道，并在其中产卵。雄螨交配后留在隧道中，或自行啮钻一个短隧道而短期生活，很快就会死亡。雌螨的寿命约达4～5周。疥螨整个发育过程为8～22d，平均15d。（图3－3－2）

（三）流行病学

本病呈世界性分布，我国各地均有本病的发生。主要通过病畜和健畜的接触而感染。其

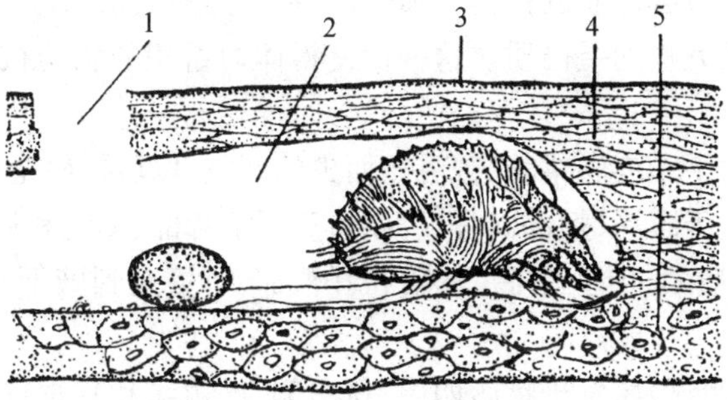

图 3－3－2　疥螨在皮肤内挖凿隧道

1. 隧道口　2. 隧道　3. 皮肤表面　4. 角质层　5. 细胞层

次是通过被病畜污染的畜舍、畜栏、场地及各种饲具、耕挽具等，有的还可通过工作人员的衣服和手，把病原体传播给健康动物而引起感染。据资料报道疥螨离开宿主后，在适宜的温湿度下，在畜舍内、墙壁上或各种用具上能存活 3 周左右；在 18 ~ 20℃，空气湿度 65% 时，可存活 2 ~ 3d；7 ~ 8℃，经 15 ~ 18d 死亡。虫卵离开宿主后 10 ~ 30d，仍保持其发育能力。

本病的发生与流行有季节性，多发生于秋末、冬季和春初。因为在这些季节里，阳光照射畜体不足，牲畜绒毛增生，被毛增厚，皮肤湿度增高，加之冬季畜舍拥挤、阴暗，最适合螨的发育和繁殖。患过螨病而又治疗不彻底的动物，因带有少量螨而成为带虫者。这些带虫动物，到了秋冬季节，螨虫趁机大量繁殖，逐渐向躯体蔓延，是螨病复发的重要原因。

幼年动物易遭受螨病侵害，发病也比较严重，随着年龄的增长，抗螨力也随之增强。体质瘦弱，抵抗力差的动物易受感染。反之，体质强壮、抵抗力强的动物则不易感染。

潮湿、阴暗、拥挤的笼舍，饲养管理差和卫生条件不良，是促使螨病蔓延的重要因素。

（四）致病作用和症状

1. 剧痒　这是贯穿于整个病程的主要症状，病势越重，痒觉越剧烈。疥螨在宿主皮肤内挖掘隧道，体表又有许多刺、毛和鳞片，同时口器还分泌毒素，这些机械因素和化学因素刺激皮肤神经末梢，导致痒觉的发生。由于疥螨的活动随着周围温度的增高而增强，因此当病畜进入温暖场所或运动后皮温增高时，痒觉加剧。剧痒使患畜不停地啃咬患部，或在墙壁、柱栏及其他物体上用力摩擦，擦痒又进一步加重了患部皮肤的炎症和损伤。

2. 患部皮肤上形成痂皮　即结痂。在虫体的机械刺激和毒素作用下，皮肤发生炎性浸润。当乳突层发生浆液性浸润时，浸润处皮肤上形成小结节，即丘疹；当渗出液渗出于皮肤表面时，则形成水疱。由于擦痒，导致结节和水疱的破溃，流出的渗出液与脱落的上皮细胞、被毛及污垢粘结在一起，干燥后结成痂皮。痂皮被擦破或除去后，创面的渗出液又重新结痂。伤口如发生化脓菌感染，则形成脓肿。

3. 皮肤脱毛、增厚、弹性降低　随着病情的发展，毛囊、汗腺受到损害，使患部发生脱皮。由于慢性炎症，导致皮肤营养不良，角质层角化过度，致使角皮层增厚，加之皮下组织增生，因而使得皮肤变厚，弹性降低。由于弹性降低，进而在皮肤紧张部位形成龟裂，而在松弛部位则形成皱褶。

4. 消瘦　病畜终日啃咬、摩擦和烦躁不安，影响正常的采食和休息，并使胃肠的消化、吸收功能降低。加之寒冷季节因皮肤的裸露和损伤，导致体热的大量播散。同时，皮肤的发炎和不断脱皮、脱毛，也消耗了大量的蛋白质。这一切使得体内蓄积的脂肪被大量消耗，病畜日渐消瘦，严重时导致死亡。

动物疥螨病多先发生于皮肤柔软、被毛短而少的部位，以后再向全身扩展。

猪：仔猪多发，初发于眼周、颊部和耳根，以后蔓延至背部、体侧和后肢内侧。

山羊：主要发生在嘴唇四周、眼圈、鼻梁和耳根部，可蔓延到腋下、腹下和四肢曲面等处。严重时可蔓延到全身。

绵羊：主要在头部明显，始发于嘴唇四周、角两侧、鼻边缘和耳根部，严重时蔓延至整个头部及颈部。病变部形成坚硬的灰白色胶皮样痂皮，故俗称"石灰头"。

牛：始发于面部、颈部、背部、尾根等处，严重时可波及全身。

马：始发于头部、体侧、躯干及颈部，然后蔓延至肩部鬐甲及全身。

骆驼：始发于头部、颈部和体侧，随后波及全身。

兔：先由嘴、鼻周围及脚爪部发病，然后蔓延到鼻梁、眼圈、前脚底面和后脚蹠部。

犬：先发生于头部，后扩散至全身。

（五）诊断

根据临床症状如剧痒、皮肤增厚、有痂皮、脱毛和消瘦等特征可作出初步诊断。对症状不明显者必须进一步进行病原检查，如没有发现病原，亦可用杀螨药物进行治疗性诊断。

1. 病原检查 从患部刮取皮屑进行镜检。刮取皮屑时应该选择患部皮肤和健康皮肤交界处，先剪毛，然后用小刀（经火焰消毒）与皮肤面呈垂直角度，用力刮取，直刮到皮肤微有出血痕迹为止，刮破处涂碘酊消毒，将刮取物收集到容器内用下面方法进行检查。

（1）显微镜直接检查法 取皮屑放于载玻片上，加数滴50%的甘油水溶液，或液体石蜡，或10%氢氧化钠溶液，或煤油，加盖载玻片一张，搓压玻片，使病料散开，分开载玻片，加盖片后置显微镜下检查。

（2）温水检查法 取皮屑浸入40～45℃的温水中，置恒温箱或水浴埚中1～2h，将其倾入表皿内，用解剖镜检查。螨在温热作用下，由皮屑内爬出，集成团，沉于水底。

（3）浓集法 用于病料中螨虫少时。将较多的皮屑放入10%氢氧化钠（或氢氧化钾）溶液中，浸泡过夜或加热煮数分钟，然后待其自然沉淀或离心沉淀，再取沉淀物镜检，或向沉渣中加入60%硫代硫酸钠溶液，静置待虫体上浮，再取表面液体镜检。

2. 鉴别诊断 在诊断本病时应与以下疾病相鉴别：

（1）秃毛癣 患部呈圆形、椭圆形界限明显的病变，表面有松而干的灰白色皮屑，易剥落，剥落后皮肤光滑创面干燥，久之，创面融合成大的癣斑，无痒觉，被毛常在近根部折断，镜检病料可发现真菌孢子或菌丝。

（2）湿疹 有大量落屑，易随被毛脱落，痒感不剧烈，在温暖时痒觉不加剧。若由饲料中毒引起的湿疹，则有体温升高的表现。

（3）过敏性皮炎 多见于夏季，由于小的吸血昆虫蚊、蠓等叮咬引起，初为小结节，脱毛，以后形成溃烂面，多在天气凉爽后不治而愈。

（4）营养不良性脱毛 皮肤无炎症变化，一般不痒。

（六）治疗

1. **口服及皮下注射**　阿维菌素（Avermectin）或伊维菌素（Ivermectin）按每千克体重 0.2～0.3mg 皮下注射；碘硝酚注射液按每千克体重 10mg 颈部皮下注射。间隔 7d 后应进行第二次用药治疗。

2. **局部涂搽、喷淋**　常用的药物如：1%～3%敌百虫溶液（Metrifonate Purify）、0.05%蝇毒磷（Coumaphos）、0.03%～0.05%辛硫磷（Phoxim）、0.05%马拉硫磷（Malathion）、0.06%的二嗪农（Diazinon 猪用 0.025%）、0.02%巴胺磷（Propetamphos）、0.05%双甲脒（Amitraz）、0.005%～0.008%溴氰菊酯（Deltamethrin）等。

3. **药浴**　最常用于绵羊，可选用木桶、旧铁桶、大铁锅、帆布浴池、水泥浴池等浴器进行。药物如 0.2%～0.5%敌百虫溶液、0.05%蝇毒磷、0.05%辛硫磷、0.05%马拉硫磷、0.025%的二嗪农、0.02%巴胺磷、0.05%双甲脒、0.005%～0.008%溴氰菊酯等。

4. **背部浇泼**　辛硫磷浇泼剂（赛巴安 Pour－on）、伊维菌素与阿维菌素的透皮制剂等。

5. **治疗时的注意事项**

（1）注意人、畜安全　局部涂搽、喷淋和药浴应选择晴天、暖和无风的日子进行，冬季可改用撒粉治疗。如患部面积过大，应分次涂药，一次涂药的面积不能超过动物体表面积的 1/3。喷淋治疗时，一般以达到被毛湿润有微小水珠为度。药浴前 3～4h，羊群停止放牧，使其充分休息，喝足水；药浴时使溶液的温度保持在 36～38℃左右，不得低于 30℃；药浴时间约 1min 左右。大群治疗前，应选择少数病畜进行安全试验。用药时和用药后应注意观察，发现动物中毒应及时抢救。

治疗动物的同时，应注意工作人员的安全，尽量避免皮肤接触或吸入药液。

（2）保证治疗效果　一般灭螨药物对螨卵没有杀灭作用，故应治疗 2～3 次，每次间隔 5～7d，以杀死刚孵出的幼螨。局部涂搽、喷淋前，患部应剪毛、除痂；除痂时可用 2%的温来苏儿水（40～50℃）刷洗，或用 3%～5%的温肥皂水。喷淋时应逆毛喷淋，保证药液达毛根部。绵羊药浴一般在剪毛后 5～7d，山羊则在抓绒后进行；药浴时须将头部压入药液中 2～3 次；药浴后让药液自然晾干，不要马上涉水、淋雨。

（3）防止再感染　在治疗的同时，应采用杀螨药彻底消毒畜舍、畜笼、饲养用具等。治疗过的动物应放入已消毒过的畜舍内饲养，以免再感染。

（4）防止病原的扩散　治疗应在专门的场所进行，对剪下的毛和清除下的痂皮应焚毁，洗刷用过的水应进行处理，工作人员的手、工作服和治疗用具等都应彻底消毒。

（七）预防

预防动物螨病，必须采取综合措施，不仅要消灭动物体上的螨，而且要消灭患病动物所在环境中的螨，才能收到良好的预防效果。

1. 厩舍（笼舍）要经常保持清洁干燥，通风，透光，不拥挤。动物体经常刷洗，减少感染。

2. 厩舍（笼舍）和饲具要定期消毒，可用 20%生石灰水或 1%～2%来苏儿或 1%的敌百虫溶液喷洒和洗刷，若是进行热处理加温不低于 80℃更好。对小型笼舍可用水煮消毒。

3. 在常发病的地区，对动物要定期检查，经常预防，一旦发现有病动物，应立即隔离治疗。在螨病群中的未发病动物，也要进行药物处理。疫区的羊每年夏季进行 1～2 次药浴，绵羊在剪毛后,山羊在抓绒后进行。对新引进的动物,应隔离观察15~30d,证明健康才能合群。

二、背肛螨病

背肛螨病是由疥螨科、背肛螨属(*Notoedres*)的螨虫寄生于动物皮肤表皮内所引起的一种剧痒、结痂、脱毛和皮肤增厚为特征的顽固性皮肤病。

背肛螨属的螨较疥螨小,形态与疥螨相似,但肛门位于虫体背面,离体后缘较远。本属包括猫背肛螨(*N. cati*)寄生于猫;兔背肛螨(*N. cati* var. *cuniculi*)寄生于兔。

(一)猫背肛螨

躯体呈圆形,雌螨体长为0.17~0.24mm,雄螨体长为0.12~0.14mm,躯体上的指状刺、锥状刺和棘突均细小或较少。肛门位于虫体背面。常寄生于猫的面部、鼻、耳及颈部等处。(图3-3-3)

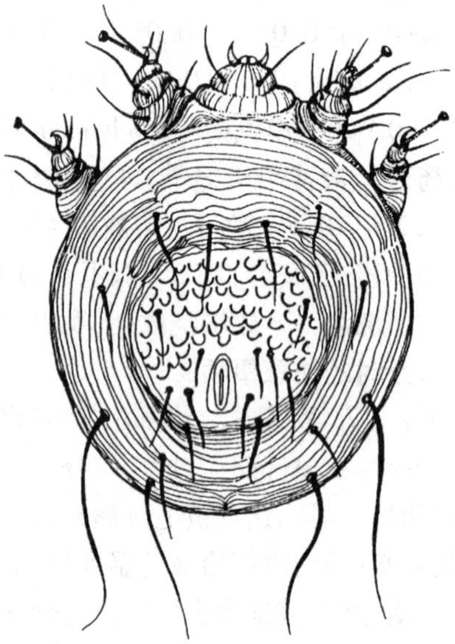

图3-3-3 猫背肛螨背面观(仿 Urquhart 1996)

(二)兔背肛螨

形态与猫背肛螨相似,虫体也较小。常寄生于兔的头部、鼻、口及耳,也可蔓延至腿及生殖器。

背肛螨的生活史与生活习性以及危害情况与疥螨相似。本病的诊断与防治同疥螨病。

三、膝螨病

膝螨病是由疥螨科、膝螨属(*Cnemidocoptes*)的突变膝螨(*C. mutans*)和鸡膝螨(*C. gallinae*)寄生于鸡,引起的一种外寄生虫病。前者寄生于鸡的趾部和胫部鳞片下,后者寄生于羽毛根部。

(一)病原形态

1. **突变膝螨**(图3-3-4) 俗称鳞足螨或鸡腿疥螨。雄螨的大小为0.19~0.20mm×0.12~0.13mm。躯体呈卵圆形,足较长,呈圆锥状,各足端均有带柄的吸盘。雌螨虫体大小为0.408~0.44mm×0.33~0.38mm,躯体近圆形,足极短,不突出体缘,足端全无吸盘。雄螨和雌螨的肛门均在虫体末端;躯体背面无鳞片和棒状刺,仅有皱纹,呈间断状;第一对足基节的基内突延及背面。

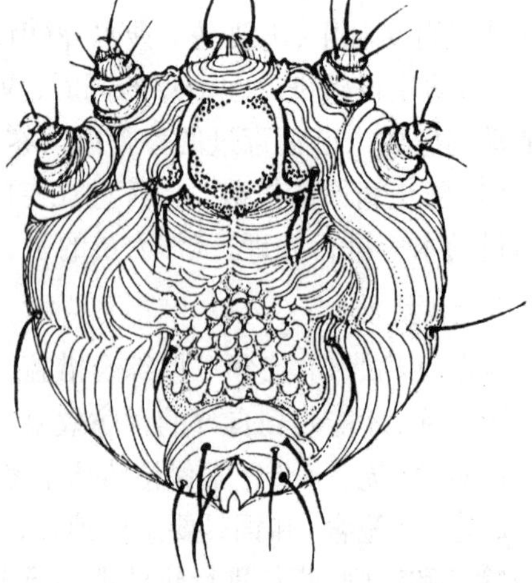

图3-3-4 膝螨雌螨背面观(仿 Urquhart 1996)

2. **鸡膝螨** 比突变膝螨更小,雌螨体长约为0.3mm,躯体较圆,后端有1对长刚毛;各足均无吸盘。雄螨各足端均有吸盘。雌螨和雄螨虫体背面均无鳞片和棒状刺，仅有整齐的皱纹，第一对足基内突亦延续及背面。它们侵袭鸡、鸽和雉鸡表皮的有羽毛区，特别是羽基部的周围，并可钻进羽干内。

（二）生活史

生活史与疥螨属的相似，全部生活史过程均在鸡体上进行。突变膝螨寄生于鸡腿上的无毛处及脚趾部，开始从胫部的大鳞片上感染，钻入皮肤后，在坑道中产卵，孵出的幼螨经蜕化后发育为成螨。

（三）致病作用和症状

突变膝螨通常寄生于鸡、火鸡的胫部和趾部等无羽毛部，开始是胫上的大鳞片感染，当虫体钻入皮肤后，其隧道也只在小腿部鳞片的下方，因其寄生引起发炎，胫上起鳞片状屑，接着皮肤增生而变粗糙、裂缝、发痒。由于病变部渗出液的干固而形成灰白色痂皮。外观上像涂上了一层石灰状，故有“石灰脚”之称。严重时可引起鸡的行动困难，甚至发展成为关节炎、趾骨坏死。

鸡膝螨沿羽轴穿入皮肤，其隧道通常侵入羽毛的根部，以致诱发炎症、羽毛变脆、脱落，体表形成了赤裸裸的斑点，皮肤发红，上覆盖鳞片，抚摸时感觉有脓疮。因其寄生部奇痒，故鸡常有啄食羽毛的习性，以致羽毛脱落，故通常称脱羽痒症。一般病灶常见于背部、臀部、腹部及翅膀等处。本病多发生于春夏季节。

（四）诊断

诊断突变膝螨病的方法与其他动物疥螨的诊断法相同，即在病灶部用小刀刮取皮屑，在显微镜下检查是否有螨存在。鸡膝螨病的诊断是拔下病灶部的羽毛，视其病灶周围是否有螨的存在。

（五）防治

发现病禽立即隔离治疗，对新购进的鸡应严格检疫。流行本病的场，要定期使用杀螨剂杀灭鸡体及环境中的螨。

治疗鸡突变膝螨病，可将病鸡的脚浸于温水或肥皂水中，使其痂皮逐渐变软，然后刷去痂皮，干后涂上外用杀螨药物。亦可用10%硫磺软膏涂搽患部。此外，用0.5%氟化钠溶液浸浴患脚，每周一次，亦有一定疗效。

对鸡膝螨可用硫磺粉全身撒布。

四、痒螨病

动物的痒螨病是由痒螨科、痒螨属（*Psoroptes*）的螨寄生于动物的皮肤表面所引起的皮肤病。在家养动物中，痒螨多寄生于绵羊、马、牛、水牛、山羊和兔等动物，以绵羊、牛、水牛和兔最为常见。

（一）病原

不同动物各有其特殊的痒螨（亚种或变种）寄生。它们形态上很相似，但有严格的宿主特异性，彼此不易交互感染，即使感染，寄生时间也短。该属目前认为仅有马痒螨（*Psoroptes equi*）一个种，但根据宿主不同而分为不同亚种（变种），如绵羊痒螨（*P. equi* var. *ovis*）、牛痒螨

(*P. equi* var. *bovis*)、山羊痒螨(*P. equivar. caprae*)、水牛痒螨(*P. equi* var. *natalensis*)和兔痒螨(*P. equi* var. *cuniculi*)等。痒螨对绵羊的危害性最大,给养羊业造成巨大的损失。

痒螨的成螨比疥螨大,躯体呈椭圆形。假头基背面后方无粗短垂直刚毛。口器为刺吸式,较长,呈圆锥形。足细长,雄虫的第一、第二、第三对足和雌虫的第一、第二、第四对足上有吸盘,吸盘位于分节的柄上。雄螨有性吸盘和尾突。(图3－3－5)

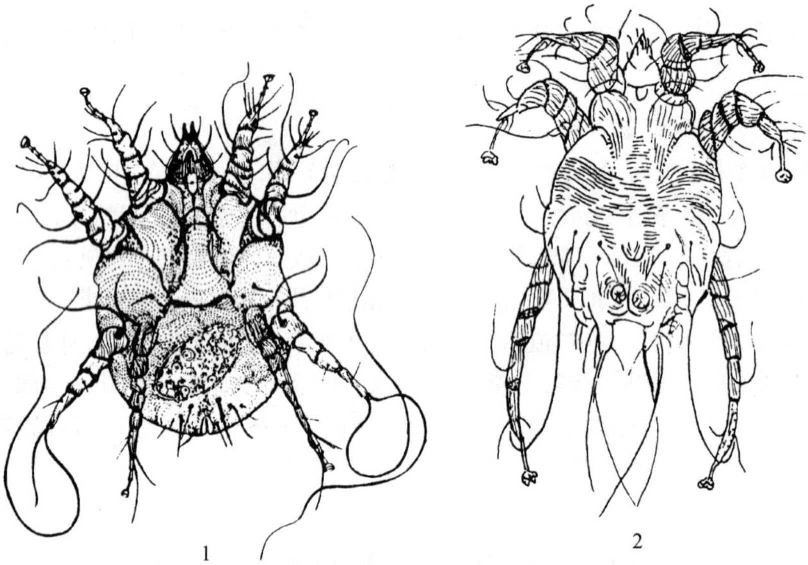

图3－3－5 痒螨(仿 Urquhart 1996)
1. 雌螨 2. 雄螨

虫体呈长圆形,体大小为500～900μm×200～520μm,肉眼可见。透明的淡褐色角皮上具有稀疏的刚毛和细皱纹。口器长,呈圆锥形;螯肢细长,两趾上有三角形齿;须肢亦细长。躯体背面表皮有细皱纹。肛门位于躯体末端。足较长,特别是前两对足较后两对足粗大。

雄螨的前3对足都有吸盘,吸盘长在一个分三节的柄上,第四对足特别短,没有吸盘和刚毛。躯体末端有两个大结节,其上各有长刚毛数根;腹面后部有两个吸盘;生殖器居于第四基节之间。

雌螨的第一、第二、第四对足都有吸盘,第三对足上各有两根长刚毛。躯体腹面前部有一个宽阔的生殖孔,后端有纵裂的阴道,阴道背侧为肛门。

(二)生活史

痒螨寄生于宿主的皮肤表面,吸食患部渗出液和淋巴液,不在皮肤内挖掘隧道,其发育过程与疥螨相似。雌螨产卵于患部皮肤周围,卵呈灰白色,椭圆形,借助特殊物质粘着于上皮的鳞屑上。在85%～90%的湿度和36～37℃的温度下,卵一般经过2～3d孵出幼螨,幼螨采食24～36h后进入静止期而蜕皮成为第一期若螨,若螨具4对浅棕色足,除第三对足端部为长刚毛外,其余3对足均具有吸盘。若螨采食24h,经过静止期蜕皮成为雄螨或第二期若螨(青春雌螨 pubescent females),雄螨通常以其肛吸盘与第二期若螨躯体后部的1对瘤状突起相接,抓住第二期若螨,这一接触约需48h。之后第二期若螨蜕皮变为雌螨,体后端瘤状突起消失,雌雄螨进行交配。雌螨采食 1～2d 后开始产卵，一生可产卵约 40 粒。痒螨整个发育过程约需 10～12d，寿命约为 42d。

在湿度不足、低温与日光的影响下，一个世代的发育可持续到 3 个月。痒螨具有比疥螨更强韧的角质表皮，离开宿主后，对外界不利因素有很强的抵抗力。在 6～8℃ 温度和 85%～100% 空气湿度下，痒螨在畜舍内不采食时也能生存 2 个月。在牧场上能生存 35d。在 -2～-12℃ 温度下，经过 4d 死亡；在 -25℃ 时经 6h 死亡。

（三）流行病学

痒螨病的流行病学特征与疥螨病相似。

（四）致病作用和症状

痒螨在以口器穿刺宿主皮肤采食时，除机械性的刺激外，还可分泌有毒物质，使表皮的神经末梢同时遭到化学性的刺激，引起皮肤的营养障碍和机能的破坏。其皮肤发生的炎症局限于上皮基底层，因而皮肤上形成小结和水疱。患病动物搔擦痒部，造成患部出现弥漫性的细胞浸润和水肿。汗腺和毛囊也受到破坏。随后脱毛，皮肤上出现鳞屑，继后出现脂肪样的浅黄色痂皮。

痒螨引起的症状与疥螨不同在于：被侵害的部位的被毛易脱落，皮肤的皱褶形成不明显，病灶最先发生于长毛的部位；痒的感觉在夜间加剧。

1. 绵羊　绵羊的痒螨病最为常见。多发生在长毛的部位，开始局限于背部和臀部，以后很快地蔓延到体侧。先发生奇痒，常在木柱、墙壁等处擦痒，或用后肢搔抓患部。患部皮肤最初形成针头大至粟粒大的结节，继而形成水疱和脓疱。患部渗出液增多，皮肤表面湿润，最后结成浅黄色脂肪样的痂皮。有些患部皮肤肥厚变硬，形成龟裂。羊群发病时，首先看到的是患羊体上的毛结成束或躯体下部泥泞不清洁，而后就可以看到零散的毛丛悬垂在羊体上，以后毛束逐渐地大片脱落，甚至全身脱光。病羊呈现贫血症状，高度营养障碍，在寒冷季节，加上皮肤脱毛，多引起大批死亡。

2. 牛　一般从颈部、角基部及尾根开始；此后延及垂肉及肩侧，严重时头部、颈部腹下及四肢内侧也有发生，有的可蔓延至全身。病牛表现为奇痒，常就木柱等摩擦，或用舌舔吮患部，皮肤损伤，脱毛，渗出液凝固形成痂皮。皮肤增厚，失去弹性。严重感染时，病牛精神委顿，食欲大减，卧地不起，终归死亡。

3. 水牛　水牛痒螨病见于国内南方各省，其部位和症状与牛痒螨相似。但其寄生部位的皮肤在体表形成很薄的“油漆起爆”状的痂皮，此种痂皮薄似纸，干燥，表面平整，一端稍微翘起，另一端则与皮肤紧贴。如果轻轻揭开，则在皮肤相连端的痂皮下可见许多黄白色的螨虫在爬动。

4. 马　马的痒螨病常在鬃部、鬣部、尾部、颌间部、股内侧及鼠蹊部的皮肤上发生。乘马及挽马常发生于装置鞍具、颈套、鞍褥的部位。邻近的皮肤亦迅速脱毛。患部盖有浅黄色脂肪样的柔软痂皮，容易剥离。

5. 兔　兔患病时主要发生在外耳道内，可引起猛烈的外耳道炎；耵聍过盛分泌，干固成痂，厚厚地嵌在耳道内如纸卷样，甚至完全堵塞耳道；耳变重下垂；病变部发痒，病兔摇头，搔耳；还可能延至筛骨及脑部，引起癫痫发作。

6. 山羊 山羊患病也发生在耳壳内面，患部形成硬的、坚实的、紧贴皮肤的黄白色痂皮块，炎症常蔓延至外耳道。病羊常摇动耳朵；病变部发痒，常在硬物上摩擦。病羊食欲不佳。缺乏治疗时，可引起死亡。

（五）诊断

在参考疥螨病诊断方法的同时，还可将刮下的干燥皮屑放于培养皿内或黑纸上，在日光下暴晒，或用热水或炉火等对皿底或黑纸底面给以 40～50℃的加温，经 30～40min 后，移出皮屑，用肉眼观察（如用培养皿则应在皿下衬以黑色背景），可见白色虫体在黑色背景上移动。

检查水牛痒螨时，可把水牛牵到阳光下，揭去“油漆起爆”状痂皮，在痂皮下可看到淡黄白色的麸皮样缓慢爬动的痒螨。

（六）治疗与预防

治疗、预防方法与疥螨病相同。

五、足螨病

动物足螨病由痒螨科、足螨属（*Chorioptes*）的螨引起。足螨多寄生于马、牛、绵羊、山羊、兔和大熊猫等家养及野生动物的皮肤表面（**彩版 2**）。

（一）病原

足螨与痒螨的形态相似，虫体呈卵圆形，长为 300～500μm，体表有细纹。口器较短，呈锥形，足长，跗节吸盘的柄短而不分节。肛门位于虫体末端。雄螨的第四对足极小，4 对足都有吸盘，雌螨的第一、第二、第四对足有吸盘。雄螨躯体末端有两个结节，并有一对性吸盘。（图 3－3－6）

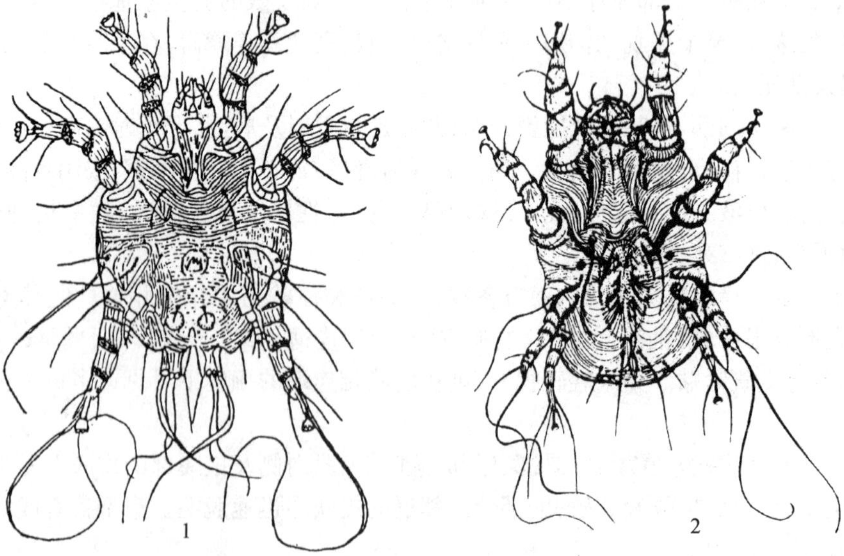

图 3－3－6 足 螨

1. 雄螨（仿 Hirst） 2. 雌螨（仿 Urquhart 1996）

寄生于皮肤表面，特别是嫩细的皮肤上，采食脱落的上皮细胞，如皮屑、痂皮等。其发育情况与痒螨基本相似，全部发育过程需 9 ~ 10d。

寄生于各种动物的足螨形态都很相似，被认为是牛足螨的亚种（或变种）。常见有牛足螨（*C. bovis*）、马足螨（*C. bovis* var. *equi*）、绵羊足螨（*C. bovis* var. *ovis*）、山羊足螨（*C. bovis* var. *caprae*）和兔足螨（*C. bovis* var. *cuniculi*）等。

1. **马足螨**　雄螨体后端的每个结节上有刚毛 4 根，其中两根呈叶片状。雄螨体长为 250 ~ 330μm；雌螨体长为 380 ~ 390μm。寄生于四肢的球系部。

2. **牛足螨**　雄螨体长为 270 ~ 300μm，雌螨体长为 380 ~ 390μm。多寄生于牛的尾根、肛门附近及蹄部等处，可使皮肤发生白色鳞片或脱毛现象。

3. **兔足螨**　与兔痒螨相近似，螨体呈卵圆形，长约为 300μm，寄生于兔的外耳道。

4. **绵羊足螨**　寄生于绵羊的蹄部及腿外侧。

5. **山羊足螨**　寄生于山羊的颈部、耳及尾根等处。

6. **熊猫足螨**　寄生于大熊猫的头部、颈部、耳根处等皮肤表面（**彩版 2**）。

（二）诊断

可参考痒螨病的诊断方法。

（三）治疗与预防

治疗、预防方法与痒螨病相同。

六、耳痒螨病

动物的耳痒螨病是主要由痒螨科、耳痒螨属（*Otodectes*）的犬耳痒螨（*O. canis*）和猫耳痒螨（*O. cati*）引起。耳痒螨多寄生于犬、猫的耳内。

（一）病原

1. **犬耳痒螨**　雄螨长 350 ~ 450μm，宽 300 ~ 350μm，4 对足末端均有具短柄的吸盘，柄不分节，其第三对足端部有两根较细长的毛。雌螨长为 450 ~ 550μm，宽为 330 ~ 370μm，第一、第二对足末端有吸盘，第四对足不发达。（图 3 – 3 – 7）

寄生于犬、猫、狐和貂的外耳道及脚、尾部皮肤。有时由于细菌的继发感染，病变可深入中耳、内耳及脑膜等处。犬患病后，常有不断摇头与搔抓耳部等动作。本病多为成年动物与幼年动物接触而感染。

2. **猫耳痒螨**　雄螨长为 200 ~ 350μm，宽为 120 ~ 160μm，雌螨长为 250 ~ 470μm，宽为 220 ~ 330μm。不仅寄生于猫，而且还可寄生于犬、兔及人的外耳道和头颈部皮肤。

耳痒螨的生活史与痒螨基本相似，全部发育过程需 18 ~ 28d。

（二）临床症状

耳痒螨具有高度的接触传染性。临床表现为耳部奇痒，患病动物不时用爪搔抓耳部。常可见到皮肤损伤、耳血肿、摇头不安。耳道中可见棕黑色的分泌物及表皮增殖症状。当继发细菌感染时可造成化脓性外耳炎及中耳炎，深部侵害时可引起脑炎，出现神经症状。患猫耳部疼痛明显，有压痛，拒绝检查耳部。

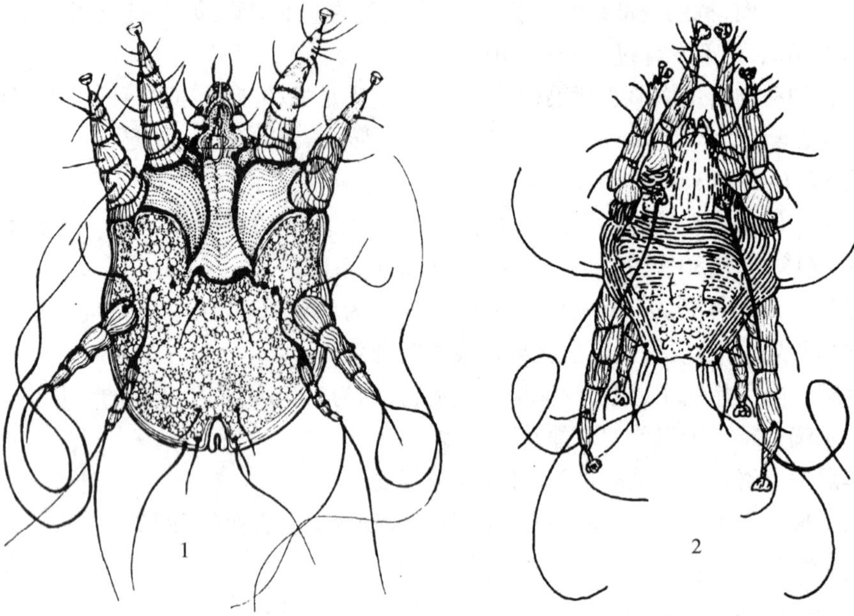

图 3-3-7　耳痒螨(仿 Urquhart 1996)
1. 雌螨　2. 雄螨

(三)诊断

可参考痒螨病的诊断方法。

(四)治疗

1. 伊维菌素　按每千克体重0.2~0.3mg 皮下注射,隔7d 重复一次。

2. 外用药　亦可采用辛硫磷、林丹乳油等杀螨药物进行局部涂搽治疗。先用矿物油软化溶解耳垢与痂皮,清洗干净,再涂以杀螨剂。继发感染时,应给予抗生素全身治疗。

用百部、硫磺等提取液,组合成"除螨合剂",对猫耳痒螨亦有很好的疗效。

(五)预防

本病的预防方法与痒螨病相同。

七、蠕形螨病

蠕形螨(demodicid)又称毛囊虫,体形小,呈蠕虫状,是一类小型的永久性寄生螨,属恙螨亚目、蠕形螨科(Demodicidae)、蠕形螨属(*Demodex*)。寄生于人和多种哺乳动物的毛囊和皮脂腺内,引起人和动物的蠕形螨病。该病是犬、牛、猪、羊、马、大熊猫、虎等动物和人常见的一种皮肤病。家畜中以犬、山羊和猪较多见。

(一)病原

蠕形螨为专性寄生虫,各种动物的蠕形螨,彼此之间不互相感染。常见种类有:犬蠕形螨(*D. canis*)、牛蠕形螨(*D. bovis*)、猪蠕形螨(*D. phylloides*)、绵羊蠕形螨(*D. ovis*)、山羊蠕形螨(*D. caprae*)、马蠕形螨(*D. equi*)、虎蠕形螨(*D. tigris*)、大熊猫蠕形螨(*D. ailuropodae*)和白尾鹿蠕形螨(*D. odocoilei*)等,其中以犬、山羊、猪和大熊猫最多发。

蠕形螨体窄长,呈蠕虫状,乳白色,半透明状,长为100～400μm,宽约为45μm。可分为颚体、足体和末体三个部分。颚体呈不规则的四边形,由1对呈细针状的螯肢、1对分为3节的须肢和1个呈膜状构造的口下板组成。足体约占总体长的1/4,有4对足,粗短,各足基节与躯体腹壁愈合成扁平的基节片,不能活动,其他各节成套筒状,能活动。足跗节上有1对锚状叉形爪。末体细长呈指状,约占体长的2/3以上,表面有明显的皮纹。(图3－3－8)

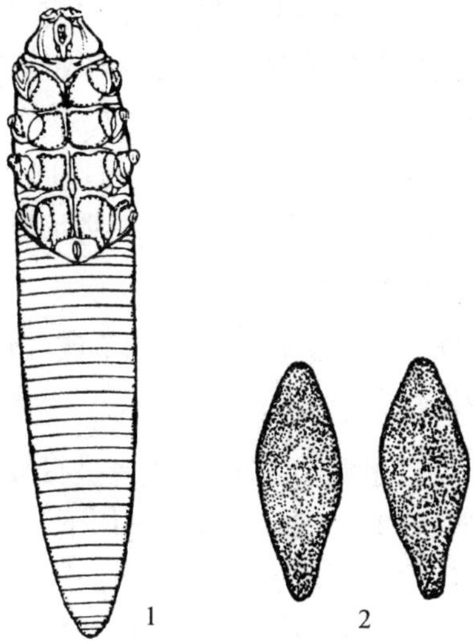

图3－3－8　蠕形螨

1. 成螨　2. 虫卵

雄螨的雄性生殖孔位于足体背面第一、第二对足之间,阳茎末端膨大呈毛笔状,可由体内经生殖孔伸出。雌螨的阴门为一狭长裂口,位于腹面第四对足基节片之间的后方。

虫卵呈纺锤形,无色半透明,大小为104.7μm×41.8μm,壳薄,可见卵内发育中的幼胚。

(二)生活史

蠕形螨寄生在人和动物的毛囊和皮脂腺内,主要是毛囊内,全部发育过程都在宿主身上进行。生活史过程包括卵、幼螨、前若螨、若螨和成螨五个时期。卵孵出3对足的幼螨,幼螨发育蜕皮为前若螨。前若螨具3对足,发育蜕皮为若螨。若螨具4对足,形似成螨,但生殖器官尚未发育成熟,发育后再经蜕皮成为成螨。

健康动物与患病动物,或与被污染物体相接触而发生感染。

(三)临床症状

动物感染后,多无明显症状,仅在患部皮下形成大小不一的囊肿,小的如针尖大,大的可达胡桃大;囊肿内含粉状或脓性黏稠液体,内含很多蠕形螨、表皮碎屑及脓细胞;痒觉轻微或无痒觉。但犬蠕形螨病则可出现严重症状,甚至引起病犬死亡。

1. 犬蠕形螨病　是一种可使犬类动物致死的外寄生虫病,病变多发生于眼、唇、耳、脚趾和前腿的内侧无毛处,局部有1～5个小的和周边界限分明的红斑状的病变,痛痒轻微或不痒。严重时身体大面积脱毛浮肿,皮脂溢出和脓性皮炎,时常可以发现体表淋巴结病变。犬蠕形螨病的症状,可分为四期,即干斑型期、鳞屑型期、脓疱型期和普遍型期。前两期的病变主要发生于头部、眼睑和腿部的皮肤上。患部脱毛,皮肤肥厚,发红并覆有糠皮状鳞屑,随后皮肤变成红铜色。后两期系伴有化脓菌侵入,患部脱毛形成皱褶,生脓疱,流出的淋巴液干涸成为痂皮,重者因贫血及中毒而死亡。

2. 猪蠕形螨病　多发生于嫩细皮肤的毛囊、皮脂腺或皮下结缔组织中。一般先发生于眼周围,鼻部和耳基部,而后逐渐向其他部位蔓延。痛痒轻微,或没有痛痒,仅在病变部出现大小不等的结节和如同沙粒样大小孤立的脓疱,可能融合成为大脓疱。也有成为鳞屑型的,患猪的皮肤增厚,不洁,凹凸不平而被盖以皮屑,并发生皱裂。

3. **牛蠕形螨病** 一般初发于头部、颈部、肩部、背部或臀部。形成的疮疖呈针头大以至核桃大，内含粉状物或脓样液。也有只出现鳞屑而没有疮疖的。

4. **山羊蠕形螨病** 成年羊较幼羊症状明显。病变主要发生在肩胛、四肢、颈、腹等处，患部皮下可触摸到黄豆大至蚕豆大、圆形或近圆形、高出皮肤的结节，有时结节处皮肤稍呈红色，部分结节在皮肤上形成小孔，挤压时可经小孔挤压出干酪样内容物。严重感染时，患羊呈现消瘦，被毛粗乱。本病严重影响板皮质量，带来很大的经济损失。

（四）诊断

挤压或切破皮肤上的结节或脓疱，取其内容物作涂片镜检，以发现病原体。

（五）治疗

发现患病动物时，首先应进行隔离，并对一切被污染的场所和用具进行消毒。同时加强对患病动物的护理。治疗可采用下列药物：

1. 伊维菌素（Ivermectin） 按每千克体重0.2～0.3mg，7～10d后重复一次。

2. 氯氰碘柳胺钠（Closantel Sodium） 按每千克体重10mg，皮下注射。

3. 用双甲脒（Amitraz）等杀虫剂溶液涂搽患部。

蠕形螨除寄生于皮肤和皮下结缔组织外，还能寄生于淋巴结内，故治疗脓疱型蠕形螨病时，必须兼用局部疗法与全身化学疗法，并辅以抗生素疗法。

八、禽类的其他螨病

寄生于禽类的螨包括外寄生螨和内寄生螨。

（一）外寄生螨

除前述的疥螨科（Sarcoptidae）的膝螨属外，还有皮刺螨科（Dermanyssidae）、恙螨科（Trombiculidae）、厉螨科（Laelaptidae）、尾足螨科（Uropodidae）、羽螨科（Analgesidae）、翼螨科（Pterolichidae）、羽管螨科（Syringophilidae）、尾叶螨科（Proctophyllodidae）和肉食螨科（Cheyletidae）寄生于禽类的体表或羽毛。较为常见的种类有：

1. **鸡皮刺螨**（*Dermanyssus gallinae*）（图3－3－9） 鸡皮刺螨呈长椭圆形，饱血后虫体由灰白色转为红色。雌螨长为0.72～0.75mm，宽为0.4mm，饱血后可长达1.5mm；雄螨长为0.6mm，宽为0.32mm。体表有细皱纹并密生短毛，背面有盾板1块。雌螨腹面的胸板非常扁，前缘呈弓形，后缘浅凹，肛板呈圆三角形，前缘宽阔，肛门偏于后端；雄螨胸板与生殖板愈合为胸殖板，腹板与肛板愈合成腹肛板，两板相接。腹面偏前方有4对较长的足，足端有吸盘。它们生活于禽类的窝巢内，不仅刺吸禽血液，有时也叮人吸血。

2. **鸡新棒螨**（*Neoschongastia gallinarum*） 鸡新棒螨的幼虫很小，不易发现，饱食后呈橘黄色，大小为0.421mm×0.321mm。有3对短足，背面盾板呈梯形，盾板上有刚毛5根，前侧毛与后侧毛各1对，前中毛1根，前侧毛与后侧毛等长，两者长于前中毛。盾板中央有感觉毛1对，其远端膨大呈球拍形。

其幼虫寄生于鸡的翅膀内侧、胸肌两侧以及胸内侧的皮肤上，尤以放饲后的雏鸡最易感染，是鸡的重要体外寄生虫。

3. **双梳羽管螨**（*Syringophilus bipectinatus*） 具有"M"形的气门沟，须肢简单，有针样螯肢，

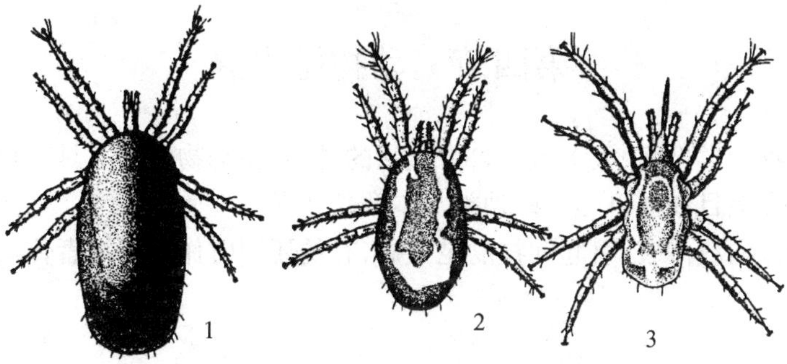

图 3-3-9　鸡皮刺螨

1. 吸血后的雌螨　2. 雌螨　3. 雄螨

足短粗,有跗爪和刷样爪间突,无盾板,体形长,有长刚毛。

此种螨寄生于禽类的羽轴内。从卵发育到成螨需 38 ~ 41d;此种螨能损坏部分或全部羽毛,剩下的羽轴残干中含有一种粉末状物质,在低倍显微镜下可检出虫体。

(二)内寄生螨

此类螨寄生在禽类呼吸系统的内部管道和气囊内,有鸡螨科(Cytoditidae)、鸡雏螨科(Laminosioptidae)、洼颚螨科(SpeIeogmatidae)和鼻刺螨科(Rhinonyssidae)的螨类,这些螨可见于现代化养鸡场。常见的种类有:

1. **寡毛鸡螨**(*Cytodites nudus*)　雌螨外观呈微白色,小点状,大小为 0.6mm × 0.4mm 体表只有少许短刚毛,颚体退化,螯肢纤细。此螨寄生于鸡、火鸡、雉鸡、鸽等禽类的支气管、肺气囊以及与呼吸道相连的骨腔,使禽体消瘦,发生腹膜炎、肺炎和呼吸道阻塞,而且是诱发结核病的因素,甚至造成死亡。剖检病禽,可见有白色小点缓慢地在气囊表面移动,用显微镜观察,容易识别虫体,这种螨呈世界性分布。

2. **住囊鸡雏螨**(*Laminosioptes cysticola*)　主要寄生于鸡,也寄生于火鸡、雉鸡、鹅和鸽,分布于世界很多地方。它们最常寄生于疏松的皮下结缔组织内。雌虫大小约为 250μm × 110μm。颚体已退化,从上面不易看见,身体上有少数长刚毛。

(三)防治

在制订防治方法时,要结合自然环境、气候条件和季节变化的影响,采取综合防治措施。

首先,应保持禽舍巢窝的清洁,定期清理粪便,进行无害化处理,及时维修畜舍,堵塞墙缝并进行粉刷,减少禽舍内螨虫的数量。

其次,定期使用杀螨剂,消灭禽舍内和禽体中的螨虫。目前对禽类有效而安全的杀虫剂,主要是有机磷和氨基甲酸酯等。

1. **蝇毒磷**(Coumaphos)　以 25% 蝇毒磷可湿性粉剂,配成有效浓度 0.5% ~ 0.7% 水溶液进行喷洒。或用 0.05% 浓度对鸡进行沙浴。

2. **杀虫脒**(Chlorodimeform)　以 0.1% ~ 0.2% 的水溶液,可局部涂搽或喷洒。

3. 1% **鱼藤酮软膏**(Rotenone)　对各种螨类均有效。

4. **抗生素**　还可在饲料中添加伊维菌素类药物进行杀螨。

第四节 动物昆虫病

昆虫纲的动物种类极多,大多数为自由生活的种类,在动物医学上具有重要意义的仅是属于双翅目、虱目、食毛目和蚤目的一些种类。本章仅述及一些作为动物寄生虫的重要种类,它们寄生于动物的体内或体表,引起动物的昆虫病,有的还同时作为传播者传播动物的传染病和其他寄生虫病。

一、蝇蛆病

蝇类通常指双翅目(Diptera)、环裂亚目(Cyclorrhapha)的昆虫,蝇类的幼虫称为蛆,由蝇蛆寄生于动物体内或体表所引起的寄生虫病称为蝇蛆病。引起畜、禽及其他经济动物蝇蛆病的病原主要有7个科:蝇科(Muscidae)、丽蝇科(Calliphoridae)、麻蝇科(Sarcophagidae)、皮蝇科(Hypodermatidae)、胃蝇科(Gasterophilidae)、狂蝇科(Oestridae)和虱蝇科(Hippoboscidae)。本节主要介绍皮蝇科、狂蝇科、胃蝇科及丽蝇科的幼虫所引起的疾病。

(一)皮蝇蛆病

皮蝇蛆病是皮蝇科、皮蝇属(*Hypoderma*)的幼虫,即皮蝇蛆所引起的一种寄生虫病。由纹皮蝇(*H. lineatum*)和牛皮蝇(*H. bovis*)的幼虫寄生于黄牛、牦牛背部皮下组织所引起的牛皮蝇蛆病,对养牛业危害比较严重,偶尔也能寄生于马、驴和其他野生动物及人。另外,在我国还报道有中华皮蝇(*H. sinensis*)寄生于牦牛;鹿皮蝇(*H. diana*)寄生于鹿;麝皮蝇(*H. moschiferi*)寄生于麝,分别引起相应的皮蝇蛆病。下面主要介绍牛的皮蝇蛆病。

1. 病原形态 皮蝇较大,有足3对及翅1对,体表被有长绒毛,外形似蜜蜂;复眼不大,有3个单眼;触角芒简单,不分支;口器退化,不能采食,也不叮咬牛只。

(1)牛皮蝇(图3-4-1) 成蝇体长约为15mm。头部被有浅黄色绒毛;胸部的前部和后部绒毛淡黄色,中间部分为黑色;腹部绒毛前端为白色,中间为黑色,末端为橙黄色。卵的大小为0.76~0.8×0.22~0.29mm,长圆形,一端有柄,以柄附着在牛毛上,每一根牛毛上只黏附1枚虫卵。

第一期幼虫淡黄色,半透明,长约为0.5mm,身体分为20节,各节密生小刺,后端有两个黑色圆点状后气门。第二期幼虫长3~13mm。第三期幼虫(成熟幼虫)体粗壮,色泽随虫体成熟由淡黄、黄褐变为棕褐色,长可达28mm,无口前钩,体分11节,体表各节具有很多结节和小刺,但最后1节腹面无刺。有2个较平呈漏斗状的后气门板,上有许多气孔。

(2)纹皮蝇 成蝇体长约为13mm,体表被毛稍短。胸部毛呈灰白色或淡黄色,有4条黑色纵纹;腹部绒毛前端灰白色,中间黑色,末端橙黄色。卵长圆形,一端有柄,以柄附着在牛毛上,1根牛毛上可黏附1列虫卵。

第一期和第二期幼虫的形态与牛皮蝇基本相似,第三期幼虫长可达26mm,与牛皮蝇相似,但最后1节腹面无刺。

2. 生活史 两种皮蝇的生活史基本相似,属于完全变态,整个发育过程须经卵、幼虫(分三期)、蛹和成虫四个阶段。

牛皮蝇在牛体的四肢上部、腹部、乳房和体侧产卵。卵经4~7d孵出第一期幼虫,幼虫由

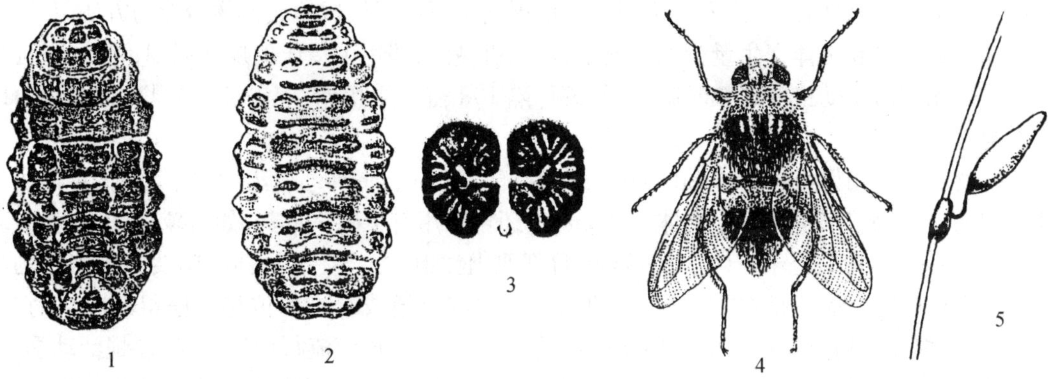

图3-4-1 牛皮蝇

1. 第三期幼虫腹面 2. 第三期幼虫背面 3. 第三期幼虫后气门板 4. 成蝇 5. 产于牛毛上的卵

毛囊钻入皮下。纹皮蝇在牛体的后肢球节附近和前胸及前腿部产卵。

牛皮蝇的幼虫钻入皮下后沿外围神经的外膜组织移行到椎管硬膜外的脂肪组织中，在此停留约5个月，然后从椎间孔爬出移行到腰背部皮下。由食道黏膜或椎管下钻出移行至背部皮下的幼虫为第二期幼虫，经蜕皮后变为第三期幼虫。纹皮蝇的幼虫钻入皮下后，沿疏松结缔组织走向胸、腹腔后到达咽、食道、瘤胃周围结缔组织中，在食道黏膜下停留约5个月，然后移行到背部前端皮下。

皮蝇幼虫到达背部皮下后，皮肤表面呈现瘤状隆起，随后隆起处出现直径约为0.1～0.2 mm的小孔，并逐渐增大，第三期幼虫在其中逐步长大成熟，第二年春天，则由皮孔蹦出，离开牛体入土中化蛹，蛹期1～2个月，之后羽化为成蝇。整个发育期为1年。

3. 流行特点 成蝇系野居，营自由生活，不采食，也不叮咬动物，只是飞翔、交配与产卵。一般多在夏季晴朗无风的白天侵袭牛只。皮蝇广泛分布于世界各地，成蝇出现的季节，随各地气候条件和皮蝇种类的不同而有差异。在同一地区，纹皮蝇出现的时间较牛皮蝇早，一般在4～6月份，而牛皮蝇则出现于6～8月份。该病主要流行于我国的东北、内蒙、华北、西北及四川西北部高原等牧区，南方由于调入北方的牛只，偶有少数牛发生本病。

4. 致病作用与症状 雌蝇产卵时可引起牛只强烈不安，表现踢蹴、狂跑（牧民称之为跑蜂）等，不但严重地影响牛采食、休息、抓膘，甚至可引起摔伤、母牛流产等。

幼虫初钻入皮肤，引起皮肤痛痒，精神不安。在体内移行时造成移行部位组织损伤。特别是第三期幼虫在背部皮下寄居时，引起局部结缔组织增生和皮下蜂窝组织炎，有时继发细菌感染可化脓形成瘘管。牛背部皮肤在幼虫离开后，形成瘢痕，影响皮革价值。幼虫生活过程中分泌的毒素，对血液和血管壁有损害作用，可引起贫血。严重感染时，患畜表现消瘦，生长缓慢，肉质降低，母牛泌乳量下降等。在个别患畜，幼虫误入延脑或大脑脚寄生，可引起神经症状，甚至造成死亡。

5. 诊断 幼虫出现于背部皮下时易于诊断。可触诊到隆起，上有小孔，内含幼虫，用力挤压，可挤出虫体，即可确诊。此外，流行病学资料，包括当地流行情况和病畜来源等，对本病的诊断也有重要的参考价值。

6. 防治 消灭寄生于牛体内的幼虫，对防治牛皮蝇蛆病具有极其重要的作用，既可以减少幼虫的危害,又可以防止幼虫发育为成虫。消灭幼虫可以用机械的或药物治疗的方法。

在牛数不多和虫体寄生量少的情况下,可用机械法,即用手指压迫皮孔周围,将幼虫挤出,并将其杀死。由于幼虫的成熟时间不同,故每隔 10d 需重复操作,但需注意勿将虫体挤破,以免引起过敏反应。

药物治疗可用伊维菌素(Ivermectin)或阿维菌素(Avermectin)类药物皮下注射,对本病有良好的治疗效果。剂量为每千克体重 0.2mg。还可以用有机磷杀虫药,如倍硫磷(Fenthion)乳剂,给牛注射(剂量为每千克体重 6~7mg,臀部肌肉注射)或浇注。给药时间要根据当地的流行病学资料确定。一般是在 11 月左右进行。幼虫在食道或脊椎部位移行停留期间,不宜用药,因为幼虫死亡后可引起相应的局部严重反应。此外,在该病流行地区,每逢皮蝇活动季节,可用 1%~2% 敌百虫对牛体进行喷洒,每隔 10d 喷洒一次;或用拟除虫菊酯类药物喷洒,每 30d 喷洒一次,可杀死产卵的雌蝇和由卵孵出的幼虫。

(二)鼻蝇蛆病

鼻蝇蛆病是由狂蝇科中一些蝇的幼虫寄生于动物的鼻腔、鼻窦及咽喉部所引起的一类寄生性蝇蛆病。

狂蝇属(*Oestrus*)的羊狂蝇(*O. ovis*)幼虫寄生在羊的鼻腔及其附近的腔窦内所引起的羊狂蝇蛆病(羊鼻蝇蛆病),主要危害绵羊,人的眼、鼻也有被侵袭的报道。除此之外,鼻狂蝇属(*Rhinoestrus*)的紫鼻狂蝇(*R. purpureus*)和宽额鼻狂蝇(*R. latifrons*)的幼虫寄生于马属动物的鼻腔、鼻窦及咽喉部可引起马的鼻狂蝇蛆病;喉蝇属(*Cephalopsis*)的骆驼喉蝇(*C. titillator*)寄生于骆驼的鼻腔、鼻窦及咽喉部引起骆驼的喉蝇蛆病。下面只介绍羊鼻蝇蛆病。

1. 病原形态(图 3-4-2) 成蝇长为 10~12mm,淡灰色,略带金属光泽,形似蜜蜂。头大呈黄色,口器退化。第三期幼虫背面隆起,腹面扁平,长为 28~30mm,前端尖,有两个黑色口前钩。虫体背面无刺,成熟后各节上具有深棕色带斑。腹面各节前缘具有数列小刺。虫体后端齐平,有 2 个明显而呈黑色的后气门板。

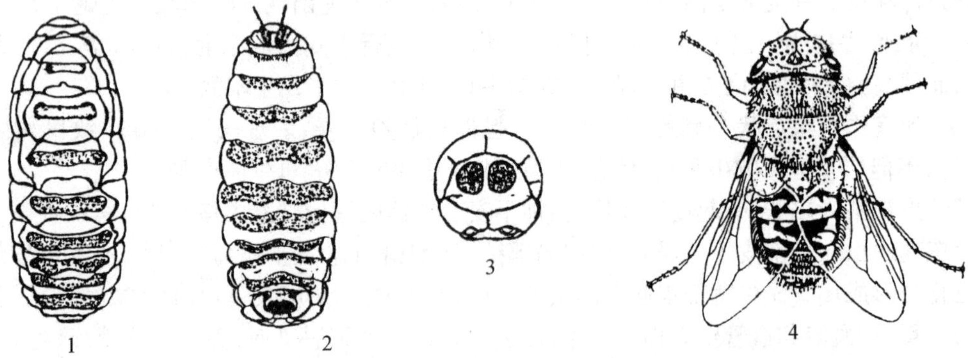

图 3-4-2 羊鼻蝇蛆

1. 第三期幼虫背面 2. 第三期幼虫腹面 3. 后气门板 4. 雌性成蝇

2. 生活史 羊狂蝇属于完全变态,整个发育过程须经卵、幼虫(分 3 期)、蛹和成虫四个阶段。雌蝇在体内幼虫形成后,择晴朗炎热天气,飞向羊只,突然冲向羊鼻,直接产出幼虫,一次可产幼虫 20~40 个,1 只雌蝇数日内可产幼虫 500~600 个,幼虫爬入鼻腔及其附近的腔窦内,先后蜕化两次,变为第三期幼虫,第二年春天三期幼虫成熟后随喷嚏落入地面,钻入土中化蛹,尔后羽化为成蝇。

3. 流行特点　成蝇野居,不营寄生生活,不采食,成蝇的寿命为 2 ~ 3 周;根据外界环境条件的不同,各期虫体发育所需的时间也不一样。在温暖地区,羊鼻蝇幼虫期为 25 ~ 35d,蛹期为 27 ~ 28d,一年可繁殖 2 代;而在寒冷的北方地区,羊鼻蝇幼虫期为 9 个月,蛹期约为 49 ~ 66d,每年仅可繁殖 1 代。

4. 致病作用与症状　成蝇侵袭羊群产幼虫时,羊群骚动,惊慌不安,互相拥挤,频频摇头,喷鼻,低头或以鼻孔抵于地面,或将头部钻入另一羊的腹下或腿间,严重扰乱羊只的正常采食和休息。

当狂蝇幼虫在鼻腔或腔窦内固着或移行时,以口前钩和腹面的小刺机械性地刺激损伤黏膜组织,引起鼻黏膜肿胀、发炎和出血,造成鼻液增加,在鼻孔周围干涸时,则形成硬痂。患羊流脓性鼻涕,打喷嚏,鼻孔堵塞,呼吸困难,体质消瘦,甚至死亡。个别第一期幼虫可进入颅腔或因鼻窦发炎而波及脑膜,此时可出现神经症状,即所谓"假旋回症",患羊表现运动失调,做旋转运动。

5. 诊断　根据症状、流行病学和尸体剖检,可做出诊断。为了早期诊断,可用药液喷入鼻腔,收集用药后的鼻腔喷出物,发现死亡幼虫,即可确诊。出现神经症状时,应注意与羊多头蚴病和羊莫尼茨绦虫病相区别。

6. 治疗

(1)伊维菌素(Ivermectin)或阿维菌素(Avermectin)类药物　剂量为有效成分按每千克体重 0.2mg,以 1% 溶液皮下注射。

(2)氯氰碘柳胺钠(Closantel Sodium)　按每千克体重 5 ~ 10mg 口服,或按每千克体重 2.5 ~ 5mg 皮下注射,可杀死各期幼虫。

7. 预防　防治羊狂蝇蛆病,应以消灭鼻腔内的第一期幼虫为主要措施。对个别良种羊只,在成蝇飞翔季节,可用杀虫药物软膏涂擦羊鼻孔周围,每 5d 一次,以防止雌蝇产幼虫。

(三)伊蝇蛆病

伊蝇蛆病是由丽蝇科、伊蝇属(*Idiella*)的三色伊蝇(*I. tripartita*)的蝇蛆寄生于猪体所引起的一种蝇蛆病。幼虫叮咬猪体吸血,使患猪不安,食欲降低,贫血消瘦,生长缓慢,严重时引起化脓性皮炎,对养猪业造成一定危害。

1. 病原形态　成蝇体长为 8 ~ 9mm,体稍窄长,舐吸式口器,头部和胸部呈青铜绿色。雄性额宽为触角第三节宽的 1.5 倍;口上片明显地向前突出;胸部背板的纵纹不明显;翅为黄褐色,翅脉基部棕色,前缘基鳞黄色;腹部扁平,第一、第二腹节橙黄色,自第三腹节至末端均呈深棕色;雄蝇第五腹板不突起,阳体大。

幼虫乳白色,吸血后变为红色;第三期幼虫体长为 7 ~ 10mm,宽为 2 ~ 3mm,前端狭小,有 1 对锐利的口前钩,后端截断状,有 1 对后气门。蛹呈褐色,长为 5 ~ 6mm,宽为 2 ~ 3mm。

2. 生活习性　成蝇以花蜜和果汁为食,对家畜不形成危害,在每年 4 ~ 10 月份出现,以 6 ~ 9 月数量最多。雌蝇产卵于阴暗潮湿的猪舍地面缝隙中,孵化成蛆后,昼伏夜出,白天隐匿于猪舍泥土中,夜间爬出叮咬在猪体吸血,如猪舍黑暗潮湿,白天也能吸血。吸血部位多见于腋窝、股内侧、腹下、阴囊皱褶等处。吸血时利用口前钩刺伤皮肤,然后虫体前端钻入组织内吸血。吸血时间长短不一,每次为1至数小时,吸饱血后又钻入土中。第一期幼虫约经20d,进行2次蜕化后,变为第三期幼虫;第三期幼虫成熟后钻入土内变为蛹;蛹期约数天,后羽化为成蝇。自卵发育为成蝇大约需1个月左右。

3. 诊断与防治 通常白天检查时,可发现患猪的腹下、股内侧、腋窝等处有小的出血点,但欲发现虫体则需在夜晚进行虫体检查,方能见有蝇蛆附于猪体表,叮咬吸血。

阴暗潮湿的猪舍是本病发生的先决条件,因此,要注意保持猪舍的干燥清洁,将猪舍地面垫土压实是重要的措施。用5%敌百虫水溶液定期喷洒猪舍,也可有效地防治该病。

(四)其他蝇蛆病

其他的家畜蝇蛆病还包括马胃蝇蛆病和伤口蛆病,在我国某些地区流行也比较广,危害较为严重。

1. 马胃蝇蛆病 马胃蝇蛆病是由胃蝇科、胃蝇属(*Gasterophilus*)的各种胃蝇幼虫寄生于马属动物的胃肠道内引起的一种慢性、消耗性和中毒性疾病。马胃蝇蛆偶尔也寄生于兔、犬、猪和人胃内。

在我国常见的胃蝇有4种:即肠胃蝇(*G. intestinalis*),又称马胃蝇;红尾胃蝇(*G. haemorrhoidalis*),又称痔胃蝇;兽胃蝇(*G. pecorum*),又称东方胃蝇;烦扰胃蝇(*G. veterinus*),又称鼻胃蝇。胃蝇第三期幼虫(成熟幼虫)红色或淡黄色,呈竹节状,分节明显,虫体由11节构成,每节环绕有1圈或2圈小刺。幼虫前端稍尖,有1对发达的口前钩;后端齐平,有1对后气门板,上有气孔。四种胃蝇第三期幼虫的区别主要在于其色彩和小刺的分布情况(图3-4-3)。

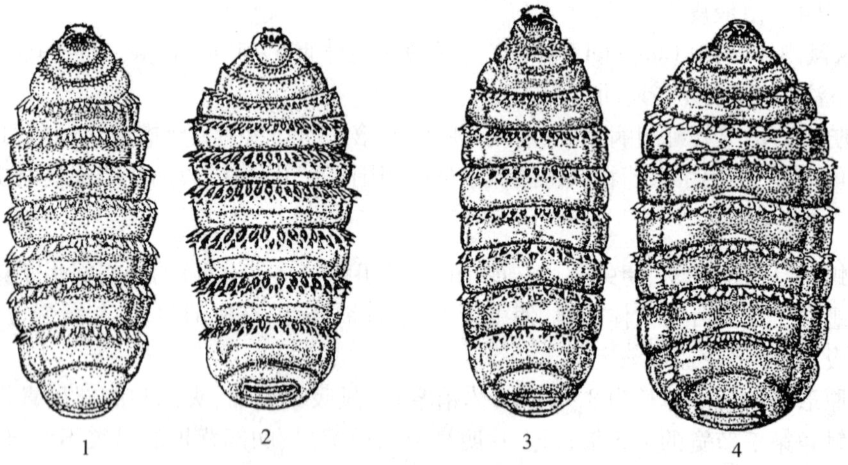

图3-4-3 四种马胃蝇第三期幼虫腹面

1. 烦扰胃蝇 2. 肠胃蝇 3. 红尾胃蝇 4. 兽胃蝇

胃蝇蛆主要在马属动物的胃肠内寄生吸血,造成胃肠壁水肿、发炎和溃疡,引起慢性胃肠炎或出血性胃肠炎等。发育属完全变态,需经卵、幼虫(分3期)、蛹和成虫四个阶段(图3-4-4)。治疗可用伊维菌素(Ivermectin),按每千克体重0.2mg,皮下注射。预防可在感染季节采用药物进行驱虫;在患马排出成熟幼虫的季节,应注意消灭附着在直肠黏膜、肛门上或落在地面上的色彩为红色或黄色的幼虫。

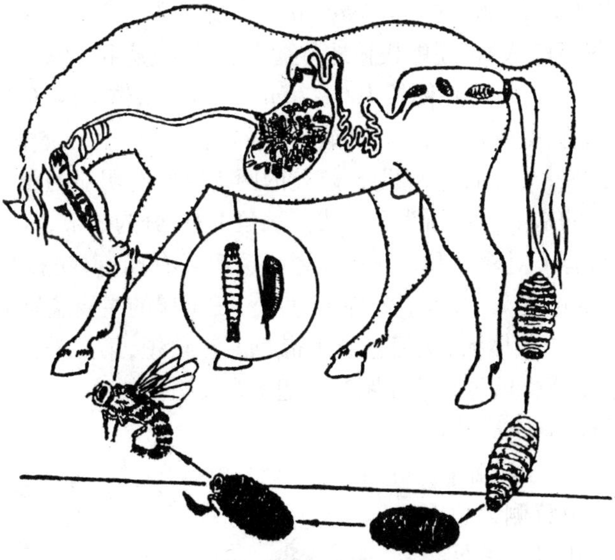

图 3-4-4　马胃蝇生活史（仿板垣）

2. **伤口蝇蛆病**　伤口蛆病是由丽蝇科的丽蝇属（*Calliphora*）、绿蝇属（*Lucilia*）和麻蝇科的污蝇属（*Wohlfahrtia*）的蝇类幼虫寄生于牛、马、猪、羊、骆驼、犬、猫等各种动物的伤口组织中引起的一类疾病。

丽蝇体色青黑，有金属光泽；第三期幼虫前细后粗，位于第一胸节两侧的前气门具有 8 ~ 10 个指突，体后端平齐，凹窝内有 2 个后气门。绿蝇呈绿色或铜绿色有金属光泽；第三期幼虫体型较小，似丽蝇蛆，前气门有 10 ~ 12 个指突。污蝇为灰白色，具有黑色斑纹，无金属光泽；第三期幼虫前端尖细，到第八节处最宽，每节上有向后的小刺。前气门有 5 ~ 6 个指突，后气门环不完整。

丽蝇、绿蝇和污蝇均系完全变态，其发育过程包括卵、幼虫（分 3 期）、蛹，成蝇四个阶段。丽蝇和绿蝇一般是在腐败的物质及人畜的粪便中产卵，但也可在活组织中产卵发育；而污蝇则是卵在体内发育成幼虫后产出，并且只在流血的创口及动物的耳鼻、尿道和阴道产幼虫。

这些蝇类的幼虫在动物体表创口寄生，会给宿主造成严重的损害，常可见伤口周围组织肿胀，伤口恶化，且往往伴发细菌感染，引起创伤周围组织发炎、坏死和化脓，伤口难以愈合。患畜表现不安，消瘦，生长发育受阻。治疗可将创伤中的蝇蛆清除后，用舒利保药物（内含巴胺磷 40%），以 1∶2000 的稀释液浸洗患部，或涂以鱼石脂软膏、碘软膏，或以 5% 蝇毒磷粉撒布于创口亦有良效。

二、吸血昆虫

（一）虻

虻（tabanid fly）隶属于双翅目、虻科（Tabanidae）俗称牛虻，是一类大型的吸血昆虫，主要吸食家畜和野生动物的血液，偶尔也叮咬人。全世界已知的虻类达 3700 余种，我国记载的虻类也达280余种,分属于三个亚科11个属,与兽医学关系密切的为虻亚科(Tabaninae)的虻属(*Tabanus*)和麻虻属(*Chysozona* 或 *Haematopota*)、斑虻亚科(Chrysopsinae)的斑虻属(*Chrysops*)。虻分布广,不仅叮咬人畜,还能机械地传播牛、马锥虫病和家畜炭疽病等。

1. 形态特征(图3-4-5) 虻体长为6~30mm,粗壮,虫体的颜色随虻的种类不同而异,一般常呈灰黑色、黄绿色、棕褐色等,大多有较鲜艳的色斑及软毛。体分头、胸、腹三部。头大呈半球形,复眼大,几乎占头部的绝大部分,雌虻的两复眼间有明显的距离,而雄虻的两眼在中缘接触。单眼三个,有的缺如。口器为刮舐式。触角1对,分为3节,其第3节具有3~7个小环。胸部由3节组成,有1对翅膀和3对足。翅膀透明或有斑点,翅脉复杂,在翅膀中央有一似六角形的中室。腹部可见7节,末端为外生殖器。三个属的主要鉴别如下:

(1)虻属(*Tabanus*) 虫体大,灰黑色或黄褐色。触角短,第三节的基部背面有一个角状突出和其尖端有4个小环。后足胫节无距刺。翅上常无斑。

(2)麻虻属(*Chysozona* 或 *Haematopota*) 虫体略小于斑虻,灰黑色。触角长,第三节背侧无角状突出,其尖端有三个小环。后足胫节无距刺。静止时,两翅常在腹背面呈屋脊状。翅膀上布满麻点。

(3)斑虻属(*Chrysops*) 虫体比虻属稍小。黄褐色。触角比头长,微向上弯,其第三节最大,无角突,尖端有四个小环。后足胫节上有距刺。雌雄皆有三个单眼。翅膀中部有深棕色横带状斑。胸部和腹部各有不同的纹饰。

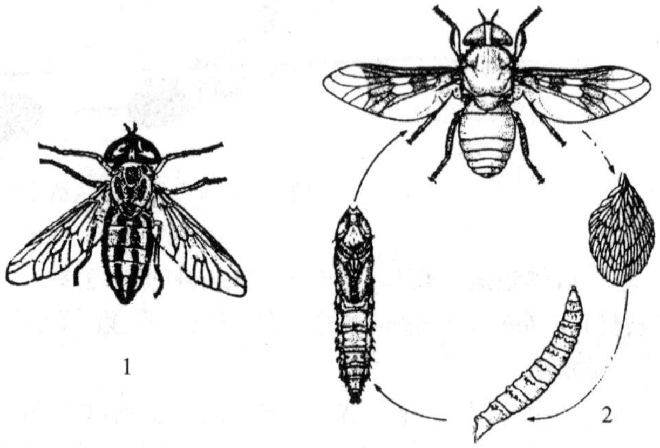

图3-4-5 虻
1. 成虫背面观 2. 生活史

2. 生活史与习性 发育属于完全变态,包括卵、幼虫、蛹和成虫四个阶段。雌虻吸血后在水面悬垂于植物的枝、叶或潮湿的场所产卵,卵聚成块状,卵数达300~1000个。虫卵经44d,即孵出幼虫。幼虫落入水内或潮湿土中,以残杀其他动物如昆虫的幼虫、蚯蚓、甲壳类或软体类等,吸食其体液为生。幼虫期很长,一般需经7~8次蜕皮。幼虫成熟后,爬到水边干燥的泥土内化蛹,蛹经7~15d羽化为成虻。

虻的活动时间,都在夏季炎热的白天,喜欢强烈日光。在阴雨天不活动,常停留在浓密的树阴下。虻的活动力很强,能飞翔到很远的地方,寻找动物吸血。雌虻除吸血外也吸花汁,但雌虻没有吸到血时,不能产卵。雄虻不吸血,只吸植物汁,平时多居于草丛及树林中。

3. 危害性 虻是家畜主要的吸血昆虫。在家畜体表吸血时,注入有毒的唾液,引起伤口肿胀、痛痒和出血,使家畜采食不安,消瘦,产乳量降低。虻还可以机械传播家畜的疾病,如牛和马的伊氏锥虫病、弓形虫病、马传染性贫血、炭疽和野兔热等。

4. 防治 由于虻的孳生地广,活动力强,活动范围广,目前还没有很有效的防治方法。因此在虻大量活动的季节,可试用下列方法防治。

(1)改良环境 结合土壤改良、填平泥潭洼地、排水等,消除虻的孳生地。

(2)科学放牧　在夏季虻活动季节,改变放牧时间,在中午烈日时,将牛驱入树阴下,虻很少飞入吸血。阴雨天虻不活动,可全日放牧。

(3)化学防治　在虻流行季节可用驱避剂间二乙基甲苯甲酸胺(DETA)、杀虫剂敌敌畏或0.004%～0.008%氰戊菊酯(Fenvalerate)喷洒畜体。

(4)生物防治　虻的天敌——黄胸黑卵蜂、赤眼蜂产卵于虻的卵内致后者死亡。

(二)蝇

蝇科有6个亚科、23个属,种类繁多。在我国与兽医学关系密切的有1个亚科3个属,即螫蝇亚科螫蝇属(*Stomoxys*)、角蝇属(*Haematobia*)及血喙蝇属(*Haematobosca*)。它们不仅舐吸畜体分泌物或刺吸家畜的血液,还能机械地传播家畜多种疾病,有些种类还能作为某种家畜蠕虫病的中间宿主。

1.螫蝇　螫蝇属(*Stomoxys*)的种类较多,全世界已知有27种。我国已记载有3种。其中以厩螫蝇(*S. calcitrans*)最普遍,广泛分布于全国各地。螫蝇是夏、秋两季最常见的一种吸血蝇,主要刺吸牛、马、羊、猪以及野生哺乳动物的血液,偶尔叮人吸血。螫蝇能机械地传播牛、马伊氏锥虫病和炭疽等疾病,有的种类还能作为家畜某些线虫的中间宿主。此外,在我国南方尚有印度螫蝇(*S. indica*)、南螫蝇(*S. dubitalis*)等。

图3-4-6　厩螫蝇

(1)形态特征(图3-4-6)　螫蝇外形略似家蝇,体中型,灰色或暗灰色,体长为5～8mm。眼高无毛,颊很低,口器刺吸式,喙细长,唇瓣小而角质化,喙从口器窝向前伸出,静止时不缩入口器窝内。下颚须1节,其长度不及中喙的一半。触角芒仅背侧具长纤毛。胸部背板具黑条斑。第四纵脉向上呈轻度的弧状弯曲。前胸基腹片向前扩展,两侧具刚毛;前胸侧片中央凹陷处有纤毛。

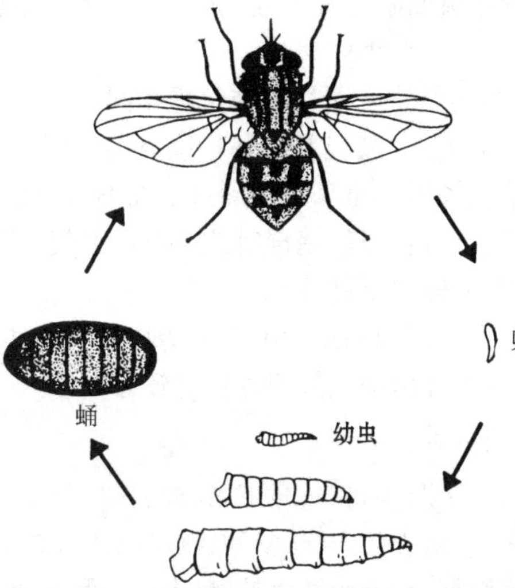

图3-4-7　蝇的生活史(仿 Urquhart 1996)

(2)生活史与习性(图3-4-7)　螫蝇的发育属完全变态,其发育过程包括卵、幼虫、蛹和成蝇四个阶段。成蝇系白天活动,雌、雄蝇均能刺吸温血动物的血液为食,主要刺吸牛、马等家畜的血液,有时也叮人吸血,雌蝇必须有3次以上吸血后,才能使体内虫卵发育成熟。雌蝇多在黄昏产卵,卵多产在潮湿的稻草堆、杂草堆、发酵的蔬菜堆、垃圾堆、家畜粪堆里。卵呈香蕉状,黄白色,长约为1mm,在卵直缘的一边有1条深纵沟。蛹期一般需6～9天羽化为成蝇。成蝇寿命约3～4周,有的雌蝇可长达3个月以上。在适宜条件下,整个发育周期约需12d以上,在气温21℃时需33～36d。以幼虫或蛹越冬。

螫蝇喜欢聚集在畜舍周围有阳光的墙壁或栏栅上，或停息在畜舍附近较高的杂草上。在阴天或下雨时则飞入畜舍内，夜晚常飞入有灯的畜舍或房室内。成蝇以夏、秋两季活动最为活跃。气温15℃以下时，成蝇的活动能力降低，数量也随着减少；5℃以下时即停止活动；在-13℃时即可死亡。成蝇吸血多在上午9点以后。成蝇飞翔力很强，能飞较远的距离，因此对传播疾病起很大的作用。

2. **角蝇** 角蝇属在我国已记载有4种。常见种类有东方角蝇（*H. exigua*），其次为截脉角蝇（*H. titillans*）。角蝇主要刮吸牛、马的血液，很少叮人吸血，也能机械地传播牛、马伊氏锥虫病和炭疽等疾病，有的角蝇可作为马副丝虫的中间宿主。

（1）形态特征（图3-4-8） 角蝇体形比螫蝇小，灰黑色，体长为2~5mm。眼裸，较宽，颊很狭。后头上面平，下部非常凸出。触角芒仅上侧具纤毛。喙细长，末端具小角质化口盘。下颚须细长，端部扩展并侧扁，静止时约与喙等长。中胸背板具黑纵条，其两侧纵条较宽，在盾沟前面略呈三角形。前胸基腹片较狭、裸；前胸侧板中央凹陷处和下侧片无毛；无前中侧片。

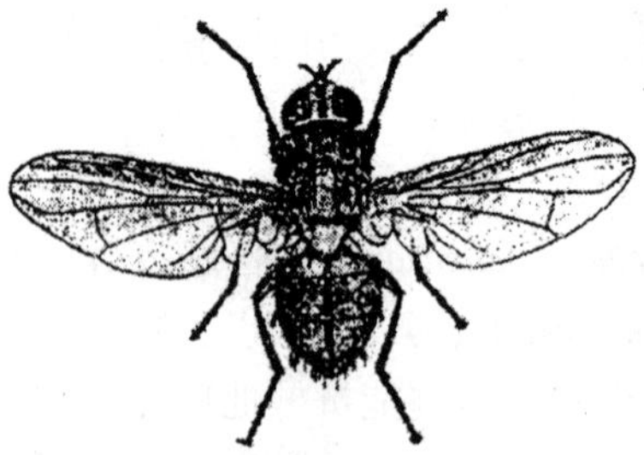
图3-4-8 东方角蝇

（2）生活史和习性与螫蝇相似。

3. **血喙蝇** 常见种类有刺血喙蝇（*Haematobosca sanguinolentus*），为我国广布种。

（1）形态特征 外形与螫蝇很相似。成蝇体中型，暗灰色，体长为5~6mm。外顶鬃发达，侧额略与间额等宽。触角芒羽状，但上侧具长纤毛，下侧仅具1~3条纤毛。喙长而略粗。下颚须侧扁，其内方凹入，其长度与喙几乎相等。胸部背板具纵纹。前胸基腹片宽，两侧具毛；前胸侧片中央凹陷处具少数毛（仅雄性有），下侧片在后气门下方有若干纤毛，后气门具不很密的毛。

（2）生活史与习性 与螫蝇相同。

（3）防治 要经常搞好环境卫生，对人畜粪便和生活垃圾进行无害化处理，消除或减少蝇类的孳生场所。可采用拟除虫菊酯类、有机磷类和氨基甲酸酯类的杀虫剂，如溴氰菊酯、敌百虫、敌敌畏、倍硫磷、蝇毒磷、巴胺磷、甲萘威和残杀威等药剂，进行涂搽、喷雾等对蝇有快速击倒作用，灭蝇效果良好。

家畜使用拟除虫菊酯类等药物浸渍的耳标、项圈，在一定时间内可驱避各种蝇类，对家畜增重、减少乳房炎发病率等也有较好效果。

（三）蚊

蚊属于双翅目、长角亚目、蚊科（Culicidae）。凡是有人畜的地方几乎都有蚊活动。蚊的种类繁多，全世界约3000多种，我国已发现约300多种。蚊科分35个属，其中以按蚊属（*Anopheles*）、库蚊属（*Culex*）和伊蚊属（*Aedes*）等三个属的种类约占半数以上，与人畜的关系最为密切。

1. **形态特征** 蚊体长为5~9mm，分头、胸、腹三部分。头部略呈球形，两侧有1对大的复眼。头部前下方正中有一个细长的喙（口器），口器为刺吸式，由上唇、下唇、舌各1个和上颚、下颚各1对所组成。雌蚊的上、下颚发达，能穿刺皮肤吸血，而雄蚊上、下颚不发达，不能穿刺吸血。在喙的两侧有下颚须1对，由3~5节组成。在下颚须两侧有1对触角，系由15~16节组成,雄蚊触角上的毛密而长,雌蚊触角上的毛稀而短。胸部的前、后胸退化,仅中胸发达,中胸背侧有1对翅膀,在翅膀上有翅脉和鳞毛。后翅退化成1对平衡棍。胸部下面有3对足。腹部由10节组成,通常仅见8节,末端两节特化为外生殖器。腹部前8节的两侧各有1对气孔。

常见种类:中华按蚊(*Anopheles sinensis*)是我国的广布蚊种,嗜吸畜血,兼吸人血;日月潭按蚊(*A. jeyporiensis*)嗜吸牛血,多栖息于畜舍内,兼吸人血;微小按蚊(*A. minimus*)在我国分布于华中、华南、西南等地,嗜吸人、畜血;三带喙库蚊(*Culex tritaeniorhynchus*)在我国分布于除青海、新疆、西藏以外的地区,嗜吸牛、人血;淡色库蚊(*C. pipiens*)在我国分布于长江流域及其以北地区,嗜吸人、畜血;背点伊蚊(*Aedes dorsalis*)是我国的广布种,嗜吸人、畜血。

2. 生活史与习性(3-4-9)　蚊的生活史属完全变态类型,卵、幼虫(孑孓)和蛹在水中发育,成虫在空中生活。温度、湿度、光度等均可影响成蚊的活动。在适宜的温度和湿度下,光度对蚊的活动影响最大,伊蚊的活动时间多在白昼,库蚊和按蚊则多在夜晚。雌蚊吸血,雄蚊以花蜜和植物汁液为食,吸血对象包括人和哺乳类、鸟类、爬行类、两栖类动物,但随种类不同而有所偏好。

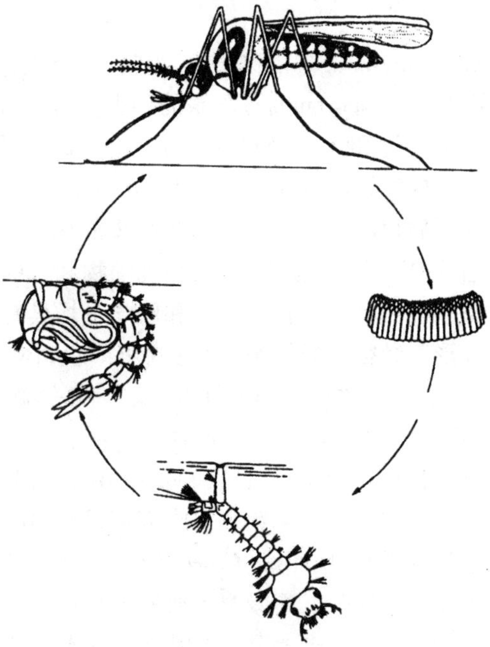

图3-4-9　蚊的生活史

3. 危害

蚊叮咬骚扰畜禽时,使畜禽感到不安、烦躁,妨碍畜禽采食和休息,引起畜禽消瘦、贫血,甚至引起幼禽死亡。吸血时还能分泌有毒的唾液,引起皮肤发痒、红肿,由于搔痒而使皮肤损伤,造成皮炎或脓疮。有些蚊子还能传播畜禽的许多疾病,如动物和人的疟疾、颈盘尾丝虫、马丝状线虫和指形丝状线虫及犬恶丝虫等蠕虫病,对畜禽造成危害。

4. 防治

(1)杀灭成蚊　可将残效较长的杀虫剂喷洒在畜禽舍内的墙壁、木桩或栏栅上和畜禽舍周围的物体上,当成蚊停留时接触到药剂即可死亡。目前常用的低毒高效的杀虫剂主要有以下几种:

①有机磷杀虫剂:如倍硫磷(Fenthion)、马拉硫磷(Malathion)等,每平方米用量2g(工业纯),残效期达2~3个月。

②氨基甲酸酯类杀虫剂:如残杀威,是当前用作滞留喷洒最好的药物,喷洒量按每平方均2g,残效期达2个月以上。

③拟除虫菊酯类杀虫剂:可用0.015%~0.03%的溴氰菊酯(Deltamethrin)、0.001%~0.004%氰戊菊酯(Fenvalerate)喷洒,但残效期短。

(2)杀灭幼虫　目前常用敌百虫、双硫磷、倍硫磷等有机磷类杀虫剂作为灭幼剂,其中以双硫磷的效果最好。据国内试验，在稻田进水口滴注50%双硫磷溶液，浓度为每千克水0.5mg时，持效5～10d；用双硫磷喷于水沟，浓度为每千克水1mg时，48h后幼虫全部死亡，持效约10d。

（3）防蚊驱蚊　加强畜禽防护。在大力开展灭蚊工作的同时，舍外烧蒿草、艾草以熏杀或驱走蚊子。舍内点燃艾蒿绳或蚊香、灭蚊灯、灭蚊片等灭蚊或减少蚊子叮咬机会。有条件的畜舍安装纱窗或纱门等，或喷洒驱蚊灵等驱避剂，以防蚊叮咬。

（4）改变孳生环境　尽量减少或消除蚊的孳生场所，如：填平积水洼地、废水池和废水沟，疏通排水沟等。

（四）蠓

蠓（biting midge）俗称墨蚊、小咬、小黑虫，是小型双翅昆虫，在分类上属于双翅目、长角亚目、蠓科（Ceratopogonidae）。蠓的种类繁多，全世界已知有4000种以上，约分90个属，其中能吸食温血动物和人血液的种类有6个属；但与兽医关系密切的有3个属，即库蠓属（*Culicoides*）、拉蠓属（*Lasiohelea*）及细蠓属（*Leptoconops*），其中以库蠓属最为常见。

库蠓属（*Culicoides*）是蠓科中最大的属，至今全世界已知约1000种，我国已发现172种，均是吸血蠓，主要叮吸家畜、野生哺乳动物和人的血液；有的还能传播人、畜多种传染病、蠕虫病和原虫病。因此库蠓在兽医学和医学上均具有重要的意义。

1. 形态特征　蠓体小，黑色或灰褐色，体长为1～3mm。头部呈半球形，复眼1对，呈肾状，触角细长呈丝状，由15节组成。胸部稍微隆起，前、后胸退化，中胸背板最发达。前翅发达，后翅退化为平衡棒，静止时两翅重叠，平覆于腹背上，翅面覆以细毛，翅周缘有缨状毛，翅面具有不同数目和形状的暗斑和明斑。翅脉较简单。足细长，后足较粗，足各节上生有鬃或毛，后足胫节端部有胫节鬃数根。腹部细长共10节，各节表面生有鬃或毛。

常见种类有：虚库蠓（*C. schultzei*），又称尖喙库蠓，嗜吸家畜血液；哮库蠓（*C. arakawai*），又称荒川库蠓、禽库蠓，嗜吸家禽血液；原野库蠓（*C. homomus*），体型较大，生活于平原和山区，嗜吸牛、马血。此外，据福建省的调查，日本库蠓（*C. niponensis*）和异域库蠓（*C. pereginus*）也较常见。

2. 生活史与习性（图3－4－10）　库蠓的生活史属于完全变态类型。多数库蠓在交配时具有群舞现象，常在畜舍周围于黎明或黄昏进行群舞。交配后雌蠓必须吸血，才能使卵巢内的虫卵发育成熟，如吸血不充足，只有部分虫卵发育成熟。虫卵呈香蕉状，大小约为0.35～0.65mm×0.02～0.07mm。库蠓的孳生地极其广泛，如江、湖、河、山溪、沼泽、池塘、稻田、菜田、污水沟、水坑、洼地、树洞、石穴积水处以及富于有机质的潮湿土壤等处。在夏季气温下，卵经34d孵出幼虫，幼虫在水底、水位上下泥层浅表或湿的土壤内挖掘洞穴，营洞居生活，一般常在泥土表层1～2cm范围内。幼虫的发育期很长，共4龄，发育所需要的时间取决于温度和食物，在夏季，有的幼虫在1～3周或6周内完成发育。蛹期很短，夏季一般为3～5d。在热带和亚热带地区一年可发生多代，多数以第四龄成熟幼虫越冬。

成蠓一般开始出现于每年4～5月，以7～8月数量较多，10月以后逐渐减少或消失，在热带地区成蠓终年可出现。成蠓平时多隐蔽于洞穴、草根、竹林、草丛、土壤缝隙等阴暗、避光和无风的场所。雄蠓吸食植物汁液，雌蠓吸血。雌蠓对宿主有一定的选择性，如虚库蠓嗜食马、牛、猪血；荒川库蠓嗜食鸡、火鸡、鸽、鹅、鸭血；陈旧库蠓和云斑库蠓只嗜食马血；里库蠓、原野库蠓和渐灰库蠓则嗜食牛、马血更甚于人血；雪翅库蠓、华库蠓和光胸库蠓嗜吸人血；嗜蚊库蠓除吸牛、马血外，也能叮咬蚊腹部吸食其消化道内的血液。

3. **危害**　雌蠓在白天和黄昏，在野外和舍内均能侵袭畜、禽。在吸血蠓大量出现季节，由于它们数量多，不断反复地叮咬骚扰，使畜禽感到不安、烦躁。被叮咬处出现小红点，引起局部皮肤红肿痛痒，发生丘疹或过敏性皮炎；并引起皮下蜂窝组织水肿、发炎，甚至擦破的皮肤发生感染而形成皮肤溃疡，影响畜、禽的采食和休息，使畜群、鸡群无法安宁，消瘦，产奶量减少，或产蛋力降低，耕作能力下降和机体抗病能力降低。此外，有些库蠓可作为马、牛盘尾线虫的中间宿主；某些库蠓亦能传播家禽血孢子虫病，如鸡卡氏住白虫病的传播媒介已被证实有荒川库蠓、虚库蠓、环斑库蠓（*C. circumscriptus*）、恶敌库蠓（*C. odibilis*）等。

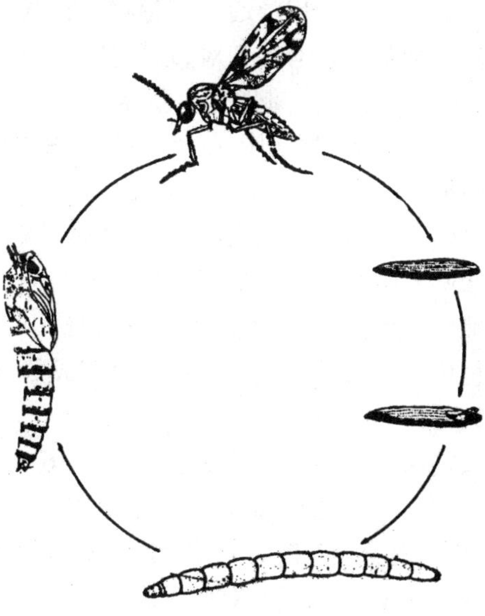

图 3-4-10　库蠓各发育阶段及形态特征

4. **防治**

（1）改良环境以消灭孳生地　在吸血蠓大量出现季节，要经常保持畜、禽舍，居民点及其周围环境卫生，畜、禽粪便要及时收集，进行生物热消毒。排除积水，填平洼地和无用的池塘，疏通沟渠，加速流水。也可养殖鱼、蛙和放养水禽等动物捕食幼虫和蛹。

此外，采用化学药剂杀灭孳生地的蠓幼虫和蛹。常用药剂有双硫磷，按每千克水 1mg 浓度喷洒于流动极缓慢的水系中，两周内能控制蠓幼虫和蛹的孳生。

（2）杀灭成蠓　吸血蠓大量发生季节，采用马拉硫磷、倍硫磷、双硫磷、氰戊菊酯、甲萘威、残杀威、敌百虫、敌敌畏等低毒高效的杀虫剂，每隔 2～3 周在畜、禽舍内外、畜体表以及孳生地进行喷洒，对杀灭库蠓均有良好效果。

（五）蚋

蚋俗称黑蝇、"挖背"。它是一类小型黑色、粗短、背驼、翅宽的吸血昆虫。在分类上属于双翅目、长角亚目、蚋科（*Simuliidae*）。蚋的种类繁多，目前世界已知有 1200 余种，我国已发现 164 种（截止 1996 年），分属于 14 个属。其中，常见而重要的有 4 个属，即蚋属（*Simulium*）、原蚋属（*Prosimulium*）、维蚋属（*Wilhelmia*）和真蚋属（*Eusimulium*），蚋属是蚋科中最大的属。蚋广泛分布于我国各地山区，尤其在未经开垦的或人烟稀少的山溪、林区、田野、草原、河岸等处有流水的地方最为常见。雌蚋吸血，如大量侵袭时，常引起畜禽消瘦，食欲降低，呼吸困难，体温升高等。某些吸血蚋亦能传播畜禽多种疾病，在兽医学上具有重要的意义。以黄毛真蚋（*Eusimulium aureohirtum*）和后宽蝇蚋（*Simulium metatasale*）最常见，主要分布于华中、华南、西南等地。

1. **形态特征**　蚋属的成蚋体小，粗短，黑色或褐色，体长为 2～5mm。喙短。头部半球形，复眼大；具触角 1 对，11 节，呈短圆柱状，通常不到头的长度。口器刺吸式。中胸特别发达，前、后胸小，盾片凸出隆起呈驼背状。翅宽阔，翅膜透明，翅端钝圆，有发达的纵脉，尤以前缘域的脉粗壮而显著。有足3对，跗节分为5节，末端有爪1对。腹部呈卵圆形，由11节组成，第9～11腹节特化为雌、雄性外生殖器。

2. **生活史与习性**（图3－4－11） 蚋的生活史属于完全变态。卵、幼虫和蛹在流水中发育，成蚋从山区、林区草原的河流、沟渠、泉水等清洁流水中，以及大的江河中羽化，在空中生活。雄蚋交配后常在几天内死亡，雌蚋的寿命为1～2月。雄蚋不吸血。交配后，雌蚋开始叮咬刺吸哺乳类（人、牛、马、羊、犬、鹿和啮齿类）、鸟类（鸭、鸡、潜水鸟和火鸡）等温血动物的血液。雌蚋吸饱血后，飞离宿主，在植物丛中隐避，待吸入的血液在脂肪体细胞内变为营养物质，以供体内卵的发育。虫卵经数天发育成熟，雌蚋即开始飞翔选择清洁流水产卵。从卵发育到成蚋约需2～4个月。

成蚋出现于每年春末、夏、秋三季，6～9月数量最多，我国南方冬季仍有成蚋出现。成蚋系野栖，一般在白天吸血，很少进入黑暗的畜舍内。在日出和日落前后出现两次刺吸高峰，成蚋对体色暗的动物较色泽鲜艳的动物刺吸更为剧烈。雌蚋在10m以上的距离能识别宿主的位置。雌蚋落到宿主体上，不立即吸血，而是爬行利用触角探测薄柔的皮肤进行吸血。当气温在12～27℃时，活动最活跃，5～10℃时仍能侵袭动物，30～35℃时活动显著下降。蚋每年繁殖的代数随种类和水温而异，一年可发生1～6代。有的蚋以卵越冬，也有的以末龄幼虫或其他龄期幼虫或蛹越冬。

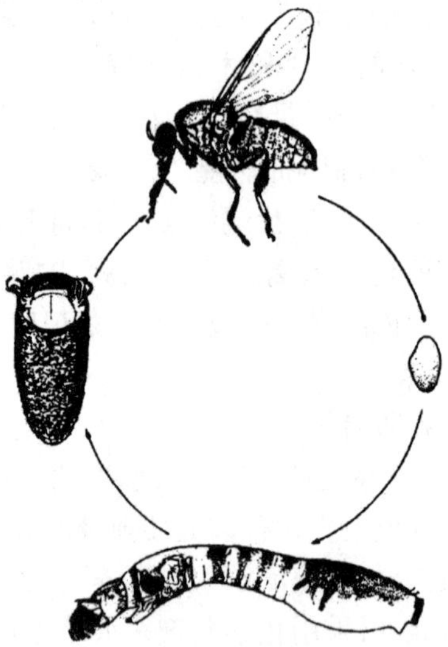
图3－4－11 蚋各发育阶段及形态特征

3. **危害性** 蚋是一类小型骚扰性的吸血昆虫，在山区、林区、田野、河谷和草原等地带，成蚋非常猖獗，畜禽常被群蚋包围侵袭。当雌蚋大量叮刺畜禽时，能分泌含有毒素的唾液，初时不感疼痛，经3～5min后开始感觉痛痒，被叮刺处出现小出血点，局部皮肤出现红斑、肿胀、剧痒，产生丘疹或疮疖样病变和化脓性或坏死性皮炎；有强烈的过敏反应。继发感染产生淋巴腺或淋巴管炎。畜禽表现不安、烦躁、奔跑、食欲降低、消瘦、贫血、爱躺卧、呼吸困难、心跳缓慢、脉搏微弱、口鼻腔流出泡沫、叫声嘶哑，产生变态反应，可引起牛、马、猪和野生动物的死亡。

鸡的沙氏住白虫以后宽蝇蚋作为传播媒介，该病流行于我国福建、广东等省，能引起幼禽大批死亡，蛋鸡产蛋率下降。火鸡的斯氏住白虫在欧洲和美洲盛为流行，是由蚋（*Simulium occidentale*、*S. nigroparvum*、*S. slossomoe*、*S. hirtioes*）传播，幼火鸡死亡率达90%以上。鸭的西氏住白虫是由蚋（*S. croxtoni*、*S. euryadiminiculum*、*S. venustum*、*S. rugglesi*）传播，本病流行于6月末或7月初，幼鸭的死亡率高。

4. **防治** 可参考蠓的防治。

三、蚤

蚤属蚤目（Siphonaptera）俗称跳蚤，是恒温动物的一类小型外寄生性吸血昆虫。虫体左右扁平,具刺吸式口器,无翅,善跳。体长为 1～3mm,深褐色或黄褐色,体表有较厚而坚韧的几丁质外骨骼。它们除了叮刺吸血而骚扰危害人、畜外,更重要的是可成为多种传染病和寄生虫病的传播媒介或中间宿主。蚤的种类近千种,分属于 17 个科,在我国已发现有 480 种以上。

(一)蠕形蚤

蠕形蚤属蠕形蚤科(Vermipsyllidae),与兽医相关的有两属五种,主要为蠕形蚤属(*Vermipsylla*)的花蠕形蚤(*V. alacurt*)和羚蚤属(*Dorcadia*)的尤氏羚蚤(*D. ioffi*)。此外,还有具膝蠕形蚤(*Vermipsylla geniculata*)、具膝具膝蠕形蚤(*V. geniculata geniculata*)及巨型具膝蠕形蚤(*V. geniculata gigantica*)。我国甘肃、青海、宁夏、西藏和新疆等高寒地区普遍存在,主要寄生于马、驴、牦牛、牛、绵羊及某些野生动物的体表。

1. **形态特征**　蠕形蚤体型较大,深棕色,除具有左右扁平、无翅、3 对发达的足等一般蚤类的外观外,还具有雌蚤体内虫卵成熟时,腹部会迅速增大的特点,有时腹部比黄豆还大,呈卵圆形、深灰色,由于其外形很像有条纹的蠕虫,所以叫做"蠕形蚤"。此外,蠕形蚤还具有下唇须的节数特别多,其长度超过前足胫节末端及雌雄蚤均有发达的节间膜的特征。常见种有:

(1)花蠕形蚤　全身鬃毛均为黑色,下唇须 10～15 节(雄 15 节,雌 14 节),后足胫节后缘有 6 组粗壮鬃。雄蚤体长为 3.9mm;雌蚤体长为 5.2mm,含卵雌虫的腹部特别膨大,呈深灰色。

(2)尤氏羚蚤　呈黄灰色乃至红灰色,每腹节背面有黑色横带;下唇须节数变化较大,一般为 16～20 节,后足胫节后缘有 4 组粗壮鬃;含有成熟卵的雌蚤体长达 16mm。

2. **生活史与习性**(图 3－4－12)　蠕形蚤属于完全变态昆虫,经过卵、幼虫、蛹、成虫四个阶段。成虫前的各发育阶段是于夏季在地表面进行的,高山牧场上特有的温度、湿度条件对它们的发育有利。成虫于晚秋开始侵袭动物,冬季落地产卵,初春死亡。据在青海的观察,成虫从 10 月份起,先后发现于灌木林、石头窝、石缝及牛粪堆中,而在平滩则少见。以后即寄生于家畜与野兽(黄羊、野驴、野鹿)体上,以 12 月份寄生最多,至次年青草长出时消失。

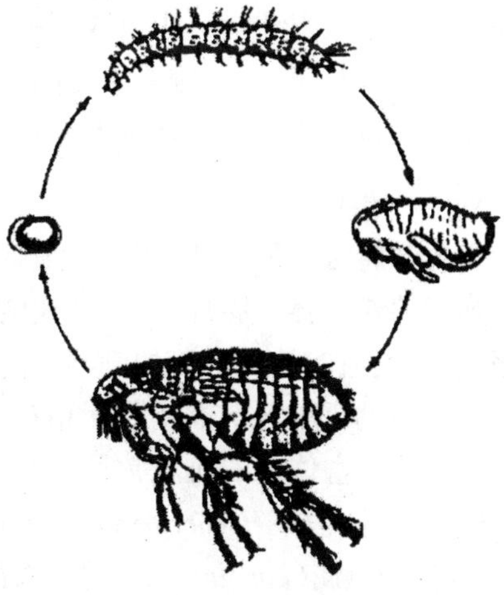

图 3－4－12　蚤各发育阶段

3. **危害性**　雌、雄蠕形蚤均不能跳跃,是典型的毛寄生蚤类,雄蚤在毛间行动较快,雌蚤行动较慢。在牦牛多寄生在颈部两侧和颈下面,其次是肩部、颊部、下颌部;在马主要寄生于头部、颈部及鬃毛下面,还有臀部、腿内侧以及飞节上部;在羊多寄生于尾部、尾根,其次是臀部、颈部、股内侧、肩部和胸部等处。蠕形蚤吸取大量血液引起家畜皮肤发炎和奇痒,并在寄生部位排出带血色的粪便和灰色虫卵,使被毛染成污红色或形成血痂,尤其白色被毛家畜更明显。严重感染时可引起家畜迅速贫血、水肿、消瘦、虚弱,甚至死亡。

4. **防治**　畜体发现虫体时,可用菊酯类(溴氰菊酯、氰戊菊酯等)、有机磷类(敌百虫、蝇毒磷、倍硫磷等)或甲萘威等杀虫药喷洒杀虫。在流行地区,蚤的幼虫孳生场所,要清扫地面并喷洒杀虫药。此外,应用伊维菌素或阿维菌素等皮下注射,也有很好的效果。应用药物灭蚤要全面、彻底，畜体灭蚤和环境灭蚤相结合，才能达到彻底灭蚤的目的。

（二）栉首蚤

栉首蚤属于蚤目、蚤科（Pulicidae）、栉首蚤属（*Ctenocephalides*），常见的有犬栉首蚤（*C. canis*）和猫栉首蚤（*C. felis*）。其基本形态如前所述，但雌蚤吸血后腹部不膨大。跳跃能力极强。这二种栉首蚤无严格的宿主特异性，在犬、猫间相互寄生，也可寄生于人体。生活史分卵、幼虫、蛹、成虫四个阶段，属完全变态。卵、幼虫、蛹三个阶段均在动物活动场所的地面或犬、猫的窝内完成。

蚤不仅咬啮宿主吸血，尚为犬复孔绦虫的中间宿主，并能传播一些疾病。蚤作为宠物（犬、猫）的寄生虫，可跳到人体引起瘙痒。

防治上除可给犬、猫等皮下注射伊维菌素、阿维菌素或在畜体喷洒杀昆虫药物外，还可给犬、猫佩带含有机磷或甲萘威的"杀蚤药物项圈"。在杀灭犬、猫等畜体蚤类的同时，要经常清扫、更换其睡卧处的铺垫物，地面喷洒杀虫药，如菊酯类（溴氰菊酯、氰戊菊酯等）、敌百虫、马拉硫磷等，搞好地面杀虫工作。

四、虱

虱属于昆虫纲、虱目（Phthiraptera）和食毛目，是哺乳动物和鸟类体表的永久性寄生虫，常具有严格的宿主特异性，虱体扁平，无翅，呈白色或灰黑色。虱体分头、胸、腹三部，各部间分界明显。头部复眼退化为一眼点或无眼，触角 3～5 节，具有刺吸式或咀嚼式口器；胸部有粗短的足 3 对。雄虱小于雌虱，雄虱末端圆形，雌虱末端分叉。发育属不完全变态。根据其口器构造和采食方式可分为虱亚目和食毛亚目。

（一）血虱

1. 形态特征（图 3－4－13） 虱亚目（Anoplura）的虱以吸食哺乳动物的血液为主，故俗称为血虱或兽虱。体背腹扁平，头部较胸部为窄，呈圆锥状。触角短，通常由 5 节组成。口器为刺吸式，不吸血时缩入咽下的刺器囊内。胸部 3 节，有不同程度的愈合；足 3 对，粗短有力，足末端以跗节的爪与胫节的指状突相对，形成握毛的有力工具，腹部由 9 节组成。

寄生于家畜体表的血虱常见的有：血虱科（Haematopinidae）、血虱属（*Haematopinus*）的猪血虱（*H. suis*）、牛血虱（*H. eurysternus*）、驴血虱（*H. asini*）、水牛血虱（*H. tuberculatus*）；颚虱科（Linognathidea）、颚虱属（*Linognathus*）的牛颚虱（*L. vituli*）、绵羊颚虱（*L. ovillus*）、绵羊足颚虱（*L. pedalis*）、山羊颚虱（*L. stenopsis*）、犬颚虱（*L. setosus*）和管虱属（*Solenoptes*）的牛管虱（*S. capillatus*）等。

2. 生活史与流行病学 各种血虱都有一定的宿主特异性，常以宿主的名称为其种名。它在宿主体上的寄生部位也相对固定，如猪血虱多寄生于耳基部周围、颈部、腹下、四肢的内侧；绵羊足颚虱则寄生于足的近蹄处；牛管虱多寄生于尾部。

血虱为不全变态，发育过程包括卵、若虫和成虫三个阶段。血虱终生不离开宿主，若虫和成虫都以吸食血液为生。雌虱交配后，经 2～3 天开始产卵，一昼夜产卵 1～4 枚。卵呈长椭圆形，黄白色，大小为 0.8～1.0mm×0.3mm；有卵盖，有胶质粘着在毛上，卵经 9～20d 孵出若虫。若虫分 3 龄（第 1 龄期可称为幼虫），每隔 4～6d 蜕化一次，经 3 次蜕化后变为成虫。自卵发育到成虫约需 30～40d，每年能繁殖 6～15 个世代。雌虱一生能产 50～80 枚卵，产完卵后死亡，

雄虱于交配后死亡。(图 3-4-13)

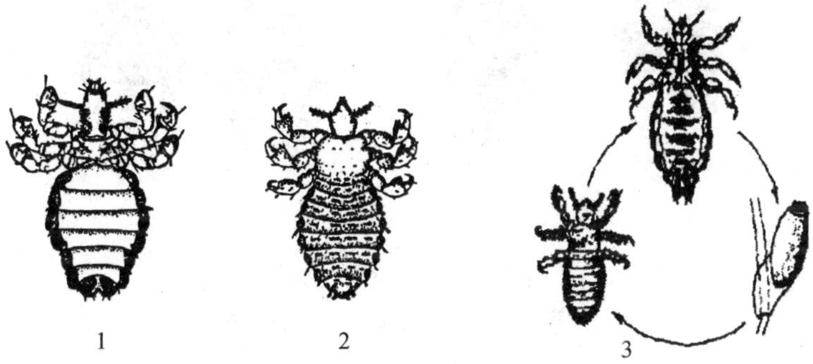

图 3-4-13　吸血虱

1. 猪血虱　2. 牛血虱　3. 虱各发育阶段

吸血虱主要是通过直接接触感染,也可以通过混用的管理用具和褥草等传播。饲养管理和卫生条件不良的畜群,虱病往往比较严重。秋冬季节,家畜被毛厚密,皮肤湿度增加,有利于虱的生存和繁殖,因而常常促使虱病流行。

3. 危害性　血虱在吸血时,分泌有毒素的唾液,刺激神经末梢,引起皮肤发痒,病畜不安,啃痒或到处擦痒,造成皮肤损伤,有时还可继发感染。犊牛因常舐吮患部可能造成食毛癖,在胃内形成毛球。羊因虱寄生后,羊毛受损污染,脱落很多,影响羊毛产量和质量。由于虱的骚扰,影响家畜采食和休息,患畜消瘦,幼畜发育不良,降低对其他疾病的抵抗力。

4. 诊断　在畜体表面发现虱或虱卵即可确诊。

5. 防治　治疗血虱病可用杀虫药喷洒畜体。常用药物有菊酯类(溴氰菊酯、氰戊菊酯等)、有机磷杀虫药(敌百虫、蝇毒磷、倍硫磷等)。此外,伊维菌素、阿维菌素、20%碘硝酚等皮下注射,也有很好的效果。应用药物灭虱要全面、彻底,畜体灭虱和外界环境灭虱相结合,只有这样,才能达到灭虱的目的。

为了预防血虱病,畜体应经常刷梳;畜舍要经常打扫,消毒,保持通风、干燥;垫草要勤换、常晒;护理用具要定期消毒。对畜群应经常检查,发现有血虱,应及时隔离治疗;对新引入的家畜也必须检查,有血虱者应先灭虱,然后合群。

(二)食毛(羽)虱

1. 形态特征(图 3-4-14)　食毛亚目(Mallophaga)的虱多数寄生于禽类羽毛上,故称羽虱;少数寄生于哺乳动物的毛上,故称毛虱。食毛虱营终生寄生生活,以啮食羽毛及皮屑为生。食毛虱体长为 0.5~1.0mm,体型有扁而宽短的,也有细长形的。头端钝圆,其宽度大于胸部。咀嚼式口器,触角分 3~5 节。胸部分 3 节,中、后胸常有不同程度的愈合。足 3 对,粗短,爪不甚发达,腹部由 11 节组成,但最后数节常变成生殖器。

每一种毛虱或羽虱均有一定的宿主,具有宿主特异性;而一种动物又可寄生多种,每种又有其特定的寄生部位。

在畜体上常见的有毛虱科(Trichodectidae)的牛毛虱(*Damalinia bovis*)、马毛虱(*D. equi*)、绵羊毛虱(*D. ovis*)、山羊毛虱(*D. caprae*)和犬毛虱(*Trichodectes canis*)。

在鸡体上常见的有长角羽虱科(Philopteridae)(触角由 5 节组成)的广幅长羽虱(*Lipeurus*

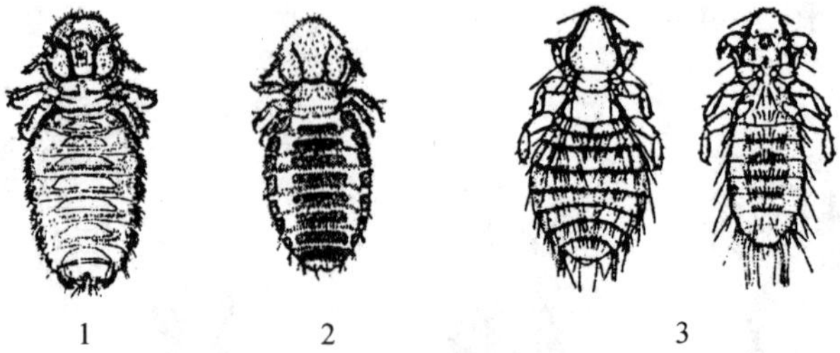

图3－4－14 食毛(羽)虱

1.绵羊毛虱 2.牛毛虱 3.广幅长羽虱

heterographus)、鸡翅长羽虱(*L. variabilis*)、鸡圆羽虱(*Goniocotes gallinae*)、异形角羽虱(*Goniodes dissimilis*)以及短角羽虱科(*Menoponidae*)的鸡羽虱(*Menopon gallinae*)。在鸭、鹅等亦有多种羽虱寄生。

2. **生活史与危害性** 毛虱和羽虱的发育和传播方式和血虱基本相似。它们在寄生时虽不刺吸血液，但亦引起畜禽痒感，精神不安，特别是禽类，常啄食寄生处，引起羽毛脱落，食欲减退，生产力下降。犬毛虱又是犬复殖孔绦虫的中间宿主。

3. **防治** 毛虱和羽虱的防治方法可参阅血虱病。消灭鸡体羽虱可采用下列方法：在肉用鸡生产中，更新整个鸡群时，应对整个禽舍和饲养用具用蝇毒磷(0.06%)、甲萘威(5%)及其他除虫菊酯类药物进行灭虱。对饲养期较长的鸡可在饲料中加入伊维菌素或阿维菌素或在饲养场内建一方形浅池或设置沙浴箱，在每50kg细沙内加入2～2.5kg的马拉硫磷粉或5kg硫磺粉，充分混匀，铺成10～20cm厚度，让鸡自行沙浴。

第四章　动物原虫病学

第一节　概　论

一、原虫的形态与生物学

原虫（或称原生动物 protozoa）是最原始、最简单、最低等的单细胞动物，整个虫体由一个细胞构成。原虫的种类很多，大部分营独立的自由生活，只有少数种类营寄生生活。寄生性原虫都比较小，有的只有 1 ~2μm，而有的可达 100μm 以上，因此其大小差异也很大。有的原虫形态比较固定，呈卵圆形、梨形、纺锤形等，如鞭毛虫；有的表现为多种形状，如梨形虫；有的无固定形状，体形经常改变，如阿米巴；有的在发育的不同阶段具有不同的形状，如孢子虫。

原虫的基本结构包括表膜（pillicla）、细胞质（cytoplasm）和细胞核（nucleus）三部分。在长期的进化过程中，原虫获得了高度发达的细胞器，因而具有运动、摄食、代谢、排泄及繁殖等各种生理功能，而且这些生理功能就由构成原虫身体的一个细胞完成。有的原虫因生理机能的分化而形成运动细胞器，运动细胞器的形态和结构各异，因而成为原虫分类的主要形态特征。原虫的运动细胞器有四种，分别是鞭毛（flagellum）、纤毛（cilium）、伪足（pseudopodium）和波动膜（或称波动嵴 undulating ridge）。

原虫摄取营养的方式有三种：吞噬、胞饮和渗透作用。除少数原虫（如伊氏锥虫）有广泛的宿主外，大多数原虫具有严格的宿主特异性（如鸡球虫只寄生于鸡；双芽巴贝斯虫只寄生于牛）。同时，有些原虫种类还具有寄生部位的特异性（如球虫只寄生于动物的上皮细胞内）。

二、原虫的生殖方式

原虫的生殖方式有无性和有性生殖两种。有的原虫只行无性生殖，而有的原虫则为无性生殖与有性生殖交替。

（一）无性生殖

1. **二分裂（binary fission）**　即一个虫体分裂为两个。分裂的次序是先从毛基体开始，而后动基体、核，再到细胞质，最后整个细胞一分为二。鞭毛虫常以纵二分裂法生殖，纤毛虫以横二分裂法生殖。

2. **裂殖生殖（schizogony）**　又称复分裂（multiple fission）。核先进行多次分裂，分成若干小核，分布于整个母细胞中，而后每个核与周围的细胞质构成新的个体。裂殖生殖中的虫体（母细胞）称为裂殖体（schizont），分裂后的子代虫体称为裂殖子（schizozoite 或 merozoite）。一个裂殖体内可包含数十个裂殖子。球虫常具此种生殖方式。

3. **成对出芽生殖（budding）**　即先从母体细胞边缘分裂出 2 个较小的芽体，然后芽体再逐渐长大，最后裂开形成 2 个新的虫体。巴贝斯虫常具此种生殖方式。

4. **内出芽生殖**(internal budding) 内出芽生殖又称内生殖(endodyogeny)。一个母细胞中形成2个芽体,而后母体崩解,2个芽体分开,形成2个新的个体,如弓形虫等。如在母细胞中长出2个以上芽体时,称为多元内出芽生殖(endopolyogeny)

5. **孢子生殖**(sporogony) 孢子生殖是有性生殖后形成的合子再分裂形成许多子孢子(sporozoite)的过程。

(二)有性生殖

在寄生原虫中,有性生殖只有结合生殖和配子生殖两种类型。

1. **结合生殖**(conjugation) 两个虫体并排结合后,进行核质的交换与重新组合,其后再重新分开成2个含新核的个体。这种生殖方式多见于纤毛虫。

2. **配子生殖**(gametogony 或 syngamy) 某些原虫(如球虫、弓形虫等)在裂殖生殖完成后,出现性的分化,一部分裂殖子长大发育成大配子体(macrogamont,雌性)和小配子体(microgamont,雄性),大、小配子体成熟后,一个大配子体发育为一个大配子(macrogamete),而一个小配子体则可以产生许多个小配子(microgamete)。小配子进入大配子体内结合形成合子(zygote)。有些合子具有运动性,称为动合子(ookinete);有些合子可形成较厚的、具有抵抗力的外膜(如球虫的卵囊),这种被有较厚外膜的合子就称为卵囊(oocyst)。

三、原虫的分类

动物寄生性原虫的分类,大多采用 Levine(1985)编著的《兽医原生动物学》(Veterinary Protozoology)一书中的分类方法。本书中所涉及的主要原虫种类,其分类地位如下:

原生动物界 Protozoa
- 肉足鞭毛门 Sarcomastigophora Honigberg et Balamuth,1963
  - 鞭毛虫亚门 Mastigophora Diesing,1909
    - 动鞭毛虫纲 Zoomastigophorea Calkins,1909
      - 动基体目 Kinetoplastida Honigberg,1963 Emend. Vikerman,1976
        - 锥体亚目 Trypanosomatorina Doflein,1901
          - 锥体科 Trypanosomatidae Doflein,1901
            - 锥体属 *Trypanosoma* Gruby,1843
      - 毛滴目 Trichomononadida Kirby,1947
        - 单尾滴虫科 Monocercomonadidae
          - 组织滴虫属 *Histomonas*
        - 毛滴虫科 Trichomonadidae
          - 毛滴虫属 *Trichomonas*
          - 三毛滴虫属 *Tritrichomonas*

顶复门 Apicomplexa Levine,1970
- 孢子虫纲 Sporozoasida Leukart,1879
  - 球虫亚纲 Coccidiasina Leuckart,1879
    - 真球虫目 Eucoccidiorida Léger et Duboscq,1910
      - 艾美耳球虫亚目 Eimeriorina Léger,1911

隐孢子虫科 Cryptosporidiidae Léger,1911
隐孢子虫属 *Cryptosporidium* Tyzzer,1907
艾美耳科 Eimeriidae Minchin,1903
泰泽属 *Tyzzeria* Allen,1936
艾美耳属 *Eimeria* Schneider,1875
等孢属 *Isospora* Schneider,1881
温扬属 *Wenyonella* Hoare,1933
住肉孢子虫科 Sarcocystidae Poche,1913
住肉孢子虫亚科 Sarcocystinae Poche,1913
住肉孢子虫属 *Sarcocystis* Lankester,1882
弓形虫亚科 Toxoplasmatinae Biocca,1956
弓形虫属 *Toxoplasma* Nicolle et Manceaux,1908
贝诺孢子虫属 *Besnoitia* Henry,1913
血孢子亚目 Haemosprorina Danilewsky,1885
疟原虫科 Plasmodiidae Mesnil,1908
疟原虫属 *Plasmodium* Marchiafava *et* Cellli,1885
血变虫科 Haemoproteidae Kruse,1890
血变属 *Haemoproteus* Kruse,1890
住白细胞虫科 Leucocytozoidae Sambon,1908
住白细胞虫属 *Leucocytozoon* Sambon,1908
梨形虫亚纲 Piroplasmasina Levine,1961
梨形虫目 Piroplasmida Wenyon,1926
梨形虫亚目 Piroplasmorina Wenyon,1926
巴贝斯科 Babesiidae Poche,1913
巴贝斯属 *Babesia* Starcovici,1893
泰勒科 Theileriidae Levine,1971
泰勒属 *Theileria*
纤毛虫门 Ciliphora Doffein,1901
动片纲 Kinetofragminophorea De Puytorac et al. ,1974
前庭亚纲 Vestibuliferia de Puytorac et al. ,1974
毛口目 Trichostomatida Bütschli,1889
毛口亚目 Trichostomatorina
小袋虫科 Balantidiidae Reichenow,1929
小袋虫属 *Balantidium* Claparede & Lachmann,1858

第二节　动物鞭毛虫病

鞭毛虫病是由肉足鞭毛门、动鞭毛虫纲的一些原虫寄生于家畜、家禽及经济动物体内引起的一类原虫病。常见于家畜、家禽的致病性虫种为：锥体科、锥体属；毛滴虫科、毛滴虫属和单尾滴虫科、组织滴虫属的种类。锥体科、毛滴虫科和单尾滴虫科原虫的主要特征如下：

1. **锥体科** 有1根鞭毛，以波动膜与虫体相连或游离，动基体较小而致密，以纵二分裂法繁殖。

2. **毛滴虫科** 有4～6根鞭毛，其中一根向体后折回与波动膜相连，高尔基复合体形成一副基体；无线粒体，行核外有丝分裂，通常没有包囊，以纵二分裂法繁殖。

3. **单尾滴虫科** 有1根鞭毛，由靠近核的副基体生出，无波动膜，不形成包囊，以二分裂法繁殖。

一、伊氏锥虫病

伊氏锥虫病是由锥体科、锥体属的伊氏锥虫（*Trypanosoma evansi*）寄生于牛、马、骡、驴、羊等动物的血液而引起的原虫病。本病又称为苏拉病（surra），主要是吸血昆虫进行机械性传播。伊氏锥虫对马属动物的致病力很强，马、骡患病后，一般呈急性经过；而牛、骆驼等主要呈慢性经过，多数为带虫者。

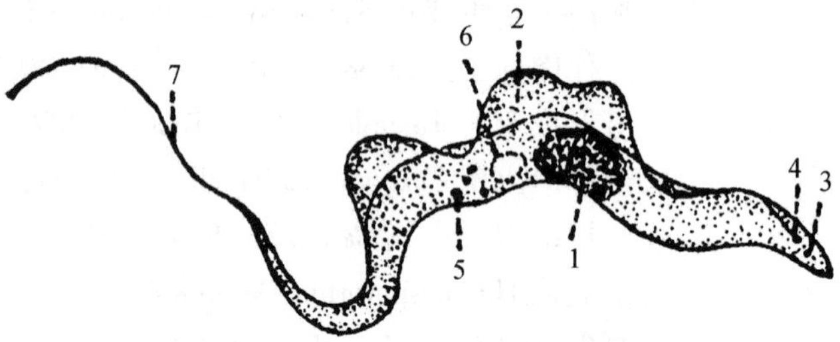

图4-2-1 伊氏锥虫形态模式图
1. 核 2. 波动膜 3. 副基体 4. 生毛体
5. 颗粒 6. 空泡 7. 游离鞭毛

1. **病原形态**（图4-2-1）（**彩版3**） 虫体呈弯曲的柳叶状，大小为18～34μm×2μm。体前端尖，后端钝圆，虫体中央有一个椭圆形核，体后端有呈点状的动基体，动基体呈圆形或杆形，但有的虫体无动基体，靠近动基体的前方有另一个小点，称为生毛体。鞭毛1根，由生毛体发出，沿虫体表面呈螺旋式地向前延伸，并借助于膜与虫体相连，鞭毛远端游离，游离部分鞭毛长约6μm；当虫体运动时鞭毛旋转，膜也随之波动，故称为波动膜。虫体的胞浆中有时可见空泡或染色质颗粒。用姬氏液染色的虫体，偶尔可见粗短且边缘收缩的变异虫体。

2. **生活史**（图4-2-2） 伊氏锥虫寄生于动物的造血器官和血液及淋巴液，以纵二分裂方式繁殖。其繁殖速度与虫体自身的生理、生化特性、宿主种类、地理环境等因素有关。在小白鼠体内，虫体一般每4～8h繁殖一代；不同抗药性程度的克隆伊氏锥虫在小白鼠血液中的繁殖速度不一致，抗药性低的锥虫繁殖速度快，而抗药性高的锥虫繁殖速度慢。传播途径是通过吸血昆虫吸血时传播，吸血昆虫主要有虻、螯蝇、虱蝇等，伊氏锥虫不在昆虫体内繁殖，但也有见到吸血蝇体内有伊氏锥虫的前鞭毛期虫体，即伊氏锥虫遇到适合的媒介，还存在生物学传播的可能性。伊氏锥虫在螯蝇体内能存活22h，在虻体内可存活33～44h。

3. **流行病学**

（1）分布 伊氏锥虫病主要分布于亚洲和非洲，常呈地方性流行，在我国内蒙古、河北、北京、天津、宁夏、新疆、重庆、湖北、河南、山东、江苏、安徽、上海、浙江、江西、湖南、台湾、广东、广西、海南、贵州、云南等省区均有报道。

（2）动物易感性 不同种类的动物对伊氏锥虫的易感性差异很大，马、骡、犬最易感染，驴和骆驼次之，水牛、黄牛、牦牛的易感性较低，且水牛的易感性高于黄牛。猪、羊及鹿、猴、大象、

图 4-2-2　伊氏锥虫传播途径

狼、黄鼠狼、刺猬等经济动物均可感染。实验动物中以小白鼠最易感染，猫次之，而家兔、豚鼠易感性较低。此外，金黄地鼠、长爪沙鼠亦能感染。同种动物不同年龄其易感性亦存在差异，如老年牛的易感性高于幼龄牛。

(3)传染源　伊氏锥虫病的传染源是各种带虫动物，包括隐性感染和临床治愈的动物。据资料报道黄牛和水牛带虫时间可达 5 年。此外，许多种野生动物均可作为本虫的保虫宿主。

(4)传播途径　伊氏锥虫病主要由虻和吸血蝇类机械性传播，在我国已发现 80 种虻和 6 种蝇类可充当传播媒介。此外，蠓、蚊也是传播媒介。伊氏锥虫病还可通过胎盘传染；肉食类动物也可通过捕食患伊氏锥虫病的动物而感染；注射或采血时，病畜和健康动物共用未经消毒的针头亦可引起感染。

(5)流行季节　伊氏锥虫病的流行季节与昆虫出现的季节一致。长江流域 4～11 月份有吸血昆虫活动，故 5～10 月份为伊氏锥虫发病季节，其中以 7～9 月份流行最严重；而华南地区，吸血昆虫活动时间较长，本病流行的时间也随之延长。此外，2～4 月份家畜的营养条件较差，家畜对伊氏锥虫病的抵抗力也较低。据浙江省的调查资料显示，12 月份至翌年 3 月份伊氏锥虫病的发病率高于 10～11 月份和 4～5 月份。

4. 致病作用　主要由伊氏锥虫的毒素引起。虫体在动物中迅速繁殖时，产生大量的有毒代谢产物和虫体死亡后释放出的毒素以及由于伊氏锥虫不断更新的表面抗原与宿主抗体结合形成的免疫复合物。这些毒素作用于动物的中枢神经系统，引起机能障碍；毒素侵害造血器官——网状内皮系统和骨髓，使红细胞溶解，导致红细胞的数量下降，出现贫血；不断游离出来的血红蛋白大部分沉滞在肝脏中转变为胆红素，进入血液引起黏膜和皮下组织的黄疸；毒素侵害心肌，引起心机能障碍；毛细血管壁受到侵害，通透性增加，引起水肿；毒素侵害肝脏，破坏了正常的肝糖原贮存，故病后期常发生低血糖和中毒，血液中的乳酸增加，使血液的酸碱平衡遭到破坏；由于红细胞数量减少，氧供应不足，破坏了动物的氧化还原平衡，致使各种有害代谢产物不能完全被中和排泄，引起酸中毒；氧化不全的产物蓄积，使中枢神经系统遭到抑制，引起病畜精神沉郁,甚至昏迷等症状。

5. 临床症状

(1)马属动物　马、骡、驴感染伊氏锥虫病后,经5~11d的潜伏期,体温升高至40℃以上,呈稽留热。在发热期间,呼吸急促,脉搏增加,尿量减少,尿色深黄而黏稠。几次发热后,出现精神沉郁,食欲减退,逐渐消瘦,被毛粗乱,粪便干燥。在体温升高期间,末梢血液中可检出虫体;体温下降时,虫体随之减少,甚至消失。病畜表现出水肿,最初表现在腹部及公畜的包皮处,以后发展至胸部、唇部、眼睑、下颌及四肢。病畜有时还表现出荨麻疹,体表淋巴结轻度肿大。病初期,病畜表现为羞明、流泪,结膜先充血后苍白、变黄。结膜和眼睑上常出现粟粒大至绿豆大小的鲜红色或暗红色出血斑。有时伴有角膜炎、虹膜炎。病程延长后,病畜高度沉郁,瘦弱,心动过速,出现杂音,对周围事物反应迟钝,或无目的地向前猛冲,或转圈,有时颈部弯向一侧,最终后躯麻痹,倒地不起,呼吸困难而发生死亡。

血液变化主要是红细胞急剧减少,可减到2.0×10^{12}/L左右。血红蛋白减少30%左右;血沉速度加快。白细胞总数先增加后下降至正常值以下,单核细胞比例增高,嗜酸性细胞减少,胆红素增加。

(2)牛　常呈慢性经过,急性少见。黄牛对本病的抵抗力比水牛强;潜伏期,黄牛6~12d,水牛6d。病牛体温升高到40~41.6℃,持续1~2d后下降,以后又上升。体温升高时,鼻镜干燥,有时有结膜炎,眼睑浮肿,有时在结膜和瞬膜上有出血点或出血斑。病牛逐渐消瘦,被毛粗乱干焦,腹下、四肢、胸前、生殖器等发生水肿,有时病牛体表和肌肉有坏死斑。耳、尾常干枯、坏死,部分脱落,甚至出现角及蹄匣脱落。

急性病例体温升高、跛行、运步强拘,有时眼球突出,口吐白沫,拉稀,卧地不起,呼吸急促,心律不齐而死亡。一般冬春季为慢性病例,夏秋季偶尔可见急性病例。

(3)骆驼　急性病例少见,慢性病例居多。病程有的达5年以上,一般不表现出临床症状,常因使役过度或其他原因引起抵抗力下降后才表现出临床症状。其症状与慢性病牛的症状相似。此外,病骆驼还表现出双目无神,常窥视天空,凝望太阳。体表淋巴结肿大,四肢水肿,有时蹄趾面出现小块疼痛的血肿,破溃后成溃疡,卧地不起而发生死亡。

6. 病理变化　尸体消瘦,皮下水肿呈胶冻样浸润,以胸前和腹下等处最为明显;体表淋巴结充血、肿大、切面呈髓样浸润。血液稀薄,凝固不全,胸腔、腹腔内有大量浆液性和纤维素性液体。骨骼肌混浊肿大似煮肉样。脾脏充血,急性病例的脾肿大1.5~3倍,髓质呈软泥样;慢性病例的脾较硬,色淡,包膜下有出血点。一般肝脏肿大至1.5~2.5倍,硬度增强,明显淤血,断面呈肉豆蔻样。肾呈浑浊肿胀,充血,有出血点。体表及内脏淋巴结充血肿胀,肝、脾的淋巴结更为显著。牛和骆驼的第三、第四胃黏膜上有出血斑,小肠有出血性炎症。心脏肥大,心肌炎的病变明显,切面呈煮肉样,心内、外膜有明显的粟粒大至黄豆大的密集性的出血点。有神经症状的病畜,胸腔中积留多量液体,软脑膜下血管充血或有出血斑,侧脑室扩大,壁上有出血点或出血斑,室内液体增多,脉络丛增大。

7. 诊断　动物伊氏锥虫病以其临床症状和血清学检查呈阳性为可疑,病原学检查方可确诊。临床检查时,在发病季节家畜出现食欲减退,精神萎靡,体温升高,四肢下部水肿,眼结膜潮红,皮肤干燥,可初步怀疑为伊氏锥虫病。

(1)免疫学诊断　常用的免疫学诊断方法有间接血凝试验、乳胶凝集试验、补体结合试验、酶联免疫吸附试验(ELISA)等,试验结果呈阳性时可怀疑为伊氏锥虫病,确诊还需作病原学检查。

(2)病原学检查　伊氏锥虫虫体的检查有以下几种方法:

①鲜血镜检法:用消毒针头刺破病畜耳静脉,将1滴血液置于载玻片上,加1滴2.8%柠檬酸钠生理盐水混合,盖上盖玻片,镜检,见到锥虫即可确诊。注意病畜体温升高时可用本方法。本方法的优点是快速、简便,其缺点是病畜体温不升高或呈慢性经过时很难查到虫体。

②集虫法:本方法是利用红细胞的比重比锥虫和白细胞的比重大,血液经沉淀后,在血液上层中的虫体和白细胞密度增加。

a. 自然沉淀法:在试管中加入3ml 2.8%柠檬酸钠生理盐水,采集6ml病畜血液于试管中充分混合,静置6~8h,然后用滴管吸取红细胞上层液,滴于载玻片上,盖上盖玻片后镜检,见到虫体即可确诊。

b. 离心沉淀法:在离心管中加入3ml 2.8%柠檬酸钠生理盐水,采集6ml病畜血液于该离心管中,充分混合后,以1500r/min的速度离心5min,用滴管吸取上层血浆,滴1滴于载玻片后镜检,见到虫体即可确诊。

③涂片染色法:采集1滴病畜血液于载玻片的一端,用另一张玻片推片,使血液均匀地涂在载玻片上,自然干燥后用甲醇固定,再用瑞氏染色液或姬氏染色液染色,染色完毕后镜检,见到虫体即可确诊。

(3)动物接种法　实验动物可选用小白鼠、大鼠、豚鼠和犬等,但常用小白鼠。抽取病畜血液0.5~1.0ml,经小白鼠腹腔接种。从接种后第三日起,每天采小白鼠的尾血镜检,连续检查一个月,如仍不见虫体可判为阴性。

8. 治疗

(1)血虫净(贝尼尔 Berenilum)　牛每千克体重3.5~5.0mg,臀部肌肉注射,轻症注射1~2次,即可痊愈;重症者注射5次,前3次隔日一次,然后间隔2d,再每日注射一次,连用2d;马每千克体重3.5mg,每日一次,连用3d。

(2)安锥赛(Antrycide)　牛每千克体重3~5mg,皮下或肌肉注射,隔日一次,连用2~3次。马、骡在注射后15min至2h内可能出现兴奋、不安、肌肉震颤、全身发汗、腹痛、呼吸和脉搏加快、排尿频繁等副反应,这些症状一般可在3~5h内消失,同时也可采取相应药物对症处理。

(3)拜耳205(萘磺苯酰脲 Suramin)　马属动物每千克体重10mg,一次静脉注射,一周后重复一次;牛每千克体重10~15mg,一次静脉注射。

治疗伊氏锥虫病,除了用上面推荐的特效药外,还应根据病畜的具体情况采用强心、补液、健胃、缓泻等对症治疗。此外,为了筛选治疗药物的有效剂量,常进行小白鼠感染治疗试验,此时应注意,在90%感染小白鼠尾血中镜检到锥虫后就应立即治疗,治疗后每隔3~4d镜检小白鼠尾血一次,至少观察2个月,建议观察70d,未见到虫体,方可确定治愈。

9. 预防　采取综合性防治措施,做到尽早确诊、及时治疗。

(1)严格检疫　对从疫区调进的家畜,须隔离观察20d,确认为健康家畜后,方可混群饲养。

(2)定期药物预防　由于锥虫的抗原变异频繁,迄今尚无疫苗用于预防,只能采用药物预防。各地根据本地区的流行病学特点,确定药物预防时间。可选用安锥赛预防盐、锥灭定等药物。

①安锥赛预防盐(Antrycide):成分为甲基硫酸喹嘧胺(Quinapyramine)1.5份和氯化喹嘧胺2份,按比例混合,注射一次有3~5个月的预防期。预防盐的配制:在灭菌刻度玻瓶内加入120ml灭菌蒸馏水,再加入安锥赛预防盐35g,用力振荡10min后,再加入灭菌蒸馏水补足至150ml,充分振荡后方可使用。

用量为体重在150kg以上的动物,按每千克体重0.05mg给药;体重在150~200kg的动物,注射10ml;体重在200~350kg的动物,注射15ml;体重在350kg以上的动物,注射20ml。注射部位为颈侧中央皮下,防止注入血管内。

②锥灭定(沙莫林,Trypamidium,Samorin):为氯化氮胺菲啶盐酸盐,用于牛伊氏锥虫病的预防,注射一次有2~4个月的预防期。按每千克体重0.5~1.0mg,稀释后深部肌肉注射。

(3)消灭吸血昆虫　对圈舍经常喷药,消灭吸血昆虫,也可用烟熏,尽量减少吸血昆虫叮咬动物的机会。

二、组织滴虫病

组织滴虫病是由单尾滴虫科、组织滴虫属的火鸡组织滴虫(*Histomonas meleagridis*)寄生于禽的肝脏和盲肠引起的一种原虫病。多发生于火鸡和雏鸡。因本病主要侵害肝脏和盲肠,故又称为"盲肠肝炎";火鸡发病时其鸡冠呈暗黑色,因而本病也称为"黑头病"。

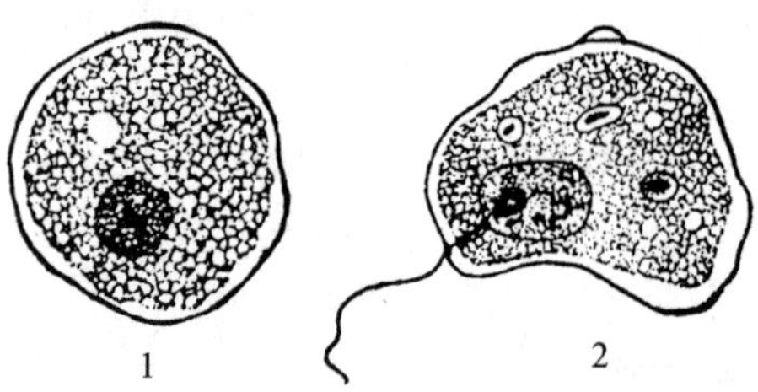

图4-2-3　火鸡组织滴虫

1.组织型虫体　2.肠腔型虫体

1.病原形态(图4-2-3)(**彩版4**)　虫体呈多形性,大小不一,近似球形,伪足钝圆。无包囊阶段,有滋养体。在盲肠肠腔中的虫体(肠腔型虫体)数量不多,虫体直径为5~30μm,有1根鞭毛,作钟摆样运动,核呈泡囊状。组织型虫体存在于盲肠壁和肝组织中,有动基体,没有鞭毛,以几个阶段存在。侵袭期虫体,直径为8~17μm,呈阿米巴形,可形成伪足,主要存在于病变的边缘区;生长期虫体,直径为12~21μm,数量较多,存在于病变的空泡中;静止期虫体,直径为4~11μm,存在于陈旧病变中。

2.生活史　火鸡组织滴虫以二分裂方式繁殖。寄生于盲肠中的虫体可进入异刺线虫体内,并侵入其子宫中的虫卵内。虫体随异刺线虫虫卵排出后,由于受到卵壳的保护,能在外界长期存活,鸡啄食这种虫卵后,虫体随异刺线虫幼虫的孵出而逸出,造成鸡的感染。土壤中的蚯蚓食入带有组织滴虫的异刺线虫虫卵,可成为组织滴虫的转运宿主。

3.流行病学　本病多发生于夏季。除了鸡感染火鸡组织滴虫外,火鸡、鹧鸪、翎颌松鸡、孔雀、珍珠鸡、北美鹑、鹌鹑、角雉、白腹锦鸡、山雉等均可感染与发病。4~6周龄的雏鸡和3~12周龄的火鸡最易感染,死亡率也高;成年鸡多呈带虫者。

异刺线虫是组织滴虫的传播媒介,网养或笼养的鸡及野生禽类感染异刺线虫的机会较少,因而组织滴虫的感染机会也随之减少。蚯蚓、蝇、蚱蜢、土鳖、蟋蟀等均可作为机械性的传播媒介。

4.临床症状　潜伏期为7~21d,最短者5d。病鸡表现为精神不振、倦怠、翅下垂、步态僵硬、闭眼、头下垂贴胸或卷入翅下、厌食,拉淡黄色或淡绿色粪便。严重病例拉带血粪便,甚至粪便中有大量血液。病鸡后期因血液循环障碍,鸡冠呈暗黑色,故称为“黑头病”。病程一般为1~3周,康复鸡可成为带虫者。

5. 病理变化 主要在肝脏和盲肠,引起盲肠炎和肝炎。一般仅一侧盲肠发生病变,有时两侧盲肠同时发生。盲肠肿大,肠壁肥厚与充血,肠腔内充满浆液性和出血性渗出物,使肠壁扩张,尔后渗出物形成干酪样肠芯。虫体多见于黏膜固有层,或其他部位。有的病鸡盲肠穿孔,引起腹膜炎。肝脏上常见呈黄豆至指头大小的黄色或黄绿色的圆形坏死灶,散发或密集在肝脏表面,病灶中央稍凹陷,边缘稍隆起。肺、肾、脾、肠系膜可出现白色圆形坏死区。

6. 诊断 根据流行病学资料、临床症状和病理变化可初步诊断,确诊需作虫体检查。采集盲肠内容物,用40℃的生理盐水稀释后,滴于载玻片上,盖上盖玻片后镜检,看见虫体即可确诊。

火鸡组织滴虫有时与大肠杆菌、球虫、异刺线虫、魏氏梭菌、毛滴虫、新城疫或隐孢子虫等混合感染,应注意鉴别诊断。

7. 治疗

(1)甲硝唑(Metronidazole) 每千克体重4mg,一次口服,连用5d,或按0.02%的比例拌入饲料中饲喂2~3周。

(2)地美硝唑(Dimetridazole) 预防用100~200mg/kg饲料浓度,治疗用500mg/kg饲料浓度,连用7~10d

(3)二甲硝咪唑 饮水预防浓度为0.01%;治疗按0.02% ~ 0.04%的比例拌入饲料中饲喂。

(4)异丙硝哒唑 每吨饲料加入62g,连续使用;混料治疗每吨饲料加入250g,连用7d。

(5)洛硝哒唑(Ronidazole) 60mg/kg饮水或拌料喂,连续使用,7~10d。

(6)卡巴胂 混料预防每吨饲料加入72g,连续喂至出售前5d。

8. 预防 在经严格消毒后的鸡舍内育雏,并与成年鸡分开饲养。定期对成年鸡进行异刺线虫驱虫。在育雏期间,结合预防球虫病,在饲料中拌入痢特灵或甲硝唑预防。

三、鸽毛滴虫病

鸽毛滴虫病是由毛滴虫科、毛滴虫属的鸡毛滴虫(*Trichomonas gallinae*)寄生于鸽的上消化道,尤其是咽、喉部等引起的一种原虫病,是鸽的常见病之一。雏鸡、火鸡、斑鸠及一些猛禽类亦可感染与发病。

1. 病原(图4-2-4) 虫体呈梨形、椭圆形或圆形,大小为6~10μm×2~9μm,体前端有4根前鞭毛,其中一根鞭毛向体后端折回附于波动膜上,末端有似尾巴样的轴刺,在液体中作螺旋状运动。虫体以纵二分裂方式繁殖,约4h繁殖一代。

2. 流行病学 本病呈世界性分布,我国许多省、市、自治区均有流行。各品种、不同年龄的鸽均可感染与发病。本病的发生季节性不明显,一年四季均可发生,但高湿度季节更为严重。传染源是带虫鸽,澳大利亚的资料报道,约20%的野鸽和60%以上的城市中家鸽均为带虫者。杨连楷等(1984)调查不同龄期的鸽子,带虫率达80.2%,阳性鸽中各部位的虫体检出率:口腔黏液100%,食道黏液58%,口腔干酪样物40%,嗉囊33%,鼻腔27%。

感染途径主要是经口感染,健康鸽吃了虫体污染的饲料或饮水而感染;带虫鸽将部分消化的嗉囊内容物(鸽乳)回吐到幼鸽的口腔中,这种育雏方式使鸽乳中的毛滴虫轻易地传给下一代幼鸽;鸽之间接吻亦可传染。还可经脐孔、伤口感染。

3. **临床症状** 潜伏期为 4 ~ 14d,病程为 3 ~ 21d。成年鸽感染本病后呈隐性经过(带虫者),不表现出临床症状。病鸽主要表现为精神萎靡,羽毛松乱,消瘦,饮水量增大,食欲降低或废绝,腹泻。另外,因虫体侵害部位不同,表现的症状也不同。咽型:病鸽呈慢性经过,眼结膜和黏膜发绀,拉黄绿色粪便;脐型:病鸽呆立,不愿俯伏,脐部红肿,发炎;内脏型:病鸽呼吸时张口或伸颈,咳嗽,喘气,如果肠受到侵害,病鸽毛松,震颤,拉黄色稀糊状粪便,迅速消瘦而死亡。

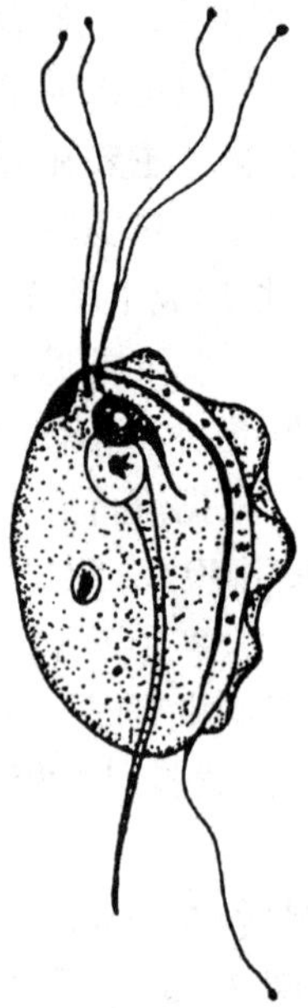

图 4-2-4 鸡毛滴虫(仿陈淑玉,1994)

4. **病理变化** 咽型,可见患鸽的口腔有黄色干酪样积聚物,鼻咽膜上形成一层平坦的针尖大小病灶,剖解可见口腔、咽、食道黏膜上有局灶性或弥漫性黄色、疏松样或脐状伪膜被覆。脐型,可见病鸽的患部及周围呈现质地坚硬结节,切面呈干酪样物。内脏型,呼吸器官的病变与咽型相似,肺脏及肝脏表面有大小不一的霉斑样放射状病灶,肠道受损部黏膜增厚。

5. **诊断** 根据临床症状、病理变化可初步怀疑是本病。采集病变部位的分泌物镜检,查到虫体即可确诊。

虫体检查方法:用刀片刮取病变部位与健康组织之间的黏液、黄色聚集物或肠内容物,置于载玻片上,加少许生理盐水,在显微镜下,可见呈梨形、长圆形的黑豆大小的活动虫体。亦可将病料接种于鸽血清葡萄糖鸽肉汤培养基中,37℃培养 3 ~ 4d,阳性标本可检出多量虫体。

6. **治疗**

(1)甲硝唑(Metronidazole) 以 0.025% 比例拌入饲料中,连用 3 ~ 5d,严重者,间隔 5 ~ 7d 后,以相同比例再喂 3 ~ 5d。或将甲硝唑配制成 0.06% 的水溶液,连续服 5d,停药 3d,再饮 5d。

(2)二甲硝咪唑 配制成 0.02% 的水溶液,连喂 5 ~ 7d,隔 1 周再用 5d。

(3)结晶紫 0.01% ~ 0.02% 的水溶液,饮用 1 周。

(4)地美硝唑(Dimetridazole) 0.05% 的水溶液,饮用 1 周。

(5)硫酸铜 配成 0.05% 的水溶液,连喂 6 ~ 8d。

(6)元神丸 每只鸽服 4 ~ 5 粒,每天一次,连用 5d。

7. **预防** 保持环境、饲料、饮水等的清洁卫生,消除笼舍的尖刺物。健康鸽群与有病史的鸽群分开饲养,定期进行预防性驱虫。

第三节　动物梨形虫病

一、绪　论

动物梨形虫病是由顶复门、孢子虫纲、梨形虫亚纲中的巴贝斯科和泰勒科原虫所引起的一类血液原虫病，过去曾称为焦虫病或血孢子虫病。这类疾病流行于世界各地，在我国各地也常有发生，死亡率高，给养殖业造成巨大的经济损失。

(一)病原种类及形态特征

迄今，全世界已记载各种哺乳动物的巴贝斯虫(*Babesia*)有67种，泰勒虫(*Theileria*)有13种。在我国的马、牛、羊、犬中已发现有13种梨形虫病的病原虫种，其中巴贝斯科中有牛的双芽巴贝斯虫(*Babesia bigemina*)、牛巴贝斯虫(*B. bovis*)、卵形巴贝斯虫(*B. ovata*)和水牛的东方巴贝斯虫(*B. orientalis*)；马的驽巴贝斯虫(*B. caballi*)和马巴贝斯虫(*B. equi*)；羊的莫氏巴贝斯虫(*B. motasi*)和犬的吉氏巴贝斯虫(*B. gibsoni*)、犬巴贝斯虫(*B. canis*)。属泰勒虫科的有牛的环形泰勒虫(*Theileria annulata*)、瑟氏泰勒虫(*T. sergenti*)和中华泰勒虫(*T. sinensis*)；羊的山羊泰勒虫(*T. hirci*)和绵羊泰勒虫(*T. ovis*)。

寄生于哺乳动物红细胞内的梨形虫为圆形、梨形、杆形、阿米巴形等多种形态，虫体的大小和形态因种类不同而异，而且不同形态的虫体常同时存在于红细胞内。尽管同一种梨形虫经常出现多种形态，但就一种梨形虫来讲，总有其中的一种或几种形态是该种梨形虫的固有形态，即称为典型形态或虫体。姬氏液染色后，虫体的原生质呈浅蓝色，边缘着色较浓，中央较浅或呈空泡状的无色区，染色质呈暗红色，成1~2个团块。寄生于巨噬细胞和淋巴细胞内的泰勒虫，在寄生细胞的胞浆内形成多核的虫体，称为石榴体或柯赫氏蓝体(Koch's blue bodies)，其核的数目可多达数十个。虫体的大小、在红细胞中的位置、染色质团块的数目和位置、各种形态虫体的比例及典型形态是进行虫种鉴定的主要依据。

(二)传播方式与生活史

1. 传播方式　各种梨形虫都必须经硬蜱传播，蜱传播梨形虫的方式有两种：

(1)经卵传播(transovarian transmission)　梨形虫随雌蜱吸血进入蜱体内发育繁殖后，转入蜱的卵巢，经过蜱卵传给蜱的下一代，尔后由下一代蜱的幼虫、若虫或成虫经吸血进行传播。大多数巴贝斯科的原虫以这种方式进行传播。

(2)期间传播(stage to stage transmission)　幼蜱或若蜱吸食了含有梨形虫的血液，可传递给它的下一个发育阶段——若蜱或成蜱进行传播，即在蜱的同一世代内进行传播。泰勒科原虫以这种方式进行传播。

2. 生活史　梨形虫的生活史过程包括裂殖生殖、配子生殖和孢子生殖三个阶段：

(1)裂殖生殖　裂殖生殖是梨形虫在哺乳动物物体内进行的无性生殖阶段。大多数巴贝斯科原虫的子孢子随蜱的唾液接种到家畜体内后，直接进入红细胞中，以二分裂或成对出芽生殖法进行分裂生殖，当红细胞破裂后，虫体逸出并再侵入新的红细胞，经过反复多次的分裂生殖后形成配子体。泰勒科原虫的子孢子随蜱的唾液进入动物体内后，立即进入巨噬细胞和淋巴细胞中进行裂殖生殖,反复分裂多次后进入红细胞内形成配子体。

(2)配子生殖　配子生殖是梨形虫在蜱肠管内进行的有性生殖阶段。当梨形虫配子体随蜱叮咬吸血进入蜱肠管内后,大部分虫体死亡,部分虫体形成大配子和小配子,大配子与小配子配对并融合而形成合子。球形的合子转变为长形的、能运动的动合子(oozygote)。

(3)孢子生殖　孢子生殖是梨形虫在蜱唾液腺及其他器官内的无性生殖阶段。巴贝斯虫的动合子先侵入蜱的肠上皮、血淋巴细胞、马氏管等各个器官内反复进行无性分裂的孢子生殖,形成了更多的动合子。动合子侵入雌蜱卵母细胞,进入卵子后保持休眠状态,待幼蜱孵出发育时,再开始出现与成蜱体内相似的孢子生殖过程。在幼蜱叮咬吸血24h内,动合子最后进入子蜱唾液腺中形成子孢子。而泰勒虫的动合子则直接侵入蜱的唾液腺细胞内进行孢子生殖,产生子孢子。

(三)流行病学特征

动物梨形虫病流行的三个基本环节是病原(梨形虫)、传播媒介(硬蜱)和易感动物。

1. 病原　梨形虫不仅寄生在患病动物体内,而且还长期地寄生在带虫动物体内。据报道,患过环形泰勒虫的牛带虫可长达6年之久。梨形虫在蜱体内亦可长期存活,如伞形扇头蜱可将绵羊梨形虫传递7个世代之久。因此,病畜、带虫者和硬蜱是梨形虫病流行的病原来源。

2. 传播媒介　不同种的梨形虫需要一定种属的硬蜱作为传播者。不同种属的硬蜱需要不同的生态环境供其生存和繁衍,因此不同地区有不同的蜱种分布。而且,硬蜱一个世代的发育需要经卵、幼蜱、若蜱和成蜱四个变态期,每一个变态期受环境和气候条件的制约,故每一变态期的蜱其活动和出没均具有明显的季节性。由于蜱的分布具有地区性和出没活动具有季节性,这就导致梨形虫病的发生与流行也具有地区性和季节性的特点。

3. 易感动物　梨形虫对宿主(易感动物)有比较严格的选择性。一种梨形虫只能寄生于一定种类的动物。易感动物的年龄、个体的免疫和营养状况以及多种应激因素(如长途运输和地理环境、气候条件的改变等)也与本病的暴发与流行有密切的关系。

根据梨形虫病流行的三个基本环节,在生产上为了做好本病的预防工作,可将农牧区划分为四种类型:

(1)安全区　在此地区内,有易感动物,但无病原及传播媒介(蜱)。

(2)受威胁区　有易感动物和相应的传播媒介存在,但无病原;或有带虫动物和易感动物,但无传播媒介。在这一地区只要加入所缺的一个因素即可引起本病的流行。

(3)隐伏地区　在这一地区三个环节均存在,且曾发生过本病的流行;但由于当地动物的带虫免疫现象,或由于某种因素引起蜱的孳生与活动的减少,形成了隐而不见的假安全区,但一旦条件适应,即可恢复流行。由安全地区引进易感动物到此类地区时,通常都易引起发病,且可出现暴发流行。

(4)固定流行区　流行三因素均存在,每年到发病季节都有动物发病,只是时间迟早、数量多少不同而已。

(四)致病机理与临床特征

动物患巴贝斯虫病时,虫体代谢产物的毒素作用可引起动物出现高热;虫体繁殖过程中大量破坏红细胞而出现溶血性贫血;红细胞被破坏后,血红蛋白一部分进入肝脏变成胆红素滞留于血中而出现黄疸,另一部分血红蛋白经肾随尿排出,产生血红蛋白尿。因此,病畜大多表现为高热、贫血、黄疸与血红蛋白尿等症状群。

动物患泰勒虫病时,虫体在淋巴结和脾、肝、肾等器官的巨噬细胞及淋巴细胞中反复进行裂殖生殖,造成淋巴结肿大、器官充血出血和细胞坏死崩解;大量细胞坏死和出血所产生的崩解产物及虫体代谢产物进入血液,导致严重的毒血症;虫体触发宿主的自身免疫机制,使循环血液中的红细胞被大量吞噬,引起贫血。因此,病畜出现高热稽留、贫血和体表淋巴结肿大等主要症状。

(五)免疫学特征

动物感染梨形虫病后,机体主要是通过体液免疫系统和细胞免疫系统的相互配合来抵抗虫体的侵害,其中特异性抗体起着主要作用,它封闭虫体表面抗原或受体,使虫体不能侵入红细胞,而很快被宿主的免疫系统所清除;它还能中和虫体在分裂繁殖过程中所产生的一些有害的抗原物质,有利于毒素的清除。此外,抗体与虫体特异结合后,有利于巨噬细胞的吞噬。在细胞免疫方面,除了巨噬细胞、辅助性T淋巴细胞的作用外,由非特异性免疫细胞所释放的免疫因子,如肿瘤坏死因子(TNF)、干扰素(IFN)、白细胞介素(IL)和其他单核细胞因子(MK)等都起着重要的抗虫作用。

动物患梨形虫病耐过后,体内的虫体并未完全消失,还有一小部分虫体残留在体内,使动物对于再度感染具有免疫力,这种感染期的免疫称为带虫免疫(premunition),这种现象是机体防御力与梨形虫之间处于一种暂时的"平衡"状态,如患病动物和带虫者由于营养不良、气候环境条件突变或并发其他疾病等原因,而致使机体防御能力下降时,即可破坏这种"平衡",从而使本病复发或重复感染同样的梨形虫。

动物梨形虫的免疫具有种的特异性,各种梨形虫之间没有交叉免疫现象。同时,梨形虫的免疫还具有虫株间的差异,动物受某一地区的梨形虫虫株感染所产生的免疫力,只能对抗当地的同一虫株;如将动物转移至另一地区,而该地区的梨形虫虫株不同时,动物仍可感染与发病。

二、巴贝斯虫病

巴贝斯虫病是由巴贝斯科、巴贝斯属的梨形虫寄生于家畜的红细胞内引起。

(一)牛双芽巴贝斯虫病

牛双芽巴贝斯虫病是由双芽巴贝斯虫寄生于牛的红细胞内所引起的一种急性、热性、季节性血液原虫病。本病最早发现于美国得克萨斯州,是一种蜱媒疾病,临床上常出现血红蛋白尿,因此本病又称为得克萨斯热(texas fever)或蜱热病(tick fever)、红尿热(redwater)。本病常造成牛的发病与死亡,是严重危害养牛业的主要疾病之一。

1. **病原形态**(图4-3-1)　双芽巴贝斯虫为大型虫体,其长度大于红细胞的半径,呈环形、椭圆形、梨形和不规则形等,典型的形状是成双的梨形虫体,尖端以锐角相连。虫体多位于红细胞的中央,染色质多为二团,呈紫红色,位于虫体边缘部。虫体形态随病程的发展而有变化,虫体开始出现时以单个虫体为主,随后双梨形虫体所占比例逐渐增多。每个红细胞内的虫体数目为1~2个,红细胞染虫率一般为2%~15%。

2. **生活史**　双芽巴贝斯虫的中间宿主是牛,终末宿主(传播媒介)是微小牛蜱等硬蜱类。

图4－3－1　红细胞内的双芽巴贝斯虫（仿 Markov. A. A）

含有双芽巴贝斯虫子孢子的蜱叮咬牛时，子孢子随蜱的唾液进入牛体，虫体在牛的红细胞内以“成对出芽”方式进行繁殖，当红细胞破裂后，虫体逸出，再侵入新的红细胞，反复分裂，最后形成配子体。当蜱吸血后，虫体先在蜱的肠内进行配子生殖，以后再进入蜱和下一代幼蜱的肠壁、血淋巴、马氏管等处反复进行孢子生殖，最后进入子代若蜱的唾液腺产生许多子孢子。

3. **流行病学**

（1）宿主与分布　双芽巴贝斯虫寄生于黄牛、水牛、瘤牛和牦牛的红细胞内，广泛分布于北美、南美、欧洲（特别是临近地中海的国家）、日本、印度、中东、北非、南非、澳大利亚等。在我国的甘肃、河南、陕西、浙江、江苏、安徽、西藏、云南、贵州、湖南、湖北、江西、福建、广东、广西、四川、重庆等省区均有发生。

（2）传播媒介与传播方式　本病的传播媒介在我国为微小牛蜱与镰形扇头蜱，其中微小牛蜱是我国双芽巴贝斯虫的主要传播媒介，以经卵传播方式，由次代若蜱和成蜱阶段传播，幼蜱阶段无传播能力。双芽巴贝斯虫在牛蜱体内可继代传播3个世代之久。双芽巴贝斯虫也可经胎盘垂直传播。由于微小牛蜱的分布具有地区性、活动具有季节性，而且多在野外发育繁殖，因此，本病的流行有明显的地区性和季节性，而且多发生在放牧牛群，舍饲牛发病较少。

（3）发病季节　微小牛蜱为一宿主蜱，每年可繁殖4～5代，每代所需的时间约为2个月。本病的发生与蜱在当年出现的次数基本一致，在南方地区本病多发生在7～9月，但在蜱活动时间较长的个别地区冬季亦可发病。

（4）牛发病特点　在一般情况下，2岁以内的犊牛发病率高，但症状较轻，死亡少，容易自愈；成年牛发病率低，症状重，死亡率高；当地牛易感性较低，而种牛和外地引进的牛易感性高，且病情重，死亡率亦高；老弱及使役过度的牛，病情更为严重。病愈的牛常有带虫免疫现象。

4. **临床症状**　本病的潜伏期为1～2周。病牛首先表现为发热，体温可高至40～42℃，呈稽留热型。脉搏及呼吸加快，精神沉郁，喜卧地。食欲减退和消失。反刍迟缓或停止，瘤胃蠕动减数，便秘或腹泻，有的病牛还排出黑褐色，恶臭带黏液的粪便。乳牛泌乳减少或停止，怀孕母牛常发生流产。病牛迅速消瘦，贫血，血液稀薄，黏膜苍白和黄染。最明显的症状是出现血红蛋白尿，尿的颜色由浅红色变为棕红色至黑红色。重症病例如不治疗，可在4～8d内死亡，死亡率可达50%～80%。慢性病例，体温波动于40℃上下持续数周，减食，消瘦和出现渐进性贫血，需经数周或数月才能康复。犊牛发病后，仅数日中度发热，心跳略快，食欲减退，稍见虚弱，黏膜苍白或黄染，退热后迅速康复。

5. **病理变化**　尸体消瘦，尸僵明显，可视黏膜苍白或黄染，血液稀薄如水。皮下组织、肌间结缔组织和脂肪呈黄色胶样水肿状。各内脏器官均被黄染。皱胃和肠黏膜潮红并有点状出血。脾脏肿大2～3倍，脾髓软化呈暗红色，白髓肿大呈颗粒状突出于切面，被膜上有小点出血。肝脏肿大,呈黄褐色,切面呈豆蔻状花纹,被膜上有时有少量小出血点。胆囊肿大,充满浓稠胆汁,色暗。肾脏肿大,淡红黄色,有点状出血。膀胱肿大,积存有多量红色尿液,黏膜上有点状溢血。肺脏淤血、水肿。心肌柔软,心内膜外有出血斑。

6. **诊断**　应根据流行病学资料、临床症状、病理剖检变化、免疫学诊断和病原学检查等进行综合诊断。流行病学资料主要用于分析当地是否发生过本病、有无传播媒介蜱的存在、病牛是否来自疫区以及牛体上是否有微小牛蜱;临床症状是以高热、贫血、黄疸和血红蛋白尿等为特征;病理剖检变化以贫血、黄疸、尸僵明显,肝、脾、肾肿大,膀胱内充满红色尿液等为特征。病原学检查,在牛体温升高的头1～2d,采牛耳静脉血作涂片,用姬氏液染色,在血涂片中查到少量圆形或变形虫样虫体;在血红蛋白尿出现期采血检查,可在血涂片中发现较多的梨形虫体,这是确诊的主要依据。此外,间接荧光抗体试验(IFAT)、酶联免疫吸附试验(ELISA)等免疫学诊断方法,可作为本病的辅助诊断,同时该法还可以用于带虫牛的检疫和疫区的流行病学调查。

7. **治疗**　应尽量做到早确诊,早治疗。除应用特效药物杀灭虫体外,还应针对病情进行强心、补液、健胃等对症治疗。常用特效药物:

(1)三氮脒(Diminazene,贝尼尔 Berenil,血虫净)　剂量为每千克体重3.5～3.8mg配成5%～7%溶液,深部肌肉注射。黄牛偶尔出现起卧不安,肌肉震颤等副作用,但很快消失。水牛对本药较敏感,一般用药一次较安全,连续使用常出现毒性反应,甚至死亡。

(2)黄色素(锥黄素,吖啶黄 Acriflavine)　剂量为每千克体重3～4mg,配成0.5%～1%溶液静脉注射,症状未减轻时,24h后再注射一次,病牛在注射后的数日内,避免烈日照射。

(3)喹啉脲(Quinuronium,阿卡普林 Acaprin)　剂量为每千克体重0.6～1mg,配成5%溶液皮下注射。有时注射后数分钟出现起卧不安、肌肉震颤、流涎、出汗、呼吸困难等副作用,一般于1～4h后自行消失,严重者可皮下注射阿托品进行解救。需注意的是妊娠牛使用此药物后可能出现流产。

(4)咪唑苯脲(Imidocarb,Imizol)　对各种巴贝斯虫均有较好的治疗效果。治疗剂量为每千克体重1～3mg,配成10%溶液肌肉注射。该药安全性较好,增大剂量至8mg/kg,仅出现一过性的呼吸困难、流涎、肌肉颤抖、腹痛和排出稀粪等副反应,约经30min后消失。该药在体内不进行降解代谢并排泄缓慢,导致它长期残留在动物体内,由于这种特性,使该药具有较好的预防效果,但副作用是组织长期有药物残留。尽管已有试验报道认为该残留物在评价公共卫生意义上并无重要性,仍有一些国家不允许该药用于肉食动物和乳用乳牛或规定动物用药后28d内不可屠宰供食用。

8. **预防**　杜绝传染源,切断传播途径(灭蜱),保护易感牛群。杀灭传播媒介——蜱,在流行地区可根据蜱的活动规律,采用杀蜱药物杀灭牛体及牛舍内的蜱;牛群应避免到大量孳生蜱的草场放牧,或改放牧为舍饲。牛只的调动应选择无蜱活动的季节进行,在调入、调出前应用药物对牛体作灭蜱处理。当牛群中已出现临床病例或由安全区向疫区输入牛只时,可应用咪唑苯脲进行药物预防,对双芽巴贝斯虫可产生60d的保护。

目前,国外已有使用微小牛蜱的基因工程疫苗防治牛蜱;双芽巴贝斯虫的基因工程疫苗也已研究成功。

(二)牛巴贝斯虫病

牛巴贝斯虫病是由牛巴贝斯虫寄生于牛体内引起的一种血液原虫病。

1. 病原(图4-3-2) 为小型虫体,呈环形、椭圆形、单梨形或双梨形、边虫形及阿米巴形等。虫体长度小于红细胞的半径,多位于红细胞边缘或偏中部,成双的梨形虫体的尖端相对排列成钝角,为本虫的典型形状。染色质为一团,呈红色,位于虫体一端或边缘部。牛巴贝斯虫在外周血中的红细胞染虫率很低,一般不超过1%,每个红细胞内有1~3个虫体。

图4-3-2 红细胞内的牛巴贝斯虫(仿 Markov. A. A)

2. 生活史 牛巴贝斯虫的传播媒介为硬蜱、扇头蜱等。我国已证实微小牛蜱可以传播牛巴贝斯虫,以经卵传递方式由次代幼蜱传播,次代若蜱和成蜱无传播能力。其发育过程与双芽巴贝斯虫相似。

3. 流行病学

(1)宿主与分布 牛巴贝斯虫寄生于黄牛、水牛的红细胞内,主要分布于澳大利亚、墨西哥等中美洲国家以及南欧、亚洲、非洲等地。在我国河南、江苏、浙江、江西、河北、安徽、陕西、西藏、云南、贵州、湖南、湖北、福建等地均有本病发生。

牛巴贝斯虫各虫株之间致病性互有差异,澳大利亚株和墨西哥株致病性强,其危害性超过双芽巴贝斯虫。

(2)传播媒介与传播方式 本病的传播媒介国外报道为蓖子硬蜱(*Ixodes ricinus*)、全沟硬蜱、肛棘牛蜱、微小牛蜱和囊性扇头蜱,以经卵传播方式传播本病。我国已发现微小牛蜱和镰形扇头蜱充当传播者,后者为三宿主蜱,一年繁殖一代。

(3)发病季节 发病季节与传播媒介(蜱)的活动季节基本一致。镰形扇头蜱每年出现于4月上旬,最早可出现于3月底,4月下旬至5月中旬达高峰,6月份减少,7月份即从牛体上消失。因此,本病在水牛于4月初开始发病,5月为高峰,6月下降,7月停止。如传播媒介为微小牛蜱的地区,则发病(多为黄牛)随蜱的季节动态而每年出现5月份、7月份、9月份三个高峰。

(4)牛发病特点 水牛多发生于2~12岁的青壮年牛,黄牛则多发于1~7月龄的犊牛,但有些地方不受年龄限制。无论水牛或黄牛,凡外地引入者,其发病率均高于本地牛。微小牛蜱与镰形扇头蜱均在野外活动,因此,黄牛、水牛均在放牧时感染。

4. 临床症状 本病的潜伏期为4~10d。病初体温升高,可达41℃,呈稽留热型;精神不振,食欲和反刍减退。随着病程的发展,脉搏增快而弱,呼吸促迫;出现贫血、黄疸症状。病的后期,病牛极度虚弱,食欲废绝,可视黏膜苍白,小便频数,尿呈红色。急性病例的病程持续1周。轻度病例在血红蛋白尿出现后3~4d,体温下降,尿色变清,病情逐渐好转,但血液指标要经2~3个月后才能恢复正常。病牛的死亡率较低,一般为20%左右。

5. 病理变化 病理剖检变化与双芽巴贝斯虫病基本相似。不同之处在于本病的脾脏病变比较严重,有时出现脾脏破裂,脾髓色暗,脾细胞突出。

6. 诊断　诊断方法与双芽巴贝斯虫病相同，确诊必须在血片中查到典型虫体。

7. 治疗及预防　治疗原则和药物以及预防措施可参照双芽巴贝斯虫病。国外有应用牛巴贝斯虫弱毒苗和分泌抗原苗进行免疫预防的报道，牛巴贝斯虫基因工程苗也已研究成功。

（三）犬巴贝斯虫病

犬巴贝斯虫病是由巴贝斯原虫寄生于犬的红细胞内所引起的一种以高热、贫血、黄疸和血红蛋白尿为主要临床特征的一种血液原虫病。

1. 病原　寄生于犬的巴贝斯原虫有三种：吉氏巴贝斯虫、犬巴贝斯虫和韦氏巴贝斯虫（*Babesia vitalii*）；前两种已在我国犬体内发现，但以吉氏巴贝斯虫为流行于我国的主要虫种。

（1）吉氏巴贝斯虫（图4－3－3）　虫体很小，多位于红细胞边缘或偏中央，呈环形、椭圆形、圆点形、小杆形等，以圆点形、环形及小杆形最为多见。圆点形虫体为一团染色质，用姬氏液染色呈深蓝色，多见于感染的初期。环形虫体为浅蓝色的细胞质包围一个空泡，带有一团或两团染色质，位于细胞质的一端，虫体小于红细胞直径的1/8。偶尔可见到大于红细胞半径的椭圆形虫体。小杆形虫体的染色质位于两端，染色较深，中间细胞质着色较浅，呈巴氏杆菌样。在1个红细胞内可寄生有1～13个虫体，以寄生1～2个虫体者多见。本虫分布于亚洲，在我国江苏、河南等省的部分地区呈地方性流行（图4－3－3）。

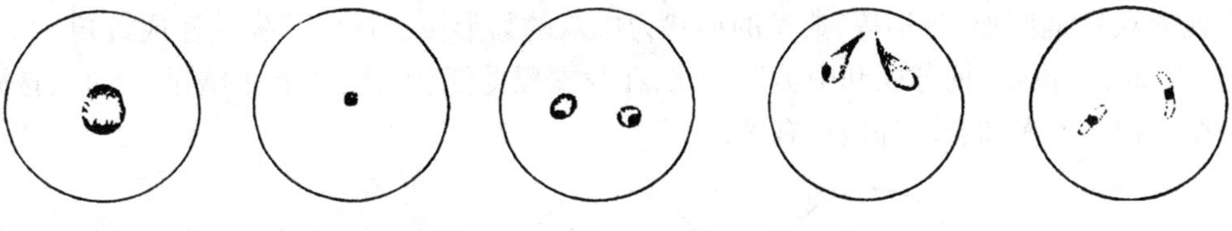

图4－3－3　红细胞内的吉氏巴贝斯虫（仿 Markov. A. A）

（2）犬巴贝斯虫　在红细胞中多呈双梨形排列，两个虫体的尖端以锐角相连。虫体很大，最长的可达7μm，在红细胞中的虫体数目较多，有的可达16个。本虫已发现于安徽犬体内。

2. 流行病学　吉氏巴贝斯虫和犬巴贝斯虫可寄生于犬、狐、狼、胡狼等犬科动物的红细胞内，对良种犬，尤其是军犬、警犬和猎犬危害严重。本病的感染与发病季节与蜱的活动季节基本一致。吉氏巴贝斯虫的传播媒介为长角血蜱、镰形扇头蜱和血红扇头蜱，以经卵传播或期间传播方式传播。

3. 临床症状　犬吉氏巴贝斯虫病常呈慢性经过。病初精神沉郁，喜卧厌动，运动时四肢无力，身躯摇晃。体温升高至40～41℃，持续3～5d后，有5～10d体温正常期，呈不规则间歇热型。呈现渐进性贫血，结膜和黏膜苍白；食欲减少或废绝，营养不良，明显消瘦。触诊脾脏肿大；肾（单侧或双侧）肿大且疼痛；尿呈黄色至暗紫色，少数病犬有血红蛋白尿。轻度黄疸。部分病犬呈现呕吐症状，鼻漏清液，眼有分泌物等。

4. 诊断　根据流行病学资料、临床症状和在血涂片中查到典型虫体可确诊。

5. 治疗　对犬吉氏巴贝斯虫病可选用下列特效药物进行治疗：

（1）三氮脒（Diminazene Aceturate）　剂量为每千克体重11mg，1%溶液皮下注射或肌肉注射，间隔5d，连用2次。

（2）咪唑苯脲（Imidocarb，Imizol）　剂量为每千克体重5mg，10%溶液皮下注射或肌肉注射，间隔24h再用一次，或按每千克体重5～7mg肌肉注射，间隔14d再用一次。

(3)硫酸喹啉脲(Quinuronium,Acaprin) 剂量为每千克体重0.5mg,皮下或肌肉注射,有时需隔日重复注射一次。对早期急性病例疗效显著。用药后有的病犬呈现不同程度的副作用,如兴奋、流涎、呕吐等,持续1~2h,此后精神沉郁,个别病犬可保持数天。剂量降低至每千克体重0.3mg可减轻不良反应。故可多次(3~4次)低剂量给药。

(4)氧二苯脒(Phenamidine,Ganaseg) 剂量为每千克体重15mg,5%溶液皮下注射,连用2d。

在使用特效药物的同时,还应采取强心、补液、应用广谱抗菌药,防继发或并发感染等措施进行对症治疗。

6. 预防 可参照双芽巴贝斯虫病。国外已应用犬巴贝斯虫代谢分泌抗原苗进行本病的预防。

(四)马巴贝斯虫病

马的巴贝斯虫病是由驽巴贝斯虫和马巴贝斯虫寄生于马属动物(马、骡、驴、斑马)的红细胞内引起的一种经蜱传播的急性发作的季节性血液原虫病。

1. 病原

(1)驽巴贝斯虫(图4-3-4) 为大型虫体,虫体长度大于红细胞半径,其形状有梨形(单个或成双)、椭圆形、环形等,典型的形状为成双的梨形虫虫体以其尖端连成锐角。本虫分布于亚洲、非洲、南欧、前苏联和中美洲等地,在我国黑龙江、吉林、辽宁、内蒙古、新疆、青海、甘肃、宁夏、山西、河南和云南等地均有报道。

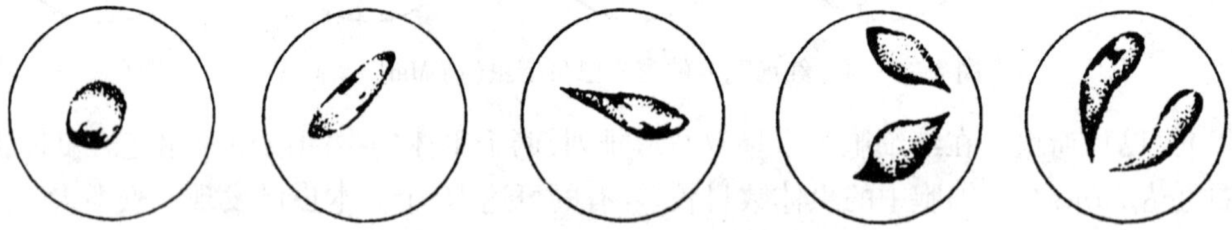

图4-3-4 红细胞内的驽巴贝斯虫(仿Markov. A. A)

(2)马巴贝斯虫(图4-3-5) 为小型虫体,虫体长度不超过红细胞半径,呈圆形、椭圆形、单梨形、纺锤形等多种形态,其中以圆形和椭圆形占多数,典型形状为4个梨形虫体以尖端连成十字架形,每个虫体内只有一团染色质。本虫分布于亚洲、非洲、南美洲、美国和前苏联。在我国黑龙江、吉林、内蒙古、安徽、新疆、青海、甘肃、宁夏、陕西、云南、贵州、广东等地均有报道。

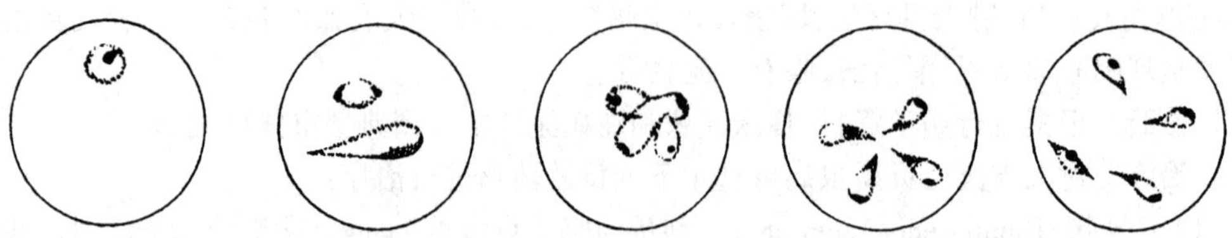

图4-3-5 红细胞内的马巴贝斯虫(仿Markov. A. A)

2. 流行病学 驽巴贝斯虫的传播媒介蜱有3属14种,在我国已查明草原革蜱、森林革蜱

(*Dermacentor silvarum*)、银盾革蜱(*D. niveus*)、中华革蜱(*D. sinicus*)为本病的传播者;文献报道有3属17种蜱可传播马巴贝斯虫,我国已查明草革蜱、森林革蜱和镰形扇头蜱为马巴贝斯虫的传播者。

3. **临床症状**　本病以高热、贫血、黄疸和出现血红蛋白尿等为主要临床特征。

4. **诊断、治疗及预防**　可参照双芽巴贝斯虫病。

三、泰勒虫病

泰勒虫病由泰勒科、泰勒属的梨形虫寄生于家畜的巨噬细胞、淋巴细胞和红细胞内引起。

(一)环形泰勒虫病

环形泰勒虫病是由环形泰勒虫寄生于牛的红细胞、巨噬细胞和淋巴细胞内所引起的一种由蜱传播的血液原虫病。本病是一种季节性、地方性流行病,多呈急性经过,发病率与死亡率均很高,可造成巨大的经济损失。

1. **病原形态**(图4-3-6、图4-3-7)　寄生在红细胞内的环形泰勒虫(配子体),虫体小,形态多样。有杆形、梨形、圆环形,卵圆形、逗点形、圆点形、十字架形等各种形状,其中以圆环形和卵圆形为主,占总数的70%~80%。圆形虫体的染色质位于边缘,呈半月形,有时为圆形,呈暗红色或紫色;卵圆形虫体的染色质位于虫体较粗的一端。红细胞的染虫率一般为10%~12%,严重者可达80%以上,1个红细胞内一般寄生1~3个虫体,最多者可达11个。寄生于巨噬细胞和淋巴细胞内进行裂殖繁殖所形成的多核虫体(即裂殖体)称为石榴体,又称柯赫氏体(Koch's blue bodies)。裂殖体呈圆形、椭圆形或肾形,位于淋巴细胞或巨噬细胞的胞浆内或散在于细胞外。用姬氏液染色,虫体胞浆呈浅蓝色,其中包含许多紫红色颗粒状的核。

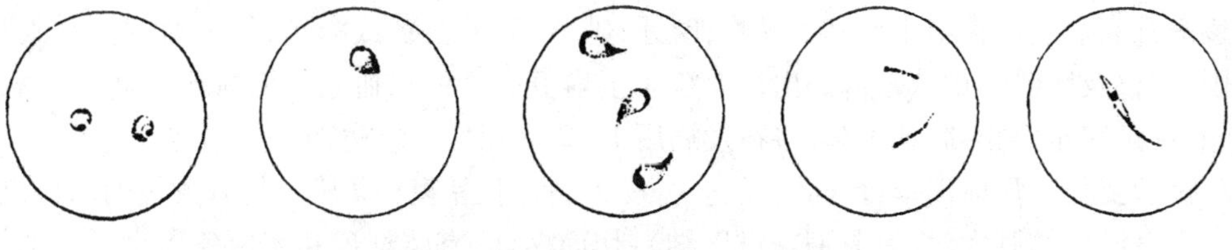

图4-3-6　红细胞内的环形泰勒虫(仿 Markov. A. A)

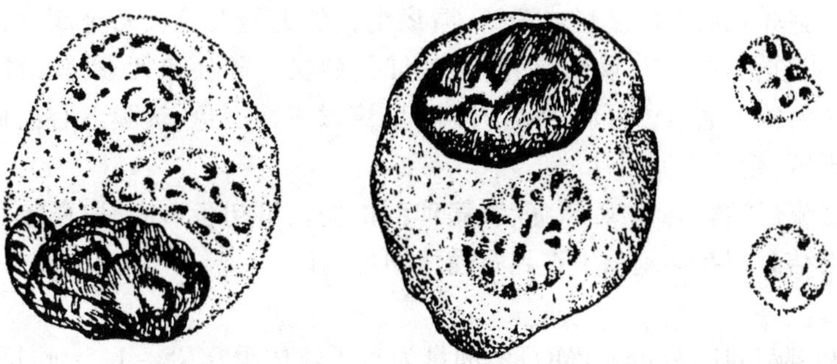

图4-3-7　环形泰勒虫裂殖体(仿 Markov. A. A)

2. 生活史 传播媒介为蜱。在牛淋巴结及脾、肝、肾等器官中的巨噬细胞和淋巴细胞内进行裂殖生殖,在红细胞内发育为配子体,在蜱体内进行配子生殖和孢子生殖,产生子孢子。

3. 流行病学

(1)宿主与分布 环形泰勒虫可寄生于黄牛、水牛、瘤牛、牦牛及犏牛,呈世界性分布,我国内蒙古、浙江、江西、福建、广东、重庆、云南、新疆、甘肃、宁夏、山西、湖南、湖北、河北、河南、陕西、北京等地区均有报道,但主要流行于北方地区。

(2)传播媒介与传播方式 环形泰勒虫的传播媒介为璃眼蜱属的蜱种,在我国有两种:一种为残缘璃眼蜱,是我国主要的传播者,分布于内蒙古、宁夏、陕西、甘肃、山西、河北、河南和新疆的大部分地区;另一种为小亚璃眼蜱(*Hyalomma anatolicum*),是新疆南部流行区的媒介蜱。残缘璃眼蜱是一种二宿主蜱,主要寄生于牛,以期间传播方式传播本病,幼蜱和若蜱在病牛或带虫牛体上吸入病原体,成蜱将病原传给易感牛,使其发病。

(3)发病季节 泰勒虫病的发病季节与残缘璃眼蜱侵袭牛体的消长规律是完全一致的,在内蒙古及西北地区,本病主要流行在5~8月份。

(4)牛发病特点 本地牛的发病率和死亡率较低,而外地引入牛的易感性高,发病率为61%,死亡率为16%~60%。牦牛的发病率与死亡率可达90%以上。纯种牛和改良杂种牛对本病易感,即使红细胞染虫率很低(2%~3%)亦可出现明显的临床症状。

4. 临床症状 本病多呈急性经过,潜伏期为14~20d。发病初期体温上升至40~42℃,呈稽留热型,呼吸加快,每分钟达80~110次;心跳加快,每分钟达80~120次。精神沉郁,食欲下降甚至废绝,病牛迅速消瘦。肩前和腹股沟淋巴结肿大,有痛感,穿刺淋巴结作涂片检查,可在淋巴细胞和巨噬细胞内查到石榴体。血液稀薄,红细胞减到$2.0 \sim 3.0 \times 10^{12}/L$,血红蛋白降至0.20~0.30,血流加快,红细胞大小不均,出现异性红细胞。随着病程的发展,红细胞的染虫率逐渐升高。病牛喜啃土或其他异物,磨牙,呻吟,尿液淡黄或深黄,但无血尿。在眼睑、肛门周围、尾根及阴囊等皮肤较薄处出现粟粒大至扁豆大小的出血点或溢血斑。病后期病牛食欲废绝,反刍完全停止,卧地不起,多在发病后1~2周死亡。患病,成为带虫者。

5. 病理变化 尸体消瘦,尸僵明显,全身皮下、肌间、黏膜和浆膜上均有大量的出血点和出血斑。全身淋巴结肿大(尤其是肩前淋巴结),切面多汁,有暗红色和灰白色大小不一的结节。皱胃病变明显,黏膜肿胀,有大小不等的出血斑,并有针头大至黄豆大、暗红色或黄白色结节;结节部位的上皮细胞坏死后形成糜烂或溃疡,溃疡由针尖大至粟粒大乃至高粱大。脾脏肿大2~3倍,被膜上有散在的出血点,脾髓软化,呈紫红色糊状。肾脏肿大,质软,肾外膜易剥离,上有针尖大至粟粒大的出血点。肝脏肿大,质脆,呈棕黄或棕红色,被膜上有出血点。胆囊肿大,为正常的2~3倍,充满浓稠胆汁。

6. 诊断 根据流行病学资料、临床症状、病理剖检变化可初步诊断,取血涂片在红细胞内查到虫体以及淋巴结穿刺在穿刺物中查到石榴体即可确诊。

7. 治疗

(1)磷酸伯氨喹啉(primaquine,PMQ) 剂量为每千克体重0.75~1.5mg,每日口服一次,连用3d。该药对环形泰勒虫配子体有迅速的杀灭作用,治疗2~3d后,染虫率可显著下降。

(2)三氮脒(Diminazene Aceturate,贝尼尔) 剂量为每千克体重7~10mg,配成7%溶液,分点作深部肌肉注射,每日一次,连用3次,如红细胞染虫率未下降,还可继续治疗2次。

(3)阿卡普林(Acaprin) 剂量为每千克体重0.6~1mg,配成5%溶液皮下注射。一般一次即可,必要时隔日再注射一次。

目前尚无针对环形泰勒虫的特效药物,在使用以上药物的同时还应采取强心、补液、止血、健胃等对症治疗,以及采用抗生素以防继发感染、加强护理等综合措施。

8. 预防 预防本病的关键是杀灭牛舍和牛体上的蜱。残缘璃眼蜱是一种圈舍蜱,在每年9~10月及4月采用灭蜱药物向圈舍、运动场及墙缝内喷洒灭蜱,在蜱活动季节采用人工捕捉或药物喷洒杀死牛体上的蜱。在引入牛时,应注意检疫防止引入病原或传播媒介(蜱)。在流行病区,可应用国产环形泰勒虫裂殖体胶冻细胞疫苗对牛进行预防接种。接种后20d即可产生免疫力,免疫持续时间可达一年以上。

(二)瑟氏泰勒虫病

瑟氏泰勒虫病是由瑟氏泰勒虫寄生于牛的红细胞内引起的一种血液原虫病。

1. 病原形态(图4-3-8) 瑟氏泰勒虫寄生于红细胞内的虫体,除有特别长的杆状形外,其他形态和大小与环形泰勒虫相似,也具有多形性,有杆形、梨形、圆环形、卵圆形、逗点形、圆点形、十字架形等各种形状,它与环形泰勒虫的主要区别点为:各种形态中以杆形和梨形虫体为主,占67%~90%。瑟氏泰勒虫的红细胞染虫率较环形泰勒虫的低,自然感染牛的染虫率为0.11%~7.6%,严重发病的牛可达33.5%。红细胞中虫体的数量与染虫率密切相关,染虫率高时,在红细胞中的虫体数量亦多,一般为1~7个,绝大多数红细胞中只有1~2个。

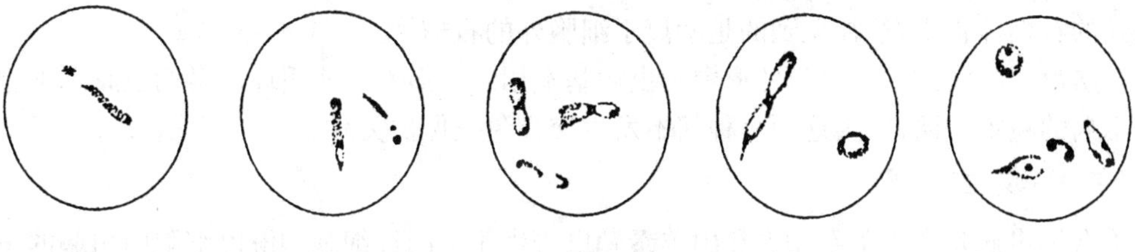

图4-3-8 红细胞内的瑟氏泰勒虫(仿 Yakimov V. L.)

2. 生活史 传播媒介为蜱,其生活发育过程尚未完全阐明。

3. 流行病学

(1)分布 本病分布于俄罗斯远东地区、朝鲜和日本等地,在我国吉林、辽宁、甘肃、河北、河南、湖北、湖南、贵州、云南、内蒙古等地均有报道。

(2)传播媒介 文献报道瑟氏泰勒虫的传播媒介为三种血蜱:即长角血蜱、嗜群血蜱(*Haemaphysalis concinna*)和日本血蜱(*H. japonica*)。在我国已证实长角血蜱为主要传播媒介,此外尚有青海血蜱。长角血蜱为三宿主蜱,以期间传播方式传播瑟氏泰勒虫。在自然条件下,长角血蜱的若蜱和成蜱均有传播泰勒虫的能力。长角血蜱每年只产生一个世代。在宿主体内寄生最多的季节是:若蜱在5月上旬,成蜱在6月下旬,幼蜱在8月下旬至9月上旬。主要以未吸血的若蜱在牛圈附近和牧场的石块下或杂草堆中越冬。长角血蜱主要生活在山野或农区,因此,瑟氏泰勒虫病主要在放牧条件下发生。

(3)发病季节 瑟氏泰勒虫病的流行具有明显的季节性,一年出现两次发病高峰。5月开始发病,6~7月份发病最多,形成第一个高潮。8月份减少,9月份又增加出现第二个高潮,10月份逐渐停止。

(4)牛发病特点 2~3岁的小牛最易感,年龄越大,发病率越低。在我国许多地区的瑟氏泰勒虫常与双芽巴贝斯虫、环形泰勒虫,有时也与边缘无形体(边缘边虫)混合感染,可使病情加重和死亡率增加。

4. 临床症状 潜伏期为15~35d。疾病呈现急性和亚急性两种类型。

(1)急性型 病牛体温升高至41.8℃,后急剧下降,在发病的第3~4d突然死亡。随着体温的升高,病牛食欲废绝,精神沉郁,产奶量剧减,心跳和呼吸加快。可视黏膜充血,常伴有点状或片状出血;腹前和肩前淋巴结肿大,发硬和疼痛。3~4d后,可视黏膜苍白或黄染。病牛迅速消瘦,随后全身黏膜和皮肤黄染加重,阴部、乳房及耳内侧面尤为明显。瘤胃蠕动减弱或停止;病牛卧倒,反应极度迟钝,最终导致死亡。

(2)亚急性型 体温升至39.6~39.8℃,持续1~2d。患牛食欲不振,喜卧,产奶量下降。然后体温恢复正常,症状消失。经5~16d后,病牛体温再度上升,伴有精神和食欲不振,产奶量下降,黏膜苍白或黄染,迅速消瘦,粪便干燥或腹泻,少数病例可见两侧体表淋巴结肿大。有些病例可出现第三、第四次甚至第五次体温升高,且症状越来越重。病牛恢复较慢,如不及时治疗,有可能导致死亡。

5. 病理变化 可视黏膜黄染;皮下组织和浆膜轻度黄染,并有出血点。血液稀薄,血凝不全。肝脏肿大,呈土黄色,胆囊中充满黄绿色油状胆汁。脾脏肿大。皱胃黏膜上有出血点和溃疡,小肠黏膜上有出血点,肠黏膜淋巴结出血。

6. 诊断 诊断方法与环形泰勒虫病基本相同。需注意的是做淋巴结穿刺时,在淋巴细胞内查到的石榴体很少,往往见到的是游离于细胞外的石榴体。

7. 防治 本病防治方法与环形泰勒虫病基本相同。但不能使用环形泰勒虫胶冻细胞疫苗进行本病的免疫预防,因为这两个种间不发生交叉免疫保护关系。

(三)羊泰勒虫病

羊泰勒虫病是由绵羊泰勒虫和山羊泰勒虫寄生于羊的红细胞和淋巴细胞内引起的一种血液原虫病,其中以山羊泰勒虫致病力最强,可引起羊的严重疾病,死亡率高,给养羊业造成很大的经济损失。

1. 病原 山羊泰勒虫寄生于绵羊和山羊的红细胞和淋巴细胞内。红细胞型虫体以圆形或卵圆形居多,约占80%,杆状形占18%,球菌形占2%。红细胞染虫率为0.5%~30%,最高达90%以上。在一个红细胞内一般只有一个虫体,有时可见达2~3个。石榴体寄生于脾脏和淋巴结的淋巴细胞中或游离于细胞之外。

2. 生活史 传播媒介为蜱,其生活发育过程尚未完全弄清楚。

3. 流行病学

(1)分布 本病分布于北非、东地中海沿岸、中东地区、前苏联南部和印度。在我国四川、甘肃、青海等省区均有报道。

(2)传播媒介 在我国,羊泰勒虫的传播媒介为青海血蜱。幼蜱和若蜱吸食了含有羊泰勒虫的血液,在成蜱阶段传播本病。

(3)发病季节 本病发生在4~6月,5月份为高峰。

(4)羊的发病特点 1~6月龄羔羊发病率高,死亡率也高;1~2岁羊次之,成年羊很少发病。在青海地区,成年羊和羔羊的发病率和死亡率都很高,绵羊和山羊的死亡率可达40%~100%。

4. 临床症状 潜伏期为4～12d。患羊体温升高至40～42℃，高热稽留，体温升高后出现流鼻液，呼吸迫促，反刍及胃肠道蠕动减弱或停止。结膜苍白或轻度黄染。常出现短时间的血红蛋白尿。全身体表淋巴结肿大，有痛感。羔羊常出现肢体僵硬，行走困难。

5. 病理变化 血液稀薄，皮下脂肪胶冻样，有点状出血。全身淋巴结呈不同程度肿胀，以肩前、肠系膜、肝、肺等处较为明显；肝、脾肿大，肺水肿。肾脏呈黄褐色，表面有结节和小点出血。皱胃黏膜上有溃疡斑和淤血点。

6. 诊断 根据流行病学资料，临床症状以及尸体剖解变化可初步诊断，在血片上找到虫体以及在淋巴结或脾脏涂片上发现石榴体即可确诊。

7. 治疗 可选用贝尼尔（三氮脒）、阿卡普林、咪唑苯脲和硫酸喹啉脲等药物治疗。贝尼尔剂量为每千克体重7～10mg，用蒸馏水配成1%～5%的溶液，肌肉注射，1～2次即可治愈，羊多无不良反应。

8. 预防 预防重点是灭蜱，在发病季节对羔羊可应用贝尼尔、阿卡普林、咪唑苯脲等进行药物预防。

附一 无形体病

无形体病又称边虫病，是经蜱传播的一种虫媒性疾病。

1. 病原 无形体在分类上属立克次氏体目、无形体科（Anaplasmataceae）、无形体属（*Anaplasma*），是一类专性寄生于脊椎动物红细胞中的无固定形态的微生物。常见致病性种类有四种：即边缘无形体（*A. marginale*），感染牛和鹿，可引起严重的无形体病；中央无形体（*A. centrale*），感染牛，引起轻度的无形体病；尾形无形体（*A. caudatum*），感染牛，也引起轻度无形体病；绵羊无形体（*A. ovis*），感染绵羊、山羊和鹿，引起重度或轻度的无形体病。

中央无形体分布在红细胞的中央；边缘无形体、尾形无形体和绵羊无形体分布在红细胞的边缘。血涂片经姬氏液染色后，无形体呈紫红色，瑞氏液染色呈浅红色，直径为0.2～0.9μm，呈杆形、球形、类球形或环状形，可能发生短链或者在红细胞上或在红细胞内集群。

无形体在牛的红细胞内以二分裂法进行繁殖。在传播者体内的发育过程尚不清楚。

2. 流行病学

（1）分布　牛无形体病在我国北京、河北、吉林、河南、上海、湖北、广东等地均有报道，羊无形体病在我国辽宁、新疆、内蒙古等地均有发生。

（2）传播媒介　在我国微小牛蜱是主要传播媒介，无形体可通过蜱卵将病原体传播给下一代，由下一代幼蜱传播。多种吸血昆虫如虻、厩蝇和蚊等都能机械地传播本病。消毒不严的外科手术器械和注射器等也能造成机械性的传播。

（3）发病季节　无形体病多发生于夏季和秋季。由于传播媒介蜱的活动具有季节性，故本病在6月份出现，8～10月份达高峰，11月份亦有个别病例发生。

（4）牛的发病特点　各种不同年龄和品种的牛有不同易感性。一般以纯种牛、杂种牛的高产乳牛的易感性最高，本地的水牛和黄牛常不发病。成年牛易感性高，青年牛较低，1岁以内的犊牛未见有自然发病者。本地牛和犊牛常呈隐性感染的带虫者，成为易感动物的传染源。母畜能通过血液和初乳将免疫力传给仔畜，使初生犊牛对本病有抵抗力。本病暴发时畜群的发病率高，引进牛的死亡率可达50%以上。患畜康复期长，且康复动物长期消瘦。

3. 临床症状 潜伏期较长,一般为 20 ~ 28d。本病大多呈急性经过,高热、贫血和黄疸是本病的主要症状。病初体温升达 40 ~ 41.5℃,呈间歇热型或稽留热型。患畜精神沉郁,食欲减退,反刍和肠蠕动迟缓,可视黏膜和皮肤苍白或黄染,粪便呈金黄色,无血尿。体表淋巴结可轻度肿大。血象变化十分明显,红细胞显著减少仅有 $0.9 \sim 10 \times 10^{12}/L$,血红蛋白也相应地减少至 0.2 以下。红细胞大小不均,并出现各种异形的红细胞。淋巴细胞明显增加(0.65 ~ 0.77),大单核和嗜酸性粒细胞增多,中性粒细胞减少。病程可持续 8 ~ 10d。病畜可因贫血和进行性消瘦而致心力衰竭死亡。

绵羊和山羊的无形体病常呈亚临床型,但山羊亦有急性病例发生。在临床上,无形体常与巴贝斯虫混合感染,但其临床症状与病理变化常出现在巴贝斯虫病的末期或其病程结束之后。

4. 病理变化 可视黏膜和皮肤苍白或黄染,血液稀薄如水。肝脏显著肿大,呈红褐色或黄褐色,胆囊肿大,胆汁浓稠,呈暗绿色。脾脏肿大 2 ~ 3 倍,切面呈暗红色颗粒状,实质软化。肺淤血水肿,心包积液,心脏肿大,心肌软而色淡。皱胃有出血性炎症病变。

5. 诊断 根据流行病学资料、临床症状、病理剖检变化和取血做病原学检查等进行综合诊断。此外,还可应用补体结合反应(CF)和毛细管凝集反应进行诊断,这两种方法均敏感性高,适用于牛、绵羊、山羊的检查。

6. 治疗 可以选用以下药物,同时结合强心、补液等对症治疗。

(1)四环素 剂量为每千克体重 6 ~ 10 mg,一次肌肉注射。

(2)土霉素 剂量为每千克体重 10mg,口服或肌肉注射,连用 12 ~ 16d。

(3)咪唑苯脲 剂量为每千克体重 5mg,配成 10% 溶液,肌肉注射,每日一次,连用 2 次。

(4)金霉素 剂量为每千克体重 10mg,口服,连用 30 ~ 60d。

此外,贝尼尔、黄色素、台盼蓝等药物,亦有一定的疗效。

7. 预防 控制和杀灭传播媒介(蜱)和其他吸血昆虫,加强畜群的定期检疫,对注射用具及外科器械等进行严格消毒。国外有使用无形体强毒活苗、减毒活苗或灭活苗进行本病免疫预防的报道。

附二 附红细胞体病

附红细胞体病(Eperythrozoonosis)是由附红细胞体寄生于动物的红细胞表面及血浆中所引起的一种以高热稽留、贫血和黄疸为主要临床特征的一种传染性疾病。

1. 病原 关于附红细胞体的分类问题,目前国内外尚有争议,但多数学者认为它属原核生物,其结构特点与支原体、立克次体相似,并将其列为立克次体目、无形体科、附红细胞体属。目前,国外有学者对猪附红细胞体(*Eperythrozoon suis*)16SrRNA 基因序列作了研究,结果表明它与支原体属的此基因序列非常接近,因此建议改名为猪嗜血性支原体(*Mycoplasma baemosuis*)。

附红细胞体呈球形、卵圆形、月芽形或逗点状、短杆状等多种形态,游离于血浆中做摇摆、扭转、翻滚等运动,但附于红细胞表面时则看不到运动,有时仅能看到红细胞的轻微晃动。一个红细胞上可能附有 1 ~ 15 个虫体,以 6 ~ 7 个最多,虫体大多位于红细胞边缘,被寄生的红细胞变形为齿轮状、星芒状或不规则形。由于折光关系,附红细胞体常闪闪发亮。如在涂片上加 1 滴 0.1% 稀盐酸,将红细胞溶解掉,则虫体的运动加强,呈前后爬行、上下翻滚、左右摇摆等。如在涂片上加 1 滴 1% 碘液则虫体运动停止。

附红细胞体的生活史尚未十分清楚，有人认为是二等分分裂的分裂生殖，亦有人认为是出芽生殖。

2. 流行病学　附红细胞体的生活史至今尚未弄清楚，其自然传播途径也不十分明确。主要报道的有接触性、血源性、垂直性及媒介昆虫传播等，由于该病多发生于每年的5~9月份，即与吸血昆虫大量繁殖的夏秋两季同步，在寒冷季节发病较少，因此国内外学者普遍认为节肢动物，特别是吸血昆虫在传播本病中起主要作用。此外，附红细胞体还可经胎盘垂直传播。附红细胞体对干燥和化学药品较敏感，0.5%石炭酸37℃ 3h可将其杀死；而对低温的抵抗力较强。目前本病已流行于30多个国家和地区，近年来，在我国的河南、河北、山东、山西、广东、四川、云南、重庆等各地区均有本病的发生与流行，危害的动物有马、牛、羊、猪、犬、兔等，其中对猪的危害最严重，可出现地方性暴发流行。

本病可发生于各龄猪，但以断奶仔猪，特别是被阉割后几周的仔猪容易被感染，长势好的架子猪发病率也较高；猪附红细胞体病多发生于夏秋季节，7~8月份为发病高峰期，但也有冬季发病的相关报道。近年来，河南、河北、四川、黑龙江等地相继报道了此病的大规模流行，仅2001年河北某3个市发病猪超过20万头，死亡数千头；据侯艳红报道，该病的发病率可达100%，其死亡率也可达60%以上。

3. 临床症状　动物附红细胞体病以高热、贫血、黄疸为主要临床症状。以猪为例：病猪体温升高至40.5~41.5℃长期稽留，精神极度沉郁，喜卧地不愿走动，食欲减退或废绝，眼结膜和皮肤苍白，发病仔猪尤其明显，急性感染的猪发病初期皮肤可能出现红斑或紫斑，压之不褪色，继而由于贫血症状加剧而出现皮肤苍白；尿液呈茶色或血红色，有的猪出现明显的黄疸症状。发病严重的猪皮肤皲裂，四肢交替糜烂，耐过的仔猪因生长发育受阻而变为僵猪。被附红细胞体感染的母猪可能出现繁殖障碍，母猪不发情或发情时间延长，流产，产弱仔等生殖机能下降。

4. 病理变化　皮肤及可视黏膜苍白或黄染，腹下及四肢内侧有紫红色出血斑；全身淋巴结肿胀，切面外翻；血液稀薄，不易凝固；各种黏膜及浆膜黄染，胸、腹部皮下脂肪轻度黄染；脾脏肿大1~2倍，质软，表面有粟粒大的丘疹样出血结节；肝稍肿大，土黄色，表面有灰白色区域或坏死点；胆囊肿大，胆汁黏稠；心肌似熟肉样，肉质碎，心外膜上有小点出血，心包积液；肺间质水肿；肾混浊肿胀，呈暗红色，质地脆，皮髓间界限不清，皮质内有出血点，肾盂水肿、出血，膀胱黏膜黄染，并有微细出血点；结肠、直肠黏膜上有粟粒大小、深陷的溃疡。

5. 诊断　根据流行病学资料、主要临床特征、病理变化及采血镜检查到病原可确诊。还可结合补体结合试验、间接血凝试验及荧光抗体试验等血清学方法进行辅助诊断。

（1）鲜血悬滴镜检法　取耳静脉血或心血1滴加2倍量生理盐水混匀，用盖玻片覆盖，光镜下可见红细胞上或血浆中有圆形或卵圆形的附红细胞体。

（2）血液涂片染色镜检法　附红细胞体对各类染色均易着色。通过姬姆萨染色，红细胞呈紫红色，附红细胞体有折光性，外围有白环。瑞氏染色时红细胞呈淡紫红色，附红细胞体呈淡天蓝色。每个红细胞上附着的附红细胞体数量各异，中度感染一般为6~7个；重度感染时可达20个以上，此时红细胞在暗视野下如同齿轮状。附红细胞体染色镜检形状与鲜血悬滴镜检相同，但是在制备血涂片前必须将血液加温至38℃，否则由于冷凝素的作用红细胞将发生凝集，这会使附红细胞体的辨认变得困难。

6. **治疗** 贝尼尔、黄色素、土霉素及四环素类抗生素对本病的治疗效果较好。在病情严重时，还应同时结合肌注维生素 B_{12} 或内服硫酸亚铁等以促进机体造血机能的恢复；用 VK_3、止血敏等止血；用安钠加等强心补液措施以对症治疗。

7. **预防** 杀灭媒介昆虫，消除能诱发本病的各种应激因素。在流行区或流行季节在饲料中添加对氨基苯胂酸、土霉素或四环素类抗生素等进行药物预防。

第四节 孢子虫病

动物孢子虫病是指由孢子虫纲、球虫亚纲中的寄生性原虫所引起的一类原虫病。其中与医学及兽医学有关的有：艾美耳科、隐孢子虫科、住肉孢子虫科、血变虫科、住白细胞虫科和疟原虫科等。

一、球虫病

球虫病（coccidiosis）通常指艾美耳科的原虫所引起的一类原虫病，分布极为广泛，哺乳类、鸟类、爬行类、两栖类、鱼类和某些昆虫都有球虫寄生。各种家畜、家禽以及一些野生经济动物都常有本病的发生与流行，其中以鸡、兔、火鸡、牛和猪的球虫病危害最大，尤其在幼龄动物中常发生广泛流行，引起大批动物的严重发病和死亡，给畜牧业造成巨大的经济损失。

（一）球虫的形态、发育与分类

1. **球虫卵囊的形态**（图 4－4－1） 卵囊（oocyst）是宿主粪便和在外界环境中所见到的球虫虫体，分为孢子化卵囊和未孢子化卵囊两种。未孢子化卵囊呈卵圆形或近似圆形，少数呈椭圆形或者梨形；多数无色或灰白色，个别种可带有黄色、红色或棕色；大小因种而异，多数长为 25～30μm，最大的可达 90μm，最小的只有 8～10μm。卵囊壁一般有两层，外层为保护性膜，结实，弹性大，化学成分类似角质蛋白；内层是由大配子在发育过程中形成的小颗粒构成的，化学成分属于类脂质。某些种在卵囊的一端有微孔（micropore），有些种在微孔上有极帽（polar cap）。在卵囊中含有一圆形的、呈颗粒状的、有核的原生质团，即合子。这种未孢子化卵囊在外界适宜的条件下完成孢子生殖，即成为孢子化卵囊。孢子化卵囊依据属的不同而含有不同数目的孢子囊和子孢子；孢子囊一般呈椭圆形、圆形或梨形，内含有一定数量的子孢子，一些种在孢子囊的一端有一折光性小体，称为斯氏体（stieda body）；子孢子呈香蕉形或逗点形，中央有一个核，在两端可见有强折光性的、球状的折光体（refractile grobule）；有些种的孢子囊内子孢子之间有一团颗粒状的团块，称为孢子囊残余体（sporocystic residual body）或称内残余体；有的种类在卵囊内孢子囊之间有一团颗粒状的团块，称为卵囊残余体（oocyst residual body）或称外残余体；有些种在接近微孔处有 1～3 个清晰的折光小粒，称为极粒（polar granule）。

每个属的球虫卵囊内的孢子囊和每个孢子囊中含有的子孢子的数目是恒定的，而不同的属则有差异。并以此作为艾美耳科中各属鉴定的主要依据。球虫卵囊的形态特征是球虫虫种鉴定的主要依据之一。在鉴定虫种时，应着重观察：卵囊外形、大小、色泽，卵囊外膜的形状，有无极粒与微孔，有无卵囊残体；孢子囊大小和形状，是否有斯氏体及孢子囊残体；子孢子的大小和形状。

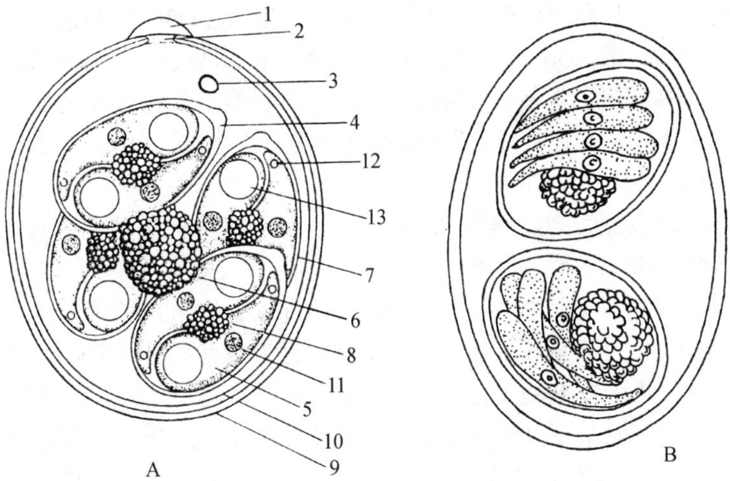

图 4-4-1　艾美耳属与等孢属球虫孢子化卵囊（仿 Levine 1985）

A. 艾美耳属球虫卵囊　B. 等孢属球虫卵囊

1. 极帽　2. 卵膜孔　3. 极粒　4. 斯氏体　5. 子孢子　6. 卵囊残体　7. 孢子囊　8. 孢子囊残体　9. 卵囊壁外层　10. 卵囊壁内层　11. 子孢子核　12. 小折光体　13. 大折光体

卵囊的长度和宽度的平均值是鉴定每种球虫卵囊的主要依据之一。每个卵囊的大小常有一定的范围，不同种之间又常有相互交叉重叠的现象。但某些种类的卵囊特别大或特别小，仍可以作为鉴定的特征。卵囊的长度和宽度之间的关系，常用"形状指数"（shape index）即卵囊指数来表示。"形状指数"即卵囊的平均长度/平均宽度的值，每种卵囊常具有一恒定的"形状指数"。除参考卵囊的形态特征之外，在进行每一种球虫完整的鉴定时，尚需考虑其在机体内的寄生部位、眼观病变的性质、孢子化完成的最短时间，潜在期的长短和虫体在细胞内的寄生位置，必要时还需进行交叉免疫感染试验和采用分子生物学技术进行种类的鉴定。

2. **球虫的发育**（图 4-4-2）　球虫的发育属直接发育型，不需要中间宿主，但发育过程复杂，具有无性繁殖和有性繁殖的交替，而且必须转移宿主后才能继续下一世代的发育。

每种动物的各种球虫的寄生部位、潜在期和裂殖生殖代数各不相同，但球虫生活史的基本过程是相同的，都包括孢子生殖、裂殖生殖和配子生殖三个阶段。孢子生殖在外界环境中进行，故称为外生性发育阶段；其余两个发育阶段在动物体内的寄生部位的上皮细胞内进行，故称为内生性发育阶段。孢子生殖和裂殖生殖是无性生殖，配子生殖是有性生殖。

（1）孢子生殖　不具有感染能力的未孢子化卵囊随宿主粪便排至外界，在适宜的温度、湿度及有氧条件下进行孢子生殖（又称为孢子化），卵囊内的孢子体（sporont，即原生质团）经分裂形成孢子囊和子孢子，其孢子囊的个数及每个孢子囊内的子孢子数则依属的不同而异。含有成熟子孢子的卵囊即对宿主具有感染能力，称为感染性卵囊（或称为孢子化卵囊）。孢子生殖所需的时间随球虫种类不同而异，常为 24～72h；同一种球虫发育所需的时间则因温度的不同而有差异。如柔嫩艾美耳球虫（*E. tenella*）在 29℃ 下为 18h，26～28℃ 为 21h，20℃ 以下为 24h，但大部分球虫卵囊孢子化过程在 29℃ 下需要 22～24h；若温度低于 8℃ 或高于 35℃ 及低氧情况下，孢子化过程不能完成。

（2）裂殖生殖　当感染性卵囊被动物摄入后，进入小肠中，由于无氧环境、胆汁和胰蛋白酶等因素的作用,子孢子从卵囊内逸出,直接或借助于白细胞的转移而侵入上皮细胞内,逐渐增大变圆发育为滋养体(trophozoite)。滋养体经裂殖生殖,形成数十个或更多的裂殖子。第一代裂殖子从裂殖体中释出时,常使上皮细胞遭到破坏,裂殖子又侵入新的尚未感染的上皮细胞,进行第二代裂殖生殖。如此反复,使上皮细胞遭受严重破坏,引起疾病的发作。每种球虫具有的裂殖生殖代数是相对稳定的,多数种类为 2 ~4 代。同时,每种球虫所产生的裂殖子数量也同样具有相对的稳定性,例如:柔嫩艾美耳球虫,每个第一代裂殖体大约产生 900 个裂殖子,第二代产生 200 ~350 个,第三代产生 4 ~30 个。

(3)配子生殖 经过一定代数的无性生殖后,就进入有性繁殖的配子生殖阶段。末代裂殖生殖产生的裂殖子中,大部分侵入新的上皮细胞发育为含有大量原生质的大配子体,进而发育为大配子;小部分侵入上皮细胞发育为含少量原生质的小配子体,再由小配子分裂形成许多具有 2 ~3 根鞭毛、能运动、呈新月形的小配子。成熟的小配子离开宿主细胞,利用鞭毛进行游动,钻入含有大配子的宿主细胞,使大配子受精成为合子。再由大配子细胞质内的二类囊壁形成体(wall—forming bodies)形成二层被膜围绕于合子周围,即成为卵囊。刚形成的卵囊,原生质团充满整个卵囊,然后原生质团逐渐浓缩为球形并与卵囊壁之间形成空隙,这种未孢子化卵囊随寄生细胞的破裂而进入肠腔,随宿主粪便排至外界,重复进行上述三个阶段的发育。

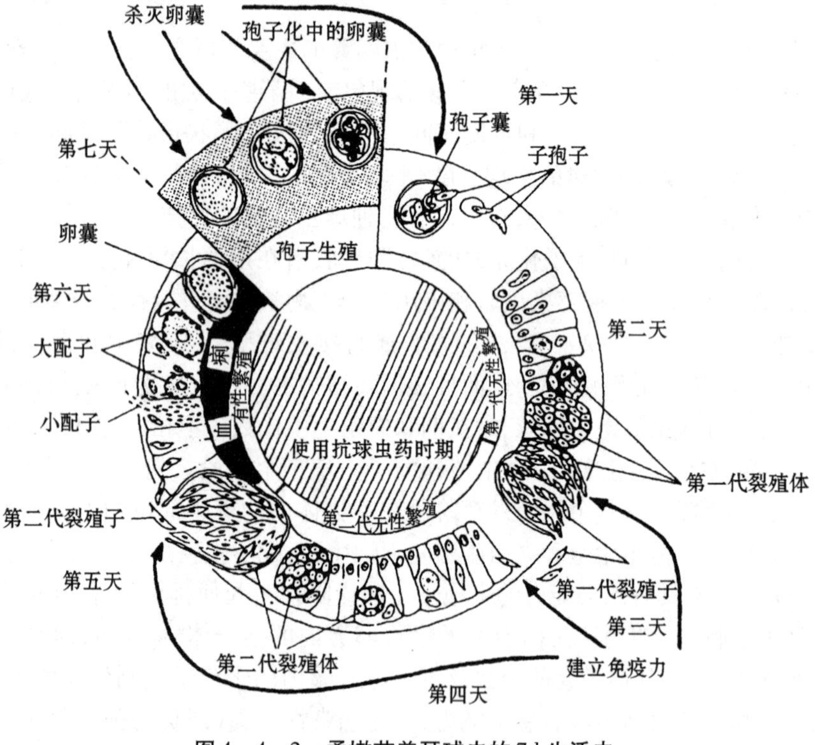

图 4 -4 -2 柔嫩艾美耳球虫的 7d 生活史

大多数种类的球虫寄生于动物的肠道上皮细胞内,引起宿主的肠道球虫病;斯氏艾美耳球虫(*Eimeria stiedai*)寄生于兔的胆管上皮细胞内,引起兔的肝球虫病;截形艾美耳球虫(*E. truncata*)寄生于鹅的肾小管上皮细胞内,引起鹅的肾球虫病。球虫对宿主的感染为自限性的,在不发生重复感染时,它们在宿主体内的固有寄生部位完成裂殖生殖和配子生殖后,形成未孢子化卵囊排至外界继续进行孢子生殖。从宿主食入感染性卵囊到粪便中出现新世代卵囊所需的时间称为潜在期(prepatent period),也称为潜隐期或显露前期。球虫为专性寄生虫,每种球虫只能寄生于各自的专性宿主体内,而不会引起其他动物的感染。

3. **分类**　寄生于家畜、家禽的球虫,在分类上属孢子虫纲、球虫亚纲、真球虫目、艾美耳亚目、艾美耳科中的一些种类。我国发现于家畜、家禽的球虫分属于以下四属,其特征如下:

(1)艾美耳属(*Eimeria*)　每个孢子化卵囊内有4个孢子囊,每个孢子囊内含2个子孢子。种类很多,可以感染多种动物,如鸡、鸭、鹅、兔、牛、猪、马、骆驼等。其他鸟类及哺乳类也多有寄生。

(2)等孢属(*Isospora*)　卵囊含有2个孢子囊,每个孢子囊含4个子孢子。种类较多,可以感染多种动物。对猪、犬、猫等及犬科与猫科野生动物危害较大。

(3)温扬属(*Wenyonella*)　卵囊有4个孢子囊,每个孢子囊含4个子孢子。主要为鸭的球虫。

(4)泰泽属(*Tyzzeria*)　卵囊含有8个裸露的子孢子,无孢子囊。为鸭和鹅的球虫。

(二)鸡球虫病

鸡球虫病为一种全球性的原虫病,是对养鸡业危害最严重的疾病之一,常呈暴发性流行。目前已被美国农业部列为对禽类危害最严重的五大疾病之一。本病分布很广,多危害15~50日龄的雏鸡,发病率高达50%~70%,死亡率为20%~30%,严重者高达80%。成年鸡多为带虫者,对增重和产蛋有一定的影响。一些感染鸡群不产生明显的临床型球虫病,造成的隐性感染所带来的损失可能更大,而应用药物防治及研制新药等造成的间接损失更是难以估量。全球养禽业每年因为球虫病造成的损失高达数十亿美元。

1. **病原形态**　世界公认的鸡美耳球虫有7种,在我国均有发现。各种的特征如下:

(1)柔嫩艾美耳球虫(*Eimeria tenella*)　卵囊多为宽卵圆形,少数为椭圆形,大小为19.5~26.0μm×16.5~22.8μm,平均为22.0μm×19.0μm;卵囊指数为1.16;原生质呈淡褐色,囊壁淡绿色;最短孢子化时间是18h。最短潜隐期为115h。

主要寄生于盲肠以及附近区域,是致病力最强的一种球虫。常在感染后的第五天及第六天引起宿主的盲肠严重出血和高度肿胀,后期出现干酪样肠芯,因此柔嫩艾美耳球虫又称盲肠球虫。

(2)毒害艾美耳球虫(*Eimeria necatrix*)　卵囊为卵圆形,大小为13.2~22.7μm×11.3~18.3μm,平均为20.4μm×17.2μm;卵囊指数为1.19;卵囊壁光滑、无色;最短孢子化时间为18h;最短潜隐期为138h。其裂殖生殖阶段主要寄生于小肠中1/3段,尤以卵黄蒂前后最为常见,严重时可扩展到整个小肠,是小肠球虫中致病性最强的,其致病性仅次于盲肠球虫。第二代裂殖子向小肠后部移动,在盲肠的上皮细胞内进行配子生殖。

(3)堆形艾美耳球虫(*Eimeria acervulina*)　卵囊卵圆形,大小为17.7~20.2μm×13.7~16.3μm,平均为18.3μm×14.6μm,卵囊壁淡黄绿色。最短孢子化时间为17h。最短潜隐期为97h。

主要寄生于十二指肠和空肠,偶尔延及小肠后段。

(4)布氏艾美耳球虫(*Eimeria brunetti*)　卵囊大小为20.7~30.3μm×18.1~24.2μm,平均大小为18.8~24.6μm。卵囊指数为1.31。最短孢子化时间为18h。最短潜隐期为120h。

寄生于小肠后部、盲肠和回肠。第一代和第二代裂殖生殖主要在十二指肠后1/5处。第三代裂殖生殖和卵囊形成主要在空肠、回肠和盲肠近端进行，其中以回肠和盲肠居多。

(5)巨型艾美耳球虫(*Eimeria maxima*) 卵囊大，是鸡球虫中最大者。卵圆形，一端圆钝，一端窄。大小为21.75～40.5μm×17.5～33.0μm。卵囊指数为1.47。卵囊黄褐色，囊壁浅黄色。最短孢子化时间为30h。最短潜隐期为121h。寄生于小肠，以中段为主。

(6)和缓艾美耳球虫(*Eimeria mitis*) 小型卵囊，近球形。卵囊大小为11.7～18.7μm×11.0～18.0μm，平均大小为15.6μm×14.2μm。卵囊指数为1.09。卵囊壁为淡黄绿色，初排出时的卵囊，原生质团呈球形，几乎充满卵囊。最短孢子化时间是15h。最短潜隐期为93h。寄生于小肠前半段，病变一般不明显，但现已证明，该虫种可引起增重不良。

(7)早熟艾美耳球虫(*Eimeria praecox*) 卵囊呈卵圆形或椭圆形，大小为19.8～24.7μm×15.7～19.8μm，平均为21.3μm×17.1μm。卵囊指数为1.24。原生质无色，囊壁呈浅绿色。最短孢子化时间是12h。最短潜隐期为83h。寄生于小肠前1/3部位。致病性不明显，但严重感染时可引起饲料转化率的降低。

2. 流行病学

(1)宿主与分布 鸡球虫是宿主特异性和寄生部位特异性都很强的原虫，鸡是各种鸡球虫的唯一宿主。鸡球虫呈世界性分布，凡养有鸡的地方，均有鸡球虫存在。各种球虫的致病性不同，以柔嫩艾美耳球虫的致病性最强，其次是毒害艾美耳球虫，但生产中多是一种以上的球虫混合感染。

(2)发病日龄 各品种和日龄的鸡都有易感染性。球虫病一般暴发于3～6周龄的雏鸡，2周龄以内的雏鸡很少发病，毒害艾美耳球虫常危害8～18周龄的鸡。

(3)传染源与感染途径 成年鸡感染后常不发病，多为带虫者而成为传染源；患病耐过的鸡排卵囊可达数月之久，因而是主要传染源。

卵囊对恶劣的外界环境条件和消毒剂具有很强的抵抗力。在土壤中可存活4～9个月，在有树荫的运动场可存活15～18个月。温暖潮湿的地区有利于卵囊的发育，在合适的温度(20～30℃)、湿度和氧气条件下，经过18～30h发育为孢子化卵囊；但卵囊对低温、高温和干燥的抵抗力较弱，55℃和冰冻的条件下可很快杀死卵囊。

鸡通过摄入有活力的孢子化卵囊遭受感染，被粪便污染过的饲料、饮水、土壤或器具等都有卵囊的存在；其他动物、尘埃和管理人员，都可成为球虫的机械传播者。

(4)流行季节 本病多在温暖潮湿的季节流行。在我国南方从3月份开始到11月份末为流行季节，3～5月份最严重；而北方，4～9月份为流行季节，以7～8月份最为严重。但在全年孵化的养鸡场及笼养的现代化鸡场，一年四季均可发生本病。

(5)诱发因素 饲养管理条件不良和营养缺乏均能促使本病的发生。拥挤、潮湿或卫生条件恶劣的鸡舍最易发病。

3. 致病作用、病理变化与临床症状 当球虫在肠上皮细胞内进行裂殖生殖时引起肠管发炎和大量上皮细胞崩解、脱落，以致使肠管的分泌、运动及吸收功能发生障碍。肠壁的炎症和血管破坏则使大量的体液和血液流入肠管内。病鸡可见消瘦、贫血和血痢等症状。进入肠腔的炎性产物、上皮细胞等在肠道微生物的作用下发生腐败分解，产生的大量有毒物质蓄积在肠管中引起机体自体中毒，表现为精神沉郁、昏迷及足、翅的轻瘫。肠黏膜被损伤后为病原微生物和肠内有毒物质侵入机体打开了门户，导致各种继发性感染。其临床症状及病理剖解变化按病程长短可分为急性型和慢性型。

(1)急性球虫病

①盲肠球虫病:由柔嫩艾美耳球虫引起,对3~6周龄的雏鸡致病性最强。在裂殖生殖阶段发病,感染后4~5d,鸡突然排泄大量血便,甚至排出鲜血,贫血明显,病鸡战栗,拥挤成堆,精神不振,翅下垂,弓腰,下痢,体温下降;食欲废绝,运动迟钝,呆立于鸡舍角落呈假睡状。在发生血便的1~2d内,鸡大批死亡,第七天多停止出血,第八天已不再有血便。严重感染时,死亡率可高达80%。存活的鸡则逐渐康复。病理剖检变化为:视病程的发展可见盲肠高度肿大,肠腔中充满大量血液或血凝块和脱落的黏膜碎片。到感染后第六天和第七天,盲肠中的血液和脱落黏膜逐渐变硬,形成红色或红、白相间的肠芯,盲肠显著萎缩,长度与直肠相近或短,内容物很少,呈樱红色。

②小肠球虫病:由毒害艾美耳球虫引起,通常发生于2月龄以上的中雏鸡,它在小肠肠壁深层进行裂殖生殖,在盲肠内进行配子生殖。感染后4~5d,鸡突然排出大量带黏液的血便而出现死亡,第七天达高峰,病程可延续12d。重感染在1~2d内死亡,临床症状与盲肠球虫相同。死亡率仅次于盲肠球虫。发病后幸存的鸡,体质衰弱,不能迅速恢复。病理剖检变化为:可见小肠中部高度肿胀或气胀,有时可达正常时的2倍以上,这是本病的重要特征。小肠黏膜上有无数粟粒大的出血点和灰白色坏死灶,黏膜肿胀增厚,小肠内容物中含有多量的血液、血凝块和坏死脱落的上皮细胞或大量干酪样物质,小肠的长度缩短到约正常的一半,而粗细增大两倍以上。

(2)慢性球虫病　一般由除柔嫩艾美耳球虫和毒害艾美耳球虫以外的其他5种球虫引起。慢性型病程较长,症状与急性型相似,但不明显。

①堆形艾美耳球虫:有较强的致病性,病变主要集中于十二指肠。轻度感染时,病变局限于十二指肠袢,呈散在局灶性灰白色病灶,横向排列呈梯状。严重感染时可引起肠壁增厚和病灶融合成片。病变可从浆膜面观察到,病初黏膜变薄,覆以横纹状白斑,外观呈梯状;肠道苍白,含水样液体。

②布氏艾美耳球虫:具有较强的致病性。每只鸡感染0.5万个卵囊即可明显影响鸡只增重,感染10万~20万卵囊可导致10%~20%的死亡率。病变主要发生于小肠至直肠部位,浆膜面可见肠系膜血管和肠壁充血,肠道变薄,呈粉红色至暗红色,肠黏膜出血,肠内容物以黏液和少量血液为主。感染后第五天至第七天,整个小肠呈现干酪样的侵蚀,粪便中有凝固的血液和黏膜碎片。

③巨型艾美耳球虫:具有中等程度的致病力。临床常见严重的消瘦、苍白、羽毛蓬松、食欲不振和下痢。感染20万个卵囊可引起死亡。病变:剖检可见肠腔胀气、肠壁增厚,肠道内有黄色至橙色的黏液和血液。无性繁殖阶段虫体寄生于小肠上皮细胞的浅层,对组织的损伤较轻微;在感染后5~8d,有性繁殖阶段在肠壁深部进行,引起肠壁充血、水肿,形成淤斑,严重者肠黏膜大量崩解。

④和缓艾美耳球虫:致病性较轻,可引起增重和失去色素,近年来的研究表明,本种所引起的亚临床型球虫病对增重和饲料转化率有较大的影响。但缺乏特征性病变,故往往被忽略或误诊。剖检病鸡时,可见小肠下段苍白。做黏膜涂片,在显微镜下可见大量小型卵囊,根据其卵囊的形态特点即可与其他球虫相区别。

4.诊断　可用饱和盐水漂浮法和直接涂片法检查粪便中的球虫卵囊。对病死鸡尸,还可刮取肠道黏膜检查有无各发育阶段虫体。但由于鸡的带虫现象非常普遍，所以仅在粪便和肠壁刮取物中检获卵囊及各发育阶段虫体，不足以作为鸡球虫病的诊断依据。正确的诊断必须根据粪便检查、临床症状、流行病学调查和病理变化等多方面因素加以综合判断。

5. 治疗 鸡场一旦发生球虫病，应及时进行治疗。常用的治疗药有：

(1)磺胺二甲基嘧啶(SM_2) 按0.1%浓度饮水给药，连用2d；或按0.05%浓度饮水，连用4d，休药期为10d。

(2)氨丙啉(Amprolium) 按0.012%～0.024%浓度混入饮水，连用3d，休药期为5d。

(3)磺胺二甲氧嘧啶(SDM) 按0.05%浓度饮水，连用6d，休药期为5d。

(4)百球清(Baycox) 2.5%溶液，按0.0025%浓度混入饮水，即1L水中加入百球清1ml，连用3d。

(5)磺胺氯吡嗪(Esb_3，商品名为三字球虫粉) 按0.03%浓度混入饮水，连用3d，休药期为5d。

(6)磺胺喹噁啉(SQ) 按0.1%混入饲料，喂2～3d，停药3d后用0.05%混入饲料，喂药2天，停药3天，再给药2天，无休药期。

6. 预防 传统的方法主要是药物预防，即从鸡出壳后第一天即开始使用抗球虫药，但由于耐药性和药物残留问题的困扰，近年来人们越来越重视免疫预防。

(1)药物预防 用于球虫病预防的药物有数十种。

①常用药物：

氨丙啉(Amprolium)：按0.0125%浓度混入饲料，鸡的整个生长期都用药，无休药期。

尼卡巴嗪(Nicarbazinum)：按0.0125%浓度混入饲料，休药期4d。

氯苯胍(Robenidine)：按0.0033%浓度混入饲料，休药期5d。

马杜拉霉素(Maduramycin)：按0.0005%～0.0007%浓度混入饲料，无休药期。

拉沙里菌素(Lasalocid)：按0.0075%～0.0125%浓度混入饲料，休药3d。

莫能菌素(Monensin)：按0.01%浓度混入饲料，无休药期。

盐霉素(Salinomycin)：按0.005%～0.006%浓度混入饲料，无休药期。

常山酮(Halofuginone)：按0.0003%浓度混入饲料，休药期5d。

氯氰苯乙嗪(地克珠利，Diclazuril)：按0.0001%浓度混入饲料，无休药期。

克球粉(Clopidol) 按0.0125%混入饲料，无休药期；按0.025%混入饲料，休药期为5d。

那拉菌素(Narasin) 按0.005%～0.007%混入饲料，无休药期。

②用药方案：各种抗球虫药连续使用一定时间后，都会产生不同程度的耐药性。为了提高抗球虫药的预防效果，减缓耐药性的产生，延长其使用寿命，对肉鸡常采用下列两种用药方案：

穿梭用药：在同一个饲养期内，换用2种或3种不同性质的抗球虫药，即开始时使用一种药物，至生长期时使用另一种药物。常常是将化学合成类药和离子载体抗生素类药物穿梭应用。

轮换用药：季节性地或定期地变换用药，即每隔3个月或半年或一、二年改换一种抗球虫药。

(2)免疫预防 由于球虫耐药性的不断产生和肉蛋产品的药物残留问题，造成预防失败及影响消费者的健康，使得药物预防越来越受到限制。因此，免疫预防愈来愈受到重视。目前已有数种球虫疫苗，主要分为两类：强毒虫苗和弱毒虫苗。其中国际上已有4种商品化疫苗大量使用，它们是：Coccicox(美国)、Immucox(加拿大)、Paracox(英国)、Livacox(捷克)；前两种是由未致弱的活卵囊制成的强毒虫苗，第三种是由早熟致弱虫株制成的弱毒苗，第四种是由鸡胚致弱虫株和早熟致弱虫株混合制成的弱毒苗。这些球虫苗已在生产中取得了较好的预防效果。国内一些科研单位和大专院校也研制有两类疫苗的试产品，供生产上试用。

（3）一般的卫生消毒措施　对鸡球虫病的预防应以药物预防和疫苗免疫为主，但注意环境的清洁卫生和消毒工作，以减轻鸡场的污染程度，无疑对防止鸡球虫病的发生也是有益的。这方面的措施包括：雏鸡与成年鸡分群饲养；保证饲料、饮水的清洁卫生，防止被鸡粪污染；注意鸡舍、运动场、鸡笼和饲养用具的清洁消毒工作；鸡粪、垫料应堆积发酵或焚烧；加强营养，给予全价饲料，增强鸡只的抵抗力等等。

（三）鸭球虫病

家鸭球虫病是由艾美耳属、泰泽属、温扬属和等孢属的多种球虫寄生于肠道和肾脏引起的。常为数种混合感染致病。我国已报道了4属18种。其中仅绒鸭艾美耳球虫（*Eimeria somateriae*）寄生于肾小管上皮细胞，其余17种均寄生于肠黏膜上皮细胞。进行了深入研究的是由毁灭泰泽球虫（*Tyzzeria perniciosa*）和菲莱氏温扬球虫（*Wenyonella philiplevinei*）所引起的北京鸭球虫病，该病在北京地区的发病率为30%～90%，死亡率为20%～70%，耐过的病鸭生长发育受阻，增重缓慢，对养鸭业危害甚大。

1. 病原形态

（1）菲莱氏温扬球虫（图4－4－3）　卵囊大，卵圆形，浅蓝绿色。卵囊大小为13.3～22μm×10～12μm，平均为17.2×11.4μm，卵囊指数为1.5。孢子化卵囊内含有4个孢子囊，每个孢子囊内含有4个子孢子。

（2）毁灭泰泽球虫（图4－4－3）　卵囊椭圆形，浅绿色。无微孔，大小为9.2～13.2μm×7.2～9.9μm，平均为11×8.8μm。卵囊指数为1.2。孢子化卵囊内无孢子囊，8个裸露的子孢子游离于卵囊内。

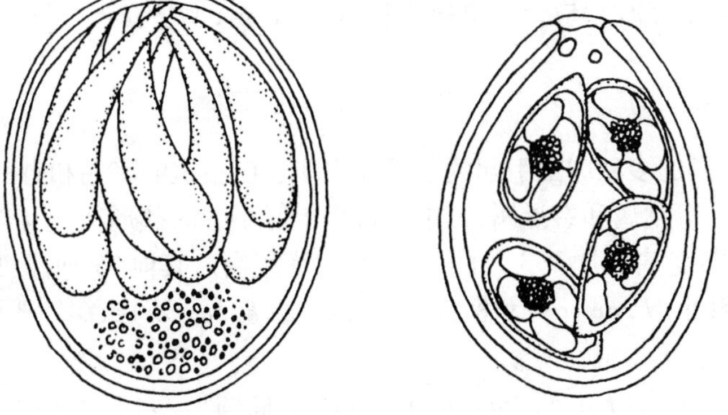
1　　2

图4－4－3　鸭球虫（仿殷佩云等）

1. 毁灭泰泽球虫　2. 菲莱氏温扬球虫

2. 生活史　毁灭泰泽球虫和菲莱氏温扬球虫均寄生于小肠上皮细胞内，发育过程与鸡球虫类似。

3. 流行病学　本病为病鸭或带虫鸭粪便污染饲料、饮水、土壤和用具等引起鸭的感染。本病主要发生于北京鸭，流行于北京及天津等地区的一些鸭场，流行季节为4～11月份，其中以9～10月份发病率最高。各种年龄段的鸭均可感染，但以雏鸭发病最多，死亡率也高。当雏鸭在2～6周龄时，由网上转为地面平养，接触地面和粪便，迅速感染大量球虫卵囊，4～5d后常暴发球虫病。

4. 临床症状和病理变化 毁灭泰泽球虫和菲莱氏温扬球虫均寄生于小肠上皮细胞内，前者致病性较强，后者致病性轻微，临床上多为混合感染，对雏鸭危害较大。人工感染后第四天，病鸭出现精神委顿，缩脖，食欲下降，渴欲增加，拉稀，随后排血便，粪便呈暗红色，腥臭。临床上发病当日或第二、第三天出现死亡，死亡率为20%～30%，严重感染时可达80%，耐过病鸭生长发育受阻。成年鸭很少发病，但常常成为球虫的携带者和传染源。

毁灭泰泽球虫常引起严重的病变，小肠上有密集的出血点，或上覆一层麸糠样或奶酪样黏液，或者是红色胶冻样黏液。菲莱氏温扬球虫的致病性较弱，仅见回肠后部和直肠轻度充血，偶尔回肠后部黏膜上有散在出血点，严重者直肠黏膜弥漫性充血。

5. 诊断 应根据临床症状、流行病学、病理变化和查到球虫进行综合判断。在检查病原时，对死亡的雏鸭，可进行病理剖解和小肠黏膜涂片发现各发育阶段虫体；对耐过的病鸭或慢性病例可用饱和硫酸镁（浓度56%）溶液做粪便漂浮检查卵囊。

6. 防治

（1）预防药物

①磺胺-6-甲氧嘧啶（SMM）：按0.1%浓度混入饲料，连喂5d，停3d，再喂5d。

②复方磺胺-6-甲氧嘧啶[SMM+三甲氧苄氨嘧啶（TMP），二者比例为5∶1]：按0.02%浓度比例混入饲料，连喂5d，停3d，再喂5d。

③克球粉（Clopidol）：按0.05%浓度混于饲料中，连喂10d。

当发生球虫病时，用预防量的2倍进行治疗，连用7d，停3d，再用7d。

（2）加强饲养和卫生管理 保持鸭舍干燥和清洁，定期清除鸭粪，防止饮水及其用具被鸭粪污染。球虫病流行严重时，应定期更换垫料，铲除表土，换垫新土。饲槽和饮水用具等应经常消毒。

（四）鹅球虫病

鹅球虫病是由鹅的多种球虫引起的一种原虫病。已报道的家鹅和野鹅球虫有16种之多，分别属于艾美耳属、等孢属和泰泽属，其中以寄生于肾小管的截形艾美耳球虫（*Eimeria truncata*）致病性最强，主要危害3周至3月龄幼鹅，死亡率很高。其他15种球虫均寄生于肠道上皮细胞，以鹅艾美耳球虫（*E. anseris*）和柯氏艾美耳球虫（*E. kotlani*）致病性较强。

1. 病原形态

（1）截形艾美耳球虫（*Emeria truncata*） 卵囊呈椭圆形，大小为14～27μm×12～22μm，前端截平，较狭窄。囊壁光滑，具微孔及极帽。孢子囊具有残体。寄生于肾脏的肾小管上皮细胞，引起雏鹅严重死亡。

（2）鹅艾美耳球虫（*E. anseris*） 卵囊呈球状，大小为16～24μm×13～19μm，顶端截平，囊壁一层，光滑无色。具微孔。孢子囊呈卵圆形，大小为8～12μm×7～9μm。寄生于小肠后段，严重时可延至盲肠和直肠。

（3）柯氏艾美耳球虫（*E. kotlani*）：卵囊呈椭圆形，一端较狭小，淡黄色，卵囊壁两层，大小为27.5～32.8μm×12～22μm,卵囊指数为1.37。具微孔和极粒。无外残体,内残体呈散开的颗粒状。孢子囊大小为14.9μm×9.4μm。寄生于小肠后段、直肠,严重时可延至盲肠、泄殖腔和小肠中段。

2.生活史 截形艾美耳球虫的生活史至今尚不清楚。虫体从肠道移行至肾脏的途径也未阐明,仅在肾脏和靠近与输尿管及输尿管联合处的泄殖腔处发现卵囊和内生性发育阶段的虫体。柯氏艾美耳球虫的内生发育中有4代裂殖生殖阶段及1代配子生殖阶段。

3.临床症状和病理变化 截形艾美耳球虫寄生于肾脏,幼鹅感染后常呈急性经过,临床表现精神萎靡、衰弱、腹泻、粪便带白色和食欲缺乏、眼迟钝和下陷,严重者由于肾功能障碍而导致死亡,幼鹅死亡率可高达87%。其病理变化为:肾脏的体积可肿大至大拇指大,从荐骨床突出,由正常的红褐色变为淡灰黄色。可见针尖大小的灰白色病灶和出血斑,其中含有大量的卵囊和尿酸盐沉积物。肾小管膨胀达正常的5～10倍,管中涨满将要排出的球虫卵囊、崩解的宿主细胞和尿酸盐。病灶区出现嗜伊红细胞和坏死组织。虫体将宿主细胞核挤在一边,使宿主细胞明显增大。

鹅肠道球虫常混合感染,当鹅患病时,临床上出现消化紊乱,表现为食欲下降,腹泻,出血性肠炎等。剖检可见小肠充满稀薄的红褐色液体。小肠中段和下段的卡他性出血性炎症最严重,也可能出现大的白色结节或纤维素性、坏死性肠炎,假膜下有大量的卵囊和内生性发育阶段虫体。

4.治疗 主要应用磺胺类药物治疗鹅球虫病,如磺胺二甲基嘧啶(SM_2)、磺胺-6-甲氧嘧啶(SMM)等,剂量可参照鸡和鸭球虫病。其他药物如氨丙啉(Amprolium)、克球粉(Clopidol)、球痢灵(Zoalene)、尼卡巴嗪(Nicarbazine)、盐霉素(Salinomycin)和氯苯胍(Robenidine)等均有较好的效果。

5.预防 幼鹅与成鹅分开饲养,放牧时避开高度污染地区。在幼鹅尚未产生免疫力之前,应尽量避开靠近水和含有大量卵囊的潮湿地段。在流行地区的发病季节,可用药物控制球虫病。

(五)兔球虫病

兔球虫病是由艾美耳属的多种球虫寄生于家兔的肠道和肝脏所引起的一种原虫病,是家兔的一种常见、多发性疾病,为严重危害家兔的主要疾病之一。本病主要发生于6月龄以内的兔,感染率可达100%,其中对1～3月龄以内的兔侵害最严重,死亡率可高达80%左右。患病耐过的兔生长发育严重受阻。

1.病原形态(图4-4-4) 据国内外文献记载,寄生于兔的球虫有15种,即斯氏艾美耳球虫(*Eimeria stiedai*)、穿孔艾美耳球虫(*E. perforans*)、中型艾美耳球虫(*E. media*)、大型艾美耳球虫(*E. magna*)、梨型艾美耳球虫(*E. piriformis*)、无残艾美耳球虫(*E. irresidua*)、新兔艾美耳球虫(*E. neoleporis*)、盲肠艾美耳球虫(*E. coecicola*)、肠艾美耳球虫(*E. intestinalis*)、黄艾美耳球虫(*E. flavescens*)、小型艾美耳球虫(*E. exigua*)、松林艾美耳球虫(*E. matsubayashii*)、纳格浦尔艾美耳球虫(*E. nagpurensis*)、家兔艾美耳球虫(*E. oryctolagi*)和长形艾美耳球虫(*E. elongata*)。除斯氏艾美耳球虫寄生于兔的肝胆管上皮细胞内之外,其余各种均寄生于肠黏膜上皮细胞内。其中有明显致病性的虫种有以下10种:

(1)斯氏艾美耳球虫 卵囊较大呈卵圆形,淡黄色,大小为32.0～37.4μm×20.6～

22.0μm,平均为33.6μm×21.3μm。卵囊有微孔,孢子囊具斯氏体和内残体。孢子化的最早时间为41h,大部分在51h。寄生于肝脏,是致病力最强的一种兔球虫,能引起严重的肝球虫病(**彩版5**)。

(2)黄艾美耳球虫　卵囊呈卵圆形,在宽端,卵囊壁趋于增厚。大小为25.0~37.4μm×13.9~23.6μm,平均为31.7μm×21.4μm。微孔明显,无外残体和极粒,孢子囊具斯氏体。在27℃下,孢子化的时间为38h。寄生于空肠、回肠、盲肠和结肠,有较强的致病性。

(3)穿孔艾美耳球虫　卵囊小呈卵圆形或椭圆形,囊壁光滑,无色或微粉色。卵囊大小为13.3~30.6μm×10.6~17.30μm,平均为22.7μm×14.2μm。微孔不明显,有外残体。在26℃下,孢子化的最早时间为41h,大部分在51h。寄生于小肠,有中等或轻度致病性。

(4)肠艾美耳球虫　卵囊呈梨形,大小为27.0~32.0μm×17.0~20.0μm,平均为29.0μm×18.0μm。有明显的微孔和外残体。卵囊在室温下的孢子化时间为1~2d。寄生于小肠,有较强的致病性。

(5)中型艾美耳球虫　卵囊中等大小,呈短椭圆形,囊壁微粉色或淡黄色。卵囊大小为26.8~32.0μm×17.8~21.4μm,平均为27.8μm×19.1μm。有微孔,有外残体。孢子囊具内残体。孢子化的最早时间为42h,大部分为47h。寄生于小肠和大肠,有轻度致病性。

(6)大型艾美耳球虫　卵囊较大,呈卵圆形,囊壁黄色或褐色。卵囊大小为31.0~40.0μm×22.0~26.0μm,平均为35.0μm×24.0μm。微孔十分明显,呈堤状突出于卵囊壁之外,这是本种卵囊最明显的特征。有外残体,孢子囊具斯氏体及内残体。孢子化的最早时间为32h,大部分为48h。寄生于空肠和回肠,有明显的致病性。

(7)梨型艾美耳球虫　卵囊呈梨形,囊壁淡黄色或褐色。卵囊大小为26.7~35.6μm×17.8~21.4μm,平均为29.5μm×19.1μm。有微孔,无外残体。孢子囊具内残体。在恒温27℃下,孢子化的最早时间为57h。寄生于小肠,有轻度致病性。

(8)无残艾美耳球虫　卵囊呈椭圆形或卵圆形,囊壁淡黄色,大小为35.6~39.2μm×24.9~28.5μm,平均为36.4μm×26.7μm。有微孔,无外残体。孢子囊具内残体。在恒温26℃下,孢子化的最早时间为50~72h。寄生于小肠,有轻度致病性。

(9)新兔艾美耳球虫　卵囊近似圆柱形或长椭圆形,囊壁淡黄色,大小为33.0~44.0μm×16.0~23.0μm,平均为38.8μm×19.8μm。微孔明显,有外残体,无极粒。具斯氏体。孢子化时间为50~75h。寄生于小肠后部和盲肠,有中度致病性。

(10)盲肠艾美耳球虫　卵囊呈卵圆形或长柱形,较其余兔球虫种窄长。大小为25.0~40.0μm×15.0~21.0μm,平均为32.4μm×18.7μm。有微孔和明显的外残体。卵囊在室温下的孢子化时间为3d。寄生于回肠后部和盲肠,有明显致病性。

2. **生活史**(图4-4-5)　兔球虫的发育过程要经历三个阶段:裂殖生殖、配子生殖和孢子生殖。前两个阶段除斯氏艾美耳球虫在胆管上皮细胞内发育外,其余各种均在肠上皮细胞内发育。

3. **流行病学**

(1)宿主与分布　兔球虫病流行于世界各地,在我国各地均有发生,是兔发病最频繁的疾病之一。各个品种和各年龄段的家兔均有易感性,其中以断奶后至3月龄的幼兔感染与发病最严重,而成年兔一般为带虫者或表现为亚临床型。

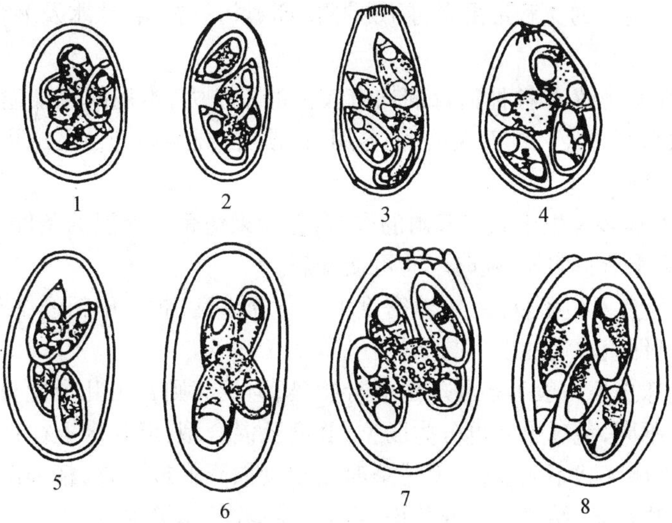

图 4－4－4　兔球虫卵囊（仿汪志楷等）

1. 穿孔艾美耳球虫　2. 中型艾美耳球虫　3. 盲肠艾美耳球虫　4. 肠艾美耳球虫
5. 斯氏艾美耳球虫　6. 新兔艾美耳球虫　7. 大型艾美耳球虫　8. 无残艾美耳球虫

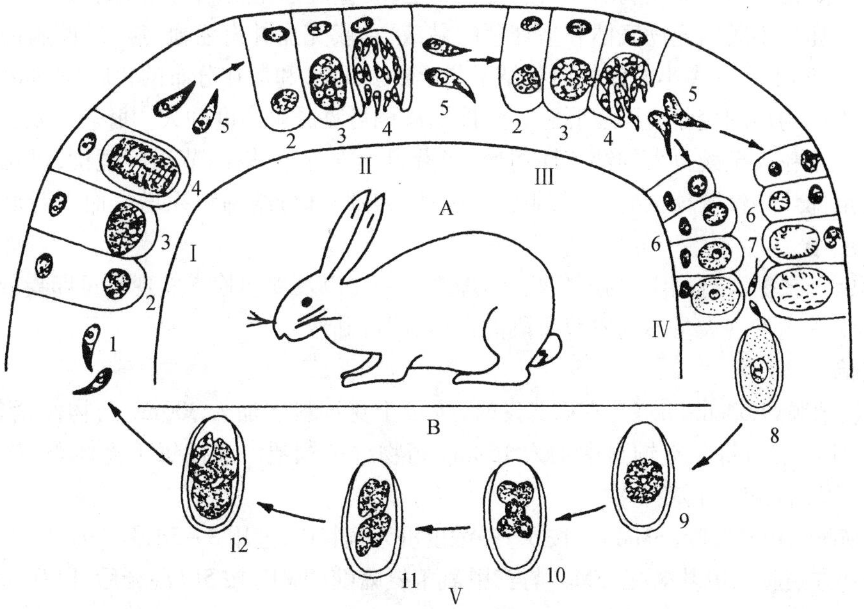

图 4－4－5　中型艾美耳球虫在兔肠上皮细胞内的发育（A）及在外界环境中的发育（B）（仿蒋金书，1991）

Ⅰ. 第一代裂殖生殖　Ⅱ. 第二代裂殖生殖　Ⅲ. 第三代裂殖生殖　Ⅳ. 配子生殖　Ⅴ. 孢子生殖

1. 子孢子　2～4. 裂殖体发育的各个阶段　5. 第一代、第二代、第三代裂殖子　6. 大配子及小配子发育的各个阶段　7. 大配子和小配子正待结合　8. 合子　9. 未孢子化卵囊　10～11. 卵囊的孢子化过程　12. 孢子化卵囊，内含 4 个孢子囊，每个孢子囊内含有 2 个子孢子

(2)传染源　患病耐过的兔和带虫者可不断排出卵囊污染饲料、饮水及笼舍等,成为本病重要的传染源。

(3)感染途径　球虫卵囊对各种消毒剂均有较强的抵抗力,本病的感染途径是因食入被卵囊污染的饲料或饮水而感染。饲养人员、饲养用具、鼠类、蝇类和其他昆虫可机械性地传播卵囊,而引起兔发生感染。

(4)发病季节　本病多发生于温暖多雨的季节,但如果兔舍在保温的条件下,舍内经常保持较高的温度时,发病季节不明显,随时均有可能发病。

(5)诱发因素　兔舍卫生条件差、饲养密度大及营养不良(饲料中粗纤维含量太高、缺乏B族维生素等)等均可促使本病的发生与流行。

4. 临床症状　兔球虫病一般为多种球虫混合感染,但发病则常由几个优势种引起。按球虫的种类和寄生部位不同,兔球虫病可分为肠型、肝型及混合型,但临床上往往以混合型较为多见。轻度感染时,临床症状不明显,重度感染时出现食欲降低或停食,精神沉郁,行动迟缓,虚弱、消瘦,眼鼻分泌物增多,结膜苍白或黄染,唾液分泌增多,口腔周围被毛潮湿,有时腹泻或腹泻与便秘交替出现。病兔尿频或常做排尿姿势。由于肠鼓气,膀胱充满尿液和肝脏肿大而呈现腹围增大,肝区触诊敏感。病后期幼兔往往出现神经症状,痉挛或麻痹,头向后仰,四肢抽搐,尖叫,因极度衰竭而死亡。

5. 病理变化　肠型球虫病的主要病变在肠道,肠壁血管充血,十二指肠扩张、肥厚,黏膜发生卡他性炎症。小肠内充满气体和呈红色的黏液,黏膜充血并有溢血点。慢性病例可见肠黏膜呈淡灰色,其上有许多小而硬的白色结节(内含有卵囊)和散在分布的化脓性、坏死性病灶。

肝球虫病的病理变化主要在肝脏。急性期病例可见肝脏高度肿大。肝表面及实质内有白色或淡黄色粟粒大至豌豆大的结节性病灶,多沿胆小管分布,取结节压碎镜检,可见到各个发育阶段的虫体。慢性肝球虫病病例,胆管周围和小叶间部分结缔组织增生而引起肝细胞萎缩和肝体积缩小。

6. 诊断　根据流行病学、临床症状、病理剖检变化以及粪便检查发现大量卵囊或肝脏和肠道病变部组织内发现大量不同发育阶段的虫体,即可确诊。

7. 防治

(1)氯苯胍(Robenidine)　本病暴发时,按每千克饲料中加入300mg药物作紧急治疗,连喂1~2周后,改为每千克饲料中加入150mg药物继续饲喂。或按每千克体重30mg拌料饲喂,连喂1周,隔3d后再喂一次。

(2)磺胺六甲氧嘧啶(SMM)　按0.1%浓度混入饲料中,连用3~5d,隔一周再用一个疗程。

(3)复方磺胺二甲基嘧啶(SM_2)与三甲氧苄氨嘧啶(TMP)按5∶1混合后,以0.02%浓度拌料,连喂3~5d,停药一周后,再喂药一个疗程。

(4)磺胺二甲氧嘧啶(SDM)　按0.2%浓度混入饲料中,连用3~5d,隔一周再用一个疗程。

(5)地克珠利(Diclazuril)　按每千克饲料中加入1mg,连用1~2月,可预防兔球虫病。

(6)莫能菌素(Monensin)　按每千克饲料中加入40mg,连喂1~2月,可预防兔球虫病。

(7)盐霉素(Salinomycin)　按每千克饲料中加入50mg,连喂1~2月,可预防兔球虫病。

(8)拉萨霉素(Lasalocid)　按每千克饲料中加入90mg,连喂1~2月,可预防兔球虫病。

对兔球虫病的预防应采取综合措施。保持兔笼、兔舍的干燥、通风、充足的光照与清洁卫生，经常清除兔粪，定期对笼舍及兔场进行消毒，特别应保持饲料及饮水的清洁卫生。饲喂全价饲料，保证充足的营养供给，以提高兔的抗病力。饲料品种的更换应采取逐渐过渡的形式，不可突然更换。新引进兔应注意隔离检疫，发现病兔应及时隔离治疗。幼兔与成年兔应分笼饲养，断乳至3月龄以内的兔应添加抗球虫药物进行本病的预防。消灭兔场内的鼠类、蝇类及其他昆虫，减少球虫卵囊的散播。

(六)猪球虫病

猪球虫病是由等孢属和艾美耳属的球虫所引起的以腹泻为特征的原虫病。不论规模化饲养的猪，还是散养的猪都有发生。由于养猪规模化和集约化生产的发展，仔猪球虫病越来越常见并有逐年上升的趋势。特别是等孢属的猪等孢球虫(*Isospora suis*)是引起仔猪球虫病的主要病原，且常为原发性，发生于产房内的哺乳期或新断奶的仔猪，可引起仔猪下痢和增重降低。猪等孢球虫病在世界各国，其发生率约占仔猪腹泻性疾病中的15%～20%。据欧洲国家的流行病学调查有83%～100%的猪场有猪等孢球虫感染，在美国每年导致的经济损失高达1亿美元以上。

1. 病原(图4－4－6)　文献记载猪球虫有14种，在我国已发现的虫种有：猪等孢球虫(*Isospora suis*)、粗糙艾美耳球虫(*Eimeria scabra*)、蠕孢艾美耳球虫(*E. cerdonis*)、蒂氏艾美耳球虫(*E. debliecki*)、猪艾美耳球虫(*E. suis*)、有刺艾美耳球虫(*E. spinosa*)、极细艾美耳球虫(*E. perminuta*)、豚艾美耳球虫(*E. porci*)等，其中以猪等孢球虫的致病力最强，其次为蒂氏艾美耳球虫、粗糙艾美耳球虫和有刺艾美耳球虫。

(1)猪等孢球虫　卵囊呈球形或亚球形，大小为18.67～23.88μm×16.9～20.67μm，卵囊指数为1.18。无微孔。卵囊内含2个孢子囊，无极粒，无外残体。孢子囊呈椭圆形或亚球形，有4个子孢子。有内残体，无斯氏体。孢子化的最早时间为63h。

(2)粗糙艾美耳球虫　卵囊呈卵圆形，囊壁粗糙，具放射状条纹，黄色或褐色。大小为23.01～35.10μm×16.0～25.13μm。卵囊指数为1.66。微孔明显，无极帽。有斯氏体，无内残体。孢子化时间为194h。

(3)蒂氏艾美耳球虫　卵囊呈椭圆形或卵圆形，大小为21.64～31.52μm×15.6～21.54μm，有极粒，无外残体，有斯氏体和内残体。孢子化时间为170h。

(4)有刺艾美耳球虫　卵囊呈卵圆形，囊壁粗糙，上有细刺，褐色，大小为21.75～28.32μm×16.25～21.24μm，卵囊指数为1.27。无微孔及外残体，有极粒、斯氏体和内残体。孢子化时间为260h。

2. 生活史　猪球虫的发育过程要经历三个阶段：裂殖生殖、配子生殖和孢子生殖。猪等孢球虫的潜隐期较短，为4～6d，明显期为3～13d，卵囊的体外孢子化时间为3～5d。

3. 流行病学　在猪球虫中，以猪等孢球虫的致病力最强，常在种猪场的仔猪群中引起发病流行，虽然常见于仔猪，但也常是成年猪发生混合感染的虫种之一。仔猪生下后即可感染，5～10日龄的仔猪最为易感，成年猪多为带虫者，是本病的传染源。感染途径为经口感染，仔猪群过于拥挤和卫生条件恶劣时易暴发本病。产房污染是仔猪感染的主要原因，并可造成同一产房内的一窝仔猪的连续感染。极少量的残存卵囊即足以导致这种连续感染，一窝仔猪中只要一只感染，很快引起全窝仔猪的感染。较短的潜隐期和孢子化时间及仔猪栏内较高的温度，可

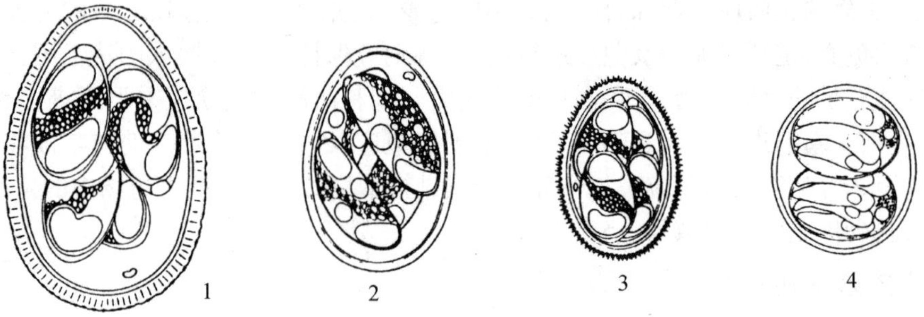

图 4-4-6 猪的4种孢子化球虫卵囊(仿 Bowman 1999)

1. 粗糙艾美耳球虫 2. 蒂氏艾美耳球虫 3. 有刺艾美耳球虫 4. 猪等孢球虫

能是感染在同窝仔猪间迅速扩散的主要因素。有自动除粪系统的仔猪栏中仔猪感染率较低，网孔型地板栏舍内仔猪的感染率明显低于平实型地板栏舍的仔猪。猪等孢球虫主要危害初生仔猪，1～2日龄感染时症状最为严重，并可伴发大肠菌、传染性胃肠炎及轮状病毒的感染，被列为仔猪腹泻的重要病因之一。仔猪以夏、秋两季发病率最高，但在规模化猪场，由于仔猪出生后采取了较好的保暖措施，使猪等孢球虫生活史很易完成，仔猪球虫病的发生已无季节性。由于猪等孢球虫生活史短暂，5～7日龄时仔猪生活环境中即有大量卵囊，因而等孢球虫病常发生于7～14日龄的乳猪。卵囊在外环境中的自然抵抗力强，能抵抗绝大多数消毒剂的作用，这也是该病难以控制的一个重要原因。

4. 临床症状 猪等孢球虫多发生于7～10日龄哺乳仔猪，主要临床症状是腹泻，持续4～8d，排泄物从淡黄色到白色，恶臭。病猪表现为衰弱，脱水，发育迟缓，时有死亡。存活的仔猪生长发育严重受阻。

猪艾美耳球虫病，主要见于1～3月龄腹泻的仔猪。主要症状为食欲不振，腹泻，有时下痢与便秘交替，可持续7～10d。一般可自行耐过，逐渐康复。

5. 病理变化 尸体剖检所观察的特征性病变是急性肠炎，主要见于空肠和回肠，肠黏膜充血，常有黄色纤维素性、坏死性假膜。在组织切片中可见肠绒毛萎缩和脱落，还可见到不同发育阶段的虫体。

6. 诊断 15日龄内的仔猪出现腹泻，用抗生素治疗无效时应怀疑为等孢球虫病。采集粪样，在粪便中查出大量球虫卵囊或做小肠黏膜的直接涂片，发现大量的裂殖体、配子体和卵囊即可确诊。

7. 防治 发生球虫病时，可采用百球清(Baycox)按每千克体重20～30mg一次口服，亦可采用氨丙啉(Amprolium)或磺胺类药物等进行试治。在有本病流行的猪场，可在母猪产前2周和整个哺乳期饲料内添加氨丙啉对等孢球虫病进行预防，添加量为每千克饲料内加氨丙啉250mg。猪舍应经常保持清洁、干燥；饲槽、饮水器应定期消毒，防止粪便污染。尽量减少因断乳、突然改变饲料和运输等产生的应激因素。

(七)牛球虫病

牛球虫病是由寄生于牛的多种球虫引起的一种以出血性肠炎为特征的急性或慢性肠道原虫病。本病呈世界性分布，主要发生于犊牛，对养牛业的危害较大。牛球虫在我国除感染奶牛、黄牛外，还普遍感染水牛和牦牛。

1. 病原（图4-4-7）　全世界曾报道的牛球虫有19种，但较为公认的有15种（Levine, N. D. 1982）。在我国已发现11种牛球虫，即邱氏艾美耳球虫（*Eimeria zurnii*）、牛艾美耳球虫（*E. bovis*）、亚球形艾美耳球虫（*E. subspherica*）、椭圆艾美耳球虫（*E. ellipsoidallis*）、柱状艾美耳球虫（*E. cylindrica*）、皮利他艾美耳球虫（*E. pellita*）、加拿大艾美耳球虫（*E. canadensis*）、阿拉巴艾美耳球虫（*E. alabamensis*）、怀俄明艾美耳球虫（*E. wyomingensis*）、巴氏艾美耳球虫（*E. bareillyi*）和云南艾美耳球虫（*E. yunnanensis*），其中以邱氏艾美耳球虫和牛艾美耳球虫的致病力最强，是引起牛球虫病的主要病原种类。

（1）邱氏艾美耳球虫　卵囊呈短椭圆形或亚球形，无色，大小为12.25～20.00μm×17.78～19.11μm，平均为16.05μm×14.21μm。无微孔、极粒及外残体，但有斯氏体及内残体。孢子化时间为3d。寄生于小肠、结肠、盲肠和直肠。

（2）牛艾美耳球虫　卵囊呈圆形，淡黄褐色，大小为15.19～20.58μm×21.07～34.30μm，平均为19.24μm×25.59μm。有微孔，无外残体和极粒，有内残体和斯氏体。孢子化时间为3d。寄生于小肠至直肠。

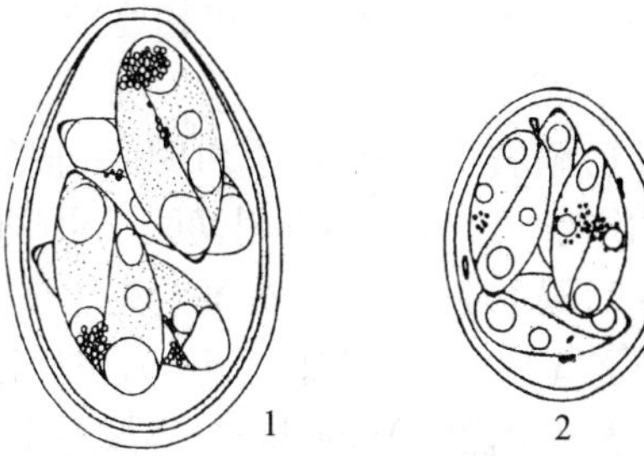

图4-4-7　牛的两种孢子化球虫卵囊
（仿 Levine 1985）
1. 牛艾美耳球虫　2. 邱氏艾美耳球虫

2. 生活史　各种牛球虫在牛体的肠上皮细胞内进行裂殖生殖和配子生殖，在外界环境中进行孢子生殖。

3. 流行病学　牛的球虫在我国除感染奶牛、黄牛外，还普遍感染水牛和牦牛。各个品种的牛都有易感性，2岁以内的犊牛发病率高，死亡率亦高，成年牛多为带虫者。本病多发生在温暖、潮湿的季节。水牛的球虫病以6月龄内的水牛犊发病较重，最早可见于4日龄，但16～40日龄、尤以20～30日龄时发病最多，死亡率可达30%左右。牛球虫病主要侵害放牧的牛，尤其是放牧于低凹潮湿的牧场时最易发病。但舍饲期间的牛亦有发病。饲料、垫草和母牛乳房被粪便污染时，常引起犊牛的感染与发病。由舍饲改为放牧，或由放牧转为舍饲时，由于饲料的突然变换及患某种传染病使机体抵抗力下降时，容易诱发本病。

4. 致病作用与临床症状　牛球虫主要寄生于小肠下段和整个大肠部分的上皮细胞内，在裂殖生殖阶段引起肠上皮细胞的大量破坏，肠的组织结构被大量破坏之后，造成了有利于肠道腐败细菌生长繁殖的环境，细菌产生的毒素和肠道中的其他有毒物质被吸收后，引起全身性中毒，导致中枢神经和各个器官的机能失调。本病潜伏期为2～3周，发病多为急性型，病期通常为10～15d，有时也有在发病后1～2d内引起犊牛死亡。病初精神沉郁，被毛松乱，体温略高或正常，粪便稀，稍带血液，母牛产乳量减少。约1周后，精神更加沉郁，身体消瘦，喜躺卧，体温升至40～41℃，瘤胃蠕动和反刍停止，肠蠕动增强，排带血的稀粪，其中混有纤维性薄膜，有恶臭。后肢及尾部被稀粪污染。排粪时里急后重。病之后期，粪便呈黑色，几乎全为血液，体温下降，在极度贫血和衰弱的情况下发生死亡。慢性型的病牛一般在发病后3～5d逐渐好转，但下痢和贫血症状仍持续存在，病程可能缠绵数月，也有因高度贫血和消瘦而发生死亡者。急性期耐过后可转为慢性，临床症状消失，但往往生长不良，产奶牛产奶量下降。

5. 病理变化 尸体失水,极度消瘦,可视黏膜苍白,后肢和肛门为带血粪便所污染。主要病变在盲肠、结肠和后段小肠。肠黏膜肥厚,有卡他性或出血性炎症变化,淋巴滤泡肿大突出,有白色和灰色的小病灶。同时在这些部位出现直径为4~15mm溃疡,其表面覆有凝乳样薄膜。直肠内容物呈褐色,带恶臭,有纤维性伪膜和黏膜碎片。肠系膜淋巴结肿大和发炎。在肠黏膜涂片中可见到大量球虫卵囊或各个发育阶段的虫体。

6. 诊断 根据本病的流行病学资料、临床症状和病理变化等可作出初步诊断,镜检粪便查获卵囊或直肠刮取物查到各发育阶段虫体,即可确诊。临床上以血便、粪便恶臭、剖检时见直肠有特殊的出血性炎症和溃疡最具诊断意义。诊断时应注意与大肠杆菌病、副结核病、犊牛弓首蛔虫等寄生虫引起的腹泻相鉴别。

7. 治疗

(1)磺胺二甲嘧啶钠(SDM) 按每千克体重100mg,一次静脉注射,以后改为每天肌注一次,5次为一疗程。亦可用磺胺二甲嘧啶(SM_2),按每千克体重100mg内服,4d为一疗程。

(2)磺胺脒(SG) 按每千克体重100mg,加甲氧苄氨嘧啶(DVD),按每千克体重20mg内服,每天3次,首次量加倍,7d为一疗程。

(3)氨丙啉(Amprolium) 按每千克体重20~25mg,每天口服一次,4~5d为一疗程。

(4)莫能菌素(Monensin)或盐霉素(Salinomycin) 按每千克饲料20~30mg添加喂饲。

在临床上,还应结合应用止泻、强心和补液等对症疗法。

8. 预防 应采取隔离、卫生和添加药物预防等综合措施。牛舍、牛圈及运动场,要保持干燥清洁,每天清扫,将粪便和垫草等污物及时清除。保持饲草和饮水卫生,防止牛粪污染。哺乳母牛的乳房要经常擦洗。成年牛与犊牛分开饲养。更换饲料种类或变换饲养方式时,要注意逐步过渡,以免暴发疾病。在温暖、潮湿的季节或发病频繁的牛场,可在犊牛饲料中添加氨丙啉、莫能菌素、尼卡巴嗪等抗球虫药物进行预防,氨丙啉以每千克体重5mg混入饲料,连用21d;莫能菌素以每千克体重1mg混入饲料,连用33d。

(八)羊球虫病

球虫病是羊的常见疾病之一,能引起羊腹泻,消瘦,贫血,发育不良,甚至发生死亡,尤其对羔羊危害较大。

1. 病原形态 绵羊和山羊各有自己的球虫种类,彼此不能交叉感染。

(1)绵羊球虫种类 据文献报道,绵羊的球虫种类有16种(Levine,1982)。在我国已发现11种,常见种有:阿撒他艾美耳球虫(*Eimeria ahsata*)、巴库艾美耳球虫(*E. bakuensis*)、类绵羊艾美耳球虫(*E. ovinoidalis*)、小型艾美耳球虫(*E. parva*)、苍白艾美耳球虫(*E. pallida*)、槌形艾美耳球虫(*E. crandalis*)、颗粒艾美耳球虫(*E. granulosa*)、浮氏艾美耳球虫(*E. faurei*)、错乱艾美耳球虫(*E. intricata*)、温布里吉艾美耳球虫(*E. weybridgensis*)和固原艾美耳球虫(*E. guyuanensis*)等,其中对绵羊有致病性的虫种主要为阿撒他艾美耳球虫、巴库艾美耳球虫、类绵羊艾美耳球虫和槌形艾美耳球虫。

①阿撒他艾美耳球虫:卵囊呈椭圆形,大小为25.00~45.50μm×18.80~30.00μm,平均为33.50μm×22.80μm,卵囊指数为1.47,极帽突出。有微孔,其附近的衬膜常形成放射形的皱褶。有1至数个极粒,无外残体。斯氏体不明显,有内残体。在室温下,孢子化时间为3d。

②巴库艾美耳球虫:卵囊呈椭圆形,大小为22.50~39.00μm×15.00~24.00μm,平均

28.70μm×20.10μm,卵囊指数为1.38。有极帽和微孔,微孔附近的衬膜常形成放射形的皱褶。有1至数个极粒,无外残体。有斯氏体和内残体。孢子化时间为2~3d。

③类绵羊艾美耳球虫:卵囊呈短椭圆形或亚球形,大小为17.50~27.50μm×10.00~25.00μm,平均为23.60μm×18.60μm,卵囊指数为1.27。无极帽,微孔不明显。有1至数个极粒,无外残体。有斯氏体和内残体。孢子化时间为1~2d。

④槌形艾美耳球虫:卵囊多呈亚球形,大小为17.00~31.00μm×15~23μm,平均为23.30μm×18.30μm,卵囊指数为1.27。极帽小,呈圆锥形。微孔不明显。无外残体,有极粒。有内残体,无斯氏体。孢子化时间为2d。

(2)山羊球虫种类　据文献记载(Levine,1982,1985),山羊的肠道球虫约有15种。在我国已发现11种,常见种有:阿氏艾美耳球虫(*E. arloingi*)、柯氏艾美耳球虫(*E. christenseni*)、约氏艾美耳球虫(*E. jolchijevi*)、雅氏艾美耳球虫(*E. ninakohlyakimovae*)、非球形艾美耳球虫(*E. aspheronica*)、艾氏艾美耳球虫(*E. alijevi*)和山羊艾美耳球虫(*E. caprina*),对山羊有明显致病性的虫种为柯氏艾美耳球虫、阿氏艾美耳球虫、山羊艾美耳球虫、艾氏艾美耳球虫和雅氏艾美耳球虫,其中以柯氏艾美耳球虫的致病力最强。

①柯氏艾美耳球虫:卵囊呈显著的卵圆形,大小为33.00~45.00μm×23.00~33.00μm,平均为41.40μm×27.40μm,卵囊指数为1.30~1.70。有微孔,极帽呈丘形突出。有极粒数个,无外残体。有斯氏体和内残体。孢子化时间为60h。

②阿氏艾美耳球虫:卵囊呈椭圆形,大小为25.00~37.00μm×20.00~28.00μm,平均为31.60μm×22.20μm,卵囊指数为1.20~1.60,平均为1.40。有微孔,极帽呈圆拱形。有极粒1至数个,无外残体。有斯氏体和内残体。孢子化时间为36h。

③山羊艾美耳球虫:卵囊呈椭圆形或略显卵圆形,大小为26.00~35.00μm×18.00~28.00μm,平均为29.80μm×22.60μm。卵囊指数为1.20~1.5平均为1.3。微孔明显,较宽。无极帽和外残体,有极粒数个。有内残体和斯氏体。孢子化时间为62h。

④雅氏艾美耳球虫:卵囊多呈椭圆形或亚球形,大小为18.80~28.00μm×15.00~23.00μm,平均为24.90μm×20.40μm,卵囊指数为1.20。无极帽,微孔不明显。有极粒1至数个,无外残体。有斯氏体和内残体。孢子化时间为57h。

⑤艾氏艾美耳球虫:卵囊呈球形、亚球形或椭圆形,大小为15.00~27.00μm×14.00~24.00μm,平均为18.50μm×17.30μm,卵囊指数为1.00~1.20,平均1.1。无微孔和极帽。有极粒1至数个,无外残体。有斯氏体和内残体。孢子化时间为130h。

2. 生活史　各种羊球虫在羊肠上皮细胞内完成裂殖生殖和配子生殖,在外环境中完成孢子生殖。

3. 流行病学　本病呈世界性分布。各品种的绵羊、山羊均有易感性,羔羊极易感染且患病严重,时有发生死亡,成年羊一般都为带虫者。据调查,在内蒙古牧区和北京、天津、河北、四川省农区,1~2月龄羔羊的粪便中,常发现有大量的球虫卵囊。羊球虫病的流行季节为春、夏、秋三季,感染率和感染强度依不同球虫种类和各地气候条件而异。温度潮湿的环境易造成本病的流行。夏季骤然更换饲料,感染率往往较高。食入污染的饲料和饮水,羔羊吮吸不清洁的母羊乳房,常在低湿牧场上放牧,均易发生感染。舍饲羊由于圈舍及运动场内球虫卵囊的大面积污染和卵囊数量累积,常易暴发球虫病。

4. 临床症状 人工感染潜隐期为 11 ~ 17d。1 岁以内的幼羊症状最为明显，成年羊一般不出现明显症状。病羊精神委顿，食欲减退或消失，渴欲增加，羊毛粗乱，逐渐消瘦，黏膜苍白。腹泻，粪便中常混有血液、脱落的黏膜和上皮组织，粪恶臭。体温有时可升至 40 ~ 41℃，死亡率在 10% ~ 25%。急性经过为 2 ~ 7d，慢性者延长至数周。

5. 病理变化 尸体消瘦，后肢及尾部污染有稀粪。仅小肠有明显的病变，肠黏膜上有淡白色或黄色的圆形或卵圆形结节，如粟粒至豌豆粒大，常成簇分布，也能在浆膜面上观察到十二指肠和回肠有卡他性炎症，肠黏膜上有点状或带状出血。

6. 诊断 根据流行病学资料、临床症状、病理解剖变化、生前粪检发现球虫卵囊及死后镜检肠黏膜刮取物、结节病灶内容物发现大量球虫的各期虫体，即可以确诊。

7. 防治 可参照牛球虫病的防治。

（1）氨丙啉（Amplorium） 按每千克体重 50mg，每日一次口服，连服 4d；或以每千克体重 25mg，连用 14 ~ 19d，可防治羊球虫的严重感染。

（2）氯苯胍（Robenidine） 按每千克体重 30mg，每日一次，连服 7d。

（3）莫能菌素（Monensin） 每千克饲料内加入 20mg，连服数周。或用拉沙菌素按每千克饲料 30mg 拌入精料内饲喂。

（4）其他药物 磺胺喹噁啉（SQ）和磺胺二甲嘧啶（SM_2）或其他磺胺类药物也具有良好的防治效果。

（九）犬、猫球虫病

犬、猫球虫病是由等孢属球虫寄生于犬、猫的小肠和大肠黏膜上皮细胞内所引起的以肠炎为特征的肠道原虫病，是仔犬和幼猫的常见病之一。等孢球虫病也常见于幼龄的犬科和猫科动物。

1. 病原（图 4 – 4 – 8） 寄生于犬、猫的等孢属球虫有 7 种，其中以犬等孢球虫（*Isospora canis*）、俄亥俄等孢球虫（*I. ohioensis*）、猫等孢球虫（*I. felis*）和芮氏等孢球虫（*I. rivolta*）较为常见。

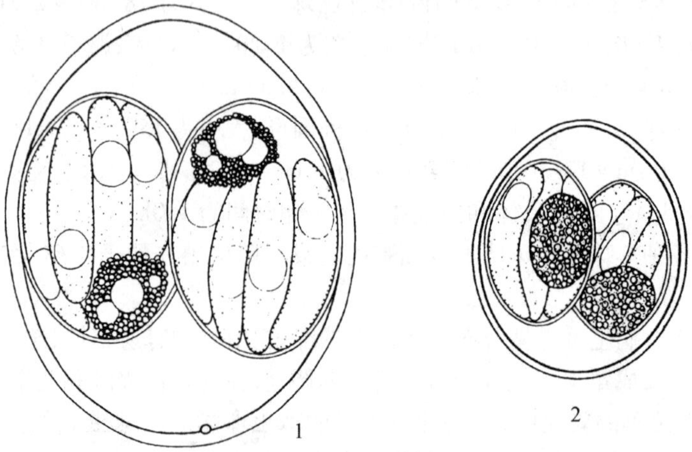

图 4 – 4 – 8 犬的 2 种孢子化球虫卵囊（仿 Levine 1985）

1. 犬等孢球虫 2. 俄亥俄等孢球虫

（1）犬等孢球虫 卵囊呈椭圆形至卵圆形，大小为 32.00 ~ 42.00μm × 27.00 ~ 33.00μm，

囊壁光滑，无微孔。孢子化时间为4d。寄生于犬的小肠和大肠。

（2）俄亥俄等孢球虫　卵囊呈椭圆形至卵圆形，大小为20.00～27.00μm×15.00～24.00μm，囊壁光滑，无微孔。寄生于犬的小肠。

（3）猫等孢球虫　卵囊呈卵圆形，大小为38.00～51.00μm×27.00～39.00μm，囊壁光滑，无微孔。孢子化时间为72h。寄生于猫的小肠，有时在盲肠，主要在回肠的绒毛上皮细胞内。

（4）芮氏等孢球虫　卵囊呈椭圆形至卵圆形，大小为21.00～28.00μm×18.00～23.00μm，囊壁光滑，无微孔。孢子化时间为4d。寄生于猫的小肠和大肠。

2. 生活史　几种等孢属球虫在犬、猫的肠上皮细胞内完成裂殖生殖和配子生殖，在外环境中完成孢子生殖。

3. 流行病学　本病呈世界性分布，主要危害幼犬和幼猫，一般在温暖潮湿的季节多发，尤其卫生条件较差的圈舍更易发生。被卵囊污染的笼舍以及鼠类、蝇类对本病的传播有重要作用。成年犬、猫为带虫者，是重要的传染源。

4. 临床症状　1～2月龄仔犬、幼猫感染发病率高。幼犬和幼猫感染后3～6d，出现水样腹泻或排出暗褐色不成形的粪便，有时排带黏液的血便。严重感染时可出现体温升高，食欲不振或停食，消瘦，贫血，排带有黏液、腥臭的稀粪。因脱水、衰竭，可以引起死亡；但大多数病例可自然康复。

5. 病理变化　整个小肠出现卡他性肠炎或出血性肠炎，但多见于回肠段尤以回肠下段最为严重，肠黏膜增厚，黏膜上皮脱落，溃疡。

6. 诊断　根据临床症状、病理变化以及在粪便中检查到大量等孢球虫卵囊可确诊。

7. 治疗

（1）磺胺－6－甲氧嘧啶（SMM）　每天按每千克体重50mg，口服，连用7d。

（2）氨丙啉（Amplorium）　按每千克体重110～220mg混入食物中，连用7～12d。

同时配合使用抗生素，防治继发感染，并根据病情作对症处理。

8. 预防　搞好犬舍、食槽清洁卫生，保持犬窝干燥，及时清除粪便，定期消毒。还可采用药物预防，在母犬产仔前10d内饮用氨丙啉水溶液（100ml水中加入90mg氨丙啉）。

二、隐孢子虫病

隐孢子虫病是由隐孢子虫引起的一种世界性人畜共患病。隐孢子虫指真球虫目、隐孢子虫科、隐孢子虫属的原虫，是由Tyzzer（1907）首先在小鼠胃黏膜组织切片中发现的。广泛寄生于家畜、家禽及多种爬行动物和鱼类，它能引起哺乳动物（特别是犊牛和羔羊）的严重腹泻和禽类（特别是火鸡、鸡和鹌鹑）的呼吸道疾病，也能引起人（婴儿及免疫功能低下者）的致死性肠炎，是人类艾滋病（AIDS）患者死亡的直接原因之一。本病是一种严重的公共卫生问题，同时也可给畜牧生产造成巨大的经济损失。

1. 病原形态（图4－4－9）　寄生于家畜和家禽的各有2种，在我国均已发现。

（1）小鼠隐孢子虫（*C. muris*）　寄生于家畜的胃黏膜上皮细胞上。卵囊大小为6.6～7.9μm×5.3～6.5μm，平均为7.4μm×5.6μm，卵囊指数为1.1～1.5，平均为1.3。

（2）小隐孢子虫（*C. parvum*）　寄生于家畜的小肠黏膜上皮细胞上。卵囊大小为4.5～5.4μm×4.2～5.0μm，平均为5.0μm×4.5μm，卵囊指数为1.0～1.3，平均为1.1。

(3)贝氏隐孢子虫(*C. baileyi*) 寄生于禽类的法氏囊、泄殖腔和呼吸道。卵囊大小为5.6~6.3μm×4.5~4.8μm,平均为6.2μm×4.6μm,卵囊指数为1.2~1.4,平均为1.4。

(4)火鸡隐孢子虫(*C. meleagridis*) 寄生于禽类的肠道。卵囊大小为4.5~6.0μm×4.2~5.3μm,平均为5.2μm×4.6μm,卵囊指数为1.0~1.3,平均为1.1。

隐孢子虫的卵囊呈圆形或椭圆形,卵囊壁光滑,囊壁上有裂缝。无微孔、极粒和孢子囊。每个卵囊内有4个裸露的香蕉形的子孢子和1个残体,残体由1个折光体和一些颗粒组成。

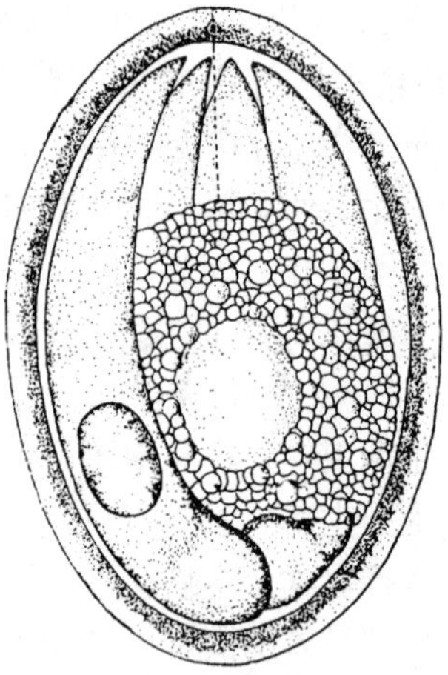

图4-4-9 隐孢子虫卵囊的模式图
(仿 Current,1991)

隐孢子虫的滋养体、裂殖体和配子体的寄生部位是在宿主上皮细胞的细胞内(但是在细胞质外)。在电子显微镜下观察,虫体寄生于宿主黏膜上皮细胞表面微绒毛刷状缘内的带虫空泡中,带虫空泡膜由微绒毛融合而成。在虫体与上皮细胞接触区域,带虫空泡膜与宿主细胞膜融合成一个致密带。致密带下方为宿主细胞浆,致密带上方的虫体表膜反复折迭形成许多指状突起,称此为营养器(feeder organelle),是虫体从宿主获取营养的渠道。

2. **生活史** 隐孢子虫的发育与球虫基本相似,只需要一个宿主,而且发育过程也包括裂殖生殖、配子生殖和孢子生殖三个发育阶段。但隐孢子虫的三个发育阶段全部在同一个宿主体内完成,各发育期均在宿主上皮细胞的胞膜与胞质之间的带虫空泡中进行,形成的孢子化卵囊有厚壁型和引起自身感染的薄壁型两种类型。而球虫的裂殖生殖、配子生殖是在宿主上皮细胞的胞浆内进行,孢子生殖则在外界环境中进行,也不形成引起自身感染的卵囊。

隐孢子虫主要由卵囊经口感染,也可通过呼吸道感染。易感动物摄入或吸入环境中的卵囊后,子孢子脱囊侵入胃肠道或呼吸道上皮细胞中,进行2~3代裂殖生殖。最后一代裂殖子重新侵入宿主上皮细胞后发育为大、小配子体,大配子体发育为大配子,每个小配子体则分裂形成16个呈子弹形、无鞭毛的小配子。大、小配子结合成为合子,合子形成囊壁后即为卵囊。卵囊仍留在带虫空泡中经孢子生殖形成孢子化卵囊。孢子化卵囊有两种类型:薄壁型卵囊只有一层单位膜,子孢子在宿主体内可自行脱囊,从而造成宿主的自身循环感染;厚壁型卵囊则随宿主粪便或痰液排至外界,感染新的宿主。生活史周期为3~8d,显露期几天到几个月,与感染程度、宿主年龄和机体免疫状态有关。卵囊主要随宿主粪便排出,少数可随痰液排出。

3. **流行病学** 隐孢子虫呈全球分布,宿主范围很广,可寄生于哺乳类、鸟类、鱼类、爬行类的170多种动物。除感染人外,已报道的有黄牛、水牛、奶牛、马、绵羊、山羊、猪、犬、猫、鹿、猴、兔、大鼠、小鼠、豚鼠等哺乳动物,已报道的禽类宿主有鸡、鸭、鹅、火鸡、鹌鹑、鸽、珍珠鸡、鹧鸪、雉鸡、孔雀、鹦鹉、金丝雀、天鹅和情鸟等。我国黑龙江、陕西、北京、安徽、湖南、广东、福建、云南、四川、新疆、上海、天津、江苏等地均已报道了人及畜禽隐孢子虫的感染。人的感染率为1.4%~13.3%,牛为5.3%~40%,鸡为9.8%~100%,鸭为9.8%~100%,鹌鹑为4%~40%,各地感染率差别较大。

隐孢子虫不具有明显的宿主特异性，各动物之间可发生交叉感染，特别是同一纲的动物之间有广泛的交叉感染现象。在禽类中以贝氏隐孢子虫流行最为广泛，尤其在肉用仔鸡群中流行更为严重。在哺乳动物感染中，绝大多数感染为小隐孢子虫，少数病例归因于小鼠隐孢子虫，但国内奶牛均是小鼠隐孢子虫感染。人和畜禽的主要感染方式是粪便中的卵囊污染食物和饮水，经消化道而发生感染。家禽也可经呼吸道感染。用卵囊对仔猪进行气管注射和结膜囊接种均获成功。由于隐孢子虫发育过程中产生的薄壁型卵囊可发生自身感染，因此，动物即使摄入少量卵囊也可发生严重感染。

隐孢子虫引起的疾病流行有一定的季节性，高峰期为温暖多雨的季节，每年春夏和初秋为主要季节。而且，自然感染程度与营养水平、卫生条件存在着一定关系。良好的环境卫生和饲养管理条件对防止隐孢子虫感染极为重要。经调查表明，一般饲养密度大、鸡舍通风不良、饲养管理不善或环境卫生较差的鸡场，隐孢子虫的感染率明显增高。

4. 症状与病理变化　家畜隐孢子虫病以犊牛、羔羊和仔猪的发病较为严重。主要是由小隐孢子虫引起的。主要临床症状为精神沉郁，厌食，腹泻，粪便带有大量的纤维素，有时含有血液。患畜生长发育停滞，极度消瘦，有时体温升高。羊的病程为1～2周，死亡率可达40％，牛的死亡率可达16％～40％，尤以4～30日龄的犊牛和3～14日龄的羔羊死亡率更高。病理剖检的主要特征为空肠绒毛层萎缩和损伤，肠黏膜固有层中的淋巴细胞、浆细胞、嗜酸性白细胞和巨噬细胞增多，肠黏膜的酶活性较正常黏膜的低，呈现出典型的肠炎病变。在病变部位可发现大量的隐孢子虫的各期虫体。

家禽隐孢子虫病以鸡、火鸡和鹌鹑的发病最严重。主要是由贝氏隐孢子虫引起的。潜伏期3～5d，病程2～14d。主要引起呼吸道症状，偶尔引起肠道、肾脏等疾病。呼吸道感染主要表现精神沉郁、嗜睡、厌食、消瘦、咳嗽、打喷嚏、啰音、呼吸困难和结膜炎等症状。病理解剖的主要特征为鼻腔、鼻窦、气管黏液分泌过多，眼球结膜水肿、充血，鼻窦肿大，肺有灰白色斑，气囊浑浊，法氏囊萎缩等。消化道感染症状以嗜睡、体重下降、色素沉着减少和腹泻最为常见。剖检可见黏液性内容物和气体引起的肠扩张，肠绒毛萎缩，化脓性肠炎和坏死等。

5. 诊断　隐孢子虫感染临床上多呈隐性经过，不出现任何症状，或即使有明显的症状，也常常属于非特异性的，不能用于确诊。而且动物发病时还常常伴有许多条件病原体的感染。因此必须在实验室诊断中查出病原体或特异性的抗体或抗原，方可做出结论。

（1）粪便漂浮法　取粪便5g，加水15～20ml，以260孔尼龙筛或四层纱布过滤，滤液离心10min，弃上清液，加漂浮液再次离心10min，蘸取液膜进行检查，在500～1000倍显微镜下观察卵囊。

（2）染色法　将待检粪样制成涂片或病变组织的黏膜触片，自然干燥，甲醇固定5min后染色。染色方法常有改良抗酸染色、金胺－酚染色、沙黄－美蓝染色、姬氏染色和复合染色法等。常用染色方法是改良抗酸染色法，镜检时在绿色背景上可观察到多量红色的虫体，呈圆形或椭圆形，直径为2～5μm。

（3）血清学诊断法　主要有酶联免疫吸附试验（ELISA）、免疫荧光试验（IFA）、单克隆抗体技术和免疫印迹技术等，目前已有一些商品化的隐孢子虫诊断试剂盒出售。

6. 防治

（1）治疗　目前，该病尚无有效的药物防治。人们尝试用过近200种药物，包括抗球虫和其他原虫药、广谱抗生素及抗蠕虫药,均未获得成功。最近,有试验证实氨基糖苷类抗生素(Paromomycin)对哺乳动物小隐孢子虫的预防效果达到100 %,对禽贝氏隐孢子虫的卵囊排出量下降62% ~82 %,显露期也缩短了12% ~23 %。在临床上,对免疫功能正常的人和动物,可进行补液和支持疗法,防止脱水,增强机体功能,但对禽类来说,这种方法并不适用。

(2)预防 主要是阻断传播途径,加强卫生管理,防止饮水和饲料污染,提高动物机体的免疫力。隐孢子虫的卵囊对环境和消毒剂的抵抗力很强,常用消毒药物中只有少数几种对卵囊有杀灭作用。采用50 %氨水5min、30 %过氧化氢30min、10 %福尔马林120min、蒸汽消毒和福尔马林或氨气熏蒸等方法对所有物体及其表面进行消毒,结合严格的卫生管理措施和药物预防在一定程度上可以预防隐孢子虫病的发生,但这些措施仅适用于小型牧场或养禽场。

三、弓形虫病

弓形虫病又称弓形体病、弓浆虫病,是由刚第弓形虫(*Toxoplasma gondii*)寄生于宿主的有核细胞内引起的一种原虫病。此病是人畜共患病,人和200多种动物都可感染。猫是终末宿主,人、畜、禽及许多野生动物均为中间宿主。弓形虫病对人畜的危害很大,孕妇感染弓形虫后导致早产、流产、胎儿发育畸形,是免疫功能低下患者(如AIDS病人等)的主要死亡原因。动物感染很普遍,多数呈隐性感染,但猪可大批发病,死亡率高,给养猪业造成巨大的经济损失。

1. 病原形态(图4-4-10、**彩版6**) 弓形虫属真球虫目、弓形虫科、弓形虫属,是由法国学者Nicolle和Manceaux于1908年在刚地梳趾鼠(*Ctenodactylus gondii*)体内发现,并正式命名的。目前,大多数学者认为发现于世界各地人和动物的弓形虫只有一个种,但有不同的虫株。

弓形虫在不同发育阶段有不同的形态。在中间宿主体内有滋养体和包囊发育阶段,在终末宿主体内还有裂殖体、配子体和卵囊等发育阶段。滋养体、包囊和卵囊对中间宿主和终末宿主均具有感染性。

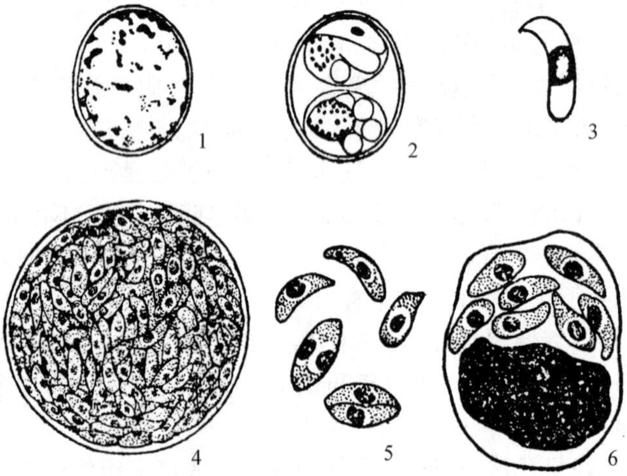

图4-4-10 弓浆虫(仿林孟初,1986)

1. 未孢子化卵囊 2. 孢子化卵囊 3. 子孢子 4. 包囊 5. 速殖子 6. 细胞内的虫团(假包囊)

(1)滋养体 又称速殖子,主要发现在急性病例或感染早期的腹水和有核细胞的胞浆里。呈弓形、月牙形或香蕉形,一端偏尖,另一端偏钝圆,平均大小为4 ~7μm×2 ~4μm。经姬姆萨氏液染色或瑞氏液染色后,胞浆呈淡蓝色,有颗粒。核呈深蓝色,偏于钝圆的一端。速殖子主要出现于急性病例的腹水中,常可见到游离的(细胞外的)单个虫体;在有核细胞(单核细胞、内皮细胞、淋巴细胞等)内可见到正在进行内出芽增殖的虫体;有时在宿主细胞的胞浆里,许多滋养体簇集在一起形成“假囊”。电镜观察可见有极环、类锥体、8 ~10条棒状体及高尔基体和线粒体等细胞器。

（2）包囊　常发现在慢性病例或无症状病例的脑、骨骼肌、心、肺、肝、肾等组织内。呈卵圆形，有较厚的囊膜，囊中的虫称为慢殖子，数目可由数十个至数千个；包囊的直径为50～60μm，可在患畜体内长期存在，并随虫体的繁殖而逐渐增大，可大至100μm。包囊在某些情况下可破裂，虫体从包囊中逸出后进入新的细胞内繁殖，再度形成新的包囊。在机体内脑组织的包囊数可占包囊总数的57.8％～86.4％。

（3）裂殖体　寄生于猫的肠上皮细胞中。成熟的裂殖体呈圆形，直径为12～15μm，内有4～20个裂殖子。游离的裂殖子大小为7～10μm×2.5～3.5μm，前端尖，后端圆，核呈卵圆形，常位于后端。

（4）配子体　寄生于猫的肠上皮细胞中。经过数代裂殖生殖后的裂殖子进入另一细胞内变为配子体，配子体有大小两种，大配子体的核致密，较小，含有着色明显的颗粒；小配子体色淡，核疏松，后期分裂形成许多小配子，每个小配子有1对鞭毛。大小配子结合形成合子，由合子形成卵囊。

（5）卵囊　在猫的肠道上皮细胞中形成，细胞破裂后随猫粪便排出。卵囊呈椭圆形，大小为11～14μm×7～11μm。孢子化后每个卵囊内有2个孢子囊，每个孢子囊内有4个子孢子。子孢子一端尖，一端钝，其胞浆内含暗蓝色的核，靠近钝端。卵囊无微孔、极粒、斯氏体和外残体，有内残体。

2. **生活史**（图4－4－11）　弓形虫的全部发育过程需要两个宿主，在终末宿主（猫科中的猫属和山猫属）肠内进行球虫型发育，在中间宿主（哺乳类、鸟类等）体内进行肠外期发育。

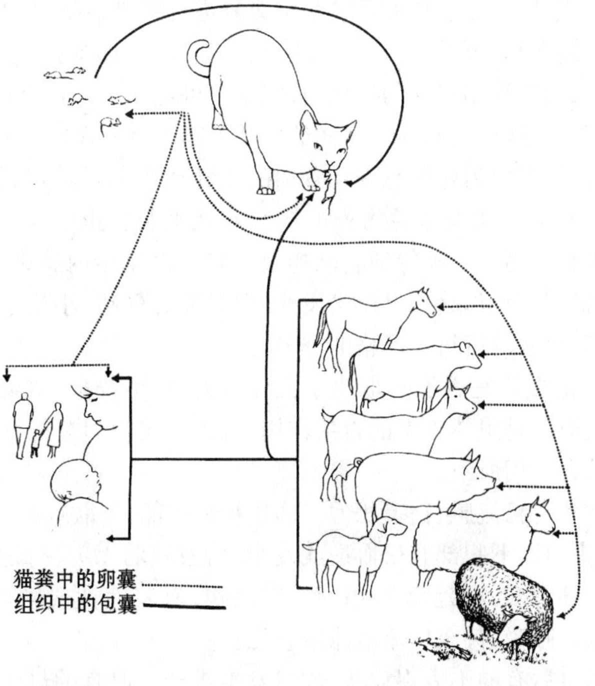

图4－4－11　**弓形虫生活史**（仿 Urquhart 1996）

（1）在中间宿主体内的发育　中间宿主（包括人和多种动物）食入或饮入污染有孢子化卵囊或包囊的食物和水，或滋养体通过口、鼻、咽、呼吸道黏膜和皮肤伤口侵入中间宿主体内后，子孢子、速殖子和慢殖子侵入肠壁，再经淋巴血液循环扩散至全身各组织器官，侵入有核细胞，在胞浆中以内出芽或二分裂的方式进行繁殖。如果感染的虫株毒力很强，而且宿主又未能产生足够的免疫力，或者由于其他因素的作用，即可引起弓形虫病的急性发作；反之，如果虫株的毒力弱，宿主又能很快产生免疫力，则弓形虫的繁殖受阻，疾病发作得较缓慢，或者成为无症状的隐性感染，这时，存留的虫体就会在宿主的一些脏器组织（尤其是脑组织）中形成囊壁而成为包囊型虫体。当机体免疫功能低下时，组织内的包囊可破裂，释出慢殖子，进入血流和其他新的组织细胞形成包囊或假包囊继续发育繁殖。包囊有较强的抵抗力，能存活数月至数年或更长。

（2）在终末宿主体内发育　猫吞食了弓形虫的包囊、假包囊或卵囊后，大部分子孢子、速殖子或慢殖子侵入小肠的上皮细胞，进行球虫型的发育和繁殖，经裂殖生殖和配子生殖最后产生卵囊。卵囊随猫的粪便排到外界，在适宜的环境条件下，经2～4d，经孢子生殖发育为感染性卵囊。也有一部分子孢子、速殖子或慢殖子侵入肠壁，进入淋巴、血液循环，随之被带到全身各脏器和组织，侵入有核细胞内进行同于中间宿主体内的无性增殖（又称弓形虫型增殖），最后形成包囊。因此，猫科动物是弓形虫的终末宿主，同时也是中间宿主。通常猫吞食包囊后4～10d就能排出卵囊，而吞食假包囊或卵囊后约需20d以上。受感染的猫一般每天排出约10～100万个卵囊，排卵囊可持续10～20d。

3. **流行病学**　本病分布于全世界，造成广泛流行的原因很多：其生活史各阶段皆有感染性；感染方式多样，除经口和损伤的皮肤、黏膜感染外，还可经胎盘感染；中间宿主广泛，可感染140余种哺乳动物；除终末宿主与中间宿主互相交替进行感染传播外，也可在中间宿主之间、终末宿主之间相互传播；包囊可长期生存在中间宿主组织内；卵囊排放量大，且对环境抵抗力也较大，对酸、碱、消毒剂均有相当强的抵抗力，室温下可生存3～18个月，在自然界常温、常湿条件下可存活1～1.5年，这也是家猫在本病的传播上起着重要作用的原因。

动物感染很普遍，但多数为隐性感染。食肉的哺乳动物主要是吃到另一动物体内的虫体而感染。草食动物主要是吃到被卵囊污染的饲料和饮水及含虫的生肉屑（泔脚水）而感染。猪则两类感染方式兼有。猪、牛、羊等哺乳动物及人均可发生胎内感染。在畜禽中，猪对弓形虫最敏感，从哺乳仔猪到成年母猪均可感染发病，但对哺乳仔猪、小架子猪和怀孕母猪危害最严重。一般说来，弓形虫病的流行无严格的季节性。

4. **症状**　感染弓形虫后是否发病取决于虫株毒力、感染数量、感染途径及宿主的抵抗力等。引起发病的直接原因是虫体毒素的直接作用、有毒分泌物引起的变态反应以及虫体繁殖时大量破坏细胞的综合作用所致。

猪弓形虫病的症状与猪流感、猪瘟相似。病猪精神沉郁，食欲减退，严重时食欲废绝，常便秘，有的后期下痢。头、耳、下腹部有瘀血斑或发绀，后肢软弱无力，行走摇晃，喜卧，体温升高至41～42℃，一般为41.5℃，可延续7～10d。呼吸快，有浆液性或脓性鼻漏，严重的呼吸困难，喘气，如犬坐状张口呼吸，甚至口流泡沫窒息死亡。

牛自然感染弓形虫后有的不表现症状，或只发生流产。但有的母牛也发生急性致死性弓形虫病，有神经症状、发热、呼吸困难、极度虚弱等，2～6天内衰竭死亡。自然发病的从1日龄至6月龄的牛犊有呼吸困难、咳嗽、打喷嚏、鼻有分泌物、口有泡沫、发热、发抖、摇头、极度衰竭、高度沉郁、脱水、磨牙、四肢呈划水动作，偶有腹泻，粪中带血和黏液。2～6d内死亡。

绵羊自然感染的大多数为亚临床过程，少数出现中枢神经和呼吸系统症状。有高热、共济失调（与脑多头蚴病相似）、呼吸困难、流鼻液，孕羊流产或死胎。

5. 病理变化　急性病例出现全身性病变，淋巴结、肝、肺和心脏等器官肿大，并有许多出血点和坏死灶。肠道重度充血，肠黏膜上可见扁豆大小的坏死灶。肠腔和腹腔内有多量渗出物。病理组织学变化为网状内皮细胞和血管结缔组织细胞坏死，有时有炎性细胞的浸润，弓形虫的滋养体位于细胞内或细胞外。急性病变主要见于幼畜。

慢性病例可见有各内脏器官的水肿，并有散在的坏死灶。病理组织学变化为明显的网状内皮细胞的增生，淋巴结、肾、肝和中枢神经系统等处更为显著，但不易见到虫体。慢性病变常见于老龄家畜。

隐性感染的病理变化主要是在中枢神经系统内见有包囊，有时可见有神经胶质增生性和肉芽肿性脑炎。

6. 诊断　弓形虫病的症状、病理变化上虽有一定的特征，但还不足以作为确诊的依据，必须做实验室诊断，查出病原体或其特异性抗体方能确诊。实验室诊断的方法如下：

（1）直接涂片　急性弓形虫病可将病畜的肺、肝、淋巴组织抹成涂片，用姬姆萨或瑞氏液染色后镜检虫体。

（2）动物接种　将肺、肝、淋巴结等组织研碎，加入 10 倍生理盐水，在室温下放置 1 h，取其上清液 0.5～1ml 接种于小白鼠腹腔，尔后观察小鼠有否症状出现，并检查腹腔液中是否存在虫体。

（3）血清学诊断　方法有染料试验、间接血球凝集试验、补体结合反应、中和抗体试验、荧光抗体法和酶联免疫吸附试验等。近年来又将 PCR 及 DNA 探针技术应用于检测弓形虫感染，具有灵敏、特异、早期诊断的意义。

7. 防治

（1）治疗　主要是采用磺胺类药物。有人报道磺胺嘧啶（SD）、磺胺六甲氧嘧啶（SMM）、磺胺甲氧吡嗪、甲氧苄氨嘧啶（TMP）和敌菌净对弓形虫病有效。应注意在发病初期及时用药，如用药较晚，虽可使临床症状消失，但不能抑制虫体进入组织内形成包囊，结果使病畜成为带虫者。

（2）预防　可采取下列措施：①在牧场及其周围应禁止养猫，并防止猫进入畜舍，严防畜禽的饲料或饮水接触猫粪；②禁用生肉屑喂动物，泔脚水应熟饲；③死于或怀疑是死于弓形虫病的尸体应烧毁或深埋；④在流行区域可用药物预防或免疫接种预防。

四、肉孢子虫病

肉孢子虫病是由肉孢子虫寄生于宿主的肌肉内引起的一种原虫病。肉孢子虫指真球虫目、肉孢子虫科、肉孢子虫属的虫种，文献记载有 130 多种，其中寄生在家畜的有 20 多种。我国南方的水牛和黄牛，北方的绵羊和山羊常有发现，感染率高达 70 %～100 %。家畜和家禽感染肉孢子虫时，通常不显临床症状，即使在严重感染时，病情亦甚轻微，但酮体则因大量虫体寄生，致使局部肌肉变性变色而不能食用。而且，有些种类的肉孢子虫，如人肉孢子虫（*Sarcocystis hominis*）和猪人肉孢子虫（*S. suihominis*），可通过肉品感染人，引起人的厌食、恶心、腹痛和腹泻等症状。因此，肉孢子虫病也是一种重要的人畜共患病。

1. 病原形态 同一种动物可有多种肉孢子虫寄生。现认为寄生于猪的肉孢子虫有米氏肉孢子虫(*S. miescheriana*)、猪人肉孢子虫(*S. suihominis*)、野猪肉孢子虫(*S. porcifelis*);寄生于绵羊的有柔嫩肉孢子虫(*S. tenella*)、巨型肉孢子虫(*S. gigantea*)、水母形肉孢子虫(*S. medusiformis*)、羯犬肉孢子虫(*S. arieticanis*);寄生于山羊的有山羊犬肉孢子虫(*S. capracanis*)、山羊猫肉孢子虫(*S. caprifelis*)、牟氏肉孢子虫(*S. moulei*);寄生于马的有菲氏肉孢子虫(*S. fayeri*)、马犬肉孢子虫(*S. equicanis*);寄生于水牛的有利文肉孢子虫(*S. levinei*)、梭型肉孢子虫(*S. fusiformis*)、中华肉孢子虫(*S. sinensis*);寄生于黄牛的有枯氏肉孢子虫(*S. cruzi*)、毛型肉孢子虫(*S. hirsuta*)、人肉孢子虫(*S. hominis*)。现有研究证实,黄牛的枯氏肉孢子虫、毛型肉孢子虫和人肉孢子虫亦可寄生于水牛。

肉孢子虫在不同发育阶段有不同的虫体形态,主要有包囊、裂殖体、配子体和卵囊等。包囊寄生于中间宿主的肌肉中,对终末宿主具有感染性。卵囊在终末宿主的肠道细胞内形成,孢子化后随粪便排出体外,对中间宿主具有感染性。

(1)包囊 又称米氏囊,寄生在动物的肌肉(骨骼肌、心肌)中,多呈纺锤形、圆柱形或卵圆形,色灰白或乳白,小的肉眼难于看到,大的可达数厘米。囊壁由两层组成,内壁向囊内延伸,构成很多中隔,将囊腔分为若干小室。发育成熟的包囊,小室中藏着许多肾形或香蕉形的慢殖子(滋养体),又称为南雷氏小体(Rainey' s corpuscle),长为10~12μm,宽为4~9μm,一端稍尖,一端稍钝。

(2)卵囊 呈卵圆形或亚球形,均含有两个卵圆形的孢子囊,每个孢子囊含有4个香蕉形的子孢子和一团分散状的残余体。卵囊壁很薄,易破裂,因此从粪便中检查到的多半是孢子囊。

2. 生活史(图4-4-12) 肉孢子虫是专性异宿主性寄生虫,即要分别在中间宿主和终末宿主体内发育,才得以完成其生活史。中间宿主是草食动物和杂食动物、禽类、啮齿类和爬行类等;终末宿主是肉食动物(猫、犬、狼、狐等)和人。终末宿主吞食了中间宿主的包囊之后,囊壁被消化,慢殖子逸出,钻入小肠黏膜的固有层,直接发育为大配子体和小配子体,无裂殖生殖阶段。小配子体又形成许多小配子,然后大、小配子结合为合子,最后形成卵囊,卵囊在肠壁上完成孢子化。卵囊壁薄而脆弱,常在肠内自行破裂。因此,在粪便中常见的虫体为含子孢子的孢子囊。孢子囊被中间宿主吞食后,子孢子经血液循环到达各脏器,在血管内皮细胞中进行裂殖生殖,产生裂殖子,通常进行两代裂殖生殖,然后裂殖子进入肌细胞发育为包囊,再经1个月或数个月发育成熟。

中间宿主吃到包囊,或终末宿主吃到孢子囊均不能感染。中间宿主体内的裂殖子可经血液实验性感染受体动物,也可经胎盘自然传染给幼畜。

3. 流行病学 终末宿主粪便中的卵囊和孢子囊是造成家畜肉孢子虫病的感染来源。由于终末宿主粪中的孢子囊可通过鸟类、蝇和食粪甲虫而散播;孢子囊对外界环境的抵抗力强,终末宿主又可较长期排出孢子囊并且由于不产生免疫力,可以多次重复感染,造成环境广泛被污染;又因中间宿主和终末宿主生活在同一环境中,接触频繁,所以肉孢子虫感染十分普遍。国内调查显示:黄牛感染率为55.9%~94%,水牛为70%~100%,绵羊为65.5%~97.7%,山羊为81.9%~100%,猪为8.6%~76%。不同地区家畜住肉孢子虫感染率的波动范围较大,主要与人们的生活习惯和动物的饲养管理方式有关。感染率也随动物年龄增长而有增高趋势,成年家畜明显高于幼年家畜。

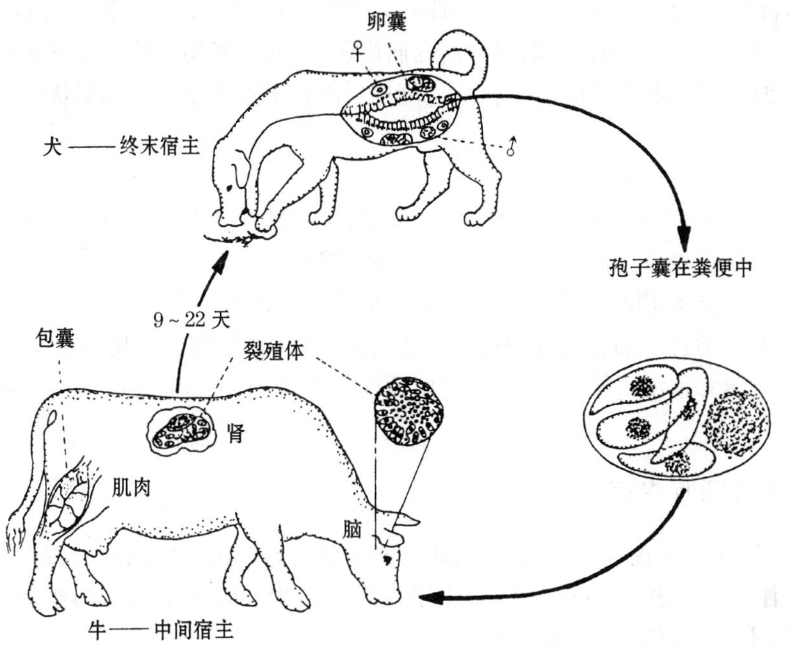

图 4-4-12　枯氏住肉孢子虫生活史（仿 Dubey,1976）

4. 症状　多数肉孢子虫无明显致病性。但有些种类，如枯氏肉孢子虫、柔嫩肉孢子虫、山羊犬肉孢子虫、米氏肉孢子虫和猪人肉孢子虫，分别对牛、绵羊、山羊和猪有较强的致病性，可引起多种症状，甚至死亡。如用枯氏肉孢子虫的孢子囊感染犊牛，会引起厌食，贫血，发热，消瘦，水肿，淋巴结肿大，尾端脱毛坏死等症状。少数还表现有角弓反张，四肢伸直，肌肉僵硬；孕牛可发生流产，严重者发生死亡。猪严重感染时（每 1g 重的膈肌有 40 个以上的虫体），表现不安，腰无力，并有肌肉僵硬和短时期的后肢瘫痪等症状。绵羊可发生呼吸困难，甚至死亡；羔羊在严重感染时，可出现厌食，虚弱以致死亡；孕羊可出现高热，共济失调和流产等症状。在慢性肉孢子虫病时，病畜主要表现为采食下降，消瘦，贫血，被毛枯干，生产性能下降。在心肌和骨骼肌发现大量包囊寄生和炎性反应，造成肉品污染和废弃。

5. 病理变化　心包、胸腔与腹腔有较多的积液；肠系膜淋巴结水肿、坏死；脂肪组织，特别是心冠、肾门和肾盂部脂肪萎缩、胶冻样变，肌肉、脑及各脏器官组织大量点状出血；血液稀薄。猪的巩膜、结缔组织和脂肪黄染。感染后期心、舌、食道等肌肉组织可出现特征性肉芽肿——绿色小结节，有时心肌出现灰白色病灶。

6. 诊断

（1）生前诊断　主要采用血清学方法，目前建立的方法有间接血凝试验、酶联免疫吸附试验、间接荧光抗体试验、免疫组织化学、琼脂扩散试验等，大多是以包囊或纯化的缓殖子作抗原，检测动物血清的特异性抗体，一般在感染 4～5 周可测到特异性的 IgG，这些方法比较适用于慢性肉孢子虫病的调查，而不适用于急性肉孢子虫的早期诊断。较先进的方法是采用酶联双抗夹心法（DAS-ELISA）检测感染动物血清中的循环抗原，分别在人工感染后的第 3、4 和 7 天就检测到循环抗原，其反应效价的峰值与肉孢子虫的无性生殖世代周期相对应。

（2）死后诊断　比较容易，可根据在肌肉组织中发现的包囊而确诊。肉眼可见与肌纤维平行的白色带状包囊。制作涂片时可取病变肌肉压碎，在显微镜下检查香蕉状的慢殖子，也可用姬氏染色法染色后观察。作组织切片时，可见到肉孢子虫囊壁上有辐射状棘突，包囊中有中隔，小室内有慢殖子。

7. 防治

（1）治疗　目前尚无特效的药物。在实验条件下，给牛按每千克体重喂服100mg剂量的氨丙啉，可减少牛接种枯氏肉孢子虫所引起的病理损伤。

（2）预防　关键是切断传播环节。主要是在屠宰时将寄生有肉孢子虫的肌肉、脏器和组织剔除烧毁，不让肉食动物有摄食的机会。禁止狗、猫及其他肉食动物接近家畜，避免其粪便污染饲养场、草料和水源。同时，还应及时埋葬或焚毁废弃的动物尸体，禁止用生肉或下脚料喂狗、猫等动物。

五、鸡住白细胞虫病

鸡住白细胞虫病是由住白细胞虫科、住白细胞虫属的卡氏住白细胞虫（*Leucocytozoon caulleryi*）和沙氏住白细胞虫（*L. sabrazesi*）寄生于鸡的白细胞和红细胞内所引起的一种血液原虫病，是危害我国养鸡业的主要疾病之一。

1. 病原形态

（1）卡氏住白细胞虫　卡氏住白细胞虫在鸡体内的发育阶段不同，其形态也不同。从进入红、白细胞的裂殖子发育至成熟的配子体可分为5期（姬氏液染色）。

①裂殖子：呈圆点状，直径为0.5～1μm，多数为单个散在或3～7个成团存在于血浆中。

②进入红、白细胞中的裂殖子，位于红白细胞的胞浆中，一般为1～2个，圆点状，大小为0.89～1.45μm，宿主细胞核不移位。（**彩版7**）

③圆点状的裂殖子在宿主细胞内开始增大，大小为10.87～11.87μm×9.2～9.43μm。宿主细胞核被挤压于一侧，为配子体雏形。虫体有一较大的细胞核，核周出现蓝染的原生质。宿主细胞破裂，虫体游离于血浆中，此期血液涂片检出率低，在各脏器的组织切片中易见到。

④未成熟配子体：在宿主细胞和血浆中见到。根据着色度及胞浆多少，已大致能区分出大小配子体。大配子呈圆形或椭圆形，大小为13.05μm×11.6μm，胞浆丰富呈深蓝色；核小居中，透明，大小为5.8μm×2.9μm，有一圆点状核仁。小配子体呈不规则的圆形，大小为10.09μm×9.42μm，胞浆少，呈浅蓝色，核几乎占绝大部分，核仁红色。

⑤成熟配子体：呈近圆形，被寄生的宿主细胞的胞核被挤于一侧，呈一狭带状围绕虫体1/3或细胞核全部消失。大配子体大小为15.08μm×13.43μm，核小呈紫红色，直径为3～4μm；小配子体大小为14.9μm×13.59μm，核较大，整个细胞几乎全为核所占有。（**彩版8**）

卡氏住白细胞虫的另一种形态是在各种脏器内被巨噬细胞吞噬后形成的巨型裂殖体。巨型裂殖体近圆形，直径为116.7～443.46μm。成熟的裂殖体，囊壁完整、均质、壁厚3.43～4.62μm，囊内全为被染成淡蓝色的裂殖子，呈颗粒状或逗点状。

（2）沙氏住白细胞虫　沙氏住白细胞虫与卡氏住白细胞虫的形态区别是：成熟配子体呈长椭圆形，较大，被寄生的白细胞膨大呈梭形，宿主细胞的胞核被虫体挤向一侧或挤向虫体的两旁而呈半月状，宿主的细胞质向两端伸展形如棱角。姬氏液染色时，雌配子体细胞质着色深蓝，胞核着色鲜红，虫体大小为 23.8μm×6.4μm，胞核大小为 4.4μm×3.4μm；雄配子体胞质着色浅蓝，胞核着色淡红，虫体大小为 22.4μm×5.6μm，胞核为 6.4μm×6.1μm（**彩版 9**）。

2. **生活史**　卡氏住白细胞虫的传播媒介为库蠓，而沙氏住白细胞虫的传播媒介为蚋。其生活史过程包括三个阶段：裂殖生殖、配子生殖及孢子生殖。裂殖生殖及配子生殖的最初阶段在鸡体内完成，配子生殖的大部分及孢子生殖在其传播媒介（库蠓或蚋）体内完成。以卡氏住白细胞虫为例。

（1）裂殖生殖　感染有卡氏住白细胞虫的库蠓在叮咬鸡吸血时，将唾液腺中已发育成熟的子孢子（sporozoite）注入到鸡体内，子孢子随血液流到全身各器官的血管内皮细胞内进行裂殖生殖，经裂殖生殖后，每个子孢子能形成十几个裂殖体（schizont），于感染后 8～12d，宿主细胞被破坏，裂殖体随血液转移到其他寄生部位，主要是肺、肝、肾，其次是心、脾、胰、胸腺、肌肉、腺胃、肌胃、肠道、气管、卵巢、睾丸及脑等组织器官内继续发育成熟，到第 14～15d，成熟的裂殖体破裂，释放出球形的裂殖子（merozoite）。这些裂殖子可以有三种去向：一是随血液再次进入肝实质细胞发育形成肝裂殖体（hepatica schizont）；二是被巨噬细胞吞食从而发育为巨型裂殖体（megaloschizont）；三是进入红细胞或白细胞开始配子生殖。肝裂殖体及巨型裂殖体还可重复繁殖 2～3 代。

（2）配子生殖　从成熟的裂殖子进入血液至大配子体（macrogametocyte）和小配子体（microgametocyte）发育成熟，是在鸡体的末梢血液或组织中完成，宿主细胞是红细胞或成红细胞以及白细胞。库蠓在病鸡体表吸血时，吸入血液中的大、小配子体，在其胃内迅速发育形成大、小配子，小配子进入大配子后，相互结合成合子（zygote），约经数小时后即形成可动性的动合子（ookinete），大小平均为 211μm×687μm，动合子进入胃壁的上皮细胞内形成卵囊。

（3）孢子生殖　一般在蠓感染后 36～76h 卵囊发育成熟，内含数十至数千个具有感染能力的子孢子，这种卵囊由胃壁移行至唾液腺内聚集，当库蠓再次叮咬易感鸡时又引发新的感染。

卡氏住白细胞虫子孢子进入鸡体内在血管内皮细胞内进行裂殖生殖需 14～15d，裂殖子进入血液形成大小配子体需 8～12d，在鸡体内的整个发育过程需 22～27d，平均为 23d。从大、小配子体进入库蠓体内到形成具有感染力的卵囊，需时为 2～7d。形成子孢子的最适温度为 25℃，这种温度下 2d 即可形成。

3. **流行病学**

（1）分布　卡氏住白细胞虫 1909 年在越南北部首次发现后，1958 年开始呈地方性流行，主要流行于东南亚（越南、泰国、印度尼西亚、印度、马来西亚和日本等）及北美洲一些国家。我国于 1980 年在广东发现此病之后，相继在北京、陕西、上海、广西、江苏、贵州、云南、浙江、江西、湖南、天津、河北、河南、海南、福建、台湾及四川等省均报道有本病的发生与流行，目前该病已成为我国养鸡业中的一种常发性疾病。

沙氏住白细胞虫广泛流行于我国福建、云南、贵州等南方各省市以及东南亚各国。

（2）传播媒介和传染源　我国卡氏住白细胞虫的主要传播媒介为荒川库蠓，这种蠓嗜吸鸡血是鸡舍中的优势蠓种。库蠓主要是以幼虫形式越冬，第二年只存在少量头年带虫的成蠓。因此，耐过的带虫鸡可能是下一年传播本病的主要疫源。沙氏住白细胞虫的传播媒介为后宽蝇蚋。

(3)鸡品种与年龄　各个品种及年龄的鸡均能感染与发病。本病多发生于3~6周龄的小鸡,病情严重,死亡率可高达50%~80%;中鸡(5~7月龄)发病亦严重,但死亡率不高,一般在10%~30%;大鸡具有一定的抵抗力,死亡率通常在10%~5%,但对产蛋鸡的产蛋性能影响严重,发病后产蛋率可显著下降。外来品种的鸡对本病较本地鸡种更为易感,发病和死亡较严重。大冠型的鸡种发病率高于小冠型鸡种。

(4)发病季节　本病的发生及流行与传播媒介(库蠓、蚋)的活动和消长密切相关。卡氏住白细胞虫病的流行靠库蠓传播,库蠓的出没与本病有密切的关系,一般库蠓在气温20℃以上时繁殖快,活力强,每日清晨或傍晚为活动高峰。在热带和亚热带地区终年均可发生本病。我国南方地区库蠓出现在4~5月,7~8月份数量最多,10月份以后消失。各省区因气温不同,其流行时间亦稍有不同。

据报道,日本多发生于5~11月份;我国台湾省则为4~10月份;广东多发生于4~10月份,广州地区3月下旬即有零星病例出现,5月份为发病高峰期,一直延续到10~11月份;在四川3月份开始发病,9月底10月初结束;贵州多发生于6~9月份。北方气温低,流行期短,大多在7~9月份发病,所以本病的流行具有明显的季节性。

鸡沙氏住白细胞虫的感染也具有明显的季节性,在福建省3月份即开始感染,5月和6月份达高峰,8月之后,感染逐渐减轻,11月后成鸡多呈无病的带虫现象。这与传播媒介(蚋)的活动季节有关,福建南部蚋类数量以5~7月份最多,其中6月达高峰。

4. 致病作用与临床症状　3~6周龄的雏鸡感染卡氏住白虫后发病严重,死亡率高。感染后12~14d,突然因出血、咯血、呼吸困难而死亡,死前口流鲜血是最特征性的症状,因而常见水槽和料槽边沾有病鸡咯出的红色鲜血。感染稍轻的鸡可见发热、食欲不振、精神沉郁、羽毛松乱、流涎、下痢,鸡冠和肉垂苍白,两翅轻瘫,伏地不动,常在发病1~2d后因出血而死亡。主要是由于虫体在血管内皮细胞和器官内进行裂殖生殖,破坏各器官组织的微血管内皮细胞而发生出血。如肺血管细胞破裂出现咯血,可发生突然死亡。进入血液后,开始配子生殖阶段,发育增快,大量破坏红细胞、白细胞而引起严重贫血(**彩版10**)。

中鸡和大鸡感染后,一般死亡率不高。主要由于虫体侵入红细胞内寄生,引起暂时性贫血,表现为鸡冠苍白,拉水样的白色或绿色稀粪。中鸡发育受阻,成年鸡产蛋率下降或停止,鸡冠变白,并出现萎缩。

5. 病理变化　卡氏住白虫病的显著特征是:白冠、口流鲜血、颚裂常充满带血黏液、全身性出血、肌肉及某些内脏器官出现白色小结节;全身性出血,包括全身皮下出血,肌肉出血,胸肌、腿肌、心肌上有大小不等的出血点或出血斑,各内脏器官肿大出血,尤其是肾、肺出血最严重;白色的裂殖体小结节主要见于胸肌、腿肌、心肌及肝、脾等器官上,呈针尖至粟粒大,灰白色或稍带黄色,与周围组织有明显的分界,将这些小结节挑出压片、染色,可见有许多裂殖子散出(**彩版11**)。

6. 诊断　根据发病季节、临床症状及病理剖检病变可作出初步诊断。如在病鸡的血液及脏器(肺、肾、脾等)涂抹片或肌肉中的白色小结节压片(姬氏液染色)中发现配子体或裂殖体即可确诊。取有病变的脏器作组织切片,在显微镜下见到巨型裂殖体也可确诊。

本病易与鸡新城疫、禽霍乱、曲霉菌病、磺胺类药物中毒等的临床症状和剖检病变相混淆,应注意鉴别诊断。内脏表面有灰白色或黄白色针头大至粟粒大的小结节为卡氏住白细胞虫病的特征性病变。

7. **防治**

(1)药物防治　药物防治应早期施用,效果较佳。当内脏器官已被损害时,效果一般不好。因此,根据当地以往本病发生的历史,在本病即将发生或流行初期,进行药物预防,是目前预防本病发生的最有效和最切实可行的方法。

①复方泰灭净(磺胺-6-甲氧嘧啶 SMM):按每千克饲料加入 30~50mg 混料作预防,按每千克饲料加入 100mg 作治疗。

②磺胺-2-甲氧嘧啶(SDM):按每千克饲料加入 25~75mg 混于饲料或饮水中作预防;治疗时按每千克水加入 500mg 饮水 2d,后用每千克水加入 300mg 再喂 2d,症状减轻后改为预防量。

③磺胺喹噁啉(SQ):按每千克饲料加入 50mg 混料或饮水作预防;治疗量为每千克饲料 100mg 混入饲料或饮水 7d。

④氯羟吡啶(Clopidol):预防量为每千克饲料加入 125mg 混料;治疗量为每千克饲料加入 250mg 混饲,连用 7d。

⑤氯苯胍(Robenidine):按每千克饲料加入 33mg 混料,用于预防;或按每千克饲料加入 66mg 混料,连续 3~5d 用于治疗。

(2)杀灭传播媒介——库蠓及蚋　发病鸡场与相邻场之间的传播模式基本是"病鸡→蠓、蚋→鸡",尤其是传播卡氏住白细胞的荒川库蠓,其活动范围多局限于鸡舍附近,杀灭库蠓,可阻断本病的流行。常采用菊酯类等杀虫药进行喷雾或在黎明和黄昏时利用舍外蒿草、烂叶混以药物点燃烟熏。经常保持鸡舍卫生,清除运动场及周围环境中的杂草和灌木,从而减少和去除库蠓的栖息地。

(3)控制和消灭本病的传染源　库蠓主要以幼虫越冬,第二年只存在少量头年带虫的成蠓,耐过的病鸡,体内仍有虫体存在,常成为下一年传播本病的疫源。在流行地区选留鸡群时应全部淘汰曾患过本病的鸡,同时还应避免从外界输入病鸡。

六、鸽血变原虫病

鸽血变原虫病是由鸽血变原虫(*Haemoproteus columbae*)寄生于鸽的红细胞内引起的血液原虫病。分布于世界各地,我国在南方有流行,广州地区 2~4 月龄育成鸽检出率 84.3 %,成年鸽为 61 %,常为隐性感染或症状轻微。

1. **病原形态**　鸽血变原虫隶属血孢子虫亚目、疟原虫科、血变原虫属。虫体具有不同的发育阶段和形态,在鸽的红细胞内为配子体阶段。成熟的配子体呈长形,腊肠状或香蕉状,常略弯曲,围绕着宿主细胞核,含有数量不等的深褐色色素颗粒。大配子体大小为 11.0~16.0μm ×2.5~5.0μm,平均为 13.2μm×3.6μm;小配子体大小为 11.0~24.0μm×2.0~3.5μm,平均为 15.0μm×3.1μm。

2. **生活史**(图 4-4-13)　需虱蝇(*Pseudolynchia canariensis*)作生物性传播媒介。虱蝇吸食鸽血液时,将带有配子体的红细胞吸入体内。配子体在虱蝇消化管内发育为大配子和小配子,两者结合后成为动合子;后者移行至中肠壁内形成卵囊,在卵囊内直接生成子孢子,并移行至唾液腺。带有子孢子的虱蝇吸血时,子孢子随唾液进入鸽的血液,并侵入肺、肝、脾等器官的血管内皮细胞中进行裂殖生殖；尔后裂殖子侵入红细胞，变为大、小配子体。

3. **症状及病理变化** 轻度感染的鸽尤其是成年鸽，症状轻微，常见精神沉郁、减食、不喜活动，几日后可望恢复，或变成慢性带虫者，表现出贫血、衰弱、生产力下降、不愿孵育，常因继发其他疾病使病情恶化，甚至引起死亡。严重感染的童鸽和体弱的成年鸽，常取急性经过，病鸽缩颈，毛松，呆立，厌食，贫血，呼吸急促，甚至张口呼吸，不愿起飞，数天内死亡。病鸽在惊吓、驱赶、捕捉、注射疫苗或药物等应急时，常可加快死亡。剖检变化主要是血液凝固不良，肌胃肿大，肺淤血肿大，呈暗褐色。

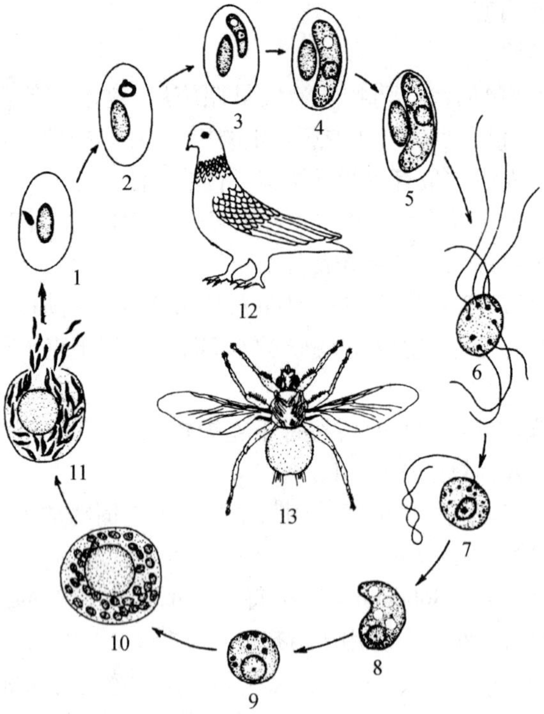

图4-4-13 鸽血变虫生活史（采自陈淑玉，1994）

1～5. 配子体形成各阶段 6. 小配子的形成 7. 大小配子结合 8. 动合子 9. 早期卵囊 10、11. 卵囊发育成熟 12. 鸽 13. 虱蝇

4. **诊断** 根据症状和剖检病变作出初诊。采取血液制成血片，染色镜检，发现红细胞内有香蕉状的配子体即可确诊。

5. **防治**

(1) 治疗 可用磷酸伯氨喹片（Primaquine，每片含7.5mg）口服，首次每只每天半片，以后每只每天1/4片，连用7d。此外，还可用青蒿全株磨粉，按5％浓度混入保健沙中长期服用。

(2) 预防 主要措施是杀灭传播媒介虱蝇，可用杀虫药（10％氯氰菊酯8 ml加10 kg水）喷洒周围环境、鸽体表羽毛、巢盘、粪便等，但未出毛或羽毛稀少的乳鸽不宜喷洒，以防中毒。

七、卡氏肺孢子虫病

卡氏肺孢子虫病是由卡氏肺孢子虫（*Pneumocystis carinii*）寄生于肺脏引起的一种人畜共患原虫病。病原体首次于1909年由Chagas等在豚鼠肺组织中发现，1912年由Carinii命名为卡氏肺孢子虫。虫体寄生于人和大鼠、小鼠、兔、马、羊、猪、猫、犬和灵长类等多种动物的肺脏，偶在心脏、骨髓、肝脏、脾脏、结肠、胃和淋巴结等处。免疫功能缺陷或受损的病人感染后可引起肺间质性浆细胞性肺炎，尤其是艾滋病（AIDS）人感染后不经治疗，死亡率可高达100％。动物常呈隐性感染，没有明显的症状和病变，常用作研究人类卡氏肺孢子虫病的动物模型。

1. **病原形态** 卡氏肺孢子虫的分类地位尚不明确，有人认为是真菌，但一般都认为属于原生动物的顶复门、孢子虫纲。病原体有小滋养体、大滋养体、囊前期、包囊和囊内小体5种基本形态。小滋养体呈圆形或阿米巴形，大小为1～1.5μm，有一个核，胞膜薄而光滑。大滋养体形状不规则，有伪足，具活动力，胞膜表面较粗糙。包囊前期呈圆形，直径大小为3～6μm，壁较厚，具有1～8个细胞核。包囊球形，直径为4～6μm，壁厚，含有8个不规则分散的或呈玫瑰花结形排列的小体。电镜下，滋养体表面有许多管形突起，这一结构有助于扩大虫体的表面积，黏附于肺泡上皮细胞，增加对营养物质的吸收和气体交换，但也使虫体固着于肺泡壁，不易随痰咳出。

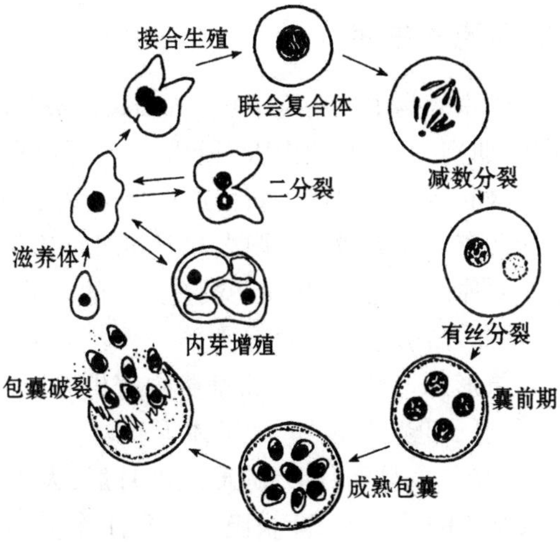

图4－4－14　卡氏肺孢子虫生活史示意图（仿詹希美2001）

2. 生活史（图4－4－14）　一般认为，卡氏肺孢子虫包囊经空气传播而进入肺内，囊内小体脱囊成为滋养体，后者以二分裂、内出芽或接合生殖方式繁殖。滋养体表膜增厚逐渐形成囊壁，进入囊前期。随后囊内核开始分裂，每个核围以一团胞质，即形成囊内小体，最终发育为8个囊内小体的成熟包囊。肺孢子虫在体外的发育尚未阐明。有报道卡氏肺孢子虫可通过子宫传播，动物的隐性感染也可能是通过胎盘感染。

3. 症状及病理变化　卡氏肺孢子虫的致病性主要是因滋养体和包囊黏附于肺泡上皮细胞，使上皮细胞出现损伤及肺泡和细支气管内泡沫样渗出物影响肺的气体交换功能，从而引起严重的临床症状。

动物感染症状不明显，但实验大鼠和小鼠注射可的松（免疫抑制剂）后出现精神委顿、厌食及呼吸困难等症状，甚至发生死亡。死后剖检，可见肺体积增大，质地稍硬，表面和切面均可见散在分布的针尖大小灰白色实性病灶，挤压切面有少量粉红色泡沫状样渗出物。

人感染本病多见于早产儿、婴儿及免疫功能受损者，出现高热、气促、干咳和呼吸困难等症状，并发生死亡。

4. 诊断　本病依靠对肺组织的涂片和切片进行检查，当发现肺脏中有包囊和滋养体时即可确诊。在医学上，可用针头做肺穿刺进行活组织检查，或以患者的气管冲洗物和肺组织作抗原，进行补体结合试验及间接荧光抗体试验。

5. 防治　实验证明，卡氏肺孢子虫不能经消化道使宿主获得感染。卡氏肺孢子虫通常是经呼吸道传染的，空气中的卡氏肺孢子虫包囊或混有包囊的灰尘是主要的传染源。健康的宿主感染后多呈隐性感染，但当免疫力下降时出现症状。因此，对接受免疫抑制剂治疗或免疫受损的人和动物，应警惕诱发本病，发现病人或病畜应立即隔离治疗。常用治疗药物有复方磺胺异噁唑、乙胺嘧啶、氨苯砜、阿托喹酮及戊烷脒等。蒿甲醚及双氢青蒿素治疗大鼠卡氏肺孢子虫的疗效接近戊烷脒。

八、新孢子虫病

新孢子虫病是由犬新孢子虫(*Neospora canium*)寄生于犬、牛、绵羊、山羊、马等动物的中枢神经系统、肌肉、肝及其他内脏引起的一种原虫病,使孕畜发生流产或产死胎,新生胎儿发生神经系统疾病和运动障碍等。新孢子虫最早发现于1988年,隶属顶复门、孢子虫纲、真球虫目,现已广泛分布于北美、欧洲、澳大利亚和新西兰等地区或国家,认为是这些地区母牛流产、产死胎的最主要原因。迄今,我国还没有此病的报道,但每年从欧美等国引进大量种牛,有可能带进该病,因此,需引起足够的重视。

1. **病原形态**　新孢子虫为细胞内寄生原虫,在生活史中可出现数种不同的形态,即速殖子、组织包囊、卵囊、裂殖体、配子体等。

(1)速殖子　呈卵圆形、圆形或新月形,大小平均为5μm×2μm。用电镜观察,速殖子体表有3层结构的单位膜,22根膜下微管,1个极环,1个锥体,1个高尔基体,1个泡状核和1个核仁,8~18根电子致密的棒状体,多个线粒体和内质网,有微线。大多数速殖子寄生于细胞内带虫空泡中。

(2)组织包囊　呈圆形或卵圆形,大小不等,一般为15~35μm×10~27μm,最大者可达107μm。包壁囊平滑,厚1~3μm,呈分支的管状结构,无间隔膜。包囊中含有大量细长形的缓殖子,大小为3.4~4.3μm×0.9~1.3μm。缓殖子内的细胞器与速殖子相似,但其棒状体的数目少,含PAS阳性颗粒多,细胞核靠一端。包囊壁用过碘酸雪夫氏(PAS)染色,常呈嗜银染色。缓殖子之间常有管泡状结构。

(3)卵囊　发现于犬的粪便中,大小为10.6~12.4μm×10.6~12.0μm,平均为11.7μm×11.3μm,卵囊指数1.04。卵囊壁无色,厚为0.6~0.8μm。孢子化卵囊内含2个孢子囊,大小为7.4~9.4μm×5.6~6.4μm,平均为8.4μm×6.1μm,每个孢子囊内含4个子孢子和1个残余体。子孢子长形,大小为5.8~7.0μm×1.8~2.2μm,平均为6.5μm×2.0μm。

2. **生活史**　犬新孢子虫的生活史尚未完全阐明,据推测与粪地弓形虫的生活史类似。其发育过程需要两个宿主,在终末宿主(目前仅发现为犬)体内进行球虫型发育,在中间宿主(牛、羊、兔、马、猪、小鼠和大鼠等)体内进行肠外期发育。经胎盘途径发生垂直传播是该虫的重要传播途径。

终末宿主犬吞食了犬新孢子虫孢子化卵囊或组织包囊,从中释放的子孢子、缓殖子侵入宿主细胞,进行球虫型发育和繁殖,最后发育为卵囊。卵囊随犬粪便排出,在外界适宜环境下发育成为孢子化卵囊,具有感染性。中间宿主食入孢子化卵囊或含有组织包囊的组织而感染。从卵囊中释放出的子孢子或组织包囊中释放出的缓殖子侵入机体,形成速殖子,进入淋巴、血液循环。随之被带到全身各脏器和组织。速殖子能主动侵入宿主神经细胞、巨噬细胞、成纤维细胞、血管内皮细胞、肌细胞、肾小管上皮细胞和肝细胞,在宿主细胞的胞浆内进行反复增殖。大多数速殖子寄生于细胞内带虫空泡中。经过一段时间后,由于宿主产生免疫力,或其他因素的作用,一部分速殖子被消灭,一部分繁殖变慢,在脑、脊椎、神经和视网膜等组织中形成包囊或称组织包囊(内为缓殖子)。在妊娠期新孢子虫可经胎盘传给胎儿,且在同一个体可反复发生胎盘感染。

3. **流行病学**　目前,已发现有新孢子虫病流行的国家有澳大利亚、新西兰、比利时、丹麦、法国、德国、芬兰、西班牙、匈牙利、瑞士、瑞典、挪威、荷兰、英国、爱尔兰、美国、加拿大、墨西哥、哥斯达黎加、日本、以色列、南非和津巴布韦等国。新孢子虫可感染犬、奶牛、肉牛、水牛、绵羊、山羊、马、鹿、猪、猴、骆驼、狐狸、小鼠、大鼠、猫和兔。Anderson 等(1995)发现加州 42.5 % 的流产母牛是由新孢子虫感染所引起的，该州的某些奶牛场中犊牛先天性感染率高达 78 % ~88 %。2000 年在北美奶牛犬新孢子虫血清阳性率达 24 %。母牛流产主要发生在妊娠 3 ~9 月龄，特别是在 5 ~7 月龄。在美国、英国部分地区犬的新孢子虫的血清阳性率达 16.6 %。本病一年四季均可发生。引起的流产呈散发性或地方性流行，同一母畜可能反复发生流产。

4. 症状　本病的致病机理尚不清楚。一般动物都不表现明显症状，主要出现后肢麻痹，运动障碍，共济失调和母畜流产。

牛的症状包括流产、胎盘自溶、流产胎儿变软或产下木乃伊化胎儿或产下弱犊，以及先天性感染症状，犊牛共济失调和髌骨反射降低，两后肢或四肢的感受性稍有降低。流产为散发或群发。流产胎儿为 3 ~8 月龄，多数为 5 ~6 月龄。流产胎牛发生自溶，体腔严重积液和皮下水肿。

犬感染可发生于任何年龄，但严重感染者多为幼犬，主要出现后肢麻痹、运动障碍和共济失调。有的幼犬在出生 3 ~6 周龄后出现症状，病犬跛行或四肢运动降低，同窝犬可出现相同的症状，但严重程度不同。有的幼犬出生时就发病，3d 内死亡，但无典型症状(神经症状和瘫痪)。成年犬感染常不见瘫痪症状，但有脑炎、肌炎、肝炎、皮炎和全身性疾病。

绵羊、山羊、马新孢子虫病已有自然病例报道，但马原虫性流产罕见。绵羊和山羊新孢子虫病流产的流行情况还不清楚。人工感染可发生流产、死产和弱产。

5. 病理变化　与虫体的寄生部位有关，病变可发现在一处或多处。发生病变部位可发现速殖子和组织包囊。流产胎儿和死亡幼畜的主要病变包括：非化脓性脑炎与脑膜脊髓炎；非化脓性心肌炎和多灶性肌炎；流产胎儿自溶、胎盘水肿、子叶绒毛坏死；肝肿大，质脆色暗，在肝小叶凝固性坏死组织间有速殖子，肺出血、充血、水肿；皮炎，脾肿大，脾内网状内皮细胞增生。

6. 诊断　对畜群频频出现流产，流产胎儿多为 5 ~6 个月龄，且胎儿常自溶，幼畜出现神经症状和瘫痪，母畜出现后肢麻痹等症状，可怀疑新孢子虫感染。但确诊必须根据组织病理学、免疫组化、血清学检查等资料进行综合判断。

(1)病理组织学检查　取死亡胎儿的脑、心、肝等组织，可见局灶性、非化脓性脑炎、心肌炎、骨骼肌炎、肝炎和新孢子虫的速殖子及包囊。

(2)免疫组织化学法检查虫体　取病死动物的大脑、脊索或肝、肾、胎盘，或其他病变部位组织，切片后做免疫组织化学染色，用抗犬新孢子虫血清检测新孢子虫速殖子和缓殖子。

(3)血清学方法　用基因工程重组方法生产的新孢子虫抗原做 ELISA 检测抗体，或用间接荧光抗体试验(IFAT)将 Vero 细胞等传代细胞系培养的新孢子虫固定于载片上，用 IFAT 测定血清和初乳中抗新孢子虫抗体。

本病还应与弓形虫病、牛传染性鼻气管炎、牛病毒性腹泻、引起犬肺炎的其他疾病、引起相关动物流产、产死胎的其他疾病等进行鉴别诊断。新孢子病与弓形虫病的主要鉴别要点：新孢子虫病畜瘫痪，尤其是后肢；组织包囊壁厚为 1 ~4μm；在免疫组化试验中不与抗弓形虫的抗体反应。而弓形虫病畜不出现瘫痪症状，组织包囊壁厚小于 0.5μm。

7. 防治

(1)治疗　早期试用甲氧苄氨嘧啶(TMP 每千克体重 14mg) + 磺胺 - 6 - 甲氧嘧啶(SMM 或磺胺嘧啶 SD)(每千克体重 70mg),每日给药 2 次,连用 3 ~4d,首次剂量加倍。或用磺胺嘧啶(SD) + 乙胺嘧啶(每千克体重 6mg)合用,或用其他磺胺药,如复方新诺明、长效磺胺等。其他的抗弓形虫药,如螺旋霉素、氯林可霉素等也可试用。其疗效常因病情程度及用药的时间而有所差异。

(2)预防　由于欧美等国新孢子虫感染率较高,应加强口岸的检疫,防止引进带有本病的牛只。新孢子虫血清抗体阳性牛可饲养于牛场中,但该母牛的子犊不能留为种用。不用感染牛的乳喂犊牛。禁用可能感染的内脏,如牛的胎盘、死犊牛喂狗。防止狗粪污染牛的饲料或饮水。加强灭鼠工作。

第五节　微孢子虫病

兔脑原虫病

兔脑原虫病是由兔脑原虫(*Encephalitozoon cuniculi*)寄生于兔脑和肾脏引起的一种慢性病,通常呈隐性感染。除兔外,兔脑原虫还可感染小鼠、大鼠、豚鼠、猪、羊、犬、猫、猴及禽类,偶见于人。本病呈世界性分布,在很多兔场中广泛流行,发病率为 15 % ~76 % 。在野兔中也有发生本病的报道。

1. 病原形态　兔脑原虫病是在 1917 年由 Bull 首先发现的,其病原体是在 1922 年由 Wright 和 Craihead 检出的,1923 年由 Levadit 等定名为兔脑原虫。分类上隶属微孢子虫门(Microsporida)、微孢子虫纲(Microsporea)、微孢子虫目(Microsporida)、微粒子虫科(Nosematidae)。虫体有孢子和滋养体两种基本形态。

(1)滋养体　在组织切片中呈直的或稍弯曲的杆状,两端钝圆,一端稍大于另一端。细胞外虫体大小为 2.4 ~3.4μm ×1.8 ~2.8μm,细胞内虫体大小为 1.5 ~3.0μm ×1.4 ~2.8μm,涂片中虫体大小为 4.0μm ×2.5μm,平均为 2.0μm ×1.2μm。有时虫体中部或邻近中部稍收缩,而呈浅的凹陷。核致密,圆形、卵圆形或带状,约占虫体的 1/4 ~1/3,位于虫体的一端。在神经细胞、巨噬细胞、内皮细胞以及其他细胞内可以发现无囊壁的假囊,内含 100 个或更多的滋养体。

(2)孢子　在电镜下,成熟的孢子呈卵圆形或杆形,长为 1.5 ~2.5μm,内有一核及少数空泡。壁厚,两端或中间有少量空泡;一端有极体,由此发出极丝,沿内壁盘绕。极丝常自然伸出。孢子可用姬姆萨氏染色、革兰氏染色或郭氏(Goodpasture)石炭酸品红染色。

2. 生活史　目前尚未完全阐明,但可以肯定孢子具有传染性。用病兔的脑、肝、脾和腹膜渗出物经脑内或腹腔内接种小白鼠、家鼠、兔、豚鼠和其他实验动物,可使其感染成功。小鼠亦可发生先天性感染。潘耀谦等(1995)用电镜观察了培养细胞中兔脑炎原虫的发育动态,认为在培养细胞上生殖的方式可能是三种,即二分裂生殖、裂体生殖和配子生殖。孢子可经宿主尿液排到外界环境中。

3. 症状　各种年龄的兔均可感染发病。通常为隐性感染,在运输、气候变化或使用免疫抑制剂时可出现临床症状。病兔逐渐衰弱,体重减轻,出现尿毒症;严重者呈现神经症状,如惊厥、颤抖、斜颈、麻痹和昏迷。病兔常出现蛋白尿。病的末期出现下痢，后肢的被毛常被玷污，引起局部湿疹，在3～5d内死亡。

4. **病理变化**　病变特征为肉芽肿性脑炎和肉芽肿性肾炎。脑上分布有不规则的肉芽肿病灶，病灶的中心区坏死，周围有淋巴细胞和浆细胞等的浸润。非化脓性脑炎，特别是脑损害相邻区域的非化脓性脑膜炎是本病的特征之一。在肾脏表面有很多散乱的针尖状白点，或在皮质表面有小的灰色凹陷区。如肾脏广泛受累，则表面呈颗粒状外观。显微病变为间质有不同程度的淋巴细胞和浆细胞浸润，同时伴有纤维化及肾小管的变性和扩张，瘢痕常从皮质表面延伸至髓质。虫体常位于髓质部的肾小管细胞内或游离于管腔中。

5. **诊断**　由于本病无特征临床症状，故只能根据病理剖检做出大致诊断。用病理组织学方法在肾脏发现肉芽肿肾炎和在脑发现肉芽肿性脑炎，并在病变部位找到虫体即可确认为脑原虫病。动物接种和组织培养等方法可以辅助诊断。血清学方法，如间接荧光抗体或酶标试验、皮内敏感试验、印度墨汁免疫反应、间接微量凝集试验、ABC－免疫组化技术等，可诊断隐性脑原虫病。

6. **防治**　本病目前尚无有效的治疗药物，可使用烟曲霉素（Fumagillina）治疗。由于生前诊断比较困难，且能通过多种途径感染机体，从而给防治工作带来很大困难。因此，每3周定期进行血清学检查，淘汰阳性兔及根据兔的生产率、姿势和体重进行选育，并改善环境卫生，对防治本病起重要作用。

第六节　小袋纤毛虫病

结肠小袋纤毛虫病

小袋纤毛虫病是由纤毛虫门、动片纲、毛口目、小袋虫科的结肠小袋纤毛虫（*Balantidium coli*）寄生于猪和人的大肠（主要是结肠）所引起的一种寄生虫病。轻度感染时，猪无异常表现，严重感染时有肠炎等症状，甚至可导致死亡。

1. **病原形态**（图4－6－1、**彩版12**）　结肠小袋纤毛虫在发育过程中有滋养体和包囊两个时期。

（1）滋养体　呈椭圆形，大小变异很大，一般长为50～200μm，宽为30～100μm。全身披有纤毛，借纤毛的规律性运动，虫体能以较快速度旋转前进。虫体前端有一胞口，与漏斗状的胞咽相连。胞口与胞咽处亦有许多纤毛。胞口附近的纤毛运动时可将食物驱入胞口和胞咽，并在胞咽的底部积累成食物泡。食物泡装满后即脱离胞咽而随内质的运动而流动。消化作用在食物泡中进行。不能消化的残渣由虫体后端的胞肛排出。伸缩泡有两个：一个在虫体中部，另一个在后部，后部的伸缩泡似有一小管通向胞肛。有大、小核各一。大核大多在虫体中央，呈肾形；小核甚小，球形，常位于大核的凹陷处。

（2）包囊　呈圆形或椭圆形，新鲜时呈淡绿色或淡黄色。直径为40～60μm。囊壁较厚而透明。在新形成的包囊内，可清晰地见到滋养体在囊内活动，但不久即变成一团颗粒状的细胞质。包囊内有核、伸缩泡，有时可见食物泡。

2. **生活史**（图4－6－2）　当猪吞食了被包囊污染的饮水和饲料后，囊壁在肠内被消化，虫体逸出变为滋养体，进入大肠寄生，以淀粉、肠壁细胞、红细胞、白细胞、细菌等为食料。然后以横二分裂法繁殖，即小核首先分裂，继而大核分裂，最后胞质分开，形成两个新个体。经过一定时期的无性繁殖后，虫体进行有性接合生殖，然后又进行二分裂法繁殖。部分新生的滋养体在不良环境或其他因素的刺激下变圆，分泌坚韧的囊壁包围虫体成为包囊，随宿主粪便排出体外。本虫的包囊期没有包囊内生殖，一个包囊将来只能变为一个滋养体。滋养体若随粪便排出，也可在外界环境中形成包囊。

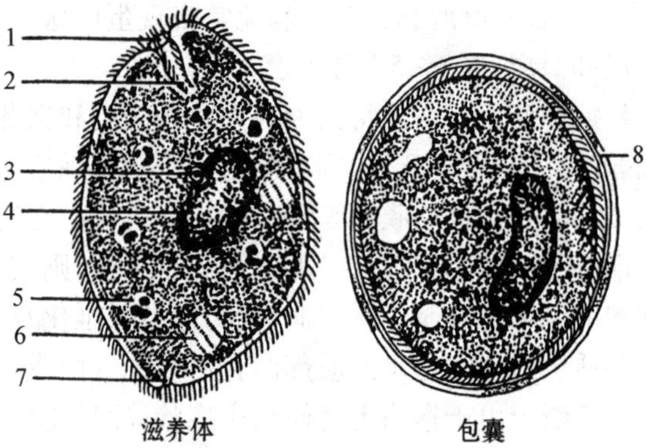

图 4-6-1 结肠小袋纤毛虫（仿崔祖让，1981）

1. 胞口 2. 胞咽 3. 小核 4. 大核 5. 食物泡 6. 伸缩泡 7. 胞肛 8. 囊壁

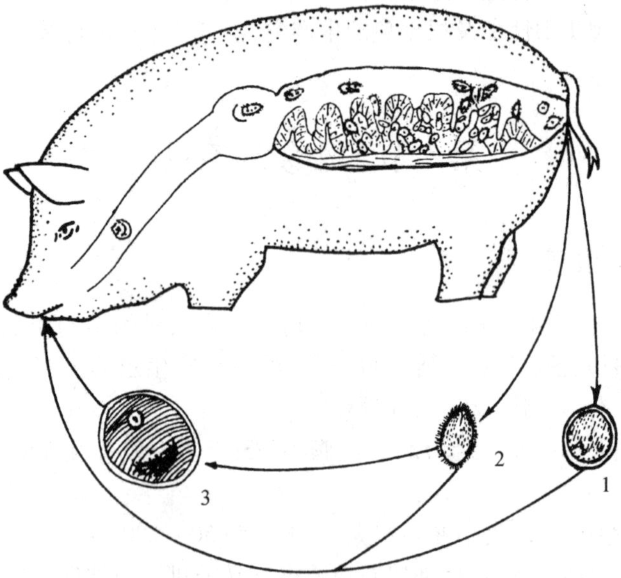

图 4-6-2 结肠小袋纤毛虫生活史（仿蒋金书等）

1. 猪粪中的包囊 2. 猪粪中的滋养体 3. 包囊

3. **流行特征** 本病呈世界性分布，尤其多发于热带和亚热带地区。猪的感染最为普遍，感染率可达 20% ~100%。我国许多地区均有该病的报道，尤以西南、中南和华南地区，感染率更高。卢春祥（1985）在福建莆田地区调查了 1248 头猪，感染率为 33.8%。

该病主要是通过吃进感染性包囊而在猪群中传播。本病多发于冬春季节，各龄猪均易感，且感染率都较高，大猪多呈隐性感染成为带虫者，对仔猪致病力强，往往造成严重疾病，甚至死亡。据詹扬桃等（1994）报道该病多见于 1 ~3 月龄的仔猪，3 月龄以上的猪一般无明显症状。

据朱永梅等(2002)报道,江西省高安市某猪场仔猪感染结肠小袋纤毛虫,半个月内死亡102头,占仔猪总数的39%。

4. 临床症状　猪结肠内的小袋纤毛虫,一般情况下为共生者,以肠内容物为食,对肠黏膜并无损害,但如宿主的消化功能紊乱或肠黏膜有损伤时,虫体就趁机侵入肠壁,形成溃疡。溃疡主要发生在结肠,其次是直肠和盲肠。常与肠道微生物特别是沙门氏菌协同致病。成年猪多为带虫者,小猪常发病。急性型多发生在幼猪,特别是断奶后的小猪。症状为:水样腹泻,混有血液的粪便中有滋养体和包囊,有时体温升高;病猪食欲不振,渴欲增加,消瘦,粪稀如水,恶臭;被毛粗乱无光,严重者经2~3d死亡。急性病猪常转为慢性,表现出:消化机能障碍、贫血、消瘦、脱水的症状;发育障碍,陷于恶病质,常常死亡。

5. 病理变化　感染部位主要在结肠,其次是直肠和盲肠。病理表现为溃疡性结肠炎和直肠炎,肠黏膜充血、水肿、糜烂和溃疡,溃疡呈火山口状,边缘呈锯齿状。

6. 诊断　粪便检查,在粪便中找到结肠小袋纤毛虫的滋养体或包囊,结合临床症状,即可确诊。在急性型病例,粪便中常有大量的能运动的滋养体;慢性型病例,粪中以包囊为主。

检查方法是用温热的生理盐水稀释粪便(5:1或10:1),过滤,吸取少量液体涂片镜检,也可滴加1:1000的稀碘液,使虫体着色,便于观察。尸体剖检时可刮取肠黏膜作涂片检查。

7. 防治　甲硝哒唑(Artesunate,灭滴灵)每头按0.25g口服,1d两次,连用3d有效。用0.1%福尔马林灌肠可收到暂时的效果,虫体在一两天内消失,但不久再次出现。其他如土霉素、金霉素、四环素、黄连素、乙酰胂胺等也可应用。

第五章 各类家养动物的主要寄生虫与寄生虫病简表

第一节 猪的主要寄生虫与寄生虫病

一、猪的主要寄生虫

寄生于猪的主要寄生虫可分为三大类：

（一）节肢动物

寄生于猪的节肢动物主要有猪疥螨（*Sarcoptes scabiei* var. *suis*）、猪蠕形螨（*Demodex phylloides*）、猪血虱（*Haematopinus suis*）、三色依蝇幼虫、虻和蚊。

（二）蠕虫

寄生于猪的蠕虫有吸虫、绦虫、线虫及棘头虫。

1. **吸虫** 主要有布氏姜片吸虫（*Fasciolopsis buski*）和华枝睾吸虫（*Clonorchis sinensis*）等。

2. **绦虫及绦虫蚴** 主要有猪囊尾蚴（*Cysticercus cellulosae*）、细颈囊尾蚴（*Cysticercus tenuicollis*）、孟氏裂头蚴（*Sparganum mansoni*）和克氏伪裸头绦虫（*Pseudanoplocephala crawfordi*）等。

3. **线虫** 主要有猪蛔虫（*Ascaris suum*）、后圆线虫（*Metastrongylus* spp.）、球首线虫（*Globocephalus* spp.）、食道口线虫（*Oesophagostomum* spp.）、有齿冠尾线虫（*Stephanurus dentatus*）、猪毛尾线虫（*Trichuris suis*）、旋毛虫（*Trichinella spiralis*）、颚口线虫（*Gnathostoma* spp.）、兰氏类圆线虫（*Strongyloides ransomi*） 、猪浆膜丝虫（*Serofilaria suis*）、红色猪圆线虫（*Hyostrongylus rubidus*）、似蛔线虫（*Ascarops* spp.）、六翼泡首线虫（*Physocephalus sexalatus*）、双管鲍氏线虫（*Bourgelatia diducta*）和奇异西蒙线虫（*Simondsia paradoxa*）等。

4. **棘头虫** 主要有蛭形巨吻棘头虫（*Macracanthorhynchus hirudinaceus*）。

（三）原虫类

主要有刚地弓形虫（*Toxoplasma gondii*）、猪附红细胞体（*Eperythrozoon suis*）、猪等孢球虫（*Isospora suis*）、艾美耳属球虫（*Eimeria* spp.）、结肠小袋纤毛虫（*Balantidium coli*）、小鼠隐孢子虫（*Cryptosporidium muris*）、小隐孢子虫（*C. parvum*）和肉孢子虫（*Sarcocystis* spp.）等。

二、猪的主要寄生虫病及流行特征

根据寄生虫侵害猪的器官和系统的不同，现将猪的主要寄生虫病及流行特征列表如下（表5－1）。

表 5-1　猪的主要寄生虫病及流行特征

病　名	病　原	寄 生 部 位	流 行 特 征
一、皮肤寄生虫病			
1. 疥螨病	猪疥螨	皮肤内	接触感染，规模化猪场常发病之一
2. 血虱病	猪血虱	体表	接触感染，散见于卫生条件较差的猪场
3. 蠕形螨病	猪蠕形螨	毛囊、皮脂腺	接触感染，散发
4. 三色依蝇蛆病	三色依蝇的幼虫	皮肤内	散发于夏、秋季节
二、心血管系统寄生虫病			
1. 附红体病	猪附红体	红细胞表面及血浆	多发于夏、秋季节，传播媒介为吸血昆虫。我国各地散养及规模化猪场均有发生，是严重危害猪的疾病之一
2. 浆膜丝虫病	猪浆膜丝虫	心外膜等处的淋巴管内	散发于夏、秋季节，传播媒介为蚊
三、呼吸系统寄生虫病			
1. 后圆线虫病（肺丝虫病）	后圆属线虫	支气管与细支气管	多发于夏、秋季，中间宿主为蚯蚓。主要见于农村散养的仔猪
四、消化系统寄生虫病			
（一）肝脏寄生虫病			
1. 华枝睾吸虫病	华枝睾吸虫	肝脏	见于南方地区散养的猪，第一、第二中间宿主分别为淡水螺和鱼类
（二）胃线虫病			
1. 红色猪圆线虫病	红色猪圆线虫	胃	多发生于南方地区散养的猪
2. 似蛔线虫病	似蛔属线虫	胃	多发生于南方地区散养的猪，中间宿主为食粪甲虫
3. 六翼泡首线虫病	六翼泡首线虫	胃	同上
4. 奇异西蒙线虫病	奇异西蒙线虫	胃	同上
5. 颚口线虫病	颚口属线虫	胃	多发生于南方地区散养的猪，第一、第二中间宿主分别为剑水蚤和鱼类及蛙类
（三）肠道寄生虫病			
1. 布氏姜片吸虫病	布氏姜片吸虫	小肠	见于南方地区散养的猪，中间宿主为扁卷螺
2. 克氏伪裸头绦虫病	克氏伪裸头绦虫	小肠	多见于散养的猪，中间宿主为鞘翅目昆虫
3. 蛔虫病	猪蛔虫	小肠	猪主要寄生虫，是规模化猪场最常发生的主要寄生虫病之一
4. 毛尾线虫病	猪毛尾线虫	大肠（主要是盲肠）	散养及集约化饲养的猪均可发生
5. 食道口线虫病（结节虫病）	食道口属线虫	结肠	猪常见寄生虫，是我国规模化猪场流行的主要线虫病之一

续表

病　名	病　原	寄 生 部 位	流 行 特 征
6. 双管鲍氏线虫病	双管鲍氏线虫	盲肠、结肠	猪常见寄生虫
7. 球首线虫（钩虫病）	球首属线虫	小肠	散发
8. 兰氏类圆线虫病	兰氏类圆线虫	小肠	经口和皮肤感染，主要危害仔猪
9. 蛭形巨吻棘头虫病	蛭形巨吻棘头虫	小肠	见于散养的猪，中间宿主为天牛和金龟子
10. 球虫病	猪等孢球虫及艾美耳属球虫	肠道	规模化猪场仔猪常见病之一
11. 结肠小袋纤毛虫病	结肠小袋纤毛虫	大肠	散发，主要见于仔猪
12. 隐孢子虫病	隐孢子虫	小肠	主要见于仔猪
五、泌尿系统寄生虫病			
有齿冠尾线虫（肾虫病）	有齿冠尾线虫	肾盂、肾周围脂肪和输尿管等处	散发，经口和皮肤感染
六、肌肉及其他组织器官寄生虫病			
1. 弓形虫病	刚地弓形虫	各组织器官	危害猪的主要寄生虫病之一，终末宿主为猫和山猫
2. 猪囊虫病	猪囊尾蚴	肌肉及其他器官	华北、东北和西南等地多发，是一种重要的人兽共患寄生虫病。肉品卫生检验项目之一
3. 旋毛虫病	旋毛虫	横纹肌	重要的人兽共患寄生虫病，肉品卫生检验项目之一
4. 细颈囊尾蚴病	细颈囊尾蚴	肝脏、大网膜和肠系膜等处	散发，见于农村散养的猪
5. 孟氏裂头蚴病	孟氏裂头蚴	皮下及肌肉等处	散发，见于农村散养的猪，为人兽共患寄生虫病，是肉品卫生检验项目之一
6. 肉孢子虫病	肉孢子虫	肌肉及内脏等处	散发，见于农村散养的猪

第二节　牛的主要寄生虫与寄生虫病

一、牛的主要寄生虫

寄生于牛的主要寄生虫可分为三大类：

（一）节肢动物

1. 蜱　主要为硬蜱科（Ixodidae）的种类。

2. 螨　主要有牛疥螨（*Sarcoptes scabiei* var. *bovis*）、牛痒螨（*Psoroptes communis* var. *bovis*）、水牛痒螨（*Psoroptes communis* var. *natalensis*）、牛足螨（*Chorioptes bovis*）及牛蠕形螨（*Demodex* bovis)等。

3. **蝇及蝇蛆** 主要有牛皮蝇(*Hypoderma bovis*)蝇蛆、纹皮蝇(*H. lineatum*)蝇蛆及吸血蝇类等。

4. **虱** 主要有牛血虱(*Haematopinus eurysternus*)、水牛血虱(*H. tuberculatus*)、牛颚虱(*Linognathus vituli*)、牛管虱(*Solenoptes capillatus*)及牛毛虱(*Damalinia bovis*)等。

5. **蚤** 主要有花蠕形蚤(*Vermipsylla alacurt*)和尤氏羚蚤(*Dorcradia ioffi*)等。

(二)蠕虫

寄生于牛的蠕虫有吸虫、绦虫及线虫。

1. **吸虫** 主要有肝片形吸虫(*Fasciola hepatica*)、大片形吸虫(*F. gigantica*)、前后盘类吸虫、矛形双腔吸虫(*Dicrocoelium lanceatum*)、东方双腔吸虫(*D. orientalis*)、胰阔盘吸虫(*Eurytrema pancreaticum*)、腔阔盘吸虫(*E. coelomaticum*)、枝睾阔盘吸虫(*E. cladorchis*)、日本分体吸虫(*Schistosoma japonicum*)、土耳其斯坦东毕吸虫(*Orientobilharzia turkestanicum*)、程氏东毕吸虫(*O. cheni*)及彭氏东毕吸虫(*O. bomfordi*)等。

2. **绦虫及绦虫蚴** 主要有扩展莫尼茨绦虫(*Moniezia expansa*)、贝氏莫尼茨绦虫(*M. benedeni*)、盖氏屈子宫绦虫(*Helictometra giardi*)、细粒棘球虫蚴、多房棘球蚴、牛囊尾蚴(*Cysticercus bovis*)及脑多头蚴(*Coenurus cerebralis*)等。

3. **线虫** 主要有胎生网尾线虫(*Dictyocaulus viviparus*)、捻转血矛线虫(*Haemonchus contortus*)、似血矛线虫(*Haemonchus similis*)、指形长刺线虫(*Mecistocirrus digitatus*)、奥斯特属线虫(*Ostertagia* spp.)、马歇尔属线虫(*Marshallagia* spp.)、牛仰口线虫(*Bunostomum phlebotomum*)、维氏旷口线虫(*Agriostomum vryburgi*)、食道口属线虫(*Oesophagostomum* spp.)、夏伯特属线虫(*Chabertia* spp.)、毛尾属线虫(*Trichuris* spp.)、犊弓首蛔虫(*Neoascaris vitulorum*)、毛细线虫(*Capillaria* spp)、乳突类圆线虫(*Strongyloides papillosus*)、丝状属线虫(*Setaria* spp.)和吸吮属线虫(*Thelazia* spp.)等。

(三)原虫类

1. **血液原虫** 主要有双芽巴贝斯虫(*Babesia bigemina*)、牛巴贝斯虫(*B. bovis*)、环形泰勒虫(*Theileria annulata*)、瑟氏泰勒虫(*T. sergenti*)、伊氏锥虫(*Trypanosoma evansi*)、边缘边虫(*Anaplasma marginale*)和附红体(*Eperythrozoon* sp.)等。

2. **胃肠道原虫** 主要有艾美耳属球虫(*Eimeria* spp.)、小鼠隐孢子虫(*Cryptosporidium muris*)和小隐孢子虫(*C. parvum*)等。

3. **其他原虫** 主要有肉孢子虫属(*Sarcocystis* spp.)、犬新孢子虫(*Neospora caninum*)和刚地弓形虫(*Toxoplasma gondii*)等。

二、牛的主要寄生虫病及流行特征

根据寄生虫侵害牛的器官和系统的不同,现将牛的主要寄生虫病及发生特点列表如下(表5-2)。

表5-2 牛的主要寄生虫病及流行特征

病名	病原	寄生部位	流行特征
一、皮肤寄生虫病			
1. 疥螨病	牛疥螨	皮肤内	接触感染,常发病之一
2. 痒螨病	牛痒螨和水牛痒螨	皮肤表面	同上
3. 足螨病	牛足螨	皮肤表面	接触感染,散发
4. 蠕形螨病	牛蠕形螨	毛囊和皮脂腺	同上
5. 皮蝇蛆病	牛皮蝇和纹皮蝇的幼虫	背部皮下组织等处	西北、东北、内蒙古及四川西北部牧区常发病
6. 蜱病	硬蜱科蜱	体表	山区及牧区常发病
7. 虱病			
(1)吸血虱	牛血虱	牛体表	接触感染,散发
	水牛血虱	水牛体表	同上
	牛颚虱	牛体表	同上
	牛管虱	牛体表	同上
(2)食毛虱	牛毛虱	牛体表	同上
8. 蚤病	花蠕形蚤和尤氏羚蚤	体表	同上
二、心血管系统寄生虫病			
1. 巴贝斯虫病	双芽巴贝斯虫	牛红细胞	常发于夏、秋季节,传播媒介为蜱
	牛巴贝斯虫	牛红细胞	常发于夏、秋季节,传播媒介为蜱,主要发生于犊牛
2. 泰勒虫病	环形泰勒虫和瑟氏泰勒虫	牛红细胞	常发于夏、秋季节,传播媒介为蜱
3. 边缘边虫病	边缘边虫	牛红细胞	常发于夏、秋季节,传播媒介为蜱
4. 伊氏锥虫病	伊氏锥虫	血浆	常发于夏、秋季节,吸血昆虫机械传播
5. 附红体病	附红体	牛红细胞表面及血浆	常发于夏、秋季节,传播媒介为吸血昆虫
6. 日本血吸虫病	日本分体吸虫	肝门静脉和肠系膜静脉	多发生于南方地区的水牛,中间宿主为钉螺,经皮肤感染
7. 东毕吸虫病	东毕属吸虫	肝门静脉和肠系膜静脉	中间宿主为椎实螺,经皮肤感染
三、呼吸系统寄生虫病			
1. 网尾线虫病(大型肺线虫病)	胎生网尾线虫等	支气管与细支气管	常发病,食入感染性幼虫而感染
四、消化系统寄生虫病			
(一)胃寄生虫病			
1. 前后盘吸虫病	前后盘类各科、属虫体	主要见于瘤胃	中间宿主为椎实螺和扁卷螺等淡水螺

续表

病　名	病　原	寄 生 部 位	流 行 特 征
2. 血矛线虫病	捻转血矛线虫和似血矛线虫	真胃	食入感染性幼虫而感染
3. 指形长刺线虫病	指形长刺线虫	真胃	食入感染性幼虫而感染
4. 毛圆科线虫病	毛圆科中奥斯特属和马歇尔属线虫等	真胃、小肠	食入感染性幼虫而感染
(二)肠寄生虫病			
1. 莫尼茨绦虫病	莫尼茨属绦虫	小肠	多发生于夏、秋季,中间宿主为地螨,主要危害犊牛
2. 盖氏屈子宫绦虫病	盖氏屈子宫绦虫	小肠	多发生于夏、秋季,中间宿主为地螨,主要危害犊牛
3. 中点无卵黄腺绦虫病	中点无卵黄腺绦虫	小肠	多发生于夏、秋季,中间宿主为地螨,主要危害犊牛
4. 仰口线虫病	牛仰口线虫	小肠	食入感染性幼虫而感染
5. 食道口线虫病	食道口属线虫	大肠	同上
6. 夏伯特线虫病	夏伯特属线虫	大肠	同上
7. 毛尾线虫病(鞭虫病)	毛尾属线虫	盲肠	同上
8. 犊新蛔虫病	犊新蛔虫	犊牛小肠	发生于6月龄内的犊牛,经胎盘或乳汁感染
9. 乳突类圆线虫病	乳突类圆线虫	犊牛小肠	经口和皮肤感染
10. 球虫病	艾美耳属球虫	肠道	主要危害犊牛
11. 隐孢虫病	小鼠隐孢子虫和小隐孢子虫	胃、小肠	食入卵囊而感染,主要危害犊牛
(三)肝脏寄生虫病			
1. 片形吸虫病	肝片形吸虫和大片形吸虫	肝脏胆管	多发生于夏、秋季,中间宿主为椎实螺,危害牛的主要疾病之一
2. 双腔吸虫病	矛形双腔吸虫和东方双腔吸虫	肝胆管	常发病,第一、第二中间宿主分别为陆生螺和蚂蚁
3. 棘球蚴病(包虫病)	细粒棘球蚴	肝脏及肺脏	牧区的常见病,终末宿主为犬和狐,重要的人兽共患病
	多房棘球蚴	肝脏	同上
(四)胰脏寄生虫病			
1. 阔盘吸虫病	阔盘属吸虫	胰管	常发病,第一、第二中间宿主分别为陆生螺和螽蜥或针蟀
五、肌肉及其他组织器官寄生虫病			
1. 肉孢子虫病	肉孢子虫属	横纹肌、心肌	终末宿主为犬、猫和人
2. 犬新孢子虫病	犬新孢子虫	脑脊髓等	终末宿主可能为犬
3. 弓形虫病	刚地弓形虫	各组织器官	终末宿主为猫和山猫

续表

病　名	病　原	寄 生 部 位	流 行 特 征
4.牛囊尾蚴病(牛囊虫病)	牛囊尾蚴	肌肉	经口感染,终末宿主为人
5.脑多头蚴病(脑包虫病)	脑多头蚴	大脑和脊髓内	经口感染,终末宿主为犬
6.丝状线虫病	丝状属线虫	腹腔	多发于夏、秋季,传播媒介为蚊
7.吸吮线虫病	吸吮属线虫	眼部	多发于夏、秋季,传播媒介为蝇类

第三节　羊的主要寄生虫与寄生虫病

一、羊的主要寄生虫

寄生于羊的主要寄生虫可分为三大类:

(一)节肢动物

1.**蜱**　主要为硬蜱科(Ixodidae)的种类。

2.**螨**　主要有山羊疥螨(*Sarcoptes scabiei* var. *caprae*)、绵羊疥螨(*S. scabiei* var. *ovis*)、山羊痒螨(*Psoroptes communis* var. *caprae*)、绵羊痒螨(*P. communis* var. *ovis*)、绵羊足螨(*Chorioptes ovis*)、山羊足螨(*C. caprae*)、山羊蠕形螨(*Demodex caprae*)和绵羊蠕形螨(*D. ovis*)等。

3.**蝇**　主要有羊狂蝇(*Oestrus ovis*)和绵羊虱蝇(*Melophagus ovinus*)等。

4.**虱**　主要有绵羊颚虱(*Linognathus ovillus*)、绵羊足颚虱(*L. pedalis*)、山羊颚虱(*L. stenopsis*)、山羊毛虱(*Damalinia caprae*)和绵羊毛虱(*D. ovis*)等。

5.**蚤**　主要有花蠕形蚤(*Vermipsylla alacurt*)和尤氏羚蚤(*Dorcradia ioffi*)等。

(二)蠕虫

寄生于羊的蠕虫有吸虫、绦虫及线虫:

1.**吸虫**　主要有日本分体吸虫(*Schistosoma japonicum*)、土耳其斯坦东毕吸虫(*Orientobilharzia turkestanicum*)、程氏东毕吸虫(*O. cheni*)、彭氏东毕吸虫(*O. bomfordi*)、前后盘类吸虫、肝片形吸虫(*Fasciola hepatica*)、大片形吸虫(*F. gigantica*)、矛形双腔吸虫(*Dicrocoelium lanceatum*)、东方双腔吸虫(*D. orientalis*)、胰阔盘吸虫(*Eurytrema pancreaticum*)、腔阔盘吸虫(*E. coelomaticum*)和枝睾阔盘吸虫(*E. cladorchis*)、裂叶吸虫(*Ogmocotyle* spp.)和绵羊斯孔吸虫(*Skrjabinotrema ovis*)等。

2.**绦虫及绦虫蚴**　主要有扩展莫尼茨绦虫(*Moniezia expansa*)、贝氏莫尼茨绦虫(*M. benedeni*)、盖氏屈子宫绦虫(*Helictometra giardi*)、中点无卵黄腺绦虫(*Avitellina centripunctata*)、细粒棘球蚴、多房棘球蚴和脑多头蚴(*Coehurus cerebralis*)等。

3.**线虫**　主要有网尾线虫(*Dictyocaulus* spp.)、原圆属线虫(*Protostrongylus* spp.)、缪勒属线虫(*Muellerius* spp.)、变圆属线虫(*Varestrongylus* spp.)、乳突类圆线虫(*Strongyloides papillosus*)、捻转血矛线虫(*Haemonchus contortus*)、指形长刺线虫(*Mecistocirrus digitatus*)、奥斯特属线

虫(*Ostertagia* spp.)、马歇尔属线虫(*Marshallagia* spp.)、毛圆属线虫(*Trichostrongylus* spp.)、细颈属线虫(*Nematodirus* spp.)、羊仰口线虫(*B. trigonocephalum*)、食道口属线虫(Oesophagostomum spp.)、夏伯特属线虫(*Chabertia* spp.)、毛尾属线虫(*Trichuris* spp.)和丝状属线虫(*Setaria* spp.)等。

(三)原虫类

1. **血液原虫** 主要有山羊泰勒虫(*Theileria hirci*)、绵羊泰勒虫(*T. ovis*)和附红体(*Eperythrozoon* sp.)等。

2. **胃肠道原虫** 主要有艾美耳属球虫(*Eimeria* spp.)、小鼠隐孢子虫(*Cryptosporidium muris*)和小隐孢子虫(*C. parvum*)等。

3. **其他原虫** 主要有肉孢子虫(*Sarcocystis* spp.)、犬新孢子虫(*Neospora caninum*)和刚地弓形虫(*Toxoplasma gondii*)等。

二、羊的主要寄生虫病及流行特征

根据寄生虫侵害羊的器官和系统的不同,现将羊的主要寄生虫病及发生特点列表如下(表5-3)。

表5-3 羊的主要寄生虫病及流行特征

病 名	病 原	寄生部位	流行特征
一、皮肤寄生虫病			
1. 疥螨病	山羊疥螨	山羊皮肤内	接触感染,常发病,危害山羊的主要疾病之一
	绵羊疥螨	绵羊皮肤内	接触感染,常发病
2. 痒螨病	山羊痒螨	山羊皮肤表面	接触感染,散发病
	绵羊痒螨	绵羊皮肤表面	接触感染,常发病,危害绵羊的主要疾病之一
3. 足螨病	绵羊足螨	绵羊皮肤表面	接触感染,散发病
	山羊足螨	山羊皮肤表面	接触感染,常发病
4. 蠕形螨病	山羊蠕形螨	山羊毛囊和皮脂腺	接触感染,常发病
	绵羊蠕形螨	绵羊毛囊和皮脂腺	接触感染,散发病
5. 蜱病	硬蜱(Ixodidae)	体表	多发于夏、秋季
6. 虱病			
(1)吸血虱	绵羊颚虱	绵羊体表	接触感染,散发病
	绵羊足颚虱	绵羊体表	同上
	山羊颚虱	山羊体表	同上
(2)毛虱	绵羊毛虱	绵羊体表	同上
	山羊毛虱	山羊体表	同上
7. 蚤病	花蠕形蚤	体表	同上
	尤氏羚蚤	体表	同上
二、心血管系统寄生虫病			

续表

病　　名	病　　原	寄生部位	流行特征
1. 泰勒虫病	山羊泰勒虫	红血球	多发于夏、秋季，传播媒介为蜱
2. 附红体病	附红体	红血球和血浆	多发于夏、秋季，传播媒介为吸血昆虫
3. 日本血吸虫病	日本分体吸虫	肝门静脉和肠系膜静脉	流行于南方地区，中间宿主为钉螺，经皮肤感染
4. 东毕吸虫病	东毕属吸虫	肝门静脉和肠系膜静脉	中间宿主为椎实螺，经皮肤感染
三、呼吸系统寄生虫病			
1. 网尾线虫病（大型肺线虫病）	网尾属线虫	支气管与细支气管	食入感染性幼虫而感染，常发病之一
2. 原圆线虫病（小型肺线虫病）	原圆属线虫、缪勒属线虫和变圆属线虫	细支气管、肺泡	中间宿主为陆生螺
3. 羊鼻蝇蛆病	羊狂蝇的幼虫	鼻腔及附近的腔窦	多发生于夏、秋季，常发病之一
四、消化系统寄生虫病			
（一）胃寄生虫病			
1. 前后盘类吸虫病	前后盘类各科、属虫种	主要见于瘤胃	常发病，中间宿主为椎实螺和扁卷螺等
2. 捻转血矛线虫病	捻转血矛线虫	真胃	食入感染性幼虫而感染，严重危害羊的疾病之一
3. 奥斯特线虫病	奥斯特属线虫	真胃	食入感染性幼虫而感染
4. 马歇尔线虫病	马歇尔属线虫	真胃	同上
（二）肠寄生虫病			
1. 莫尼茨绦虫病	莫尼茨属绦虫	小肠	多发生于夏、秋季，中间宿主为地螨，主要危害羔羊
2. 盖氏曲子宫绦虫病	盖氏曲子宫绦虫	小肠	多发生于夏、秋季，中间宿主为地螨，主要危害6～8月龄以上的羊
3. 中点无卵黄腺绦虫病	中点无卵黄腺绦虫	小肠	多发生于秋季和初冬，中间宿主为地螨，主要危害6月龄以上的羊
4. 乳突类圆线虫病	乳突类圆线虫	小肠	经口和皮肤感染，主要危害羔羊
5. 仰口线虫病	羊仰口线虫	小肠	常发病，经口和皮肤感染
6. 食道口线虫病	食道口属线虫	结肠	常发病，食入感染性幼虫而感染
7. 夏伯特线虫病	夏伯特属线虫	大肠	同上
8. 毛尾线虫病（鞭虫病）	毛尾属线虫	大肠，主要是盲肠	同上
9. 球虫病	艾美耳属球虫	小肠	主要危害羔羊
10. 隐孢虫病	小鼠隐孢子虫	胃	同上
	小隐孢子虫	小肠	同上
（三）肝脏寄生虫病			

续表

病　名	病　原	寄生部位	流行特征
1. 片形吸虫病	肝片形吸虫和大片形吸虫	肝脏胆管	主要疾病之一,中间宿主为椎实螺
2. 双腔吸虫病	双腔属吸虫	肝脏胆管	常发病,第一、第二中间宿主分别为陆生螺和蚂蚁
3. 棘球蚴病(包虫病)	细粒棘球蚴	肝脏及肺脏	经口感染,终末宿主为犬、狐,是一种重要的人兽共患病
	多房棘球蚴	肝脏	同上
(四)胰脏寄生虫病			
阔盘吸虫病	阔盘属吸虫	胰管	常发病,第一、第二中间宿主分别为陆生螺和螽蟖或针蟀
五、肌肉及其他组织器官寄生虫病			
1. 肉孢子虫病	肉孢子虫属	横纹肌	终末宿主为犬、猫
2. 犬新孢子虫病	犬新孢子虫	脑、脊髓等	终末宿主可能为犬
3. 弓形虫病	刚地弓形虫	各组织器官	终末宿主为猫和山猫
4. 脑多头蚴病(脑包虫病)	脑多头蚴	大脑和脊髓内	终末宿主为犬
5. 脑脊髓丝虫病	丝状属线虫的幼虫	脑脊髓内	多发于夏、秋季,传播媒介为蚊

第四节　兔的主要寄生虫与寄生虫病

一、兔的主要寄生虫

寄生于兔的主要寄生虫可分为三大类:

(一)节肢动物

1. **螨**　主要有兔疥螨(*Sarcoptes scabiei* var. *cuniculi*)、兔痒螨(*Psoroptid communis* var. *cuniculi*)、兔背肛螨(*Notoedres cati var. cuniculi*)和兔足螨(*Chorioptes symbiotes* var. *cuniculi*)等。

(二)蠕虫

寄生于兔的蠕虫有吸虫、绦虫及线虫。

1. **吸虫**　主要有肝片吸虫(*Fasciola hepatica*)。

2. **绦虫及绦虫蚴**　主要有豆状囊尾蚴(*Cysticercus pisiformis*)、梳形莫斯绦虫(*Mosgovoyia pectinata*)和齿状彩带绦虫(*Cittotaenia denticulata*)等。

3. **线虫**　主要有疑似钉尾线虫(*Passalurus ambiguus*)、兔苇线虫(*Ashworthius leporis*)和肝脏肝居线虫(*Hepaticola hepatica*)等。

(三)原虫类

1. **血液原虫**　主要有附红体(*Eperythrozoon* sp.)。

2. **胃肠道原虫** 主要有艾美耳属球虫(*Eimeria* spp.)。

3. **其他原虫** 主要有兔脑原虫(*Encephalitozoon cuniculi*)、刚地弓形虫(*Toxoplasma gondii*)和卡氏肺孢子虫(*Pneumocystis carinii*)等。

二、兔的主要寄生虫病及流行特征

根据寄生虫侵害兔的器官和系统的不同,现将兔的主要寄生虫病及发生特点列表如下(表5-4)。

表5-4 兔的主要寄生病及流行特征

病名	病原	寄生部位	流行特征
一、皮肤寄生虫病			
螨病	兔疥螨	皮肤内	接触感染,常发病,危害兔的主要疾病之一
	兔背肛螨	头、颈部皮肤内	接触感染,散发
	兔痒螨	外耳道	接触感染,常发病
	兔足螨	外耳道	接触感染,散发
二、心血脏系统寄生虫病			
附红体病	附红体	红细胞和血浆	吸血昆虫传播
三、消化系统寄生虫病			
1. 球虫病	艾美耳属球虫	肝脏及肠道	危害兔的主要疾病之一,多发生于3月龄内的兔
2. 豆状囊尾蚴病	豆状囊尾蚴	寄生于肝脏及肠系膜等处	散发病,终末宿主为犬、猫
3. 梳形莫斯绦虫病	梳形莫斯绦虫	小肠	中间宿主为地螨,散发
4. 钉尾线虫病(蛲虫病)	疑似钉尾线虫	盲肠	食入感染性幼虫感染,肠道常见病
5. 肝脏肝居线虫病	肝脏肝居线虫	肝脏	经口感染,散发
五、呼吸系统寄生虫病			
1. 卡氏肺孢子虫病	卡氏肺孢子虫	肺脏	经口和呼吸道感染,散发
四、肌肉及其他器官寄生虫病			
1. 兔脑原虫病	兔脑原虫	脑、肾脏等处	散发

第五节 鸡的主要寄生虫与寄生虫病

一、鸡的主要寄生虫

寄生于鸡的主要寄生虫可分为三大类:

(一)节肢动物

1. **螨** 主要有鸡皮刺螨(*Dermanyssus gallinae*)、突变膝螨(*Cnemidocopte mutans*)、鸡膝螨(*C. gallinae*)、林禽刺螨(*Ornithonyssus sylviarum*)和鸡新棒恙螨(*Neoschongastia gallinarum*)等。

2. **虱** 主要有鸡羽虱(*Menopon gallinae*)等。

(二)蠕虫

寄生于鸡的蠕虫有吸虫、绦虫和线虫。

1. **吸虫** 主要有棘口科吸虫(Echinostomatidae)、台湾次睾吸虫(*Metorchis taiwanensis*)、东方次睾吸虫(*M. orientalis*)、鸭对体吸虫(*Amphimerus anatis*)、鸡后口吸虫(*Postharmostomum gallinum*)和前殖属吸虫(*Prosthogonimus* spp.)等。

2. **绦虫** 主要有四角赖利绦虫(*Raillietina tetragona*)、棘沟赖利绦虫(*R. echinobothrida*)、有轮赖利绦虫(*R. cesticillus*)、楔形变带绦虫(*Amoebotaenia cuneata*)和节片戴文绦虫(*Davainea proglottina*)等。

3. **线虫** 主要有鸡蛔虫(*Ascaridia galli*)、鸡异刺线虫(*Heterakis gallinarum*)、毛细属线虫(*Capillaria* spp.)、小钩锐形线虫(*Acuaria hamulosa*)、旋锐形线虫(*A. spiralis*)和比翼线虫(Syngamus spp.)等。

(三)原虫类

1. **血液原虫** 主要有卡氏住白细胞虫(*Leucocytozoon caulleryi*)和沙氏住白细胞虫(*L. sabrazesi*)等。

2. **胃肠道原虫** 主要有艾美耳属球虫(*Eimeria* spp.)、火鸡组织滴虫(*Histomonas meleagridis*)和火鸡隐孢子虫(*C. meleagridis*)等。

3. **其他原虫** 主要有贝氏隐孢子虫(*Cryptosporidium baileyi*)和鸡毛滴虫(*Trichomonas gallinae*)等。

二、鸡的主要寄生虫病及流行特征

根据寄生虫侵害鸡的器官和系统的不同,现将鸡的主要寄生虫病及发生特点列表如下(表5-5)。

表5-5 鸡的主要寄生虫病及流行特点

病 名	病 原	寄生部位	流行特征
一、皮肤寄生虫病			
1. 螨病	鸡皮刺螨	体表	接触感染,散发
	林禽刺螨	体表	同上
	突变膝螨	足胫、趾部	同上
	鸡膝螨	体表	同上
2. 羽虱病	鸡羽虱	体表	同上
二、心血管系统寄生虫病			
鸡住白细胞虫病	卡氏住白细胞虫	血细胞	危害我国养鸡业的主要寄生虫病之一,多发生于夏、秋季节,传播媒介为蠓
	沙氏住白细胞虫	血细胞	多发生于夏、秋季节,传播媒介为蚋
三、呼吸系统寄生虫病			
禽比翼线虫病	斯氏比翼线虫和气管比翼线虫	气管与支气管	食入感染性幼虫或含感染性幼虫的贮藏宿主而感染,见于散养及平养的鸡
四、消化系统寄生虫病			
1. 棘口吸虫病	棘口科吸虫	肠道	散发,中间宿主为淡水螺类,见于散养鸡
2. 后睾吸虫病	台湾次睾吸虫、东方次睾吸虫和鸭对体吸虫	胆囊、胆管	散发,因饲喂含囊蚴的生鱼、鱼下脚料而感染
3. 鸡后口吸虫病	鸡后口吸虫	盲肠	中间宿主为陆生软体动物
4. 戴文绦虫病	四角赖利绦虫、棘沟赖利虫、有轮赖利绦虫、节片戴文绦虫和楔形变带绦虫	小肠	本病多发生于散养的鸡,因食入含似囊尾蚴的蚂蚁、甲虫和陆地螺而感染
5. 鸡蛔虫病	鸡蛔虫	小肠	常见病,食入感染性虫卵而感染,多发生于平养或散养鸡
6. 异刺线虫病	异刺属线虫	盲肠	散发
7. 禽毛细线虫病	毛细属线虫	食道、嗉囊、肠道	食入感染性幼虫或含感染性幼虫的中间宿主而感染
8. 胃线虫病	小钩锐形线虫	肌胃	多发生于散养鸡,食入含感染性幼虫的中间宿主而感染
9. 鸡球虫病	艾美耳属球虫	肠道	危害我国养鸡业的主要寄生虫病之一,多发生于雏鸡和育成鸡
10. 隐孢子虫病	贝氏隐孢子虫	法氏囊、泄殖腔、呼吸道	散发,食入卵囊而感染

续表

病　　名	病　　原	寄生部位	流行特征
	火鸡隐孢子虫	肠道	同上
11. 组织滴虫病	火鸡组织滴虫	盲肠、肝脏	多发生平养或散养的鸡
五、其他寄生虫病			
前殖吸虫病	前殖属吸虫	输卵管、法氏囊	多发生散养的鸡，因食入含囊蚴的蜻蜓而感染

第六节　水禽的主要寄生虫与寄生虫病

一、水禽的主要寄生虫

寄生于水禽的主要寄生虫可分为三大类：

(一)节肢动物

1. **羽虱**　主要有鸭巨毛虱(*Trinoton querquedulae*)、鹅巨毛虱(*T. anserium*)和鸭细虱(*Esthiopterum crassicorne*)等。

(二)蠕虫

寄生于水禽的蠕虫有吸虫、绦虫、线虫和棘头虫。

1. **吸虫**　主要有毛毕属吸虫(*Trichobilharzia* spp.)、舟形嗜气管吸虫(*Tracheophilus cymbium*)等环肠科吸虫、棘口科吸虫(Echinostomatidae)、鸭后睾吸虫(*Opisthorchis anatis*)、台湾次睾吸虫(*Metorchis taiwanensis*)、东方次睾吸虫(*M. orientalis*)、鸭对体吸虫(*Amphimerus anatis*)、前殖属吸虫(*Prosthogonimus* spp.)、光口科(Psilostomidae)吸虫和背孔科(Notocotylidae)吸虫等。

2. **绦虫**　主要有矛形剑带绦虫(*Drepanidotaenia lanceolata*)、片形皱褶绦虫(*Fimbriaria fasciolaris*)和膜壳属绦虫(*Hymenolepis* spp.)等膜壳科(Hymenolepididae)绦虫。

3. **线虫**　主要有四棱线虫(*Tetrameres* spp.)、鹅裂口线虫(*Amidostomum anseris*)、厚尾束首线虫(*Streptocara crassicauda*)、瓣口线虫(*Epomidostomum* spp.)、台湾鸟蛇线虫(*Avioserpens taiwana*)和四川鸟蛇线虫(*A. sichuanensis*)等。

(三)原虫类

主要有毁灭泰泽球虫(*Tyzzeria perniciosa*)、菲莱氏温扬球虫(*Wenyonella philiplevinei*)、艾美耳属球虫(*Eimeria* spp.)、贝氏隐孢子虫(*Cryptosporidium baileyi*)和火鸡隐孢子虫(*C. meleagridis*)等。

二、水禽的主要寄生虫病及流行特征

根据寄生虫侵害水禽的器官和系统的不同，现将水禽的主要寄生虫病及发生特点列表如下(表5－6)。

表5-6 水禽的主要寄生虫病及流行特征

病　名	病　原	寄生部位	流行特征
一、皮肤寄生虫病			
羽虱病	食毛目的种类	体表	接触感染,散发
二、心血管系统寄生虫病			
鸭毛毕吸虫病	毛毕属吸虫	鸭门静脉和肠系膜静脉内	中间宿主为椎实螺,尾蚴经皮肤感染,多发生于放牧的鸭
三、呼吸系统寄生虫病			
气管吸虫病	舟形嗜气管吸虫等	鸭气管、支气管	发生于放牧鸭,食入含囊蚴的淡水螺而感染
四、消化系统寄生虫病			
1. 棘口吸虫病	棘口科吸虫	肠道	多发生于放牧鸭、鹅,食入含囊蚴的淡水螺而感染
2. 后睾吸虫病	鸭后睾吸虫	胆管	多发生于放牧鸭,第一中间宿主为淡水螺,第二中间宿主为鱼类
	台湾次睾吸虫	胆囊	同上
	东方次睾吸虫	胆囊	同上
	鸭对体吸虫	胆管	同上
3. 膜壳绦虫病	矛形剑带绦虫	小肠	地方性流行,危害鹅的主要寄生虫病之一,食入含似囊尾蚴的剑水蚤而感染
	片形皱褶绦虫	小肠	地方性流行,危害鸭的主要寄生虫病,食入含似囊尾蚴的剑水蚤而感染
	膜壳属绦虫	小肠	食入含似囊尾蚴的剑水蚤等甲壳动物而感染
4. 胃线虫病	四棱线虫	腺胃	食入含感染性幼虫的水生动物而感染,多见于放牧的水禽
	鹅裂口线虫	鹅肌胃	危害鹅的主要寄生虫病之一,食入感染性幼虫而感染
	厚尾束首线虫和瓣口线虫	肌胃	散发
5. 鸭棘头虫病	大多形棘头虫、小多形棘头虫、腊肠形棘头虫及鸭细颈棘头虫	小肠	见于放牧的鸭,中间宿主为钩虾和栉水虱等
6. 鸭球虫病	毁灭泰泽球虫	小肠	主要危害北京鸭的雏鸭
	菲莱氏温扬球虫	小肠	同上
7. 鹅球虫病	艾美耳属球虫	肾及肠道	主要发生于雏鹅
8. 隐孢子虫病	贝氏隐孢子虫	法氏囊、泄殖腔、呼吸道	散发
	火鸡隐孢子	肠道	散发

续表

病 名	病 原	寄 生 部 位	流 行 特 征
五、其他寄生虫病			
1. 前殖吸虫病	前殖属吸虫	输卵管、法氏囊	见于放牧的水禽，因捕食含囊蚴的蜻蜓或其稚虫而感染
2. 鸟蛇线虫病	台湾鸟蛇线虫和四川鸟蛇线虫	鸭皮下组织	多发生于南方地区放牧的鸭，呈地方性流行，食入含感染性幼虫的剑水蚤而感染

第七节 犬的主要寄生虫与寄生虫病

一、犬的主要寄生虫

寄生于犬的主要寄生虫可分为三大类：

（一）节肢动物

1. **蜱** 主要为硬蜱科的蜱。

1. **螨** 主要有犬疥螨（*Sarcoptes scabiei* var. *canis*）、犬蠕形螨（*Demodex canis*）和犬耳痒螨（*Otodectes cynotis* var. *canis*）等。

2. **蚤** 主要有犬栉首蚤（*Ctenocephalides canis*）等。

3. **虱** 主要有犬啮毛虱（*Trichodacts canis*）等。

（二）蠕虫

寄生于犬的蠕虫有吸虫、绦虫及线虫。

1. **吸虫** 华枝睾吸虫（*Clonorchis sinensis*）和卫氏并殖吸虫（*Paragonimus westermani*）等。

2. **绦虫** 主要有犬复孔绦虫（*Dipylidium caninum*）、泡状带绦虫（*Taenia hydatigena*）、豆状带绦虫（*Taenia pisiformis*）、多头多头绦虫（*Multiceps multiceps*）、细粒棘球绦虫（*Echinococcus granulosus*）、线中殖孔绦虫（*Mesocestoides lineatus*）、曼氏迭宫绦虫（*Spirometra mansoni*）和宽节双叶槽绦虫（*Diphyllobothrium latum*）等。

3. **线虫** 主要有肾膨结线虫（*Dioctophyma renale*）、犬弓首蛔虫（*Toxocara canis*）、狮弓蛔虫（*Toxascaris leonina*）、犬钩口线虫（*Ancylostoma caninum*）、锡兰钩口线虫（*A. ceylanicum*）、狭首弯口线虫（*Uncinaria stenocephala*）、狼尾旋线虫（*Spirocerca lupi*）、犬恶丝虫（*Dirofilaria immitis*）和狐毛尾线虫（*Trichuris vulpis*）等。

（三）原虫类

1. **血液原虫** 主要有吉氏巴贝斯虫（*Babesia gibsoni*）、犬巴贝斯虫（*B. canis*）、犬新孢子虫（*Neospora caninum*）、杜氏利什曼原虫（*Leishmania donovani*）、蓝氏贾第鞭毛虫（*Giardia lamblia*）和附红体（*Eperythrozoon* sp.）等。

2. **胃肠道原虫** 主要有等孢属球虫（*Isospora* spp.）和肉孢子虫（*Sarcocystis* spp.）等。

二、犬的主要寄生虫病及流行特征

根据寄生虫侵害犬的器官和系统的不同,现将犬的主要寄生虫病及发生特点列表如下(表5-7)。

表5-7 犬的主要寄生虫病及流行特征

病名	病原	寄生部位	流行特征
一、皮肤寄生虫病			
1. 螨病	犬疥螨	皮肤内	接触感染,常发病
	犬蠕形螨	毛囊和皮脂腺	同上
	犬耳痒螨	外耳道	接触感染,散发病
2. 虱病	犬啮毛虱	体表	同上
3. 蚤病	犬栉首蚤	体表	同上
二、心血管系统寄生虫病			
犬心丝虫病	犬恶丝虫	右心室及肺动脉	常发病,传播媒介为蚊,多发于夏、秋季节
2. 巴贝斯虫病	吉氏巴贝斯虫和犬巴贝斯虫	血液	多发于夏、秋季,传播媒介为蜱
3. 附红体病	附红体	血液	多发于夏、秋季,传播媒介为吸血昆虫
三、呼吸系统寄生虫病			
并殖吸虫病	卫氏并殖吸虫	肺脏	食入含囊蚴的蟹类或含童虫的转续宿主而感染,多为散发
四、泌尿系统寄生虫病			
犬肾膨结线虫病	肾膨结线虫	肾脏或腹腔	食入含感染性幼虫的生鱼而感染
五、消化系统寄生虫病			
1. 肝吸虫病	华枝睾吸虫	肝胆管和胆囊	食入含囊蚴的生鱼或未煮熟的鱼而感染
2. 绦虫病	犬复孔绦虫	小肠	食入含似囊尾蚴的蚤类而感染
	泡状带绦虫	小肠	食入细颈囊尾蚴而感染
	豆状带绦虫	小肠	食入豆状囊尾蚴而感染
	多头多头绦虫	小肠	食入脑多头蚴而感染
	细粒棘球绦虫	小肠	食入细粒棘球蚴而感染
	线中殖孔绦虫	小肠	食入含四槽蚴的第二中间宿主而感染
	孟氏迭宫绦虫	小肠	食入含孟氏裂头蚴的第二中间宿主或转续宿主而感染
	宽节双叶槽绦虫	小肠	食入含裂头蚴的鱼类而感染
3. 蛔虫病	犬弓首蛔虫	小肠	危害犬的主要疾病之一,食入感染性虫卵或经胎盘、乳汁而感染,多发生于幼犬
	狮弓蛔虫	小肠	食入感染性虫卵而感染

续表

病　名	病　原	寄生部位	流行特征
4. 钩虫病	犬钩口线虫	小肠	危害犬的主要疾病之一,食入感染性幼虫或幼虫主动钻入皮肤而感染
	锡兰钩口线虫	小肠	同上
	狭首弯口线虫	小肠	同上
5. 犬尾旋线虫病	狼尾旋线虫	食道及胃	食入感染性幼虫的甲虫而感染
6. 鞭虫病	狐毛尾线虫	盲肠和结肠	食入感染性幼虫而感染
7. 等孢球虫病	等孢属球虫	肠道	主要危害幼犬,食入孢子化卵囊而感染

第八节 猫的主要寄生虫与寄生虫病

一、猫的主要寄生虫

寄生于猫的主要寄生虫可分为三大类:

(一)节肢动物

1. **螨** 主要有猫蠕形螨(*Demodex cati*)、猫背肛螨(*Notoedres cati*)和猫耳痒螨(*Otodectes cynotis var. cati*)等。

2. **蚤** 主要有猫栉首蚤(*Ctenocephalides felis*)等。

3. **虱** 主要有近状猫毛虱(*Felicola subrostatus*)等。

(二)蠕虫

寄生于猫的蠕虫有吸虫、绦虫及线虫。

1. **吸虫** 华枝睾吸虫(*Clonorchis sinensis*)和卫氏并殖吸虫(*Paragonimus westermani*)等。

2. **绦虫** 主要有带状泡尾绦虫(*Hydatigera taeniaeformis*)、犬复孔绦虫(*Dipylidium caninum*)、泡状带绦虫(*Taenia hydatigena*)、细粒棘球绦虫(*Echinococcus granulosus*)、线中殖孔绦虫(*Mesocestoides lineatus*)、曼氏迭宫绦虫(*Spirometra mansoni*)和宽节双叶槽绦虫(*Diphyllobothrium latum*)等。

3. **线虫** 主要有猫弓首蛔虫(*Toxocara. cati*)、狮弓蛔虫(*Toxascaris leonina*)、锡兰钩口线虫(*Ancylostoma. ceylanicum*)、管形钩口线虫(*A. tubaeforme*) 和狭首弯口线虫(*Uncinaria stenocephala*)等。

(三)原虫类

1. **血液原虫** 主要有附红体(*Eperythrozoon* sp.)等。

2. **胃肠道原虫** 主要有等孢属球虫(*Isospora* spp.)、刚地弓形虫(*Toxoplasma gondii*)和蓝氏贾第鞭毛虫(*Giardia lamblia*)等。

二、猫的主要寄生虫病及流行特征

根据寄生虫侵害猫的器官和系统的不同,现将猫的主要寄生虫病及发生特点列表如下

(表5-8)。

表5-8 猫的主要寄生虫病及流行特征

病　　名	病　　原	寄生部位	流行特征
一、皮肤寄生虫病			
1. 螨病	猫背肛螨	头、颈部	接触感染,常发病
	猫耳痒螨	外耳道	同上
	猫蠕形螨	猫毛囊和皮脂腺	接触感染,散发
2. 蚤病	猫栉首蚤	体表	接触感染,常发病
3. 虱病	近状猫毛虱	体表	接触感染,散发
二、心血管系统寄生虫病			
1. 附红体病	附红体	红细胞和血浆	吸血昆虫传播
三、呼吸系统寄生虫病			
并殖吸虫病	卫氏并殖吸虫	肺脏	食入含囊蚴的蟹内或转续宿主而感染,散发
四、消化系统寄生虫病			
1. 肝吸虫病	华枝睾吸虫	肝胆管和胆囊	食入含有囊蚴的生鱼或未煮熟的鱼而感染
2. 绦虫病	带状泡尾涤虫	小肠	食入中间宿主(鼠类)而感染
	犬复孔绦虫	小肠	食入中间宿主(蚤类)而感染
	泡状带绦虫	小肠	食入细颈囊尾蚴而感染
	细粒棘球绦虫	小肠	食入细粒棘球蚴而感染
	线中殖孔绦虫	小肠	食入含四槽蚴的第二中间宿主而感染
	曼氏迭宫绦虫	小肠	食入含孟氏裂头蚴的第二中间宿主或转续宿主而感染
	宽节双叶槽绦虫	小肠	食入含裂头蚴的鱼类而感染
3. 蛔虫病	猫弓首蛔虫	小肠	常发病之一,食入感染性虫卵或经乳汁感染
	狮弓蛔虫	小肠	食入感染性虫卵而感染
4. 钩虫病	锡兰钩口线虫	小肠	食入感染性幼虫或幼虫主动钻入皮肤而感染
	管形钩口线虫	小肠	同上
	狭首弯口线虫	小肠	同上
5. 等孢球虫病	等孢属球虫	肠道	食入孢子化卵囊而感染

第九节　马属动物的主要寄生虫与寄生虫病

一、马属动物的主要寄生虫

寄生于马属动物的主要寄生虫可分为三大类：

(一)节肢动物

1. **蜱**　主要为硬蜱科的蜱。

2. **螨**　主要有马疥螨(*Sarcoptes scabiei* var. *equi*)、马痒螨(*Psoroptes equi*)、马足螨(*Chorioptes symbrotes* var. *equi*)和马蠕形螨(*Demodex equi*)等。

3. **虱**　主要有马毛虱(*Damalinia equi*)和驴血虱(*Haematopinus asini*)等。

4. **蝇蛆**　主要有肠胃蝇(*Gasterophilus intestinalis*)、鼻胃蝇(*G. veterinus*)、红尾胃蝇(*G. haemorrhoidalis*)和兽胃蝇(*G. pecorum*)等的幼虫。

(二)蠕虫

寄生于马属动物的蠕虫有绦虫及线虫：

1. **绦虫**　主要有大裸头绦虫(*Anoplocephala magna*)、叶状裸头绦虫(*A. perfoliata*)和侏儒副裸头绦虫(*Paranoplocephala mamillana*)等。

2. **线虫**　主要有大口德拉西线虫(大口胃虫 *Drascheia megastoma*)、小口柔线虫(小口胃虫 *Habronema microstoma*)、蝇柔线虫(蝇胃虫 *H. muscae*)、安氏网尾线虫(*Dictyocaulus arnfieldi*)、马副蛔虫(*Parascaris equorum*)、马尖尾线虫(*Oxyuris equi*)、韦氏类圆线虫(*Strongyloides westeri*)、普通圆线虫(*Strongylus vulgaris*)、无齿圆线虫(*S. edentatus*)、马圆线虫(*S. equinus*)、毛线科线虫(Trichonematidae spp.)、颈盘尾丝虫(*Onchocerca cervicalis*)、网状盘尾丝虫(*O. reticulata*)、多乳突副丝虫(*Parafilaria multipapillosa*)、马丝状线虫(*S. equina*)、指形丝状线虫(*Setaria digitata*)及鹿丝状线虫(*S. cervi*)的童虫等。

(三)原虫类

1. **血液原虫**　主要有伊氏锥虫(*Trypanosoma evansi*)、驽巴贝斯虫(*Babesia caballi*)和马巴贝斯虫(*B. equi*)等。

2. **胃肠道原虫**　主要有艾美耳属球虫(*Eimeria* spp.)等。

3. **其他原虫**　主要有马媾疫锥虫(*Trypanosoma equiperdum*)等。

二、马属动物的主要寄生虫病及流行特征

根据寄生虫侵害马属动物的器官和系统的不同，现将马属动物的主要寄生虫病及发生特点列表如下(表5-9)。

表5-9 马属动物的主要寄生虫病及流行特征

病名	病原	寄生部位	流行特征
一、皮肤寄生虫病			
1. 螨病	马疥螨	皮肤内	接触感染,马的主要皮肤病之一
	马痒螨	体表	同上
	马足螨	后脚系部	接触感染,散发
	马蠕形螨	毛囊和皮脂腺	同上
2. 血虱与毛虱	马毛虱	体表	同上
	驴血虱	体表	同上
3. 马媾疫	马媾疫锥虫	皮肤、生殖器黏膜	交配接触感染
4. 蠓咬性皮炎	蠓	体表	吸血叮咬,发生于夏、秋季
二、心血管系统寄生虫病			
1. 伊氏锥虫病	伊氏锥虫	血浆	吸血昆虫机械传播
2. 梨形虫病	驽巴贝斯虫	红细胞	危害马的主要寄生虫病之一,传播媒介为蜱,多发生于夏、秋季
	马巴贝斯虫	红细胞	同上
三、呼吸系统寄生虫病			
网尾线虫病(肺丝虫病)	安氏网尾线虫	支气管	食入感染性幼虫而感染
四、消化系统寄生虫病			
(一)胃寄生虫病			
1. 胃线虫病	大口德拉西线虫(大口胃虫)、小口柔线虫(小口胃虫)及蝇柔线虫(蝇胃虫)	胃	食入含感染性幼虫的蝇类或蝇类舐食马伤口时幼虫钻入马体内而感染
2. 胃蝇蛆病	肠胃蝇、鼻胃蝇、红尾胃蝇及兽胃蝇	幼虫寄生于胃	蝇产卵于被毛上并孵出幼虫,幼虫引起瘙痒,马啃咬时食入,全国各地均有分布,尤以西北、东北、内蒙古等地多发
(二)肠道寄生虫病			
1. 裸头绦虫病	大裸头绦虫、叶状裸头绦虫	小肠	食入含有似囊尾的地螨而感染,多发生于夏、秋季,主要危害幼畜
	侏儒副裸头绦虫	盲肠和结肠	同上
2. 副蛔虫病	马副蛔虫	小肠	食入感染性虫卵而感染,多发生于小马驹
3. 尖尾线虫病(蛲虫病)	马尖尾线虫	肠道	摄食被感染性虫卵污染的饲料或饮水、舐啮受污染的用具而感染
4. 类圆线虫病	韦氏类圆线虫	肠道	经口、皮肤感染
5. 圆线虫病	普通圆线虫	肠道	食入感染性幼虫而感染,幼虫移行期可引起肠系膜动脉和回盲肠动脉的血栓性病痛
	无齿圆线虫	肠道	食入感染性幼虫而感染
	马圆线虫	肠道	同上
6. 球虫病	艾美耳属球虫	肠道	食入孢子化卵囊而感染

续表

病　名	病　原	寄生部位	流行特征
五、肌肉及其他组织器官寄生虫病			
1. 脑脊髓丝虫病	指形丝状线虫的童虫	脑脊髓	含微丝蚴的蚊叮咬吸血而感染
2. 盘尾丝虫病	颈盘尾丝虫及网状盘尾丝虫	肌腱、韧带	蠓传播
3. 副丝虫病（血汗症）	多乳突副丝虫	皮下、肌肉结缔组织	同上
4. 浑睛虫病	指形丝状线虫、马丝状线虫及鹿丝状线虫的童虫	眼部	多发于夏、秋季，含微丝蚴的蚊叮咬吸血而感染
5. 腹腔丝虫病	马丝状线虫	腹腔	多发生于夏、秋季，传播媒介为蚊

主 要 参 考 文 献

[1] 孔繁瑶主编. 家畜寄生虫学(第二版)[M]. 北京: 中国农业大学出版社, 1997

[2] 张如宽主编. 家畜传染病与寄生虫学 [M]. 南京: 东南大学出版社, 2000

[3] 张振兴主编. 特禽饲养与疾病防治 [M]. 北京: 中国农业出版社, 2001

[4] 王永坤,刘秀梵,符敖齐. 兔病防治(第二版)[M]. 上海:上海科学技术出版社, 1990

[5] 赵辉元主编. 人畜共患寄生虫病学(第一版). 长春:东北朝鲜民族教育出版社,1998

[6] 李国清主编. 兽医寄生虫学(第一版). 广州:广东高等教育出版社,1999

[7] 张西臣,张同新,赵权主编. 动物寄生虫病学(第一版). 长春: 吉林人民出版社,2001

[8] 詹希美主编. 人体寄生虫学(第五版). 北京: 人民卫生出版社,2001

[9] 汪明主编. 兽医寄生虫学(第三版). 北京:中国农业出版社,2003

[10] 陈汉彬. 贵州蚊类志(第一版). 贵阳:贵州人民出版社,1987

[11] 陈汉彬,许荣满编著. 贵州虻类志(第一版). 贵阳:贵州科学技术出版社,1992

[12] 金大雄,李贵真编著. 贵州吸虱类、蚤类志. 贵阳:贵州科学技术出版社,1992

[13] 彼得 L. 朗 主编. 将金书,刘钟灵,陆信武等译. 球虫生物学(第一版). 南宁:广西科学技术出版社, 1990

[14] 蒋金书编著. 动物原虫病学(第一版). 北京:中国农业大学出版社,2000

[15] 索勋,李国清主编. 鸡球虫病学(第一版). 北京:中国农业大学出版社,1998

[16] 赵辉元主编. 畜禽寄生虫与防制. 长春:吉林科学技术出版社,1997

[17] 陈兴保,吴观陵,孙新等. 现代寄生虫病学. 北京:人民军医出版社,2002

[18] 翁亚彪主编. 集约化猪场实用驱虫技术手册. 广州:广东科学技术出版社,2003

[19] 朱兴全,龚广学,薛富汉,归有泽. 旋毛虫病. 郑州:河南科学技术出版社,1993

[20] 唐仲璋、唐崇惕 编著. 人畜线虫学 北京:科学出版社,1987

[21] 陈淑玉、汪溥钦主编. 禽类寄生虫学. 广州:广东科学技术出版社,1994

[22] 陈天铎主编. 实用兽医昆虫学. 北京: 中国农业出版社, 1996

[23] 马学恩主编. 实用兽医教程 (第一版). 呼和浩特: 内蒙古人民出版社, 1998

[24] 李云章主编. 实用猪病手册. 呼和浩特: 内蒙古人民出版社, 1997

[25] 林德贵编著. 犬猫病诊断与防治手册[M]. 北京:中国农业大学出版社,1999

[26] 汪溥钦编著. 猪寄生虫病. 福州:福建科学技术技术出版社,1980

[27] 陈心陶编著. 中国动物志 扁形动物门 吸虫纲 复殖目(一). 北京:科学出版社 1985

[28] 谢明权,李国清主编. 现代寄生虫学. 广州:广东科技出版社, 2003

[29] 张毅强主编. 中国南方地区家畜家禽寄生虫名录. 香港:中国文化出版社,2003

[30] 邓国藩编著. 中国经济昆虫志 第十五册 蜱螨目 蜱总科. 北京:科学出版社, 1978

[31] 卢俊杰,靳家声 主编. 人和动物寄生虫图谱. 北京:中国农业科学技术出版社,2002

[32] 沈一平,章涛主编. 实用肠线虫病学. 北京:人民卫生出版社, 2002

[33] 王溪云, 周静仪编著. 江西动物志 人与动物吸虫志. 南昌:江西科学技术出版社, 1993

[34] 林孟初编著. 卫检用畜禽寄生虫学. 长沙: 湖南科学技术出版社,1986

[35] 甘孟侯主编. 中国禽病学. 北京:中国农业出版社,2000

[36] 于恩庶,徐秉锡主编. 中国人兽共患病学. 福州:福建科学技术出版社,1988

[37] 邓国藩, 王敦清, 顾以铭等. 中国经济动物志(蜱螨亚纲,皮刺螨总科). 北京:科学出版社,1993

[38] 邓国藩,姜在阶. 中国经济昆虫志(第三十九册 蜱螨亚纲 硬蜱科). 北京:科学出版社,1991

[39] 沈杰,郑韧坚. 家畜锥虫和锥虫病. 北京:中国农业科技出版社,1993

[40] 左仰贤. 人畜共患寄生虫学. 北京:科学技术出版社,1997

[41] 姚永政. 许先典. 实用医学昆虫学. 北京:人民卫生出版社,1982

[42] 张剑英,邱兆祉,丁雪娟等. 鱼类寄生虫与寄生虫病. 北京:科学出版社,1999

[43]吴淑卿等编著. 中国动物志 线虫纲 杆形目 圆线亚目(一). 北京:科学出版社,2001

[44] Bowman, D. D. Georgis' Parasitology for Veterinarians (Seventh edition). Philadelphia: W. B. Saunders Company, 1999

[45] Schmidt, G. D. and Roberts, L. S. Foundations of Parasitology (Third edition). St. Louis: Times Mirror/Mosby College Publishing, 1985

[46] Urquhart, G. M., Armour, J., Duncan, J. L. et al. Veterinary Parasitology, Second Edition. Blackwell Science, 1996

[47] Levine, N D. Veterinary Protozoology [M]. Ames Iowa State University Press. 1985

[48] Soulsby, E J H. Helminths, Arthropods and Protozoa of Domesticated Animals. 7th Edition. 1982, Published by Bailliere Tindall London

[49] William M. Samuel, Margo J. Pybus and A. Alan Kocan. Parasitic Diseases of wild Mammals. (Second edition) Manson /The veterinary Press 2001

[48] Willians RB. A compartmentalized model for the estimation of the cost of coccidiosis to the world's chicken production industry. [J]. Int J Parasitol,1999,29: 1209

[50] Dubey, J P, Barr B C, Barta J R, et al. Redescription of Neospora caninum and its differentitation from related coccidian [J]. Int J Parasitol. 2001,32. 929 ~ 946

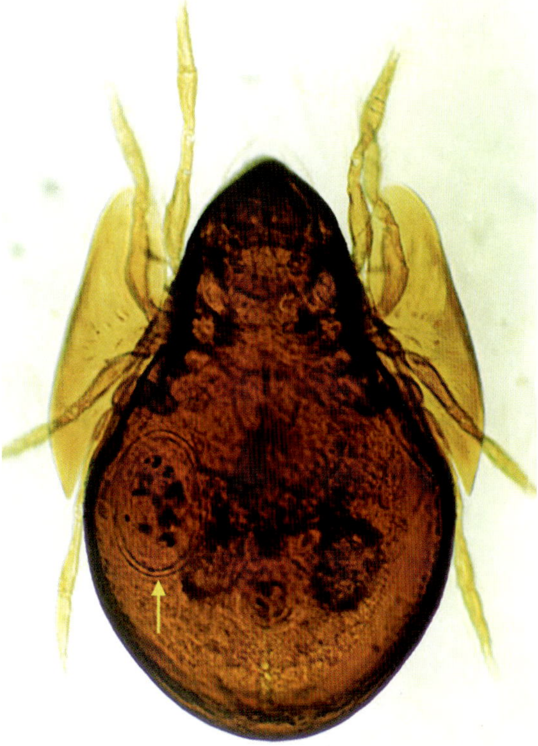

彩版 1　大翼甲螨体内的似囊尾蚴(杨光友提供)

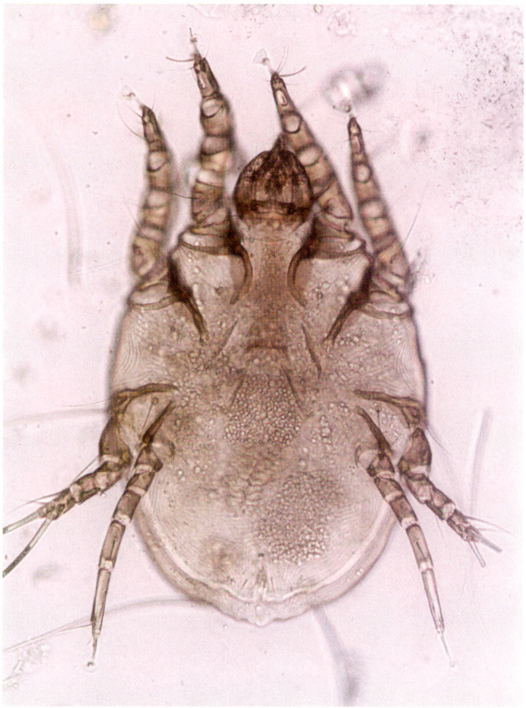

彩版 2　大熊猫足螨(雌)腹面观(杨光友提供)

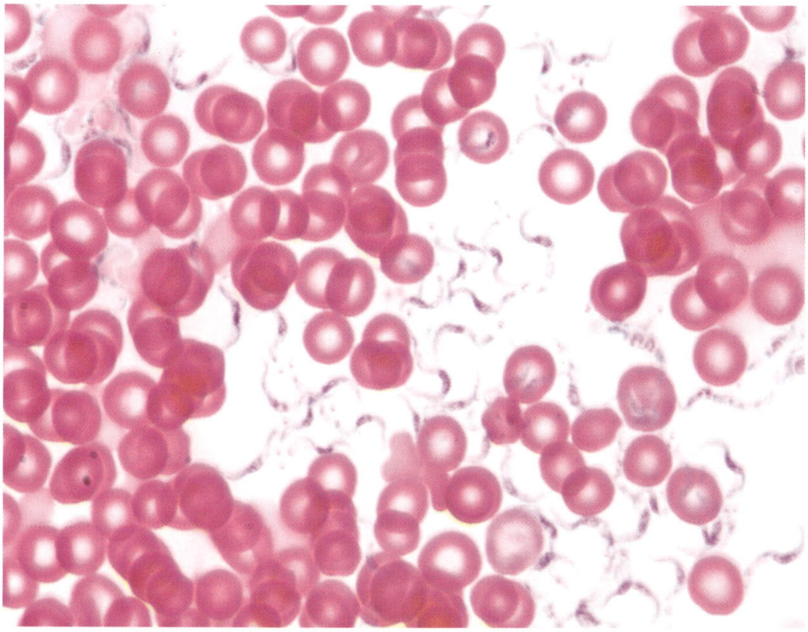

彩版 3　牛血液中的伊氏锥虫(杨光友提供)

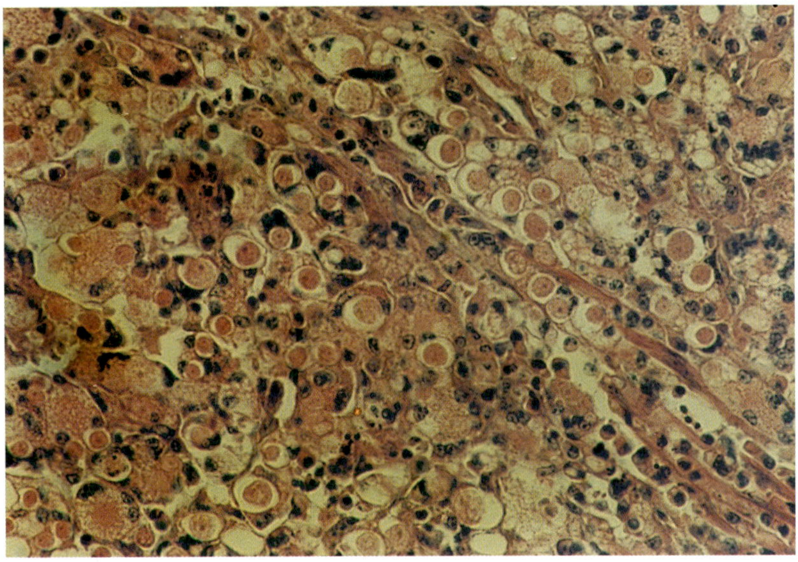

彩版 4　火鸡组织滴虫的组织型虫体(沙国润提供)

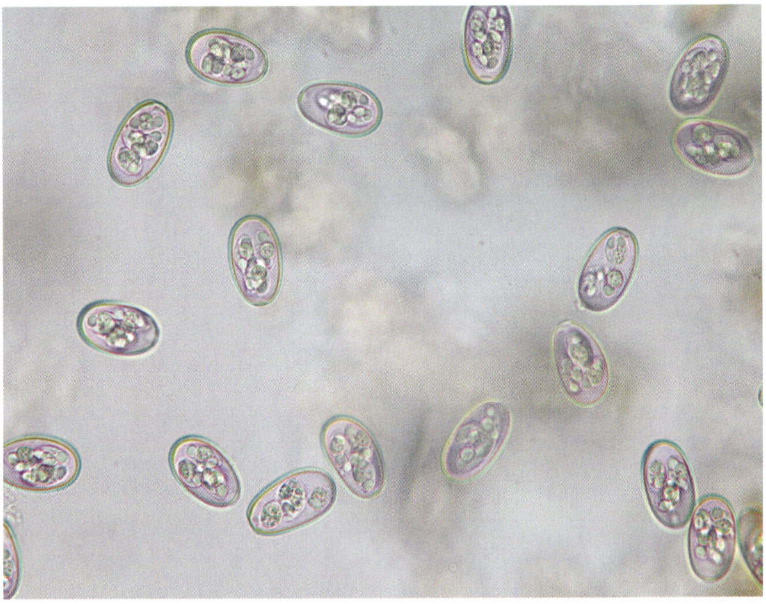

彩版 5　斯氏艾美耳球虫孢子化卵囊(杨光友提供)

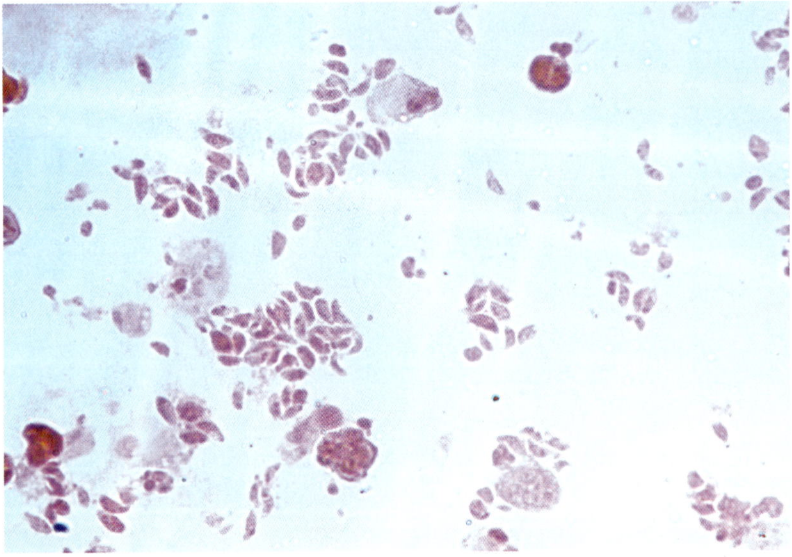

彩版 6　弓形体的滋养体(杨光友提供)

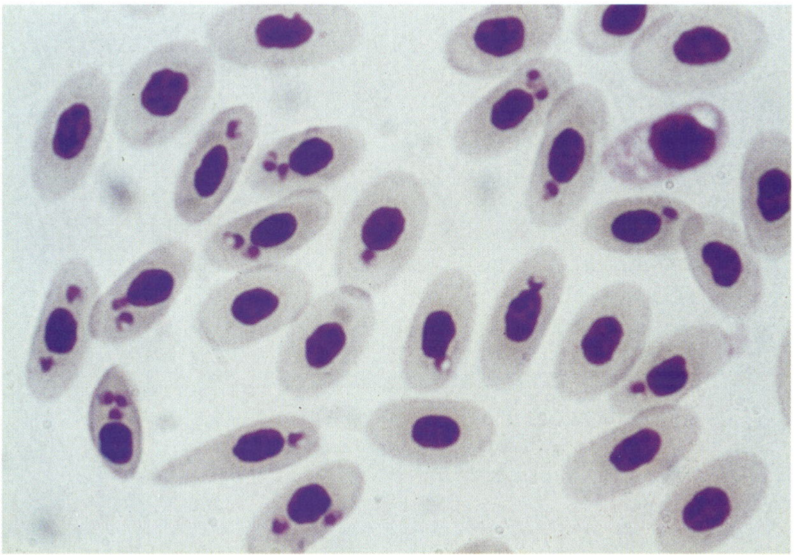

彩版 7　红细胞内的卡氏住白虫裂殖子
(中村好一提供)

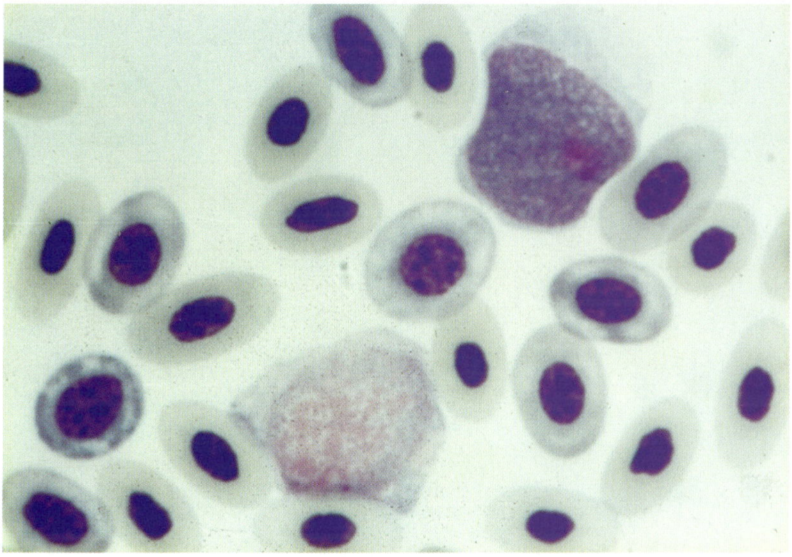

彩版 8　卡氏住白虫成熟配子体
(中村好一提供)
(上:雌性　下:雄性)

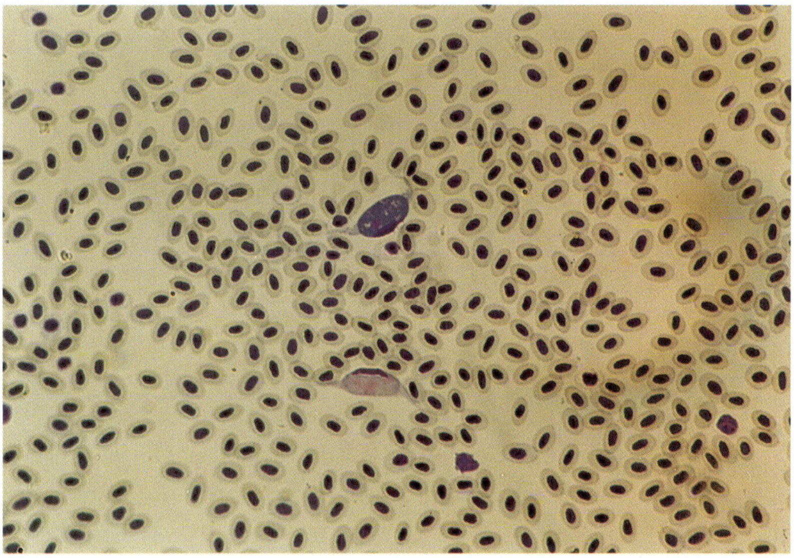

彩版 9　沙氏住白虫成熟配子体
(沙国润提供)
(上:雌性　下:雄性)

彩版 10 鸡卡氏住白虫病的贫血症状
(中村好一提供)
(左:病鸡 右:健康鸡)

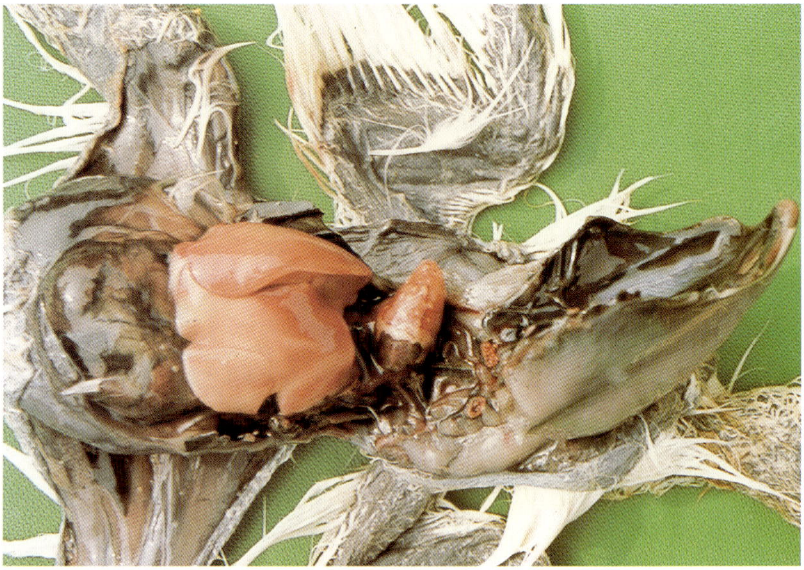

彩版 11 鸡心脏上的卡氏住白虫裂殖体
(沙国润提供)

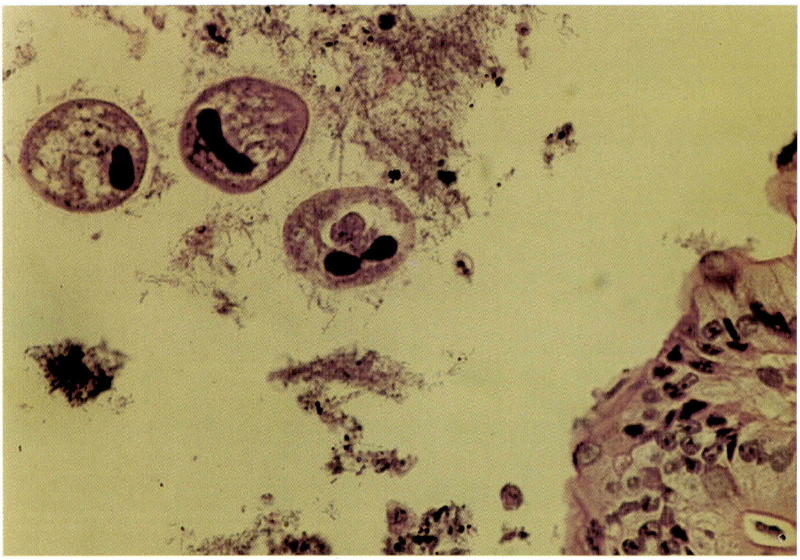

彩版 12 结肠小袋纤毛虫包囊
(沙国润提供)